BASIC FLUID MECHANICS

기초 유체역학

구민사

단위환산표

물리량	아래 단위 값에	아래 수치를 곱하면	아래 단위값이 나옴
길이	km	1000	m
	m	100	cm
	ft	0.3048	m
	m	3.28083	ft
	in	2.54	cm
	ft	12	in
	mile	1.609	km
	mile	5280	ft
	km	3280.8	ft
	yard(야드)	0.9144	m
	nautical mile (해리)	1852	m
	angstrom(A°)	1×10^{-10}	m
	micron	1×10^{-6}	m
면적	ft^2	0.092903	m^2
	in^2	6.4516	cm^2
	$mile^2$	2.5889	km^2
	acre(에이커)	43560	ft^2
	acre	4046.86	m^2
	hectare(헥타)	10000	m^2
부피	cc	1	cm^3
	l(리터)	0.001	m^3
	m^3	1000	l
	m^3	1×10^6	cm^3
	m^3	35.3147	ft^3
	l	0.03531	ft^3
	pints(파인트)	0.01671	ft^3
	ft^3	0.028317	m^3
	ft^3	7.481	USgal
	USgal (미국갈론)	3.785	l
	Igal(영국갈론)	4.546	l
	in^3	16.387	cm^3
	cm^3	0.061024	in^3
	USgal	0.13368	ft^3
	USgal/min (gpm)	0.002228	ft^3/s
	USgal/min	6.309×10^{-5}	m^3/s
질량	kg	1000	g
	lbm	0.4536	kg
	kg	2.20462	lbm
	slug	32.174	lbm
	kg	0.06852	slug
	ounce(온스, oz)	28.3495	g
힘 (중량)	kg_f	9.80665	N
	N	0.102	kg_f
	ton	1000	kg_f
	dyne	1×10^{-5}	N
	lb_f	4.4482	N
	lb_f	0.4536	kg_f
	kg_f	2.2046	lb_f
	ton	2204.6	lb_f
	kip	1000	lb_f
압력	Pa	1	N/m^2
	bar	1×10^5	N/m^2
	psi(lb_f/in^2)	6894.76	N/m^2
	lb_f/ft^2	47.88	N/m^2
	kPa	0.14504	lb_f/in^2
	MPa	145.04	lbf/in^2
	atm	101325	N/m^2
	atm	14.696	lb_f/in^2
	atm	760	mmHg
	atm	1.01325	bar
	mmHg(0℃).	133.3224	N/m^2
	torr	1	mmHg
	Pa	1.4504×10^{-4}	lb_f/in^2
	lb_f/ft^2	144	lb_f/in^2
일 (에너지, 열)	cal	4.1868	J
	kcal	1000	cal
	erg(에르그)	1×10^{-7}	J
	J	10^7	erg
	Btu	1.05504	kJ
	Btu	0.252	kcal
	kJ	0.94783	Btu
	eV	1.602×10^{-19}	J
	ft-lb_f	1.35582	J
	kcal	4.1868	kJ
	kwh	3.6×10^3	kJ
	Btu	778.17	ft-lb_f
	ft-lb_f	0.0012851	Btu
	J	0.73756	ft-lb_f
	kJ	0.9478	Btu
	kJ	737.56	ft-lb_f
동력	ps(미터마력)	735.5	W
	kW	1.35962	ps
	hp(영국마력)	745.7	W

물리량	아래 단위 값에	아래 수치를 곱하면	아래 단위값이 나옴
동력(일률)	ft-lb$_f$/s	1.35582	W
	Btu/hr	0.293	W
	W	3.413	Btu/hr
	hp	550	ft-lb$_f$/s
	hp	2545	Btu/hr
	kW	737.6	ft-lb$_f$/s
	kW	1.341	hp
속도	ft/s	0.3048	m/s
	mi/h(mph)	1.6093	km/h
	km/h	0.27778	m/s
	km/h	0.62137	mi/h
	mph	0.44704	m/s
	knot(노트)	0.51444	m/s
가속도	ft/s^2	0.3048	m/s^2
	in/s^2	2.54	cm/s^2
밀도	g/cm^3	1000	kg/m^3
	g/cm^3	62.428	lbm/ft^3
	lbm/ft^3	16.0185	kg/m^3
	lbm/ft^3	0.0160185	g/cm^3
	lbm/ft^3	2.768×10^4	kg/m^3
	slug/ft^3	515.379	kg/m^3

물리량	아래 단위 값에	아래 수치를 곱하면	아래 단위값이 나옴
온도	°F	$\frac{5}{9}$(°F - 32)	℃
	℃	$\frac{9}{5}$℃+32	°F
	℃	℃+273.15	°K(캘빈)
	°F	°F+459.69	°R(랭킨)
	°R	$\frac{5}{9}$°R	°K
점성계수	stoke	1	cm^2/s
	poise	1	g/cm · s
	stoke	0.0001	m^2/s
	poise	0.1	kg/m · s
	poise	0.1	N · s/m^2
	ft^2/s	0.092903	m^2/s
	lbm/ft · s	1.48816	N · s/m.
가스정수	Btu/lbm °R	4.1868	kJ/kg °K
	kJ/kg °K	0.23885	Btu/lbm °R
	ft-lb$_f$/lbm °R	0.0053802	kJ/kg °K
	kJ/kg °K	185.867	ft-lb$_f$/lbm °R
	kg$_f$-m/kg °K	9.8	kJ/kg °K
질량유동률	lbm/hr	1.2611×10^{-4}	kg/s

※ 단위환산을 거꾸로 하는 경우에는 곱하는 수치의 역수를 곱해 줄 것.

주요수학수치 및 기호

$\pi = 3.1415927$	· 곱하기	$\leqq$	왼쪽이 오른쪽보다 작거나 같다
$e = 2.7182818$	∴ 그러므로	$\geqq$	왼쪽이 오른쪽보다 크거나 같다
$\sqrt{2} = 1.4142136$	∵ 왜냐하면	Σ	합의 기호
$\sqrt{3} = 1.7320508$	∝ 비례하다	$\bar{x}$	x의 평균값
1 rad = 57.2957795°	≠ 같지 않다.	Δx	x의 변화량
$\log_{10} e = 0.4342945$	≈ 거의 비슷하다.	$\Delta x \rightarrow 0$	Δx의 값이 0에 접근
$\ln_e 10 = 2.302585$	> 왼쪽이 오른쪽보다 크다.	$n!$	$n(n-1)(n-2)\cdots\cdots 1$
ln 2 = 0.6931472	≫ 왼쪽이 오른쪽보다 훨씬 크다.		
ln 10 = 2	< 왼쪽이 오른쪽보다 작다.		

주요물리상수

중력가속도(g)	9.8067m/s^2	열의 일당량(1cal)	4.184J
대기압	1.01325bar	절대온도(0°K)	-273.15℃
가스정수(R)	8314J/kmol°K	음속(20℃)	343.3m/s
	848kg$_f$ · m/kmol°K	빛의 속도	3.0×10^5km/s
물의 밀도(4℃)	1000kg/m^3	만유인력상수	6.67×10^{-11}N · m^2/kg^2
공기의 밀도(15℃)	1.23kg/m^3	아보가드로수	6.02×10^{23}mol^{-1}

CONTENTS

이 / 책 / 의 / 차 / 례

제3장 유체정역학

제 4장 유체운동학

제5장 운동량의 법칙

제6장 실제 유체의 흐름

제7장 차원해석과 상사법칙

제8장 관속에서의 흐름

제9장 물체주위의 흐름

제10장 개수로의 흐름

제11장 압축성 유체의 흐름

제12장 유체의 계측

부록

PREFACE

머 / 리 / 말

본서는 전반적으로 유체역학의 기초이론을 간결하고 알기 쉽게 기술하는 데 주력하였다. 물리나 수학의 기초지식이 부족한 초보자도 쉽게 이해할 수 있도록 하였으며 기초이론의 정립에 주안점을 두어서 실제현장에서 유체역학에 관련된 기술의 응용력을 키울 수 있도록 편집하였다.

책의 내용을 이해하는 데 어려움이 없도록 역학에서 자주 나오는 필수적이고 기초적인 여러 가지 물의 법칙을 서론에 간단하게 서술하였고, 각종 물리량의 단위에 대해서도 자세히 기술하였다. 여러 물리량의 단위는 주로 국제표준단위인 SI단위를 사용하였고, 특히 SI단위와 중력단위를 서로 바꾸는 방법을 상세히 설명하여 독자들이 스스로 할 수 있도록 단위환산방법을 자세히 설명하였다. 또한 유체의 압력을 나타내는 여러 가지의 압력단위를 서로 변환시키는 방법에 익숙하도록 많은 예제와 기본 문제를 삽입하였다.

본문 속의 예제뿐만 아니라 각 장의 끝부분에 기본문제와 풀이과정을 첨부하여 실제의 계산능력을 키울 수 있도록 하였다. 또한 가능한 한 많은 문제를 삽입하여 각종 기사 시험준비에 대비할 수 있도록 하였다. 유체역학을 이해하기 위하여 꼭 필요한 수학의 기초공식에는 설명을 곁들여서 부록에 첨부하여 기본 수학지식이 부족한 독자들에게 도움이 되도록 하였다.

이 책이 전문기술인이 되기 위한 학생이나 일반인들의 입문서로서 도움이 되길 바란다. 공과대학 초급학년들의 교재나 각종 기사 및 기술사시험을 준비하는 기술인에게도 참고서로 활용될 수 있을 것이다.

이 책의 출판을 위해 적극적으로 도움을 주신 도서출판 구민사 조규백 대표님과 직원 여러분께 깊은 감사를 드린다.

저자 올림

CHAPTER 01

서론

CHAPTER 01 서론

1-1 : 유체역학이란?

유체역학(流體力學)이란 흘러가는 물질, 즉 유체(fluids, 流體)의 성질과 운동을 공부하는 학문의 한 분야로서 유체에 관한 자연현상이나 물리적 현상을 수학적인 방법이나 실험으로 분석하여 우리가 알고자 하는 문제를 해결하는 학문이다. 우리가 가장 많이 사용하는 유체로는 물과 공기를 들 수 있다.

작게는 인체 내부의 모세혈관으로부터 크게는 시베리아를 통하는 송유관 내의 유체의 흐름까지 관속을 통하는 유체의 특성을 공부한다. 부엌의 수도꼭지에서 나오는 물이나 욕실에서 흘러 나가는 물, 펌프나 밸브 및 파이프로 연결된 배관계통, 유압기기를 사용하는 중장비기기, 유체를 이용한 각종 동력기계 등에서 유체역학적인 현상을 관찰할 수 있다. 저수지로부터 수도꼭지까지의 상수도 흐름, 집안의 배수구로부터 오수 정화과정을 거친 바다까지의 하수도 흐름 등과 같은 관속의 흐름뿐만 아니라 골프공 주위의 흐름이나 자동차 및 비행기 날개 주위의 흐름 등 물체 주위의 유동에 대한 특성을 규명하기 위하여 유체역학을 공부한다. 펌프나 송풍기, 압축기, 터빈 등 유체유동을 수반하는 각종 생산품의 설계 및 제작과정에서 유체역학에 관련된 기술지식이 필수적으로 요구된다.

산업현장에서 주요 기술분야인 각종 기계의 윤활도 유체역학의 한 부분이다. 유체를 동작물질로 하는 기계설비나 유체계통의 설계 및 제작과정뿐만 아니라 설치 및 운전과정에서 이러한 지식이 필요하다. 자동차의 냉각계통, 건축물의 냉난방 설비, 비행기 및 자동차의 공기역학적인 설계, 건축물의 바람에 의한 영향평가 등 실생활에서 유체역학이 요구되는 과학기술분야는 매우 광범위하다고 볼 수 있다.

유체역학의 역사는 인류가 문명생활을 영위하면서부터 시작되었다고 볼 수 있다. 고대 이집트인들은 농업용수를 관리하기 위해 수로를 내고 펌프와 수차 등 유체를 이용한 도구들을 만들어 사용하였다. 기원전 250년경 아르키메데스가 부력의 원리를 발견하면서 부터 인간들은 배를 만들고 농업용 관개수로를 설계하는 등 고전수력학이 발전되어 왔다. 우리 나라의 물레방아나 네델란드의 풍차도 오래전부터 사용되어 온 유체기기들이다.

중세시대인 17세기부터 뉴턴(I. Newton), 오일러(L. Euler), 베르누이(D. Bernoulli)와 같은 과학자들이 유체역학의 기본이론을 정립하였다. 점성과 비점성유체를 구분하였고 점성의 원리와 비점성유체의 운동을 수학적으로 해석하였다. 나비에르(Navier)와 스토크스(Stokes)는 유체의 운동방정식을 이론적으로 정립하였다. 20세기로 접어들면서 유체역학은 실험과 이론을 병행하면서 발전되어 왔다.

레이놀즈(O. Reynolds)는 층류와 난류의 특성이 다르다는 것을 발견하였다. 근대 유체역학의 선구자로 불리우는 프란틀(L. Prandtl)은 유체의 운동에서 경계층 이론을 확립하면서 항공공학의 발전에 크게 기여하였다. 리만(Riemann)과 마하(Mach)는 초음속 유체유동이론의 향상을 가져왔다. 칼만(Karman)과 테일러(G. Taylor), 블라지우스(H. Blasius) 등은 층류유동과 난류 및 와류유동현상에 대한 연구 그리고 유체 경계층 이론의 향상 등 유체역학 분야에서 많은 업적을 남겼다.

모든 흐름은 층류와 난류로 구분할 수 있다. 층류는 조용히 층을 이루며 흐르는 경우를 말하며 난류는 흐트러져서 불규칙하게 흐르는 흐름을 말한다. 예를 들면 담배 연기가 올라갈 때 처음에는 줄 모양을 이루다가 조금 지나면 흐트러지는 현상을 볼 수 있는데 여기서 처음 부분이 층류이고 나중 부분이 난류인 것이다. 난류의 유동은 그 모양만큼이나 복잡한 유체역학 방정식의 풀이를 요구한다. 최근 컴퓨터 기술이 급속도로 발전하면서 컴퓨터 프로그램을 사용한 수학적인 수치해석적 풀이방법이 많은 발전을 거듭하고 있다. 복잡한 유체역학 방정식을 수치해석적인 방법으로 푸는 전산유체역학의 발전으로 난류유동에 대한 규명이 어느 정도 가능하게 되었다. 그러나 복잡한 난류의 특성과 이에 대한 풀이는 현재까지도 만족스럽게 해결되지 못하고 있다. 앞으로도 컴퓨터를 이용한 유체역학적인 문제풀이는 계속 발전하리라 생각한다. 이 외에도 고전단유동, 부력유동, 압축성유동, 기름과 물 또는 수증기와 물이 섞인 이상유동현상 등에 대한 분석은 매우 복잡하므로 향후 연구되어야 할 과제이다.

1-2 : 수학의 기초

역학의 풀이과정은 항상 수식을 포함한 계산을 요구한다. 수학은 수식의 문제 풀이이다. 역학을 습득하기 위해서 반드시 기초가 되는 학문이 수학인 것이다. 이 책에서는 여러 가지 물리량을 나타내는 많은 기호와 수식이 사용되므로 유체역학의 공부를 위해서는 기초적인 수학공식을 알고 있는 것이 필수적이라 하겠다. 수학의 범위는 광범위하며 유체역학에 관련된 모든 수학지식을 얻으려면 많은 시간과 노력을 필요로 한다. 그러나 이 책에서는 기초적인 유체공학을 다루고 있으며 최소한의 수학공식만으로도 이해할 수 있도록 기술하였으므로 부록 I에 있는 기본적인 수학공식을 습득한다면 본서(本書)를 이해하는 데 큰 어려움은 없으리라 생각한다.

부록 I에 있는 수학공식은 등식과 방정식, 함수와 그래프, 삼각함수, 지수와 로그법칙과 미분 및 적분공식 등이 수록되었다. 부록의 내용은 중고교과정에서 공부하였던 수학 관련 지식 중 이 책에서 필요로 하는 기초적이고 중요한 공식만을 골라 수록하였다. 부록에 나타난 공식은 유체역학의 수식 풀이과정에서 꼭 필요한 것이므로 반드시 알고 넘어가야 할 것이다. 또한 이 책에서 사용하는 주요 물리상수와 수학적인 기호 및 수치는 앞표지에 나타나 있으니 참고하기 바란다.

1-3 : 기준좌표계

어떤 물체의 운동을 관찰하려면 어떤 기준틀이 있어야 하는데 이것을 기준좌표계(基準座標係)라 한다. 예를 들면 어떤 사람이 동쪽으로 500m 갔다가 남서쪽으로 300m 간 후에 도달한 위치를 알아내려면 시작점을 기준으로 동서남북의 기준선을 긋고 이 사람이 움직인 거리와 방향을 그려야만 그 사람의 도착지점을 결정할 수 있는 것이다. 이러한 동서남북의 기준선은 기준좌표계의 일종이다. 기준좌표계는 대부분 고정되어 있으나 물체의 운동을 해석하기 위해 편리하다면 움직이는 기준좌표계를 사용할 수도 있다. 우리가 살고 있는 공간은 3차원이므로 그림 1-1(a)와 같은 3차원 좌표계를 사용해서 공간상을 움직이는 물체의 운동을 해석한다. 3차원 좌표계는 $x-y-z$ 좌표계로서 각 방향의 화살표가 있는 쪽을 양의 방향(+) 그 반대쪽을 음의 방향(-)으로 정한다. 그러나 이 책에서 다루는 유체의 운동에서는 대부분의 경우 유체의 운동을 단순화해서 2차원 좌표계상의 평면운동이나 1차원인 직선 및 곡선상의 운동으로 해석하고 있다. 2차원 좌표계는 평면운동을 나타낼 수 있으며 $x-y$ 방향으로만 변화하고 z 방향으로는 변화가 없다고 생각하는 경우이다. 1차원 좌표계는 직선상이나 곡선상의 한 방향으로만 변화하는 경우이다.

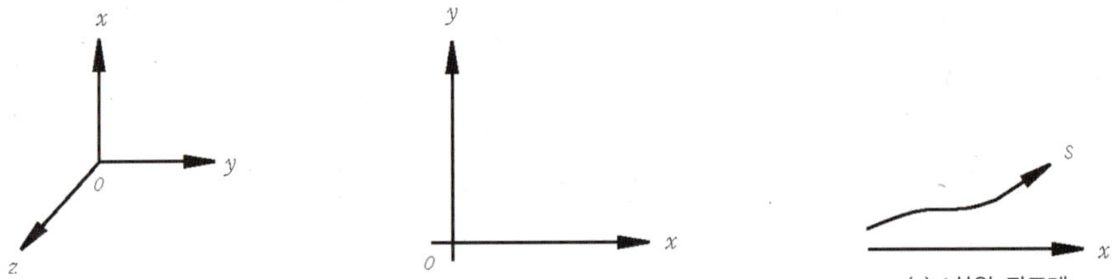

(a) 3차원 좌표계 (b) 2차원 좌표계 (c) 1차원 좌표계

그림 1-1 기준좌표계

1-4 : 힘과 모멘트

1 힘

물체에 작용하여 모양에 변화를 일으키거나 운동상태의 변화를 일으키는 원인을 힘(force)이라고 한다. 물체에 같은 크기의 힘이 작용하여도 그 힘이 물체의 어디에 또 어떤 방향으로 작용하는가에 따라 그 효과는 달라진다. 예를 들면 콩으로 갈아 만든 메주를 빚을 때 사람의 손에 의해서 메주로 전달된 것이 힘이며 이러한 힘의 크기와 방향에 따라 메주의 모양이 달라지는 것이다. 메주를 정사각형의 모양으로 만들려면 적당한 크기의 힘이 서로 수직인 방향으로 작용되어야 할 것이며 그렇지 않으면 이상한 모양의 메주가 만들어질 것이다.

따라서 힘을 표시할 때는

- 힘의 크기
- 힘이 작용하는 점
- 힘의 방향

위의 세 가지가 주어져야 함을 명심하여야 한다. 이러한 물리량을 벡터라 하고 이에 반하여 스칼라는 크기만을 갖고 있는 물리량이다. 따라서 힘은 벡터양이라 하며 벡터와 스칼라에 대한 설명은 1-6절에서 공부하기로 한다.

• 중력

중력(gravitational force, 重力)은 질량을 가진 두 물체 사이에서 작용하는 힘이다. 사과가 땅으로 떨어지는 현상으로부터 중력에 관한 수식을 완성한 뉴턴(Newton)은 중력이 물체의 질량에 비례하고 두 물체 사이의 거리의 제곱에 반비례하는 힘인 것을 알아내었다. 지구와 물체 간에 작용하는 중력은 그림 1-2와 같다.

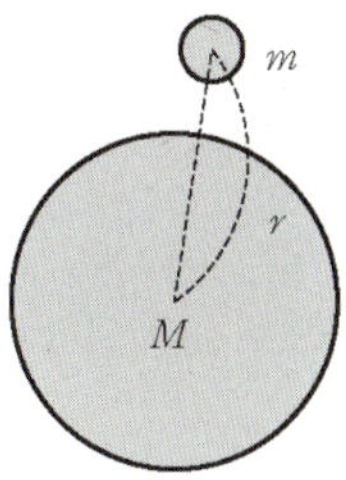

$$W = G\frac{mM}{r^2}$$

- W : 중력
- G : 만유인력상수
  $G = 6.67\times10^{-11}\mathrm{N\cdot m^2/kg^2}$
- m : 물체의 질량
- M : 지구의 질량
- r : 두 물체 사이의 거리

그림 1-2

여기로부터 중력가속도 g는 $g = G\dfrac{M}{r^2}$을 말한다. 지구 표면에서 중력가속도 $g = 9.80665\mathrm{m/s^2}$이다. 물체와 지구 사이에는 중력이 작용하는 것이다. 어떤 물체의 중력에 의한 힘을 중량(weight, 重量)이라 한다. 물체의 중량을 W라 하면

$$W = m \cdot g \tag{1-1}$$

가 된다.

중력가속도는 거리 r과 관계가 있으므로 지구의 위도에 따라 값이 약간 다르다. 지구는 엄밀히 말하면 약간 타원형이기 때문이다. 우리가 일상생활을 하면서 중력에 의해 서로 끌리지 않는 이유는 사람들 사이에 작용하는 중력의 크기가 작기 때문이다. 반면 질량이 매우 큰 지구와의 중력은 우리가 느낄 수 있을 정도로 크다.

2 모멘트

그림 1-3과 같이 물체를 한 점 o에 고정시키고 다른 점 p에 힘, F를 작용하면 이 물체는 회전한다. 이때 그 회전의 효과는 o점에서 작용선까지의 거리, ℓ과 힘의 크기에 따라 다르다. 이 회전의 효과를 모멘트(moment)라 하며 o점에 걸리는 모멘트의 크기, M은 다음과 같다.

$$M = F \times \ell$$

힘의 모멘트=힘×받침점에서 작용선까지의 수직거리 (1-2)

모멘트 $\boldsymbol{M}$은 크기와 방향을 가지고 있는 벡터양이다.

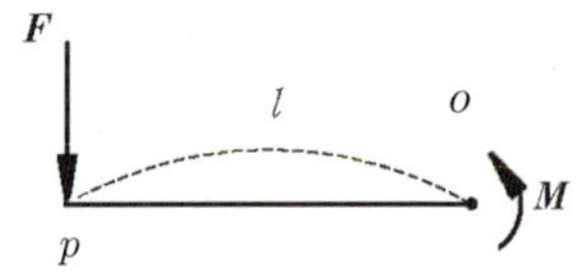

그림 1-3

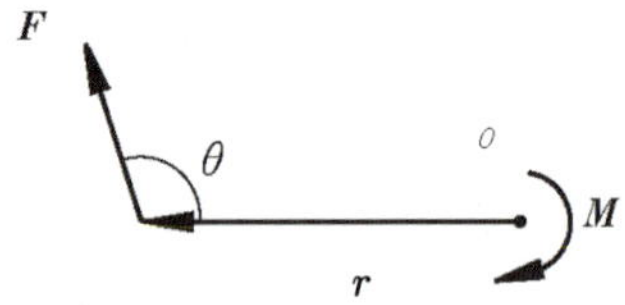

그림 1-4

그림 1-4에 나타난 모멘트 $\boldsymbol{M}$의 방향은 1-6절에 나오는 오른손의 법칙에 의해서 책 속에 수직으로 들어가는 방향이다.

일반적으로 모멘트, $\boldsymbol{M}$은 거리벡터 $\boldsymbol{r}$과 힘벡터 $\boldsymbol{F}$와의 벡터곱으로 표시된다. 그림 1-4에서

$$\boldsymbol{M} = \boldsymbol{r} \times \boldsymbol{F}$$

크기, $M = r \cdot F\sin\theta$ (1-3)

여기서 θ는 $\boldsymbol{r}$과 $\boldsymbol{F}$가 이루는 각이다. 벡터곱에 의한 모멘트 M의 방향은 1-6절에서 다루고 있다. 만일 θ가 90°인 경우에는

$$M = r \cdot F \cdot \sin\theta = r \cdot F \cdot \sin 90° = F \cdot r \quad (1\text{-}4)$$

이 되므로 이것은 거리 벡터와 힘 벡터가 90°를 이루고 있는 상기 식 (1-2)의 경우와 같게 된다.

1-5 : 속도와 가속도

물체의 운동을 설명할 때 제일 먼저 떠오르는 용어가 속도이다. 속도(velocity, 速度)는 단위시간당 움직인 거리를 말한다. 서울서 부산까지의 거리를 400km라 하고 차로 가는데 10시간이 걸렸다고 하면 주행한

평균속도는 $\frac{400\text{km}}{10\text{hour}} = 40\text{km/h}$가 되는 것이다. 수학적으로 나타내면 속도는 거리를 미분한 값이다.

$$속도 = \frac{이동\ 거리}{소요\ 시간}\left[\frac{\text{m}}{\text{s}}\right] \tag{1-5}$$

운동하는 물체의 속도가 변하면 그 물체는 가속도가 있다고 말한다. 가속도(acceleration, 加速度)는 속도의 변화량을 시간으로 나눈 값 즉 속도의 시간적인 변화율이다. 수학적으로 나타내면 가속도는 속도를 미분한 값이다.

$$가속도 = \frac{속도의\ 변화량}{소요\ 시간}\left[\frac{\text{m}}{\text{s}^2}\right] \tag{1-6}$$

속도와 가속도는 힘과 마찬가지로 크기, 방향, 작용점이 주어져야 그 양을 알 수 있다.
즉 야구공이 북쪽으로 날아가는 것과 서쪽으로 날아가는 것은 서로 방향이 틀리기 때문에 분명히 서로 다른 운동인 것이다. 따라서 속도와 가속도는 벡터양이다.

예제1

처음에 10m/s의 속도로 직선 위를 운동하고 있는 물체가 2분 후에 370m/s로 되었다면 가속도는 얼마인가?

가속도를 a라 하면 $a = \frac{370\text{m/s} - 10\text{m/s}}{60 \times 2\text{s}} = 3\frac{\text{m}}{\text{s}^2}$

즉 가속도는 매초 3m/s이다.

1-6 : 벡터와 스칼라

모든 물리량을 자세히 관찰해 보면 크기만으로 표현될 수 있는 양과 힘 또는 속도와 같이 크기, 방향, 작용점 모두를 생각해야 하는 물리량으로 구분할 수 있다. 2장의 표 2-1에 유체역학에서 다루는 여러 가지 물리적인 성질을 나타내는 물리량을 보여주고 있다.
벡터양(vector)이란 힘 또는 속도와 같이 크기, 방향, 작용점을 가진 물리량을 말한다.
벡터양은 화살표로 나타내고 그 화살표로 벡터의 크기, 방향, 작용점을 표현한다. 이에 반하여 부피나 질량, 시간 같은 물리량은 그 양만 가지고도 충분히 표현될 수 있으며 이것을 스칼라양(scalar)이라 한다. 모든 물리량은 벡터와 스칼라로 구분 지을 수 있다.

- 벡터양 : 힘, 속도, 가속도, 모멘트 등
- 스칼라양 : 길이, 질량, 시간, 온도, 밀도, 일, 에너지, 넓이 등

벡터양인 물리량의 기호는 문자 위에 화살표를 붙이거나 진한 글자를 사용한다.

$\vec{a}$, $\vec{V}$, $\vec{F}$, $\vec{M}$ 또는 $\boldsymbol{a}$, $\boldsymbol{V}$, $\boldsymbol{F}$, $\boldsymbol{M}$

벡터는 방향을 가지고 있으므로 벡터의 연산을 위해서는 $x-y-z$ 방향의 벡터성분 모두를 고려해야 한다(2차원인 경우 $x-y$ 방향). 그림 1-5와 같은 벡터 $\boldsymbol{F}$는 아래와 같이 나타낼 수 있다.

$$\boldsymbol{F}=\boldsymbol{F}_x+\boldsymbol{F}_y+\boldsymbol{F}_z=F_x\boldsymbol{i}+F_y\boldsymbol{j}+F_z\boldsymbol{k} \tag{1-7}$$

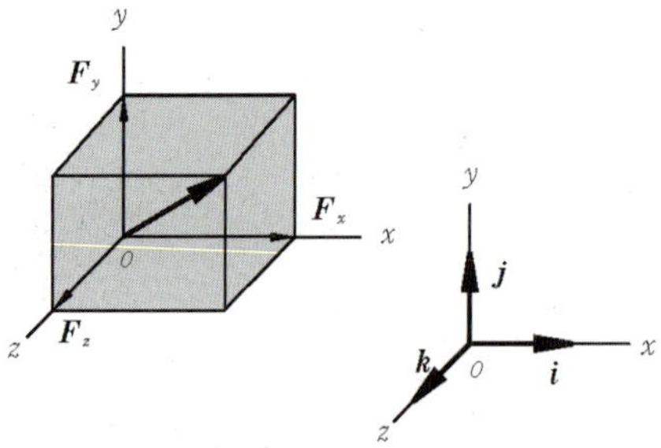

여기서 $F_x=x$ 방향 벡터성분의 크기
$F_y=y$ 방향 벡터성분의 크기
$F_z=z$ 방향 벡터성분의 크기
$\boldsymbol{i}=x$ 방향의 단위벡터
$\boldsymbol{j}=y$ 방향의 단위벡터
$\boldsymbol{k}=z$ 방향의 단위벡터

그림 1-5

벡터 $\boldsymbol{F}$의 크기 F는 피타고라스 정리로부터

$$F=\sqrt{F_y^2+F_y^2+F_z^2} \tag{1-8}$$

단위벡터 $\boldsymbol{i}$, $\boldsymbol{j}$, $\boldsymbol{k}$는 그림과 같이 크기가 1인 방향만 가지고 있는 벡터를 말한다.
벡터는 크기와 함께 방향을 가지고 있으므로 덧셈과 뺄셈을 하기 위해서는 공간상에 좌표를 설정해 놓고 각 방향에 대해서 같은 방향에 대한 성분끼리 따로따로 계산하여야 한다. 벡터 $\boldsymbol{a}$와 $\boldsymbol{b}$의 성분을 각각

$$\boldsymbol{a}=a_x\boldsymbol{i}+a_y\boldsymbol{j}$$
$$\boldsymbol{b}=b_x\boldsymbol{i}+b_y\boldsymbol{j}$$

라 하면 벡터의 합과 차는

$$\boldsymbol{a}+\boldsymbol{b}=(a_x+b_x)\boldsymbol{i}+(a_y+b_y)\boldsymbol{j} \tag{1-9}$$
$$\boldsymbol{a}-\boldsymbol{b}=(a_x-b_x)\boldsymbol{i}+(a_y-b_y)\boldsymbol{j} \tag{1-10}$$

공간상에 벡터 $\boldsymbol{a}$, $\boldsymbol{b}$, $\boldsymbol{c}$가 있고, 스칼라 λ, μ, v가 있다고 한다면 벡터는 다음과 같은 성질을 가지고 있다.

$$\boldsymbol{a}+\boldsymbol{b}=\boldsymbol{b}+\boldsymbol{a}$$
$$\boldsymbol{a}+(\boldsymbol{b}+\boldsymbol{c})=(\boldsymbol{a}+\boldsymbol{b})+\boldsymbol{c}$$

$$\lambda(\mu a) = (\lambda\mu)a$$
$$(\mu+v)a = \mu a + va$$
$$\lambda(a+b) = \lambda a + \lambda b$$

1 벡터의 합

두 벡터를 합하는 방법은 아래와 같이 두 벡터의 머리와 꼬리를 연속으로 이어 붙여 구하는 법과 평행사변형을 이용하는 법이 있다. 두 가지 모두 옳은 방법이므로 그때그때 편리한 대로 아무 방법이나 적용하면 된다. 2차원 평면에서의 벡터를 생각하면

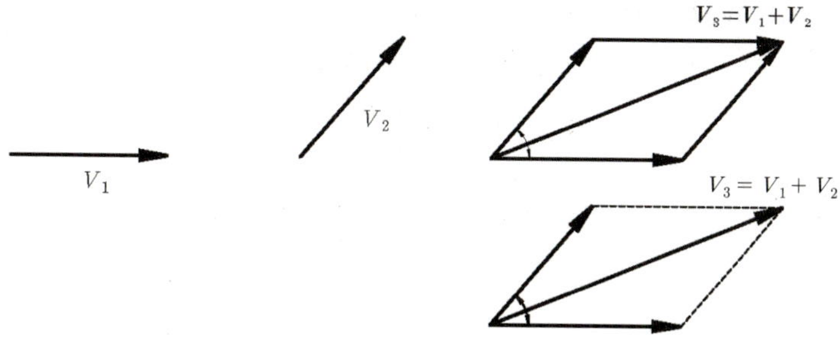

그림 1-6

두 벡터를 합한 벡터 V_3의 크기는

$$V_3 = \sqrt{V_1^2 + V_2^2 + 2V_1V_2\cos\theta} \tag{1-11}$$

위와 같은 벡터의 크기는 아래 그림과 같이 피타고라스의 정리로부터 구한다.

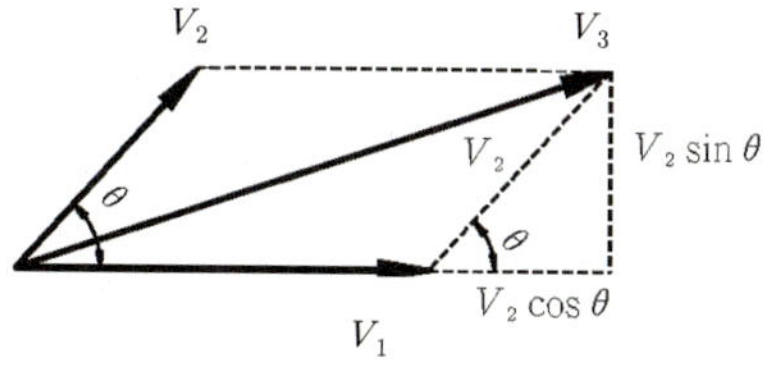

그림 1-7

$$\begin{aligned} V_3^2 &= (V_1 + V_2\cos\theta)^2 + (V_2\sin\theta)^2 \\ &= (V_1^2 + 2V_1V_2\cos\theta + V_2^2\cos^2\theta) + V_2^2\sin^2\theta \\ &= V_1^2 + V_2^2 + 2V_1V_2\cos\theta \end{aligned}$$

$$\therefore\ V_3 = \sqrt{V_1^2 + V_2^2 + 2V_1V_2\cos\theta}$$

상기 식은 θ가 90°보다 작은 예각이거나 θ가 90°보다 큰 둔각이어도 상관없이 모두 적용된다.

2 벡터의 차

두 벡터의 차를 구하는 방법은 아래 그림과 같이 $(\boldsymbol{V}_1 - \boldsymbol{V}_2)$이므로 $\boldsymbol{V}_1$에 $-\boldsymbol{V}_2$를 더하면 된다. 여기서 $-\boldsymbol{V}_2$는 $\boldsymbol{V}_2$와 크기는 같고 방향만 반대인 벡터를 말한다. 벡터의 차는 벡터의 합에서 벡터의 역방향 성질을 사용한 것이다.

$$\boldsymbol{a} - \boldsymbol{b} = \boldsymbol{a} - (-\boldsymbol{b})$$

$$\boldsymbol{V}_3 = \boldsymbol{V}_1 - \boldsymbol{V}_2 \qquad (1-12)$$

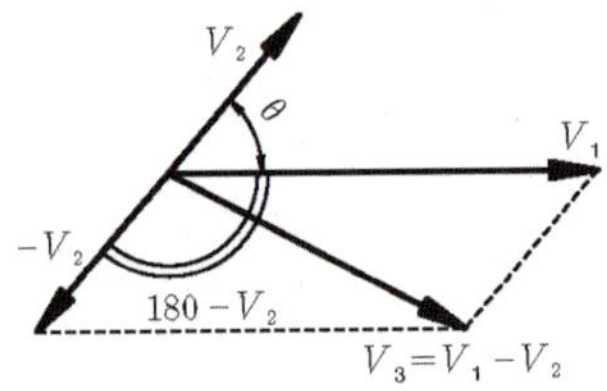

그림 1-8

위 그림으로 부터 $\boldsymbol{V}_1$에서 $\boldsymbol{V}_2$를 빼는 것은 $-\boldsymbol{V}_2$를 더한 것과 같음을 알 수 있다. 두 벡터의 차인 벡터 $\boldsymbol{V}_3$의 크기는 V_1과 V_2과 이루는 각을 θ라 할 때

$$V_3 = \sqrt{V_1^2 + V_2^2 + 2V_1V_2\cos(180° - \theta)}$$

로 표시된다. 여기서 $\cos(180° - \theta) = -\cos\theta$이므로

$$V_3 = \sqrt{V_1^2 + V_2^2 - 2V_1V_2\cos\theta} \qquad (1-13)$$

로 쓸 수 있다.

3 벡터의 분해

2차원 벡터인 경우 벡터 $\boldsymbol{F}$를 x와 y 방향으로 분해하면

x 방향성분의 크기 : $F_x = F\cos\theta$ (1-14)

yx 방향성분의 크기 : $F_y = F\sin\theta$ (1-15)

합벡터의 크기 : $F = \sqrt{F_x^2 + F_y^2}$ (1-16)

$\tan\theta = \dfrac{F_y}{F_x}$ 이므로 $\theta = \tan^{-1}\dfrac{F_y}{F_x}$

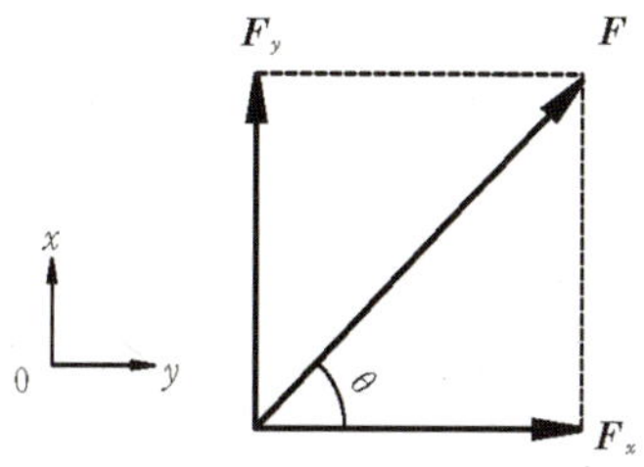

그림 1-9

4 벡터의 스칼라곱과 벡터곱

(1) 스칼라곱

두 벡터 $\boldsymbol{A}$, $\boldsymbol{B}$가 θ의 각을 이룰 때 두 벡터를 곱하여 $A \cdot B \cdot \cos\theta$와 같은 스칼라값이 될 때 이 곱셈을 두 벡터의 스칼라곱(scalar product)이라 한다. 스칼라곱은 또한 내적(內積)이라고도 한다.

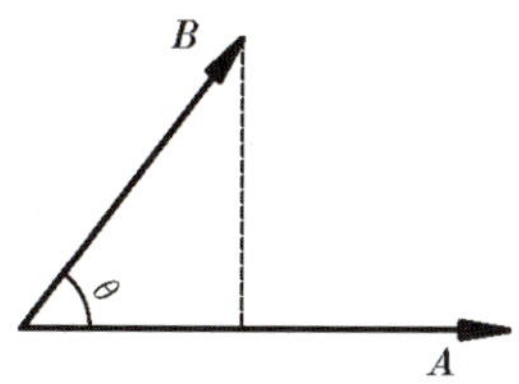

그림 1-10

• 스칼라곱의 표시방법

$\boldsymbol{A} \cdot \boldsymbol{B}$로 표시하며 영문으로는 dot product 또는 scalar product라고 한다.

• 스칼라곱의 정의

$$\boldsymbol{A} \cdot \boldsymbol{B} = AB\cos\theta \tag{1-17}$$

여기서 벡터 $\boldsymbol{A}$와 $\boldsymbol{B}$의 크기는 각각 A와 B이다.

• 스칼라곱의 법칙

$$\boldsymbol{A} \cdot \boldsymbol{B} = \boldsymbol{B} \cdot \boldsymbol{A}$$
$$\boldsymbol{A} \cdot \boldsymbol{A} = A^2$$

공간좌표에서 단위벡터를 $\boldsymbol{i}$, $\boldsymbol{j}$, $\boldsymbol{k}$라 하면

$$\boldsymbol{i} \cdot \boldsymbol{j} = \boldsymbol{j} \cdot \boldsymbol{k} = \boldsymbol{k} \cdot \boldsymbol{i} = 0 \ (\because \ \cos 0° = 1)$$
$$\boldsymbol{i} \cdot \boldsymbol{i} = \boldsymbol{j} \cdot \boldsymbol{j} = \boldsymbol{k} \cdot \boldsymbol{k} = 1 \ (\because \ \cos 90° = 0)$$

(2) 벡터곱

두 벡터 $\boldsymbol{A}$, $\boldsymbol{B}$가 θ의 각을 이룰 때 두 벡터를 곱하여 그 크기가 $A \cdot B \cdot \sin\theta$가 되고, 방향이 $\boldsymbol{A}$, $\boldsymbol{B}$를 포함하는 평면에 수직하며 그림과 같이 오른손을 감을 때(A에서 B방향으로 감는다) 생기는 엄지손가락의 방향을 갖는 새로운 벡터 $\boldsymbol{C}$가 될 때 이 곱셈을 두 벡터의 벡터곱(vector product)이라 한다. 벡터곱은 또한 외적(外積)이라고도 한다. 벡터 $\boldsymbol{C}$는 그림과 같이 오른손의 엄지손가락의 방향을 갖는다. 이것을 오른손의 법칙이라 한다.

• 벡터곱의 표시방법

$\boldsymbol{A} \times \boldsymbol{B}$로 표시하며 영문으로는 cross product 또는 vector product라고 한다.

• 벡터곱의 정의

$\boldsymbol{A} \times \boldsymbol{B} = \boldsymbol{C}$ 벡터 C의 크기는

$$\boldsymbol{A} \times \boldsymbol{B} = \boldsymbol{C} = A \cdot B \cdot \sin\theta \tag{1-18}$$

여기서 벡터 $\boldsymbol{A}$, $\boldsymbol{B}$, $\boldsymbol{C}$의 크기는 각각 A, B, C이다. 벡터 $\boldsymbol{C}$의 방향은 오른손의 법칙을 따른다.

• 벡터곱의 법칙

$$A \times B = -B \times A$$
$$A \times A = 0$$

공간좌표에서 단위벡터를 i, j, k라 하면

$$i \times i = j \times j = k \times k = 0 \quad (\because \sin 0° = 0)$$

오른손의 법칙에서

$$i \times j = k,\ j \times i = -k,$$
$$j \times k = i,\ k \times j = -i,$$
$$k \times i = j,\ i \times k = -j,$$

상기한 단위벡터의 벡터곱은 오른손의 법칙을 따름을 알 수 있다.

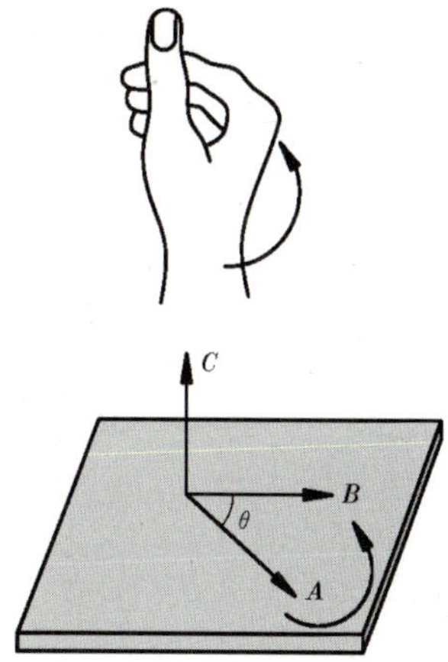

그림 1-11

1-7 : 힘의 평형법칙

정지해 있는 물체는 그 물체 자체에 작용되고 있는 모든 힘이나 모멘트가 서로 평형을 이루고 있다. 예를 들어 그림과 같은 물체가 지면 위에 놓여져 있다고 생각하면 물체 자체의 무게와 지면에서 물체를 떠 받치고 있는 힘과 서로 크기가 같고 방향이 반대이므로 평형을 이루고 있는 것이다. 이와 같은 경우 물체는 평형상태에 있다고 말한다. 즉 한 물체에 두 개 이상의 힘이 동시에 작용할 때 물체가 정지해 있거나 원래의 운동상태에 변화가 없을 때 그 물체는 평형상태에 있다고 한다. 어떤 물체에 걸리는 힘의 평형법칙은

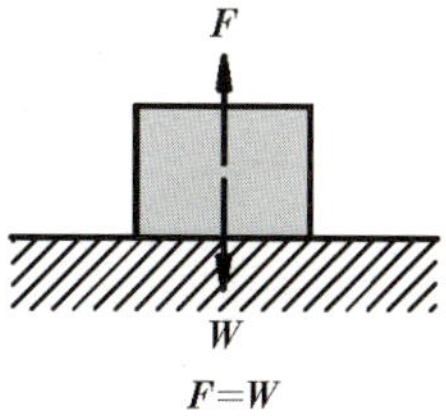

그림 1-12

• 그 물체에 걸리는 모든 힘들의 합이 0이 되어야 한다.

$$\Sigma \boldsymbol{F}_i = 0 \tag{1-19}$$

• 그 물체에 걸리는 모든 모멘트들의 합도 0이 되어야 한다.

$$\Sigma \boldsymbol{M}_i = 0 \text{ (여기서, } \boldsymbol{M}_i = \boldsymbol{r}_i \times \boldsymbol{F}_i\text{)} \tag{1-20}$$

1-8 : 원운동

물체의 운동을 자세히 관찰해 보면 직선적으로 운동하는 경우와 곡선상을 움직이는 경우로 나누어 생각할 수 있다. 곡선상을 움직이는 경우 중 가장 간단한 경우로서 그림과 같은 등속원운동을 생각해 보자. 등속원운동(等速圓運動)이란 원의 주위를 일정한 속도로 운동하는 것을 말한다. 예를 들면 돌을 실에 감아 빙빙 돌린다거나 또는 지구 주위를 일정한 속력으로 돌고 있는 원궤도 위성운동 등이 있다. 이런 경우는 힘의 방향이 물체의 운동 방향과 항상 수직을 이루고 있어서 속도의 크기는 일정하나 방향만 변하는 운동이 된다. 이러한 원운동이 일어나는 이유는 물체의 운동 방향에 수직인 힘(구심력)이 계속 작용하고 있기 때문이다.

원운동의 특성을 이해하려면 각속도를 알아야 한다. 각속도란 단위시간당 변화한 각도를 말한다. 각속도는 라디안(radian)의 단위를 가진다. 그림 1-13처럼 등속원운동을 하는 물체의 속력은 원궤도 위의 어느 점에서나 같으므로 만일 시간 t 동안에 l만큼 원궤도 운동을 했다면 속력은 $\frac{l}{t}$로 나타낸다. 그런데 그 동안 움직인 중심각의 변화가 θ라면 각도의 변화이므로 각속도, $\omega = \frac{\theta}{t}$이다. 그러면 여기서 원호와 반지름과의 관계인 $l = r\theta$를 이용해서 속도(엄밀히 말하면 선속도) v와 각속도 ω의 관계를 구해보면,

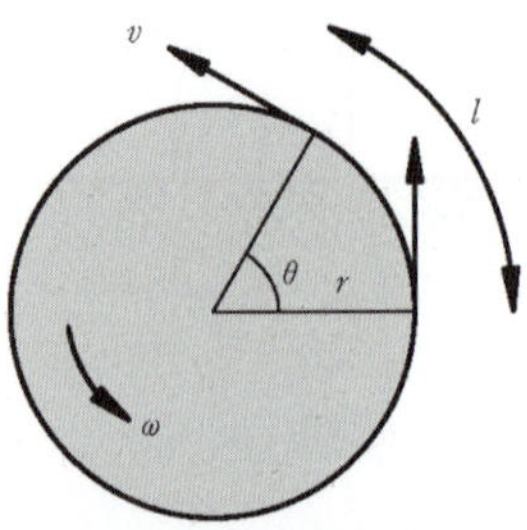

그림 1-13

$$속도 : v = \frac{l}{t} = \frac{r \cdot \theta}{t} = r \cdot \omega \tag{1-21}$$

$$각속도 : \omega = \frac{\theta}{t}$$

$$원호길이 : l = r \cdot \theta$$

즉 원운동에서 선속도 v의 크기는 $v = r \cdot \omega$이다.

1-9 : 절대속도와 상대속도

우리가 일반적으로 말하는 속도란 지상에 고정된 위치에서 관찰한 속도로서 이것을 절대속도(absolute velocity, 絕對速度)라 한다. 그러나 어떠한 물체의 운동을 표현할 때는 항상 기준이 움직이고 있는지 고정되어 있는지가 중요하다. 속도는 관찰자의 운동 여하에 따라 다르게 나타나기 때문이다. 상대속도(relative velocity, 相對速度)란 기준점이 움직이고 있는 상태에서 관찰한 속도를 말한다. 예를 들면 달리는 버스에 타고서 버스와 같은 속도로 도로에서 조깅(jogging)하고 있는 사람의 속도를 관찰해 보면 속도는 0인 것이다. 또는 지면에 가만히 서서 저 앞에 있는 전봇대를 보면 전봇대의 속도는 0임을 알 수 있다. 그러나 관찰자가 V라는 속도로 걸으면 전봇대를 보면 전봇대가 V라는 속도로 관찰자에게 다가오는 것으로 보인다. 이러한 것을 상대속도라 한다.

속도는 벡터양이므로 벡터를 써서 상대속도를 나타내면

A 물체의 절대속도를 $\boldsymbol{V_A}$, B 물체의 절대속도를 $\boldsymbol{V_B}$라 하면

A 물체에 대한 B 물체의 상대속도는 $\boldsymbol{V_{B/A}}$라 표기하며 아래와 같이 정의한다.

$$\boldsymbol{V_{B/A}} = \boldsymbol{V_B} - \boldsymbol{V_A} \tag{1-22}$$

따라서

$$\boldsymbol{V_B} = \boldsymbol{V_A} + \boldsymbol{V_{B/A}}$$

상기 식을 설명하면 V_A라는 속도로 움직이고 있는 물체에 타고 앉아서 B 물체를 관찰했을 때 이 사람이 관찰한 속도는 상대속도인 $V_{B/A}$이다. 따라서 B 물체의 절대속도, V_B (즉 지상에 고정된 사람이 관찰한 B의 속도)는 A 물체의 절대속도, V_A에다가 A 물체에 대한 B 물체의 상대속도, $V_{B/A}$를 더한 것과 같다는 것이다. 또한 B 물체에 대한 A 물체의 상대속도는 $\boldsymbol{V_{A/B}}$ 이므로

$$V_{A/B} = V_A - V_B \tag{1-23}$$

로 정의한다. 따라서

$$V_{A/B} = -V_{B/A} \tag{1-24}$$

임을 알 수 있다. 즉 A에 대한 B의 상대속도는 B에 대한 A의 상대속도와 크기는 같으나 방향이 반대인 것이다.

예제2

두 대의 차 A, B가 같은 방향으로 달리고 있다. A는 30m/s, B는 70m/s일 때 A에 탄 사람은 B의 속도가 얼마로 보이겠는가?

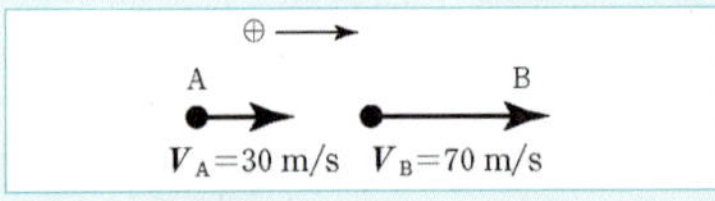

A가 느끼는 B의 속도는 A에 대한 B의 상대속도이므로

$V_{B/A} = V_B - V_A$

$V_{B/A} = 70 - 30 = 40\text{m/s}$

예제3

서로 마주보고 달려오는 A 자동차와 B 자동차의 속도가 각각 100km/h라면

(1) B 자동차의 A 자동차에 대한 상대속도는 얼마인가?

(2) A 자동차의 B 자동차에 대한 상대속도는 얼마인가?

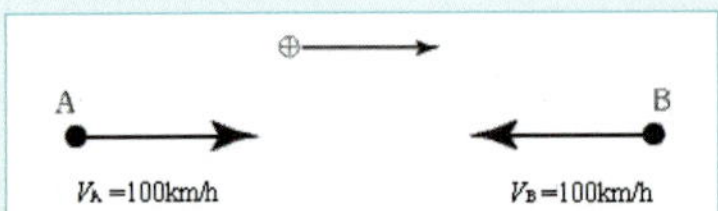

(1) A 자동차에 대한 B 자동차의 상대속도를 $V_{B/A}$

A 자동차의 절대속도를 V_A

B 자동차의 절대속도를 V_B라 하면

그림과 같은 좌표계에서 $V_A = 100i$, $V_B = -100i$이므로

$V_{B/A} = V_B - V_A = \{(-100) - (+100)\}i = -200i\text{km/h}$

즉 왼쪽방향으로 크기가 200km/h인 속도이다. 즉

$V_{B/A} = 200\text{km/h} \leftarrow$

(2) B 자동차에 대한 A 자동차의 상대속도는 $V_{A/B}$이므로

$V_{A/B} = -V_{B/A}$

$V_{A/B} = -(-200)i = 200i\text{km/h}$

즉 $V_{A/B} = 200\text{km/h} \rightarrow$

예제4

강물이 동쪽으로 3km/h의 일정한 속력으로 흐르고 있다. 북쪽을 향하고 있는 배가 물에 대하여 6km/h의 속력으로 강을 가로질러 가고 있다. 땅 위에 정지해 있는 사람이 관측한 배의 속도를 구하여라.

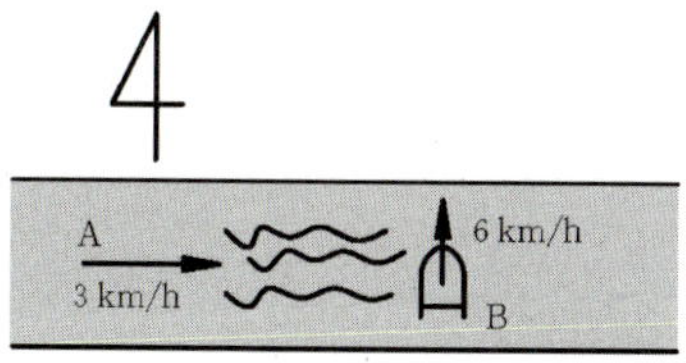

땅 위에서의 관측자가 측정한 배의 속도는 절대속도이다.

물의 절대속도를 $\boldsymbol{V_A}$, 물에 대한 배의 상대속도를 $\boldsymbol{V_{B/A}}$, 배의 절대속도를 V_B라 하면 $\boldsymbol{V_B} = \boldsymbol{V_{B/A}} + \boldsymbol{V_A}$이므로

$V_B = \sqrt{V_{B/A}^2 + V_A^2}$

$V_B = \sqrt{6^2 + 3^2} = 6.708\text{km/h}$

$(\theta = \tan^{-1}\frac{6}{3} = 63.4°)$

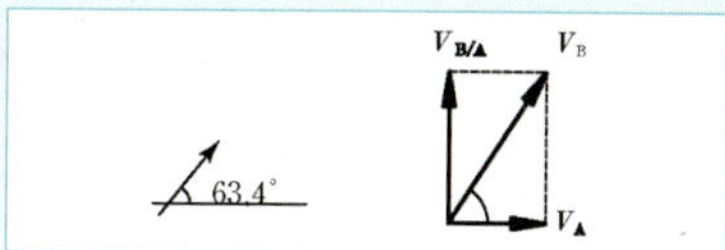

1-10 : 뉴턴의 운동법칙

1 뉴턴의 운동 제1법칙

물체는 외부에서 작용을 받지 않는 한 그 운동상태(정지 또는 운동)는 변하지 않는다.

즉 가속도가 생기지 않는다. 이것을 뉴턴(Newton)의 운동 제1법칙이라 한다. 이 법칙은 물체가 현재의 운동상태를 지속하려고 하는 성질, 즉 관성(inertia, 慣性)을 가지고 있다고 말한다. 정지해 있는 물체는 그대로 정지한 상태를 계속하려고 하고 운동하고 있는 물체는 계속 운동하려고 한다. 따라서 제1법칙은 관성의 법칙이라고도 한다.

2 뉴턴의 운동 제2법칙

물체에 힘이 작용하면 그 힘의 방향에 가속도가 생기고 이러한 가속도의 크기는 작용한 힘, $\boldsymbol{F}$에 비례하고 그 물체의 질량에 반비례한다. 이것을 뉴턴의 운동 제2법칙이라 한다. 가속도를 a, 질량을 m이라 하면

$$F = m \cdot a$$

힘=질량×가속도 (1-25)

3 뉴턴의 운동 제3법칙

물체 A가 다른 물체 B에 힘을 주면 이 힘과 크기가 같고 방향이 서로 반대인 힘을 B가 A에 도로 준다. 이것을 뉴턴의 운동 제3법칙이라 한다. 운동 제3법칙은 작용 반작용의 법칙이라고도 한다.

1-11 : 운동량과 운동량보존법칙

1 운동량(運動量)

운동하고 있는 물체를 갑자기 멈추게 하는 데는 큰 힘이 필요하게 된다. 물체의 속도가 빠를수록 또 같은 속도일 때는 질량이 클수록 운동을 멈추게 하는 힘은 커진다. 질량 m의 물체가 속도 v로 운동하고 있을 때 질량에 속도를 곱한 값, mv를 하나의 양으로 취급하여 이것을 운동량이라 한다. 또한 힘 F에 힘의 작용시간 t를 곱한 값을 충격량(또는 역적)이라 한다. 이 책의 5장에서 운동량의 법칙에 대해서 자세히 배울 것이다.

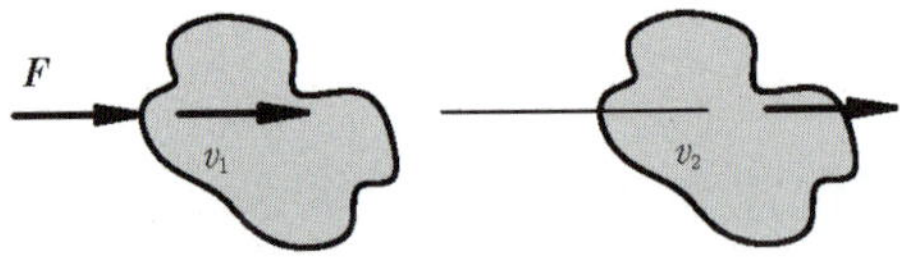

그림 1-14

$$m \cdot v = \text{질량} \times \text{속도} = \text{운동량[kg·m/s]}$$
$$F \cdot t = \text{힘} \times \text{시간} = \text{충격량[kg·m/s]} \qquad (1\text{-}26)$$

질량 m인 물체에 힘 F가 짧은 시간 t초간 작용해서 속도가 v_i에서 v_2로 되었다면 가속도, a는

$a = \dfrac{v_2 - v_1}{t}$ 이므로 뉴턴의 운동 제2법칙에서

$$F = m \cdot a = m \cdot \frac{v_2 - v_1}{t}$$
$$\therefore\ m \cdot v_2 - m \cdot v_1 = F \cdot t$$

$$m \cdot \Delta \boldsymbol{v} = \boldsymbol{F} \cdot t$$
$$\text{운동량의 변화} = \text{충격량} \qquad (1\text{-}27)$$

즉 물체의 운동량의 변화는 그 사이에 작용한 충격량과 같다. 운동량과 충격량은 모두 벡터양이다.

2 운동량 보존 법칙

아래와 같이 두 당구공의 정면충돌을 생각해 보자. 충돌하는 과정에서 각 공의 운동량은 변하지만 전체 운동량은 변하지 않는다. 충돌하기 전의 1번 공의 운동량을 $m_1 \cdot v_1$이라 하고 2번 공의 운동량을 $m_2 \cdot v_2$라고 하면, 충돌 전의 전체 운동량은 $m_1 \cdot v_1 + m_2 \cdot v_2$이다. 충돌 후에는 각 공의 속도가 달라지므로 각 공의 운동량을 각각 $m_1 \cdot v_1'$와 $m_2 \cdot v_2'$라 하자. 그러면 충돌 후에 전체 운동량은 $m_1 \cdot v_1' + m_2 \cdot v_2'$이다. 충돌이 정면충돌이건 아니건 상관없이 충돌 전의 전체 운동량과 충돌 후의 전체 운동량은 항상 같다. 즉

$$m_1 \cdot v_1 + m_2 \cdot v_2 = m_1 \cdot v_1' + m_2 \cdot v_2'$$

처음상태의 운동량의 합=나중상태의 운동량의 합 (1-28)

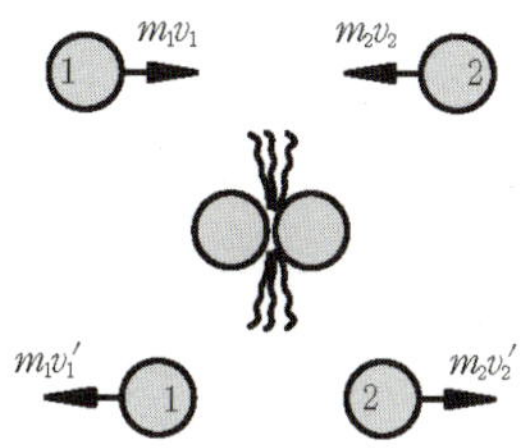

그림 1-15

즉 충돌하기 전의 물체 m_1, m_2의 운동량의 합은 충돌한 후의 물체 m_1, m_2의 운동량의 합과 같다. 이것을 운동량 보존 법칙이라 한다. 만일 한 공의 운동량이 감소되었다면 다른 공의 운동량은 그 양만큼 증가하게 되는 것이다.

예제5

질량이 1600kg인 자동차가 속력 10km/h로 움직이다가 질량이 50kg인 정지한 물체와 충돌한 경우 물체는 충돌 후 얼마의 속력(km/h)으로 움직이는가? (단, 완전탄성충돌이라고 한다.)

$m_1 \cdot v_1 + m_2 \cdot v_2 = m_1 \cdot v_1' + m_2 \cdot v_2'$에서 $v_2 = 0$이며

충돌 후의 속도 v'는 $v' = v_1' = v_2'$(∵ 완전탄성충돌)인 경우이다.

$$v' = \frac{m_1 v_1}{m_1 + m_2} = \frac{1600\text{kg} \times 10\text{km/h}}{1600\text{kg} + 50\text{kg}} = 9.697\text{km/h}$$

1-12 : 일과 에너지보존법칙

1 일

어떤 물체에 힘이 작용하여 물체가 그 방향으로 움직였다 하면 힘 또는 힘을 내는 물체는 일(work)을 하였다고 한다. 힘을 받아서 움직인 물체는 일을 받았다고 한다. 일을 W라 할 때

$$W = \boldsymbol{F} \cdot \boldsymbol{d} = Fd\cos\theta \tag{1-29}$$

여기서 힘 $\boldsymbol{F}$와 거리 $\boldsymbol{d}$는 벡터양이다. 상기 식은 벡터의 스칼라양을 나타낸 것이다. 따라서 일은 스칼라양으로서 힘벡터 $\boldsymbol{F}$와 거리벡터 $\boldsymbol{d}$와의 스칼라적이다. 즉 일은 힘과 힘에 평행한 방향성분의 변위를 곱한 양이다.

만일 벽돌을 메고 높은 곳으로 올라갔을 때 그림 1-16(b)는 일을 한 것이나 서류뭉치를 들고 수평으로 이동하였을 때 그림 1-16(a)는 일을 하지 않은 것이다(∵ 그림 1-16(a)에서 $\cos 90° = 0 \rightarrow W = 0$).

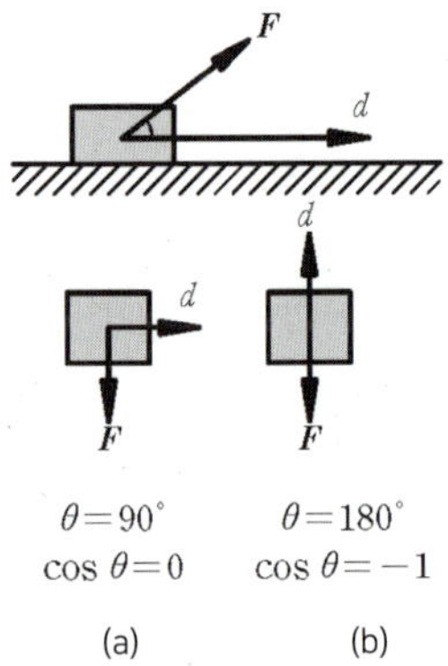

그림 1-16

2 에너지

에너지(energy)란 일을 할 수 있는 능력을 말하며 일과 같은 단위를 가진다. 높은 곳에 있는 물체가 떨어질 때는 물바퀴를 움직이고, 날아가는 탄환이 벽에 부딪치면 구멍을 뚫는 일을 하고, 고온의 수증기는 증기기관차를 움직이는 일을 한다. 이와 같이 물체가 일을 할 수 있는 능력을 가졌을 때 물체는 에너지를 가졌다 한다. 에너지의 종류는 그 형태에 따라서 여러 가지로 분류할 수 있지만 이 책에서 다루는 에너지는 아래와 같은 세 가지 형태의 에너지이다.

운동에너지 : 운동하고 있는 물체의 에너지$=\frac{1}{2}mv^2$(m는 질량, v는 속도)

위치에너지 : 높은 곳에서 떨어지면서 일을 할 수 있는 에너지$=mgh$(h는 높이차)

압력에너지 : 큰 압력에 의해서 일을 할 수 있는 에너지= $\frac{m}{\rho}p$ (p는 압력, ρ는 밀도)

에너지의 종류에는 이외에도 열에너지, 빛에너지, 전기에너지, 화학에너지, 탄성에너지 등 여러 가지가 있으나 유체역학에서 주로 생각하고 있는 에너지는 상기한 세 가지 에너지뿐이다.

3 에너지 보존법칙

높은 곳에 있는 물체가 낙하하면 위치에너지는 줄어드는 대신 속도가 차차 커져서 운동에너지는 커진다. 이때에 위치에너지와 운동에너지의 합은 어느 곳에서나 항상 일정하다. 유체의 운동일 경우 압력의 형태로 가지고 있는 압력에너지도 포함한다. 유체의 경우 전 역학적 에너지의 양은 외부로의 에너지 손실이 없다면 에너지의 형태만 다를 뿐 운동하는 도중의 각 점에서 항상 일정하다. 이것을 에너지 보존법칙이라 한다.

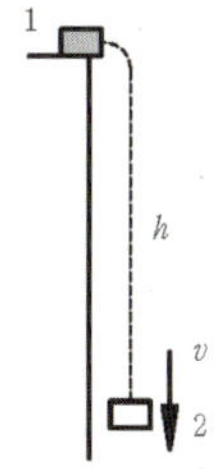

그림 1-17

운동에너지+위치에너지+압력에너지 = 일정

높이 h에 있는 물체가 떨어지는 경우를 생각해 보자. 역학적 에너지 사이의 보존법칙으로부터 물체가 밑으로 떨어질 때의 속도는 위치에너지가 줄은 만큼 속도에너지는 커지는 것이므로 주위 공기와의 마찰을 무시하면(여기서 압력 에너지는 없다.)

$$\frac{1}{2}mv^2 = mgh$$

$$\therefore\ v = \sqrt{2gh} \qquad (1\text{-}30)$$

1-13 : 물체의 무게중심

물체는 작은 알맹이의 모임이라 생각할 수 있고 이러한 작은 알맹이는 각각의 무게를 가지고 있다. 이러한 각각의 무게(또는 중량)의 합력이 작용하는 점을 물체의 무게중심 또는 무게심이라 한다. 이 무게중심은 물체 자체의 고유한 점으로서 물체의 위치나 물체를 어떻게 놓느냐에는 관계없이 물체 안에 고정된 한 점이다. 물체에 작용하는 전 중력의 합이 무게중심에 모여 있다고 생각할 수 있다.

1 무게중심점의 위치

- 막대, 원통, 원판, 고리, 구 등의 무게중심은 그 대칭의 가운뎃점이다.
- 평행사변형의 판자는 대각선이 만나는 점이다.
- 삼각형의 판자는 세 중심선이 만나는 점이다. 즉 삼각형의 무게중심점은 각변의 중심선과 꼭짓점을 연결한 선을 2 : 1로 내분하는 점이다.

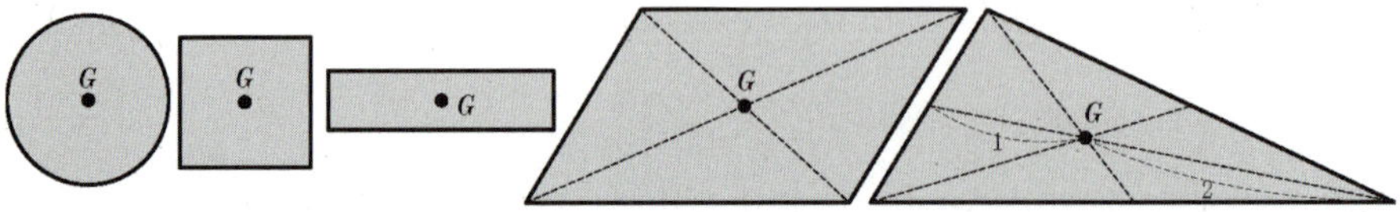

그림 1-18

2 무게중심의 좌표

위와 같은 간단한 도형 이외에 복잡한 형상을 가진 물체의 무게중심점은 부분적으로 나누어서 생각한다. 물체의 각 부분의 무게중심의 위치를 알면 전체의 무게중심의 위치를 구할 수 있다. 간단한 경우로서 그림과 같이 어떤 물체를 두 개의 부분으로 나눌 수가 있다고 생각하자. A 부분의 질량은 m_1이고 B 부분의 질량은 m_2라 하고 떨어진 거리를 $X-Y$ 평면상의 좌표로 그림과 같이 나타내었다(B점에는 배구공이 있고 A점에는 정구공이 있다고 상상해 보자). 이 물체 전체의 무게중심점의 위치 G는 질량의 중심점이므로 물체 내의 모든 질량요소의 G점에 대한 모멘트는 0이 되어야 한다. 그림에서는 질량이 m_1과 m_2, 두 개 뿐이므로

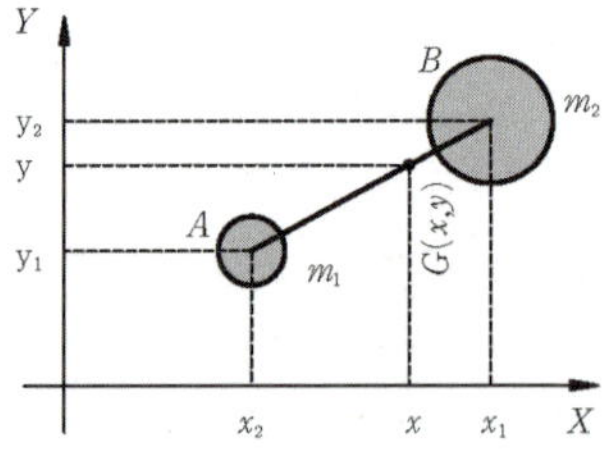

그림 1-19

m_1의 G점에 대한 모멘트 : $m_1(x-x_1)$

m_2의 G점에 대한 모멘트 : $m_2(x_2-x)$

라는 두 모멘트의 합이 0이 되어야 한다.

$m_1(x-x_1)-m_2(x_2-x)=0$

(∵ 두 모멘트는 방향이 서로 반대이므로 하나는 -부호가 붙는다.)

$(m_1+m_2)x=m_1x_1+m_2x_2$

$$\therefore\ x=\frac{m_1x_1+m_2x_2}{m_1+m_2} \tag{1-31}$$

마찬가지 방법으로 y를 구할 수 있다.

$$y=\frac{m_1y_1+m_2y_2}{m_1+m_2} \tag{1-32}$$

상기와 같은 방법으로 무게중심점 G의 x, y 좌표점을 구한다.

1-14 : 안정과 불안정

1 안정한 놓임

어떤 물체의 중력은 항상 그 물체의 무게중심점에서 작용한다. 그림 1-20(a)와 같이 외부에서 힘이 작용하여도 그 물체의 중력, W와 책상의 항력, R이 하나의 짝힘이 되어 처음의 상태로 회복하려고 한다. 이러한 놓임을 안정한 놓임이라 하며 기울었을 때 무게중심점, G의 위치는 처음보다 높아지고 이 물체를 넘어지게 하려면 많은 힘이 필요하다. 이 일의 대소로 안정도를 잰다.

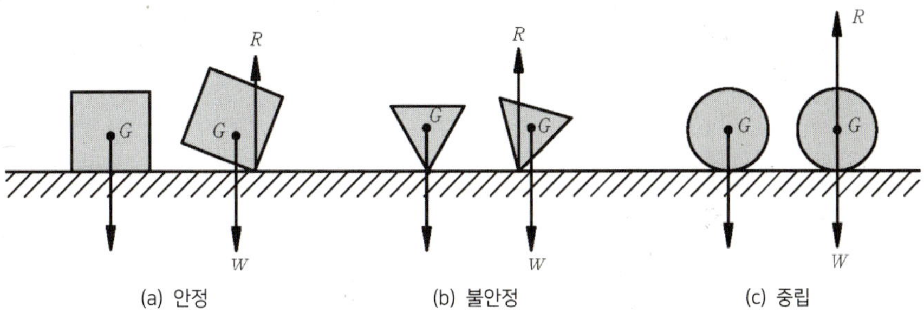

그림 1-20

2 불안정한 놓임

불안정한 놓임은 넘어지기 쉬운 놓임을 말한다. 그림 1-20(b)와 같이 외부에서 힘을 조금만 작용시켜도 중력과 항력이 짝힘이 되어 점점 물체를 넘어지게 하는 작용을 한다.
이때 무게중심점의 위치는 내려온다.

3 중립의 놓임

중립의 놓임은 넘어지지 않고 잘 굴러가는 상태의 놓임이다(그림 1-20(c)). 중력과 항력은 언제나 같은 직선 위에 있고 무게심의 높이도 항상 같다.
상기한 바와 같이 무게중심점(무게심)이 아래에 있을수록 물체는 안정하게 된다. 또한 물체의 밑바닥이 넓을수록, 무게가 무거울수록 안정도는 크다. 물체는 물체의 무게심이 지표면 가까이에 있으려고 하며 이러한 상태로 물체가 놓여져 있을 때 가장 안정하다.

1-15 : 분자와 분자력

물질의 성질을 간직하고 있는 가장 작은 입자를 분자(molecule, 分子)라 하고, 분자를 이루고 있는 한층 작은 입자를 원자(atom, 原子)라 한다. 원자는 또한 원자핵(atomic nucleus, 原子核)과 전자(electron, 電子)로 나뉘어져 있다. 원자핵은 양전하를 띠고 있고 전자는 음전하를 띠고 있으므로 전체적인 원자는 전기적으로 중성이다.

- 물의 분자 : 수소와 산소의 원자 → H_2O
- 탄산가스의 분자 : 산소와 탄소의 원자 → CO_2
- 질소의 분자 : 질소의 원자 → N_2

분자와 분자 사이가 가까워지면 서로 끌어당기는 힘이 생긴다. 그러나 너무 가까워지면 이번에는 서로 밀어내는 힘이 되어 분자 사이에 일정한 간격을 유지하려고 한다. 이와 같은 분자 사이에 작용하는 힘을 분자력(molecular force, 分子力)이라 한다.
모든 원자들에 대한 원자기호와 원자번호 및 원자량표가 부록 II에 나와 있다. 원자량은 각 원소의 원자의 질량을 나타내는 값이다. 분자량(molecular weight, 分子量)은 분자를 이루고 있는 원자량의 합이다. 예를 들면 탄산가스(CO_2)의 분자량은 탄소의 원자량이 12이고 산소의 원자량이 16이므로 $12+16\times2=44$가 된다. 원자번호가 크면 일반적으로 원자의 무게가 더욱 무겁다. 부록에는 원자번호의 순서대로 나열되어 있다.

1 고체

고체가 그 모양과 부피가 변하기 어려운 것은 분자가 밀집해 있으므로 주위에서 센 분자력을 받고 있기 때문이다. 그리고 이 분자는 분자력이 평형을 이루고 있는 위치에서 진동하고 있을 뿐 그 자리에서 튀어 나가지 못한다. 따라서 모든 고체의 분자는 규칙적으로 배열되어 있다. 이와 같이 분자가 규칙적으로 배열되어 있는 물질을 결정질(結晶質 소금, 수정, 방해석, 황철광 따위)이라 하고 분자의 배열이 불규칙적으로 된 것을 비결정질(非結晶質 유리, 나무, 에보나이트 따위)이라고 한다. 고체에 열을 가하면 그 입자의 운동은 심해지고 어떤 온도보다 높아지면 분자 사이는 멀어져서 액체가 된다. 이 현상을 융해(melting, 融解)라 한다.

2 액체

액체에서의 분자 간의 거리는 고체보다는 약간 크다. 그러나 역시 주위에서 센 분자력을 받고 있으며 대부분의 분자는 고체와 같이 좁은 범위 내에서 진동하고 있다. 따라서 액체는 그 분자끼리 서로 위치를 바꾸어 모양이 변하기는 쉬우나 그 부피가 변하기는 어렵다. 그러나 약간의 분자는 주위의 분자력의 구속에서 벗어나 다른 분자 사이에 튀어 들어간다. 이와 같이 분자가 액체 속의 미립자에 부딪쳐 이 미립자를 움직이게 한다. 이 미립자의 불규칙적인 운동을 브라운 운동(Brownian motion)이라 한다. 또 액체에 열을 가하면 분자 운동이 심해져서 증발(vaporization, 蒸發), 비등(boiling, 沸騰, 끓음) 따위의 현상을 일으켜 기체가 된다.

• 액체의 압력

분자 사이에 작용하는 힘, 즉 분자력은 분자와 분자 사이가 일정한 거리보다 가까워지면 서로 반발하는 힘이 되고 그보다 멀어지면 서로 끌어당기는 힘이 된다. 따라서 액체의 분자 사이를 가깝게 하려고 하는 외력이 작용하면 분자 사이에서 큰 반발하는 힘이 생긴다. 이 때문에 액체는 쉽게 그 부피가 변하지 않는다. 그러나 액체에서도 큰 압력으로 누르면 부피가 약간 줄어든다. 이때 액체의 분자 사이에 생기는 반발력이 액체의 압력이다.

3 기체

기체에서의 분자 간의 거리는 고체, 액체에 비해서 크다. 따라서 분자가 그 주위에서 받는 분자력이란 대단히 작아서 기체의 분자는 자유롭게 운동하고 있으며 그 모양과 부피를 바꾸기는 쉽다. 어떤 기체든지 그릇에 채우면 분자는 쉴 새 없이 그릇의 벽에 부딪치게 되므로 그릇의 벽은 압력을 받는다. 기체에 열을 가하면 분자 운동이 심해져서 그 운동 범위가 크게 되어 부피가 늘어난다. 그러나 열을 빼앗고, 즉 온도를 내리고 압력을 가하면 분자 간의 거리가 작아져서 액체로 되는데 이 현상을 액화(liquefaction, 液化)라 한다.

• 기체의 압력

기체의 분자는 쉴 새 없이 빠른 속도로 뛰어다니고 있으므로 그릇에 채워 뚜껑을 덮어두면 기체와 닿는 면에서는 충돌이 쉴 새 없이 일어난다. 고무공이 벽에 부딪쳐서 반발하는 것처럼 기체의 분자도 닿는 면에서 반발한다. 기체 분자 하나하나의 충돌에 의한 힘은 작으나 많은 분자가 쉴 새 없이 충돌하므로 그 힘이 커진다. 이것이 기체의 압력이다.

CHAPTER 01

서론 / 기본문제

01

다음 양 중에서 벡터와 스칼라인 것을 구분하여라.

① 속도 ② 속력 ③ 시간 ④ 온도
⑤ 힘 ⑥ 질량 ⑦ 운동량

풀이

① 벡터양 : 크기와 방향을 함께 갖는 양 – 속도, 힘, 운동량
② 스칼라양 : 크기만을 가진 양 – 속력, 온도, 시간, 질량

02

다음 물리량 중에서 어느 것이 벡터양인가?

① 에너지 ② 시간 ③ 질량
④ 운동량 ⑤ 체적

풀이

크기와 방향을 함께 갖는 양을 벡터라 하므로 위에서 운동량만이 벡터양이다.

03

다음 물리량 중에서 벡터가 아닌 것은?

① 힘 ② 속도 ③ 에너지 ④ 운동량

풀이

크기와 방향을 함께 갖는 양이 벡터양이고 에너지는 크기만 가지는 스칼라양이므로 벡터가 아니다.

04

자동차가 10.6초간 0.5km를 달린다. 이 차의 평균 속도를 m/s의 단위로 구하여라.

풀이

속도 = $\frac{\text{거리}}{\text{시간}}$ 이므로 $v=\frac{0.5\text{km}}{10.6\text{s}}=\frac{500\text{m}}{10.6\text{s}}=47.17\text{m/s}$

05

질량이 15kg인 물체가 1.2m/s의 속도로 운동하고 있을 때 이 물체가 가진 운동에너지는 얼마인가?

풀이

운동에너지, $E=\frac{1}{2}mv^2$이므로

$E=\frac{1}{2}\times 15\times 1.2^2=10.8\text{N}\cdot\text{m}$

06

2.25m/s의 속도로 움직이는 물체의 운동에너지가 94.6N·m이라면 이 물체의 질량은 얼마인가?

풀이

$E=\frac{1}{2}mv^2$에서

$94.6=\frac{1}{2}\times m\times 2.25^2$

$\therefore\ m=37.37\text{kg}$

07

마찰이 없는 빗면에 그림과 같이 무게 W의 물체가 놓여 있다. 빗면의 경사각을 θ라 할 때 이 물체가 미끄러져 내려가지 않게 하려면 힘 F는 다음 어느 것인가?

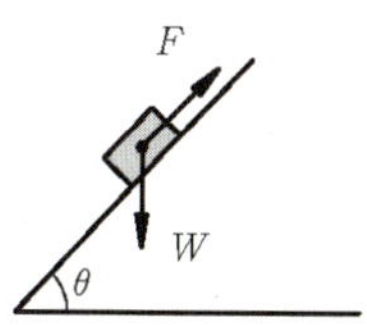

① W ② $W\sin\theta$
③ $W\cos\theta$ ④ $W\tan\theta$

풀이

W : 물체의 무게
F : 물체를 미끄러 내려오지 못하게 떠받치는 힘(빗면에 나란히)
$\therefore\ F=W\sin\theta$

CHAPTER 01

서론 / 기본문제

08

한 점에 직각으로 작용하는 두 힘의 합력은?

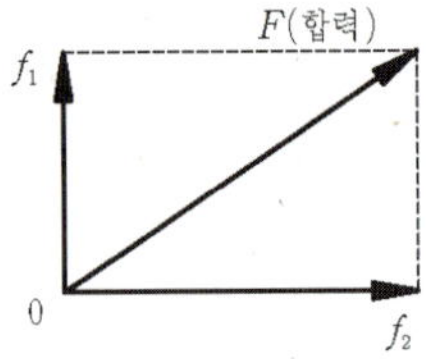

① 항상 두 힘의 어느 것보다 작다.
② 두 힘의 크기를 평균한 값이다.
③ 두 힘의 어느 것보다 크다.
④ 두 힘 중 어느 하나와 같다.

풀이

$F^2 = f_1^2 + f_2^2$

$\therefore\ F = \sqrt{f_1^2 + f_2^2}$ 따라서 ③ 두 힘의 어느 것보다 크다.

09

8N과 12N의 힘이 60°의 각을 이루어 한 점에 작용할 때 합력의 크기를 구하여라.

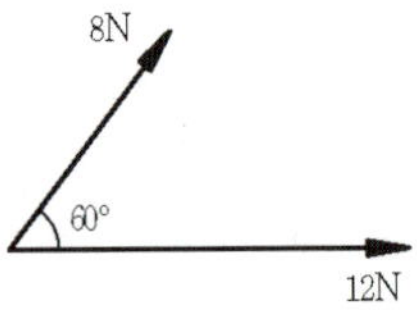

① 19.82N　② 17.44N
③ 22.58N　④ 26.36N

풀이

합력을 구하는 공식

$F_1 = 8\text{N},\ F_2 = 12\text{N},\ \theta = 60°$이므로

$F^2 = 82 + 122 + 2 \times 8 \times 12 \times \cos 60°$

$\therefore\ F = 17.44\text{N}$

10

마찰이 없는 수평면상에 놓여 있는 2kg$_f$의 물체에 10kg$_f$의 수평력을 작용할 때 이 물체가 가지는 가속도의 크기는?

① 5m/s　② 5m/s²
③ 20m/s²　④ 49m/s²

풀이

$F = m \cdot a$

$\therefore\ a = \dfrac{F}{m}$

$a = \dfrac{10\text{kg}_f \times 9.8\text{m/s}^2}{2\text{kg}_f} = 49\text{m/s}^2$

11

질량 10kg의 물체가 5m/s의 속도로 움직이고 있는 것을 2초 동안에 일정한 힘을 작용하여 정지시키려면 이 힘의 크기는 얼마인가?

① 20N　② 5N
③ 15N　④ 25N

풀이

$F = m \cdot a$에서

$a = \dfrac{V}{t} = \dfrac{5}{2} = 2.5\text{m/s}^2$

$\therefore\ F = 10 \times 2.5 = 25\text{N}$

12

질량 10kg인 물체가 4m의 높이에 정지하고 있을 때의 에너지는 높이 1m 되는 곳에 정지하고 있을 때에 비하여 어떠한가?

① 변화가 없다.　② $\sqrt{2}$배가 된다.
③ 2배가 된다.　④ 4배가 된다.

풀이

위치에너지 $E_p = mgh$에서 h가 4배가 되면 E_P도 ④ 4배가 된다.

13

질량 5kg을 스프링 저울에 달았더니 4.5kgf의 무게를 가리켰다. 이 지방의 중력가속도는 얼마인가?

① 5.0m/s^2 ② 8.82m/s^2
③ 44.1m/s^2 ④ 9.8m/s^2

풀이

kgf를 N으로 바꾸면 $4.5 \times 9.8 = 44.1\text{N}$

$F = ma$에서 $44.1 = 5 \times a$

$\therefore\ a = 8.82\text{m/sec}^2$

14

속력이 10m/s, 질량 2kg인 물체가 속력 15m/s, 질량 8kg인 물체와 그림과 같이 정면충돌한 후 한 덩어리가 되어 움직일 때 이 물체의 속력은 얼마인가?

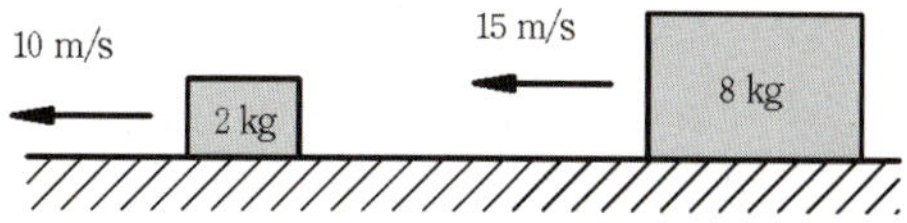

① 12m/s ② 14m/s
③ 15m/s ④ 20m/s

풀이

운동량보존법칙에서

$m_1v_1 + m_2v_2 = mv$

$(2\text{kg} \times 10\text{m/s}) + (8\text{kg} \times 15\text{m/s}) = 10\text{kg} \times v$

$\therefore\ v = 14\text{m/s}$

CHAPTER 01

서론 / 연습문제

해답은 486쪽에 있습니다.

01

$\left(-\frac{1}{2}a^2b^3\right)^3 \div (-ab^3)^2 \times \left(-\frac{2}{3}b^2\right)$을 계산하면?

① $\frac{1}{12}a^4b^5$ ② $-\frac{1}{12}a^4b^5$
③ $\frac{1}{3}a^4b^5$ ④ $-\frac{1}{3}a^4b^5$

02

$\left\{\left(\frac{27}{125}\right)^{-\frac{1}{3}}\right\}^{\frac{3}{2}} \times \left(\frac{27}{5}\right)^{\frac{1}{2}}$을 간단히 하면?

① 3 ② 4
③ 5 ④ 6

03

$x=\sqrt{3}-\frac{1}{\sqrt{3}}$일 때 $x^2+\frac{1}{x^2}$의 값은 얼마인가?

① $\frac{4}{3}$ ② $\frac{25}{12}$
③ $\frac{265}{48}$ ④ $\frac{181}{90}$

04

$x=\sqrt[3]{4}-\sqrt[3]{2}$일 때 x^3+6x의 값은 얼마인가?

① 2 ② 1
③ 0 ④ -1

05

$A=x^2-3x-4$이고 $B=-3x^2-4x-1$일 때 $-A-2\{B-(-3A+2B)+2(-A-B)\}$을 계산하면?

① $-21x^2+15x-6$ ② $-21x^2-15x+6$
③ $21x^2-15x+6$ ④ $21x^2+15x-6$

06

$a-b=4$이고 $a^2-b^2=12$일 때 ab의 값은?

① $-\frac{7}{4}$ ② $-\frac{5}{4}$
③ $\frac{5}{4}$ ④ $\frac{7}{4}$

07

모든 모서리의 길이의 합이 100cm인 직육면체가 있다. 대각선의 길이가 18cm일 때 이 직육면체의 표면적은?

① 298cm^2 ② 299cm^2
③ 300cm^2 ④ 301cm^2

08

$(\cos 60° - \sin 45°)(\sin 30° + \cos 40°)$의 값을 구하여라.

① $-\frac{1}{4}$ ② $\frac{1}{4}$
③ $-\frac{1}{2}$ ④ $\frac{1}{2}$

09

24m/s의 속도로 달리는 차가 위험한 지점에 이르러 0.8초 동안에 급정거를 했다. 이 때의 가속도는?

① 20m/s^2 ② -20m/s^2
③ 30m/s^2 ④ -30m/s^2

10

가속도는?

① 속도의 다른 표현이며 같은 뜻이다.
② 속도의 거리에 대한 변화율이다.
③ 속도의 시간에 대한 변화율이다.
④ 거리의 시간에 대한 변화율이다.

11

가속도의 값이 1이라는 것은 다음 중 어느 것에 해당하는가?

① 속도의 변화가 없다.
② 속도가 점점 커진다.
③ 속도가 점점 작아진다.
④ 속도가 커지다 작아진다.

12

다음 진술에서 물리학적으로 옳다고 생각되는 것은 어느 것인가?

① 속도가 일정하면 등가속운동이다.
② 등속원운동은 등가속운동이다.
③ 등속원운동은 등속도운동이다.
④ 등가속도운동이면 항상 속도가 일정하다.

13

유속이 3m/s인 강을 보트가 4m/s의 속도로 수직방향을 향하고 횡단할 때의 보트의 속도는?

① 3m/s ② 7m/s
③ 300m/min ④ 250m/min

14

정지했던 자동차가 10초 만에 등가속도운동을 해서 20m/s의 속도가 되었다. 이때 가속도는?

① $2m/s^2$ ② $20m/s^2$
③ $5m/s^2$ ④ $125m/hr^2$

15

질량이 20kg인 물체가 10m/s의 속도로 운동할 때 운동에너지는 몇 줄(joule)인가?

① 1kJ ② 2kJ
③ 3kJ ④ 4kJ

16

벡터양이 아닌 것은?

① 속도 ② 전기장
③ 중력 ④ 질량

17

자동차의 속력이 80km/h일 때, 1.5km의 거리를 달리는 데 필요한 시간은 몇 초인가?

18

$2m^2$은 몇 mm^2인가?

19

기차가 10초 동안에 0.5km를 달리고 있다. 기차의 속력은 몇 m/s인가?

20

무게가 5kN인 기름의 질량은 몇 kg인가?

21

질량이 450kg인 기름의 중량은 몇 kg_f인가?

MEMO

CHAPTER 02

유체의 특성

CHAPTER 02

유체의 특성

2-1 : 유체

모든 물질은 고체, 액체와 기체로 나뉜다. 고체가 아닌 액체와 기체를 모두 합해서 유체(fluids, 流體)라 한다. 고체는 일정한 모양이 있으나 공기나 물, 기름과 같은 유체는 일정한 모양이 없고 흘러가는 물질이다. 유체는 외력에 따라 그 모양을 자유로이 바꿀 수 있다. 고체와 유체가 다른 점은 고체는 외부에서 힘을 받아도 그 모양이 거의 변하지 않으나 유체는 조그마한 힘에도 금방 그 모양이 변하는 물질이라는 것이다.

> 유체의 정의
> 유체는 아무리 작은 전단력을 받더라도 저항하지 못하고 연속적으로 변형하는 물질이다.

여기서 전단력이라는 것이 무엇인지 알아보자. 모든 물질(고체, 액체, 기체)을 작게 나누면 몇 개의 분자들이 모인 아주 작은 미소요소들의 합으로 구성되어 있다고 볼 수 있다. 일반적으로 어떤 물체의 운동이나 역학을 해석하기 위해서는 그 물질 속의 미세한 한 부분, 즉 미소요소를 떼어서 생각해야 한다.
왜냐하면 이러한 미소요소들이 받고 있는 힘을 합한 것이 결과적으로 우리가 실제적으로 보고 있는 물체들의 역학적 현상으로 나타나기 때문이다. 여기서 역학적 현상이라는 것은 기본적으로 1-10절에서 나온 뉴턴의 운동 제2법칙을 말하는 것으로서 예를 들면 야구장에서 피처(pitcher)가 힘을 많이 주어 공을 세게 던지면 공이 가속도를 많이 받아 빠르게 나가고 힘을 적게 주면 약하게 나가는 것과 같은 이치이다. 정지하고 있는 물체는 1-7절의 힘의 평형법칙에서 설명했듯이 물체 내부의 미소요소에 작용하고 있는 모든 힘들이 서로 평형을 이루고 있는 상태이다. 그러나 일단 물체가 운동을 하게 되면 뉴턴의 운동 제2법칙 $F=m\cdot a$를 따르게 되는 것이다. 정지하고 있는 유체의 역학은 3장의 유체정역학에서 다루고 있으며 운동하고 있는 유체는 4장의 유체운동학에서 다루고 있다.

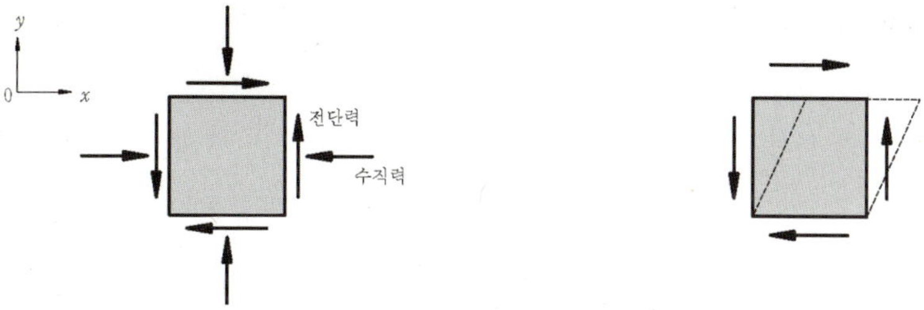

(a) 수직력과 전단력 (b) 전단력에 의한 변형

그림 2-1 유체의 미소요소에 작용하는 힘

그림 2-1은 2차원적으로 해석할 수 있는 경우 유체의 미소요소를 나타낸 것이다. 외력에 의하여 모든 물질의 미소요소에 걸리는 힘은 그림 2-1(a)와 같이 수직력과 전단력으로 나눌 수 있다. 수직력(normal force, 垂直力)은 유체요소의 한 면에 수직으로 작용하는 힘이다. 전단력(shear force, 剪斷力)은 그 면에 평행하게 작용하는 힘이다. 어떤 물질의 미소요소의 표면에 작용하는 힘은 이렇게 두 가지 힘으로만 나타낼 수 있다.

유체가 전단력을 받게 되면 그림 2-1(b)와 같이 미소요소는 찌그러지게 된다.

그러면 왜 유체에 전단력이 작용하는가? 만일 유체에 점성(viscosity, 粘性)이라는 성질이 없다면 전단력은 작용하지 않을 것이다. 점성이란 유체의 끈끈한 성질을 나타내는 말로서 꿀은 물보다 점성이 큰 것이다. 전단력이란 유체의 운동방향과 평행한 면에 작용하는 힘이며 일종의 마찰력으로서 점성으로 인하여 운동을 방해하는 힘인 것이다. 유체에 작용하는 수직력은 일종의 누르는 힘으로서 압력에 의한 힘을 말한다. 어떤 유체를 가압시킨다 함은 유체가 받는 압력이 커진다는 말이다. 유체는 압력을 받으면 압축하게 되며 이러한 성질을 압축성(compressibility, 壓縮性)이라 한다.

실생활에서 많이 사용되는 대표적인 유체로서 물과 공기가 있다. 액체와 기체가 다른 점은

액체

부피가 거의 일정하다. 즉 압축되지 않는다. 항상 자유표면(free surface)을 가지며 언제나 수평면이 된다.

예 물, 기름, 글리세린 등

기체

부피가 얼마든지 변한다. 즉 압축될 수 있다. 자유표면이 존재하지 않으며 일정한 모양이 없다.

예 공기, 탄산가스, 산소, 수소 등

액체는 일반적으로 열을 받아도 기화하기 전까지는 온도만 올라갈 뿐 압력이나 부피가 변화하지 않는다. 그러나 기체의 경우는 열을 받게 되면 온도뿐만 아니라 압력과 부피가 변하게 된다.

2-2 : 유체의 분류

상기한 바와 같이 유체의 특성을 크게 두 가지로 요약하면 점성과 압축성이라 할 수 있다. 압축되지 않는 유체, 즉 밀도가 일정하다고 볼 수 있는 유체를 비압축성 유체(incompressible fluid, 非壓縮性流體)라 한다. 따라서 액체는 비압축성 유체이다. 밀도란 단위 부피당 질량을 말한다. 이에 반하여 압축될 수 있는 유체, 즉 밀도가 변한다고 볼 수 있는 유체를 압축성 유체(compressible fluid, 壓縮性流體)라 한다. 즉 기체는 여기에 속한다. 기체라 할지라도 밀도가 변하지 않는 경우는 비압축성 유체로 볼 수 있다. 예를 들면 바람에 의한 영향을 해석하고자 할 때, 상온 상압의 공기는 밀도가 변하지 않는다고 가정할 수 있으므로 비압축성으로 보는 것이다. 마찬가지로 액체도 고압이 걸려서 밀도가 변하는 경우에는 압축성 유체로 본다(수격현상 등). 점성을 가지고 있는 유체를 점성 유체(viscous fluid, 粘性流體)라 하고 점성의 효과를 무시할 수 있는 유체는 비점성 유체(inviscid fluid, 非粘性流體)이다.

점성이 없고 비압축성이라고 가정한 유체, 즉 비점성, 비압축성 유체를 이상유체(ideal fluid, 理想流體) 또는 완전유체(perfect fluid, 完全流體)라 한다. 이상 유체는 가상적인 유체로서 이론적인 해석이 가능할 뿐 아니라 실제 유체의 기본적인 성질은 대부분 내포하고 있어서 실제 유체를 해석하기 전 단계로서 이상 유체를 다루게 된다. 이에 반하여 점성을 가진 실제적인 유체를 실제 유체(real fluid)라 한다.

유체의 흐름을 자세히 관찰해 보면 두 종류로 구분된다. 유체입자가 질서정연하게 층과 층이 미끄러지면서 흐르는 흐름을 층류(laminar flow, 層流)라 하고 유체입자들이 불규칙하게 운동하면서 흐르는 흐름을 난류(turbulent flow, 亂流)라 한다.

2장에서 설명하겠지만 뉴턴의 점성법칙을 따르는 유체를 뉴턴 유체(Newtonian fluid)라 하고 따르지 않는 유체를 비뉴턴 유체(Non-Newtonian fluid)라 한다.

유체 중에서 섭씨 수만 도에 이르는 고온의 기체는 음전하를 가진 전자와 양전하를 띤 원자핵으로 분리되어 플라스마상태로 된다. 이와 같은 유체를 전자성 유체(magneto-fluid, 電磁性流體)라 한다.

비압축성 유체

어떤 주위변화에 대해서 밀도가 변하지 않는 유체

예 모든 액체의 흐름, 저속의 공기 흐름

압축성 유체

어떤 주위변화에 따라 밀도가 변하는 유체

예 상태가 변하는 모든 기체, 초음속의 공기 흐름, 고압이 걸리는 수격현상

점성 유체

점성의 영향이 큰 유체

예 레이놀즈수가 작은 유체, 일반적으로 속도가 작은 유체

비점성 유체

점성의 영향을 무시할 수 있는 유체

예 레이놀즈수가 큰 유체, 일반적으로 속도가 큰 유체

이상유체(완전유체)

점성의 영향이 무시될 수 있고 밀도가 변하지 않는 유체. 즉 비점성, 비압축성의 유체

예 점성이 작고 밀도가 일정한 고속 흐름

2-3 : 차원과 단위

길이, 면적, 시간처럼 사물이 크고 작음과 많고 적음을 구별하는 것을 양(quantity, 量)이라고 한다. 물리량이라 함은 물리적인 성질을 나타내는 수치로서 물성치라고도 말한다. 단위(unit, 單位)란 어떤 물리량을 재는 데 표준으로 쓰는 기호이다. 모든 물리량은 질량(mass, 質量), 길이(length), 시간(time, 時間)이라는 세 가지 단위로 나타낼 수가 있다. SI단위계(또는 절대단위계)에서 물리량을 표시하기 위한 기본단위는 아래와 같이 3가지가 있다.

질량 [M] : mass
길이 [L] : length
시간 [T] : time

여기서 질량이라 함은 물체를 형성하고 있는 물질의 양을 말한다. 기계공학에서 다루는 역학에서 나오는 모든 단위는 온도가 일정하다면 상기한 3가지 단위로 표시될 수 있으므로 이것을 기본단위(fundamental unit, 基本單位)라 한다. 중력단위계(또는 공학 단위계)에서는 질량 대신에 힘을 기본단위로 사용한다. 따라서 중력단위계에서 물리량을 표시하기 위한 기본단위는 아래와 같이 3가지가 있다.

힘 [F] : force
길이 [L] : length
시간 [T] : time

힘이란 곧 나오겠지만 MLT^{-2}의 차원을 가진다. 모든 물리량은 기본단위로부터 유도되는 단위로 표현될 수 있다. 이것을 유도단위(derived unit, 誘導單位)라 한다. 예를 들면 속도[m/s], 밀도[kg/m^3], 체적[m^3] 등은 유도단위이다.

어떤 물리량의 차원을 M, L, T를 사용해서 나타낸 것을 MLT계라 하고 F, L, T를 사용해서 나타낸 것을 FLT계라 한다. 이러한 세가지 기본단위, 즉 MLT를 사용한 단위계를 절대단위계(absolute unit system, 絕對單位係) 또는 SI단위계라 한다. 이에 대응하여 질량 대신에 힘을 사용하는 단위계, 즉 FLT를 사용한 단위계를 중력단위계(gravitational unit system, 重力單位係) 또는 공학단위계라 한다.

절대단위계(MLT) : M = 질량[kg]
L = 길이[m]
T = 시간[s]

중력단위계(FLT) : F = 힘[kg_f] → $F = MLT^{-2}$
L = 길이[m]
T = 시간[s]

차원(dimension, 次元)이란 물리량을 형성하는 단위나 기본량의 종류를 말하는 것이다. 차원을 말할 때는 위와 같은 기본단위인 M, L, T, F로 나타낸다. 예를 들면 면적의 차원은 항상 길이의 제곱(괄호를 사용하여 $[L^2]$이라고 씀)이며 단위는 제곱미터, 제곱피트 등등이다. 한편 속도는 km/h, m/s 및 m/h 등의 서로 다른 단위로 표시할 수 있지만 속도의 차원은 항상 길이 [L]를 시간 [T]로 나눈 것, 즉 [L/T]이다. 또한 가속도는 속도의 시간적인 변화율, 즉 속도를 시간으로 나눈 값이다. 따라서 km/h^2, m/s^2 및 m/h^2의 단위로 측정할 수 있고 차원은 속도 [L/T]를 시간 [T]로 나눈 것, 즉 $[L/T^2]$이다. 어떤 양에 대한 표현은 경우에 따라 다를 수가 있지만 차원은 동일하다. 예를 들면 밑변의 길이가 b이고 높이가 h인 삼각형의 면적은 $A=\frac{1}{2}bh$인데, 반지름이 r인 원의 면적은 $A=\pi r^2$이다. 이 두 가지 경우에 표현은 다르지만 차원은 모두 $[L^2]$이다. 힘이란 물리량은 곧 알게 되겠지만 질량 [M]에다가 가속도 $[L/T^2]$를 곱한 것과 같은 단위를 갖게 되는데, 따라서 그 차원은 힘을 F라 하면 $[F]=[ML/T^2]$이 된다. 몇 가지 자주 나오는 차원을 나타내 보면

$$[\text{면적}] = [L^2] = m^2$$

$$[\text{부피}] = [L^3] = m^3$$

$$[\text{속도}] = \left[\frac{L}{T}\right] = [LT^{-1}] = \frac{m}{s}$$

$$[\text{가속도}] = \left[\frac{L}{T^2}\right] = [LT^{-2}] = \frac{m}{s^2}$$

$$[\text{힘}] = [F] = [MLT^{-2}] = \left[\frac{kg \cdot m}{s^2}\right]$$

모든 물리량은 차원으로 표시해서, 즉 MLT 또는 FLT의 기본량을 사용해서 나타낼 수가 있다. 표 2-1에서 여러 가지 물리량에 대한 차원을 MLT계와 FLT계로 구분하여 나타내었다. 물리량을 차원으로 나타내는 법은 자주 나오므로 독자들은 표 2-1을 잘 익히기 바란다. 절대단위인 MLT의 단위를 각각 m, kg, sec를 사용하는 경우를 MKS단위계라 한다. 이에 대응하여 cm, g, sec를 사용하는 경우를 CGS단위계라 한다. 즉 MKS계는 큰 물리량을 표현할 때 사용하고 CGS계는 작은 물리량을 표현하는 데 편리하다. 이 책에서는 주로 MKS단위로 표현된 절대단위계를 사용하고 있다.

표 2-1 주요 물리량의 차원과 단위

물리량	기호	중력단위	절대단위	MLT계	FLT계
길이	l	m	m	[L]	[L]
질량	m	$\frac{kg_f \cdot s^2}{m}$	kg	[M]	$[FL^{-1}T^{-2}]$
시간	t	s	s	[T]	[T]
면적	A	m^2	m^2	$[L^2]$	$[L^2]$
체적	V	m^3	m^3	$[L^3]$	$[L^3]$
속도	v	$\frac{m}{s}$	$\frac{m}{s}$	$[LT^{-1}]$	$[LT^{-1}]$

물리량	기호	중력단위	절대단위	MLT계	FLT계
가속도	a	$\frac{m}{s^2}$	$\frac{m}{s}$	$[LT^{-2}]$	$[LT^{-2}]$
각속도	ω	$\frac{rad}{s}$	$\frac{rad}{s}$	$[T^{-1}]$	$[T^{-1}]$
비중량	γ	$\frac{kg_f}{m^3}$	$\frac{kg_f}{m^2 \cdot s^2}$	$[ML^{-2}T^{-2}]$	$[FL^{-3}]$
밀도	ρ	$\frac{kg_f \cdot s^2}{m^4}$	$\frac{kg}{m^3}$	$[ML^{-3}]$	$[FL^{-4}T^2]$
운동량	M	$kg_f \cdot s$	$\frac{kg \cdot m}{s}$	$[MLT^{-1}]$	$[FT]$
힘(무게)	F	kg_f	N, $\frac{kg \cdot m}{s^2}$	$[MLT^{-2}]$	$[F]$
토크	T	$kg_f \cdot m$	N · m, $\frac{kg \cdot m^2}{s^2}$	$[ML^2T^{-2}]$	$[FL]$
압력(응력)	p	$\frac{kg_f}{m^2}$	N/m_2(Pa), bar	$[ML^{-1}T^{-2}]$	$[FL^{-2}]$
일(에너지)	W	$kg_f \cdot m$	J, N · m, $\frac{kg \cdot m}{s^2}$	$[ML^2T^{-2}]$	$[FL]$
동력	P	$kg_f \cdot \frac{m}{s}$	W, $\frac{kg \cdot m}{s^2}$	$[ML^2T^{-3}]$	$[FLT^{-1}]$
점성계수	μ	$\frac{kg_f \cdot s}{m^2}$	$\frac{N \cdot s}{m^2}$	$[ML^{-1}T^{-1}]$	$[FL^{-2}T]$
동점성계수	ν	$\frac{m}{s^2}$	$\frac{m}{s^2}$	$[L^2T^{-1}]$	$[L^2T^{-1}]$
상용온도	θ	℃	℃	–	–
절대온도	θ	°K	°K	–	–
기체상수	R	$\frac{m}{°K}$	$\frac{kJ}{kg \cdot °K}$	–	–

1 절대단위계

• 길이

길이(length)의 단위로서 MKS 단위인 m를 사용한다.

1km = 1000m

1m = 100cm

1m = 1000mm

• 부피

부피 또는 체적(volume, 體積)의 단위로서 MKS 단위인 m^3을 주로 사용하나 리터(liter, l)나 cc도 많이 사용한다.

$$1l = \frac{1}{1000}m^3$$

$1m^3 = 1000l$

$1cc = 1cm^3$

• 질량

질량(mass, 質量)은 장소에 따라 변치 않는 물체 고유의 양이다. 절대단위계에서 질량의 단위는 킬로그램(kg)을 쓴다. 1kg은 4℃의 순수한 물 $1000cm^3$의 질량과 같다. 따라서 4℃의 순수한 물 1cc의 질량은 1g이다.

• 힘

물체에 작용하여 모양에 변화를 일으키는 원인을 힘(force)이라고 한다. 힘의 크기는 뉴턴의 운동 제2법칙에 의해 정의된다.

$$F = m \cdot a \tag{2-1}$$

↑ ↑ ↑

힘 질량 가속도

즉 1kg의 질량이 $1m/s^2$의 가속도를 가질 때 생기는 힘을 1뉴턴(N)이라 한다.

$$1N = 1kg \times 1\frac{m}{s^2} = 1\frac{kg \cdot m}{s^2} \tag{2-2}$$

따라서 힘을 차원으로 나타내면 $[MLT^{-2}]$이다.

CGS단위로 힘의 단위는 다인(dyne)을 사용한다.

$$1dyne = 1g \times 1\frac{cm}{s^2} = 1\frac{g \cdot cm}{s^2}$$

따라서 $1kg \cdot m/s^2 = 10^5 g \cdot cm/s^2$이므로

$$1N = 10^5 dyne$$

이 된다.

• 중량

중량(weight, 重量)은 지구가 그 물체를 잡아당기고 있는 힘의 크기이다. 즉 중량은 힘의 단위를 가지는 물체의 무게이다. 중량을 W라 하면 절대단위에서는 N을 사용하고 중력단위에서는 kg_f를 사용한다.

$$W = m \cdot g \tag{2-3}$$

↑ ↑ ↑

중량 질량 중력가속도

$$\text{절대단위} : 9.80665\text{N} = 1\text{kg} \times 9.80665\frac{\text{m}}{\text{s}^2}$$

$$||$$

$$\text{중력단위} : 1\text{kg}_\text{f} = 1\text{kg} \times 9.80665\frac{\text{m}}{\text{s}^2} = 9.8\text{N}$$

중력가속도는 지구상의 모든 물체에 작용하는 가속도로서 중력가속도의 크기는 g =9.80665m/s^{2}이다. 따라서 1kg$_f$는 9.80665N과 같다. 그러나 통상적으로 9.8만을 사용한다.

$$1\text{kg}_\text{f} = 9.8\text{N} = 9.8\frac{\text{kg}\cdot\text{m}}{\text{s}^2}$$

$$1\text{N} = \frac{1}{9.8}\text{kg}_\text{f}$$

중력가속도는 지구의 중심으로부터 거리의 제곱에 반비례하므로 장소에 따라 변한다. 질량은 일정불변한 양이나 중력가속도는 지상의 높이에 따라 변하는 값인 것이다. 즉 고공으로 올라가면 올라갈수록 물체의 무게는 가벼워지며 우주 속에서는 물체의 무게가 0이므로 물체는 허공 중에 떠 있게 된다.
CGS 단위로 중력단위는 gf를 사용한다. 중력가속도의 크기는 g =980cm/s^{2}이므로

$$1\text{g}_\text{f} = 1\text{g} \times 980\frac{\text{cm}}{\text{s}^2} = 980\frac{\text{g}\cdot\text{cm}}{\text{s}^2}$$

$$1\text{g}_\text{f} = 980\text{dyne}$$

예제1

질량이 800kg인 기름의 중량을 구하여라.

중량 $W = m \cdot \text{g} = 800 \times 9.8\frac{\text{m}}{\text{s}^2} = 7840\frac{\text{kg}\cdot\text{m}}{\text{s}^2} = 7840\text{N} = 7.84\text{kN}$

예제2

중력가속도 g =9.0m/s^{2}인 지방에서 어떤 물건을 달았더니 200N의 무게를 나타내었다. 이 물건의 질량과 kg$_f$로 환산한 무게는?

$W = m \cdot \text{g} \rightarrow 200\left[\frac{\text{kg}\cdot\text{m}}{\text{s}^2}\right] = m\,[\text{kg}] \times 9.0\left[\frac{\text{m}}{\text{s}^2}\right]$

$\therefore\ m = 22.2\text{kg}$

200N을 kg$_f$로 바꾸면 $200\text{N} = \frac{200}{9.8}\text{kg}_\text{f} = 20.41\text{kg}_\text{f}$

- **압력**

유체 속의 어떤 물체 표면에서 단위면적당 받는 힘을 압력(pressure, 壓力)이라 한다. 따라서 압력의 단위는 [N/m^2]이다. 이러한 힘은 표면 위쪽에 있는 유체의 무게로부터 나온다. 지구상의 모든 물체는 중력가속도에 의한 힘, 즉 무게를 가지고 있기 때문이다. 지상에 살고 있는 우리는 공기라는 유체 속에 잠겨 있는 물체나 마찬가지이다. 따라서 대기, 즉 공기의 무게에 의한 압력을 받는다. 이것을 대기압(atmospheric pressure, 大氣壓)이라 한다. 기체의 경우에는 자유표면이 없으므로 압력이란 기체의 미소요소의 단위면적당 수직방향으로 받는 힘을 말한다. 압력의 단위로서 파스칼(pascal, Pa)을 사용한다.

$$1\text{Pa} = 1\frac{\text{N}}{\text{m}^3}$$

압력에 대해서는 3장에서 다시 자세히 배울 것이다. 표준대기압은 760mmHg로서 "atm"이라는 단위를 사용한다.

표준대기압 = 1atm
1atm = 760mmHg = 101,325Pa

압력의 차원은 [FL^{-2}]이다. 대기압의 단위로는 바(bar)라는 기호를 쓴다.

1bar = 105Pa
1bar = 1000mbar

따라서 표준대기압은 1013.25mbar이다. CGS단위를 사용하면 압력은

$$1\frac{\text{dyne}}{\text{cm}^2} = \frac{10^{-5}}{10^{-4}}\frac{\text{N}}{\text{m}^2} = 0.1\frac{\text{N}}{\text{m}^2}$$

이 된다.

- **일과 에너지 및 열량**

일은 힘에다 거리를 곱한 양이다. 일의 단위로서 줄(Joule, J)을 쓴다. MKS 단위로 일을 나타내면

$$1\text{J} = 1\text{N} \times 1\text{m} = 1\text{N} \cdot \text{m}$$

[일] = [힘]×[거리]

에너지(energy)는 일을 할 수 있는 능력을 말한다. 열량(heat, 熱量)이라 함은 열의 이동량을 말하며 열은 항상 더운 쪽에서 찬 쪽으로 흘러간다. 열은 온도 차이로 인해 다른 물체로 이동하는 에너지이다. 일과 에너지 및 열량은 모두 일의 단위를 갖는다. 일의 단위는 줄(J)이나 열의 단위는 칼로리(cal)를 사용한다. 열의 일당량에서 1cal라 함은 14.5℃의 물 1g을 15.5℃까지 1℃ 높이는 데 필요한 열량을 말한다.

$$1\text{cal} = 4.186\text{J} = 4.186\text{N}\cdot\text{m}$$

$$1\text{J} = \frac{1}{4.186}\text{cal}$$

$$1\text{kcal} = 4186\text{J} = 4.186\text{kJ}$$

액체를 주로 다루는 유체역학에서는 열에 대해서 많이 다루지는 않으나 기체의 변화를 다루는 열역학에서는 열량이 중요한 역할을 하며 열에 대해 자세히 다루게 될 것이다.
CGS 단위에서는 일의 단위로서 에르그(erg)를 사용한다.

$$1\text{erg} = 1\text{dyne} \times 1\text{cm} = 1\text{dyne}\cdot\text{cm}$$

따라서 $1\text{N}\cdot\text{m} = 10^7\text{dyne}\cdot\text{cm}$이므로

$$1\text{J} = 10^7\text{erg}$$

• 동력

동력(power, 動力)은 단위시간당 한 일이다. 동력은 일률이라고도 하며 똑같은 일을 얼마나 빨리 하는가 또는 같은 시간에 얼마나 많은 일을 하는가를 알려 주는 양이다. 동력은 일을 시간으로 나눈 값이며 와트(watt, W)라는 단위를 쓴다.

$$\boxed{1\text{W} = 1\frac{\text{J}}{\text{S}} = 1\frac{\text{N}\cdot\text{m}}{\text{s}}}$$

$$\text{동력} = \frac{\text{일}}{\text{시간}}$$

$$1\text{kW} = \frac{\text{kJ}}{\text{s}}$$

동력의 단위로서는 마력(horse power)과 킬로와트(kW)를 많이 쓴다. 마력은 동력의 단위로서 산업현장에서 많이 쓰이는 단위이다. 마력에는 미국이나 영국, 캐나다 등에서 사용하는 영국마력(기호 HP)과 프랑스에서 사용하는 미터마력(기호 PS)이 있다. 영국마력은 1HP=746W이나 우리나라에서는 마력의 단위로서 미터마력인 1PS=735W를 사용한다(KS규격 : KS A0047, 0048).

$$\boxed{1\text{PS} = 735\text{W}}$$

$$1\text{kW} = 1000\text{W}$$

그러나 일반 산업현장에서는 마력의 단위로서 PS와 HP를 같이 혼용하는 경우가 많다.

• 온도

온도(temperature, 溫度)의 단위로서 섭씨(Celsius, ℃)를 사용한다. 절대온도는 열역학에서 사용하는 온도로서 단위는 캘빈(Kelvin, °K)을 사용한다.

$$0℃ = 273°K$$

$$t℃ = (273+t)°K$$

가 된다.

2 중력단위계

절대단위계에서는 기본단위로서 MLT계를 사용하고 중력단위계에서는 FLT계를 사용한다. 즉 길이와 시간은 모두 같이 사용하나 절대단위에서는 질량을 이용한 힘의 단위로서 $[N]=[kg \cdot m/s^2]$을 사용하고 중력단위계에서는 힘의 단위로서 중력, $[kg_f]=9.80665[N]$을 사용한다는 것이다. 일반적으로 유효숫자를 2개만 택해서 9.8만을 사용한다.

• 힘

힘의 단위로 N 대신에 kg_f를 사용한다.

$$1kg_f = 1kg \times 9.8\frac{m}{s^2} = 9.8\frac{kg \cdot m}{s^2} = 9.8N$$

$$1N = \frac{1}{9.8}kg_f = 0.102kg_f$$

$$1ton = 1000kg_f$$

중력단위계에서 힘의 차원은 [F]이다. kg_f의 차원을 [F]로 표시하므로 $[F]=[MLT^{-2}]$가 된다.
중력단위는 일반적으로 kg_f에서 f자를 빼고 kg만으로 사용하는 경우가 많고 산업현장에서도 대부분 kg으로 통용되고 있다. kg_f는 또한 kg중이라고도 한다.

• 질량

중력단위계에서 질량은 뉴턴의 운동 제2법칙, $F=m \cdot a$로부터 아래와 같이 표현된다.
중력단위로 표시한 질량의 단위는

$$m = \frac{F}{a} = \frac{kg_f}{m/s^2} = \frac{kg_f \cdot s^2}{m}$$

질량 1kg을 중력단위로 표시하면 $1kg_f=1kg \times 9.8m/s^2$이므로

$$1kg = \frac{1}{9.8}\frac{kg_f \cdot s^2}{m} = 0.012\frac{kg_f \cdot s^2}{m}$$

$$\boxed{1kg = 0.102\frac{kg_f \cdot s^2}{m}} \rightleftarrows \boxed{1\frac{kg_f \cdot s^2}{m} = 9.8kg}$$

• 압력

압력의 단위로 분자에 있는 N 대신에 kg_f를 사용한다.

$$1\frac{kg_f}{m^2} = 9.8\frac{N}{m^2} = 9.8Pa$$

• 일

일의 단위로 N 대신에 kg_f를 사용한다.

$$1kg_f \cdot m = 9.8N \cdot m = 9.8J$$

• 동력

동력의 단위로 N 대신에 kg_f를 사용한다.

$$1\frac{kg_f \cdot m}{s} = 9.8\frac{J}{s} = 9.8W$$

$$1PS = 75\frac{kg_f \cdot m}{s} = 735W$$

3 절대단위계와 중력단위계의 변환

중력단위계에서 $1kg_f = 1kg \times 9.8m/s^2$과 같다. 이것은 무게의 단위인 $1kg_f$는 질량이 1kg인 물체의 무게를 말하는 것이다. 절대단위계와 중력단위계의 주요 차이는 아래와 같다.

> 절대단위계
> 힘의 단위로서 뉴턴(N)을 사용한다.
>
> 중력단위계
> 힘의 단위로서 질량 1kg인 물체의 무게(kg_f)를 사용한다.

따라서 절대단위계와 중력단위계의 변환은 $1kg_f$가 9.8N과 같다는 것을 명심하고 필요할 때마다 단위를 바꾸어 주면 된다.

$$1kg_f = 9.8N \rightleftarrows 1N = \frac{1}{9.8}kg_f$$

$1kg_f$는 9.8N이고 [N]의 단위는 $\left[\frac{kg \cdot m}{s^2}\right]$이다.

CGS단위계로 표시하면

$$1\text{dyne} = 1.02\times10^{-6}\text{kg}_f$$

예제3

상온의 물 1m^3의 무게는 몇 kg_f인가? 또한 몇 N인가?

상온의 물의 밀도는 1000kg/m^3이다. 따라서 물 1m^3의 질량은 1000kg이다.
그러므로 중력단위로는 질량의 값과 무게의 값이 같으므로 1000kg_f이다. SI단위로는 $1000\text{kg}_f\times9.8\dfrac{\text{N}}{\text{kg}_f}=9800\text{N}$이다.

예제4

질량 10kg인 물체의 중량은 아래와 같이 절대단위와 중력단위 두 가지로 나타낼 수 있다.

① 절대단위 : $W=m\cdot\text{g}$이므로 $W=10\times9.8=98\text{N}$
② 중력단위 : $W=98\text{N}\times\dfrac{1}{9.8}\dfrac{\text{kg}_f}{\text{N}}=10\text{kg}_f$
즉 질량 10kg인 물체의 중량은 SI단위로 나타내면 98N이고 중력단위로 나타내면 10kg_f이다. 우리는 일상적으로는 질량이 10kg이면 무게가 10kg_f이라고 말한다. 일반산업현장에서는 통상적으로 무게의 단위인 kg_f에서 f자를 빼고 10kg으로만 표기하여 사용한다.

• 단위환산방법

대부분의 단위는 분모와 분자를 모두 가지고 있다. 어떤 물리량의 단위를 바꾸기 위해서는 우선 서로 다른 단위로 표시하기 위한 환산값을 알고 있어야 한다. 분모와 분자의 단위를 고치기 위해서는 이렇게 환산한 단위값을 분모와 분자에 직접 바꾸어서 대입시키면 된다.
예를 들면 압력의 절대단위인 [N/m^2]을 중력단위인 [kg_f/cm^2]의 단위로 환산해 보자. 어떤 값에 1을 곱해 주어도 그 수치는 변함이 없으므로 단위를 바꾸기 위하여 아래와 같이 분모와 분자가 단위만 다르고 값이 서로 같은 항을 곱해준다. $1\text{kg}_f=9.8\text{N}$이고 $1\text{m}^2=10^4\text{cm}^2$이므로

$$1\frac{\text{N}}{\text{m}^2}=1\frac{\text{N}}{\text{m}^2}\times\underbrace{\frac{1}{9.8}\frac{\text{kg}_f}{\text{N}}}_{=1}\times\underbrace{\frac{1}{10^4}\frac{\text{m}^2}{\text{cm}^2}}_{=1}=1.02\times10^{-5}\frac{\text{kg}_f}{\text{cm}^2}$$

즉 분모와 분자끼리 단위가 상쇄되면서 원하는 kg_f/cm^2의 단위값이 계산된다. 이러한 방법은 결국 다음과 같이 분모와 분자의 단위를 원하는 단위로 직접 바꾸어서 대입시킨 것과 마찬가지인 것이다.

$\left[\dfrac{\text{N}}{\text{m}^2}\right]$을 $\left[\dfrac{\text{kg}_f}{\text{cm}^2}\right]$으로 바꾸려면 $1\text{N}=\dfrac{1}{9.8}\text{kg}_f$이고 $1\text{m}^2=10^4\text{cm}^2$이므로

$$1\frac{N}{m^2} = 1\frac{\frac{1}{9.8}kg_f}{10^4cm^2} = \frac{1kg_f}{9.8\times10^4cm^2} = 1.02\times10^{-5}\frac{kg_f}{cm^2}$$

다른 단위값도 상기와 같은 방법으로 쉽게 다른 단위로 고칠 수 있다. 책의 앞표지에 산업현장에서 자주 사용되는 물리량에 대해서 여러 가지 서로 다른 단위로 바꾸기 위한 환산표가 나와 있다. 표에 나와 있는 단위환산을 거꾸로 하고자 하면 곱하는 수치의 역수를 곱해주면 된다.

예제5

한 시간에 평균 60km씩 달리는 자동차는 1초 동안에 평균 몇 m씩 달리는 셈인가?

시간당 km, 즉 km/h의 단위로 표시된 값을 초당 m, 즉 m/s의 단위로 바꾸라는 것이다.

분모와 분자의 단위를 바꾸어서 직접 대입시키면 $60\frac{km}{h} = 60\times\frac{1000m}{3600s} = 16.7\frac{m}{s}$

즉 60km/h는 16.7m/s와 같은 값이다.

• 유효숫자

역학계산에서는 공학용 계산기를 사용해야 한다. 상기 계산식을 누르면 결과값이 16.6666……이 나올 것이다. 이것을 다 적을 필요는 없고 앞에서 부터 적당히 몇 개의 유효숫자만 적어주면 된다. 즉 앞자리부터 0이 아닌 수치를 유효숫자라 하며 보통 3~6의 유효숫자만 적어주고 그 뒤에 있는 수치는 반올림한 후 무시해도 상관없다.

4 영국중력단위계

영국중력단위계(British Gravitational(BG) System)는 미국, 영국, 캐나다 및 영연방국가 등 세계 여러 국가에서 사용되고 있는 단위계이다. 현재 세계는 국제화시대로 접어들면서 기술정보와 각종 기술제품은 국가 간의 장벽이 없이 빠른 속도로 유통되고 있다. 우리나라의 산업현장에서도 영국중력단위계가 많이 사용되고 있는 실정이고 선진국과의 기술교류와 합작생산을 위해서도 영국중력단위계를 알고 있는 것이 필수적이라 하겠다. 영국중력단위계는 FLT계를 사용하며 힘의 단위로서 파운드(lb_f), 길이 단위로서 피트(ft), 시간 단위는 초(second)를 사용한다.

F(힘) : lb_f

L(길이) : ft

T(시간) : sec

• 길이

길이의 단위로서 피트(feet)를 사용하나 인치(in)나 마일(mile)도 사용한다.

$$1\text{ft} = 0.3048\text{m}$$
$$1\text{in} = 2.54\text{cm}$$

$$1\text{mile} = 1.609\text{km}$$
$$1\text{ft} = 12\text{in}$$

ft는 ′로 표시하고 in 는 ″로 나타내기도 한다.

• 부피

부피의 단위로서 ft^3을 주로 사용하나 갈론(gallon)도 많이 사용된다. 갈론은 미국갈론인 USgal과 영국갈론인 Igal이 있다.

$$1\text{USgal} = 3.785l$$
$$1\text{Igal} = 4.546l$$

• 힘

영국중력단위계에서는 중력단위를 사용하므로 힘의 단위로서 우리가 쓰는 킬로그램(kg_f)에 대응하는 파운드(lb_f)를 사용한다. 일반산업현장에서 말하는 파운드의 크기는

$$1\text{lb}_\text{f} = 0.4536\text{kg}_\text{f}$$

$$1\text{kg}_\text{f} = \frac{1}{0.4536}\text{lb}_\text{f}$$
$$1\text{kip} = 1000\text{lb}_\text{f}$$

예를 들면 무게가 10킬로그램인 물건은 $\frac{10}{0.4536}=22.03$파운드와 같다. 일반적으로 산업현장에서 사용하는 무게의 단위인 lb는 lb_f에서 f자를 빼고 사용하고 있는 것이다.

• 질량

영국 중력단위계는 질량단위로서 lbm을 사용한다. 중력가속도 $g=9.8\text{m/s}^2=32.174\text{ft/s}^2$(보통 32.2로 많이 사용함)이 되므로 뉴턴의 운동 제2법칙, $F=m \cdot a$ 로부터 무게 W는 가속도가 중력가속도일 때이므로

$$W = m \cdot g$$

$$\downarrow \quad \downarrow \quad \downarrow$$

중 력 단 위 : $1\text{kg}_\text{f} = 1\text{kg}\times 9.8\frac{\text{m}}{\text{s}^2} = 9.8\frac{\text{kg}\cdot\text{m}}{\text{s}^2}$

$$\downarrow \quad \downarrow \quad \downarrow$$

영국중력단위 : $1\text{lb}_\text{f} = 1\text{lbm}\times 32.174\frac{\text{ft}}{\text{s}^2} = 32.174\frac{1\text{bm}\cdot\text{ft}}{\text{s}^2}$

$$1\,lb_f = 32.174\frac{1bm \cdot ft}{s^2}$$

질량의 단위로서 슬럭(slug)을 쓰기도 한다.
위 식에서 32.174lbm를 1슬럭(slug)이라는 질량의 단위로 나타내기도 한다.

$$1\,slug = 32.174\,lbm$$

그러면

$$1\,lb_f = 1\,slug \times 1\frac{ft}{s^2}$$

가 된다.

예제6

영국단위로 질량 1lbm인 물체는 우리가 쓰는 질량 단위인 0.4536kg과 같음을 보여라.

$1lb_f = 0.4536kg_f$이므로

$32.174\frac{lbm \cdot ft}{s^2} = 0.4536 \times 9.8\frac{kg \cdot m}{s^2}$

1ft는 0.3048m이므로 단위환산에 의해서

$32.174 \times 0.3048\frac{lbm \cdot m}{s^2} = 0.4536 \times 9.8\frac{kg \cdot m}{s^2}$

$9.8lbm = 0.4536 \times 9.8kg$

$\therefore\ 1lbm = 0.4536kg$

• 압력

압력의 단위로서

$$1\frac{lb_f}{ft^2} = \frac{1}{144}\frac{lb_f}{in^2} = 0.006944\frac{lb_f}{in^2}$$

보통 psi 단위를 많이 사용한다.

$$1\,psi = 1\frac{lb_f}{in^2}$$

영국단위로 표준대기압은 아래와 같다.

$$1atm = 14.7psi$$

• 일

일의 단위로서는

$$1\text{lb}_f - \text{ft} = 0.3048\text{m} \times 0.453\text{kg}_f = 0.138257\text{kg}_f \cdot \text{m}$$
$$= 0.138257[\text{kg}_f \cdot \text{m}] \times 9.8\left[\frac{\text{N}}{\text{kg}_f}\right]$$
$$= 1.3557[\text{N} \cdot \text{m}]$$

• 동력

동력의 단위는

$$1\frac{\text{lb}_f - \text{ft}}{\text{s}} = 1.3557\frac{\text{N} \cdot \text{m}}{\text{s}} = 1.3557\text{W}$$

$$1\text{hp} = 550\frac{\text{lb}_f - \text{ft}}{\text{s}} = 746\text{W} = 76.07\frac{\text{kg}_f \cdot \text{m}}{\text{s}^2}$$

• 열량

열량의 단위는 일의 단위나 마찬가지로 에너지의 단위를 갖는다. 1Btu란 순수한 물 1lbm을 60°F에서 61°F로 1°F 높이는 데 필요한 열량을 말한다.

$$1\text{Btu} = 778.26\text{ft} - \text{lb}_f$$
$$1\text{Btu} = 0.252\text{kcal}$$
$$1\text{Btu} = 1.055\text{kJ}$$

• 온도

온도의 단위로서 화씨(Fahrenheit, °F)를 사용한다. 섭씨온도가 0～100℃(차이 100)로 변할 때 화씨온도는 32～212°F(차이 180)로 변한다. 따라서 $\frac{180}{100} = \frac{9}{5}$ 이므로

$$°\text{F} = \frac{9}{5}℃ + 32$$

$$℃ = \frac{5}{9}(°\text{F} - 32)$$

절대온도의 단위는 랭킨(Rankine, °R)을 사용한다.

$$0°\text{F} = 460°\text{R}$$
$$t°\text{F} = (460 + t)°\text{R}$$

이 된다. 이 책의 앞표지에 영국단위를 사용한 여러 가지 물리량에 대한 단위환산표가 나타나 있으니 자주 사용하기 바란다.

2-4 : 밀도, 비체적, 비중량, 비중

• 밀도

밀도(density, 密度)란 단위부피당 질량을 말한다. 밀도를 ρ로 표기하면

$$\rho = \frac{\text{물체의 질량}}{\text{물체의 부피}} = \frac{m}{V}\left[\frac{\text{kg}}{\text{m}^3}\right] \tag{2-4}$$

즉 SI단위로 밀도는 [kg/m^3]이다. 우리가 가장 많이 사용하는 물의 4℃에서 밀도는 1000kg/m^{3}이다. 중력단위로 밀도를 표시하면 1kg_f=9.8N=9.8kg · m/s^{2}으로부터 질량 $1\text{kg} = \frac{1}{9.8}\text{kg}_f \cdot \text{s}^2/\text{m}$이므로

$$1\left[\frac{\text{kg}}{\text{m}^3}\right] = \frac{1}{9.8}\left[\frac{\text{kg}_f \cdot \text{s}^2}{\text{m}^3}\frac{1}{\text{m}^3}\right] = \frac{1}{9.8}\left[\frac{\text{kg}_f \cdot \text{s}^2}{\text{m}^4}\right]$$

$$\therefore \boxed{1\frac{\text{kg}}{\text{m}^3} = 0.102\frac{\text{kg}_f \cdot \text{s}^2}{\text{m}^4}} \rightleftarrows \boxed{1\frac{\text{kg}_f \cdot \text{s}^2}{\text{m}^4} = 9.8\frac{\text{kg}}{\text{m}^3}}$$

즉 중력단위로 표시한 밀도와 SI단위로 표시한 밀도와는 값도 다르고 단위도 다르다.
는 것을 유의해야 한다. 모든 유체는 온도와 압력에 따라 그 밀도가 변하므로 정밀한 계산에 사용되는 밀도의 크기는 그때의 온도와 압력이 명시되어야 한다.

• 비체적

비체적(specific volume, 比體積)은 단위질량당 부피이다. 비체적을 v_s라 하면

$$v_3 = \frac{\text{물체의 부피}}{\text{물체의 질량}} = \frac{V}{m}\left[\frac{\text{m}^3}{\text{kg}}\right] \tag{2-5}$$

즉 비체적은 밀도의 역수이다.

$$v_s = \frac{1}{\rho}\left[\frac{\text{m}^3}{\text{kg}}\right](\text{SI단위}) \tag{2-6}$$

즉 SI단위로 비체적은 [m^3/kg]이다. 중력단위로 비체적은 단위중량당 부피를 말한다.

$$v_s = \frac{1}{\gamma}\left[\frac{m^3}{kg_f}\right] \text{(중력단위)}$$

• 비중량

비중량(specific weight, 比重量)은 단위부피당 무게이다. 비중량을 γ로 표기하면

$$\gamma = \frac{\text{물체의 중량}}{\text{물체의 부피}} = \frac{W}{V} = \frac{mg}{V} = \rho g\left[\frac{N}{m^3}\right] \quad (2\text{-}7)$$

물체의 부피

즉 비중량, $\gamma = \rho g$이다. SI단위로 비중량은 [N/m^3]이다. 물의 4℃에서 비중량은 9800N/m^3이며 중력단위로는 1000kg_f/m^3이다.

ρ	물(4℃)	
	γ(SI단위)	γ(중력단위)
1000kg/m^3	9800N/m^3	1000kg_f/m^3

식 (2-7)에서 보듯이 비중량은 비체적의 역수이다. 즉 $\gamma = 1/v_s$이다.

중력단위로는 중량의 단위를 N 대신에 kg_f로 표시하므로 γ는 [kg_f/m^3]의 단위를 가진다.

$1N = \frac{1}{9.8} kg_f = 0.102 kg_f$이므로

$$\therefore \boxed{1\frac{N}{m^3} = 0.102\frac{kg_f}{m^3}} \rightleftarrows \boxed{1\frac{kg_f}{m^3} = 9.8\frac{kg}{m^3}}$$

예를 들면 1000kg의 질량의 유체의 체적이 1m^3이었다면 밀도 ρ=1000kg/m^3이다. 질량 1kg의 유체의 무게는 1kg_f(=9.8N)이므로 비중량 γ는 γ=1000kg_f/m^3이 되어 수치적으로는 질량 ρ와 비중량 γ의 값은 서로 같다. 이를테면 1atm(기압), 4℃ 때의 순수한 물의 밀도는 ρ=1000kg/m^3이고 비중량은 γ=1000kg_f/m^3 =9800N 이므로 수치는 서로 같다.

비체적 v_s에 대해서도 중력단위에서 비체적은 단위중량당 유체의 체적이므로 중력단위에서 사용하는 유체의 γ[kg_f/m^3]의 값은 SI단위에서 사용하는 ρ[kg/m^3]와 같은 값을 가진다. 그러나 아래 예제와 같이 중력단위를 사용한 ρ[$kg_f \cdot s^2/m^4$]의 값은 SI단위를 사용한 ρ[kg/m^3]값과 서로 다르다는 것을 유의해야 한다.

예제7

어떤 기름의 체적이 5.8m^{3}이고 무게가 4400kg$_f$이다. 이 기름의 비중량과 밀도를 SI단위와 중력단위로 나타내어라.

무게가 4400kg$_f$는 4400×9.8=43120N이므로

$\gamma = \dfrac{43120\text{N}}{5.8\text{m}^3} = 7434\left[\dfrac{\text{N}}{\text{m}^3}\right]$ (SI단위)

$\gamma = \dfrac{4400\text{kg}_f}{5.8\text{m}^3} = 758.6\left[\dfrac{\text{kg}_f}{\text{m}^3}\right]$ (중력단위)

지표상 같은 장소에서 같은 물체의 무게와 질량은 같으므로 기름의 질량은 440kg이다. 따라서 SI단위의 밀도는

$\rho = \dfrac{4400\text{kg}}{5.8\text{m}^3} = 758.6\left[\dfrac{\text{kg}}{\text{m}^3}\right]$

즉 γ와 ρ는 758.6으로 수치는 서로 같다. 그러나 중력단위를 사용하여 나타내면

$\rho = \dfrac{\gamma}{g} = \dfrac{758.6\text{kg}_f/\text{m}^3}{9.8\text{m/s}^2} = 77.4\left[\dfrac{\text{kg}_f \cdot \text{s}^2}{\text{m}^4}\right]$

즉 중력단위로 표현한 ρ의 값은 SI단위로 나타낸 ρ값과 서로 다르다는 것을 유의해야 한다.

표 2-2는 고압에서 물의 비중량을 보여준다.

표 2-2 고압에서의 물의 비중량, γ[kg$_f$/m^3]

압력(kg$_f$/cm^2) \ 온도(℃)	0℃	20℃	50℃	100℃	200℃	300℃
100	1004.8	1002.7	992.3	962.9	870.7	715.3
200	1009.6	1007.1	996.5	967.3	877.5	734.6
300	1014.3	1011.5	1000.5	971.7	884.0	750.3
500	1023.1	1018.8	1007.9			
1000	1043.9	1038.3	1026.2			

※ 참고문헌 [19].

• 비중

비중(specific gravity, 比重)은 어떤 물질의 4℃ 물에 대한 밀도비이다. 비중을 s라 하면

$$s = \frac{\text{물체의 밀도}}{\text{물 4℃ 때의 밀도}} = \frac{\rho}{\rho_w} = \frac{\rho g}{\rho_w g} = \frac{\text{물체의 중량}}{\text{물 4℃ 때의 중량}} = \frac{\gamma}{\gamma_w} \tag{2-8}$$

즉 비중은 밀도비 또는 비중량의 비로 표시될 수 있다. 비중은 무차원수이므로 SI단위나 중력단위로 구분할 필요 없이 밀도비 또는 중량비 모두 같은 값을 가진다.

수은의 밀도 = 13.6g/cm^3 = 13600kg/m^3

물의 밀도 = 1g/cm^3 = 1000kg/m^3

∴ 수은의 비중 = 13.6

예제8

질량이 800kg인 기름의 부피가 $0.9m^3$이다. 이 기름의 밀도, 비중량, 비중을 SI단위와 중력단위로 나타내어라.

SI단위로 나타내면

$$\rho = \frac{m}{V} = \frac{800\text{kg}}{0.9\text{m}^3} = 888.89\frac{\text{kg}}{\text{m}^3}$$

$$\gamma = \frac{W}{V} = \frac{800 \times 9.8\text{N}}{0.9\text{m}^3} = 8711.1\frac{\text{N}}{\text{m}^3}$$

$$s = \frac{\rho}{\rho_w} = \frac{888.89\text{kg/m}^3}{1000\text{kg/m}^3} = 0.88889$$

중력단위로 나타내면

$$\rho = \frac{\gamma}{g} = \frac{8711.1\text{N/m}^3}{9.8\text{m/s}^2} = \frac{888.89\text{kg}_f\text{/m}^3}{9.8\text{m/s}^2} = 90.7\frac{\text{k}_{gf} \cdot \text{s}^2}{\text{m}^4}$$

$$\gamma = 8711.1\frac{\text{N}}{\text{m}^3} = \frac{8711.1}{9.8}\frac{\text{kg}_f}{\text{m}^3} = 888.89\frac{\text{kg}_f}{\text{m}^3}$$

$$s = \frac{\rho}{\rho_w} = \frac{\gamma}{\gamma_w} = \frac{888.89\text{kg}_f\text{/m}^3}{1000\text{kg}_f\text{/m}^3} = 0.88889$$

예제9

무게가 4000kg_f, 체적이 $8m^3$인 유체의 비중은?

$s = \frac{\gamma}{\gamma_w}$ 이고 $\gamma = \frac{W}{V}$ 에서 $\gamma = \frac{4000 \times 9.8}{8} = 4900\frac{\text{N}}{\text{m}^3}$

$\therefore\ s = \frac{4900}{9800} = 0.5$

예제10

비중량 $8800N/m^3$인 유체의 비중을 계산하라.

$s = \frac{\gamma}{\gamma + w}$ $\quad s = \frac{8800}{9800} = 0.898$

예제11

비중 0.9인 유체 20N의 체적은 몇 l인가?

s=0.9, W=20N이므로 $s = \frac{\gamma}{\gamma_w}$ 이고 $\gamma = \frac{W}{V}$ 이고 물의 γ_w는 9800이므로

$0.9 = \frac{20/V}{9800}$ → $V = 0.00227\text{m}^3 = 2.27l$

예제12

어떤 기름의 부피가 $0.5m^3$이고 무게가 $400kg_f$일 때 이 기름의 밀도는 몇 $kg_f \cdot s^2/m^4$인가?

$$\gamma = \frac{W}{V} = \frac{400}{0.5} = 800\frac{kg_f}{m^3} \qquad \rho = \frac{\gamma}{g} = \frac{800}{9.8} = 81.63\frac{kg_f \cdot s^2}{m^4}$$

예제13

비중 13.6인 수은의 밀도를 SI단위와 중력단위로 구별해서 각각 나타내어라.

$$s = \frac{\rho}{\rho_w}$$

$$13.6 = \frac{\rho}{1000} \rightarrow \rho = 13600\frac{kg}{m^3} \text{(SI단위)}$$

$$\rho = \frac{13600}{9.8} = 1387.2\frac{kg_f \cdot s^2}{m^4} \text{(공학단위)}$$

예제14

비중이 0.8인 어떤 기름의 비중량은 몇 N/m^3인가?

$s = \frac{\gamma}{\gamma_w}$ 이므로 $0.8 = \frac{\gamma}{9800N/m^3}$

$$\therefore \gamma = 784\frac{N}{m^3}$$

예제15

표준 대기압이 1atm, 4℃인 물의 밀도를 구하여라.

중력단위를 사용하면 물 $1m^3$의 무게는 $1000kg_f$이므로,

$$\gamma = \frac{1000kg_f}{1m^3} = 1000\frac{kg_f}{m^3}$$

$$\rho = \frac{\gamma}{g} = \frac{1000}{9.8} = 102\frac{kg_f \cdot s^2}{m^3}$$

SI단위를 사용하면 물 $1m^3$의 무게는 9800N이므로

$$\gamma = \frac{9800N}{1m^3} = 9800\frac{N}{m^3}$$

$$\rho = \frac{\gamma}{g} = \frac{9800}{9.8} = 1000\frac{kg}{m^3}$$

예제16

체적이 12m³ 무게가 10080kgf인 디젤유의 비중량, 밀도, 비체적 및 비중을 구하여라.

중력단위를 사용하면 V=12m³, W=10080kgf이므로,

비중량 : $\gamma = \dfrac{W}{V} = \dfrac{10080}{12} = 840\dfrac{\mathrm{kg_f}}{\mathrm{m^3}}$

밀도 : $\rho = \dfrac{\gamma}{g} = \dfrac{840}{9.8} = 85.7\dfrac{\mathrm{kg_f \cdot s^2}}{\mathrm{m^4}}$

비체적 : $v_s = \dfrac{1}{\gamma} = \dfrac{1}{840} = 1.19 \times 10^{-3}\dfrac{\mathrm{m^3}}{\mathrm{kg_f}}$

비중 : $\gamma = \dfrac{\gamma}{\gamma_w} = \dfrac{840}{1000} = 0.84$

SI단위를 사용하면 V=12m³, W=10080×9.8=98784N이므로

$\gamma = \dfrac{\gamma}{\gamma_w} = \dfrac{89784}{12} = 8232\dfrac{\mathrm{N}}{\mathrm{m^3}}$

$\rho = \dfrac{\gamma}{g} = \dfrac{8232}{9.8} = 840\dfrac{\mathrm{kg}}{\mathrm{m^3}}$

$v_s = \dfrac{1}{\rho} = \dfrac{1}{840} = 1.19 \times 10^{-3}\dfrac{\mathrm{m^3}}{\mathrm{kg}}$

$s = \dfrac{\rho}{\rho_w} = \dfrac{840}{10000} = 0.84$

물과 공기의 비중량과 밀도를 비교하면 표 2-3과 같다. 특히 물의 밀도와 비중량은 자주 사용되므로 반드시 기억해 두어야 한다. 표 2-4, 5, 6은 각종 고체 및 액체의 비중을 표시한다. 우리가 실생활에서 가장 많이 쓰고 있는 액체가 물이므로 이 책의 뒷표지에 있는 표 A.1에 온도에 따른 물의 물리적 성질을 수록하였다. 또한 일반적으로 많이 사용되는 액체들에 대한 물리적 성질은 뒷표지에 있는 표 A.3에 나타나 있다. 그 외 다른 유체들에 대한 값은 그 유체를 취급하는 관련부서에서 매뉴얼이나 카달로그 같은 형태로 수록했으리라 생각되며 이를 참조하기 바란다.

표 2-3 물과 공기의 비중량과 밀도(4℃, 1기압)

구분	SI단위		중력단위	
	비중량 (N/m³)	밀도 (kg/m³)	비중량 (kgf/m³)	밀도 (kgf·s²/m⁴)
물	9800	1000	1000	101.97
공기	12.45	1.27	1.27	0.1296

표 2-4 고체의 비중

물질	비중	물질	비중
알루미늄	2.64	화강암(granite)	2.74~2.76
아스팔트	1.1~1.5	흑연(graphite)	2.3~2.72
벽돌	1.4~2.2	스티로폼	0.0160~0.0481
구리	8.91~8.96	우라늄	18.7
철(iron)	7.08~7.2	석고(gypsum)	2.31~2.33
탄소강	7.86	마그네슘	1.74
스테인리스강	8.02	대리석(marble)	2.60~2.84
납	11.4	진흙	1.8~2.6
티타늄	4.45	코르크	0.22~0.26
크롬	7.2	유리	2.4~2.6
니켈	8.9	얼음(0℃)	0.917
콘크리트	2.4~2.5	오크(oak)	0.77

* 참고문헌 [2, 5].

표 2-5 각종 기름의 비중

기름	온도	비중	기름	온도	비중
송지유	상온	0.873	에테르	35°	0.75
채종유	상온	0.913~0.918	벤젠	40°~70°	0.66~0.68
고래기름	상온	0.917~0.927	휘발유	20°~170°	0.66~0.71
참깨기름	상온	0.922~0.924	석유	170°~310°	0.76~0.83
콩기름	상온	0.924~0.927	윤활유	310°~350°	0.87~0.88
올리브유	상온	0.914~0.934	실리콘유	45°~68°	0.76~0.98
야자유	상온	0.925~0.938	경유	20°	0.836
피마자유	상온	0.961~0.974	디젤	20°	0.863

* 참고문헌 [2, 5].

표 2-6 액체의 비중

액체	온도	비중	액체	온도	비중
100%황산	20℃	1.83	수은	20℃	13.55
40%황산	20℃	1.31	사염화탄소	20℃	1.595
글리세린	20℃	1.21~1.26	액화암모니아	20℃	1.022
메틸알콜	20℃	0.795	아닐린	20℃	1.022
에틸알콜	20℃	0.79	아세톤	20℃	0.791
바닷물	15℃	1.01~1.05	순초산	20℃	1.049
10%식염수	20℃	1.07	순질산	20℃	1.513
20%식염수	20℃	1.148	벤졸	15℃	0.844

유체역학에서 나타나는 여러 물리량은 보통 그리스문자로 나타낸다. 그리스문자는 소문자가 많이 사용되며 이것을 국문으로 읽는 법은 표 2-7과 같다.

표 2-7 그리스 문자표

소문자	대문자	명칭	소문자	대문자	명칭
α	A	알파(alpha)	ν	N	뉴우(nu)
β	B	베타(beta)	ξ	Ξ	크사이(xi)
γ	Γ	감마(gamma)	o	O	오미크론(omicron)
δ	Δ	델타(delta)	π	Π	파이(pi)
ϵ	E	엡실론(epsilon)	ρ	P	로오(rho)
ζ	Z	제타(zeta)	σ	Σ	시그마(sigma)
η	H	이타(eta)	τ	T	타우(tau)
θ	Θ	세타(theta)	υ	Y	유프실론(upsilon)
ι	I	이오타(iota)	ϕ	Φ	파이(phi)
κ	K	카파(kappa)	χ	X	카이(chi)
λ	Λ	람다(lambda)	ψ	Ψ	프사이(psi)
μ	M	뮤(mu)	ω	Ω	오메가(omega)

단위 앞에 붙는 킬로(kilo)나 밀리(milli) 등은 그 단위값의 배수치를 나타내는 접두어이다. 어떤 단위의 값이 매우 크거나 작을 때 이러한 접두어를 붙인 단위를 사용하는 것이 편리하다. 표 2-8는 접두어를 국문으로 읽는 법을 나타내었다. 예를 들면

$$1\text{mm} = 10^{-3}\text{m} = \frac{1}{1000}\text{m}$$

$$1\text{cm} = 10^{-2}\text{m} = \frac{1}{100}\text{m}$$

$$1\text{MW} = 10^{6}\text{W} = 1{,}000{,}000\text{W}$$

가 된다.

표 2-8 단위 앞에 붙는 접두어

배수	명칭	기호	배수	명칭	기호
10^{12}	테라(tera)	T	10^{-2}	센티(centi)	c
10^{9}	기가(giga)	G	10^{-3}	밀리(milli)	m
10^{6}	메가(mega)	M	10^{-6}	마이크로(micro)	l
10^{3}	킬로(kilo)	k	10^{-9}	나노(nano)	n
10^{2}	헥토(hecto)	h	10^{-12}	피코(pico)	p
10	데카(deka)	da	10^{-15}	펨토(femto)	f
10^{-1}	데시(deci)	d	10^{-18}	아토(atto)	a

2-5 : 점성

강이나 하수구를 흐르고 있는 물을 관찰하면, 물가에서는 유속이 느리고, 물가에서 멀어질수록 유속은 빨라진다. 또한 원통 그릇 속에 물을 담고 그릇을 그 수직축 주위에 돌리면, 물도 차차 돌기 시작한다. 그러나 그릇의 회전을 멈추어도 물은 계속 돌아가다가 어느 시간 후에는 정지상태가 된다. 이런 사실은 이웃하고 있는 부분의 유체의 층이 접선방향의 상대속도를 가질 때 접선방향의 힘을 서로 미치고 있음을 뜻한다. 이런 접선방향의 힘의 원인을 점성(viscosity, 粘性)이라고 한다. 꿀, 수지, 기름 등은 점성이 큰 유체이며, 물과 공기 등은 점성이 작은 유체이다. 이미 이야기한 바와 같이 실제의 모든 유체는 점성이라 하는 내부 저항을 가지고 있다. 비점성 유체라 함은 점성이 전혀 없다는 것이 아니고 어떤 경우에는 점성효과를 무시할 수 있는 유체를 말하는 것이다.

점성력은 액체와 기체 모두에 존재하며 유체의 여러 층들이 서로 지나쳐 갈 때 유체층들 사이에 존재하는 마찰력이다. 점성에 의한 흐름은 유체역학의 대부분을 차지하는 중요한 분야로서 다음에 나오는 실제유체의 흐름에서 다시 다룬다.

유체가 다르면 점성도도 달라진다. 일반적으로 액체는 기체보다 점성이 훨씬 크다. 여러 가지 유체의 점성은 절대점성계수(absolute viscosity, 絶對粘性係數)로서 μ로 표시되며 이것은 다음과 같이 정의한다.

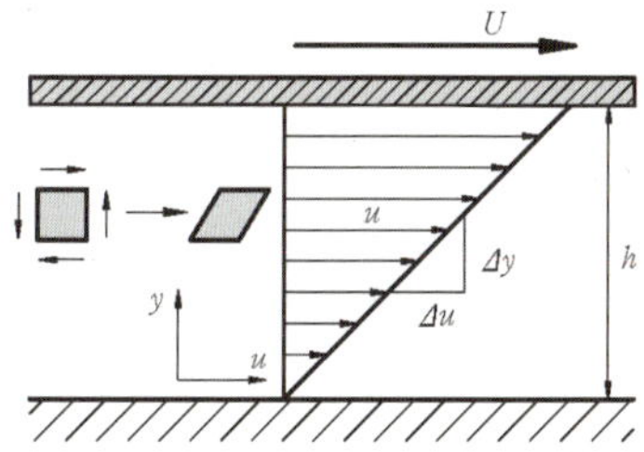

그림 2-2

그림 2-2와 같이 밑판은 고정시켜 놓고 윗판은 오른쪽으로 운동하고 있다고 하자. 밑판과 직접 접촉해 있는 유체는 유체분자와 판의 분자 사이의 부착력 때문에 표면에 달라 붙어 있어서 속도는 0이다(no slip condition). 마찬가지로 윗판에 접촉한 유체 분자는 윗판에 붙어서 윗판과 동일한 속도, U로 운동하고 있다. 정지해 있는 유체층은 바로 위에 있는 유체층의 흐름을 방해한다. 이 층은 그 다음층의 흐름을 방해하고 계속 이렇게 올라가면서 진행된다. 따라서 속도분포는 그림과 같이 0에서 U까지 선형으로 변화한다. 그림과 같이 수직거리 Δy만큼 떨어졌을 때 속도의 변화량이 Δu이라면 $\Delta u/\Delta y$를 속도의 기울기 또는 속도구배(velocity gradient, 速度勾配)라고 한다.(Δ는 차이값을 나타낸다). 윗판을 움직이는 데는 힘이 필요하다. 이것은 점성으로 인한 유체층 사이의 마찰력으로서 전단력(shear force, 剪斷力)이라 한다. 조그마한 유체요소에 작용하는 전단력의 방향은 그림 2-2와 같으며 이로 인하여 유체요소는 평행사변형 모양으로 찌그러지게 된다. 단위면적당 작용하는 힘을 응력(stress, 應力) 또는 압력(pressure, 壓力)이라 한다. 따라서 단위면적당 작용하는 전단력을 전단응력(shear stress, 剪斷應力)이라 한다. 실험에

의하면 이러한 속도구배와 전단응력은 서로 비례하는 것으로 알려졌다. 절대점성계수 μ는 이러한 속도구배와 전단응력의 비례상수를 말한다.

$$\tau = \mu\frac{\Delta u}{\Delta y} \rightleftarrows \mu = \tau\frac{\Delta y}{\Delta u}$$

수학적으로 표시하면 미분의 정의로부터

$$\frac{du}{dy} = \lim_{\Delta y \to 0}\left(\frac{\Delta u}{\Delta y}\right)$$

즉 Δy가 0으로 갈 때는 dy라는 기호로 바뀐다. 따라서 미소요소에 대한 전단응력을 수학식으로 나타내면

$$\boxed{\tau = \mu\frac{du}{dy}} \qquad (2\text{-}9)$$

여기서 $\frac{du}{dy}$는 u를 y에 대해서 미분한다는 것이다. 상기 식을 뉴턴의 점성법칙이라 한다. 즉 마찰응력 또는 전단응력은 속도구배에 비례하며 비례상수인 μ를 절대점성계수(abosolute viscosity, 絕對粘性係數)라 한다.

전단응력 τ는 $\tau = \mu\frac{du}{dy}$에서 양변을 적분하면

$$\tau y = \mu u + c \text{ (일정)}$$

그림 2-2로부터 경계조건은

$$y = 0 \rightarrow u = 0$$
$$y = h \rightarrow u = U$$
$$\therefore\ c = 0$$
$$\tau h = \mu U$$
$$\therefore\ \tau = \mu\frac{U}{h}$$

즉 $\frac{du}{dy} = \frac{U}{h}$이다.

예제17

간격 4mm를 가진 평행하게 놓여진 2매의 평판 사이에 점성 계수 0.15kg$_f$ ·s/m^{2}의 피마자 기름이 들어 있다. 한쪽판을 고정시키고 다른 판을 5m/s의 속도로 움직일 때 기름 속에 유지되는 전단응력은 몇 kg$_f$/m^{2}인가?

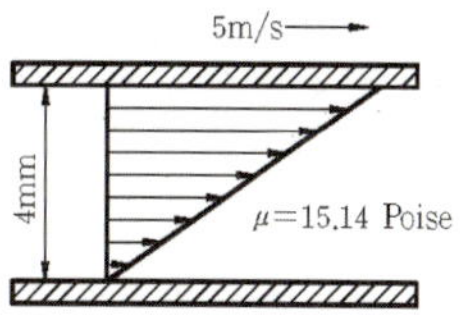

$$\tau = \mu \frac{u}{h} = 0.15 \times \frac{5}{0.004} = 187.5 \frac{kg_f}{m^2}$$

그림 2-3과 같이 고정된 평면 위에 유체가 평면과 평행하게 흐르고 있다고 하자. 물체에 닿은 유체의 부분은 부착력 때문에 움직이지 않으므로 그 부분의 속도는 0이고 물체의 표면에서 멀어짐에 따라 그 속도는 점점 빨라지고 δ층을 지나면 일정한 속도 U_∞가 된다. 실험에 의하면 속도분포선은 그림과 같은 포물선 형상을 가진다. 이러한 d의 범위를 경계층(boundary layer, 境界層)이라 한다. 이 경계층 사이에 있는 유체는 항상 아래쪽에서 그 운동을 방해하는 힘, 즉 전단력을 받는다. 그림과 같이 경계층 내부에 있는 유체의 작은 미소요소에 걸리는 전단응력을 τ라 하면 속도구배 $\frac{du}{dy}$는 그림 2-3과 같으며 $\tau = \mu \frac{du}{dy}$이다. 유체 중에는 이와 같은 뉴턴의 점성법칙을 만족시키는 유체가 있고 그렇지 않은 유체도 있다.
뉴턴의 점성법칙을 만족하는 유체를 뉴턴 유체(Newtonian fluid)라 하고 이를 만족하지 않는 유체를 비뉴턴 유체(Non-Newtonian fluid)라 한다.
그림 2-4에서 보는 바와 같이 속도구배와 전단응력 사이에 기울기가 일정한 직선으로 표시될 수 있는 유체를 뉴턴 유체라 한다(물, 공기, 기름 등 대부분의 유체). μ는 속도구배와 전단응력 사이의 비례상수이기 때문이다. 그러나 액상의 플라스틱이나 진흙이 섞인 물 등 일부 유체는 그림에서 보듯이 직선이 아니다. 즉 이러한 유체는 뉴턴의 점성법칙을 따르지 않는다.

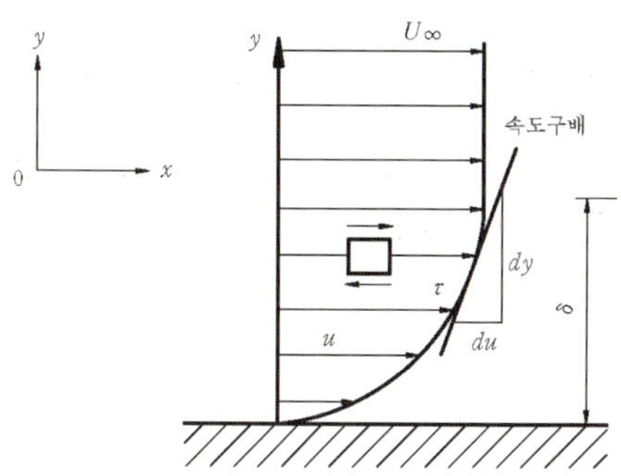

그림 2-3

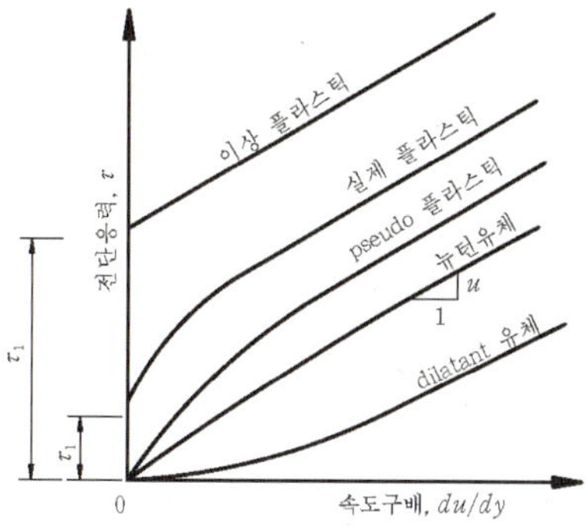

그림 2-4

예제18

그림과 같이 유체가 벽면 위를 흐르고 있을 때 벽면에서의 전단응력은 얼마인가?

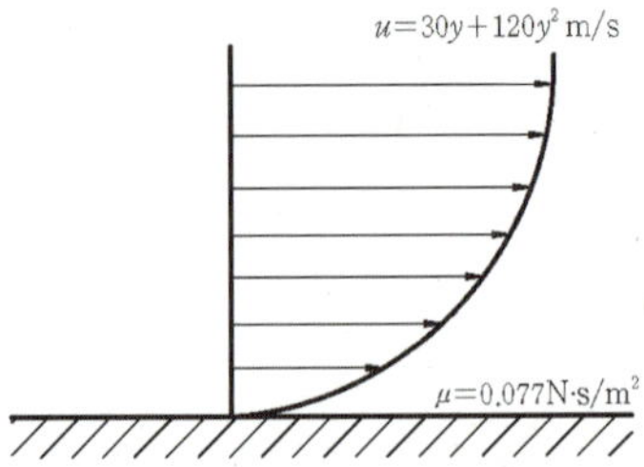

$$\tau=\mu\frac{du}{dy},\quad \tau_w=\mu\frac{du}{dy}\bigg|_{y=0}$$

$$\frac{du}{dy}\bigg|_{y=0}=|30+240y|_{y=0}=30$$

$$\tau_w=0.077\times 30=2.31\frac{\text{N}}{\text{m}^2}(\text{SI단위})=0.236\frac{\text{kg}_\text{f}}{\text{m}^2}(\text{중력 단위})$$

1 절대점성계수

절대점성계수는 점성계수(dynamic viscosity, 粘性係數)라고도 한다. 점성계수는 글리세린이나 설탕물처럼 끈끈할수록 크다. 우리가 가장 많이 사용하는 물과 공기의 점성계수는 뒷 표지에 있는 표 A-1과 A-2에 나타나 있다. 액체의 점성계수는 온도가 높을수록 작아지고 기체의 점성계수는 반대로 온도가 높을수록 그 값이 커진다. 이러한 현상은 기체의 주된 점성원인이 분자 상호 간의 운동인데 비해 액체는 분자 간의 응집력이 점성을 크게 좌우하기 때문이다. 여러 종류의 유체에 대해서 온도에 따른 점성의 변화는 그림 2-5와 2-6에 나타나 있다.

상기한 식 (2-9)에서 절대 점성계수의 차원은 다음과 같다.

$$\mu=\frac{\tau}{\frac{du}{dy}}=\frac{\frac{\text{힘}}{\text{면적}}}{\frac{\text{속도}}{\text{길이}}}$$

$$\mu=\frac{\frac{\text{F}}{\text{L}^2}}{\frac{\text{L}}{\text{T}}\cdot\frac{1}{\text{L}}}=\frac{\text{FT}}{\text{L}^2}=\frac{\text{ML}}{\text{T}^2}\frac{\text{T}}{\text{L}^2}=\frac{\text{M}}{\text{TL}}$$

즉 μ의 차원은 $[\text{FL}^{-2}\text{T}]$ 또는 $[\text{ML}^{-1}/\text{T}^{-1}]$이다. 절대점성계수의 단위는 SI단위를 사용하면

$$\mu=\tau\times\frac{dy}{du}=\frac{\text{N}}{\text{m}^2}\times\frac{\text{m}}{\text{m/s}}=\frac{\text{N}\cdot\text{s}}{\text{m}^2}=\frac{\text{kg}\cdot\text{m}\cdot\text{s}}{\text{s}^2\cdot\text{m}^2}=\frac{\text{kg}}{\text{m}\cdot\text{s}}$$

$$1\frac{kg}{m \cdot s} = 1\frac{N \cdot s}{m^2} = 1Pa \cdot s$$

SI단위를 중력단위로 바꾸면

$$\therefore \quad 1\frac{N \cdot s}{m^2} = 0.102\frac{kg_f \cdot s}{m^2} \rightleftarrows 1\frac{kg_f \cdot s}{m^2} = 9.8\frac{N \cdot s}{m^2}$$

즉 중력단위로 나타내면 μ의 단위는 $[kg_f \cdot s/m^2]$이다. 영국 중력단위로는 $[lb_f \cdot s/ft^2]$이 된다.
절대점성계수의 단위로는 CGS단위계를 사용한 포아즈(poise)를 사용한다. 1poise는 아래와 같이 정의한다.

$$1poise = 1\frac{dyne \cdot s}{cm^2} = 1\frac{g \cdot cm \cdot s}{s^2 \cdot cm^2} = 1\frac{g}{cm \cdot s}$$

$$1poise = 1\frac{g}{cm \cdot s} = 0.1\frac{kg}{m \cdot s}$$

$$1\frac{N \cdot s}{m^2} = 10poise$$

2 동점성계수

유체의 운동방정식에는 편의상 절대점성계수를 밀도로 나눈 값인 동점성계수(kinematic viscosity, 動粘性係數)를 많이 사용하고 있다. 동점성계수는 ν라는 기호를 사용한다.

$$\nu = \frac{\mu}{\rho} \tag{2-10}$$

ν의 단위는 CGS단위계를 사용하면

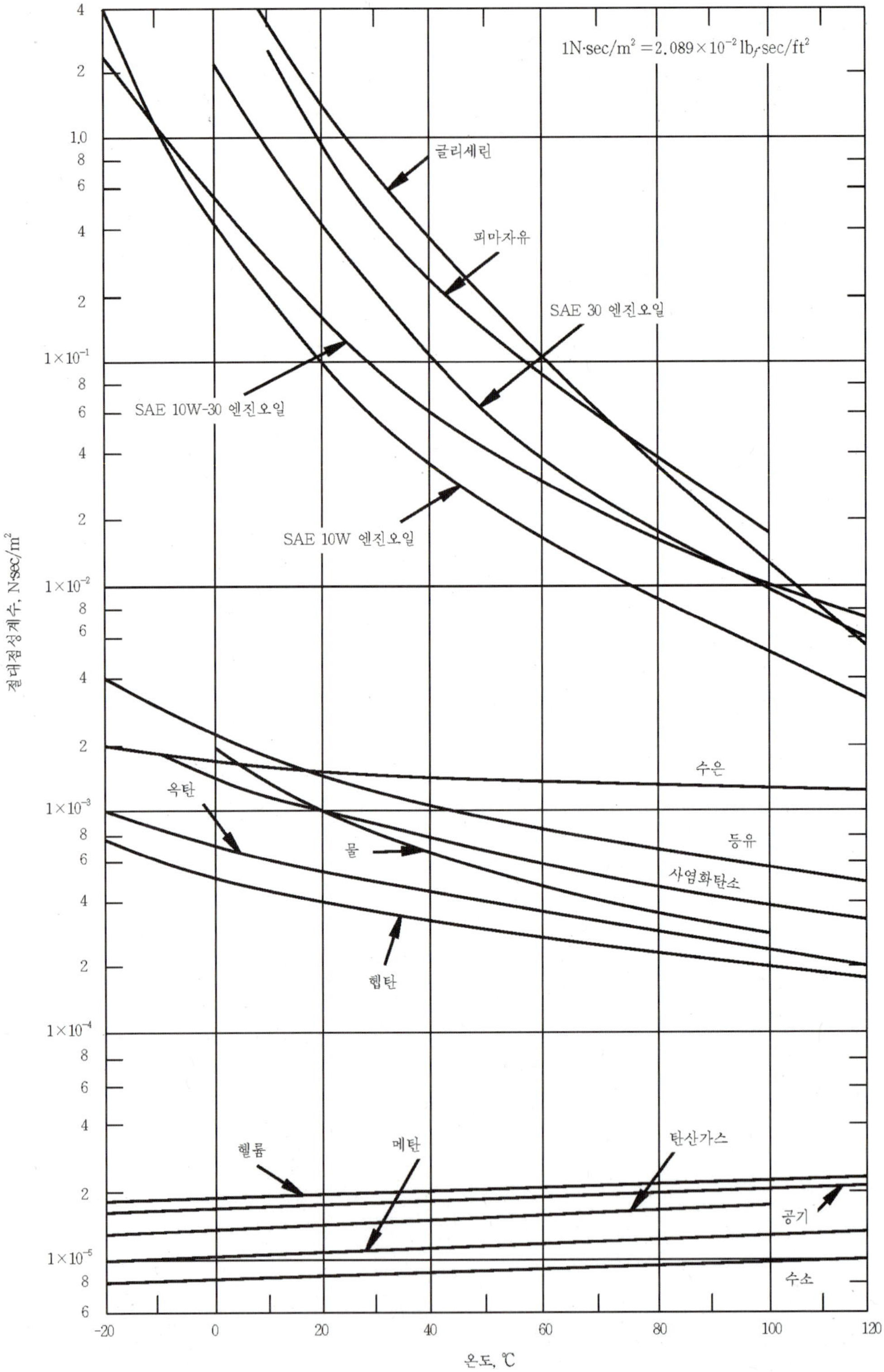

그림 2-5 유체의 절대점성 계수

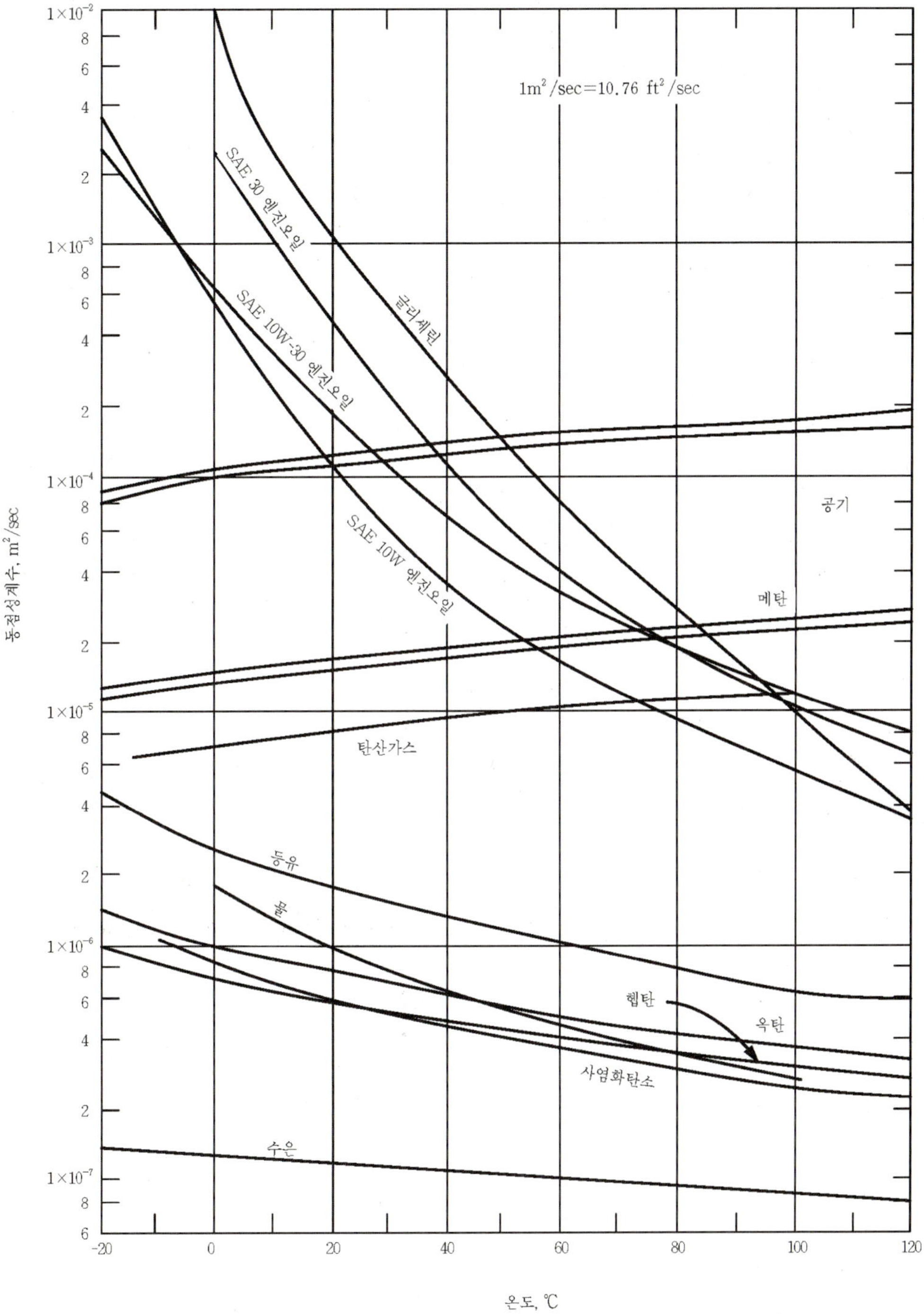

그림 2-6 유체의 동점성계수

$$\nu = \frac{\mu}{\rho} = \frac{\frac{g}{cm \cdot s}}{\frac{g}{cm^3}} = \frac{cm^2}{s}$$

동점성계수의 단위로서는 스토크스(stokes)를 사용한다. 1stokes는 다음과 같이 정의한다.

$$1stokes = 1\frac{cm^2}{s}$$

$$1\frac{m^2}{s} = 10^4 stokes$$

따라서 동점성계수의 차원은 $[L^2/T]$이다. 영국 중력단위에서는 $[ft^2/s]$를 사용한다.

공기와 물의 밀도와 점성도

- 물의 밀도는 온도가 올라갈수록 작아진다.
- 물의 점성도는 온도가 올라갈수록 작아진다.
- 공기의 밀도는 온도가 올라갈수록 작아진다.
- 공기의 점성도는 온도가 올라갈수록 커진다. (분자 간의 충돌)

예제19

어떤 기름의 동점성계수는 2stokes이고 비중량은 $0.0008kg_f/cm^3$이다. 점성계수는 몇 poise인가?

$$1stoke = 1\frac{cm^2}{s}$$

$$1poise = 1\frac{g}{cm \cdot s} = 1\frac{dyne \cdot s}{cm^2}$$

ν는 $2cm^2/s$이고 $\nu = \frac{\mu}{\rho}$이므로 $\mu = \rho\nu$

$$\gamma = 0.0008\frac{kg_f}{cm^3} = 0.0008 \times 9.8 \times \frac{1}{10^{-6}}\frac{N}{m^3} = 7840\frac{N}{m^3}$$

$$\rho = \frac{\gamma}{g} = \frac{7840}{9.8} = 800\frac{kg}{m^3} = \frac{800 \times 10^3}{10^6}\frac{g}{cm^3} = 0.8\frac{g}{cm^3}$$

$$\therefore \ \mu = 0.8 \times 2 = 1.6poise$$

예제20

동점성계수 3×10^{-4}stokes, 밀도 $0.8g/cm^3$인 유체의 점성계수는 몇 $N \cdot sec/m^2$인가?

$1stoke = 1cm^2/s$: 동점성계수

$1poise = 1dyne \cdot s/cm^2$: 절대점성계수

$$\nu = \frac{\mu}{\rho}$$

그런데 $\nu=3\times10^{-4}\text{cm}^2/\text{s}$, $\rho=0.8\text{g/cm}^3$, $\mu=\nu\rho$이므로 $\mu=3\times10^{-4}\left[\frac{\text{cm}^2}{\text{s}}\right]\times0.8\left[\frac{\text{g}}{\text{cm}^3}\right]=0.00024\left[\frac{\text{g}}{\text{s}\cdot\text{cm}}\right]$

이것을 M.K.S 단위로 고치면

$$0.00024\left[\frac{\text{g}}{\text{s}\cdot\text{cm}}\right]=0.00024\left[\frac{\text{g}}{\text{s}\cdot\text{cm}}\right]\times\frac{1}{1000}\left[\frac{\text{kg}}{\text{g}}\right]\times100\left[\frac{\text{cm}}{\text{m}}\right]$$

$$=0.000024\left[\frac{\text{kg}}{\text{s}\cdot\text{m}}\right]=0.000024\left[\frac{\text{kg}\cdot\text{m}}{\text{s}^2}\frac{\text{s}}{\text{m}^2}\right]=0.000024\left[\frac{\text{N}\cdot\text{s}}{\text{m}^2}\right]$$

2-6 : 유체의 압축성

1 기체의 상태방정식

보일-샤를(Boyle-Charles)의 법칙에 의하면 모든 이상기체(ideal gas, 理想氣體)에 대해서

$$\frac{pV}{T}=\text{일정} \tag{2-11}$$

이 성립한다는 것이다. 여기서 p는 절대압력(N/m^2 또는 kg$_f$/m^2), V는 부피(m^3), T는 절대온도(°K)를 말한다.

어떤 기체의 분자량을 M이라 할 때 이 분자량의 값 M에 그램(g)을 붙여서 생각한 질량을 그램 분자 또는 몰(mol)이라 하고 kg을 붙인 질량을 킬로몰(kmol)이라 한다. 즉 몰이란 기체의 질량을 나타내는 단위로서 분자량에 kg을 붙인 질량을 1킬로몰이라 한다.

어떤 기체의 질량을 m이라 하고 이 기체의 분자량이 M이라 할 때 kmol 수를 n이라 하면

$$n=\frac{m}{M} \tag{2-12}$$

로 나타낼 수 있다. 각각의 기체 1kmol은 그 양이 서로 다르다. 예를 들면 분자량이 32인 산소(O_2)의 1kmol은 32kg이고 분자량이 28인 질소(N_2)의 1kmol은 28kg이다.

예제21

산소 96kg은 몇 kmol인가?

몰 수를 n이라 하면 $n=\frac{96}{32}=3\text{kmol}$

어떤 기체의 표준상태라 함은 그 기체가 0℃, 1기압의 상태에 있을 때를 말한다. 실험결과에 의하면 표준상태(0℃, 1 기압)에서 모든 기체 1kmol의 부피는 22.4m^{3}이 된다. 상기한 식 (2-11)에 어떤 기체 1kmol에 대한 표준상태의 값을 대입했을 때 얻은 상수값을 일반기체상수라 한다. 즉 0℃=27°K이고 1기압=101325N/m^{2}이므로 모든 기체 1kmol에 대하여

$$\overline{R} = \frac{p_o V_o}{T_o} = \frac{101325 \times 22.4}{273} = 8314 \left[\frac{\mathrm{N \cdot m}}{\mathrm{kmol \cdot {}^\circ K}} \right] (\text{SI단위}) \tag{2-13}$$

이 성립한다. 여기서 $\overline{R}$를 일반기체상수(universal gas constant) 또는 일반가스정수라 한다. 상기한 $\overline{R}$값은 SI단위로 나타낸 값이고 중력단위로 바꾸면

$$\overline{R} = \frac{8314}{9.8} = 848 \left[\frac{\mathrm{kg_f \cdot m}}{\mathrm{kmol \cdot {}^\circ K}} \right] (\text{중력단위}) \tag{2-14}$$

이 된다. 따라서 식 (2—11)은 아래와 같이 나타낼 수 있다.

$$pV = \overline{R}T \tag{2-15}$$

상기 식은 모든 기체 1kmol에 대하여 성립하는 상태식이다. 따라서 어떤 기체 $n$kmol에 대해서는 이때의 부피를 V라 하면

$$pV = n\overline{R}T \tag{2-16}$$

가 성립한다. 여기서 n은 식 (2—12)에서 기체의 질량 m[kg]을 분자량 M으로 나눈 값이므로

$$pV = \frac{m}{M}\overline{R}T = m\frac{\overline{R}}{M}T \tag{2-17}$$

위 식에서 일반기체상수를 분자량으로 나눈 값을 R로 나타내면

$$R = \frac{\overline{R}}{M} \tag{2-18}$$

따라서

$$\boxed{pV = mRT} \tag{2-19}$$

여기서 R을 각각의 기체에 대한 기체상수(gas constant) 또는 가스정수라 한다. 상기 식에서 기체상 R의 단위는

$$\text{SI단위 : } R = \left[\frac{\frac{\text{N} \cdot \text{m}}{\text{kmol} \cdot {}^\circ\text{K}}}{\frac{\text{kg}}{\text{kmol}}} \right] = \left[\frac{\text{N} \cdot \text{m}}{\text{kg} \cdot {}^\circ\text{K}} \right]$$

$$\text{중력단위 : } R = \left[\frac{\frac{\text{kg}_\text{f} \cdot \text{m}}{\text{kmol} \cdot {}^\circ\text{K}}}{\frac{\text{kg}_\text{f}}{\text{kmol}}} \right] = \left[\frac{\text{kg}_\text{f} \cdot \text{m}}{\text{kg}_\text{f} \cdot {}^\circ\text{K}} \right]$$

일반기체상수 $\overline{R}$의 값은 모든 기체에 대해서 똑같은 값을 가지지만 기체상수 R의 값은 기체의 종류에 따라 다른 값을 가진다. 예를 들면 산소(O_2)의 기체상수를 SI단위로 표시하면 분자량이 32이므로 R =8314/32=259.8[N · m/kg · °K]이 된다.

표 2-9에 각종 기체의 M, R 등의 값이 나와 있다. 여기서 정압비열 C_p[kcal/kg · ℃]는 압력이 일정한 상태에서 기체의 단위질량을 1℃ 높이는 데 필요한 열량을 말한다. 정적비열 C_v는 부피가 일정한 상태에서 단위질량을 1℃ 높이는 데 필요한 열량을 말한다.

식 (2-19)는 SI단위로 나타낸 기체의 상태방정식이고 중력단위로 나타내면 질량, m[kg] 대신에 중량 G[kg_f]를 사용한다. SI단위와 중력단위로 표시하면 각 항의 단위는 다음과 같다.

$$\begin{aligned} &\text{SI단위 : } p \cdot V = m \cdot R \cdot T \\ &\left[\frac{\text{N}}{\text{m}^2}\right][\text{m}^3] = [\text{kg}]\left[\frac{\text{N} \cdot \text{m}}{\text{kg} \cdot {}^\circ\text{K}}\right] \cdot [{}^\circ\text{K}] \\ &\text{중력단위 : } p \cdot V = G \cdot R \cdot T \\ &\left[\frac{\text{kg}_\text{f}}{\text{m}^2}\right][\text{m}^3] = [\text{kg}_\text{f}]\left[\frac{\text{kg}_\text{f} \cdot \text{m}}{\text{kg}_\text{f} \cdot {}^\circ\text{K}}\right] \cdot [{}^\circ\text{K}] \end{aligned} \tag{2-20}$$

식 (2-20)의 양변을 기체의 질량 m으로 나누면 기체의 단위질량당 상태방정식이 된다.

$$p\frac{V}{m} = RT \tag{2-21}$$

$$\therefore \ pv_s = RT$$

여기서 p는 절대압력, v_s는 비체적, R은 기체상수, T는 절대온도를 사용한다. 밀도 $\rho = 1/v_s$이므로 상기 식은

$$p = \rho RT \tag{2-22}$$

로 표시된다. 상기 식 (2-22)를 기체의 상태방정식(equation of state for gas)이라 한다.

표 2-9 각종 기체의 열역학적 성질(15℃, 1기압)

기체	기호	분자량, M	기체상수, R [J/kg°K]	비열 정압비열, C_p [J/kg°K]	비열 정적비열, C_v [J/kg°K]	비열비, k $k=C_p/C_v$
공기	-	28.98	286.9	1004	717.4	1.40
탄산가스	CO_2	44.01	188.9	840.4	651.4	1.30
일산화탄소	CO	28.01	296.8	1039	742.1	1.40
헬륨	He	4.003	2077	5225	3147	1.66
수소	H_2	2.016	4124	14180	10060	1.41
메탄가스	CH_4	16.04	518.3	2190	1672	1.31
질소	N_2	28.01	296.8	1039	742.0	1.40
산소	O_2	32.00	259.8	909.4	649.6	1.40
수증기	H_2O	18.02	461.4	약 2000	약 1540	약 1.30

※ 참고문헌 [5].

위 식은 SI단위로 나타낸 값이고 중력단위로 표시하면 각 항의 단위는 다음과 같다.

SI단위 : $p=\rho \cdot R \cdot T$

$$\left[\frac{\mathrm{N}}{\mathrm{m}^2}\right]=\left[\frac{\mathrm{kg}}{\mathrm{m}^3}\right]\left[\frac{\mathrm{N}\cdot\mathrm{m}}{\mathrm{kg}\cdot{}^\circ\mathrm{K}}\right]\cdot[{}^\circ\mathrm{K}]$$

공기의 R값은 287[N·m/kg·°K]이다.

중력단위 : $p=\gamma \cdot R \cdot T$ (2-23)

$$\left[\frac{\mathrm{kg_f}}{\mathrm{m}^2}\right]=\left[\frac{\mathrm{kg_f}}{\mathrm{m}^3}\right]\left[\frac{\mathrm{kg_f}\cdot\mathrm{m}}{\mathrm{kg_f}\cdot{}^\circ\mathrm{K}}\right]\cdot[{}^\circ\mathrm{K}]$$

공기의 R값은 29.27[$\mathrm{kg_f}$·m/$\mathrm{kg_f}$·°K]이다.

상기와 같은 기체의 상태방정식으로부터 어떠한 기체든지 온도, 압력, 밀도(또는 비체적) 중에서 두 가지 양만 주어지면 나머지 한 양은 계산할 수 있다. 그러나 위 식은 이상기체에 대한 것이며 실제의 기체에 있어서는 분자량이 작은 기체이거나 압력과 체적의 변화가 비교적 작을 때에는 정확하게 맞는다.

기체의 비중량과 밀도는 온도에 따라 변한다. 표 2-10은 공기의 온도에 따른 비중량과 밀도의 값을 보여주고 있다. 각종 기체의 열역학적 성질은 표 2-9에 나타나 있다.

표 2-10 공기의 비중량과 밀도

구분 \ ℃	0	10	20	40	60	80	100
비중량, γ[N/m^2]	12.68	12.23	11.82	11.06	10.39	9.807	9.281
밀도, ρ[kg/m^2]	1.293	1.248	1.205	1.129	1.061	1.001	0.945

예제22

온도 20℃, 압력 3kg$_f$/cm^2(a)인 공기의 비중량, 비체적 및 밀도를 계산하여라.

중력단위로 계산하면

비중량 : $\gamma = \dfrac{p}{RT} = \dfrac{3\times10^4}{29.27\times(20+273)} = 3.5\left[\dfrac{\text{kg}_\text{f}}{\text{m}^3}\right]$

비체적 : $v_s = \dfrac{1}{\gamma} = \dfrac{1}{3.5} = 0.286\left[\dfrac{\text{m}^3}{\text{kg}_\text{f}}\right]$

밀 도 : $\rho = \dfrac{\gamma}{g} = \dfrac{3.5}{9.8} = 0.357\left[\dfrac{\text{kg}_\text{f}\cdot\text{s}^2}{\text{m}^4}\right]$

한편, SI단위로 계산하면

밀 도 : γ의 값이 ρ값이 되므로, $\rho = 3.5\left[\dfrac{\text{m}^3}{\text{kg}_\text{f}}\right]$

비체적 : $v_s = \dfrac{1}{\rho} = \dfrac{1}{3.5} = 0.286\left[\dfrac{\text{m}^3}{\text{kg}}\right]$

예제23

온도 15℃, 압력 5kg$_f$/cm^2(a)인 염소가스의 비중량과 밀도를 계산하여라.

염소가스의 분자식은 Cl_2이므로, 그 분자량 M은 부록 II로부터 $M = 35.45\times2 = 70.9$

공학기체상수 R은 식 (2-18)에서 중력단위로 $R = \dfrac{848}{M} = \dfrac{848}{70.9} = 12.0\left[\dfrac{\text{kg}_\text{f}\cdot\text{m}}{\text{kg}_\text{f}\cdot{}^\circ\text{K}}\right]$

따라서 비중량 γ은 식 (2-23)에 의하여 $\gamma = \dfrac{p}{RT} = \dfrac{5\times100^2}{12.0\times(15+273)} = 14.5\left[\dfrac{\text{kg}_\text{f}}{\text{m}^3}\right]$

$\rho = \dfrac{\gamma}{g} = \dfrac{14.5}{9.8} = 1.48\left[\dfrac{\text{kg}_\text{f}\cdot\text{s}^2}{\text{m}^4}\right]$

예제24

압력이 1bar(a)이고, 온도가 0℃인 질소가스의 비중량, 비체적 및 밀도를 SI단위로 계산하여라.

질소가스의 분자량 M은 부록 II에서 28이므로, 공학기체상수 R은 식 (2-18)에서 구하여진다.

SI단위에서 $\overline{R}$=8.3143[kJ/kmol·°K]이므로 $R = \dfrac{8.3143}{M} = \dfrac{8.3143}{28} = 0.297\left[\dfrac{\text{kJ}}{\text{kg}\cdot{}^\circ\text{K}}\right]$

압력 1bar$=10^5$Pa$=10^5$N/m^{2}이므로, 비체적 v_s는 $v_s = \dfrac{RT}{p} = \dfrac{0.297\times1000\times(273+0)}{10^5} = 0.812\left[\dfrac{\text{m}^3}{\text{kg}}\right]$

$\rho = \dfrac{1}{v_s} = \dfrac{1}{0.812} = 1.23\left[\dfrac{\text{kg}}{\text{m}^3}\right]$

$\gamma = \rho g = 1.23\times9.8 = 12.06\left[\dfrac{\text{N}}{\text{m}^3}\right]$

예제25

온도 27℃, 절대압력 7kgf/cm^{2}인 탄산가스의 밀도를 구하여라.

중력단위로 구하면 탄산가스의 분자식은 CO_2이므로 분자량은 $M = 12 + (16 \times 2) = 44$

기체상수 $R = \frac{848}{44} = 19.3\left[\frac{kg_f \cdot m^3}{kg_f \cdot k}\right]$

비중량 $\gamma = \frac{p}{RT} = \frac{(7 \times 10^4)}{19.3 \times (27 + 273)} = 12.1\left[\frac{kg_f}{m^3}\right]$

밀도 $\rho = \frac{r}{g} = \frac{12.1}{9.8} = 1.235\left[\frac{kg_f \cdot s^2}{m^4}\right]$

SI단위로 구하면 $R = \frac{8314}{44} = 188.95\left[\frac{N \cdot m}{kg \cdot K}\right]$

$\rho = \frac{p}{RT} = \frac{(7 \times 9.8 \times 10^4)}{188.95 \times (27 + 273)} = 12.1\left[\frac{kg}{m^3}\right]$

$\gamma = \rho g = 12.1 \times 9.8 = 118.6\left[\frac{N}{m^3}\right]$

예제26

공기의 기체상수는 R = 286.8J/kg°K이다. 40℃, 압력 6×10^{5}N/m^2(a)에서 공기의 비중량은 몇 N/m^{3}인가?

$p = \rho RT$ 에서 $6 \times 10^5 = \rho \times 286.8 \times (40 + 273)$

$\therefore\ \rho = 6.684\left[\frac{kg}{m^3}\right]$

따라서 $\gamma = \rho g = 6.684 \times 9.8 = 65.5\left[\frac{N}{m^3}\right]$

예제27

순수한 He을 피스톤이 있는 실린더 안에 넣었다. 처음의 부피, 절대압력, 온도는 15l, 2atm(a), 300°K이다. 만일 부피가 12l로 줄어들고 절대압력이 3.5atm(a)로 증가한다면 실린더의 최종 온도는 얼마인가?

$\frac{p_1 V_1}{T_1} = \frac{p_2 V_2}{T_2}$ 에서 $\frac{2 \times 15}{300} = \frac{3.5 \times 12}{T_2}$ → $T_2 = 420°K$

예제28

100℃ 101.3kPa의 대기압하에서 이산화탄소(CO_2)의 밀도 ρ, 비중량 γ, 비체적 v_s를 계산하여라.

$T = 100 + 273 = 373°K$

CO_2의 $M = 44$

$R = \frac{8313}{44} = 189\left[\frac{N \cdot m}{kg°K}\right]$

$p = \rho RT$에서 $101,300 = \rho \times 189 \times 373 \rightarrow \rho = 1.437\left[\frac{kg}{m^3}\right]$

$\gamma = \rho g = 1.437 \times 9.8 = 14.08\left[\frac{N}{m^3}\right]$

$v_s = \frac{1}{\rho} = \frac{1}{1.437} = 0.696\left[\frac{m^3}{kg}\right]$

온도에 따른 공기의 물리적 성질은 뒤표지에 있는 표 A.2에 수록되어 있다. 표에서 보듯이 공기의 물리량은 온도에 따라서 변한다. 표에 나타난 온도 사이에 있는 온도에서의 공기의 물리량은 비례적으로 변하므로 보간법에 의해서 비례식으로부터 구할 수 있다.

그 외 일반적으로 많이 사용되는 가스에 대한 물리적 성질은 표 A.4에 나타나 있다.

2 액체의 탄성

비압축성 유체라 함은 액체를 두고 하는 말이지만 고압이 걸릴 경우에는 액체도 약간 압축이 될 수 있다. 모든 유체는 압력을 가하면 압축이 되고, 에너지가 완전히 보존된다면 탄성에너지로 저장이 되므로 압력을 제거하면 원상태로 팽창한다. 고체탄성체에 대하여 응력과 변형과의 관계를 주는 탄성계수와 같은 의미를 갖는 체적탄성계수(bulk modulus of elasticity, 體積彈性係數)를 유체에 대해서도 정의할 수 있다. 압력 p일때 체적 v_1인 유체에 압력이 dp 증가해서 체적이 dv 감소하였다면, 체적탄성계수 E는 다음과 같이 정의된다.

$$E = -\frac{dp}{dv/v_1}\left[\frac{N}{m^2}\right] \tag{2-24}$$

그리고, 이러한 체적탄성계수 E의 역수를 압축률(compressibility, 壓縮率), β라 한다.

$$\beta = \frac{1}{E} \tag{2-25}$$

온도와 압력에 따른 물의 체적탄성계수, $E\,[N/m^2]$는 표 2-11에 나와 있다. 각종 액체의 체적탄성계수는 표 2-12에 나와 있다.

표 2-11 온도와 압력에 따른 물의 체적탄성계수, E[N/m³]

압력(bar) \ 온도	0a	20a	49a	93a
1	2.040×10^9	2.200×10^9	2.289×10^9	2.130×10^9
100	2.068×10^9	2.275×10^9	2.358×10^9	2.199×10^9
300	2.186×10^9	2.399×10^9	2.496×10^9	2.330×10^9
1000	2.620×10^9	2.827×10^9	2.937×10^9	2.792×10^9

※ 참고문헌 [2].

표 2-12 각종 액체의 체적탄성계수(20℃, 1기압), E[N/m²]

액체	체적탄성계수	액체	체적탄성계수
벤젠	1.48×10^9	윤활유	1.44×10^9
사염화탄소	1.36×10^9	수은	28.5×10^9
피마자유	2.11×10^9	바닷물	2.42×10^9
글리세린	4.59×10^9	물	2.24×10^9
등유	1.43×10^9	옥탄	0.70×10^9

※ 참고문헌 [5].

3 기체의 체적탄성계수와 음속

기체가 압축 또는 팽창할 때에는 그의 상태변화는 압축 또는 팽창하는 과정에 따라서 달라진다. 온도가 일정하게 유지되는 등온과정(isothermal process, 等溫過程)의 경우 기체의 상태식은

$$\frac{p}{\rho}=\text{일정 즉 } \frac{p_1}{\rho_1}=\frac{p_2}{\rho_2} \tag{2-26}$$

여기서 하첨자 1, 2는 각각 처음상태와 나중상태를 말한다.
열전달이 없는 단열과정(adiabatic process, 斷熱過程)의 경우에는

$$\frac{p}{\rho^k}=\text{일정 즉 } \frac{p_1}{\rho_1^k}=\frac{p_2}{\rho_2^k} \tag{2-27}$$

여기서 k는 비열비(specific heat ratio, 比熱比) 또는 단열지수(adiabatic exponent, 斷熱指數)라 하며 정압비열 C_p와 정적비열 C_v의 비를 말한다.

$$k=\frac{C_p}{C_v} \tag{2-28}$$

여러 가지 기체의 k값이 뒤표지에 있는 표 A.4에 주어져 있다. 과정이 가역적으로 이루어질 경우 단열과정은 또한 등엔트로피과정(isentropic process)이라고도 한다.

비중량 γ 또는 밀도 ρ의 상대적 증가는 체적의 상대적 감소와 같으므로 탄성에 관한 식 (2-24)는 다음과 같이 쓸 수 있다. $v=1/\rho$이므로 대입하여 정리하면

$$E=\frac{dp}{d\rho/\rho_1}=\frac{dp}{d\gamma/\gamma_1}\left[\frac{\mathrm{N}}{\mathrm{m}^2}\right] \tag{2-29}$$

상기 식 (2-26)과 (2-27)을 미분하면 기체의 등온변화(isothermal process)에서는 $E=p$이고, 열의 교환이 없는 단열과정(adiabatic process)일 때는 $E=kp$임을 알 수 있다.

유체 내에서의 음속(sonic or acoustic velocity, 音速)을 a라고 하면

$$a=\sqrt{\frac{dp}{d\rho}}=\sqrt{\frac{E}{\rho}} \tag{2-30}$$

로 정의된다. 이러한 이유는 11-4절에서 설명될 것이다.

음파가 유체 속을 운동할 때 일어나는 압력파동은 대단히 적고 빠르기 때문에 압축과 팽창하는 데 있어서 열교환은 무시할 수 있다. 그러므로 음파의 전파과정은 등엔트로피 과정(또는 단열과정)으로 생각할 수 있다. 즉, $E=kp$를 식 (2-30)에 대입하면

$$a=\sqrt{kp/\rho} \tag{2-31}$$

이고, 이것은 실험결과와 잘 일치한다. 이 식에 $p=\rho RT$를 대입하면

$$a=\sqrt{kRT} \tag{2-32}$$

가 된다. 이것은 완전기체에서의 음속은 단지 기체의 온도에 따라서만 변화한다는 것을 뜻한다.

유체의 유동속도 V와 음속과의 비 V/a를 마하수(Mach number)라고 정의한다. 유체의 유동속도가 $M<1$일 때, 그 유체의 속도는 아음속(subsonic, 亞音速)이고, $M>1$일 때 그 유체의 속도는 초음속(supersonic, 超音速)이다.

비압축성유체가 유동할 때에는 $a \to \infty$이므로 $M \to 0$이다. 그러므로 $M \to 0$일 때는 그 유체의 압축성은 무시해 줄 수 있다. 거꾸로 M가 1에 가깝거나 1보다 클 때는 압축성의 영향은 무시할 수 없다. $M \le 0.3$일 때 압축성의 영향은 무시할 수 있다. 예를 들면 공기의 온도가 20℃이면 음속은 약 343m/sec이 된다. 따라서 유속이 약 103m/sec, 즉 370km/hr 이상의 공기의 유동을 연구할 때는 공기의 압축성은 무시할 수 없게 된다.

이와 반대로 물 속에서의 음속은 약 1500m/sec이다. 물의 흐름은 보통 음속에 비해서 매우 작으므로 물의 압축성은 무시할 수 있게 된다.

예제29

체적이 0.02892m^3인 알코올이 51000kPa의 압력을 받으면 체적이 0.02770m^3으로 축소한다. 이때 체적탄성계수는 얼마인가?

$$E=-\frac{dp}{dv/v_1}=-\frac{51000\times1000}{(0.0277-0.02892)/0.02892}=1.209\times10^9\left[\frac{N}{m^2}\right]$$

예제30

상온 상압의 물을 1% 압축하는 데 필요한 압력은 얼마인가? (단, 물의 체적탄성계수 E = 0.2105×$10^5$$kg_f/cm^2$이다.)

$$E=-\frac{dp}{dv/v_1}\text{에서 } -dp=E(dv/v_1)=0.21105\times10^5\times0.01=0.2105\times10^3\left[\frac{kg_f}{cm^2}\right]$$

예제31

20℃, 101.3kPa 압력하의 공기를 마찰이 없고 열교환이 없는 단열과정으로 압축하여 체적을 50%로 줄였을 때 압력과 온도를 계산하여라.

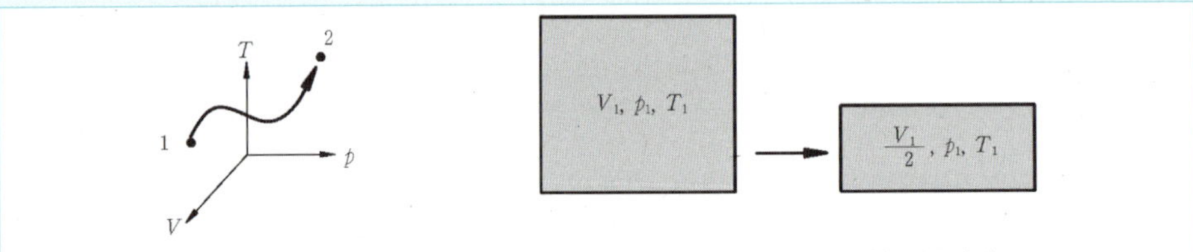

(a) (b) 처음상태 1 (c) 나중상태 2

기체의 체적이 변하고 p, T, V의 값이 변하므로 그림과 같이 3차원 공간에서 1점에서 2점으로 변한다고 생각할 수 있다.

$p=\rho RT$이므로 처음상태 1에서는 $p_1=\rho_1 RT_1$이 성립하고 나중상태 2에서는 $p_2=\rho_2 RT_2$가 성립한다.

$p_1=101300\,\text{Pa},\ T_1=20+273=293\,°K$

기체의 상태방정식 $p_1=\rho_1 RT_1$에서 $101300=\rho_1\times286.8\times293 \rightarrow \rho_1=1.205\frac{kg}{m^3}$

(공기의 $R=286.8J/kg°K$)

단열과정에서 압축되므로 $\frac{p_1}{\rho_1}=\frac{p_2}{\rho_2}$이 성립한다.

체적이 $\frac{1}{2}$로 줄어들면 밀도는 2배 증가하므로 $\rho_2=2\rho_1=2\times1.205=2.41\frac{kg}{m^3}$

$\therefore\ \frac{101300}{1.205^{1.4}}=\frac{p_2}{2.41^{1.4}} \rightarrow p_2=267330\text{Pa}=267.33\text{kPa}$(공기의 $k=1.4$)

$p_2=\rho_2 RT_2$에서 $267330=2.41\times286.8\times T_2 \rightarrow T_2=386.8°K=113.8℃$

2-7 : 표면장력

액체는 자유표면을 가지고 있는데 액체의 표면은 항상 팽팽하게 잡아들인 막처럼 되어 있는 것을 관찰할 수 있다. 이러한 현상은 물질의 분자 사이에 끌어당기는 분자력 때문에 생기는 현상으로서 액체의 표면에는 그 표면을 될 수 있는 대로 줄이려고 하는 힘이 작용한다. 이것을 표면장력(surface tension, 表面張力)이라 한다. 같은 분자 간에 작용하는 분자력을 응집력(cohesion, 凝集力)이라 하고, 서로 다른 분자 간에 작용하는 분자력을 부착력(adhesion, 付着力)이라 한다. 표면장력의 예로 빗방울, 풀잎 위의 이슬, 유리 위의 수은 방울 따위는 표면적이 최소인 구형을 이루고 있는 것이다. 또는 비눗방울이나 비누막 등을 들 수 있다. 바늘이나 면도날을 물 위에 가만히 놓으면 물 위에 뜬다. 소금쟁이가 물 위로 달릴 수 있는 것도 표면장력의 덕이다.

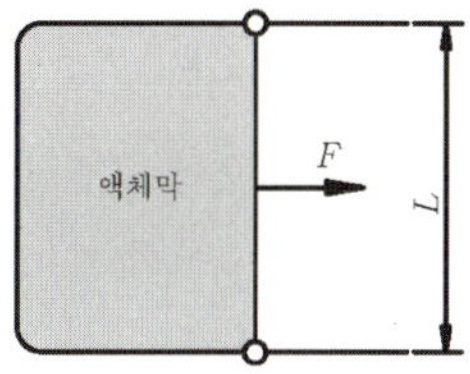

그림 2-7

표면장력의 단위는 단위길이당 힘[N/m]으로 나타낸다. 왜냐하면 표면장력은 곡선상에 작용하는 힘이므로 그 힘의 크기를 곡선의 길이로 나누어 주어야 하기 때문이다. 표면장력의 크기는 그림 2-7과 같이 측정한다. 액체 속에 그림과 같은 기구를 집어 넣으면 액체막이 형성된다. 표면장력의 크기는 철사를 잡아당기는 힘, F로부터 아래와 같은 식으로 표시된다. 철사는 액체막의 두 표면을 잡아당기고 있으므로,

$$\sigma = \frac{F}{2L}\left[\frac{\mathrm{N}}{\mathrm{m}}\right] \tag{2-33}$$

표면장력의 크기는 온도의 증가에 따라 약간 감소하는데 그 이유는 분자간의 응집력이 감소하기 때문이다. 또한 표면장력은 액체의 점성이 클수록 작아진다. 각종 액체의 표면장력의 크기는 표 2-13에 나와 있다. 액체가 공기와 접촉해 있는 경우이다.

표 2-13 각종 액체의 표면장력(20℃, 표준대기압, 공기와의 접촉)

액체	표면장력 σ[N/m]	액체	표면장력 σ[N/m]
물	0.0728	테레빈	0.0271
수은	0.519	사염화탄소	0.027
글리세린	0.0631	케로신	0.026

액체	표면장력 σ[N/m]	액체	표면장력 σ[N/m]
올리브유	0.034	아세톤	0.0236
벤젠	0.0289	에틸알코올	0.0227
톨루엔	0.0285	스핀들유	0.0311

부피가 일정한 것 중에는 표면적이 가장 적은 것이 구이다. 따라서 외부에서 힘이 작용하지 않을 때는 액체는 모두 공 모양이 되려고 한다. 물방울의 내부 압력은 표면장력으로 인하여 외부 압력보다 크다. 컵 위에 생기는 물의 표면이 볼록한 형상이 되는 것도 표면장력 때문인데 여기서도 표면 바로 아래의 물의 압력은 외부 공기의 압력보다 커야 한다. 예를 들어 고무풍선의 경우를 생각해 보자. 우리가 입으로 공기를 불어넣어 주면 풍선은 받은 공기량에 대한 최소의 표면적을 가지기 위하여 공 모양으로 부풀어질 수 밖에 없다. 이때 고무풍선 속의 공기의 압력은 외부의 압력보다 분명히 크다는 것을 알 수 있다. 표면장력으로 생긴 내부와 외부의 압력차는 이론적으로 아래와 같이 구할 수 있다.

그림 (2-8)에서 보듯이 곡면 형상의 속이 찬 액체 표면에 표면장력, σ가 걸려 있다고 하자. 그림 2-8(a)에서 x 방향의 미소길이 dx의 곡률반지름은 R_i이고 y 방향의 미소길이 dy의 곡률반지름은 R_2이다(앞에 d자가 붙은 것은 미소량을 의미한다). 곡면 안쪽의 내부압력은 p_i이고 곡면 바깥쪽의 외부압력은 p_o이다. 이러한 미소요소 $dx \cdot dy$를 그림 2-8(a)의 윗쪽에서 바라본 것을 그림 2-28(b)에 그린 것이다. 그림 2-8(b)의 곡면형상의 미소요소 $dx \cdot dy$를 윗쪽에서 바라본 평면도와 좌측에서 바라본 좌측면도도 함께 그려져 있다. 이와 같이 놓고 보면 미소요소에 대한 정적인 힘의 평형법칙에서

표면장력으로 인해서 안쪽으로 잡아당기는 힘의 수직성분 = 액체 표면의 내부와 외부의 압력차

가 되어야 한다. 여기서 표면장력의 수평성분을 생각하지 않는 이유는 양쪽이 대칭이므로 서로 상쇄되기 때문이다. 따라서 면적요소에 수직인 방향의 힘의 평형방정식을 세우면

$$(p_i - p_o)dxdy = 2\sigma dy \sin\alpha + 2\sigma dx \sin\beta$$

그런데 그림 2-8에 의하면

$$\sin\alpha = \frac{dx/2}{R_i}, \ \sin\beta = \frac{dy/2}{R_2}$$

임을 알 수 있다. 이것을 대입하여 정리하면

$$p_i - p_o = \sigma\left(\frac{1}{R_1} + \frac{1}{R_2}\right) \tag{2-34}$$

을 얻는다. 따라서 액면이

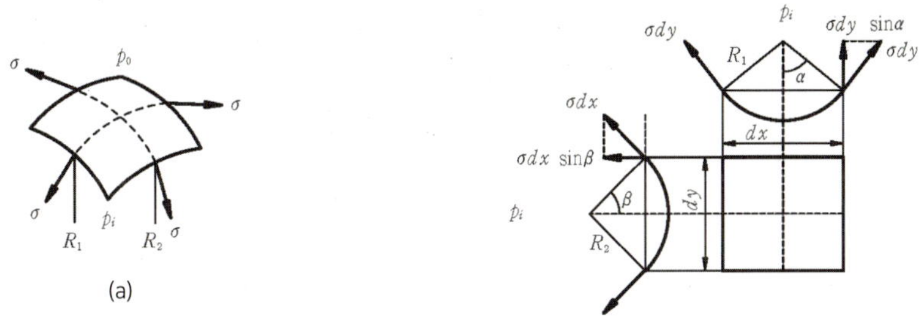

(a) (b)

그림 2-8 **표면장력**

원주면($R_1 = R,\ R_2 = \infty$)일 때는 $p_1 - p_o = \dfrac{\sigma}{R}$

구면(球面)($R_1 = R_2 = R$)일 때는 $p_i - p_o = \dfrac{2\sigma}{R}$

이 됨을 알 수 있고, 반지름이 작을수록 표면장력에 의한 내부압력의 크기가 상승됨을 알 수 있다. 그리고 편의상($p_i - p_o$)를 내부초과압력이라 부르고 단순히 p로 쓰기도 한다. 비눗방울의 경우 양면을 모두 생각하므로 압력차는 $4\sigma/R$이 된다.

예제32

지름이 50mm인 비누방울의 내부초과압력이 $20\mathrm{kg_f/m^2}$일 때 표면장력 σ는 얼마인가?

$$\sigma = p \times d/8 = 20 \times 50 \times 10^{-3}/8 = 0.125\left[\frac{\mathrm{kg_f}}{\mathrm{m}}\right] = 1.225\left[\frac{\mathrm{N}}{\mathrm{m}}\right]$$

예제33

금속환으로 된 액체의 표면장력 측정기(지름 3cm, 무게 3000 dyne)가 액체 표면에서 떨어질 때 4500dyne의 힘이 필요했다면 표면장력은 얼마인가?

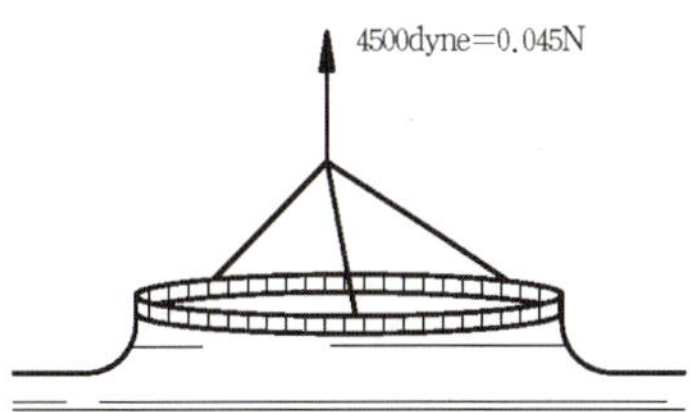

표면장력은 단위길이당 힘이다. 금속환과 액체가 접속한 전체길이는 $\pi D \times 2$
즉 $\pi \times 3 \times 2 = 18.85\,\mathrm{cm}$이다.
따라서 표면장력은 $(4500 - 3000)\mathrm{dyne}/18.85\mathrm{cm} = 79.6\left[\frac{\mathrm{dyne}}{\mathrm{cm}}\right]$

예제34

비눗방울이 반지름 r_1에서 r_2까지 팽창하였을 때 소요되는 일은?

체적팽창에 의한 일은 V를 부피라 하면 $W=\int_{V_1}^{V_2} pdV=\int_{r_1}^{r_2}\frac{4\sigma}{r}4\pi r^2dr=16\sigma\pi\int_{r_1}^{r_2}rdr=8\sigma\pi(r_2^2-r_1^2)$

2-8 : 모세관 현상

그림과 같이 가는 유리관을 물 속에 세우면 유리관 내의 물표면은 바깥 액면보다 높이 오르거나 또는 수은 속에서는 바깥 수은면보다 내려간다. 이러한 현상을 모세관 현상(capillarity, 毛細管現狀)이라 한다. 모세관 현상은 액체 표면과 관벽 사이에 작용하는 액체의 표면장력으로 인해서 생기는 현상이다.

모세관 현상의 예로서는 압지에 잉크가 흡수되는 것과 석유곤로나 알코올 램프의 심지에 그 액체가 따라 올라오는 것은 물과 유리관의 경우와 같다. 또한 기름에 젖은 털에 물이 스며들지 못하는 것은 유리관과 수은의 경우와 같다.

액체 표면의 접선이 고체 표면과 이루는 각을 접촉각(contact angle, 接觸角)이라 한다. 표 2-14에 액체와 고체 사이의 접촉각이 주어져 있다.

모세관의 상승 높이를 구해 보자. 액체가 모세관 현상으로 올라가고 표면에서 그림과 같이 둥근 모양이 된다. 그러면 표면장력으로 끌어올리는 힘의 수직성분은 올라간 액체의 무게와 같아야 한다. 지름이 D인 관에 올라간 액면의 높이를 h라 하고 접촉각을 θ라 하면

표면장력에 의한 끌어올리는 힘 = 올라간 액체의 무게

$$\pi D\sigma x\cos\theta\rho=m\cdot g=\rho Vg=\gamma\left(\frac{\pi D^2}{4}h\right)$$

여기서 ρ는 액체의 밀도이고 γ은 액체의 비중량이므로 $\gamma=\rho g$이다. θ에 대해서 풀면

$$h=\frac{4\sigma\cos\theta}{\gamma D} \tag{2-35}$$

이 식에서 상승높이 h는 지름 D가 크면 무시될 수 있고 실제로 작은 압력을 측정하는 액주계(manometer)에서는 모세관 현상에 의한 액주의 보정 대신에 가능한 한 지름을 크게 하여 문제를 해결하고 있다.

표 2-14 유체의 접촉각, θ

고체	유체	표면유체	온도	접촉각
유리	수은	공기	상온	139°
	수은	물	상온	41°
운모	물	오레인산	상온	80°
	수은	공기	상온	126°
철(Fe)	물	아밀알코올	상온	0°
	올리브유	공기	상온	27°33′
	물	공기	상온	5°10′
동(Cu)	물	공기	상온	6°41′
납(Pb)	물	공기	상온	2°36′

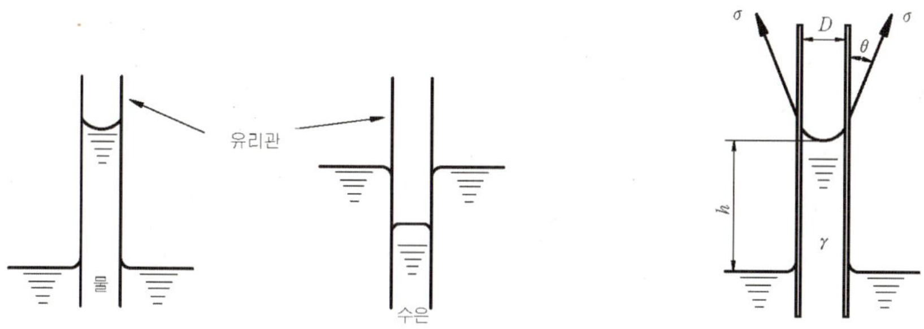

그림 2-9

예제35

지름의 비가 1 : 2 : 3이 되는 3개의 모세관을 물속에 수직으로 세웠을 때, 모세관 현상으로 물이 관속으로 올라가는 높이의 비는?

모세관의 상승높이는 지름에 반비례하므로 $1:1/2:1/3=6:3:2$

예제36

지름 2mm의 유리관에서의 물의 상승량을 구하여라. 물의 표면장력은 0.0742gf/cm이고, 유리관과의 접촉각은 9°이다.

$$h=\frac{4\times0.0742\times\dfrac{980}{10^5\times10^{-2}}\times\cos9^\circ}{9800\times2/1000}=1.47\times10^{-2}[\mathrm{m}]$$

2-9 : 증기압

액체는 주위의 압력과 온도가 변하게 되면 기체로 변할 수도 있고 그냥 액체로 남을 수도 있다. 기체의 상태로 되는 것은 액체의 분자가 액체의 자유표면으로부터 튀어나와서 증발하기 때문이다. 지금 어떤 액체를 일정한 압력하에서 가열하는 경우를 생각해 보자(예를 들면 대기압 상태하에서 물을 데우고 있는 경우). 액체는 우선 온도의 상승과 더불어 용적이 증가한다. 다음에 이 온도가 그 주어진 압력에 대해서 일정한 온도값에 이르면 증발이 시작된다(대기압 상태에서 물의 증발온도는 100a). 이와 동시에 액체의 온도상승은 멎으며 액체가 모두 증발해 버릴 때까지 그 일정한 온도를 유지한다. 이러한 상태를 포화상태(saturation state, 飽和狀態)라 한다. 즉 포화상태에서는 액체와 기체가 공존하고 있는 것이다. 포화상태의 압력을 포화압력(saturation pressure, 飽和壓力)이라 하고 이 상태의 온도를 포화온도(saturation temperature, 飽和溫度)라 한다. 물의 경우의 포화압력을 포화증기압(vapor pressure, 飽和蒸氣壓) 또는 그대로 증기압이라 한다. 포화온도에서의 액체를 포화액(saturated liquid, 飽和液)이라고 한다.

액체의 온도가 주어지면 그 온도에 대한 포화압력이 정해진다. 온도에 따라 포화압력의 값은 달라지게 된다. 마찬가지로 액체의 압력을 알면 그 압력에 대한 액체의 포화온도는 정해진 값이다. 압력이 변화하면 그에 따라서 포화온도 역시 변화한다. 물의 온도에 따른 각각의 포화증기압은 뒷표지에 있는 부록의 표 A-1에 나와 있다.

CHAPTER 02

유체의 특성 / 기본문제

01

1250mm는 몇 m인가?

풀이

1m= 1000mm이므로 양변을 1000으로 나누면

$1\text{mm} = \frac{1}{1000}\text{m}$이다.

따라서 $1250\text{mm} = \frac{1250}{1000}\text{m} = 1.25\text{m}$

02

$13.65\times10^3\text{mm}^3$는 몇 m^3인가?

풀이

$1\text{m} = 10^3\text{mm}$이므로 양변을 세제곱하면

$1\text{m}^3 = (10^3)\text{mm} = 10^9\text{mm}^3$

따라서 $1\text{mm}^3 = 10^{-9}\text{m}^3$이므로

$3.65\times10^3\text{mm}^3 = 3.65\times10^3\times10^{-9}\text{m}^3 = 3.65\times10^{-6}\text{m}^3$

03

0.391m^3는 몇 mm^3인가?

풀이

$1\text{m} = 10^3\text{mm}$이므로 양변을 세제곱하면

$1\text{m}^3 = 10^9\text{mm}^3$이므로

$0.391\text{m}^3 = 0.391\times10^9\text{mm}^3 391\times10^6\text{mm}^3$

04

자동차가 시속 80km로 달리고 있다. 속도를 m/s로 나타내어라.

풀이

1km= 1000m이고 1hr은 3600sec이므로

분모 분자에 직접 대입하여 단위를 바꾸면

$80\frac{\text{kh}}{\text{n}} = 80\times\frac{1000\text{m}}{3600\text{s}} = 22.22\frac{\text{m}}{\text{s}}$

05

1.86mile은 몇 m인가?

풀이

앞표지에 있는 단위환산표에서 1mile= 1609m이므로

$1.86\text{mile} = 1.86\times1609 = 2992.7\text{m}$

06

2580ft는 몇 m인가?

풀이

1ft= 0.3048m이므로

$2580\text{ft} = 2580\times0.3048 = 786.4\text{m}$

07

7390cm^3는 몇 m^3인가?

풀이

$1\text{cm} = 10^{-2}\text{m}$이므로 양변을 세제곱하면

$1\text{cm}^3 = (10^{-2})^3\text{m}^3 = 10^{-6}\text{m}^3$

따라서 $7390\text{cm}^3 = 7390\times10^{-6}\text{m}^3 = 7.39\times10^{-3}\text{m}^3$

08

압력단위인 $100000\text{Pa} = 10^5\text{Pa}$은 몇 $\text{kg}_\text{f}/\text{cm}^2$인가?

풀이

$1\text{Pa} = 1\frac{\text{N}}{\text{m}^2}$이므로

$$100000\frac{\text{N}}{\text{m}^2} = 100000\frac{\text{N}}{\text{m}^2}\times\frac{1\text{m}^2}{10000\text{cm}^2}\times\frac{1}{9.8}\frac{\text{kg}_\text{f}}{\text{N}}$$

$$= 1.02\frac{\text{kg}_\text{f}}{\text{cm}^2}$$

CHAPTER 02

유체의 특성 / 기본문제

09

압력단위인 $1kg_f/cm^2$은 몇 Pa인가?

풀이

$$1\frac{kg_f}{cm^2}=1\frac{kg_f}{cm^2}\times 9.8\frac{N}{kg_f}\times 10^4\frac{cm^2}{m^2}$$

$$=98000\frac{N}{m^2}=98000Pa$$

10

다음 단위들을 환산하여라.

① $100\frac{N}{m^3}=(\quad)\frac{N}{l}$

② $10\frac{N}{cm^2}=(\quad)\frac{kg_f}{m^2}$

③ $10\frac{N}{m^3}=(\quad)\frac{dyen}{cm^3}$

④ $1\frac{kg_f}{m^2}=(\quad)\frac{N}{m^3}$

풀이

① $100\frac{N}{m^3}=\frac{100}{1000}\frac{N}{l}=0.1\frac{N}{l}$

② $10\frac{N}{cm^2}=10\left[\frac{N}{cm^2}\right]\times 10000\left[\frac{cm^2}{m^2}\right]\times\frac{1}{9.8}\left[\frac{kg_f}{N}\right]$

$=10204\left[\frac{kg_f}{m^2}\right]$

③ $10\frac{N}{m^3}=10\left[\frac{N}{m^3}\right]\times 10^5\left[\frac{dyne}{N}\right]\times\frac{1}{1000000}\left[\frac{m^3}{cm^3}\right]$

$=1\left[\frac{dyne}{cm^3}\right]$

④ $1\frac{kg_f}{m^2}=1\left[\frac{kg_f}{cm^2}\right]\times 9.8\left[\frac{N}{kg_f}\right]\times 10000\left[\frac{cm^2}{m^2}\right]$

$=98000\left[\frac{N}{m^2}\right]$

11

체적이 $3m^3$인 어느 기름의 무게가 24000N이었다. 비중량, 밀도 및 비중을 구하여라.

풀이

비중량, $\gamma=\frac{W}{V}=\frac{24000}{3}=8000\frac{N}{m^3}$

밀도, $\rho=\frac{\gamma}{g}=\frac{8000N/m^3}{9.8m/s^2}=816.3\frac{N\cdot s^2}{m^4}=816.3\frac{kg}{m^3}$

비중, $s=\frac{\gamma}{\gamma_w}=\frac{8000}{9800}=0.816$

12

체적이 $5.5m^3$인 어느 기름의 무게가 $4500kg_f$일 때 이 기름의 비중량, 밀도, 비중을 공학단위와 SI단위로 구별하여 나타내어라.

풀이

비중량, $\gamma=\frac{W}{V}=\frac{4500}{5.5}=818.2\frac{kg_f}{m^3}$ (공학단위)

$=\frac{4500\times 9.8}{5.5}\frac{N}{m^3}=8018.2\frac{N}{m^3}$ (SI단위)

밀도, $\rho=\frac{\gamma}{g}=\frac{818.2}{9.8}=83.2\frac{kg_f\cdot s^2}{m^4}$ (공학단위)

$=\frac{8018.2}{9.8}=818.2\frac{kg}{m^3}$ (SI단위)

(또는 $1\frac{kg_f\cdot s^2}{m^4}=9.8\frac{N\cdot s^2}{m^4}=9.8\frac{kg\cdot m}{s^2}\cdot\frac{s^2}{m^4}$

$=9.8\frac{kg}{m^3}$)

따라서 $\rho=83.5\frac{kg_f\cdot s^2}{m^4}=818.2\frac{kg}{m^3}$

비중, $s=\frac{\rho}{\rho_w}=\frac{\rho g}{\rho_w g}=\frac{\gamma}{\gamma_w}\rightarrow s=\frac{818.2}{1000}=0.8182$

13

어떤 기름의 무게가 40N이고 체적이 4l이다. 이 기름의 비중, 밀도, 비중량을 SI단위와 중력단위로 구별해서 각각 나타내어라.

풀이

$$\gamma = \frac{W}{V} = \frac{40\text{N}}{4/10001\text{m}^3} = 10000\frac{\text{N}}{\text{m}^3}\ \text{(SI단위)}$$

$$= \frac{10000}{9.8} = 1020.4\frac{\text{kg}_\text{f}}{\text{m}^3}\ \text{(중력단위)}$$

$$\rho = \frac{\gamma}{g} = \frac{10000\text{N/m}^3}{9.8\text{m/s}^2} = 1020.4\frac{\text{kg}}{\text{m}^3}\ \text{(SI단위)}$$

$$\left(\text{단위 : } \frac{\gamma}{\text{g}} = \frac{\text{N/m}^3}{\text{m/s}^2} = \frac{\text{kg}\cdot\text{m/s}^2\cdot\text{m}}{\text{m/s}^2} = \frac{\text{kg}}{\text{m}^3}\right)$$

또한 $\rho = \frac{1020.4}{9.8} = 104.08\frac{\text{kg}_\text{f}\cdot\text{s}^2}{\text{m}^4}$ (중력단위)

$$s = \frac{\rho}{\rho_w} = \frac{1020.4}{1000} = 1.0204$$

14

밀도가 800kg/m^{3}인 유체의 비중량을 SI단위와 중력단위로 구별해서 각각 나타내어라.

풀이

$$\gamma = \rho\text{g} = 800\times 9.8 = 7840\frac{\text{N}}{\text{m}^3}\ \text{(SI단위)}$$

$$\gamma = \frac{7840\frac{\text{N}}{\text{m}^3}}{9.8\frac{\text{N}}{\text{kg}_\text{f}}} = 800\frac{\text{kg}_\text{f}}{\text{m}^3}\ \text{(공학단위)}$$

15

비체적 1.176×10^{-3}m^3/kg인 유체의 비중을 구하여라.

풀이

$$v = 1.176\times 10^{-3}\frac{\text{kg}}{\text{m}^3}$$

$s = \frac{\rho}{\rho_w}$이고 $\rho = \frac{1}{v_s}$이므로

$$\rho = \frac{1}{1.176\times 10^{-3}} = 850.34\frac{\text{kg}}{\text{m}^3}$$

$s = \frac{\rho}{\rho_w}$이므로 $s = \frac{850.34}{1000} = 0.8503$

16

체적 6m^{3}의 중량이 5×10^{4}N이다. 밀도와 비중을 구하여라.

풀이

$$\rho = \frac{m}{V} = \frac{W/\text{g}}{V} = \frac{5\times 10^4/9.8}{6} = 850.34\frac{\text{kg}}{\text{m}^3}$$

$$s = \frac{\rho}{\rho_w} = \frac{850.34}{1000} = 0.8503$$

17

비중 1.2인 유체의 질량 5kg은 몇 l인가?

풀이

$$s = \frac{\rho}{\rho_w} = \frac{m/V}{\rho_w}$$

$$\therefore\ 1.2 = \frac{5/V}{1000} \rightarrow V = 0.00417\text{m}^3 = 4.17\text{l}$$

유체의 특성 / 기본문제

18

40℃, 압력 6kg$_f$/cm^2 절대압력(abs)에서 공기의 비중량은 몇 kg$_f$/m^{3}인가? 단 공기의 기체상수는 $R=$ 286.8J/kg°K이다.

풀이

$p=\rho RT$에서

$$6\left[\frac{\mathrm{kg_f}}{\mathrm{cm}^2}\right]\times 9.8\left[\frac{\mathrm{N}}{\mathrm{kg_f}}\right]\times 10000\left[\frac{\mathrm{cm}^2}{\mathrm{m}^2}\right]=855000\left[\frac{\mathrm{N}}{\mathrm{m}^2}\right]$$

$$588000=\rho\left[\frac{\mathrm{kg}}{\mathrm{m}^3}\right]\times 286.8\left[\frac{\mathrm{N\cdot m}}{\mathrm{kg\cdot °K}}\right]\times(40+273)[°\mathrm{K}]$$

$$\therefore\ 588000=\rho\times 89768\left[\frac{\mathrm{N}}{\mathrm{m}^2}\right]\ \rightarrow\ \rho=6.55\left[\frac{\mathrm{kg}}{\mathrm{m}^3}\right]$$

$$\gamma=\rho g=6.55\times 9.8=64.19\left[\frac{\mathrm{N}}{\mathrm{m}^3}\right]=6.55\left[\frac{\mathrm{kg_f}}{\mathrm{m}^3}\right]$$

19

그림과 같이 평판 위에 공기가 흐르고 있으며 공기의 동점성계수, $\nu=1.232\times10^{-5}$m^2/s이며 밀도, $\rho=$ 1.208kg/m^{3}이다. 공기의 속도분포가 $u=y^3-3y$로 나타내어질 때 평판 위 $y=$1.5m에서의 공기가 받는 전단응력을 구하여라.

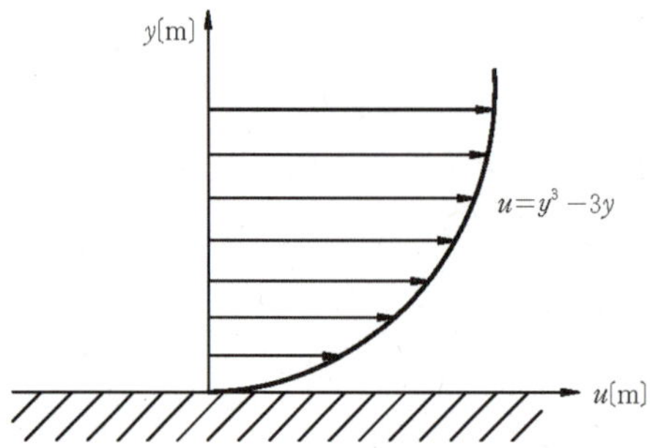

풀이

$$\tau=\mu\frac{du}{dy}$$

$$\frac{du}{dy}=3y^2-3\ \rightarrow\ \frac{du}{dy}\Big|_{y=1.5}=3\times1.5^2-3=3.75$$

$$\mu=\rho\nu=1.208\times1.232\times10^{-5}=1.488\times10^{-5}\left[\frac{\mathrm{kg}}{\mathrm{m\cdot s}}\right]$$

$$\tau_{y=1.5}=\mu\frac{du}{dy}\Big|_{y=1.5}=1.488\times10^{-5}\times3.75$$

$$=5.58\times10^{-5}\mathrm{Pa}$$

20

어떤 액체에 78.4N/cm^{2}의 압력을 가하였더니 체적이 0.04% 감축되었다. 이 액체의 체적탄성계수(N/cm^2)를 구하여라.

풀이

$$E=-\frac{dp}{dv/v_1}=\frac{78.4}{0.0004}=1.96\times10^5\left[\frac{\mathrm{N}}{\mathrm{cm}^2}\right]$$

21

어떤 액체가 0.01m^{3}의 체적을 갖는 전체의 실린더 속에서 69kg$_f$/cm^{2}의 압력을 받고 있다. 그런데 압력이 138kg$_f$/cm^{2}로 증가되었을 때 액체의 체적은 0.0099m^{3}으로 축소되었다. 이 액체의 체적탄성계수 E는 얼마인가?

풀이

$$E=-\frac{dp}{dv/v_1}=\frac{138-69}{(0.0099-0.01)/0.01}=6,900\left[\frac{\mathrm{kg_f}}{\mathrm{cm}^2}\right]$$

$$=6900\times9.8\times\frac{1\mathrm{N}}{10^{-4}\mathrm{m}^2}=6.762\times10^8\left[\frac{\mathrm{N}}{\mathrm{m}^2}\right]$$

22

지름 3mm인 물방울에 있어서 물의 표면장력은 7.5×10^{-3}kg$_f$/m일 때 물방울의 내부압력은 얼마인가?

풀이

$$p=\frac{2\sigma}{R}=\frac{2\times7.5\times10^{-3}}{1.5\times10^{-3}}=10\frac{\mathrm{kg_f}}{\mathrm{m}^2}=10\times9.8=98\left[\frac{\mathrm{N}}{\mathrm{m}^2}\right]$$

23

매끈한 벽면을 따라 공기가 움직이고 있다. 벽면으로부터의 거리 y의 함수로 속도분포가 $u=320y-10^5 y^3$m/sec(y : m)로 주어질 때 공기의 절대점성계수 $\mu=1.8\times10^{-5}$Nsec/m^{2}이면, 벽면에서의 전단응력은 몇 N/m^{2}인가?

풀이

u를 y에 대해서 미분하면

$\frac{du}{dy}=320-3\times10^5y^2$이므로

$\frac{du}{dy}|_{y=0}=320$

$\therefore\ \tau_w=\mu\frac{du}{dy}|_{y=0}=1.8\times10^{-5}\times320=0.00576\left[\frac{\text{N}}{\text{m}^2}\right]$

24

20℃의 CO_2가스 29N이 체적 0.3m^{3}의 탱크에 가득 차 있다. CO_2의 기체상수가 R=188J/kg°K이면, 탱크안의 압력은?

풀이

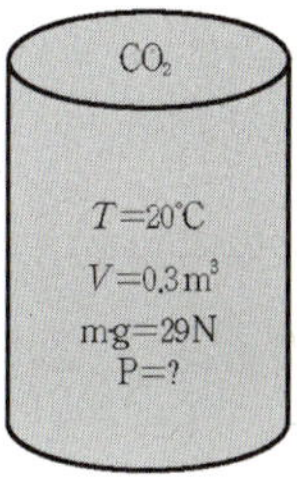

$p=\rho RT$에서

$R=\frac{8313}{44}=188\left[\frac{\text{J}}{\text{kg°K}}\right]$

$T=20+273=293$°K

그런데 탱크안의 질량을 m이라 하면,

$\rho=\frac{m}{V}$이고 중량 $w=m\cdot g$에서

$m=\frac{29}{9.8}=2.96[\text{kg}]$

그러므로 밀도 ρ는

$\rho=\frac{2.96}{0.3}=9.86\left[\frac{\text{kg}}{\text{m}^3}\right]$

따라서,

$p=9.86\left[\frac{\text{kg}}{\text{m}^3}\right]\times188\left[\frac{\text{J}}{\text{kg°K}}\right]\times293\left[\frac{\text{°K}}{l}\right]=542550\,\text{Pa}$

CHAPTER 02

유체의 특성 / 연습문제

해답은 486쪽에 있습니다

01

SI단위계에서 기본단위가 아닌 것은?

① kg ② m
③ sec ④ N

02

뉴턴 유체란?

① $pv_s = RT$ 식을 만족시키는 유체
② 비점성 비압축성 유체
③ $\tau = \mu \frac{du}{dy}$ 를 만족시키는 유체
④ $E = -vdp/dv$를 만족시키는 유체

03

체적탄성계수(E)의 정의식으로 부적당한 것은?

① $E = -\frac{vdp}{dv}$ ② $E = \frac{\gamma dp}{d\gamma}$
③ $E = -\frac{dvdp}{v}$ ④ $E = \frac{\rho dp}{d\rho}$

04

비눗방울의 내부초과압력($\triangle p$)을 나타내는 식은? (단 d : 지름, σ : 표면장력)

① $\frac{8\sigma}{d}$ ② $\frac{4d}{\sigma}$
③ $\frac{\pi d\sigma}{2}$ ④ $\frac{2\sigma}{\pi d}$

05

수면에 바늘이 뜨는 이유와 관계가 깊은 것은?

① 부력 ② 응집력
③ 부착력 ④ 표면장력

06

체적탄성계수는?

① 온도에 무관하다.
② 압력에 따라 증가한다.
③ 압력과 점성에 무관하다.
④ 압축성이 크면 이 값도 크다.

07

체적탄성계수의 차원은?

① 압력과 같다. ② 무차원이다.
③ 체적과 같다. ④ $[ML^2T^{-1}]$이다.

08

모세관속에서 유체가 상승하는 것은?

① 부착력이 응집력보다 클 때
② 응집력이 부착력보다 클 때
③ 모세관 지름이 아주 작을 때
④ 불순물이 섞이지 않은 순수유체

09

유체란?

① $pv = RT$ 관계식을 만족시키는 물질
② 아무리 작은 전단력에도 변형을 일으키는 물질
③ 용기의 모양에 따라 충만하는 물질
④ 높은 곳에서 낮은 곳으로 흐를 수 있는 물질

10

$\tau = du/dy$에서 μ의 차원은?

① $ML^{-2}T^{-1}$ ② $ML^{-1}T^{-1}$
③ $ML^{-2}T$ ④ MLT^{-1}

11

동점성계수의 차원은?

① $ML^{-1}T^{-1}$　　② L^2T^{-1}
③ $F^{2-1}T$　　④ M^2T^{-1}

12

무차원수는?

① 비중　　② 점성계수
③ 탄성계수　　④ 기체상수

13

뉴턴의 점성법칙에 관계없는 것은?

① 압력　　② 점성계수
③ 전단응력　　④ 속도구배

14

완전기체는?

① 비점성이다.
② 비압축성이다.
③ $pv = RT$를 만족시킨다.
④ 비점성, 비압축성 기체이다.

15

어떤 기름의 체적이 $10m^3$, 무게가 $8000kg_f$이다. 이 기름의 비중량, 밀도, 비체적, 비중은 각각 얼마인가? SI단위와 중력단위로 나타내어라.

16

수은의 체적을 1% 감소시키기 위하여 필요한 압력(MPa)을 구하여라.

17

16℃의 공기의 밀도가 $1.225kg/m^3$일 때 공기의 비중량은 몇 N/m^3인가?

18

1poise는 몇 $N \cdot sec/m^2$인가?

19

1stokes는 몇 m^2/sec인가?

20

30℃, 압력 5.8bar(a)인 산소의 밀도는 몇 kg/m^3인가? (단, 산소의 기체상수는 259.9J/kg°K이다.)

21

40℃, 밀도 $1.293kg/m^3$, 기체상수 296.5J/kg°K인 기체의 현재 압력은 몇 kPa인가?

22

15℃, 1.2bar(a)인 어떤 기체의 비체적이 $0.72m^3/kg$이다. 이 기체의 기체상수와 밀도를 구하여라.

23

공기를 완전기체로 보고, 온도 100℃, 압력 2bar abs.인 공기의 밀도를 구하여라. (단, 공기의 기체상수는 286.8J/kg°K이다.)

유체의 특성 / 연습문제

해답은 486쪽에 있습니다

24

20℃ 표준대기압 하에서 물을 3% 압축하는 데 필요한 압력을 계산하여라. (단, 물의 체적탄성계수는 $2.0685 \times 10^9 N/m^2$이다.)

25

체적탄성계수 $1.03425 \times 10^5 N/cm^2$인 벤젠에 300 N/cm^2의 압력을 가할 때 벤젠의 체적변화율은 얼마인가?

26

지름 10mm의 비눗방울을 지름 20mm로 불리는 데 필요한 일을 구하여라. (단, 비누물의 표면장력은 0.4dyne/cm이다.)

27

50℃ 물의 점성계수는 0.005497poise이고 동점성계수는 0.005546stokes이다. 50℃ 물의 밀도는 몇 kg/m^3인가?

28

0.05cm 간격으로 평행인 평판 사이에 유체가 채워져 있고, 윗평판은 0.3m/sec 로 움직이고 아래면은 고정되어 있다. 만일 윗평판이 $45N/m^2$의 힘으로 움직인다면 유체의 점성계수는 몇 poise인가?

CHAPTER 03

유체정역학

CHAPTER 03 유체정역학

유체정역학이란 유체가 운동하지 않고 정적인 상태에 있을 때 다루는 학문을 말한다. 주로 정지되어 있는 유체를 다루고 있으나 등가속도 직선운동을 하는 유체나 등속원운동을 하는 유체 등은 유체요소 사이에 상대운동이 없으므로 유체정역학의 범주에 포함될 수 있다. 상대운동이 없는 유체에서는 점성이 고려되지 않으므로 마찰력이나 전단응력은 물론 존재하지 않는다. 따라서 유체가 면에 미치는 압력에 의한 힘은 면에 수직방향으로만 작용되며 면에 접하는 방향으로는 힘이 전달되지 않는다.

3-1 : 압력(pressure)

압력(pressure, 壓力)이란 "단위면적당 가해지는 힘"을 말한다. 즉 압력 p는 힘 F가 면적 A에 수직으로 작용할 때 표면이 받는 압력 p는 다음과 같다.

$$\text{압력} = \text{단위면적당 받는 힘} = \frac{\text{면적에 수직으로 작용하는 힘}}{\text{힘이 분포된 면적}} \tag{3-1}$$

$$\boxed{p = \frac{F}{A}}\left[\frac{\mathrm{N}}{\mathrm{m}^2}\right]$$

압력의 단위는 [N/m^2] 또는 [dyne/cm^2]이다. 1[N/m^2]을 1파스칼(Pa)이라 한다. 힘 F를 전압력(total pressure, 全壓力)이라 한다.

$$\boxed{1\,\mathrm{Pa} = 1\left[\frac{\mathrm{N}}{\mathrm{m}^2}\right]}$$

만일 질량이 60kg인 사람이 두 발바닥의 면적 500cm^{2}을 통하여 땅바닥에 미치는 압력을 계산해 보면 $F/A = m \cdot g/A = (60\mathrm{kg})(9.8\mathrm{m/s^2})/(0.05\mathrm{m^2}) = 11760\mathrm{N/m^2}$이 된다.

이 사람이 한 발로 서면 힘은 같지만 면적이 절반이므로 압력은 2배가 된다.

예제1

그림과 같이 용기 속의 유체가 움직일 수 있는 피스톤 위의 하중을 받고 있다. 하중의 크기가 500N이고 피스톤의 면적이 $2500mm^2$일 때 유체에 걸리는 압력을 구하여라.

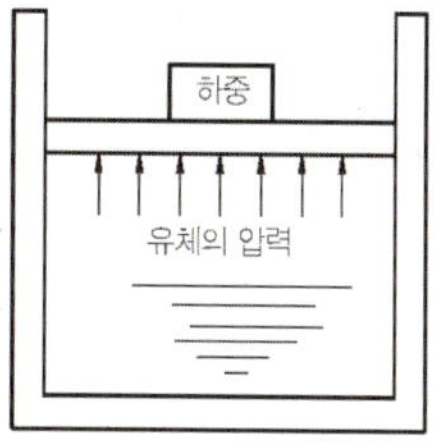

$$p = \frac{F}{A} = 500\text{N}/2500\text{mm}^2 = 0.20\frac{\text{N}}{\text{mm}^2}$$

압력의 단위를 Pa로 바꾸면 $1\text{m}=10^3\text{mm}$이므로 $p = 0.20\frac{\text{N}}{\text{mm}^2} \times \frac{(10^3\text{mm})^2}{\text{m}^2} = 0.20 \times 10^6 \frac{\text{N}}{\text{m}^2} = 0.20\text{MPa}$

액체 속에 잠긴 물체의 압력은 항상 그림 3-1과 같이 수직으로 작용한다. 정지 액체 내부에서 어떠한 면을 생각하더라도 액체의 압력은 그 면에 항상 수직으로 작용하고 있다.

유체는 모든 방향으로 압력을 미친다. 이와 같은 사실은 물 속에 들어가면 신체의 각 부분에 미치는 압력을 느낄 수 있을 것이다. 정지해 있는 유체 내의 한 점에서의 압력은 어느 방향으로나 같다. 그림과 같이 육면체 모양의 작은 물체가 유체 속에 잠겨져 있다.

이 육면체가 아주 작아서 이 물체에 작용하는 중력을 무시할 수 있다고 하자. 그러면 그것의 한 면에 작용하는 압력은 맞은편 면에 작용하는 압력과 같아야 한다. 만일 그렇지 않으면 이 육면체에 작용하는 압력은 0이 되지 않으므로 이 물체는 압력이 같아질 때까지 운동을 하게 될 것이다. 그러므로 유체는 흐르고 있지 않으면 압력은 같아야 한다. 이것을 유체의 정압이라 한다. 정지상태에 있는 유체에 작용하고 있는 압력은 항상 면에 수직으로 작용한다. 만일 그림과 같은 면에 평행인 힘의 성분이 존재한다면 뉴턴의 제 3법칙에 의해서 표면도 유체에 힘을 가할 것이고 이 힘도 표면에 평행인 성분을 가질 것이다. 이와 같은 성분은 유체를 흐르게 할 것이며 이는 유체가 정지해 있다는 가정에 모순되는 것이다.

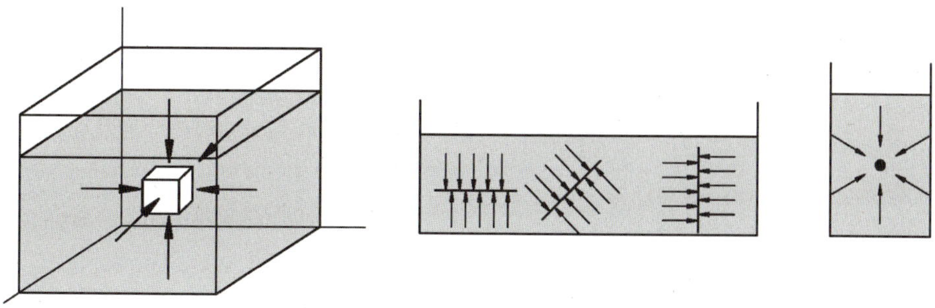

그림 3-1

압력은 다음의 성질을 가지고 있다.

- 유체의 압력은 유체와 접촉하는 벽면에 언제나 수직으로 작용한다.
- 임의의 한점에 작용하는 압력의 크기는 방향에 관계없이 모두 같다.
- 밀폐된 용기 속의 유체의 압력을 증가시키면 액체 내의 모든 부분의 압력은 다 같이 증가된다(파스칼의 원리). 즉 밀폐된 용기의 유체에 가한 압력은 같은 세기로 모든 방향으로 전달된다.
- 동일 수평면상에서는 모든 압력의 크기가 같다.
- 수직면에 걸리는 압력은 그 깊이가 깊을수록 비례적으로 커진다. 즉 수직방향의 압력변화율은 유체비중량의 크기와 깊이에 비례한다.

예제2

책상 위에 중량이 20kg$_f$이고 책상과 접한 단면이 20cm×10cm인 철판이 놓여 있을 때 철판 밑의 책상면이 받는 압력은 얼마인가?

$p=\dfrac{F}{A}$에서 $A=20\times 10=200\text{cm}^2=0.02\text{m}^2$이고

$F=20\text{kg}_f=20\times 9.8\text{N}=196\text{N}$이므로 $p=\dfrac{196}{0.02}=9800\text{N/m}^2=9800\text{Pa}$

1 파스칼의 원리

액체의 일부에 힘을 가하여 압력을 증가시키면 액체 내의 모든 부분의 압력은 다 같이 증가한다. 즉 압력의 증가는 어디든지 같다. 이것을 파스칼의 원리라 한다.

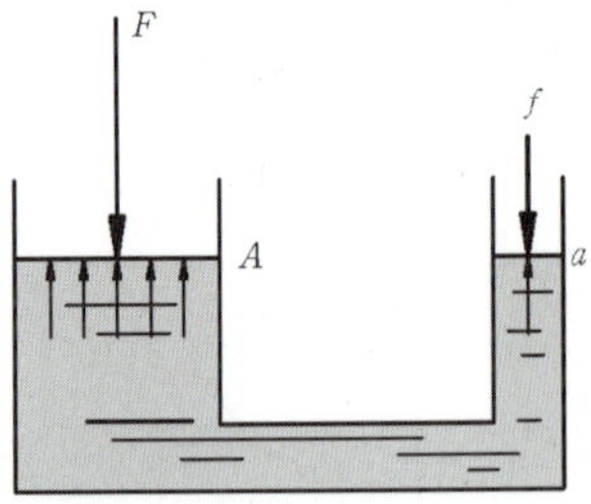

그림 3-2

수압기는 파스칼의 원리를 이용한 것이다. 그림과 같이 크기가 다른 피스톤의 면적이 각각 a, A이고, 각각의 피스톤에 가해지는 힘의 크기가 f, F일 때 단면적이 a인 작은 피스톤을 통해 기름과 같은 액체에 직접 작은 힘 f를 작용시키면 압력 $p=f/a$가 단면적이 A인 큰 피스톤에 전달된다. 밀폐된 용기 속의 유체에 작용하는 압력은 모두 동일하므로 $p=f/a=F/A$이다. 그러므로 다음과 같은 결과식을 얻을 수 있다.

$$F = \frac{A}{a} \times f \tag{3-2}$$

따라서 수압기는 두 피스톤의 면적의 비(A/a)가 클수록 작은 힘 f로서 큰 힘 F를 얻을 수 있는 장치이다. 이발의자, 치과 회전의자, 자동차 잭, 수압 브레이크 등은 모두 수압기의 원리를 이용한 장치이다.

예제3

크고 작은 두 실린더에 물이 채워져 있는데 작은 피스톤의 지름이 15mm이고 큰 피스톤의 지름이 150mm일 때 큰 피스톤 위에 있는 1000N의 중량을 올리기 위하여 작은 피스톤에 얼마의 힘을 작용시켜야 하는가? 또 큰 피스톤 위의 중량을 10mm만큼 올리려면 작은 피스톤은 얼마나 내려가야 하는가?

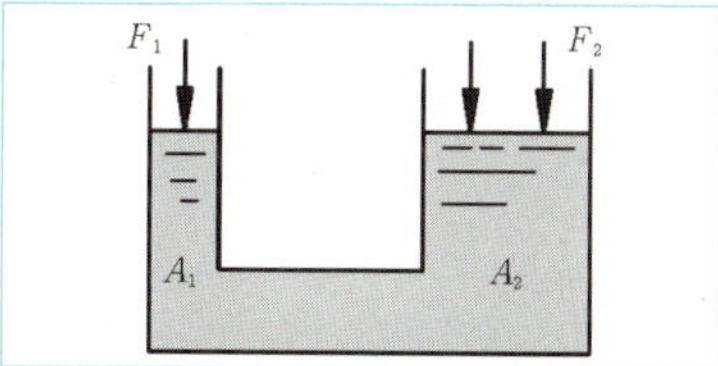

큰 피스톤에 걸리는 압력은 $p = \frac{F_2}{A_2} = \frac{1000}{\pi \times 0.15^2/4} = 56588 \frac{\text{N}}{\text{m}^2}$

작은 피스톤에도 같은 압력이 걸리므로 $F_1 = p \cdot A_1 = 56588 \times \frac{\pi \times 0.15^2}{4} = 10\text{N}$

x는 연속방정식으로 부터 큰 피스톤에서 변위가 10mm이므로

작은 피스톤에서의 변위는 $x \times \frac{\pi \times 0.015^2}{4} = 0.01 \times \frac{\pi \times 0.15^2}{4}$

$\therefore\ x = 1\text{m}$

2 유체의 무게에 의한 압력

유체 내의 압력이 깊이에 따라 어떻게 변하는지 생각해 보자.

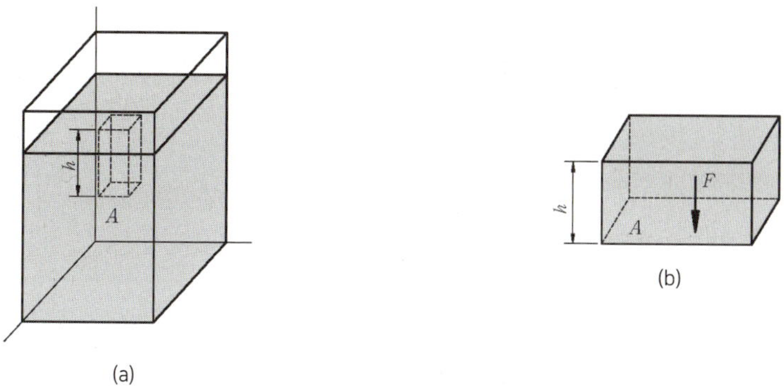

그림 3-3

그림 3-3(a)와 같이 액체의 표면에서 깊이 h 되는 곳에 있는 면적이 A인 수평면에 걸리는 압력은 그것 위에 있는 액체 기둥의 무게로 인한 것이다. 이 면적에 작용하는 힘은 $F=m\cdot g=qV\cdot g=qAh\cdot g$가 되는데 여기서 Ah는 이 기둥의 부피이고 ρ는 액체의 밀도이며 gh는 중력가속도이다. 그러면 압력 p는

$$p=\frac{F}{A}=\frac{\rho Ahg}{A}$$

$$\boxed{p=\rho gh}\left[\frac{\mathrm{N}}{\mathrm{m}^2}\right] \qquad (3\text{-}3)$$

즉 압력은 액체의 밀도와 액체 내의 깊이에 비례한다. 일반적으로 균일한 액체 내에서는 깊이가 같으면 압력도 같다. 그림 3-3(b)와 같은 물에 차있는 용기를 생각해 보자. 단면적인 A인 밑면이 받는 압력은

$$p=\frac{F}{A}$$

물에 의한 힘 F는 물의 무게이므로

$$F=m\cdot g$$

$$\therefore\ p=\frac{mg}{A}=\frac{(\rho V)g}{A}=\frac{\rho Ahg}{A}=\rho gh$$

즉 압력 $p=\rho gh$이다.

3-2 : 정지유체 내의 압력변화

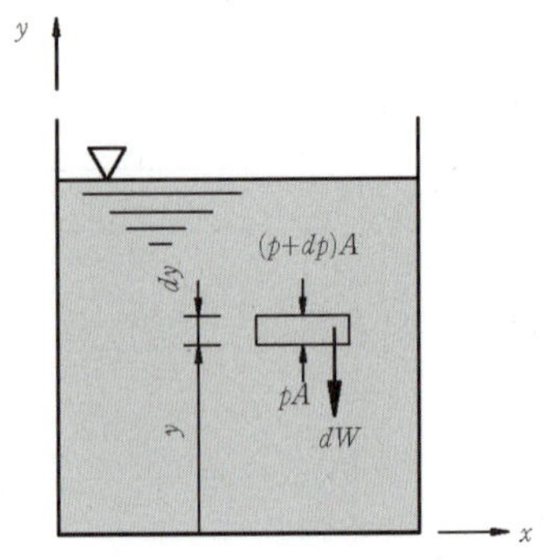

그림 3-4

일반적으로 유체에 작용하고 있는 힘은 표면력(surface force, 表面力)과 유체 자체가 가지고 있는 질량력(body force, 質量力)의 두 가지가 있다.

질량력은 물체 자체의 질량으로 인한 중력과 같이 유체 자체에 걸리고 있는 힘을 말한다. 표면력은 앞에서 언급한 바와 같이 수직력과 전단력의 두 가지로 구분된다. 압력은 수직력에 속한다. 점성력은 물론 전단력에 속한다.

식 (3-3)은 밀도가 일정할 경우에 적용되는 식이다. 만일 유체의 밀도가 변한다면 어떻게 될 것인가? 보통 지상에서의 액체의 경우는 밀도의 변화를 무시하지만 실제로 대기압을 일으키는 지상 위의 공기는 높이에 따라 밀도가 변한다(예외로서 바닷속 깊은 곳에서는

물의 엄청난 무게 때문에 물이 상당히 압축되고 따라서 밀도가 증가한다). 이러한 문제를 다루기 위해서 유체 내의 압력이 깊이에 따라 어떻게 변하는지 일반적인 경우의 관계식을 유도해 보자.

그림 3-4와 같이 용기에 유체가 차 있고 $x-y$ 좌표계를 설정하였다. 기준점에서 높이 y가 되는 곳에서의 압력을 결정해 보기로 하자. 이 유체 내의 작고 납작한 판 모양의 체적을 가진 유체의 미소요소를 생각해 보자. 수평부분의 면적을 A라 하고 두께를 dy라고 하자(앞에 d자가 붙은 것은 미소변화량을 의미한다. 미분법에서 쓰는 기호이다). 이것의 아래 표면에 작용하는 압력을 p라 하면 윗면에 작용하는 압력은 압력의 미소변화량 dp를 더한 $(p+dp)$가 된다. 그 외에 작용하는 유일한 힘은 질량력, 즉 미소요소 자체의 무게, dW가 된다. 양측면에 걸리는 압력에 의한 힘은 수평면에서는 압력의 크기가 같으므로 서로 상쇄된다. 이 부분에 연직으로 작용하는 중력 dW는 다음 식으로 주어진다.

$$dW = (dm)g = (\rho dV)g = \rho g A dy = \gamma A dy$$

여기서 ρ는 높이 y에서의 유체의 밀도이다. 유체는 정지해 있다고 가정하므로 이 판자 모양의 부분은 힘의 평형법칙을 만족시켜야 한다. 따라서

$$pA - (p+dp)A - \gamma A dy = 0$$

이 식을 정리하면

$$\boxed{\frac{dp}{dy} = -\gamma} \qquad (3\text{-}4)$$

상기 식은 유체정역학의 기본방정식이다. 상기 식에서 음의 부호가 붙으므로 dy가 양일 때 dp는 음이 된다(dy라는 기호는 y의 미소변화량으로서 항상 $dy = y_2 - y_1$ =나중상태량−처음상태량을 의미한다). 즉 압력은 위로 올라갈수록 감소한다. 만일 비중량(γ)이 높이(y)에 따라 변하지 않는다면 γ이 상수이므로 상기 식은 간단하게 적분될 수 있다. 비중량이 변해서 γ가 y의 함수로 표시되면 수학적으로 적분할 수 있다. 따라서 상기 식은 정지유체에 대한 압력변화의 일반식이다. 유체 내의 높이 y_1에서의 압력이 p_1이고 높이 y_2에서의 p_2라고 하면 식 (3-4)을 적분하여 다음 식을 얻을 수 있다.

$$\int_{p_1}^{p_2} dp = -\int_{y_1}^{y_2} \gamma dy \qquad (3\text{-}5)$$

$$p_2 = p_1 = -\int_{y_1}^{y_2} \gamma dy$$

아래와 같이 밀도가 변하지 않는 비압축성 유체의 경우와 밀도가 변하는 압축성 유체에 대한 정압의 변화식을 유도해 보자.

1 비압축성 유체 내에서의 압력변화

식 (3-4)은 액체 내의 깊이가 h 되는 곳에서 액체 자체로 인한 압력이 얼마나 되는지 말해 주고 있다. 그러나 만일 액체의 표면에 대기압과 같은 추가 압력이 작용한다면 어떻게 될 것인가? 물론 표면에 걸리는 압력을 추가적으로 더해 주어야 한다.

그림 3-5와 같이 물 표면에 압력, p_0가 작용하고 있을 때 물밑으로 깊이 h 되는 곳의 압력의 크기를 구해보자.

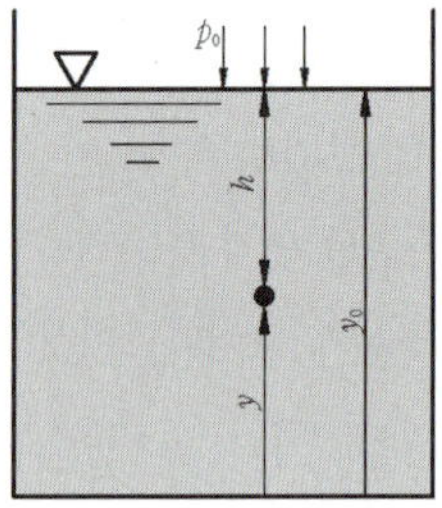

그림 3-5

비압축성 유체는 ρ가 상수이므로 식 (3-4)를 적분하면

$$p = -\gamma y + c$$

적분상수 γ을 구하기 위하여 경계조건을 대입하면 그림에서 보듯이 y가 y_0일 때 $p = p_0$이므로

$$p_o = -\gamma y_o + c \rightarrow c = p_0 + \gamma y_0$$

이것을 대입하면

$$p = -\gamma y + p_0 + \gamma y_0$$
$$p - p_0 = -\gamma (y - y_0)$$

그런데 $y - y_0 = -h$이므로

$$\boxed{p = p_0 + \rho g h} \qquad (3\text{-}6)$$

여기서 p는 물속의 한 점에서 받는 압력의 크기이고 p_0는 물 표면에서의 압력이다. 위 식은 식 (3-3)에 대기압 p_0를 더한 것과 같다. 이 식은 압력을 액주로 표시할 수 있게 하는 편리한 식으로서 많이 활용되고 있다.

2 압축성 유체 내에서의 압력변화

대기의 고도와 압력에 대하여 등온 변화, 단열 변화, 폴리트로픽 변화로 나누어 고려해보자.

• 등온변화(等溫變化)

지표면 즉 $y=0$일 때 $p = p_0$, $\gamma = \gamma_0$라 하면

$$\frac{p}{\gamma} = \frac{p_0}{\gamma_0}\text{(일정)}$$

$$p = \frac{p_0}{\gamma_0}\gamma$$

식 (3-4)로 부터 $-\gamma = \frac{dp}{dy}$ 이므로 상기 식은

$$p = -\frac{p_0}{\gamma_0} \cdot \frac{dp}{dy}$$

$$-\frac{\gamma_0}{p_0}dy = \frac{dp}{p}$$

양변을 적분하면

$$\int_{p_o}^{p} \frac{dp}{p} = -\frac{\gamma_0}{p_0}\int_0^y dy$$

$$\ln\left(\frac{p}{p_0}\right) = -\frac{\gamma_0}{p_0}y$$

$$p = p_0 e^{-\left(\frac{\gamma_0}{p_0}\right)y}$$

• 단열변화(斷熱變化)

$$\frac{p}{\gamma^k} = \frac{p_0}{\gamma_0^k} = \text{일정}$$

$$\gamma^k = \frac{\gamma_0^k}{p_0}p$$

양변에 $\frac{1}{k}$ 승을 취하면

$$\gamma = \frac{\gamma_0}{p_0^{\frac{1}{k}}}p^{\frac{1}{k}}$$

그런데 $-\gamma = \frac{dp}{dy}$ 이므로 이를 대입하면

$$-\frac{dp}{dy} = \frac{\gamma_0}{p_0^{\frac{1}{k}}}p^{\frac{1}{k}}$$

양변을 적분하면

$$\int_{p_0}^{p} p^{-\frac{1}{k}} dp = -\frac{\gamma_0}{p_0^{\frac{1}{k}}} \int_0^y dy$$

$$\left| \frac{1}{-\frac{1}{k}+1} p^{-\frac{1}{k}+1} \right|_{p_0}^{p} = -\frac{\gamma_0}{p_0^{\frac{1}{k}}} y$$

즉,

$$y = -\frac{p_0^{\frac{1}{k}}}{\gamma_0} \left| \frac{1}{-\frac{1}{k}+1} p^{-\frac{1}{k}+1} \right|_{p_0}^{p} = -\frac{k}{k-1} \frac{p_0^{\frac{1}{k}}}{\gamma_0} \left[p^{\frac{k-1}{k}} - p_0^{\frac{k-1}{k}} \right]$$

$$\therefore\ p = p_0 \left[1 - \frac{k-1}{k} \frac{\gamma_0}{p_0} y \right]^{\frac{k}{k-1}}$$

• 폴리트로픽 변화

비열비 k 대신에 폴리트로픽 지수 n을 사용한 경우, 즉

$$p = p_0 \left[1 - \frac{n-1}{n} \frac{\gamma_0}{p_0} y \right]^{\frac{n}{n-1}} \tag{3-7}$$

해발 7마일까지 대기층에서는 $n = 1.235$이다.

예제4

그림과 같은 용기 속에 들어 있는 기름 속 2m 지점에서의 압력은 얼마인가?

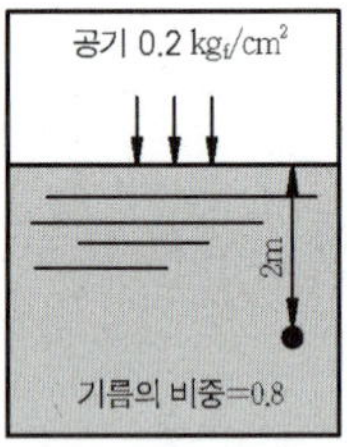

$$p = p_0 + \gamma h$$

$$p_0 = 0.2 \frac{\text{kgf}}{\text{cm}^2}$$

$$\gamma h = 1000 \times 0.8 \times 2 = 1600 \frac{\text{kgf}}{\text{m}^2} = \frac{1600}{10000} = 0.16 \frac{\text{kgf}}{\text{cm}^2}$$

$$\therefore\ p = 0.2 + 0.16 = 0.36 \frac{\text{kgf}}{\text{cm}^2}$$

3-3 : 절대압력과 계기압력

우리가 일반적으로 말하는 압력은 대기압을 0으로 보고 말하는 계기압력값이다. 대기압에서는 압력계의 눈금이 0을 가리키고 있기 때문이다. 그러나 완전진공상태로부터 측정한 압력인 절대압력이 실제로 압력의 크기이다. 우리는 공기의 무게로 인한 대기압을 받고 있는 상태에서 지구상에서 생활하고 있는 것이다. 우선 대기압의 크기와 여러 가지 서로 다른 압력의 단위에 대해서 알아보기로 하자.

지구를 둘러싸고 있는 공기를 대기라 하면 그 대기의 공기무게에 의해서 단위면적당 받는 힘을 대기압 (atmospheric pressure, 大氣壓)이라 한다.

1 국소대기압

대기압은 지면 위에 있는 공기의 무게에 의한 것이므로 지구의 위도에 따라 변하고 측정한 위치의 고도에 따라 값이 다르다. 이것을 국소대기압이라 한다.

2 표준대기압

수은주 기둥을 760mm 올리는 압력, 즉 760mmHg를 표준대기압이라 한다. 이것은 해면에서 잰 대기압의 평균치이다. 표준대기압은 'atm'이라는 기호로 표시한다.

압력을 p라 하고 유체기둥의 높이를 h라 하면 압력의 크기는 식 (3-3)으로부터

$$p = \rho g h$$

$$\left[\frac{\mathrm{N}}{\mathrm{m}^2}\right] = \left[\frac{\mathrm{kg}}{\mathrm{m}^3}\right] \cdot \left[\frac{\mathrm{m}}{\mathrm{s}^2}\right] \cdot [\mathrm{m}] = \left[\frac{\mathrm{kg} \cdot \mathrm{m/s}^2}{\mathrm{m}^2}\right]$$

여기서 g는 중력가속도($g = 9.8\mathrm{m/s}^2$)이다. 수은의 비중이 13.6이므로 $\rho_{수은} = s \cdot \rho_{물}$에서 수은의 밀도는 $13.6 \times 1000 = 13600[\mathrm{kg/m}^3]$이다(4℃ 물 기준). 따라서 표준대기압은

$$p = \rho g h = 13600\left[\frac{\mathrm{kg}}{\mathrm{m}^3}\right] \times 9.8\left[\frac{\mathrm{m}}{\mathrm{s}^2}\right] \times 0.76[\mathrm{m}]$$

$$= 101300\left[\frac{\mathrm{kg} \cdot \mathrm{m}}{\mathrm{s}^2 \cdot \mathrm{m}^2}\right] = 101300\left[\frac{\mathrm{N}}{\mathrm{m}^2}\right] = 1.013\mathrm{bar}$$

압력의 단위로서 바(bar)를 많이 사용한다.

$$1\mathrm{bar} = 100000\mathrm{Pa} = 10^5\mathrm{Pa} = 10^6\mathrm{dyne/cm}^2$$

즉 표준대기압은 1.013bar 또는 1013mbar와 같다. 수은의 기둥 760mmHg는 물기둥 높이 10.336m와 같다. 표준대기압을 물기둥의 높이로 나타내면

$760 \times 13.6 = 10336 mmH_2O = 10.336 mH_2O$

1기압=1atm=101,300Pa=1.013bar=1013mbar=10.336mH₂O

압력을 나타내는 단위는 여러 가지가 있다. 표준대기압을 여러 가지 압력단위로 표시하면 아래와 같다.

$$1atm = 760mmHg = 1.0332kg_f/cm^2(=at) = 10332kg_f/m^2 = 101325N/m^2(=Pa)$$
$$= 1.01325bar = 10.336mH_2O(=mAq) = 14.7psi(lb_f/in^2)$$
$$= 29.92inHg$$

공학기압의 단위인 at는 아래와 같이 정의한다.

$$1\text{공학기압} = 1\,at = 1\frac{kg_f}{cm^2}$$

4℃ 물기둥의 높이 1m가 밑면에 미치는 압력을 1mAq(mH_2O)라 표시하며 그 크기는 $p=\gamma h$에서 물의 비중량 $\gamma = 1000kg_f/m^3$이므로

$$1mAq = 1000\frac{kg_f}{m^3} \times 1[m] = 1000\frac{kg_f}{m^2} = 0.1\frac{kg_f}{cm^2}$$

$$\therefore\ 1mAq = 0.1\,at$$

$$1mmAq = 1\frac{kg_f}{cm^2}$$

수은주 1mm를 1토르(Torr)라 한다.

$$1Torr = 1mmHg$$

여러 가지 압력의 단위를 표 3-1에 비교해 놓았다. 특히 표준대기압인 1atm의 압력값은 서로 다른 압력단위의 변환을 위해서 자주 사용되는 수치이므로 잘 기억해 둘 필요가 있다. 뒤표지에 있는 표 A.5는 미국의 표준대기의 위도에 따른 대기압과 공기의 성질이 수록되어 있다.

표 3-1 압력환산표

atm	bar	kg_f/cm^2 (at)	lbf/in^2	N/m^2	mmHg (0℃일 때 수은기둥)	mH_2O (15℃일 때 물기둥)
1	1.01325	1.0332	14.696	101325	760	10.332
0.9869	1	1.01968	14.504	100000	750.1	10.1968
0.9678	0.9806	1	14.2234	98060	735.58	10
0.06805	0.068948	0.0703	1	6894.8	51.71	0.7030
0.00000987	0.00001	0.0000102	0.000145	1	0.0075	0.0001021
0.001316	0.001333	0.001359	0.01934	133.3	1	0.01359
0.0967	0.09798	0.1	1.421	9798	73.558	1

어떠한 압력값의 단위를 바꿀 때는 아래와 같은 비례식 풀이방법으로 계산할 수 있다. 일반산업현장에서는 여러 가지의 압력단위가 함께 통용되고 있으므로 어떠한 압력값을 또 다른 단위로 표시할 수 있어야 한다. 서로 다른 압력단위로 나타내기 위해서는 우선 기준이 되는 단위변환식이 있어야 한다. 따라서 표 3-1에서 서로 다른 압력단위에 대한 단위환산표를 보여주고 있다. 여기서 첫 번째줄에 있는 표준대기압을 기준단위변환식으로 사용하면 된다.

비례식 풀이방법

- $a : b = c : g$이면

  $\frac{a}{b} = \frac{c}{d}$이라는 것이다.

  즉 a에 대한 b의 비와 c에 대한 d의 비는 서로 같다는 것이다.

- $\frac{a}{b} = \frac{c}{d}$이므로 $bc = ad$이다.

  즉 $a : b = c : d$에서 내항의 곱은 외항의 곱과 같다는 것이 된다.

예를 들어서 100mmHg는 몇 kg_f/cm^2인지 알아보자. 압력의 단위인 kg_f/cm^2을 mmHg의 단위로 바꾸려면 우선 kg_f/cm^2과 mmHg의 단위변환식이 필요하다. 표 3-1에서 표준대기압에 대한 변환식을 사용하면 $760mmHg = 1.033kg_f/cm^2$이므로 비례식에서

$$760\text{mmHg} : 1.033\text{kg}_f/\text{cm}^2 = 100\text{mmHg} : x\,\text{kg}_f/\text{cm}^2$$

$$\therefore\ x = \frac{1.033 \times 100}{760} = 0.1359\text{kg}_f/\text{cm}^2$$

상기한 비례식 풀이방법은 아래와 같이 생각할 수 있다.

$760mmHg = 1.033kg_f/cm^2$이므로 양변을 760으로 나누면

$$1\text{mmHg} = \frac{1.033}{760}\,\text{kg}_f/\text{cm}^2$$

즉 1mmHg가 $\frac{1.033}{760}kg_f/cm^2$이므로 임의의 값 $x$mmHg의 압력을 kg_f/cm^2으로 바꾸려면

$$x\,\text{mmHg} = \frac{1.033}{760} \times x\,\text{kg}_f/\text{cm}^2$$

가 된다. 만일 $x = 100$mmHg이면

$$x = \frac{1.033}{760} \times 100 = 0.1359\text{kg}_f/\text{cm}^2$$

이것은 위의 풀이식과 같은 식이 된다.

예제5

어떤 지역의 국소대기압이 750mmHg이라면 수두로는 몇 mAq인가?

표 3-1에서 760mmHg=10.332mAq이므로 750mmHg를 mAq로 표시하려면

760mmHg : 10.332mAq=750mmHg : x mAq

$$\therefore\ x=\frac{750\times10.332}{760}=10.196\text{mAq}$$

[별해]

표 3-1에서 760mmHg=10.332mAq

양변을 760으로 나누면 $1\text{mmHg}=\frac{10.332}{760}=0.01359\text{mAq}$

따라서 750mmHg는 750×0.01359=10.196mAq

예제6

1kPa을 다음의 단위로 환산하여라.

① mmHg ② kg_f/cm^2 ③ mAq ④ bar

① 1kPa=1000N/m^{2}이고 101325N/m^{2}은 760mmHg이므로 비례식을 사용하여 1000N/m^{2}을 mmHg의 단위로 바꾸면

- 101325N/m^2 : 760mmHg
- 1000N/m^2 : x mmHg

$$\rightarrow x=\frac{760}{101325}\times1000=7.5\text{mmHg}$$

② 101325N/m^{2}은 1.033kg_f/cm^2이므로 1000N/m^{2}을 kg_f/cm^2으로 나타내면

- 101325N/m^2 : 1.033kg_f/cm^2
- 1000N/m^2 : x kg_f/cm^2

$$\rightarrow x=\frac{1.033}{101325}\times1000=0.0102\text{kg/cm}^2$$

③ 101325N/m^{2}은 10.33mAq이므로

- 101325N/m^2 : 10.33mAq
- 1000N/m^2 : x mAq

$$\rightarrow x=\frac{10.33}{101325}\times1000=0.102\text{mAq}$$

④ 1bar=100000N/m^{2}이므로 1N/m^2=1/100000bar이다.

따라서 $1\text{kPa}=1000\text{N/m}^2=\frac{1000}{100000}\text{bar}=0.01\text{bar}$

우리는 유체가 들어 있는 용기 내의 압력을 말할 때 용기에 붙어 있는 압력계기를 읽는다. 압력계기가 읽는 눈금은 대기압보다 높은 수치를 나타낸다. 즉 대기압일 경우 압력계기는 0을 가리킨다. 이렇게 압력계기로부터 읽은 압력을 계기압력(gauge pressure, 計器壓力)이라 한다. 이에 대하여 완전 진공상태로부터 읽은 실제압력을 절대압력(absolute pressure, 絕對壓力)이라 한다. 따라서

$$\text{절대압력}=\text{대기압}+\text{계기압력} \qquad (3\text{-}8)$$

상기 식에서 계기압력이 진공일 경우 "−"값을 취한다. 다음 그림에서 보듯이 어떤 용기 속의 압력이 대기압보다 클 경우 계기압력은 대기압보다 높은 차이값을 나타내는 것이며 압력이 대기압보다 작을 경우 압력계는 진공압력을 읽게 되며 ('−'값을 가짐) 이것을 진공계기 압력이라 한다. 대기압보다 작은 진공이라 할지라도 완전진공보다는 크므로 절대압력은 항상 '+'값을 가진다. 이것을 그림으로 나타내면

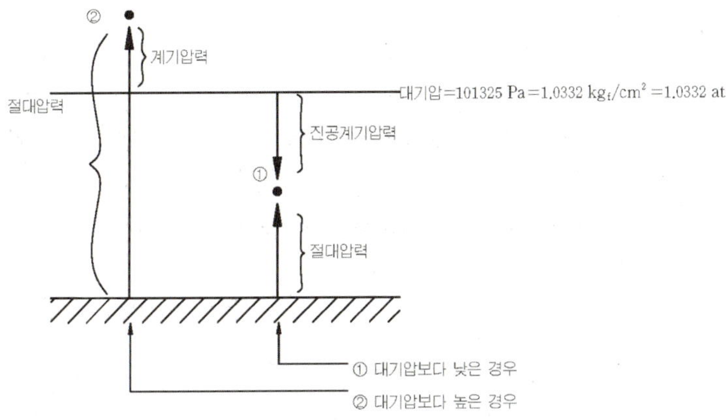

대기압보다 클 경우 : 절대압력=대기압+계기압력

대기압보다 작을 경우 : 절대압력=대기압−진공압력

예를 들면 어떤 타이어의 계기압력이 200kPa이라 하면 타이어 내의 실제압력인 절대압력은 대기압을 더한 수치인 200+101.3=301.3kPa이 된다. 일반적으로 절대압력단위 끝에는 (a)자를 붙이고 계기압력단위 끝에는 (g)자를 붙인다.

대기압은 장소와 계절, 시기에 따라 다르므로 측정하려고 하는 절대압력을 알기 위해서는 그 때마다 기압계로 대기압을 계측해야 한다. 기압계(barometer, 氣壓計)는 대기의 압력을 절대진공에 대해서 표시하므로 절대압력이다.

예제7

대기압이 98kPa(a)인 곳에서 어떤 용기 속의 압력을 측정하기 위하여 압력계를 사용하였더니 155kPa(g)을 가리켰다. 용기 속의 압력은 절대압력으로 얼마인가?

절대압력=계기압력+대기압

∴ 155kPa(g)+98kPa(a)=253kPa(a)

예제8

펌프에 의하여 흡입되는 물의 압력을 진공계로 재어 보니 60mmHg이었다. 절대압력은 몇 kg_f/cm^2인가? (단, 이때의 기압계는 750mmHg를 가리켰다.)

진공계로 잰 압력이 60mmHg이므로 이것은 진공계기압력을 말한다.
따라서 절대압력은 $p_{abs} = 750 - 60 = 690mmHg(a)$
$p = \gamma h$에서 $\gamma = \gamma_w \cdot s$이므로 중력단위로 나타내면
$p = 1000 \times 13.6 \times 0.69 = 9384kg_f/m^2(a) = 0.9384kg_f/cm^2(a)$

예제9

국소대기압이 710mmHg일 때 절대압력 $0.5kg_f/cm^2(a)$는 계기압력으로 몇 kg_f/cm^2인가?

압력의 단위인 kg_f/cm^2을 mmHg로 바꾸려면 kg_f/cm^2과 mmHg의 단위변환식이 필요하므로
$1.0332kg_f/cm^2 = 760mmHg$를 사용하여 $1kg/cm^2 = 1 \times \frac{760}{1.0332} = 735.58mmHg$
따라서 $0.5kg_f/cm^2 = 0.5 \times 735.58 = 367.79mmHg$이다.
이것은 국소 대기압보다 작으므로 진공압력이다.
$367.79 - 710 = -342.2mmHg$ 진공
또한 $1mmHg = \frac{1.0332kg_f}{760cm^2}$이므로 $-342.2 \times \frac{1.0332}{760} = -0.4652kg_f/cm^2$ 진공

예제10

부르돈압력계(bourdon gauge)의 눈금이 $5kg_f/cm^2$을 나타내고 있다. 그리고 실험실에 놓여진 수은기압계에서 수은의 높이는 750mm이었다. 이때 계기압력과 절대압력을 ① kg_f/cm^2, ② N/m^2, ③ bar, ④ mmHg로 표시하여라.

계기압력은
① $5kg_f/cm^2(g)$
② $5 \times 10^4 \times 9.8 = 490000N/m^2(g)$
③ $490000 \times 10^{-5} = 4.9bar(g)$
④ $\frac{760}{1.03323} \times 5 = 3680mmHg(g)$

절대압력은
① $\frac{750}{760} \times 1.03323 + 5 = 6.02kg_f/cm^2(a)$
② $\frac{101325}{760} \times 750 + 490000 = 590000N/m^2(a)$
③ $590000 \times 10^{-5} = 5.9bar(a)$
④ $750 + 3680 = 4430mmHg(a)$

예제11

그림과 같이 비중 0.9의 기름이 들어 있는 용기가 있다. 점 A는 표준대기압과 접하고 있다. A, B, C, D의 각 점의 압력을 구하여라.

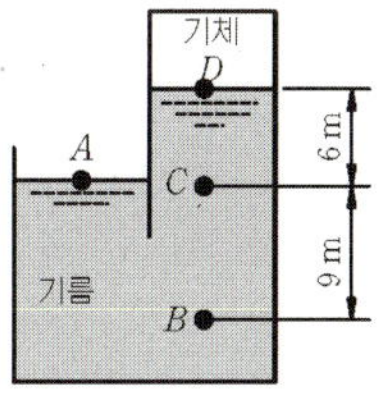

점 A의 압력은 대기압이므로 계기압력으로 나타내면 0, 절대압력으로는 101325Pa이다.
점 C의 압력은 점 A와 동일수평면이므로 점 A의 압력과 같다.
점 B의 압력 p_B는 $p_B = \gamma h = 0.9 \times 9800 \times 9 = 79380\text{Pa}$
따라서, B의 압력은 계기압력으로 79380Pa(g), 절대압력으로는 79380+101325=180705Pa(a)이 된다.
점 D의 압력 p_D는 점 C의 압력이 대기압과 같으므로 이보다 작은 압력을 가지게 된다.
계기압력으로는 $p_D = -0.9 \times 9800 \times 6 = -52920\text{Pa(g)}$
그러므로 점 D의 절대압력은 101325−52920=48405Pa(a)

3-4 : 압력의 측정

압력을 측정하는 장치는 여러 가지가 있으나 대표적인 것으로는 액주계, 부르돈압력계, 압력트랜스듀서(pressure transducer) 등이 많이 사용되고 있다.

1 액주계

측정하려는 압력을 액주의 무게로 균형시켜 액주의 높이로 표시하는 압력계를 액주계(manometer, 液柱計) 또는 마노미터라 한다. 액주계는 액주의 높이에 따라 유체의 압력을 측정하므로 사용하기에 편리하고 장치가 간단하며 정확한 압력을 측정할 수 있다. 한 개의 유리관을 연직으로 세워 측정하려는 용기 또는 관에 연결하면 유리관 내의 어떤 높이까지 액체는 상승한다. 액주계의 액체가 측정하려 하는 유체와 같은 경우는 피에조미터(piezometer)라 한다. 피에조미터는 기체에는 사용하지 않으며 액체일 때도 압력이 높을 때는 관이 길어져 불편하게 된다. 이런 경우에는 측정하려는 유체보다 더욱 무겁고 혼합되지 않는 액체를 관속에 넣어서 사용하는데 이것이 액주계이다.
그림 3-6과 같이 U자로 구부러진 유리관속에 동작유체와 다른 유체를 넣어서 압력의 차이로 인한 높이차가 생기도록 만든 것을 U자관 마노미터 또는 U자형 액주계라 한다. U자형 액주계는 U자 모양의 관에

액체, 흔히 수은이나 물을 일부 채워 넣은 것이다. 양단에 압력차가 생기면 두 수평면 사이에 아래와 같은 관계가 있다. 1점에 걸리는 압력 p_1은

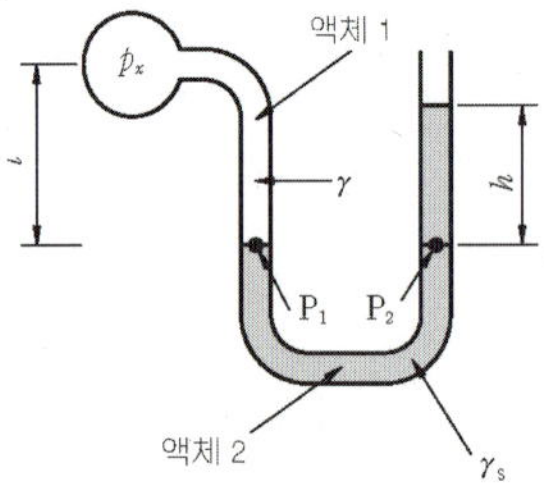

그림 3-6

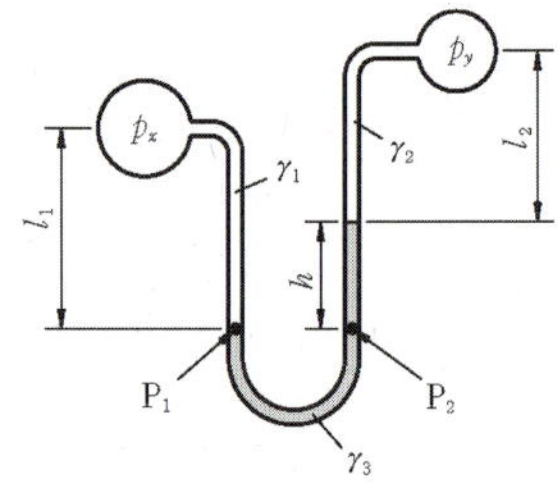

그림 3-7 U자관 차압계

$$p_1 = p_x + \gamma l$$
$$p_2 = \gamma_s h$$

그런데 그림 3-6에서 $p_1 = p_2$이므로

$$p_x + \gamma l = \gamma_s h$$
$$\therefore \ p_x = \gamma_s h - \gamma l \tag{3-9}$$

또한 그림 3-7에서 보는 바와 같은 U자관 차압계에서는

$$p_1 = p_x + \gamma_1 l_1$$
$$p_2 = p_y + \gamma_2 l_2 + \gamma_3 h$$

그런데 $p_1 = p_2$이므로

$$p_x - p_y = \gamma_2 l_2 + \gamma_3 h - \gamma_1 l_1 \tag{3-10}$$

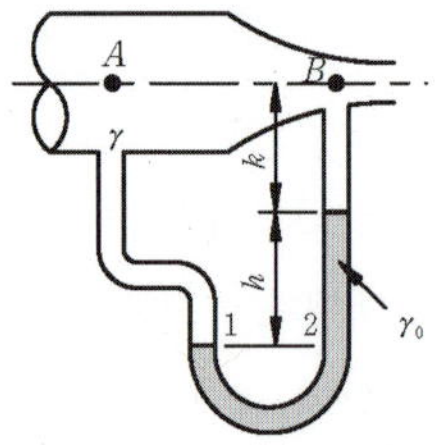

그림 3-8

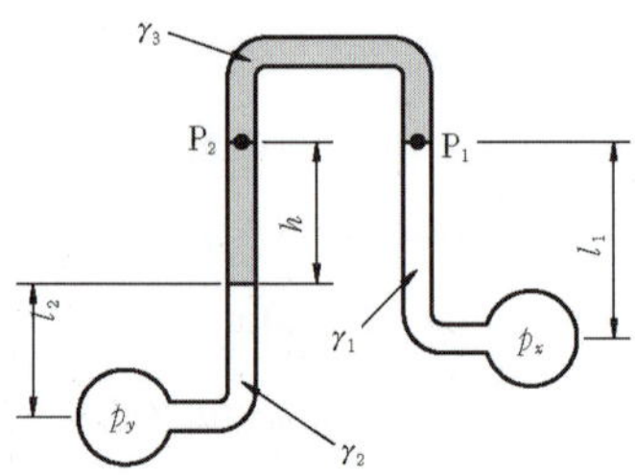

그림 3-9 역U자관 사압계

그림 3-8과 같이 단면이 변하는 유로에서 액주계의 높이차가 생겼을 때 A점과 B점 간의 정압차는 액주계의 높이차, h로 나타내어질 수 있다. 그림에서 1점과 2점에서 걸리는 압력은

$$p_1 = p_A + \gamma(k+h)$$
$$p_2 = p_B + \gamma k + \gamma_o h$$

그런데 $p_1 = p_2$이므로

$$p_A + \gamma k + \gamma h = p_B + \gamma k + \gamma_o h$$
$$\therefore\ p_A - p_B = (\gamma_o - \gamma)h \qquad (3\text{-}11)$$

그림 3-9는 역U자관 마노미터로서 압력을 측정하려는 액체의 비중량 γ_1 및 γ_2보다 가벼운 액체인 γ_3를 사용하여 압력차를 측정하는 경우이다.

$$p_x = \gamma_1 l_1 + p_1$$
$$p_y = \gamma_2 l_2 + \gamma_3 h + p_2$$

그런데 $p_1 = p_2$이므로

$$p_x - \gamma_1 l_1 = p_y - \gamma_2 l_2 - \gamma_3 h$$
$$\therefore\ p_x - p_y = \gamma_1 l_1 - \gamma_2 l_2 - \gamma_3 h$$

위 식으로부터 만일 p_x와 p_y 중 하나만 알고 있으면 나머지 것도 구할 수 있다.

예제12

그림과 같이 흐르지 않는 유체가 들어 있는 수직관에 압력계와 마노미터가 부착되어 있다. 관 속의 유체의 비중은 0.9, 마노미터의 수은은 비중이 13.57일 때 압력계의 읽음 p_x는 얼마인가?

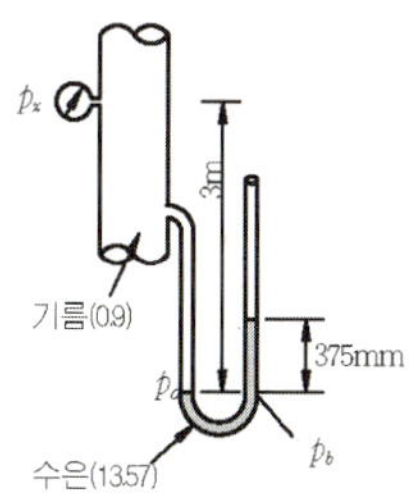

$p_a = p_x + (0.9 \times 9800) \times 3$

$p_b = 13.57 \times 9800 \times 0.375$이고

$p_a = p_b$이므로 $p_x = 23.5\text{kPa}$

예제13

그림과 같은 역U자관액주계에서 차압 $p_x - p_y$를 계산하여라.

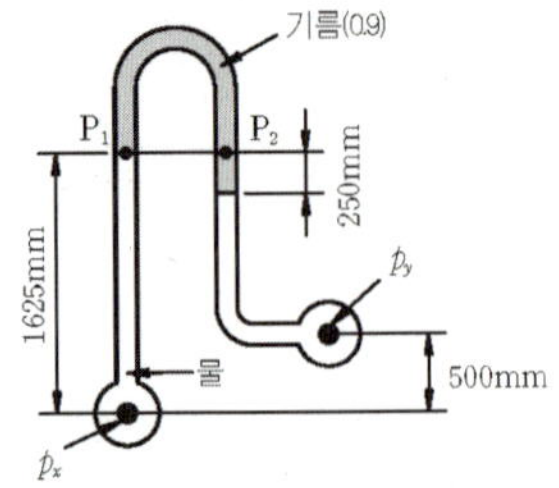

$p_x = p_1 + 9800 \times 1.625$

$p_y = p_2 + 0.9 \times 9800 \times 0.25 + 9800(1.625 - 0.5 - 0.25)$이고

$p_1 = p_2$이므로,

$p_x - 15925 = p_y - 10780$

$\therefore\ p_x - p_y = 5145\text{Pa} = 5.145\text{kPa}$

압력차가 작게 되면 마노미터의 높이차가 작아지게 된다. 이렇게 정밀한 압력측정에는 높이차를 크게 하여 눈으로 읽기 쉽게 만든 미압계를 사용한다. 그림 3-10과 같이 U자관 및 단면적이 같은 두 개의 작은 탱크로 구성된 미압계(micro manometer, 微壓計)를 생각해 보자. 상부로부터 비중량 γ_1, γ_2, γ_3인 유체가 채워져 있다. 탱크의 단면적을 A, U자관의 단면적을 a, 두 개의 탱크에 작용하고 있는 압력을 각각 p_A, p_B라 하자. 측정하고자 하는 압력 p_A, p_B가 서로 같아서 압력차가 없을 때는 유체의 표면이 단면 1-1과 2-2의 수평면상에 있다. 만일 압력 p_A가 p_B보다 크게 되면 두 개의 탱크 사이에 그림과 같이 높이차가 생기게 되고 왼쪽탱크가 내려간 높이 $\triangle y$와 똑같이 오른쪽 탱크가 올라간 높이도 $\triangle y$이다. 이동한 액체의 체적은 서로 같으므로 γ_2인 유체의 이동체적과 γ_3인 유체의 이동체적이 서로 같다. 즉

$$A\triangle y = a \cdot (h/2)$$

$$\therefore\ h = \left(\frac{2A}{a}\right)\triangle y \qquad (3\text{-}12)$$

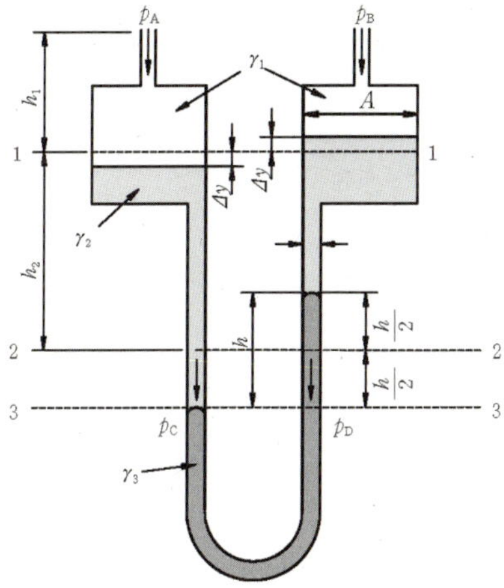

그림 3-10 미압계

위 식에서 단면적 A가 a보다 크면 높이차 h가 Δy보다 커져서 눈으로 읽기 쉽게 된다. 압력차 $(p_A - p_B)$는 다음과 같이 주어진다. 그림에서 $p_C = p_D$이므로

$$p_A + \gamma_1(h_1 + \Delta y) + \gamma_2\left(h_2 - \Delta y + \frac{h}{2}\right) = p_B + \gamma_1(h_1 - \Delta y) + \gamma_2\left(h_2 + \Delta y - \frac{h}{2}\right) + \gamma_3 h$$

위 식을 정리하면 식 (3-12)로부터

$$p_A - p_B = h\left\{\gamma_3 - \gamma_2\left(1 - \frac{a}{A}\right) - \gamma_1\frac{a}{A}\right\} \quad (3\text{-}13)$$

{ }안의 상수가 작은 값이어야 높이차 h가 커지게 되므로 A는 a보다 훨씬 커야 하고 γ_2는 γ_3보다 약간 작아야 한다.

아주 작은 높이차를 그림 3-10과 같이 경사시킴에 의해서 긴 길이를 가지도록 하여 읽기 쉽게 한 것을 경사미압계(inclined-tube manometer, 傾斜微壓計)라 한다. 압력차가 없을 때 액면은 A의 점선위치에서 평형을 이루고 있다. C점에서의 압력이 D점보다 커지면 경사유리관을 따라서 l만큼, 수직거리로는 h만큼 경사관속의 액면은 상승하고 이만한 부피만큼 작은 탱크의 액면은 조금 하강할 것이다. 기체의 자중은 무시하고 작은 탱크와 경사관의 단면적을 각각 A, a라 하고 경사각을 α라 하면

$$p_C = p_D + \gamma[l\sin\alpha + al/A]$$

$$\therefore\ p_C - p_D = \gamma l(\sin\alpha + a/A) \quad (3\text{-}14)$$

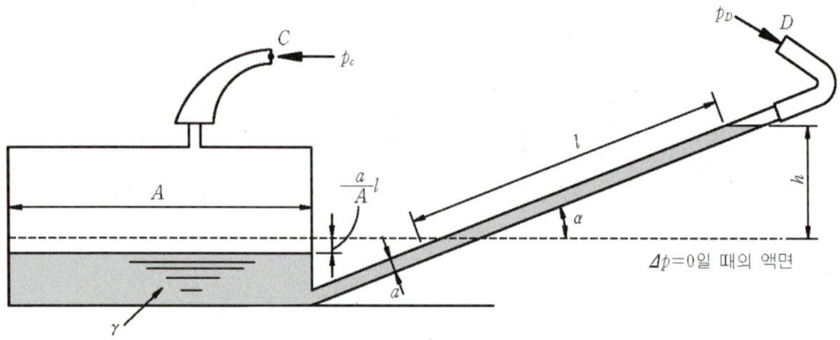

그림 3-11 경사미압계

따라서 l의 길이만 측정되면 압력차를 알 수 있다. 이때 경사각 α가 너무 작으면 오히려 자체 오차를 증가시키므로 30° 이하의 작은 경사는 피해야 한다.

위에서 살펴본 액주계의 액체는 온도에 따라 비중이 변한다. 모세관 현상에 의한 오차는 같은 치수의 액주계관을 사용함으로써 상쇄될 수 있다. 표면장력에 의한 요철(凹凸)은 관지름을 1cm(약 0.5in) 이상되게 함으로써 무시할 수 있다. 액주계 액체의 동요(動搖)는 관로에 교축장치(絞縮裝置)를 함으로써 줄일 수 있다.

2 부르돈 압력계

부르돈 압력계(Bourdon pressure gauge)는 배관계통의 압력 측정에 많이 쓰이는 압력계이다. 그 원리는 그림 3-12(a)와 같이 압력이 증가하면 바늘이 붙어 있는 원호 모양의 가느다란 관이 펴지도록 되어 있다. 이에 따라 압력계의 바늘의 눈금이 움직인다. 부르돈 압력계에서는 대기압의 눈금은 0으로 되어 있다. 대기압에 대하여 "-" 읽음은 진공압력이고 "+" 읽음은 계기압력이다. 대기압은 장소와 시간에 따라 변하므로 측정하려는 유체의 절대압력을 알고자 할 때는 그때마다 기압계에서 대기압을 재야 한다.

그림 3-12(b)에는 주로 공기의 압력 측정용으로 사용되는 아네로이드 압력계의 원리를 보여준다. 아네로이드 압력계에서는 바늘이 얇은 금속 진공상자의 유연한 끝에 연결되어 있다.

(a) 부르돈 (b) 아네로이드

그림 3-12 압력계

3 압력 트랜스듀서

보다 정교한 종류의 압력계에서는 측정하고자 하는 압력을 얇은 금속막에 가하고 이 막이 휘는 정도를 압력 트랜스듀서(pressure transducer)를 사용하여 전기적으로 검출한다. 트랜스듀서란 어떤 물리량을 전기적인 신호로 바꾸는 장치이다. 트랜스듀서는 전기적인 신호를 발생하며 그 크기는 어떤 물리량의 측정치와 상관관계를 가지고 있다. 연속적인 측정이 필요한 경우 트랜스듀서는 측정 결과치를 컴퓨터의 메모리에 계속 저장시켜 놓을 수가 있으며 차후 이러한 데이터를 다시 꺼내어 분석할 수 있다는 장점이 있다.

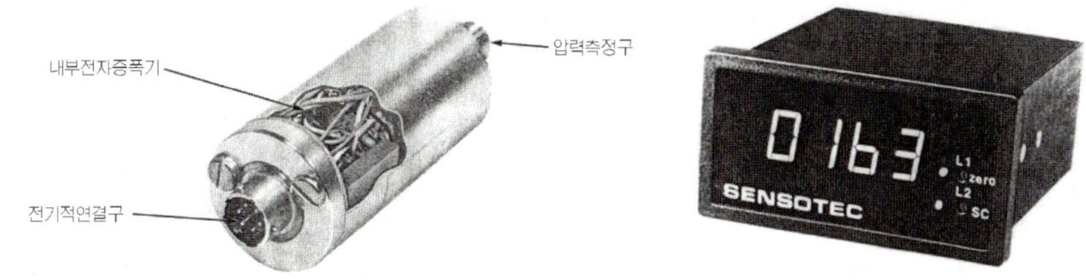

(a) 스트레인 게이지형 압력 트랜스듀서

(b) 디지탈 전자증폭기/지시계

그림 3-13 압력 트랜스듀서

압력 트랜스듀서의 종류는 여러 가지가 있으나 그중 많이 쓰이는 것이 그림 3-13과 같은 스트레인 게이지형 압력 트랜스듀서이다. 이것은 트랜스듀서에 내장되어 있는 다이어프램이 압력을 받으면 팽창하게 되고 여기에 붙은 스트레인 게이지의 변형으로 인하여 전기적인 저항의 변화를 가져와서 최종적으로 전압의 신호를 되는 것이다.

3-5 : 유체 속에 잠긴 면의 전압력

전압력(resultant force, 全壓力)이란 유체 속에 잠긴 면에 작용하는 압력에 의해 받는 전체 힘을 말한다. 힘은 벡터양으로서 크기, 방향, 작용점의 위치가 주어져야 한다. 유체정압(流體靜壓)은 면에 수직인 방향으로만 작용하므로 전압력의 방향은 면에 수직이다. 유체 속에 잠긴 평면에 걸리는 힘을 알기 위해서는 전압력의 크기와 전압력의 작용점을 알아야 한다. 편의상 수평면, 수직면, 경사면 및 곡면에 작용하는 전압력을 각각 나누어서 생각해 보자.

1 수평면의 경우

그림과 같이 비중량이 γ인 유체의 자유표면으로부터 h인 지점에 면적 A인 평면이 수평으로 놓여 있을 때 평면에 작용하는 압력은 $p=\gamma h$이므로 평면에 작용하는 전압력의 크기 F는 압력에 면적을 곱한 값이 된다.

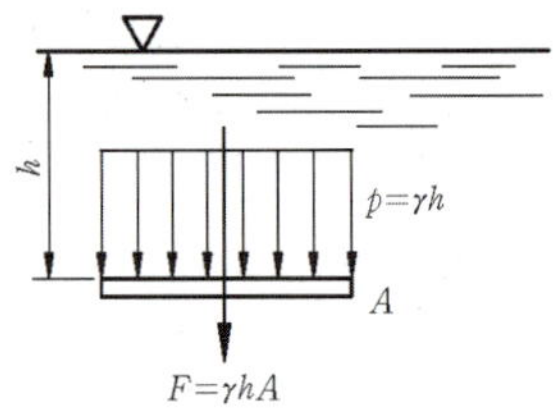

$$F=\gamma hA[\text{N}] \tag{3-15}$$

가 된다. 전압력의 크기는 힘의 단위를 가진다. 그림에서 압력 $p=\gamma h$의 벡터로 이루어지는 부분을 압력 프리즘(pressure prism)이라 하고 이 압력 프리즘의 체적은 전압력의 크기와 같으며 전압력 F의 작용점은 반드시 이 압력 프리즘의 체적중심을 지난다. 위 식에서 hA는 평면의 연직 상방에 있는 액체의 체적과도 같으므로 수평면이 받는 전압력의 크기는 평면 상방에 있는 액체 무게와 같다. 따라서 전압력의 작용점의 위치는 유체의 무게중심을 통과하고 면에 수직이므로 면의 면적중심점과 일치한다.

예제14

물속 2m 위치에 2m×4m의 직사각형 평판이 수평으로 놓여져 있을 때 전압력의 크기와 작용점을 구하여라.

전압력의 크기 $F=\gamma hA$에서 $F=9800\times2\times(2\times4)=156800\text{N}=156.8\text{kN}$
전압력의 작용점은 직사각형의 면적중심점인 한가운데에 위치한다.

2 수직면의 경우

수면에 수직으로 놓인 평면에 걸리는 전압력의 크기는 다음절에 나오는 일반적인 경사면인 경우에서 경사각이 90°인 특수한 경우이다. 전압력 F는 식 (3-18)과 같이

$$F=\gamma\bar{h}A \tag{3-16}$$

로 계산된다. 여기서 $\bar{h}$는 수면으로부터 수직면의 면적중심까지의 거리이고 A는 수직면의 단면적이다. 수면에 수직으로 놓인 평면 위의 각 점에 미치는 유체의 압력은 그림 3-14와 같이 $p=\gamma h$에 의해서 깊이 h까지 선형적으로 변한다. 수직면에 작용하는 전압력은 평면상단이 $p_1=0$, 평면하단에서는 $p_2=\gamma h$이므로 평면의 폭을 b라 하면 전압력의 크기, F는 압력프리즘의 체적과 같다.

$$F=\frac{\gamma h\times h}{2}\times b=\frac{\gamma h^2 b}{2}$$

전압력의 작용점은 압력프리즘의 면적중심에 작용한다[또는 식 (3-22)]. 압력프리즘이 삼각형이므로 면적중심점은 자유표면으로부터 깊이의 2/3가 되는 지점에 위치한다. 따라서 그림 3-14와 같이 물 표면으로부터 물속에 잠긴 단면이 직사각형인 수직면(또는 경사면)에서 전압력의 작용점은 항상 수면쪽으로부터 면을 따른 깊이가 2/3되는 지점에 위치한다.

물 속에 잠긴 수직면에 걸리는 전압력과 작용점은 다음에 배울 경사면의 경우에서 경사각, $\theta=90°$인 특수한 경우와 같다.

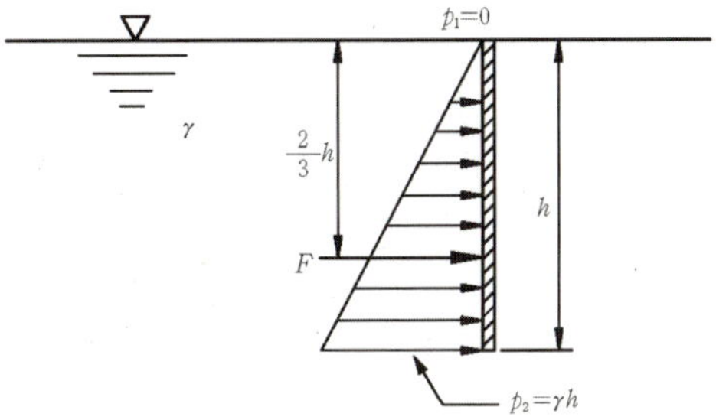

그림 3-14

예제15

그림에서 단위폭 1m의 댐이 받는 유체정압에 의한 전압력을 구하여라. 또 수면에서 전압력의 작용점까지의 깊이를 구하여라.

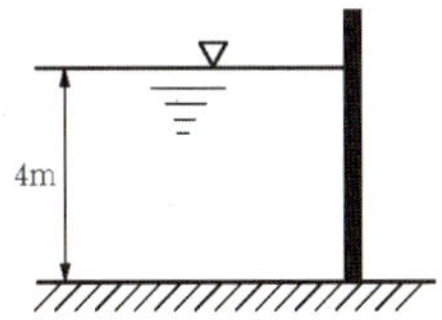

전압력은 $F=\gamma\bar{h}A=9{,}800\times\frac{4}{2}\times(1\times4)=78{,}400[\mathrm{N}]$

전압력의 작용점은 $y_p=4\times\frac{2}{3}=2.67[\mathrm{m}]$

3 경사면의 경우

그림 3-15와 같이 비중량이 γ인 유체의 자유표면과 θ인 경사각을 갖는 임의 모양의 평판면적 A에 작용하는 유체의 전압력과 그 작용점에 대하여 생각해 보자. 그림에서는 경사면이 선으로 보이는 위치에서 바라본 모양과 이 면을 수직으로 바라보았을 때 나타나는 면 전체의 모양을 보여주고 있다.

평판을 포함하는 평면상에 x, y 좌표를 취하면 깊이 h 속에 있는 점에 걸리는 압력 $p=\gamma h$이므로 미소면적 dA에 작용하는 전압력의 크기는 다음과 같다.

$$dF = p \cdot dA = \gamma h \cdot dA$$

경사각이 θ이므로 미소면적 dA까지 경사면을 따른 거리 y와 수직거리 h는 $h = y\sin\theta$가 된다. 따라서

$$dF = \gamma(y\sin\theta)dA$$

평판 A에 작용하는 전압력의 크기는 dF를 적분하여 얻는다.

$$F = \int_A dF = \gamma\sin\theta\int_A ydA \qquad (3\text{-}17)$$

이 된다. 또한 평판의 면적중심, G의 좌표를 $(\bar{x},\ \bar{y})$, 액면에서 잰 수직깊이를 $\bar{h}$라 하면

$$\bar{h} = \bar{y}\sin\theta$$

이다. 일반적으로 그림과 같은 임의의 평면도형의 면적중심점, $G=(\bar{x},\ \bar{y})$는 아래와 같이 정의된다.

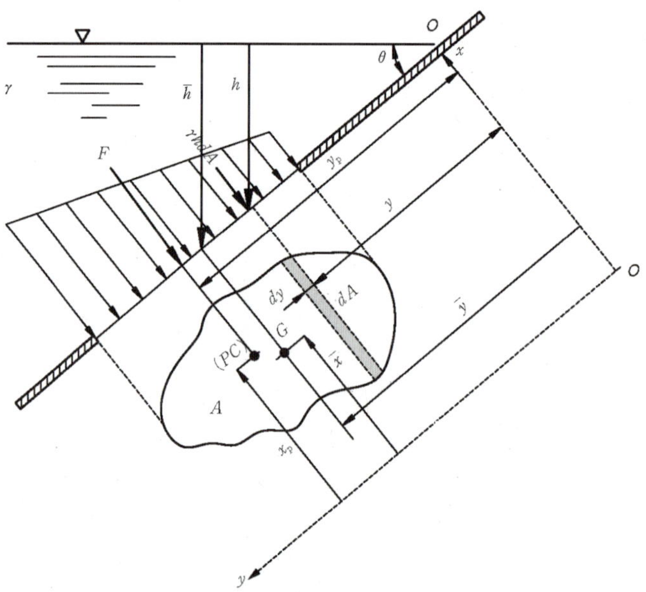

그림 3-15 작용점의 위치

$$\bar{x} = \frac{\int_A xdA}{A}$$

$$\bar{y} = \frac{\int_A ydA}{A}$$

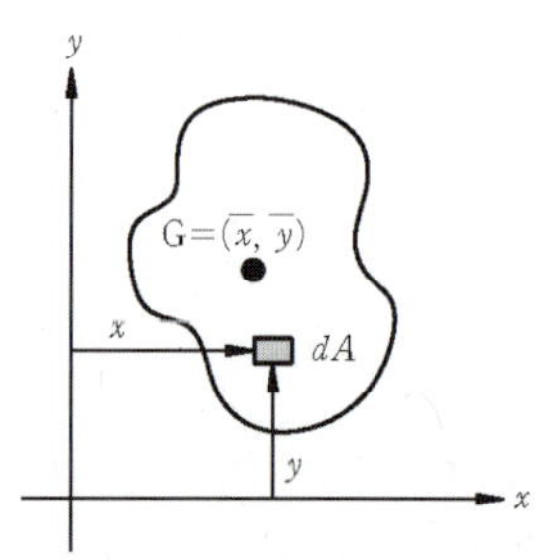

따라서 식 (3-17)은

$$F=\gamma\sin\theta\bar{y}A$$

$$\therefore \boxed{F=\gamma\bar{h}A} \qquad (3\text{-}18)$$

이 된다. 따라서 전압력은 평판의 면적중심에 걸리는 압력에 평판의 면적을 곱한 것과 같다.

전압력의 크기=면적중심에 걸리는 압력×경사면의 전체면적

어떠한 면의 면적중심은 그 면의 모양에 따라 위치가 다르다. 표 3-2에 여러 가지 도형에 대한 면적중심이 나와 있다. 역학 계산에서 자주 나오는 여러 가지 도형의 성질에 대한 값, 즉 도형의 주위 길이, 면적, 면적중심점 위치, 관성모멘트 등은 부록 Ⅲ에 나와 있다. 전압력의 크기는 평면도형의 면적중심 또는 도심(centroid, 圖心)의 위치를 알면 쉽게 구할 수 있다.

다음의 경사면에서 전압력의 작용점을 구해보자. 전압력의 작용점을 압력중심점(center of pressure)이라고 하며 이 점에 전압력이 작용할 때 실제로 전체 면적에 분포되어 있는 압력에 의한 힘의 영향과 똑같은 결과를 가져오는 점을 말한다. 따라서 압력중심점의 위치를 구하기 위해서는 "합력의 모멘트는 분력의 모멘트의 합과 같다"는 원리를 이용한다. 전압력의 작용점은 도심의 위치와 다르다는 것에 유의하여야 한다. 압력의 크기가 깊이에 따라 다르므로 도심과 전압력의 작용점은 일치하지 않는다. 그림 3-15에서 전압력이 작용하는 압력중심점을 $PC(x_p,\ y_p)$라 하고 도심을 $G(\bar{x},\ \bar{y})$ 라 하자. 우선 y_p를 구하기 위하여 O점을 지나며 종이를 뚫고 종이면에 수직인 축에 대한 힘의 모멘트를 생각해 보자. 그러면 그림에서 $O-x$축에 대한 모멘트가 될 것이다. 그림의 미소면적 dA에 작용하는 압력에 의한 힘 dF의 $O-x$축에 대한 모멘트는

$$dM=dF\cdot y$$

그런데 $dF=\gamma(y\sin\theta)dA$이므로

$$dM=\gamma(y\sin\theta)ydA=\gamma\sin\theta y^2dA$$

전체 모멘트의 값은 상기 식을 적분함에 의해서 구할 수 있다. 지금 전압력의 크기를 F라 하고 전압력에 의한 $O-x$축의 모멘트와 경사면 전체에 분포되어 있는 압력에 의한 $O-x$축의 모멘트는 서로 같아야 하므로 그림 3-15에서 압력중심점까지의 거리 y_p를 구하기 위하여

$$y_p\cdot F=\int_A\gamma\sin\theta y^2dA=\gamma\sin\theta\int_A y^2dA$$

그런데 식 (3-18)에서 $F=\gamma\bar{h}A$이고 $\bar{h}=\bar{y}\sin\theta$이므로

$$y_p=\frac{\gamma\sin\theta}{\gamma A\bar{y}\sin\theta}\int_A y^2dA=\frac{1}{\bar{y}A}\int_A y^2dA \qquad (3\text{-}19)$$

다음에 x_p를 구하기 위하여 마찬가지로 $O-y$축에 대한 전압력의 모멘트와 압력분포에 의한 모멘트를 같게 놓으면

$$dM = dF \cdot x$$
$$M = \int_A x dF$$

그런데 $dF = \gamma(y\sin\theta)dA$이고 $M = x_p \cdot F$이므로

$$x_p \cdot F = \int_A x\gamma y \sin\theta dA$$
$$\therefore\ x_p = \frac{\gamma\sin\theta}{\gamma A\bar{y}sin\theta}\int_A xydA = \frac{1}{\bar{y}A}\int_A xydA \tag{3-20}$$

상기한 식 (3-19)와 (3-20)으로부터 압력중심점 $(x_p,\ y_p)$은 다음과 같이 나타낼 수 있다.

$$x_p = \frac{1}{\bar{y}A}\int_A xydA = \frac{I_{xy}}{\bar{y}A} = \frac{\bar{I}_{xy}}{\bar{y}A} + \bar{x}$$

$$\boxed{\therefore\ x_p = \frac{\overline{I_{xy}}}{\bar{y}A} + \bar{x}} \tag{3-21}$$

$$y_p = \frac{1}{\bar{y}A}\int_A y^2 dA = \frac{I_x}{\bar{y}A} = \frac{I_G}{\bar{y}A} + \bar{y}$$

$$\boxed{\therefore\ y_p = \frac{I_G}{\bar{y}A} + \bar{y}} \tag{3 -22}$$

여기서 $\bar{x}$, $\bar{y}$는 경사면을 따른 면적중심점까지의 거리이다. 위 식에서 $I_{xy} = \bar{I}_{xy} + \bar{x}\bar{y}A$와 $I_x = I_G + \bar{y}^2 A$라는 관계식을 사용하였다. 여기서 $\bar{I}_{xy}$는 면적중심 G를 지나는 x, y축에 관한 단면의 관성적이고 I_G는 면적중심을 지나는 x축에 관한 단면의 관성모멘트이다.

어떤 단면이 주어지면 면적중심점이 정해지며 이 점을 지나는 수평축에 대한 관성모멘트가 표 3-2에 나타나 있다.

표 3-2 도형의 관성모멘트

	도형의 모양	I_G
사각형	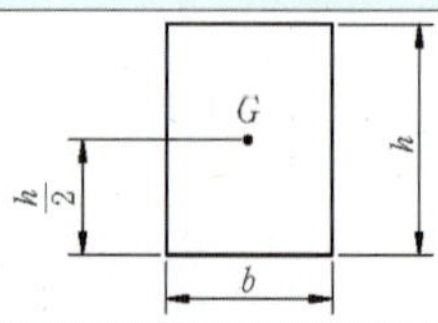	$\frac{bh^3}{12}$

	도형의 모양	I_G
삼각형	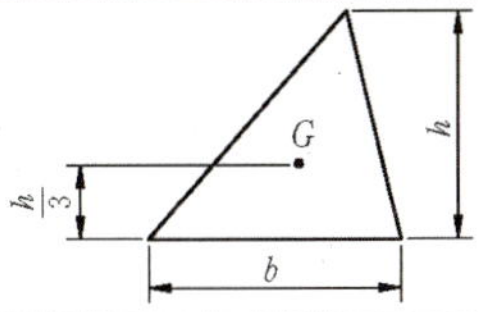	$\frac{bh^3}{36}$
원	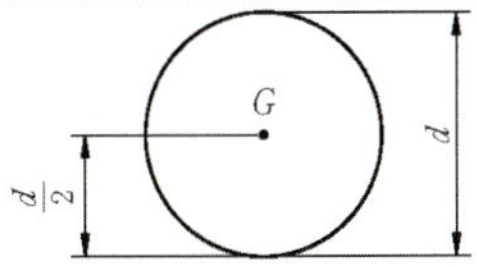	$\frac{\pi d^4}{64}$
4분원	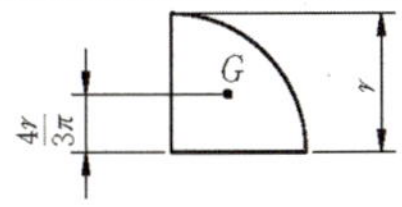	$\left(\frac{1}{4}-\frac{16}{9\pi^2}\right)\frac{\pi\gamma^4}{4}$
타원	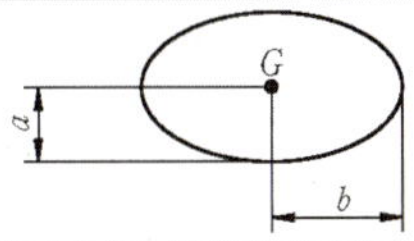	$\frac{\pi a^3 b}{4}$
4분타원	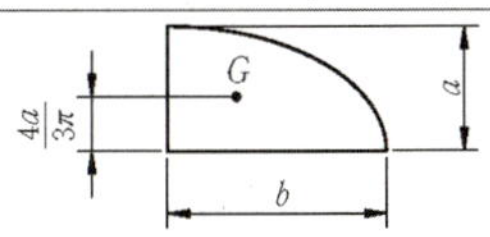	$\left(\frac{1}{4}-\frac{16}{9\pi^2}\right)\frac{\pi a^3 b}{4}$
반포물선	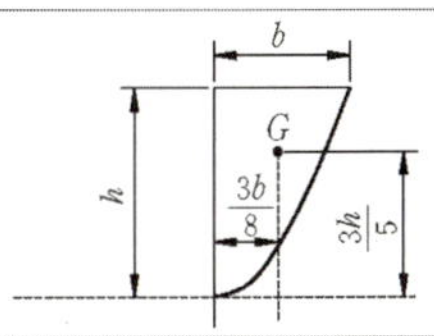	$\left(\frac{3}{7}-\frac{9}{25}\right)\frac{2bh^2}{3}$

G : 면적중심, I_G : 면적중심을 지나는 수평축에 대한 관성모멘트

예제16

[예제 15] 에서 전압력의 작용점을 위 식 (3-22)에 의해서 구하여라.

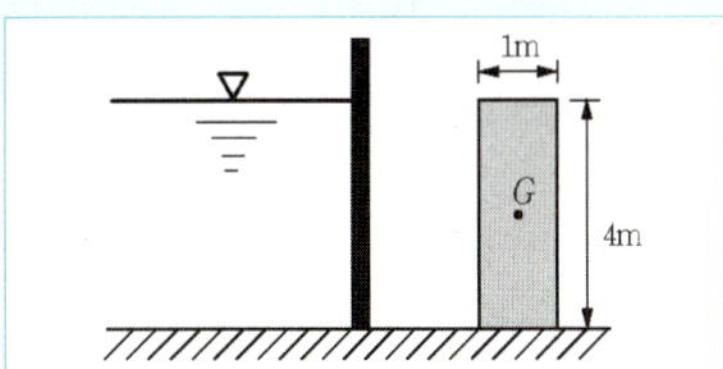

수문의 단면형상은 그림과 같으므로 면적중심점 G까지의 깊이 $\bar{y}=2\text{m}$이다.

표 3-2로부터 $I_G=\frac{bh^2}{12}$이고 그림에서 $b=1\text{m}$, $h=4\text{m}$이므로 $y_p=\frac{I_G}{\bar{y}A}+\bar{y}=\frac{1\times 4^3/12}{2\times(4\times 1)}+2=2.67\text{m}$

위의 결과는 예제 3-15의 결과와 일치함을 알 수 있다.

예제17

그림과 같은 길이 3m이고 폭이 2m인 직사각형 평판이 수면과 수직을 이루고 물에 잠겨 있다. 평판의 윗변이 수면으로부터 1m 잠겨져 있을 때 이 평판에 작용하는 전압력의 크기와 작용점을 구하여라.

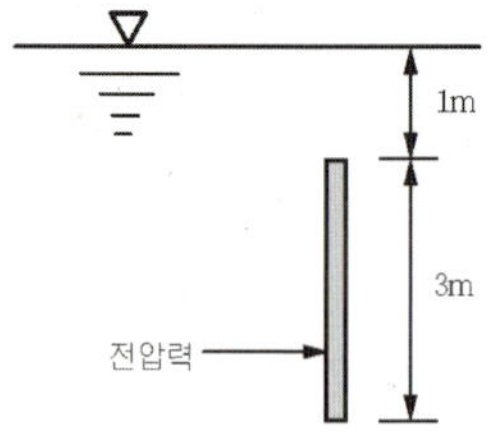

전압력의 크기 $F=\gamma\bar{y}A$ 이고 수면으로부터 면적중심점까지 거리 $\bar{h}$는 $\bar{h}=1+\left(3\times\frac{1}{2}\right)=2.5\text{m}$

$\therefore\ F=9800\times2.5\times(3\times2)=147000\text{N}=147\text{kN}$

전압력의 작용점은 $y_p=\frac{I_G}{\bar{y}A}+\bar{y}=\frac{2\times3^3/12}{2.5\times(3\times2)}+2.5=2.8\text{m}$

예제18

그림과 같이 물 속에 4m×8m 크기의 평판이 수평면과 60° 기울어져 놓여 있다. 면에 작용하는 전압력의 크기와 작용점을 구하라.

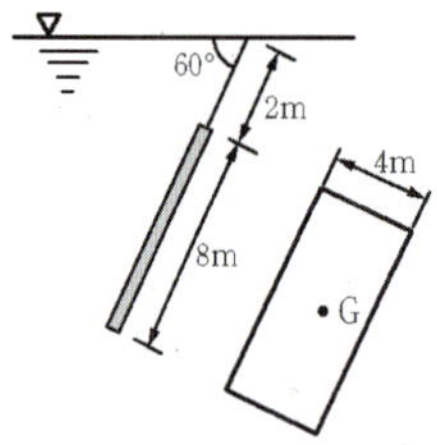

$F=\gamma\bar{y}A$ 에서 면적중심점 G까지의 깊이 $\bar{h}$는 $\bar{h}=(2+8/2)\sin60°=6\sin60°=5.196\text{m}$

$\therefore\ F=9800\times5.196\times(4\times8)=1629.5\text{kN}$

전압력의 작용점은 $y_p=\frac{I_G}{\bar{y}A}+\bar{y}=\frac{\frac{4+8^3}{12}}{6\times32}+6=6.889\text{m}$

◎ 관성적(product of inertia)과 관성모멘트(moment of inertia)

상기 식 (3-19), (3 -20)에서 적분식으로 나타난 항

$$\int_A y^2dA$$

$$\int_A xydA$$

은 공학계산에서 자주 나오는 양이다.

• 먼저 $\int_A y^2 dA$라는 의미는 그림 3-16에서 보는 바와 같이 어떠한 단면의 x축에 대한 이차모멘트의 값을 말한다. 이것을 관성모멘트(moment of inertia) 또는 이차모멘트라 한다. 그림과 같이 단면적이 A인 단면 속에 있는 미소단면적을 dA라 할 때 x축으로부터 떨어진 거리가 y이므로 이차모멘트의 값은 y^2dA를 면적 전체에 대하여 적분한 값이다. 이것을 기호로 I_x 또는 I_{xx}로 표시한다. 즉 x축에 관한 관성모멘트 I_x는

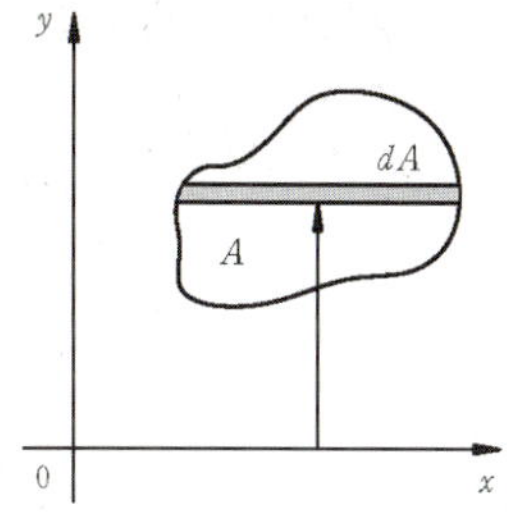

그림 3-16

$$I_x = \int_A y^2 dA [L^4] \tag{3-23}$$

적분항 속의 단위는 길이의 4제곱이므로 L^4의 차원을 가진다. 마찬가지로 y나 z축에 대해서는

$$y\text{축에 관한 관성모멘트} \rightarrow I_{yy} = I_y = \int_A x^2 dA [L^4] \tag{3-24}$$

$$z\text{축에 관한 관성모멘트} \rightarrow I_z = I_p = I_x + I_y [L^4]$$

• 다음에 $\int_A xydA$라는 의미는 그림 3-17에서 보는 바와 같이 어떠한 단면의 x축과 y축에 대한 모멘트의 값을 말한다. 이것을 관성적(product of inertia) 또는 일차모멘트 또는 관성상승모멘트라 한다. 그림과 같이 단면적이 A인 단면속에 있는 미소단면적을 dA라 할 때 x축으로부터 떨어진 거리가 y이고 y축으로부터 떨어진 거리가 x이므로 관성적은 dA를 면적 전체에 대하여 적분한 값이다. 이것을 기호로 I_{xy}로 표시한다.

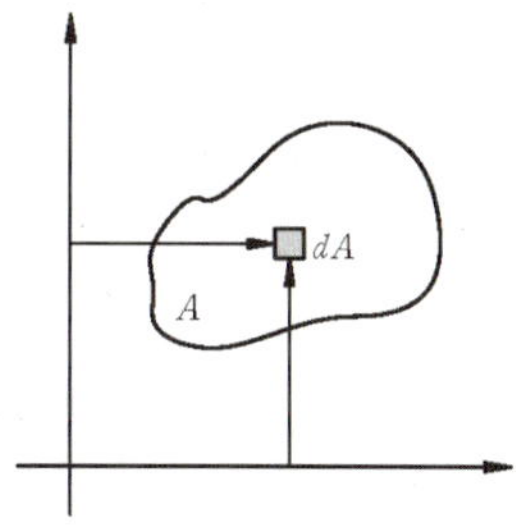

그림 3-17

$$I_{xy} = \int_A xydA [L^4] \tag{3-25}$$

마찬가지로 적분항 속의 $xydA$의 단위는 길이의 4제곱이므로 L^4의 차원을 가진다.

• 관성적이나 관성모멘트의 값은 어떤 축에 대한 값이므로 주어진 단면과 생각하고 있는 축과 떨어진 거리에 따라 값이 달라지게 된다. 주어진 단면의 면적중심은 유일한 값이고 정해진 값이므로 편의상 I_x, I_y, I_{xy}의 계산을 쉽게 하기 위하여 원점을 주어진 단면의 면적중심점, G에 놓고 관성적과 관성모멘트를 계산한 값을 많이 사용한다. 그림 3-18과 같은

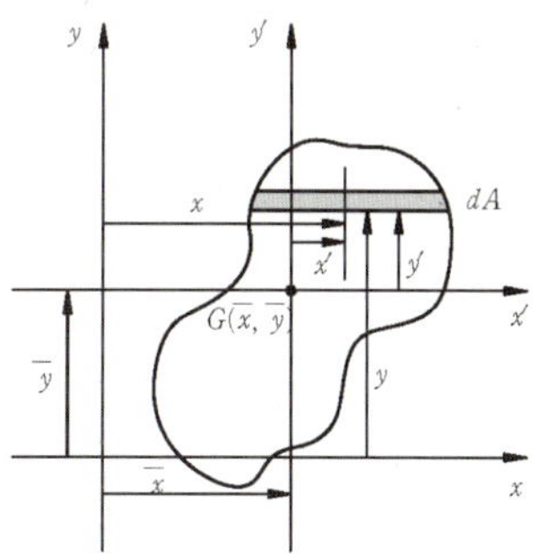

그림 3-18

$x-y$ 좌표계에서 G점을 원점으로 하는 좌표계를 $x'-y'$라 하자. 그러면

$$x=\bar{x}+x'$$
$$y=\bar{y}+y'$$

가 된다. 면적중심점을 지나는 축의 관성모멘트와 관성적을 각각 I_G, $\bar{I}_{xy}$라 하면

$$y\text{축에 관한 관성모멘트} : I_x=I_G+\bar{y}^2A \tag{3-26}$$

$$y\text{축에 관한 관성모멘트} : I_y=I_G+\bar{x}^2A \tag{3-27}$$

$$xy\text{축에 관한 관성적} : I_{xy}=\bar{I}_{xy}+\bar{x}\bar{y}A \tag{3-28}$$

이 된다. 여기서 $\bar{y}$는 x축에서 면적중심, G를 지나는 x'축까지의 거리이고 $\bar{x}$는 y축에서 G 를 지나는 y'축까지의 거리이다. 상기 식이 나온 이유는 아래와 같다.

$$I_x=\int_A y^2dA=\int_A (y'+\bar{y})^2dA=\int_A y'^2dA+2\bar{y}\int_A y'dA+\bar{y}^2\int_A dA$$

위 식에서 $\int_A y'dA=0$이다. 왜냐하면 y'는 미소면적 dA가 면적중심 G로부터 떨어진 거리이고 이것을 면적 전체에 대해서 적분한 값은 0이 되기 때문이다. 또한 $\int_A y'^2dA$는 G점을 지나는 x'축으로부터 떨어진 거리 y'를 면적 전체에 대해서 적분한 값, 즉 x'축에 대한 이차모멘트이므로 $I_{x'}$가 되며 이것을 편의상 I_G라는 기호로 놓으면

$$I_x=I_{x'}+\bar{y}^2A=I_G+\bar{y}^2A$$

가 된다. I_y도 위와 마찬가지 방법으로 구할 수 있으며 $I_y=I_G+\bar{x}^2A$가 된다.
한편 관성적 I_{xy}는

$$I_{xy}=\int_A xydA=\int_A (\bar{x}+x')(\bar{y}+y')dA$$
$$=\bar{x}\bar{y}\int_A dA+\bar{x}\int_A y'dA+\bar{y}\int_A x'dA+\int_A x'y'dA$$
$$=I_{x'y'}+\bar{x}\bar{y}A=\bar{I}_{xy}+\bar{x}\bar{y}A$$

가 된다. 위와 마찬가지로 위 식에서 $\int_A x'dA=\int_A y'dA=0$이다. 위 식을 정리하면 식 (3-26), (3-27), (3-28)가 된다. 따라서 식 (3-21), (3-22)가 성립하게 됨을 알 수 있다. 그림 3-15에서 $O-y$축과 평행한 G축에 대하여 도형 A가 좌우 대칭인 경우, 예를 들면 원이나 사각형, 타원 등에서는 $x_p=\bar{x}$가 되므로 x좌표를 위한 식 (3-21)을 따로 계산할 필요가 없다.

예제19

그림과 같은 단면의 I_G값과 I_x값이 서로 어떻게 다른지 알아보라.

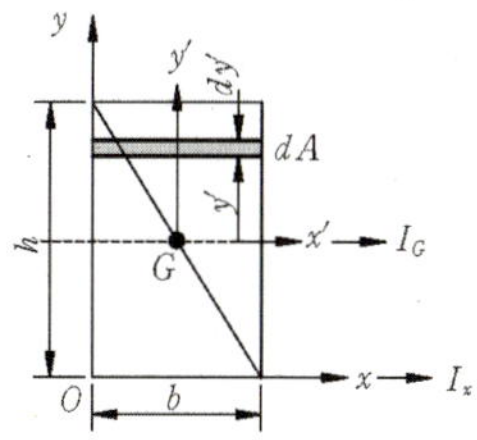

면적중심 G는 x축에서 $\frac{h}{2}$만큼 떨어진 거리에 있다.

G점을 지나는 축을 x', y'라 하면 G점을 지나는 관성모멘트 I_G는 $I_G = \int_A y'^2 dA$

그런데 $dA = bdy'$이므로

$$I_G = \int_{-\frac{h}{2}}^{\frac{h}{2}} y'^2(bdy') = b\left|\frac{1}{3}y'^3\right|_{-\frac{h}{2}}^{\frac{h}{2}} = \frac{b}{3}\left\{\left(\frac{h}{2}\right)^3 - \left(-\frac{h}{2}\right)^3\right\} = \frac{b}{3}\left(\frac{h^3}{8} + \frac{h^3}{8}\right) = \frac{b}{3}\cdot\frac{h^3}{8} = \frac{1}{12}bh^3$$

상기한 결과는 표 3-2의 값과 일치함을 알 수 있다.

또한 x축을 지나는 수평축에 관한 단면의 관성모멘트를 I_{xx}라 하면 $I_{xx} = I_x = I_G + \overline{y}^2 A$이므로

$$I_x = \frac{1}{12}bh^3 + \left(\frac{h}{2}\right)^2 \cdot bh = \left(\frac{1}{12} + \frac{1}{4}\right)bh^3 = \frac{1}{3}bh^3$$

즉 그림에서 I_x의 값은 I_G 값보다 크다.

예제20

그림과 같은 삼각형의 경우에 I_G와 I_x를 구하여라.

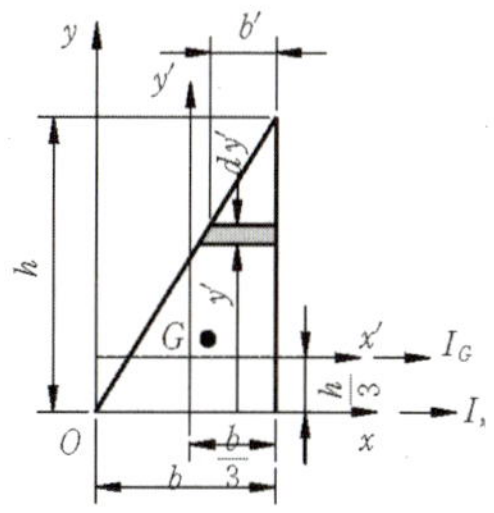

삼각형의 경우, 면적중심 G는 x축에서 $\frac{H}{3}$만큼 떨어져 있다. (표 3-2 참조)

G점을 지나는 관성모멘트 I_G는 $I_G = \int_A y'^2 dA$

그림에서 $dA = b'dy'$이고 폭 b'는 y'에 따라 변하는 y'의 함수이다.

그림에서 $y' = -\frac{h}{3}$일 때 $b' = b$이고 $y' = \frac{2h}{3}$일 때 $b' = 0$이므로

두 점 $\left(-\frac{h}{3}, h\right)$, $\left(\frac{2h}{3}, 0\right)$을 지나는 직선의 방정식으로부터 $b' - 0 = \dfrac{0-b}{\frac{2h}{3} - \left(-\frac{h}{3}\right)}\left(y' - \frac{2h}{3}\right)$

$\therefore\ b' = -\frac{b}{h}\left(y' - \frac{2h}{3}\right)$로 표시되므로 $dA = -\frac{b}{h}\left(y' - \frac{2h}{3}\right)dy'$

따라서 G점을 지나는 관성모멘트는

$$I_G=\int_A y'^2 dA=\int_{-\frac{h}{3}}^{\frac{2h}{3}} y'^2\left(-\frac{b}{h}\right)\left(y'-\frac{2h}{3}\right)dy'=\int_{-\frac{h}{3}}^{\frac{2h}{3}}\left(-\frac{b}{h}\right)\left(y'^3-\frac{2h}{3}y'^2\right)dy'$$

$$=\left(-\frac{b}{h}\right)\left|\frac{1}{4}y'^4-\frac{2h}{9}y'^3\right|_{-\frac{h}{3}}^{\frac{2h}{3}}=\left(-\frac{b}{h}\right)\left\{\frac{1}{4}\frac{16h^4}{81}-\frac{2h}{9}\frac{8h^3}{27}-\left(\frac{1}{4}\frac{h^4}{81}+\frac{2h}{9}\frac{h^3}{27}\right)\right\}$$

$$=\left(-\frac{b}{h}\right)\left(\frac{15h^4}{324}-\frac{18h^4}{243}\right)=-\frac{b}{h}\frac{(45-72)h^2}{972}=\frac{bh^3}{36}$$

위의 결과는 표 3-2와 일치함을 알 수 있다. 한편 x축을 지나는 수평축에 대한 삼각형의 관성모멘트 I_x는

$$I_x=I_G+\bar{y}^2A=\frac{bh^2}{36}+\left(\frac{h}{3}\right)^2\frac{bh^3}{2}=\frac{bh^3}{12}$$

예제21

3m×2m의 면적을 가지고 G점이 x축에서 2m 떨어져 있는 그림과 같은 단면의 x축에 관한 관성 모멘트 I_x를 구하여라.

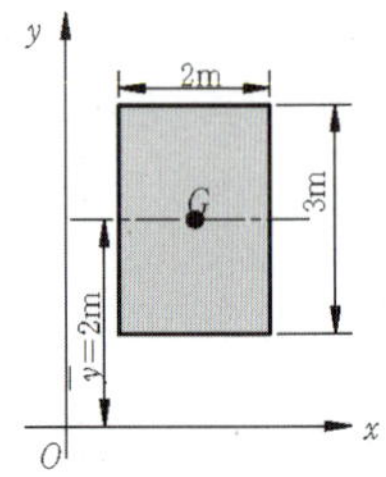

G점을 지나는 관성모멘트는 $I_G=\frac{1}{2}bh^2=\frac{1}{12}\times2\times3^3=4.5\text{m}^4$

$\bar{y}=2\text{m}$ 이므로 x축에 대한 단면의 관성모멘트 I_x는 $I_x=I_G+\bar{y}^2A=4.5+2^2\times(3\times2)=28.5\text{m}^4$

예제22

예제21의 단면을 옆으로 놓고 G점이 x축에서 위 문제와 같은 거리만큼 떨어져 있을 때 x축에 관한 관성모멘트 I_x를 구하여라.

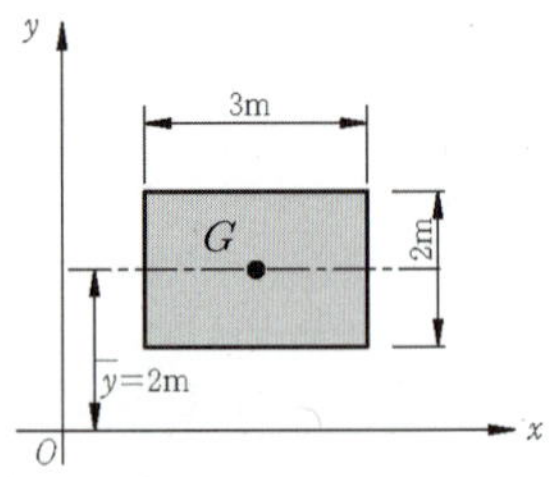

$I_G=\frac{1}{12}bh^2=\frac{1}{12}\times3\times2^3=2\text{m}^4$

$\therefore\ I_x=I_G+\bar{y}^2A=2+2^2\times6=26\text{m}^4$

따라서 같은 단면이고 기준축에서 같은 거리만큼 떨어져 있다 하더라도 놓인 상태에 따라 관성모멘트의 값이 다르다는 것을 알 수 있다.

예제23

그림과 같이 수직으로 놓인 수문이 O축 둘레로 회전하도록 되어 있다. 수문의 폭이 2m 일 때 수문을 고정하기 위한 O축 둘레의 모멘트는 얼마인가?

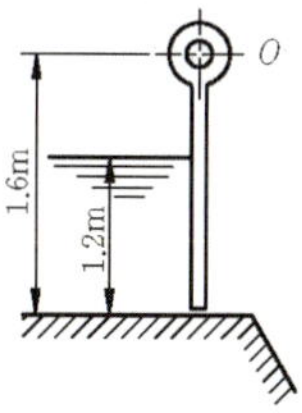

전압력의 크기 $F = 9.8 \times 10^3 \times 0.6 \times (1.2 \times 2) = 14112\text{N}$

수면으로부터 작용점까지의 거리 y_p는 $y_p = \bar{y} + \dfrac{I_G}{\bar{y}A} = 0.6 + \dfrac{2 \times 1.2^3}{12 \times 0.6 \times 1.2 \times 2} = 0.6 + 0.2 = 0.8[\text{m}]$

전압력에 의한 O축 주위의 모멘트 $M = 14112(1.6 - 1.2 + 0.8) = 16934.4\text{N} \cdot \text{m}$

예제24

그림과 같이 30도로 경사진 0.5×3m 수문평판 AB가 있다. A점에서 힌지(hinge)로 연결되어 있을 때 B에서 이 수문을 열기 위한 힘 F_B는 몇 N인가?

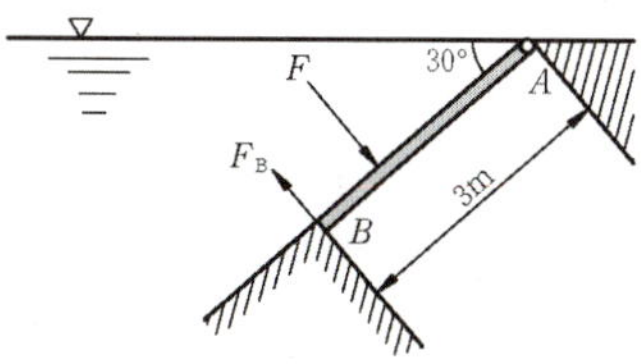

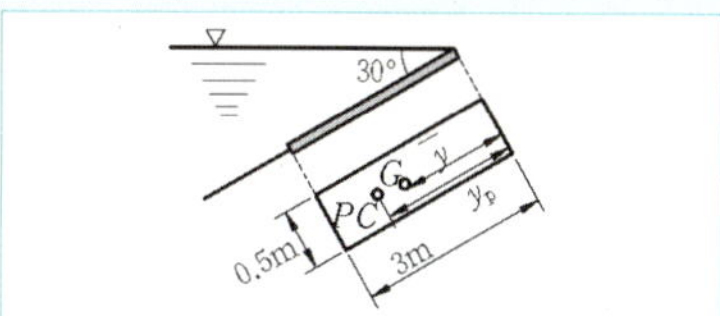

수문 AB가 받는 전압력 $F = \gamma \bar{h} A$

그런데 면적중심까지의 수심 $\bar{h} = \bar{y}\sin\alpha = 1.5\sin 30°$이므로

$F = \gamma \bar{h} A = \gamma(\bar{y}\sin\alpha)A = 9800 \times 1.5 \times \sin 30° \times (0.5 \times 3) = 11025\text{N}$

그림에서 $\bar{y} = 1.5\text{m}$이고 힘의 작용점인 압력중심까지의 y좌표, y_p는 $y_p = \dfrac{I_G}{\bar{y}A} + \bar{y} = \dfrac{\frac{0.5 \times 3^3}{12}}{1.5 \times (0.5 \times 3)} + 1.5 = 2\text{m}$

점 A에 관한 모멘트의 합은 0이므로 $\Sigma M = 0$; $F_B \times 3 - F \times 2 = 0$

따라서 $F_B = \dfrac{2}{3} \times F = \dfrac{2}{3} \times 11025 = 7350\text{N}$

예제25

그림과 같은 수문이 저절로 열리는 데 필요한 수심 H는 몇 m인가? (단, 수문의 폭은 2m)

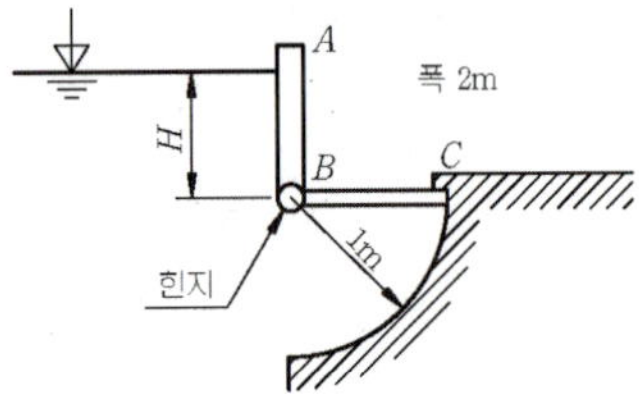

AB면에 작용하는 힘, F_{AB}는 $F_{AB}=\gamma\bar{h}A=1000\times(H/2)\times(H\times 2)=1000H^2[\mathrm{kgf}]$

BC면에 작용하는 힘, F_{BC}는 $F_{BC}=pA=(1000H)\times(1\times 2)=2000H[\mathrm{kgf}]$

힌지 B에 관한 모멘트 $M=0$이 되어야 하므로

$F_{AB}=\frac{1}{3}H-F_{BC}\times\frac{1}{2}=\frac{1000}{3}H^3-2000H\times\frac{1}{2}=0$

여기서 H를 구하면 $H=1.732[\mathrm{m}]$

4 곡면의 경우

유체 속의 곡면의 한쪽이 받고 있는 전압력의 크기는 수평분력과 수직분력으로 표시하는 것이 편리하다. 수평성분과 수직성분을 알면 전체 힘의 크기와 방향을 알 수 있다. 힘은 벡터이므로 그림 1-9와 같이 힘의 수직성분, F_V와 수평성분, F_H를 알면 합력은 아래와 같이 구한다.

$$F_H=F\cos\theta \rightarrow \cos\theta=\frac{F_H}{F} \rightarrow \theta=\cos^{-1}\frac{F_H}{F}$$

$$F_V=F\sin\theta \rightarrow \sin\theta=\frac{F_V}{F} \rightarrow \theta=\sin^{-1}\frac{F_V}{F}$$

$$\tan\theta=\frac{F_V}{F_H} \rightarrow \theta=\tan^{-1}\frac{F_V}{F_H}$$

$$F=\sqrt{F_H^2+F_V^2} \rightarrow F_H^2+F_V^2=F^2$$

그림 3-19(a)와 같이 물 속에 잠겨 있는 곡면 $A-B$에 작용하는 전압력을 생각해 보자.
유체가 곡면으로부터 받는 힘은 곡면이 유체로부터 받는 힘과 크기는 같고 방향은 반대이며 곡면을 받쳐주어야 하는 힘과 크기와 방향이 같다. 따라서 그림 3-19에 의하면

F_H', F_V'는 곡면이 유체에 작용하는 힘(곡면을 받쳐주어야 하는 힘)

F_H, F_V는 유체가 곡면에 작용하는 힘

이 된다. 또한 그림 3-19(a)의 자유물체도에서 힘의 평형조건을 적용하면

수평분력 : $F_H = F_{BC}$ (3-29)

수직분력 : $F_V = F_{AC} + W_{ABC}$ (3-30)

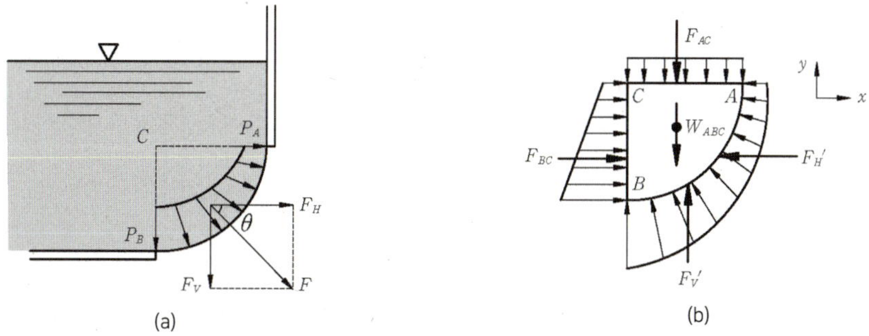

그림 3-19

여기서 W_{ABC}는 곡면의 상부에 있는 유체의 자중이다. 즉 곡면이 받는 수평분력은 곡면의 수직투명 면적에 작용하는 전압력의 크기와 같고 수직분력은 곡면의 연직상방에 있는 유체무게와 같다. 또한 수평분력의 작용점은 곡면의 수직 투영면적과 같은 평면에서의 작용점의 위치와 같고 수직분력의 작용점은 유체의 무게중심을 통과하는 수직선상에 있다.

전압력의 크기에 대한 요약

- 수직 또는 경사면에 걸리는 전압력 : $F = \gamma \bar{h} A$($\bar{h}$는 무게중심까지의 깊이)
- 곡면에 걸리는 전압력 : 수평분력은 곡면의 수직투영면적에 작용하는 전압력과 같고 수직분력은 곡면의 연직상방에 있는 유체무게와 같다.

예제26

다음 그림과 같이 물속 5m 깊이에 있는 4분원통면 AB가 받는 힘의 크기는 몇 kg_f인가? (단, 4분원통의 폭은 5m이다.)

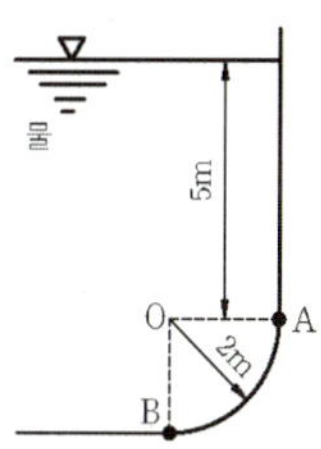

수평력은 BO면에 작용하는 전압력과 같고 연직력은 AB곡면의 수직상방에 있는 물의 무게와 같다.

① 수평분력 $F_H = \gamma \bar{h} A = 1000 \times (5+1) \times (2 \times 5) = 60000[\mathrm{kg_f}]$

② 수직분력 $F_V = \gamma V = 1000 \times \left(5 \times 2 + \dfrac{\pi \times 2^2}{4}\right) \times 5 = 65700[\mathrm{kg_f}]$

③ 합력 $F = \sqrt{F_H^2 + F_V^2} = \sqrt{(60000)^2 + (65700)^2} = 88975[\mathrm{kg_f}]$

예제27

그림과 같은 4분원통의 수문이 있다. 수문의 자중을 투시할 때 수문을 고정하기 위한 O축 주위의 모멘트는 얼마인가?

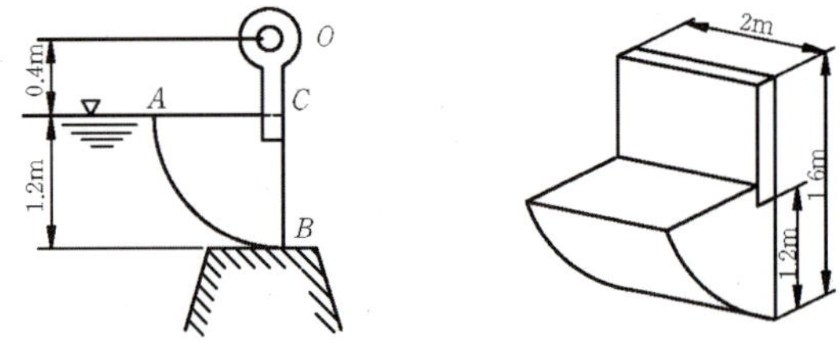

곡면 AB가 받는 전압력의 수평분력 F_H는 수직면 CB가 받는 전압력과 같으므로

$F_H = F_{CB} = \gamma \bar{h} A = 9800 \times 0.6 \times (1.2 \times 2) = 14112\text{N}$

곡면 AB가 받는 전압력의 수직분력 F_V는 곡면 AB의 연직상방에 있는 유체무게와 같으므로

$F_V = 9800 \times \dfrac{1}{4}\pi \times 1.2^2 \times 2 = 22167\text{N}$

수면으로부터 수평분력 F_H의 작용점까지의 거리 y_p는

$y_p = 0.6 + \dfrac{2 \times 1.2^3}{12 \times 0.6 \times 1.2 \times 2} = 0.8\text{m}$

수직분력 F_V의 작용선은 곡면 AB 상방의 유체 무게심을 통과할 것이므로

OB 직선과 수직분력 작용선 사이의 거리 x_p는

$x_p = \dfrac{4}{\pi\gamma^2}\displaystyle\int_0^r x\sqrt{\gamma^2 - x^2}\,dx = \dfrac{4}{\pi\gamma^2}\int_0^{\frac{\pi}{2}} \gamma^3 \cos^2\theta \sin\theta\, d\theta = \dfrac{4}{\pi\gamma^2}\left[-\dfrac{1}{3}\gamma^3\cos^3\theta\right]_0^{\frac{\pi}{2}} = \dfrac{4\gamma}{3\pi} = \dfrac{4 \times 1.2}{3\pi} = 0.509\text{m}$

수평과 수직분력의 0축 둘레의 모멘트 M은

$M = F_H(y_p + 0.4) - F_V \times x_p = 14112(0.8 + 0.4) - 22167 \times 0.509 = 5651.35\text{N} \cdot \text{m}$

3-6 : 부력(buoyant force)

부력(buoyant force, 浮力)이란 유체 속에 잠긴 물체가 아래로부터 위로 받는 힘을 말한다. 이러한 부력은 유체의 무게에 의한 압력, 즉 유체의 정압 때문에 생기는 현상이다. 물체가 유체 속에 잠겨 있거나 떠 있을 때 유체로부터 받는 전압력을 부력이라 한다. 부력의 크기는 물체가 배제한 유체의 무게와 같고 부력의 방향은 부심을 통과하는 연직방향이다. 이것을 아르키메데스의 원리라고 한다.

아르키메데스의 원리

물체가 유체 속에 잠길 때는 그 물체가 잠긴 부피와 같은 유체의 무게만한 부력을 받는다.

부력의 크기는 물체의 부피만큼의 유체의 무게와 같으며 항상 연직방향으로 밑에서 위로 작용한다. 부력의 크기를 F_B라 하면

$$F_B = \gamma_{유체} V_{물체} \tag{3-31}$$

여기서 $\gamma_{유체}$는 유체의 비중량이고 $V_{물체}$는 물체가 잠긴 부분의 부피이다. 따라서 어떤 물체가 자유표면을 갖는 액체 위에 떠 있는 경우에는 중력이 밑으로 작용하므로 물체가 받는 부력은 그 물체의 무게와 같은 크기를 가진다. 부력의 크기를 계산하기 위해 그림 3-21과 같이 직각좌표계를 이용한 유체 속의 물체를 생각해 보면

$$F_B = p_2A - p_1A = \rho g(h+H)A - \rho ghA = \rho gHA = \rho gV \tag{3-32}$$

$$\therefore\ F_B = \gamma \cdot V$$

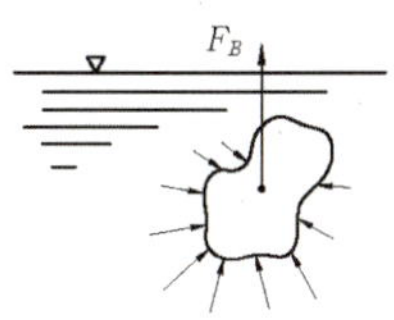

그림 3-20

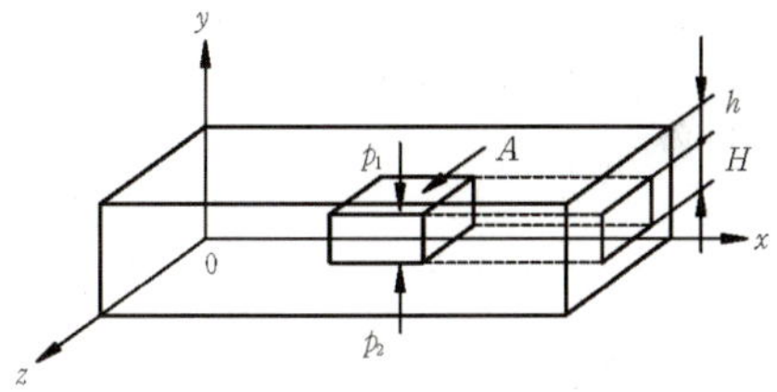

그림 3-21

따라서 위 식 (3-31)과 같은 결과를 가져온다. 상기 식에서 직육면체의 측면 부분에 걸리는 압력은 서로 상쇄된다. 일반적인 3차원 물체에 대해서는 전체 표면적에 걸리는 압력을 적분하여 수학적으로 계산하면 상기와 같은 결과가 나온다. 유체 속에 있는 물체는 부력의 크기만큼 가벼워진다. 공기 속에 살고 있는 우리는 부력을 받고 있으나 그 크기가 너무 작기 때문에 무시하고 있는 것이다. 그러나 액체는 기체보다 무겁기 때문에 부력의 크기를 무시할 수 없다. 부력이 실생활에 적용되는 경우는 액체 위에 떠 있거나 잠겨 있는 물체를 해석하고자 할 때이다.

예제28

공기 중에서 900N인 돌이 물에 잠겨 있다. 물에서의 무게가 400N이면 이 돌의 체적과 비중은 얼마인가?

공기의 자중은 무시하고, 물속에서의 돌의 자유물체도를 그림과 같이 생각하면

F_B : 부력

$W_{물}$: 물에서의 돌무게 $= 400\text{N}$

$W_{공기}$: 공기 중에서의 돌무게 $= 900\text{N}$

힘의 평형식에서 $W_{공기} = W_{물} + F_B$

$\therefore$ 부력, $F_B = 900 - 400 = 500\text{N}$

돌의 체적을 구하기 위하여 부력은 돌이 배제한 물의 무게와 같으므로

돌의 체적 V는 $F_B = \gamma_{물} V_{돌}$이므로

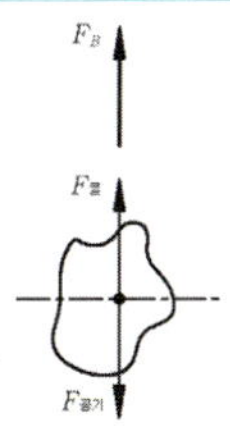

자유물체도

$500 = 9800 \times V_{돌} \rightarrow V_{돌} = 0.051\text{m}^3$

돌의 비중은 돌의 비중 s는 같은 체적의 물무게에 대한

돌무게의 비이므로 $s = \dfrac{\gamma_{돌}}{\gamma_{물}}$이다.

그런데 $\gamma_{물} = \dfrac{W_{공기}}{V_{돌}} = \dfrac{900}{0.051} = 17640$

$\therefore\ s = \dfrac{17640}{9800} = 1.8$

예제29

수은면에 쇳덩어리가 떠 있다. 이 쇳덩어리가 안보일 때까지 물을 부었을 때 쇳덩어리의 수은 속에 있는 부분과 물속에 있는 부분의 부피의 비는 얼마인가? (단, 쇠의 비중은 7.8, 수은의 비중은 13.6이다.)

쇳덩어리의 물속과 수은 속에서의 부피를 V_1, V_2라 하면

쇠의 무게=물에 의한 부력+수은에 의한 부력이므로 $7.8(V_1 + V_2) = V_1 + 13.6\,V_2 \rightarrow 6.8\,V_1 = 5.8\,V_2$

$\dfrac{V_2}{V_1} = \dfrac{6.8}{5.8} = 1.172$

3-7 : 부체의 안정

액체 속에 떠 있는 물체를 부체(floating body, 浮體)라 한다. 부력의 작용점, 즉 액체의 전압력의 작용점을 부력중심 또는 부심(center of buoyancy, 浮心)이라 한다. 부력은 부심에 작용하며 부심은 물에 잠긴 부분의 유체중심점이다. 부체의 안정성은 부심과 물체의 무게중심과의 상대적 위치에 따라 달라진다. 아래 그림과 같이 공기 중의 기구나 바닷물 속의 잠수함처럼 물체가 유체 속에 잠겨 있는 경우는 무게심이 부심보다 항상 아래에 위치한다. 물체의 중력은 항상 무게중심점(무게심)에 작용한다. 어떤 부체이든지

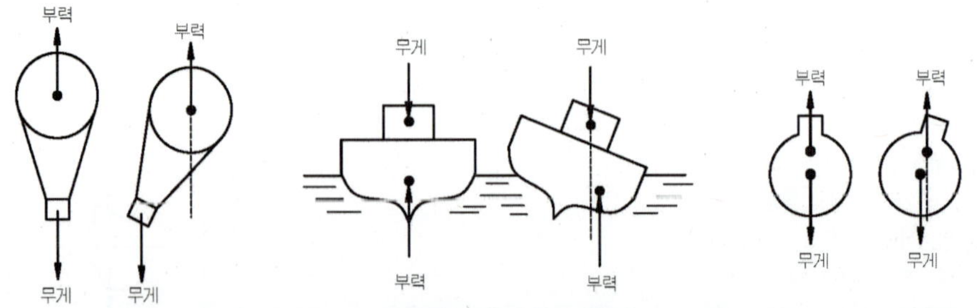

그림 3-22

무게심이 부심보다 아래에 있으면 항상 안정하다. 그러나 자유표면을 가진 유체 위에 떠 있는 선박의 경우에는 무게심이 부심보다 위에 있으므로 이런 경우의 안정성과 불안정성을 생각해 볼 필요가 있다. 무게심이 부심보다 위에 있으면 아래와 같이 메타센터의 위치에 따라 다르다.

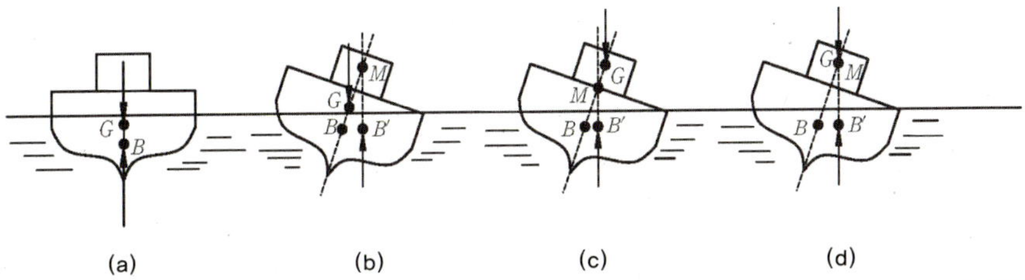

그림 3-23 부체의 안정성

부체가 안정을 이루게 되려면 그림 3-23과 같이 무게중심, G와 액체의 부력중심, B는 같은 직선 위에 있고 부력의 크기와 부체의 무게는 서로 같아야 한다. 배가 기울어지지 않았을때 배의 무게심을 지나는 연직선을 중립선이라 한다. 무게중심의 위치는 그 물체의 고유한 점으로 고정되어 있다. 그러나 부력의 중심은 부체가 움직이면서 그 위치가 변한다. 그림 3-23(a)는 배가 기울어지지 않고 그냥 떠 있는 상태이다. 그림 3-23(a)에서는 부력의 중심이 B점이지만 배가 기울어진 그림 3-23(b)에서는 부력의 중심이 B'점으로 이동하게 된다. 왜냐하면 부력의 중심점은 물에 잠긴 부분의 부피중심점이기 때문이다. 물에 잠긴 부분의 모양이 달라지기 때문에 부심의 위치가 바뀌는 것이다. 그림 3-23(b)와 같이 중립선과 부력의 작용선과의 교점, M을 메타센터(metacenter) 또는 경심(傾心)이라 한다.

그림 3-23(b)의 경우는 B'에 작용하는 부력과 G에 작용하는 중력이 하나의 짝힘이 되어 처음의 상태로 되돌아가려고 하므로 안정한 놓임이 된다. 이때는 메타센터 M이 무게심 G보다 위에 있게 된다. 즉 무게심이 부심보다 위에 있는 경우는 메타센터가 무게심보다 위에 있으면 안정하다. 그러나 그림 3-23(c)와 같이 메타센터가 무게중심의 아래에 있게 되면 중력과 부력의 짝힘으로 인해 배가 점점 기울어지므로 불안정한 놓임이 된다. 그림 3-23(d)와 같이 메타센터가 무게심과 일치하면 중립의 놓임이 된다.

따라서 배에서는 무게심, G의 위치를 될 수 있는 한 아래쪽으로 하여 그림 3-23(a)와 같이 안정한 상태가 되도록 한다. 부심 B, 무게심 G, 메타센터 M의 위치에 따른 부체의 안정성을 그림으로 보면 다음과 같다.

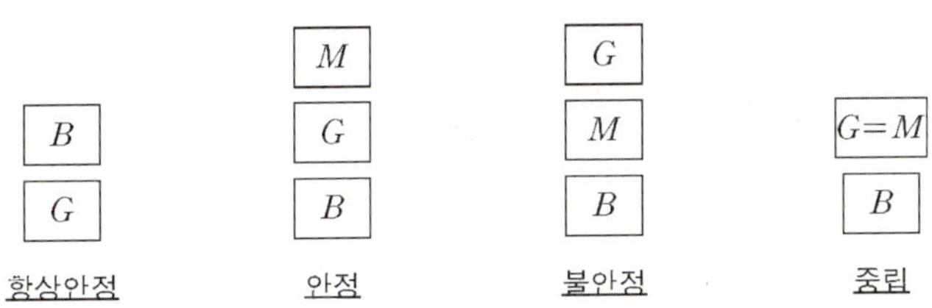

3-8 : 등가속도운동을 하는 유체

뉴턴의 운동 제2법칙은

$$\vec{F} = m \cdot \vec{a}$$

힘[N]=질량[kg]×가속도[m/s²]

그림 3-24

달랑베르의 원리(D'Alembert's principle)는 "가속도를 가지고 운동하고 있는 물체는 그 가속도의 크기에 상당하는 힘으로 표현될 수 있으며 물체가 받고 있는 다른 힘과 함께 평형을 이루어야 한다."로 표현될 수 있다. 그림과 같이 어떤 물체가 일정한 가속도를 가지고 운동하고 있을 때 달랑베르의 원리에 의하여 가속도의 크기는 이에 상당하는 힘으로 표현될 수 있으므로 그림과 같은 자유물체도에 힘의 평형법칙을 적용할 수 있다. 즉 $\Sigma \vec{F} = 0$에서

$$\vec{F} - m\vec{a} = 0 \tag{3-33}$$

용기와 함께 등가속도로 직선운동을 하거나 등속원운동을 하고 있는 유체는 모두 등가속도운동을 하고 있는 경우로써 유체층 사이 또는 유체와 경계면 사이에 상대운동이 없으므로 유체정역학의 원리가 적용된다. 등속원운동이란 후에 나오겠지만 물체의 속도는 일정하나 원운동을 하면서 원주속도의 방향이 변하기 때문에 등가속도운동을 하는 것을 말한다. 유체층 사이에 상대운동이 없다면 점성과 마찰은 고려되지 않으며 이런 운동을 하고 있는 유체를 상대적 평형(relative equilibrium, 相對的平衡) 상태에 있다고 말한다. 이러한 경우 유체요소가 받고 있는 압력에 의한 힘과 등가속도운동을 달랑베르의 원리에 의하여 힘으로 바꿔서 생각할 수 있으므로 액체의 자유표면의 모양을 구할 수 있게 된다.

1 등가속도 직선운동

그림 3-25와 같이 대기 중에 열린 용기 속에 있는 액체가 가속도 $\vec{a}$로 움직일 때 액체의 표면은 수평면과 각 θ만큼 경사를 이룬 상태에서 상대적 평형을 이루게 된다. 용기가 임의 방향으로 가속도 $\vec{a}$를 받고 있는 경우를 생각해 보자.

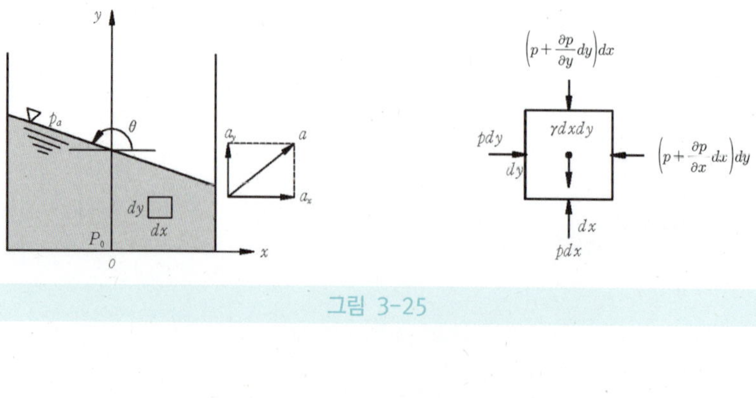

그림 3-25

$$\vec{a}=\vec{a}_x+\vec{a}_y=a_x\vec{i}+a_y\vec{j}$$

여기서 $\vec{i}$, $\vec{j}$는 각각 x, y 방향의 크기가 1인 단위 벡터이다. 이때 그림과 같이 단위 깊이당 미소요소 $dxdy$에 대하여 뉴턴의 운동방정식을 적용하여 보자. 식 (3- 33)의 벡터식을 스칼라양으로 계산하려면 x, y 방향으로 각각 나누어서 생각해야 한다.

x 방향 : $\sum F_x = m \cdot a_x$에서

$$pdy-\left(p+\frac{\partial p}{\partial x}dx\right)dy=\frac{\gamma dxdy}{g}\cdot a_x$$

$$\therefore \ \frac{\partial p}{\partial x}=-\gamma\left(\frac{a_x}{g}\right)$$

y 방향 : $\sum F_y = m \cdot a_y$에서

$$pdx-\left(p+\frac{\partial p}{\partial y}dy\right)dx-\gamma dxdy=\frac{\gamma dxdy}{g}\cdot a_y$$

$$\therefore \ \frac{\partial p}{\partial x}=-\gamma\left(\frac{a_y}{g}\right)$$

액체 내의 압력은 x와 y의 함수, 즉 $p(x,\ y)$이므로 압력의 총변화 dp는 다음과 같이 표시된다.

$$dp=\frac{\partial p}{\partial x}dx+\frac{\partial p}{\partial y}dy=-\gamma\frac{a_x}{g}dx-\gamma\left(1+\frac{a_y}{g}\right)dy$$

상기 식을 적분하면(γ=일정)

$$p=-\gamma\frac{a_x}{g}x-\gamma\left(1+\frac{a_y}{g}\right)y+c$$

여기서 c는 적분상수이다. c를 구하기 위하여 경계조건인 $x=0$, $y=0$ 일 때 $p=p_0$를 대입하면 $c=p_0$가 되므로 상기 식은

$$p=p_0-\gamma\frac{a_x}{g}x-\gamma\left(1+\frac{a_y}{g}\right)y \tag{3-34}$$

여기서 p_0는 원점에서의 압력을 말한다. 위 식은 용기 속의 액체가 가속도 $\vec{a}$로 운동할 때 유체 내부에 있는 각 점에 대한 압력분포식이다. 압력은 액체 내부의 각 점에서 서로 크기가 다르다. 자유표면에서는 대기압이 작용하고 있으므로 $p=p_a$(대기압)일 때이다. 이것을 상기 식에 대입하면

$$p_a=p_0-\gamma\frac{a_x}{g}x-\gamma\left(1+\frac{a_y}{g}\right)y$$

양변을 γ로 나누고 y에 대해서 정리하면 자유표면을 나타내는 $(x,\ y)$ 관계식은

$$y = -\frac{a_x}{a_y + g}x - \frac{p_o - p_a}{\gamma(1 + a_y/g)} \tag{3-35}$$

따라서 자유표면의 형상은 위 식이 x에 대한 y의 일차식이므로 그림과 같이 경사된 직선의 모양을 갖게 된다. 상기 식에서 직선의 기울기는 $-a_x/(a_y+g)$이다. 기울기는 그림에서 $\tan\theta$로 나타내어지므로

$$\tan\theta = -\frac{a_x}{a_y + g} \tag{3-36}$$

만일 용기가 수평방향으로만 가속도를 가진 운동을 하게 되면 위 식에서 $a_y = 0$이 되므로

$$\tan\theta = -\frac{a_x}{g} \tag{3-37}$$

또는

$$\tan(180° - \theta) = -\frac{a_x}{g}$$

따라서 가속도의 크기 a_x를 알면 자유표면의 경사도를 알 수 있고 반대로 경사도를 측정한다면 수평등가속도를 알 수 있게 된다. 이 원리를 이용하여 가속도계를 만들 수 있으며 상부가 개방되지 않는 밀폐된 용기에 대하여도 압력의 변화는 위와 같은 원리가 적용된다.

만일 용기가 연직방향으로만 운동하는 액체는 식 (3-36)에서 $a_x = 0$인 경우이므로 θ는 0이 되어 액체의 자유표면이나 등압면은 정지하고 있을 때와 같으나 압력의 크기는 식 (3-34)에 따라 변하게 된다. 즉 수직방향 압력변화는 중력에 의한 압력과 가속도운동에 의한 압력이 합쳐진 것만큼 변화한다. 만일 용기가 자유낙하를 하고 있다면 $a_y = -g$가 되므로 식 (3-34)에서 $p = p_0$(일정), 즉 자유낙하를 하고 있는 유체내부에서는 압력의 변화가 없게 된다.

예제30

그림과 같은 2m×2m×2m의 내부치수를 갖는 탱크에 물을 반 정도 채우고 수평 등가속도 9.8m/s^{2}으로 운동시킬때, 밑면 모퉁이 A점의 압력은 몇 N/m^{2}인가?

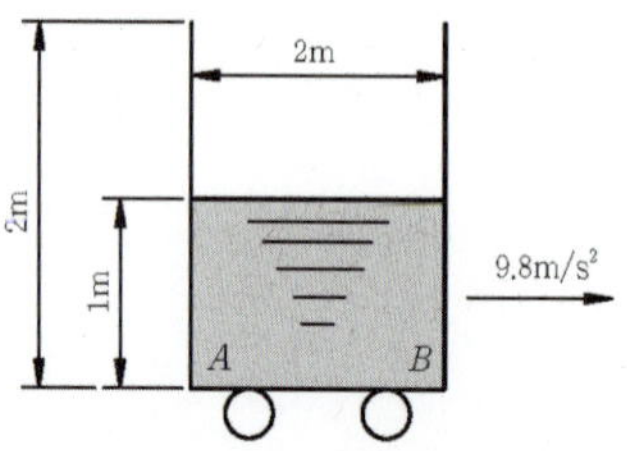

$\tan\theta = -\dfrac{a_x}{g} = -\dfrac{9.8}{9.8} = -1$

$\therefore\ \theta = \tan^{-1}(-1) = 135°$

따라서 A점의 수위는 2m, B점의 수위는 0이다.

A점의 압력은

$p = \gamma h = 9800 \times 2 = 19600\dfrac{\text{N}}{\text{m}^2} = 2000\dfrac{\text{kgf}}{\text{m}^2} = 0.21\dfrac{\text{kgf}}{\text{cm}^2}$

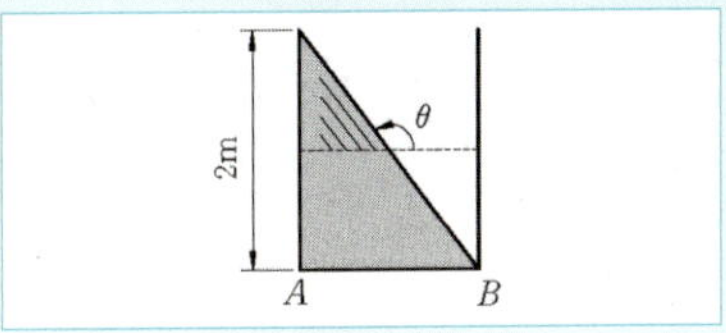

예제31

길이 10m의 파이프에 비중량(9800N/m³)인 액체를 가득 채우고 밀폐한 다음 축방향으로 등가속도 20g로 등가속도운동할 때 파이프의 양단 사이에 생기는 압력차는 몇 N/m²인가?

$\tan\theta = \dfrac{a_x}{g} = \dfrac{20g}{g} = 20$

파이프 양단에 생기는 수면의 차 : $h = 10\tan\theta = 10 \times 20 = 200\text{m}$

그러므로 $\triangle p = \gamma h = 200 \times 9800 = 1960\text{N}$

예제32

그림과 같이 30°로 기울어진 면을 따라 상부가 개방된 물통이 움직이고 있다. 수면이 경사진 면과 평행하게 유지되고 있다면 물통의 가속도 a는 얼마인가?

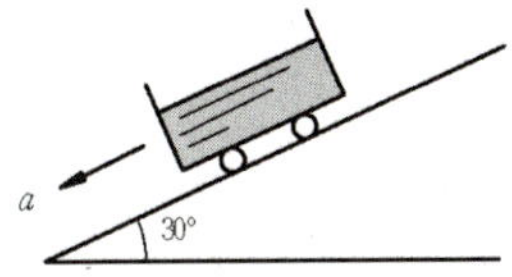

① $\tan\theta = -\dfrac{a_x}{a_y + g}$ 이므로 $0.5773 = -\dfrac{a_x}{a_y + 9.8}$

그런데 a_x와 a_y의 관계식은 기하학적 형상으로부터 아래와 같이 주어진다.

$\tan 30° = \dfrac{a_y}{a_x}$ 즉 $a_y = 0.5773a_x$

따라서 위 식 ①로부터 $0.5773 = -\dfrac{a_x}{0.5773a_x + 9.8}$

$0.3333a_x + 5.658 = -a_x \quad 1.3333a_x = -5.658$

$\therefore\ a_x = -4.244$ 또한 $a_y = -2.45$

따라서 $a = \sqrt{4.244^2 + 2.45^2} = 4.9\left[\dfrac{\text{N}}{\text{m}^2}\right]$

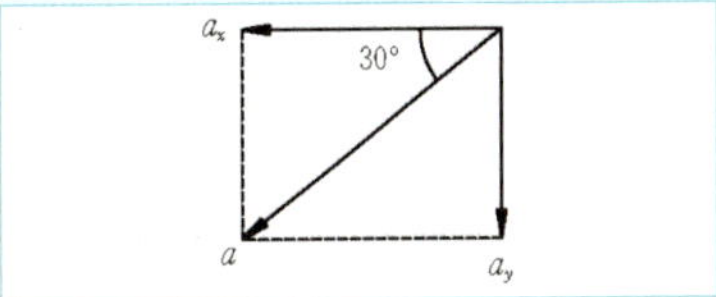

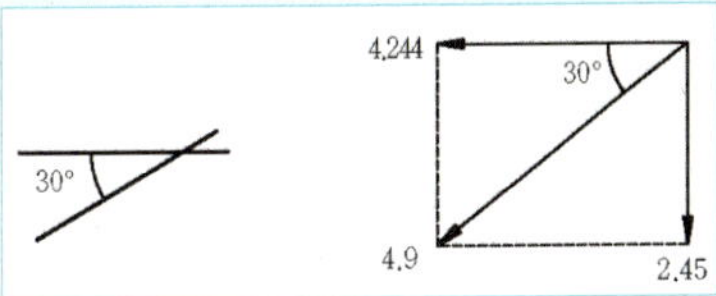

2 등속원운동

그림 3-26과 같이 등속원운동을 하는 물체는 속도의 크기는 일정하나 방향이 변하므로 가속도를 가지게 되며 그 크기는 $\gamma\omega^2$이다. 그 이유를 설명하면 물체가 일정한 각속도 ω[rad/s]로 중심 O, 반지름 γ인 원주상을 움직이고 있을 때 극히 짧은 시간 Δt 사이에 속도가 $\vec{V}$에서 $\vec{V}'$로 변하였다면 속도의 변화는 $(\vec{V}' - \vec{V})$이다. 임의의 한 점 A로 속도 $\vec{V}$와 $\vec{V}'$를 옮기면 그림과 같이 속도변화가 생기며 Δt 사이에 변화한 속도는 $(\vec{V}' - \vec{V})$이다. 각 $\angle QAQ' = pOp'$이므로 $\angle QAQ' = \omega \cdot \Delta t$이다.

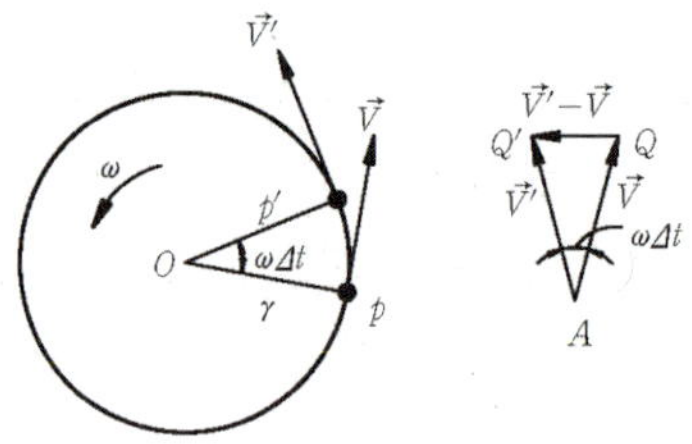

그림 3-26

시간 Δt가 극히 짧을 때 $\angle QAQ'$도 극히 작으므로 선분의 크기 $QQ' = V \cdot \omega \cdot \Delta t$로 볼 수 있다. 그러면 가속도 $\vec{a}$는

$$\vec{a} = \frac{\overrightarrow{QQ'}}{\Delta t}$$

$$\therefore\ a = \frac{V \cdot \omega \cdot \Delta t}{\Delta t} = V \cdot \omega$$

한편 원운동에서 속도 $V = r \cdot \omega$이므로(1-8절 참조) 가속도 a는

$$a = r \cdot \omega^2 \tag{3-38}$$

이 된다. $\angle QAQ'$가 극히 작을 때는 $\overrightarrow{QQ'}$는 $\vec{V}$에 수직이다. 따라서 $\vec{a}$의 방향은 $\vec{V}$의 방향에 수직이며 가속도인 $\overrightarrow{QQ'}/\Delta t$의 방향은 언제나 O점을 향한다. 그러므로 원운동에서 가속도의 방향은 항상 원의 중심이다.

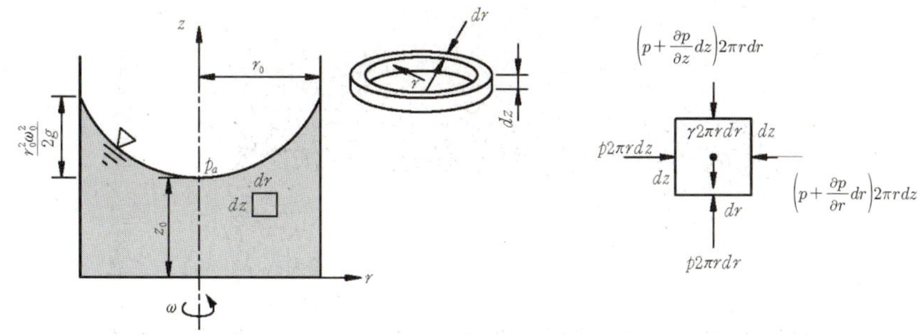

그림 3-27

그림 3-27과 같이 대기 중에 열린 용기 속에 있는 액체를 중심축 z를 중심으로 등가속도 ω[rad/s]로 회전하고 있다. 그러면 자유표면은 포물선 모양의 형상을 가질 것이다. 그림과 같은 환형으로 된 미소요소 $2\pi rdrdz$ 대하여 뉴턴의 운동법칙을 적용하면 식 (3-33)으로부터 반경방향과 수직방향 각각에 대해서

- 반경방향 : $\Sigma F_r = m \cdot a_r$

$$p2\pi rdz - \left(p + \frac{\partial p}{\partial r}dr\right)2\pi rdz = \frac{\gamma 2\pi rdrdz}{g} \cdot (-r\omega)^2$$

여기서 가속도 $a_r = -r\omega^2$이다. 위 식을 정리하면

$$\frac{\partial p}{\partial r} = \rho r\omega^2 \quad (3\text{-}39)$$

- 수직방향 : $\Sigma F_z = 0$

$$p2\pi rdr - \left(p + \frac{\partial p}{\partial z}dz\right)2\pi rdr - \gamma 2\pi rdrdz = 0$$

$$\therefore \frac{\partial p}{\partial z} = -\rho g \quad (3\text{-}40)$$

압력은 r와 z의 함수, 즉 $p = p(r, z)$이므로 압력변화를 전미분으로 표시하면

$$dp = \frac{\partial p}{\partial r}dr + \frac{\partial p}{\partial z}dz$$

식 (3-39)와 (3-40)을 대입하면

$$dp = \rho r\omega^2 dr - \gamma dz$$

위 식을 적분하면

$$p = \frac{\rho r^2\omega^2}{2} - \gamma z + c$$

여기서 c는 적분상수이다. c값을 구하기 위해서 경계조건인 $r=0$, $z=z_0$에서 $p=p_a$(대기압)를 대입하면

$$p-p_a=-\gamma(z-z_0)+\frac{\rho r^2\omega^2}{2} \tag{3-41}$$

여기서 p_a는 자유표면이 받고 있는 대기압이다. 상기 식은 그림과 같이 원운동하고 있는 용기 속의 유체 내부에 있는 각 점에 대한 압력분포식이다. 따라서 수평방향의 압력변화는 회전축으로부터의 거리 r의 제곱에 비례하고 수직방향의 압력변화는 자유표면으로부터의 깊이에 비례함을 알 수 있다.
자유표면에서는 대기압이 작용하므로 $p=p_a$가 된다. 자유표면의 형상을 알기 위하여 식 (3-41)에 $p=p_a$를 대입하면 $\gamma=\rho g$이므로

$$z-z_0=\frac{r^2\omega^2}{2g} \tag{3- 42}$$

이 된다. 이것은 자유표면에 대한 z와 r의 관계식이며 z가 r에 대한 2차식으로 나타나므로 자유표면의 모양이 회전포물면임을 알 수 있다.
위 식에서 $r=0$일 때 $z=z_0$이므로 그림과 같이 중심축에서의 높이는 z_0이다. 그리고 최대상승높이, $z_{\max}$은 용기 벽면에서 일어나므로 $r=r_0$를 대입하면

$$z_{\max}-z_0=\frac{r_0^2\omega^2}{2g} \tag{3-43}$$

즉 최대상승높이는 그림과 같이 최저점에서 $\gamma_0^2\omega^2/2g$만큼 높아지게 된다.

예제33

반지름 50cm인 원통 속에 물을 담아 60rpm으로 회전시킬 때 수면의 상승높이는?

$$\omega=\frac{2\pi N}{60}=20\pi \mathrm{rad/sec}$$

$$h=\frac{r_0^2\omega^2}{2g}=\frac{0.5^2\times(2\pi)^2}{2\times 9.8}=0.5\mathrm{m}$$

유체정역학 / 기본문제

01

물통 속의 물이 깊이 4m로 담겨져 있고 그 위에 비중 0.85인 기름이 2m 높이로 채워져 있다. 기름의 자유표면은 대기 중으로 열려 있을 때 물통 밑바닥에서의 압력은 얼마인가?

풀이

$p = \rho g h = \gamma h$

물의 비중량 $\gamma_w = 9800\mathrm{N/m^2}$이고

기름의 비중량 $\gamma_{\mathrm{oil}} = 0.85 \times 9800 = 8330$이므로

$p = 9800 \times 4 + 0.85 \times 9800 \times 2 = 55860 \dfrac{\mathrm{N}}{\mathrm{m}^2}$

02

그림과 같이 액주계의 높이차가 0.3m일 때 공기의 압력 p_a는 얼마인가?

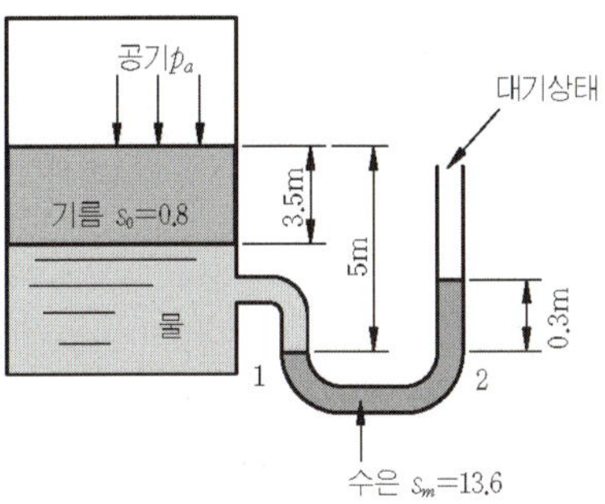

풀이

$1\mathrm{kgf/cm^2} = 9.8 \times 10000 = 98000 \dfrac{\mathrm{N}}{\mathrm{m}^2}$

물의 $\gamma = 1000 \dfrac{\mathrm{kg_f}}{\mathrm{m}^2} = 9800 \dfrac{\mathrm{N}}{\mathrm{m}^2}$

그런데 $p = \gamma h$이고 $p_1 = p_2$이고

$p_1 = p_a + 0.8 \times 9800 \times 3.5 + 9800 \times 1.5$

$p_2 = 13.6 + 9800 + 0.3$이므로

$p_a = -2156 \dfrac{\mathrm{N}}{\mathrm{m}^2}$ 또는 $p_a = -0.0222 \dfrac{\mathrm{kg_f}}{\mathrm{cm}^2}$

즉 $0.022\mathrm{kg_f/cm^2}$ 진공압력

또는 $\dfrac{1.033 - 0.022 = 1.0111\mathrm{kg_f}}{cm^2} \cdot \mathrm{(a)}$

03

그림과 같은 경사미압계에서 압력계의 눈금이 0.07 $\mathrm{kg_f/cm^2}$이었다면 길이 l은 얼마인가?

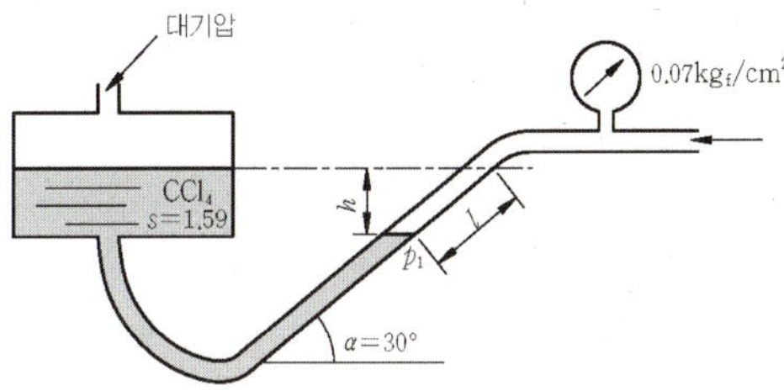

풀이

$p_1 = \gamma h$에서 $p_1 = \gamma l \sin\alpha$이므로

$0.07 \times 9.8 \times 10^4 = 1.59 \times 9800 \times l \times \sin 30° \left[\dfrac{\mathrm{N}}{\mathrm{m}^2}\right]$

(왼쪽항의 단위 : $\left[\dfrac{\mathrm{kg_f}}{\mathrm{cm}^2}\right]\left[\dfrac{\mathrm{N}}{\mathrm{kg_f}}\right]\left[\dfrac{\mathrm{cm}^2}{\mathrm{m}^2}\right] \rightarrow \dfrac{\mathrm{N}}{\mathrm{m}^2}$)

$\therefore\ l = 0.081\mathrm{m}$

04

물이 그림과 같은 관속을 흐를 때 A점과 B점의 압력차는 얼마인가?

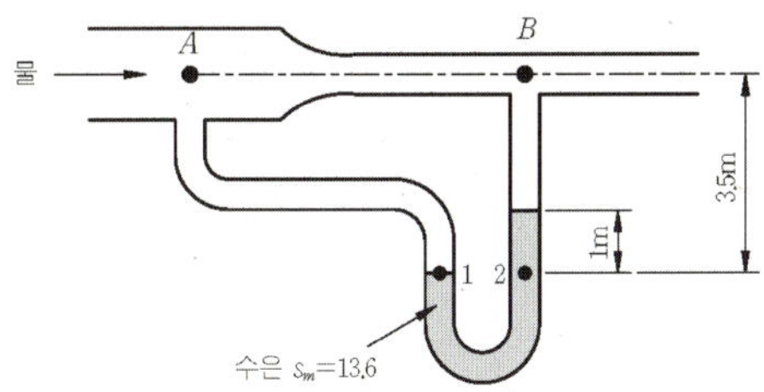

풀이

$p_1 = p_2$이고

$p_1 = 9800 \times 3.5 + p_A$

$p_2 = 9800 \times 3.5 + 13.6 \times 9800 \times 1 + p_B$이므로

$p_A - p_B = 123480\mathrm{N/m^2} = 1.26 \dfrac{\mathrm{kg_f}}{\mathrm{cm}^2}$

05

그림에서 단위폭 1m의 댐이 받는 유체정압에 의한 전압력을 구하여라. 그리고 수면에서 힘의 작용점까지의 깊이를 구하여라.

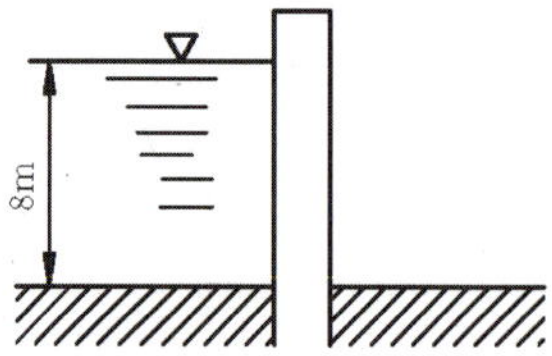

풀이

$$F=\gamma\bar{h}A=9800\times4\times8\times=313,600\frac{\text{N}}{\text{m}}$$

$$y_p=\frac{I_G}{\bar{y}A}+\bar{y}=\frac{1}{4\times8}\frac{1\times8^3}{12}+4=5.33\text{m}$$

06

국소대기압이 730mmHg이고 계기압력이 0.5kgf/cm²일 때 절대압력은 몇 N/m²인가?

$p_{\text{abs}}=730\text{mmHg}+0.5\text{kg}_\text{f}/\text{cm}^2$

단위를 통일시켜야 하므로 비례식 관계로부터

$$\begin{pmatrix}760\text{mmHg}\rightarrow1.0336\text{kgf/cm}\\730\text{mmHg}\rightarrow x\,\text{kgf/cm}^2\end{pmatrix}$$

$$x=\frac{1.0336}{760}\times730=0.9928\text{kg}_\text{f}/\text{cm}^2$$

$$\therefore\ p_{\text{abs}}=0.9928+0.5=1.4928\text{kg}_\text{f}/\text{cm}^2$$
$$=14928\text{kg}_\text{f}/\text{m}^2=146294\text{N}/\text{m}^2$$

07

그림과 같이 3가지의 유체가 채워져 있는 용기의 밑바닥에서의 압력은 몇 N/m²인가? (단, 공기의 압력 $p_{\text{air}}=10^4\text{N/m}^2$이다.)

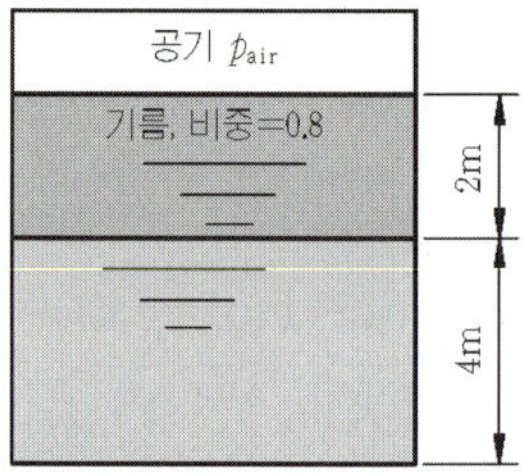

풀이

$p=\rho gh=\gamma h$

기름의 비중량은 $s=\frac{\gamma}{\gamma_w}$이므로 $0.8=\frac{\gamma}{9800}$

$\gamma=7840\frac{\text{N}}{\text{m}^2}$

$\therefore\ p=10000+7840\times2+9800\times4=64880\frac{\text{N}}{\text{m}^2}$

08

그림에서 $l_1=180\text{mm}$, $h=70\text{mm}$, $l_2=90\text{mm}$, 액체 γ_1은 물, γ_2는 벤젠(비중=0.88), γ_3는 수은(비중=13.6)이다. p_x-p_y를 계산하여라.

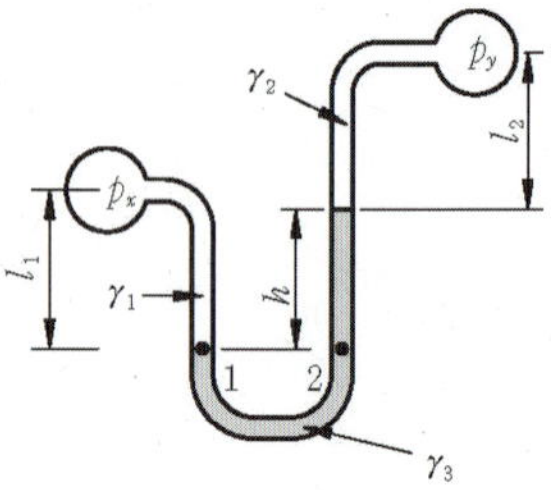

풀이

그림에서 $p_1=p_2$

$p_1=p_x+\gamma_1l_1=p_x+9800\times0.18$

$p_2=p_y+0.88\times9800\times0.09+13.6\times9800\times0.07$

$\therefore\ p_x+1764=p_y+776.2+9329.6$

$p_x-p_y=8341.8\text{Pa}=8.3418\text{kPa}$

09

어떤 물체의 공기 중에서 잰 무게는 500N이고 이것을 수중에서 잰 무게는 100N이었다. 이 물체의 체적과 비중을 구하여라. 여기서 공기의 무게는 무시하여라.

풀이

부력, $F_B = 500 - 100 = 400\text{N}$

물체의 부피 V를 구하려면 $F_B = \gamma_{유체} V_{물체}$

$400 = 9800 \times V_{물체} \rightarrow V +$ 물 체 $= 0.0408\text{m}^3$

비중 $s = \dfrac{\gamma_{물체}}{\gamma_{물}}$

그런데 $\gamma_{물체} = \dfrac{W}{V} = \dfrac{500}{0.0408} = 12250\text{N/m}^3$이므로

$s = \dfrac{12250}{9800} = 1.25$

10

그림과 같이 45°로 기운 직사각형 수문(矩形水門)의 폭은 1.5m이다. 수문(水門)의 자중을 무시하고 수문에 걸리는 전압력, F의 크기와 경사면을 따른 작용점까지의 깊이 y_p를 계산하여라.

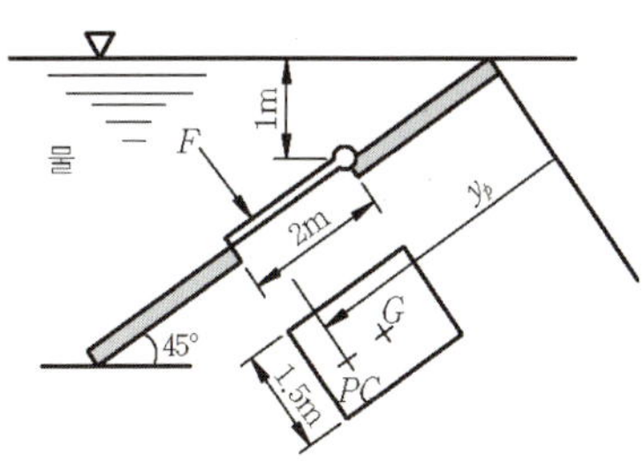

풀이

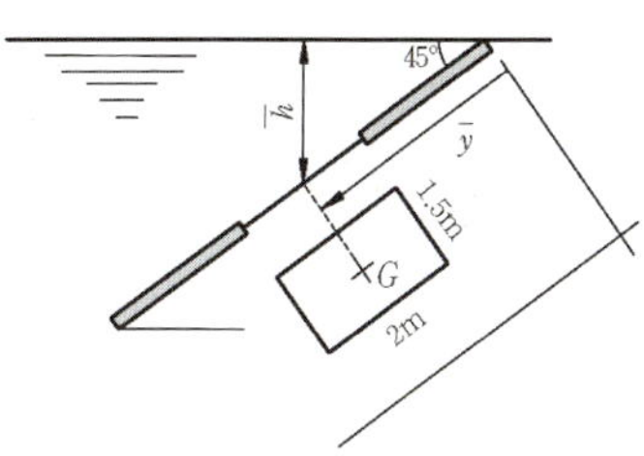

$\bar{h} = 1 + 1\sin 45° = 1 + \dfrac{1}{\sqrt{2}} = 1.707$

전압력의 크기는

$F = \gamma \bar{h} A = 9800 \times 1.707 \times (2 \times 1.5) = 50186\text{N}$

경사면을 따른 작용점까지의 깊이, y_p는 $y_p = \dfrac{I_G}{\bar{y}A} + \bar{y}$

그런데 $\bar{h} = \bar{y}\sin 45°$이므로

$\bar{y} = \dfrac{\bar{h}}{\sin 45°} = \dfrac{1.707}{0.707} = 2.414\text{m}$

$\therefore\ y_p = \dfrac{\frac{1}{12} \times 1.5 \times 2^3}{2.414 \times (1.5 \times 2)} + 2.414 = 2.552\text{m}$

11

그림에서 수직관속에는 비중이 0.9인 기름이 흐르고 있다. 지금 그림과 같이 액주계를 설치하였을 때 압력계의 읽음 p_x는 얼마나 되겠는가?

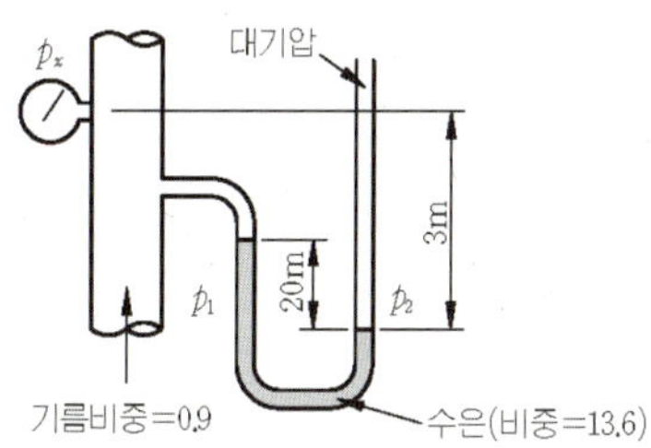

풀이

$p_1 = p_2$

$p_1 = p_x + 0.9 \times 9800 \times 2.8 + 0.2 + 13.6 + 9800$

$p_2 = 0$이므로

$p_x = -24696 - 26656 = -51352\text{Pa(g)}$

CHAPTER 03

유체정역학 / 기본문제

12

어떤 액체의 자유표면으로부터 50m 깊이에서의 압력이 4.4bar이면 이 액체의 비중량은?

풀이

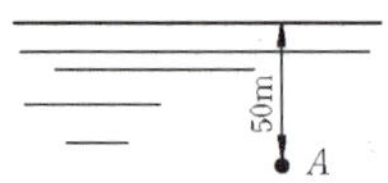

$p_A = 4.4\text{bar}$ 이므로 $p = \gamma h$ 에서

$4.4 \times 10^5 = \gamma \times 50 \rightarrow \gamma = 8800\text{N/m}^2$

13

대기압 736mmHg인 곳에서 진공압력계의 읽음이 20cmHg이면, 절대압력으로 몇 N/cm^2인가?

풀이

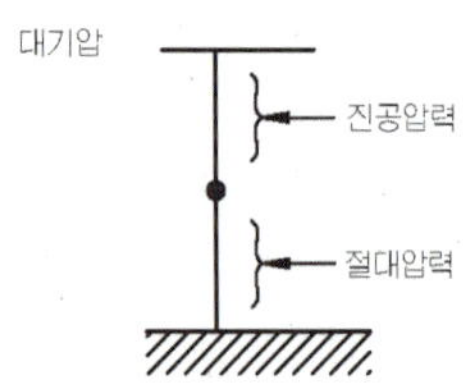

절대압력 = 대기압 − 진공압력

$p_{abs} = 736 - 200 = 536\text{mmHg}$

비례식 $\begin{cases} 760\text{mmHg} : 101325\dfrac{\text{N}}{\text{m}^2} \\ 536\text{mmHg} : x \end{cases}$

$\rightarrow x = \dfrac{101325}{760} \times 536 = 71460\dfrac{\text{N}}{\text{m}^2}$

$71460\dfrac{\text{N}}{\text{m}^2} = 71460\dfrac{\text{N}}{\text{m}^2} \times \dfrac{1}{10000}\dfrac{\text{m}^2}{\text{cm}^2} = 7.146\dfrac{\text{N}}{\text{m}^2}$

※ 만일 압력계의 읽음이 30cmHg이면 절대압력은 몇 N/cm^2인가?

$p_{abs} = 736 + 300 = 1036\text{mmHg}$

위의 비례식에서 1mmHg는 $\dfrac{101325\text{N}}{760\text{m}^2}$ 이므로

1036mmHg는

$x = \dfrac{101325}{760} \times 1036 = 138121\dfrac{\text{N}}{\text{m}^2} = 13.8\dfrac{\text{N}}{\text{m}^2}$

14

상부가 개방된 탱크에 비중 0.88인 유체가 담겨 있다. 그림과 같이 액면 이하 3m인 점에서의 압력을 계산하여라.

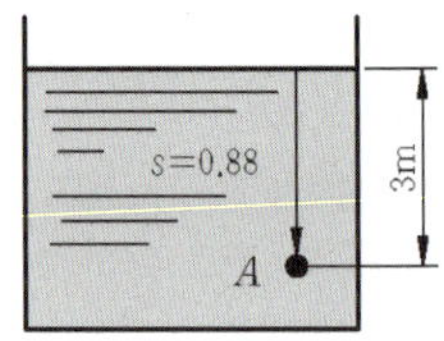

풀이

$p = \gamma h$ 이고 $\gamma = 0.88 \times 9800 = 8624\dfrac{\text{N}}{\text{m}^2}$ 이므로

$p_A = \gamma \times 3 = 25872\dfrac{\text{N}}{\text{m}^2}$

15

그림과 같이 상부가 개방된 어떤 용기에 4염화탄소(CCl_4)가 2m 깊이로 담겨 있고 그 위에 물이 3m 깊이로 채워져 있다. 용기 바닥면이 받는 압력은 얼마인가?

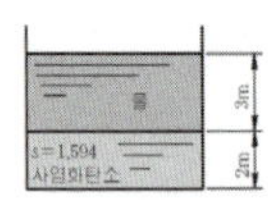

풀이

CCl_4의 비중 $s = 1.594$이므로

$p = \gamma h = \gamma_1 h_1 + \gamma_2 h_2 = 1.594 \times 9800 \times 2 + 9800 \times 3$

$= 60642\dfrac{\text{N}}{\text{m}^2}$

16

해면에서 계기압력계가 762mmHg를 가리키고 이때 어느 산에서의 기압이 737mmHg였다. 공기의 비중량을 11.8N/m^{3}로 일정하다고 가정하면 산의 높이는 해발 몇 m인가?

풀이

산과 해면의 높이차를 $\triangle h$라 하면

압력차 $\triangle p = \gamma \cdot \triangle h$이다.

$\triangle p = 762 - 737 = 25\text{mmHg}$

표 3-1에서 $1\text{mmHg} = 133.3\dfrac{\text{N}}{\text{m}^2}$이므로

$\triangle p = 25 \times 133.3 = 3332.5\dfrac{\text{N}}{\text{m}^2}$

따라서 $3332.5 = 11.8 \times \triangle h \rightarrow h = 282.4\text{m}$

17

아주 깊은 바닷물의 밀도는 압축성을 고려할 필요가 있다. 체적탄성계수가 K=2.07×10^{9}N/m^{2}로 일정하다고 할 때 10000m 깊이에서의 압력을 구하고 비압축성으로 밀도가 일정한 것으로 보고 구한 압력과 비교하여라. 바닷물의 비중량은=10kN/m^{3}이다.

풀이

① 비압축성으로 가정할 경우 $p = \gamma h$에서

$$p = 10000 \times 10000 = 1.0 \times 10^8 \frac{\text{N}}{\text{m}^2}$$

② 압축성으로 가정할 경우

$$E = \frac{dp}{d\gamma/\gamma}$$

$$\frac{dp}{d\gamma} = \frac{E}{\gamma} = \frac{2.07 \times 10^9}{10000} = 2.07 \times 10^5 (\text{일정한 값})$$

밀도변화에 따른 압력변화를 알기 위하여

상기 식을 적분하면

$p = 2.07 \times 10^5 \gamma + \gamma$

$p = p_0 = 0$일 때 $\gamma = \gamma_0 = 10000$이므로

$0 = 2.07 \times 10^5 \times 10000 + c \rightarrow c = -2.07 \times 10^9$

$\therefore\ p = 2.07 \times 10^{\%} \gamma - 2.07 \times 10^9$

물깊이에 따른 밀도변화를 알기 위하여

$p = -\gamma y$를 사용하면

$-\gamma y = 2.07 \times 10^5 \gamma - 2.07 \times 10^9$

$$-y = 2.07 \times 10^5 \frac{2.07 \times 10^9}{\gamma}$$

$$\frac{2.07 \times 10^9}{\gamma} = 2.07 \times 10^5 + y$$

$$\gamma = \frac{2.07 \times 10^9}{2.07 \times 10^5 + y}$$

따라서 $y = -10000$ 이면 $\gamma = 10507.6$이다.

그런데 $\dfrac{dp}{dy} = -\gamma$이므로

$$\frac{dp}{dy} = -\frac{2.07 \times 10^9}{2.07 \times 10^5 + y}$$

$$dp = \int_0^{-10000} \left(-\frac{2.07 \times 10^9}{2.07 \times 10^5 + y} \right) dy$$

$$p = -2.07 \times 10^9 | \ln(2.07 \times 10^5 + y) |_0^{-10000}$$

$$= -2.07 \times 10^9 (\ln 197000 - \ln 20700)$$

$$= -2.07 \times 10^9 (-0.049515) = 1.025 \times 10^8 \frac{\text{N}}{\text{m}^2}$$

따라서 압력은 2.5% 증가한다.

밀도는 $\dfrac{10507.6 - 10000}{10000} = 5.1\%$ 증가한다.

별해

압축성으로 가정할 경우 식 (3-4)로부터

$$\frac{dp}{dy} = -\gamma \quad \cdots\cdots\cdots (1)$$

그런데 식 (2-29)로부터

$$E = \frac{dp}{d\gamma/\gamma} \quad \cdots\cdots\cdots (2)$$

상기 (1)(2) 두 식에서 dp를 소거하면

$$E = \frac{-\gamma^2 dy}{d\gamma} \qquad \therefore\ dy = -\frac{E}{\gamma^2} d\gamma$$

양변을 적분하면

$y = \dfrac{E}{\gamma^2} + c$ 여기서 c는 상수

그런데 $E = 2.07 \times 10^9$이고 $y = 0$일 때

$c = 10000$이므로 이것을 위 식에 대입하면

$$0 = \frac{2.07 \times 10^9}{10000} + c \rightarrow c = -2.07 \times 10^5$$

따라서 $y = -\dfrac{2.07 \times 10^9}{\gamma} - 2.07 \times 10^5$이므로

$$\gamma = \frac{2.07 \times 10^9}{y + 2.07 \times 10^5}$$

그 다음부터는 위의 전개와 같다.

18

그림과 같이 댐의 양쪽에 수면차가 5m로 물이 채워져 있다. 2m 폭의 댐에 유체정압의 힘에 의한 A점 둘레의 모멘트를 계산하여라.

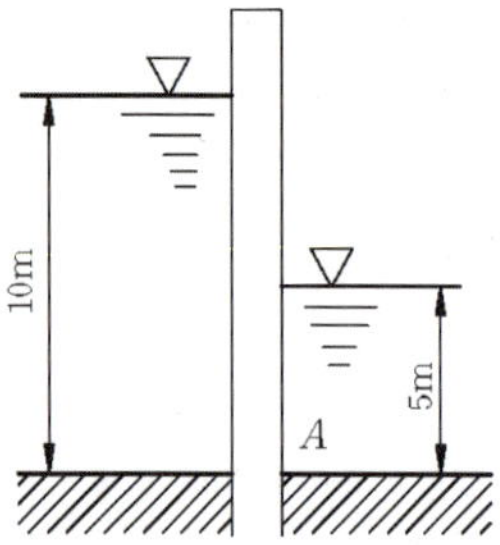

풀이

① 10m 깊이의 물에 의한 전압력 및 작용점은

$F_1 = \gamma \bar{h} A$ 에서 $\gamma = 9800\text{N/m}^3$, $h = 5\text{m}$,

$A = 2 \times 10 = 20\text{m}^2$ 이므로

$\therefore\ F_1 = 980{,}000\text{N} = 980\text{kN}$

작용점은 $y_p = \dfrac{I_G}{\bar{y}A} + \bar{y}$

그러나 수직투영면적이 직사각형일 경우(즉 폭의 방향으로 압력을 받는 면이 변하지 않을 경우 대부분의 경우에 해당함)에는 y_p는 항상 위에서 $\dfrac{2}{3}$ 지점에 있다. (3-5-2절 참조)

$y_p = \dfrac{2}{3} \times 10 = \dfrac{20}{3}$

② 5m 깊이의 물에 의한 전압력은 면적중심에 걸리는 압력에 면적을 곱한 값이다.

$F_2 = \gamma \bar{h} A = 9800 \times 2.5 \times (2 \times 5) = 245{,}000\text{N} = 245\text{kN}$

전압력의 작용점은 $y_p = \dfrac{2}{3} \times 5 = \dfrac{10}{3}$ 이므로

$M_A = F_2 \times \left(5 - \dfrac{10}{3}\right) - F_1 \times \left(10 - \dfrac{20}{3}\right)$

$= 245 \times 1.67 - 980 \times 3.33 = -2854\text{kN} \cdot \text{m}$

19

그림의 직사각형 수문이 받는 전압력의 크기를 구하여라. 또 A점에서 받쳐 주어야 할 힘의 크기를 구하여라. (단, 수문의 폭은 2m이다.)

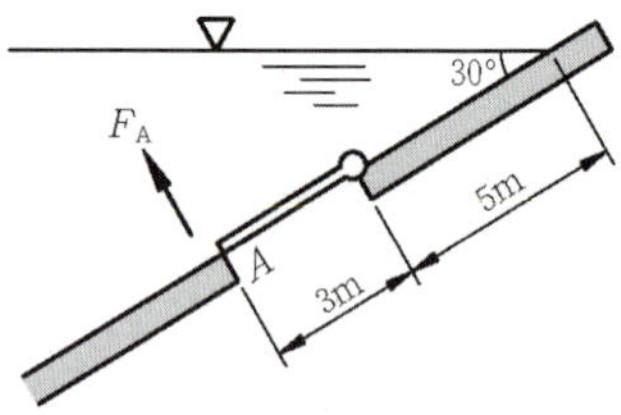

풀이

전압력 $F = \gamma \bar{h} A\ (\bar{h} = \bar{y}\sin 30°)$

$F = 9800 \times 6.5\sin 30° \times 3 \times 2 = 191.1\text{kN}$

$y_p = \bar{y} + \dfrac{I_G}{\bar{y}A} = 6.5 + \dfrac{\frac{1}{12} \times 2 \times 3^3}{6.5 \times (3 \times 2)} = 6.615\text{m}$

O점에서의 모멘트 $\Sigma M_0 = 0$이므로 $F \times 1.615 = F_A \times 3$

$191.1 \times 1.615 = F_A \times 3 \rightarrow F_A = 102.88\text{kN}$

20

그림에서 AB곡면은 4분의 1 원통이다. 면 ABC가 받는 전압력의 크기와 방향을 구하여라. (단, 폭은 5m이다.)

풀이

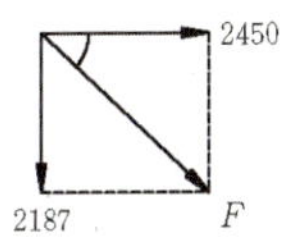

곡면 ABC에 작용하는 수평분력의 크기는 수직투영면적이 받는 전압력의 크기와 같고 수직분력의 크기는 곡면의 연직상방에 있는 유체무게와 같다.

수평분력의 크기 F_H는 $\vec{h}=5\text{m}$이므로

$F_H=\gamma \bar{h} A=9800\times5\times5\times10=2450\text{kN}$

수직분력의 크기 F_V를 구하기 위하여

$BCDE$ 유체의 무게는 γV 이므로

$9800\times5\times5\times5=1225\text{kN}$

ABE 유체의 무게는

$9800\times\pi\times5^2\times\dfrac{1}{4}\times5=962\text{kN}$ 이므로

$F_V=1225+962=2187\text{kN}$

전압력은 F_H와 F_V의 합력의 크기이므로 그림에서

$F=\sqrt{2450^2+2187^2}=3284\text{kN}$

방향을 알기 위하여 이루는 각을 구하면 되므로

$\tan\theta=\dfrac{2187}{2450}=0.8926 \quad \therefore\ \theta=\tan^{-1}0.8926=41.8°$

21

그림에서 p_1-p_2를 계산하여라.

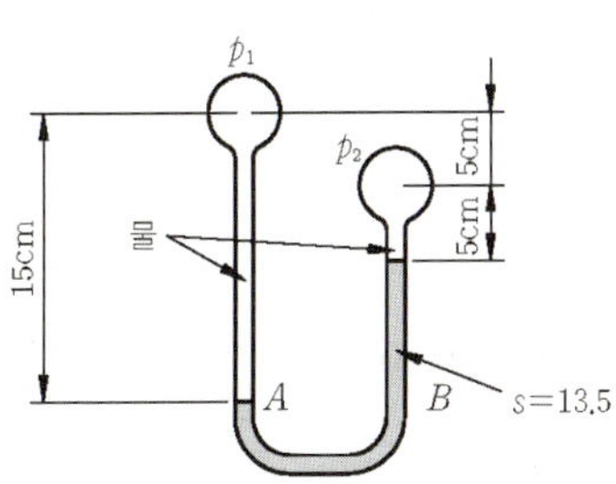

풀이

$p_A=p_B$이다. 그런데

$p_A=p_1+9800\times0.15$

$p_B=p_2+9800\times0.05+13.5\times9800\times0.05$이므로

양변을 같게 놓으면

$p_1-p_2=490+6615-1470$

$\quad=5635\dfrac{\text{N}}{\text{m}^2}=5.635\dfrac{\text{kN}}{\text{m}^2}=575\dfrac{\text{kgf}}{\text{m}^2}$

22

그림에서 압력계의 읽음을 계산하여라. (단, 수은의 비중은 13.6이다.)

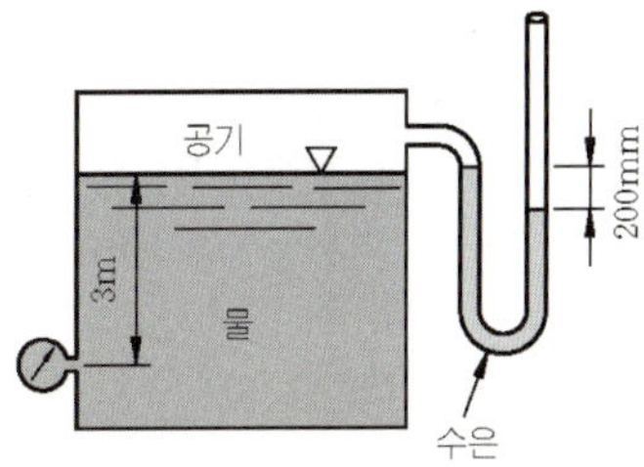

풀이

공기는 진공압력이 걸리며 그 진공도의 크기는

$p_a=\gamma h=13.6\times9800\times0.2=26656\dfrac{\text{N}}{\text{m}^2}$

그런데 계기에 걸리는 물에 의한 압력은 계기압력으로

$p_w=\gamma h=9800\times3=29400\dfrac{\text{N}}{\text{m}^2}(\text{g})$

따라서 계기에 걸리는 총압력은

$29400-26656=2744[\text{N/m}^2]$ 계기압력이다.

(절대압력으로는 101325(대기압)+2744=104069Pa(a))

23

그림에서 높이차 a를 계산하여라.

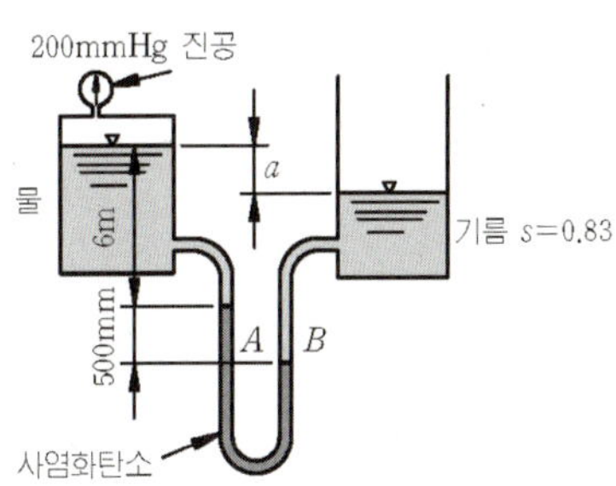

풀이

$p_A=p_B$

표 3-1에서 $1\text{mmHg}=133.3\dfrac{\text{N}}{\text{m}^2}$이므로

$p_A=-250\times133.3^{5}_{10}+9800\times6+1.594\times9800\times0.5$

$\quad=33285.6$

$p_B = 0.83 \times 9800 \times (6 + 0.5 - a)$ 이므로

$33285.6 = 52871 - 8134a$

$\therefore\ a = 2.4\text{m}$

24

비중 1.2인 유체가 담긴 상부가 개방된 원통이 연직 중심축을 회전축으로 각속도 ω=10rad/sec의 등속원운동을 하고 있다면 중심축과 축으로부터 80cm 떨어진 곳과의 액면차는 몇 m인가?

풀이

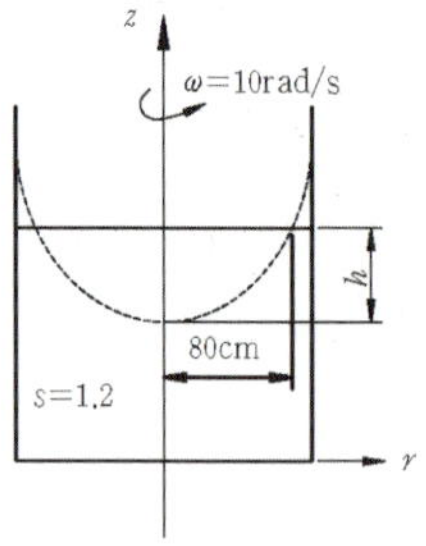

등속원운동을 받고 있는 액체의 자유표면방정식은 식 (3-42)에서

$z = \dfrac{r^2\omega^2}{2g} + z_0$

ω : 각속도[rad/s]

r : 반경방향 길이

z_0 : $r = 0$에서의 액체의 높이

그런데 $z - z_0 = h$ 이므로

$h = \dfrac{r^2\omega^2}{2g} = \dfrac{0.8 \times 10^2}{2 \times 9.8} = 3.265\text{m}$

25

어떤 물체의 대기 중에서 무게는 55N이고 물 속에서의 무게는 35N이었다. 공기의 무게를 무시하고 이 물체의 체적과 밀도를 계산하여라.

풀이

부력, $F_B = 55 - 35 = 20\text{N}$

$F_B = \gamma_w \times V$ 이므로

$20 = 9800 \times V \rightarrow V = 0.00204\text{m}^3$

또한 물체의 대기중에서 중량은

$W = mg = \gamma V$ 이므로

$55 = \gamma_{물체} \times 0.00204 \rightarrow \gamma = 26960\text{N/m}^3$

$\therefore\ \rho = \dfrac{\gamma}{g} = \dfrac{26960}{9.8} = 2751\text{kg/m}^3$

26

그림에서 $p_A - p_B$를 계산하여라.

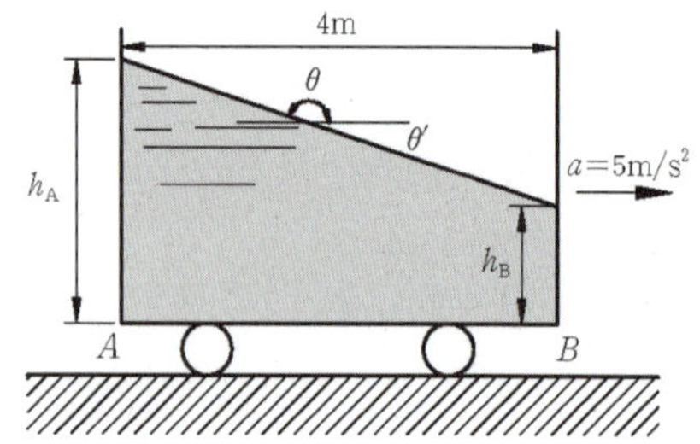

풀이

$p_B = \gamma h_B$이고 $p_A = \gamma h_A$이므로

$p_A - p_B = \gamma(h_A - h_B) = \gamma\Delta h$ .... (1)

자유표면을 이루는 등압면의 기울기는 식 (3-36)으로부터

$\tan\theta = -\dfrac{a_x}{a_y + g}$

그런데 $a_y = 0$이므로

$\tan\theta = -\dfrac{a_x}{g}$

그림에서 $\theta' = 180 - \theta$이므로

$\tan\theta = \tan(180 - \theta') = -\tan\theta'$

$\therefore\ \tan\theta' = \dfrac{a_x}{g} = \dfrac{5}{9.8} = 0.5102$

그런데 그림에서 $\tan\theta' = \dfrac{\Delta h}{4}$ 이므로

$\Delta h = 4 \times 0.51 = 2.0408\text{m}$

따라서 위 식 (1)에서

$p_A - p_B = \gamma\nabla h = 9800 \times 2.0408 = 20000\text{N/m}^2 = 20\text{kPa}$

27

그림에서 수면이 경사면과 평행이다. 가속도 a를 구하여라.

풀이

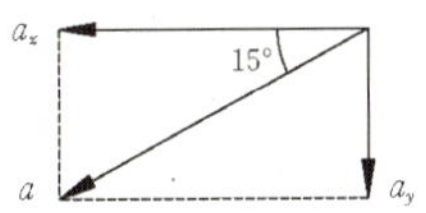

$$\tan\theta = -\frac{a_x}{a_y + g}$$

$$\tan(180° + 15°) = \tan 15° - \frac{a_x}{a_y + 9.8}$$

그런데 a_x와 a_y는 옆그림에서 보듯이 기하학적 형상으로부터 다음과 같이 주어진다.

$$\tan 15° = \frac{a_y}{a_x} \text{ 즉 } a_y = 0.268a_x$$

따라서 $0.268 = -\dfrac{a_x}{0.268a_x + 9.8}$

$$0.0718a_x + 2.626 = -a_x$$

$$a_x = \frac{-2.626}{1.0718} = -2.45$$

$\therefore\ a_y = 0.268a_x = -0.657$

따라서 벡터로 표시하면 $\vec{a} = -2.45\vec{i} - 0.657\ \vec{j}$

a의 크기는 $a = \sqrt{(-2.45)^2 + (-0.657)^2} = 2.537\dfrac{\text{m}}{\text{s}^2}$

28

지름 1.2m, 깊이 2m의 원통용기에 액체가 가득 들어있다. 수평 방향으로 등가속도운동을 할 때 물의 1/3이 넘쳐흘렀다면 가속도는 얼마인가?

풀이

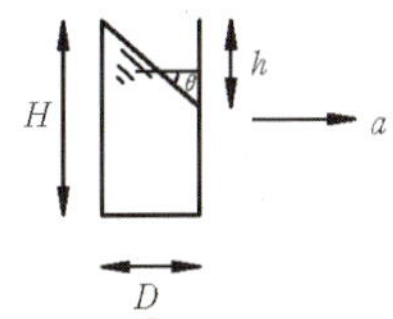

넘쳐흐른 체적을 V_s, 원통의 체적을 V_o라면

$$V_s = \frac{1}{3}V_o : \quad \frac{1}{2}\frac{\pi D^2}{4}h = \frac{1}{3}\frac{\pi D^2}{4}H$$

$$h = \frac{2}{3}H = \frac{4}{3}m$$

$$\tan\theta = \frac{h}{D} = \frac{4/3}{1.2} = 1.111$$

$$\frac{a_x}{g} = \tan\theta = 1.111$$

$$a_x = 10.9\frac{m}{\sec^2}$$

29

그림에서 압력차 $p_A - p_B$를 구하여라. (단, 기름의 비중은 0.8이고 수은의 비중은 13.6이다.)

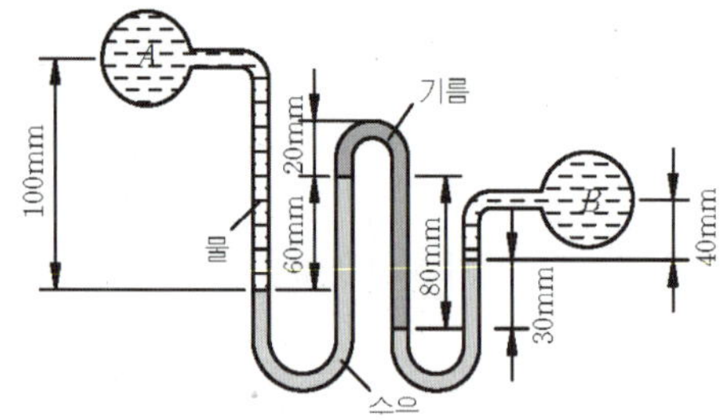

풀이

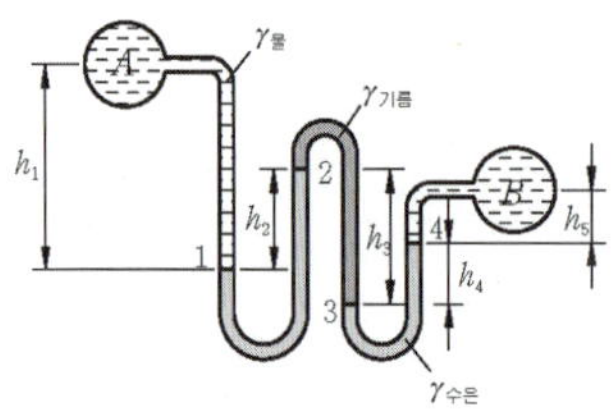

그림에서 점 1의 압력을 p_A로 나타내면

$p_1 = p_A + \gamma_{물} h_1$ ········· (1)

또한 점 2에서의 압력을 p_1으로 나타내면

$p_2 = p_1 - \gamma_{수은} h_2$ ········· (2)

마찬가지로

$p_3 = p_2 + \gamma_{기름} h_3$ ········· (3)

$p_4 = p_3 - \gamma_{수은} h_4$ ········· (4)

$p_B = p_4 - \gamma_{물} h_5$ ········· (5)

상기 식 (1)~(5)를 모두 합하면

$p_B = p_A + \gamma_{물}(h_1 - h_5) + \gamma_{기름} h_3 - \gamma_{수은}(h_2 + h_4)$

$\therefore\ p_A - p_B = -\gamma_{물}(h_1 - h_5) - \gamma_{기름} h_3 + \gamma_{수은}(h_2 + h_4)$

$$p_A - p_B = -9800(0.1 - 0.04) - 0.8 \times 9800 \times 0.08 + 13.6 \times 9800(0.06 + 0.03) = 10780\text{N/m}^2$$

CHAPTER 03

유체정역학 / 연습문제

해답은 486쪽에 있습니다.

01

$F=\gamma hA$에서 F의 차원은?

① M ② $ML^{-1}T^{-1}$
③ MLT^{-2} ④ $ML^{-1}T^{2}$

02

정지유체 내에서 압력에 관한 설명들 중에서 부적당한 것은?

① 한 점에 작용하는 압력의 크기는 모든 방향에서 같다.
② 동일 수평면상의 임의의 두 점에서의 압력의 크기는 같다.
③ 동일 수직선상의 임의의 두 점에서의 수평압력 크기는 같다.
④ 수직방향의 정압변화는 유체의 비중량에 비례한다.

03

대기압을 옳게 말한 것은?

① 대기압과 표준대기압의 차를 계기압력이라 한다.
② 대기압은 표준대기압에 절대압력을 더한 것이다.
③ 계기압력과 표준대기압의 차가 대기압이다.
④ 절대압력과 계기압력의 차가 대기압이다.

04

U자관을 이용하는 압력계는?

① Aneroid 기압계 ② 수은기압계
③ Bourdon 압력계 ④ 시차압력계

05

정지유체 속에 잠겨 있는 경사면이 받는 전압력에 대한 말들 중 부적당한 것은?

① 힘의 방향은 면에 수직이다.
② 힘의 작용점은 면의 중심과 일치한다.
③ 힘의 크기와 방향은 점성에 관계 없다.
④ 힘의 크기는 면의 중심점에서의 압력에 면적을 곱한 값과 같다.

06

유체중의 한 점에 대한 수직응력이 모든 방향에서 같은 경우는?

① 유체가 마찰이 없고 비압축성일 때
② 유체가 마찰이 없고 압축성일 때
③ 유체가 점성이 없을 때
④ 유체 사이에 상대적인 운동이 없을 때

07

정지유체 속에 잠겨진 곡면에 작용하는 수직분력은?

① 수평분력과 같다.
② 곡면의 수평 투영면에 작용하는 전압력과 같다.
③ 면의 중심점에서의 압력에 면적을 곱한 값과 같다.
④ 곡면의 연직 상방에 있을 유체무게와 같다.

08

정지유체 속에 잠겨진 곡면에 작용하는 힘에 관한 설명 중 부적당한 것은?

① 수평분력은 곡면의 수직 투영 면적에 작용하는 전압력과 같다.
② 수직분력은 곡면의 연직 상방에 실려 있을 유체 무게와 같다.
③ 수평분력의 작용선은 수직 투영면의 중심을 통과한다.
④ 수직분력의 작용선은 곡면 상부에 실려 있을 유체 무게의 중심을 통과한다.

CHAPTER 03 유체정역학 / 연습문제

해답은 486쪽에 있습니다.

09

부체의 안정성에 관한 말 중 부적당한 것은?

① 기구와 잠수함은 부심이 무게중심보다 위에 있어 안정하다.
② 선박은 무게중심이 부심과 일치하므로 안정하다.
③ 선박은 무게중심이 부심보다 위에 있어도, 메타센터가 무게중심보다 위에 있어 안정하다.
④ 부체의 무게와 부력의 크기가 같을 때 평형을 이루게 된다.

10

$\gamma_1 = 8$, $\gamma_2 = 13.6$, $\gamma_3 = 2$이고 $h_1 = 50$[cm], $h_3 = 80$[cm]이다. $p_A = p_B$가 되는 h_2는 얼마인가?

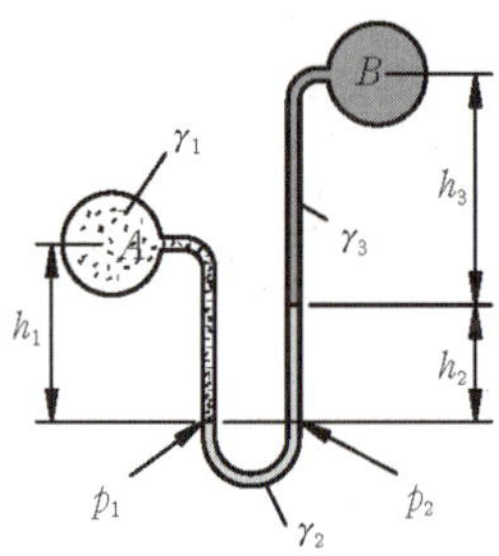

11

그림에서 단위폭 1m의 댐이 받는 유체정압에 의한 전압력을 구하여라. 그리고 수면에서 힘의 작용점까지의 깊이를 구하여라.

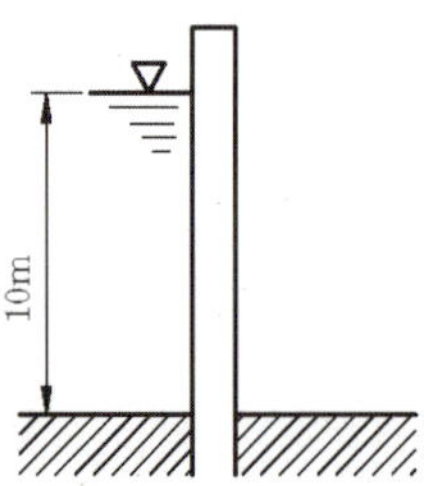

12

그림과 같이 비중이 0.86인 기름이 폭이 4m인 저장조에 담겨져 있다. 지지판에 작용하는 전압력의 크기와 전압력의 작용점을 구하여라.

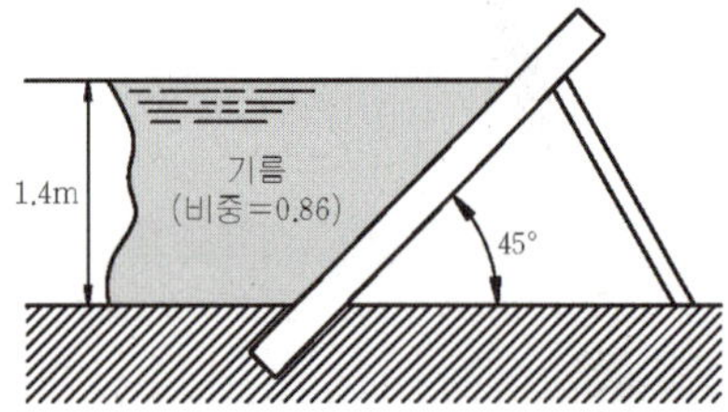

13

그림과 같이 비중이 0.8인 액체가 저장조에 담겨져 있을 때 수문에 작용하는 전압력의 크기와 작용점을 구하여라.

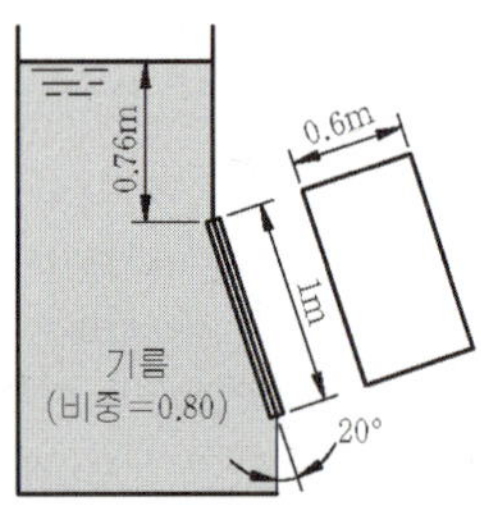

14

그림에서 폭이 2m인 바닥의 곡면이 받는 수평력과 수직력을 구하고 이에 따른 합력의 크기를 구하여라.

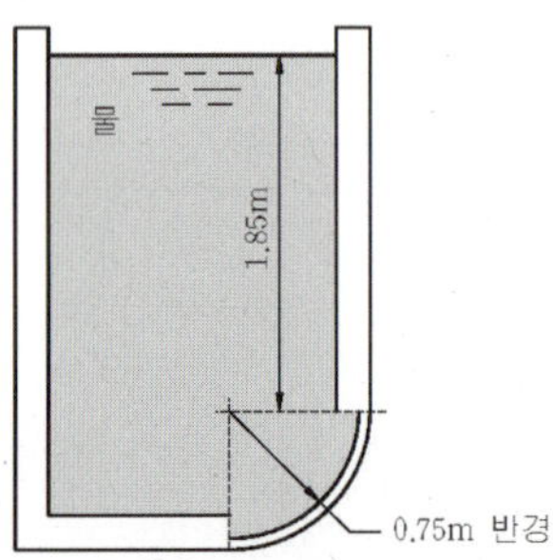

15

원관수로에 그림과 같이 원판형 수문이 힌지로 고정되어 있다. 힌지는 원판 중심을 통과하는 수평 양단에 위치한다면 수문을 수직으로 유지하는 데 필요한 모멘트는 얼마인가? (단, 관직경은 2m이다.)

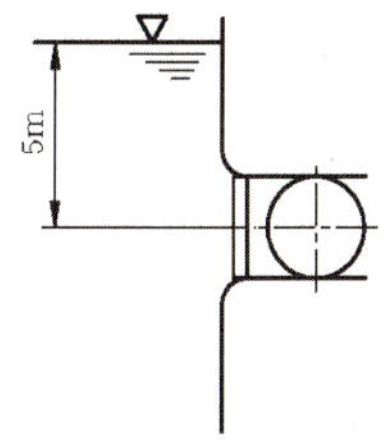

16

그림과 같이 콘크리트의 자중에 의하여 수문이 닫혀 있다. 수문이 열리게 되는 h를 계산하여라.

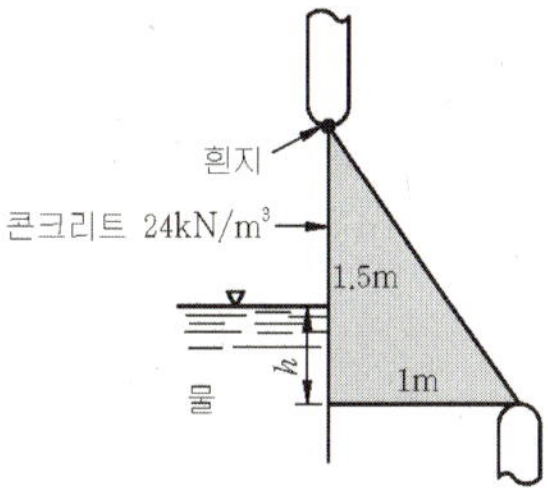

17

그림에서 수면이 상승하면 수문은 자동적으로 열리게 된다. 수문의 자중을 무시하고, 수문이 열리게 될 h를 구하여라.

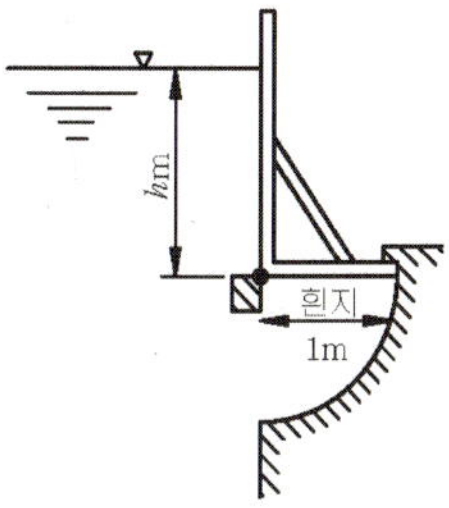

18

그림의 댐이 받는 전압력에 의한 A점 둘레의 모멘트를 계산하여라. (단, 댐의 폭은 10m이다.)

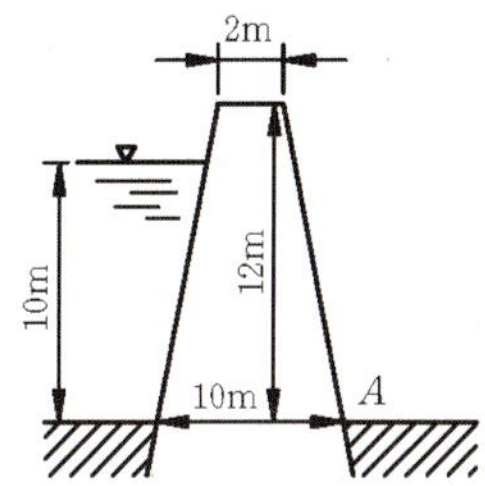

19

그림에서 $p_A - p_B$를 계산하여라.

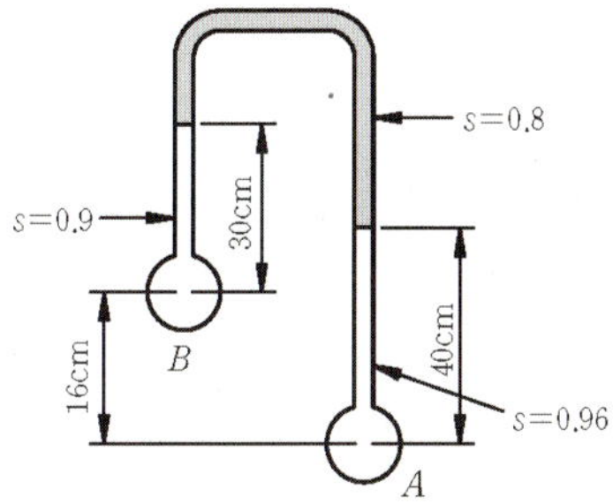

20

무게 0.196N, 눈금막대의 지름 6mm인 비중계를 어떤 액체에 띄웠더니, 비중 1인 물에 띄웠을 때보다 4mm 더 뜨게 되었다. 어떤 액체의 비중을 계산하여라.

CHAPTER 03

유체정역학 / 연습문제

해답은 486쪽에 있습니다

21

체적 0.5liter 무게 40N인 추를 어떤 유체중에서 달아 보았더니 32N이었다. 이 유체의 비중을 계산하여라.

22

상부가 개방된 높이 4m, 지름 2m인 직립원통에 물이 3m 깊이로 채워져 있다. 이 원통을 연직 중심축을 회전축으로하여 회전시킬 때 물이 넘치지 않을 최대 각속도(rad/s)를 계산하여라.

기/초/유/체/역/학

CHAPTER 04

유체운동학

CHAPTER 04 유체운동학

4-1 : 계와 제한체적

물체의 운동을 해석하기 위해서는 질량을 가진 입자의 속도나 가속도 또는 이에 작용하는 힘 등 대상이 되는 물체의 부피와 질량이 주어져 있어야 한다. 고체의 경우, 해석상의 편의를 위하여 일정한 질량과 부피를 가진 물체의 자유물체도(free body diagram, 自由物體圖)라는 개념이 도입되고 있으나 유체는 흘러가는 물질이므로 고정된 질량을 따라 해석하기에는 어려움이 따른다. 라그랑주적 해석방법(Largrangian method)은 유동장에서 조그만 유체입자의 시시각각의 위치를 추적하고 이것을 그 입자의 최초의 시간과 위치의 함수로서 기술하는 방법이다. 그러나 유체입자의 추적이 어렵고 방정식이 복잡하여 제한된 경우에만 사용된다. 이것은 고체입자의 운동을 다루는 동력학적인 해석방법과 유사하다.

이런 반면에 오일러적 해석방법(Eulerian method)은 공간상에 고정된 한 구역을 설정하고 이 구역을 일정한 질량과 부피를 가진 물체로 보거나(밀폐계) 이 구역을 통과하는 유체에 대하여 여러 가지 지배방정식을 적용하게 되므로(개방계) 계와 제한체적이라는 개념이 도입되고 있다. 즉 이것은 유체입자는 공간을 자유롭게 이동하지만 이 방법은 공간의 각 점, 각 순간의 유체의 유속, 압력, 밀도를 고정좌표계의 위치의 함수로서 기술하는 방법이다. 이 책에서는 아래와 같이 계와 제한체적의 개념을 도입한 오일러적 해석방법을 사용한다.

그림 4-1과 4-2에서 보는 바와 같이 계(system, 系)는 일정량의 질량을 포함한 고정되어 있는 한정된 공간을 말한다. 계의 바깥부분은 주위(surrounding, 周圍)라 하며 계와 주위의 구분을 경계(boundary, 境界)라 한다. 즉 계와 주위는 경계에 의하여 격리되어 있다. 밀폐계(closed system, 密閉系)는 흐르지 않는 유체에 대한 계를 말한다. 흐르지 않는 기체의 상태변화를 해석할 때 편리하다. 일정량의 질량을

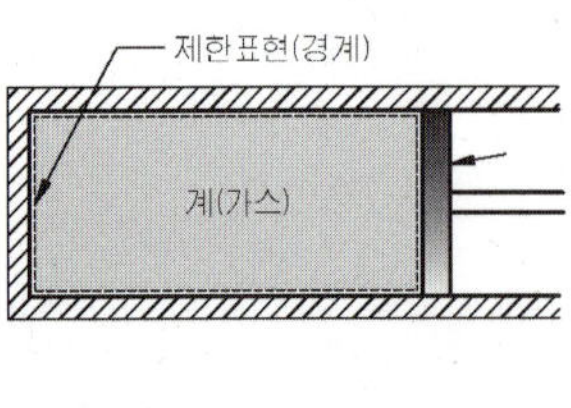

그림 4-1 계와 제한표면

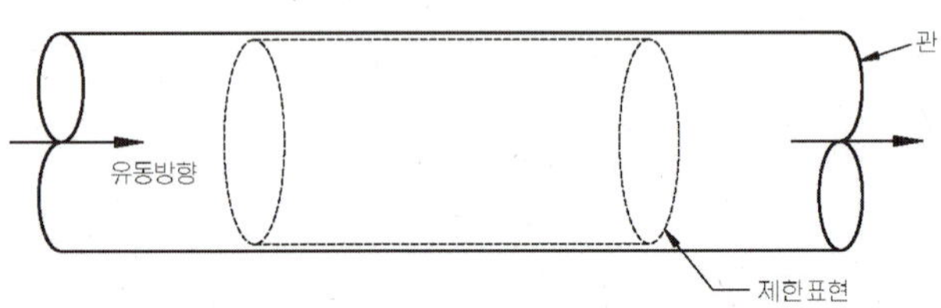

그림 4-2 제한표면

가진 밀폐계의 부피는 고정되거나 팽창수축할 수 있으나 경계를 통한 질량이동은 없다. 그림 4-1은 실린더 내의 피스톤으로 둘러쌓인 계를 보여준다.

흐르는 유체에 대한 역학적 계산을 위해서는 이러한 계의 경계를 통한 질량이동이 생기게 된다. 개방계(open system, 開放系)는 흐르는 유체에 대한 계를 말한다. 생각하고자 하는 부분을 공간상에 임의로 고정시킨 구역을 계로 설정하는데 이것을 제한체적이라 한다. 즉 유체가 흐르는 도중에 해석하고자 하는 부분을 임의로 설정하고 이러한 가상적인 공간을 제한체적(control volume, 制限體積)이라 한다. 제한체적은 공간상에 고정되어 있는 한정된 구역이다. 제한체적의 표면을 제한표면(control surface, 制限表面)이라 한다. 따라서 제한표면을 통하여 일정량의 유체가 흘러 들어오고 나가게 된다. 그림 4-2는 파이프 내를 흐르는 유체의 한 부분을 해석하기 위한 제한표면을 보여주고 있다.

이러한 계와 제한체적의 개념을 도입함으로서 유체기계의 주위 또는 내부에서 유체의 운동을 편리하게 해석할 수 있다.

4-2 : 흐르는 유체의 역학

흐르는 유체는 반드시 외부로부터 그 원인이 되는 힘을 받고 있는데 아래와 같이 다섯 가지의 종류로 생각할 수 있다.

① 유체의 자중에 의한 힘
② 압력차에 의한 힘
③ 유체의 가속에 의한 관성력
④ 유체유동 시 관벽과의 마찰력(전단력)
⑤ 기체의 경우, 압축성에 의한 탄성력

이 장에서는 ①~③항의 힘만이 관계되는 유체의 흐름 즉 비압축성, 이상유체의 흐름을 생각한다. 실제유체를 다루는 다음 장에서는 ①~⑤항까지 모두 고려하게 된다. 즉 펌프, 터빈 등의 유체기계에 해당되는 관속을 흐르는 흐름이나 자동차나 항공기 주위의 흐름 등은 점성의 효과가 크기 때문에 흐름과 반대방향으로 마찰력(또는 항력)이 생기고 소용돌이를 일으켜 에너지의 손실을 초래한다.

앞에서 나왔듯이 비점성, 비압축성 유체를 이상유체라 하였다. 점성과 압축성 효과가 없다고 가정한 이상유체의 유동을 지배하는 기초방정식으로서 연속방정식, 베르누이 방정식, 오일러 방정식이 있다. 이들 방정식은 벡터식으로, 2차원, 3차원 흐름에까지 확장하여 이론을 전개할 수 있으나 여기서는 주로 1차원 흐름에 대하여 스칼라식으로 표현하였다.

어떤 유체의 물리적 성질(압력, 온도, 밀도, 속도, 에너지 등)이 위치와 시간에 따라 변하는 과정을 해석하려면 일반적으로 다음의 3가지의 지배 방정식을 만족시켜야 한다.

- 연속방정식(equation of continuity)
- 운동방정식(equation of momentum)
- 에너지방정식(equation of energy)

이 장에서는 이러한 3가지 방정식에 대해서 자세히 공부하기로 한다.

4-3 : 정상류와 등류

유체흐름의 형태는 경우에 따라 정상류와 비정상류, 1차원, 2차원, 또는 3차원 흐름, 등류와 비등류, 층류와 난류, 비압축성 유체와 압축성 유체의 흐름, 아음속과 초음속흐름, 또 개수로흐름에서는 아임계, 임계, 초임계흐름 등 여러 가지 방법으로 구분된다.

유체의 흐름이 공간상 어느 한 위치에서 시간적으로 변하지 않는 흐름, 즉 흐름의 상태가 언제든지 같은 것을 정상류(steady flow, 定常流)라 하고 흐름의 상태가 시간적으로 변하는 흐름을 비정상류(unsteady flow, 非定常流)라 한다. 유체 내의 한 점에서 유선의 방향과 그 점을 지나는 유체의 속도는 시간에 따라 일정하며 유체의 흐름이 일정할 때 이것을 정상류라 하고 그렇지 않은 것을 비정상류라 한다. 정상류와 비정상류를 그림으로 나타내면 어떤 한 주어진 위치, A 점을 관찰해 볼 때 서로 다른 시간에서 A 점에서의 속도가 서로 같을 때는 등류이고 서로 다를 때는 비등류가 된다.

그림 4-3

유체흐름의 물리적 성질을 나타내는 변수는 속도(V), 압력(p), 온도(T), 밀도(ρ) 등이 있는 데 정상류의 조건을 식으로 나타내면 어떤 한 주어진 시각 t에서

$$\frac{\partial \rho}{\partial t}=0,\ \frac{\partial p}{\partial t}=0,\ \frac{\partial T}{\partial t}=0,\ \frac{\partial V}{\partial t}=0 \tag{4-1}$$

임의의 시각에서 유동장의 모든점의 속도벡터가 모두 같은 크기와 방향을 가질 경우의 흐름을 등류(unifrm flow, 等流)라 한다. 따라서 단면이 변하는 관로의 흐름은 비등류(nonunifo flow, 非等流)가 된다. 어떤 한 주어진 시각에서 거리 좌표를 s라 할 때 등류의 식은

$$\frac{\partial \rho}{\partial s}=0,\ \frac{\partial p}{\partial s}=0,\ \frac{\partial T}{\partial s}=0,\ \frac{\partial V}{\partial s}=0 \tag{4-2}$$

등류와 비등류를 그림으로 나타내면 어떤 한 주어진 시각에서($t=0$) 관찰해 볼 때 서로 다른 위치, A점과 B점에서의 속도가 서로 같을 때는 등류이고 서로 다를 때는 비등류가 된다.

상기한 정상류와 등류에 대해서 복합적인 흐름의 경우를 그림으로 설명하면

그림 4-4

1 정상 등류 유동(steady, uniform)

$$\frac{\partial V}{\partial t}=0,\ \frac{\partial V}{\partial s}=0$$

시간과 위치에 따라서 속도가 변하지 않는다.

그림 4-5

2 정상 비등류 유동(steady, non-uniform)

$$\frac{\partial V}{\partial t}=0,\ \frac{\partial V}{\partial s}\neq 0$$

위치에 따라 속도가 다르다.
그러나 시간에 따라서는 변화하지 않는다.

그림 4-6

3 비정상 등류 유동(unsteady, uniform)

$$\frac{\partial V}{\partial t} \neq 0, \quad \frac{\partial V}{\partial s} = 0$$

위치에 따라 속도가 변하지 않는다.
그러나 시간에 따라 다르다.

그림 4-7

4 비정상 비등류 유동(unsteady, non-uniform)

$$\frac{\partial V}{\partial t} \neq 0, \quad \frac{\partial V}{\partial s} \neq 0$$

속도는 시간에 따라 변하고 위치에 따라서도 변한다.

그림 4-8

정상류나 등류에 비하여 비정상류나 비등류의 해석은 훨씬 까다로우므로 특별히 전문적인 연구를 하지 않는 한 비정상류를 취급하지 않으며 본서에서도 정상류이며 등류에 관한 문제만 취급한다.

4-4 : 1차원 흐름, 2차원 흐름 및 3차원 흐름

유체의 흐름을 생각할 때 물리량의 변화를 몇 개의 방향으로 나누어 생각해야 하는가에 따라서 1차원, 2차원, 3차원 흐름으로 나눌 수 있다. 우리가 실제로 느끼고 있는 공간에서의 운동은 3차원이다. 그러나 해석이 복잡하므로 1차원 흐름으로 가정해도 큰 오류가 없는 한 1차원으로 해석한다.

1차원 흐름(one-dimensional flow)은 유체 변수(속도나 압력 등)들이 유선의 방향인 한 개의 방향으로만 변하는 경우를 말한다. 그 이외의 방향에 대한 변화는 무시할 수 있는 경우이다. 관 속에서의 흐름은 대개 1차원 흐름으로 생각하고 각 단면의 평균적인 유체의 성질이 사용된다. 실제로 관 내의 속도분포는 반경방향에 따라 다르지만 대부분의 흐름은 난류이고 이 경우에 관단면에 연한 평균속도는 일정하다고 보기 때문에 관의 길이에 따라서만 변한다고 생각할 수 있으므로 1차원 흐름으로 간주할 수 있다. 미소 단면인 유관에서의 흐름은 관을 횡단하는 방향으로의 변화는 없다고 가정하여 유선을 따라 흐르는 1차원 흐름이다. 1차원 흐름에 대한 해석은 문제를 단순화시켜서 간단하게 풀 수 있고 실질적으로 매우 만족할 만한 결과를 얻고 있다.

실제로 2차원 또는 3차원의 흐름이라 해도 여러 유선들을 한 개의 유선으로 가정하여 나타낼 수 있을 때는 1차원 흐름으로 취급하게 된다. 대부분의 많은 문제들에 대한 1차원 해석이 가능하고 이 책에서도 주로 1차원 해석을 다루고 있다.

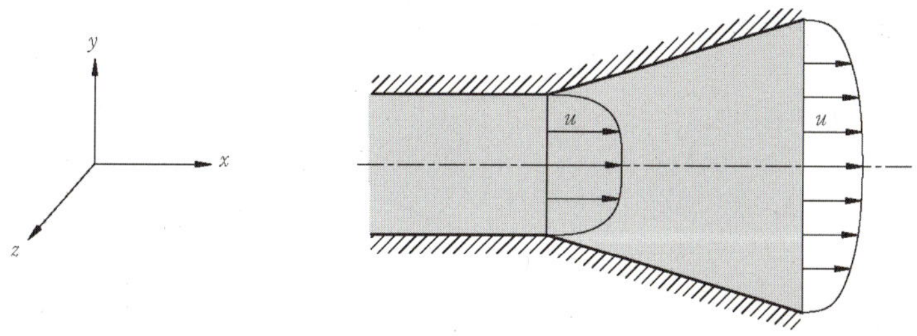

그림 4-9 2차원 흐름

2차원 흐름(two-dimensional flow)은 유체의 성질에 대한 변수가 두 방향으로 변하는 경우를 말한다. 그림 4-9는 폭이 무한한 확대관에서의 2차원 흐름의 예를 보여주고 있다. 유체가 확대관을 통해 흐르기 때문에 x와 y의 두 방향 모두 속도 및 압력 등이 변하게 된다. z 방향으로는 무한하기 때문에 변화가 없는 것으로 생각한다. 그림 4-10은 위어를 넘쳐 흐르는 2차원 흐름의 예로서 평면 좌표계, 즉 $x-y$ 방향으로 변화가 일어나는 흐름이다. 비행기의 날개 주위의 흐름도 z 방향으로는 무한하다고 생각할 수 있기 때문에 2차원 흐름이다.

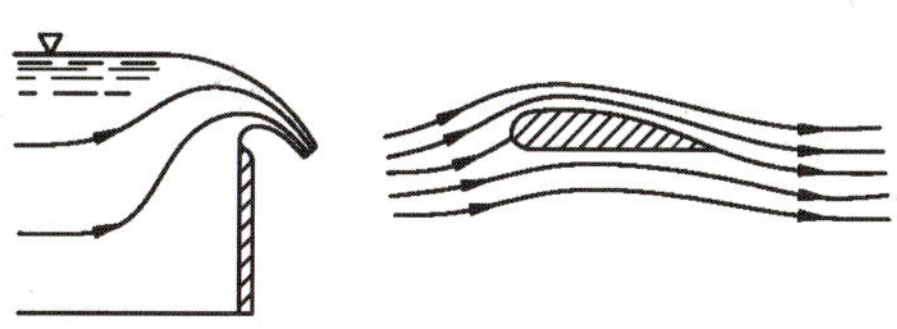

그림 4-10 2차원 흐름

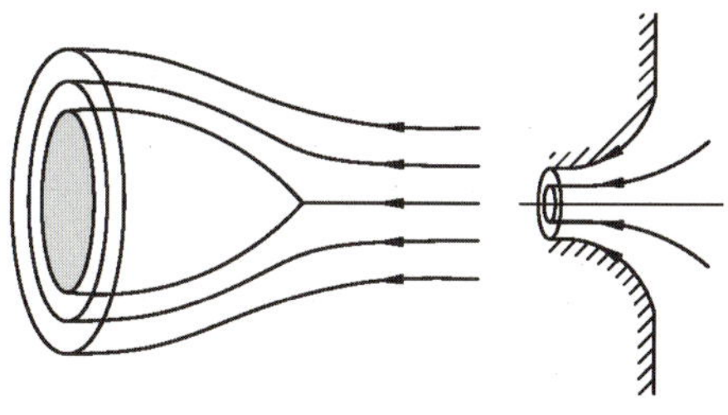

그림 4-11 3차원 흐름

3차원 흐름(three-dimensional flow)은 공간에서 일어나는 운동이며 그림 4-11과 같은 경우이다. 축대칭으로서 유체의 변수들이 x, y, z 세 방향에서 공간적으로 변하는 흐름을 보여준다. 물체의 형상도 공간을 차지하므로 물체 둘레의 흐름도 공간적인 것이 된다.

4-5 : 연속방정식

1 1차원 정상류의 연속방정식

유체의 운동에서 가장 기본이 되는 지배방정식은 연속방정식이다. 흐름이 1차원이고 정상류일 때는 유동방향이 한 방향이기 때문에 간단한 형태의 연속방정식을 유도할 수 있다. 그림 4-12와 같이 단면이 변하는 유관의 단면 1과 2 사이의 공간을 제한체적(control volume, 制限體積)으로 보면 같은 시간 동안에 이 체적으로 단면 1을 통하여 흘러들어가는 질량과 단면 2를 통하여 흘러나오는 질량은 같다는 것을 질량보존의 원리(principle of conservation of mass)라 한다.

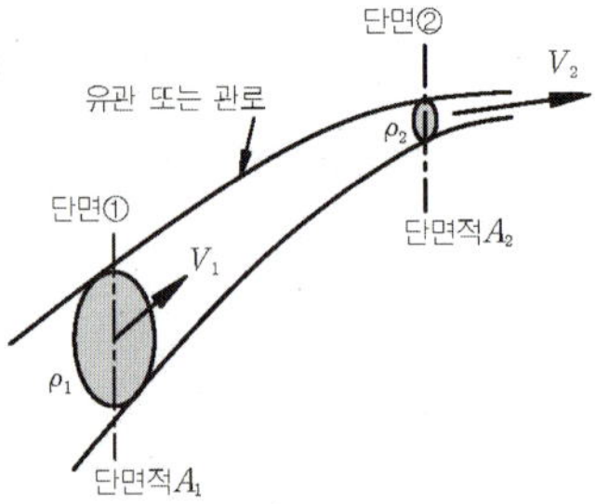

그림 4-12 유관과 제한체적

단면 1과 2에서의 평균속도, 밀도, 단면적을 각각 V_1, V_2, ρ_1, ρ_2, A_1, A_2라 하면 단위시간에 단위면적을 통과하는 유체질량은 같으므로

$$\rho_1 A_1 V_1 = \rho_2 A_2 V_2 \tag{4-3}$$

$$\therefore \boxed{\dot{m} = \rho A V = \text{const(일정)[kg/s]}}$$

여기서 $\rho A V$를 질량유량(mass flowrate, 質量流量)이라 하고 이 책에서는 $\dot{m}$라는 기호를 사용하고 있다. 위 식을 1차원 정상류의 연속방정식(equation of continuity, 連續方程式)이라 한다. 위 식을 미분하면

$$d(\rho A V) = 0 \tag{4-4}$$

$$A V d\rho + \rho V dA + A\rho dV = 0$$

$\rho A V$로 나누면

$$\frac{d\rho}{\rho} + \frac{dA}{A} + \frac{dV}{V} = 0 \tag{4-5}$$

이것은 연속방정식을 미분형으로 나타낸 식이다. 식 (4-3)에 중력가속도 g를 곱하면

$$\boxed{\dot{G} = \gamma A V = \text{일정[N/s]}} \tag{4-6}$$

여기서 $\gamma A V$를 중량유량(weight flowrate)이라 하고 이 책에서는 $\dot{G}$로 표시한다.

$$\dot{G} = \gamma_1 A_1 V_1 = \gamma_2 A_2 V_2 = \text{일정}$$

물과 같이 유체가 비압축성인 경우, ρ는 일정하므로

$$Q = AV = \text{일정}[\mathrm{m^3/s}] \tag{4-7}$$

유량=유로단면적×평균속도

여기서 AV를 체적유량(volume flowrate, 體積流量)이라 하고 이 책에서는 Q라는 기호를 사용하고 있다. 그림과 같은 단면 1과 2 사이에 연속방정식은

$$Q = A_1 V_1 = A_2 V_2 \tag{4-8}$$

즉 물의 속도는 유관의 단면적에 반비례한다. 여기서는 주로 물과 같은 비압축성 유체를 다루고 있으므로 상기 식을 가장 많이 사용하게 된다.
위의 식 (4-3), (4-6), (4-7)는 1차원 정상류에만 사용되는 연속방정식으로 매우 중요한 식들이다. 위 식들을 정리하면

유량의 단위는 체적유량, $Q[\mathrm{m^3/s}] = AV[\mathrm{m^2}][\mathrm{m/s}]$: 단위시간당 체적
또는 질량유량, $\dot{m}[\mathrm{kg/s}] = \rho Q = \rho AV[\mathrm{kg/m^3}][\mathrm{m^2}][\mathrm{m/s}]$: 단위시간당 질량
또는 중량유량, $\dot{G}[\mathrm{N/s}] = \rho g Q = \gamma Q[\mathrm{N/m^3}][\mathrm{m^3/s}]$: 단위시간당 중량

따라서 압축성유체의 정상흐름에서는 유관의 모든 단면을 통과하는 질량유량(또는 중량유량)이 일정하고, 비압축성 유체의 정상흐름일 때는 유관의 모든 단면을 통과하는 체적유량은 일정하다고 말할 수 있다. 이 책에서는 주로 비압축성 유체를 공부하므로 체적유량 Q가 일정한 경우를 많이 다루고 있다.

예제1

지름 100mm인 파이프에 비중 0.8인 기름이 평균 유속 4m/s로 흐를 때 기름의 질량유량은 몇 kg/s인가? (단, 물의 밀도는 1000kg/m^{3}으로 한다.)

$$\dot{m} = \rho A V = 0.8 \times 1000 \times \frac{\pi \times 01^2}{4} \times 4 = 25.13 \frac{\mathrm{kg}}{\mathrm{s}}$$

CHAPTER 4 유체운동학

예제2

중량 유량 100kg$_f$/s의 물이 원형관로를 흐르고 있다. 체적 유량을 m^3/s의 단위로 환산하고 안지름이 20cm인 관에서 15cm인 관으로 물이 흐를 때 각 관에서의 평균속도를 계산하여라.

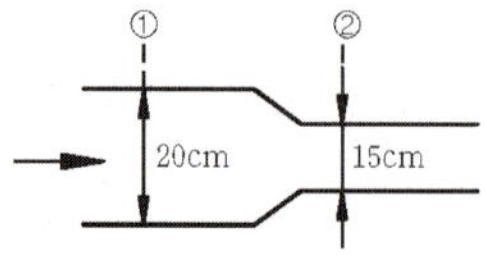

중량유량 $\dot{G} = 100\frac{kg_f}{s} = 100 \times 9.8 = 980\frac{N}{s}$

식 (4-6)에서 물의 $\gamma = 9800\frac{N}{m^3}$이므로 $980 = \gamma \cdot Q = 9800 \cdot Q$ $\quad \therefore Q = 0.1\frac{m^3}{s}$

따라서 안지름이 20cm인 관에서 평균속도는 $Q = A_1V_1 = A_2V_2$이므로 $0.1 = \frac{\pi \times 0.2^2}{4} \cdot V_1$ $\quad \therefore V_1 = 3.183\frac{m}{s}$

식 (4-8)에서 $A_1V_1 = A_2V_2$이므로 $\frac{\pi \times 0.2^2}{4} \times 3.183 = \frac{\pi \times 0.15^2}{4} \times V_2$ $\quad \therefore V_2 = 5.659\frac{m}{s}$

예제3

물이 통과하는 그림과 같은 유로에서 ③점의 속도를 구하여라.

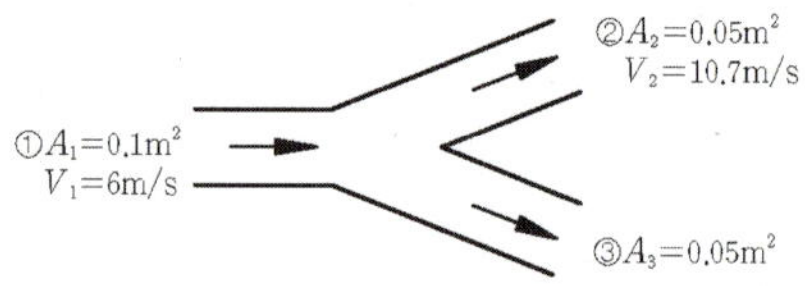

연속방정식에서 흘러 들어온 유량과 흘러 나간 유량은 같아야 하므로

$Q = A_1V_1 = A_2V_2 + A_3V_3$

$0.1 \times 6 = 0.05 \times 10.7 + 0.05 \times V_3$ $\quad \therefore V_3 = 1.3\frac{m}{s}$

예제4

안지름 50mm인 파이프에 수소가 0.02kg$_f$/sec로 흐르고 있다. 이때 수소의 압력 3kg$_f$/cm^2(a), 온도 10℃, R=43.26m/°K일 때 수소의 평균속도는 몇 m/sec인가?

이상기체 상태방정식에서 $pv_s = RT$이고 $v_s = \frac{1}{\gamma}$이므로

$\gamma = \frac{p}{RT} = \frac{3 \times 10^4}{43.26 \times (243+10)} = 2.45\frac{kg_f}{m^3}$ c=rΠt=2.45

따라서 $\dot{G} = \gamma A V$ 에서 $V = \frac{\dot{G}}{\gamma A} = \frac{0.02}{2.45 \times [\pi \times (0.05)^2/4]} = 42\frac{m}{sec}$

2 일반적 연속방정식

3차원 좌표상에서 표시된 압축성유체의 비정상 유동에 대한 연속방정식을 일반적 연속방정식이라 한다. 그림 4-13과 같이 흐름 속에 직각좌표 x, y, z를 잡고 각 방향의 속도성분을 u, v, w라 한다.

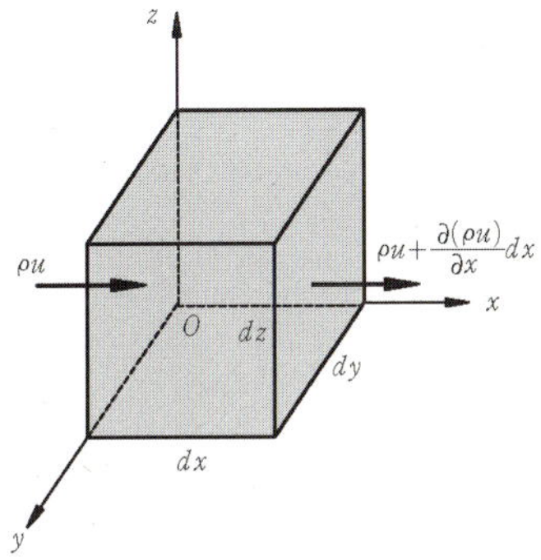

그림 4-13

그리고 흐름 속에 유체의 미소부분 $dxdydz$를 가상하여 이것을 제한체적으로 잡는다. 이러한 제한체적을 통과하는 유체에 대하여 질량보존의 법칙을 적용시켜 보자. 그림에 표시된 바와 같이 직육면체인 제한체적에 대하여 외부로부터 흘러들어 가는 질량유량에서 흘러나오는 질량유량을 뺀 것이 제한체적 내의 증가한 질량유량과 같다. 지금 x축과 수직인 면(면적 $dydz$)을 지나 단위시간에 미소체적 내로 유입하는 유체의 질량은

$$\rho udydz$$

이고, 단면 $dydz$를 통하여 흘러 나오는 질량유량은

$$\rho udydz + \frac{\partial}{\partial x}(\rho udydz)dx$$

이므로 x방향의 유량에 의한 미소체적내 질량의 증가는

$$-\frac{\partial}{\partial x}(\rho udydz)dx$$

같은 방법으로 y, z축에 대해서도 각각

$$-\frac{\partial}{\partial y}(\rho vdzdx)dy$$

$$-\frac{\partial}{\partial z}(\rho wdxdy)dz$$

가 된다. 그러므로 미소체적 $dxdydz$에 흘러 들어간 유량의 총합은 단위시간당

$$-\left[\frac{\partial(\rho u)}{\partial x}+\frac{\partial(\rho v)}{\partial y}+\frac{\partial(\rho w)}{\partial z}\right]dxdydz$$

가 된다.

한편 이러한 유입으로 인하여 미소체적 $dxdydz$ 내에서 단위시간 내에 증가한 질량은

$$\partial(\rho dxdydz)/\partial t$$

이 되므로 이것이 위 식과 같아야 한다. 따라서

$$-\left[\frac{\partial(\rho u)}{\partial x}+\frac{\partial(\rho v)}{\partial y}+\frac{\partial(\rho w)}{\partial z}\right]dxdydz=\frac{\partial(\rho\ dxdydz)}{\partial t}$$

양변을 $dxdydz$로 나누면

$$\frac{\partial\rho}{\partial t}+\frac{\partial(\rho u)}{\partial x}+\frac{\partial(\rho v)}{\partial y}+\frac{\partial(\rho w)}{\partial z}=0 \tag{4-9}$$

위 식을 일반적인 연속방정식(equation of continuity, 連續方程式)이라 한다. 비압축성 유체이면 $\rho=$일정이므로 위 식은 다음과 같이 된다.

$$\frac{\partial u}{\partial x}+\frac{\partial v}{\partial y}+\frac{\partial w}{\partial z}=0 \tag{4-10}$$

또, 식 (4-9)에서 정상류의 흐름이면 $\partial\rho/\partial t=0$이 될 것이고, 비압축성 유체의 흐름이 면 ρ는 상수로서 소거된다. 또, 2차원의 흐름이면 $w=0$이다. 따라서 정상류, 비압축성인 2차원 흐름의 경우 연속방정식은 다음과 같이 나타낸다.

$$\frac{\partial u}{\partial x}+\frac{\partial v}{\partial y}=0 \tag{4-11}$$

식 (4-10)을 벡터의 표시법으로 쓰면 더욱 간편하게 표시된다. 지금 x, y, z 방향의 단위벡터를 i, j, k라 하고 벡터연산자, ∇(gradient 또는 del)을 다음과 같이 정의한다.

$$\nabla=\boldsymbol{i}\frac{\partial}{\partial x}+\boldsymbol{j}\frac{\partial}{\partial y}+\boldsymbol{k}\frac{\partial}{\partial z}$$

그러면 속도벡터 V는

$$V=\boldsymbol{i}u+\boldsymbol{j}v+\boldsymbol{k}w$$

이고, 위의 연속방정식 (4-10)은

$$\nabla\cdot\boldsymbol{V}=0$$

이 된다. 여기서 ∇의 스칼라곱, $\nabla \cdot \boldsymbol{V}$를 속도벡터의 다이버전스(divergence)라고 한다.

예제5

다음 중에서 2차원 비압축성 유동의 연속방정식을 만족하지 않는 속도벡터는?

① $V=(2x^2+y^2)\boldsymbol{i}+(-4xy)\boldsymbol{j}$ ② $V=(4xy+y^2)\boldsymbol{i}+(6xy+3x)\boldsymbol{j}$

③ $V=(2x+3y)t\boldsymbol{i}+(x-2y)t\boldsymbol{j}$ ④ $V=(x-2y)t\boldsymbol{i}-(2x+y)t\boldsymbol{j}$

① $\nabla \cdot \boldsymbol{V}=\frac{\partial}{\partial x}(2x^2+y)+\frac{\partial}{\partial y}(-4xy)=4x-4x=0$ ∴ 만족한다.

② $\nabla \cdot \boldsymbol{V}=\frac{\partial}{\partial x}(4xy+y^2)+\frac{\partial}{\partial y}(6xy+3x)=4y+6x\neq 0$ ∴ 만족하지 않는다.

③ $\nabla \cdot \boldsymbol{V}=\frac{\partial}{\partial x}\{(2x+3y)t\}+\frac{\partial}{\partial y}\{(x-2y)t\}=2t-2t=0$ ∴ 만족한다.

④ $\nabla \cdot \boldsymbol{V}=\frac{\partial}{\partial x}\{(x-2y)t\}-\frac{\partial}{\partial y}\{(2x+y)t\}=t-t=0$ ∴ 만족한다.

예제6

속도성분이 $u=6x+y$, $v=-6y$로 주어진 흐름이 있다. 이 흐름이 2차원 정상류임을 확인하여라.

2차원 정상류의 조건식 (4-11)에서 $\frac{\partial u}{\partial x}=6$, $\frac{\partial v}{\partial y}=-6$이므로 이 흐름은 2차원 정상류이다.

예제7

어떤 비압축성 유체의 2차원 정상흐름이 $u=4x$, $v=-4y$로 표시된다. 이 흐름이 가능한가를 밝히고, 유선의 방정식을 구하여라.

연속방정식을 만족하면 이 흐름은 가능하다.

식 (4-11)에서 $\frac{\partial}{\partial x}(4x)+\frac{\partial}{\partial y}(-4y)=4-4=0$

따라서 이 흐름은 가능하다.

유선의 방정식 (4-13)에 대입하면 $\frac{dx}{dy}=\frac{4x}{-4y}$이다. 적분하면 $xy=C$

이것은 x축과 y축을 점근선으로 하는 직각쌍곡선의 유선이다.

4-6 : 유선과 유관

흐르고 있는 유체입자는 각 지점마다 속도벡터를 가지고 있으며 이 속도벡터의 접선을 연결한 선을 유선(stream line, 流線)이라 한다. 즉 유선은 유체입자가 운동하는 경로를 말한다. 다시 말하면 유체흐름의 공간에서 어느 순간에 각 점에서의 속도방향과 접선방향이 일치하는 연속적인 가상곡선을 유선이라고 한다. 유체입자는 언제나 유선방향으로 운동하게 된다.

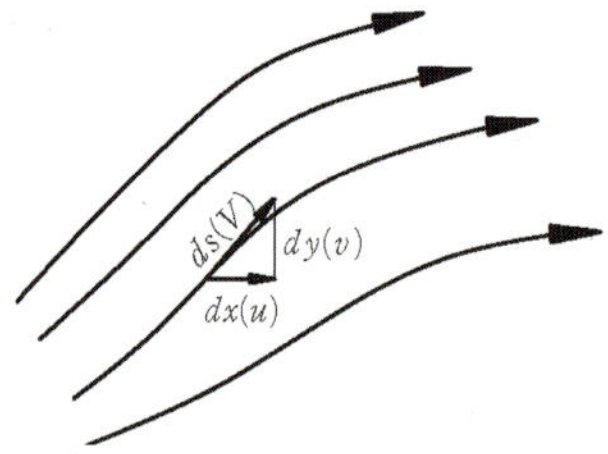

그림 4-14 유선

그림 4-14와 같은 2차원 흐름에서 유선의 방정식을 생각해 보자. 지금 유선상의 미소길이를 가진 길이벡터를 $\boldsymbol{ds}$라 하면 $\boldsymbol{ds}$의 방향은 속도 $\boldsymbol{V}$의 방향과 일치하므로 이것을 벡터식으로 표시하면

$$\boldsymbol{V} \times \boldsymbol{ds} = 0 \tag{4-12}$$

이 된다. 왜냐하면 $\boldsymbol{V} \times \boldsymbol{ds} = V \cdot ds \cdot \sin\theta = 0$이므로 $\theta = 0$, 즉 $\boldsymbol{V}$와 $\boldsymbol{ds}$의 방향이 서로 일치한다는 말이기 때문이다. 또한

$$\boldsymbol{ds} = dx\boldsymbol{i} + dy\boldsymbol{j}$$

$$\boldsymbol{V} = u\boldsymbol{i} + v\boldsymbol{j}$$

이므로 $\boldsymbol{ds}$와 $\boldsymbol{V}$의 방향이 일치하면 기울기가 서로 같아지므로

$$\frac{dy}{dx} = \frac{v}{u}$$

즉 2차원인 경우

$$\frac{dx}{u} = \frac{dy}{v}$$

가 된다. 이 식을 3차원으로 나타내면

$$\frac{dx}{u} = \frac{dy}{v} = \frac{dz}{w} \tag{4-13}$$

이것이 유선을 나타내는 미분방정식이다.

예제8

2차원 유동장에서 속도장이 다음과 같이 주어졌다.

$$V = 5yi + j$$

이때, 점(2.1)에서 유선의 기울기와 유속을 구하라.

유선의 방정식에서 $\frac{dx}{5y} = \frac{dy}{1}$ 이므로 $\frac{dy}{dx}|_{(2.1)} = \frac{1}{5y}|_{(2.1)} = \frac{1}{5}$

유속, $|V| = \sqrt{u^2 + v^2} = \sqrt{(5\times 1)^2 + 1^2} = 5.1\frac{\text{m}}{\text{s}}$

정상류 속에는 많은 유선의 묶음을 생각할 수 있다. 이 유선의 묶음을 유관(stream tube, 流管)이라 한다. 정상류에서 폐곡선을 통과하는 몇 개의 유선을 그리면 속도는 항상 경계에 대하여 접선방향이므로 유선들은 유체입자들이 지나갈 수 없는 경계면을 형성한다. 이와 같이 폐곡선을 통과한 유선들에 의해 형성된 공간을 유관이라 한다.

그리고 유관은 흐르는 유체 중에서의 가상적인 관이지만 유관개념을 이용하면 유체 중의 자유물체도를 생각하는 데 편리하다. 예컨대 미소단면적의 유관은 실질적으로 하나의 유선과 같으며 하나의 유선은 작은 유관으로 생각할 수 있다.

유적선(path line, 流跡線)이란 주어진 한 유체입자가 움직이는 경로를 말한다. 유적선은 하나의 유체입자가 지나간 자취를 말한다. 정상류 속에 물감을 넣으면 유체가 흐르는 모습을 볼 수 있다. 이 선은 유체입자의 경로를 나타낸 것으로서 이것이 유적선이다. 정상류일 때 유선은 시간에 관계없이 공간에 고정되며 유적선과 일치한다.

유맥선(streak line, 流脈線)이란 유체의 흐름 속에 고정된 한 점을 통과한 유체입자의 궤적선이다. 유맥선은 유동장의 한 점에서 계속적으로 물감을 공급한 후 조금 지난 후에 사진촬영함으로써 얻을 수 있다.

4-7 : 유량함수(Stream Function)

2차원 흐름의 경우 유선에 대한 고찰은 연속방정식과 연관 지을 수 있다. 비압축성 유동의 경우 연속방정식은

$$\frac{\partial u}{\partial x} + \frac{\partial v}{\partial y} = 0$$

위 식은 새로운 함수 Ψ를 도입함에 의해서 자동적으로 만족시킬 수 있다. 즉

$$u = -\frac{\partial \Psi}{\partial y}$$

$$v = \frac{\partial \Psi}{\partial x}$$

라 두면 연속방정식이 만족함을 알 수 있다. 여기서 $\Psi = f(x, y)$를 유량함수(Stream Function)라 한다. Ψ의 전미분은

$$d\Psi = \frac{\partial \Psi}{\partial x}dx + \frac{\partial \Psi}{\partial y}dy$$

이므로

$$d\Psi = vdx - udy$$

따라서 $d\Psi = 0$이면 상기한 유선의 방정식 (4-13)을 얻을 수 있다. 즉 Ψ가 일정한 값을 가지는 선을 유선(stream line)이라 한다.

4-8 : 운동방정식

1 오일러(Euler)의 운동방정식

비압축성 유체의 1차원 흐름에 대하여 뉴턴의 운동 제2법칙을 적용하여 유체입자의 운동방정식을 구해보고자 한다. 오일러(Euler, 1750년)는 처음으로 유체운동에 뉴턴의 운동법칙을 적용하여 유체동역학의 해석적 연구에 기초를 세웠다. 그림 4-15와 같이 유선상을 따라 흐르는 실린더상의 유체요소를 생각해 보자.

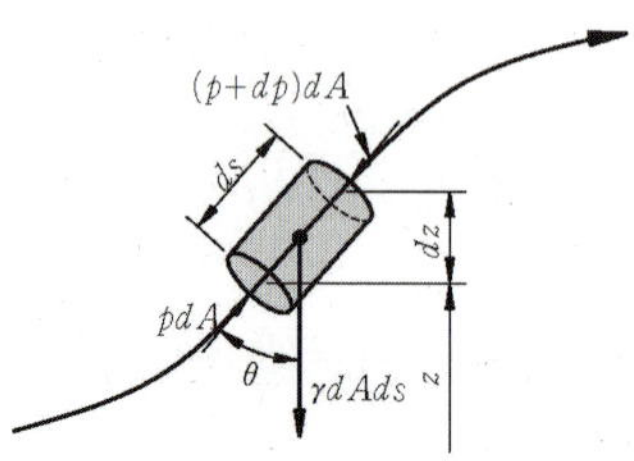

그림 4-15

유선상의 길이좌표를 s라 하고 위치좌표를 z라 하자.
단면적이 dA이고 길이가 ds인 미소요소에 작용하는 외력의 흐름방향 성분의 합, ΣF_s는 미소유관의 질량 dm과 흐름방향의 가속도 a_s와의 곱과 같다.

$$\Sigma F_s = dm \cdot a_s \tag{4-14}$$

유체요소에 걸리는 힘은 편의상 마찰력을 무시하면 압력에 의한 힘과 유체의 자중에 의한 힘밖에 없다.

$$\Sigma F_s = \underbrace{pdA-(p+dp)dA}_{\text{압력에 의한 힘}} - \underbrace{\gamma ds dA\left(\frac{dz}{ds}\right)}_{\text{유체요소의 무게}} = -dpdA - \gamma dAdz$$

여기서 유체요소의 무게는 흐름방향 성분만을 고려한 것이다($\cos\theta = dz/ds$).
한편 흐름방향으로 생기는 가속도 $a_s = \frac{dV}{dt} = \frac{dV}{ds}\frac{ds}{dt} = V\frac{dV}{ds}$이고 질량 $dm = \rho(dA \cdot ds)$이므로 식 (4-14)로부터

$$-dpdA - \gamma dAdz = \rho dAds\, V\frac{dV}{ds}$$

양변을 $-\rho dA$로 나누면

$$\frac{dp}{\rho} + VdV + gdz = 0 \tag{4-15}$$

위 식을 오일러의 운동방정식(Euler's equation of motion)이라 한다. 오일러 방정식은 유선을 따라 흐르는 마찰력이 없는 이상유체의 정상유동에만 적용되는 식이다. 위의 방정식은 운동방정식의 일반적인 형태인 나비에르-스토크스(Navier-stokes) 방정식의 특수한 경우로서 비점성이며 1차원적인 유동에 관한 운동방정식이다. 이것은 유선 또는 미소단면적의 유관을 따라 움직이는 비점성유체의 요소에 뉴턴의 운동 제2법칙을 적용하여 얻은 미분방정식이다.
오일러의 운동방정식은 상기 식을 g로 나누어서

$$\frac{dp}{\gamma} + d\left(\frac{V^2}{2g}\right) + dz = 0 \tag{4-16}$$

로 나타내기도 한다.
여기서 명심해야 할 것은 상기의 오일러 방정식은 다음과 같은 가정하에서 유도되었다는 것이다.

- 유체입자는 유선에 따라 움직인다.
- 유체는 마찰력, 즉 점성력이 없다.
- 정상유동이다.

2 실질미분 및 실질가속도

유체입자 또는 유체요소의 속도(u)는 시간(t)와 거리(s)의 함수이다. 따라서

$$u = f(t,\ s) \tag{4-17}$$

유체입자의 가속도는 속도를 미분함으로써 얻을 수 있다. 속도 u의 전미분은

$$du = \frac{\partial u}{\partial t}dt + \frac{\partial u}{\partial s}ds$$

미소 시간, dt로 나누면

$$\frac{du}{dt} = \frac{\partial u}{\partial t}\frac{dt}{dt} + \frac{\partial u}{\partial s}\frac{ds}{dt} = \frac{\partial u}{\partial t} + u\frac{\partial u}{\partial s}$$

여기서 실질가속도, $a = \dfrac{du}{dt}$이고 $u = \dfrac{ds}{dt}$이므로 위 식으로부터

$$a = \frac{\partial u}{\partial t} + u\frac{\partial u}{\partial s} \tag{4-18}$$

실질가속도 = 순간가속도 + 대류가속도

(substantial derivative) = (local derivative) + (convective derivative)

우리가 다루고자 하는 것은 정상유동이다$\left(\text{즉 } \dfrac{\partial u}{\partial t}=0 \text{ 경우}\right)$. 입자운동과 달리 유체의 정상유동에서는 $\dfrac{\partial u}{\partial t}=0$이라 할지라도 유체흐름의 단면이 변하면 $u\dfrac{\partial u}{\partial s}$가 0이 아니므로 실질가속도 a는 존재한다.

이제 유체의 운동을 관찰하기 위하여 3차원계에서 유체의 흐름을 생각해 보자. 속도는 시간과 위치에 따라 달라지므로 x, y, z, t의 함수이다.

$$u = u(x,\ y,\ z,\ t)$$
$$v = v(x,\ y,\ z,\ t)$$
$$w = w(x,\ y,\ z,\ t)$$

여기서 u, v, w는 유속을 V라 할 때 V의 x, y, z 방향 속도성분을 말한다. 유속을 V, 위치를 $s(x,\ y,\ z)$로 나타내면

$$V = f(s,\ t) = f(x,\ y,\ z,\ t) = V(x,\ y,\ z,\ t)$$

가 된다. 그러면 속도의 전미분은

$$dV = \frac{\partial V}{\partial x}dx + \frac{\partial V}{\partial y}dy + \frac{\partial V}{\partial z}dz + \frac{\partial V}{\partial t}dt$$

양변을 dt로 나누면

$$\frac{dV}{dt}=\frac{\partial V}{\partial x}\frac{dx}{dt}+\frac{\partial V}{\partial y}\frac{dy}{dt}+\frac{\partial V}{\partial z}\frac{dz}{dt}+\frac{\partial V}{\partial t}\frac{dt}{dt}$$

여기서 $\frac{dx}{dt}=u$, $\frac{dy}{dt}=v$, $\frac{dz}{dt}=w$ 이고 $a=\frac{dV}{dt}$이므로

$$a=u\frac{\partial V}{\partial x}+v\frac{\partial V}{\partial y}+w\frac{\partial V}{\partial z}+\frac{\partial V}{\partial t} \tag{4-19}$$

각 방향의 가속도 $a(a_x,\ a_y,\ a_z)$를 속도성분 $V(u,\ v,\ w)$를 대입하여 정리하면

$$\begin{aligned} a_x &= u\frac{\partial u}{\partial x}+v\frac{\partial u}{\partial y}+w\frac{\partial u}{\partial z}+\frac{\partial u}{\partial t} \\ a_y &= u\frac{\partial v}{\partial x}+v\frac{\partial v}{\partial y}+w\frac{\partial v}{\partial z}+\frac{\partial v}{\partial t} \\ a_z &= u\frac{\partial w}{\partial x}+v\frac{\partial w}{\partial y}+w\frac{\partial w}{\partial z}+\frac{\partial w}{\partial t} \end{aligned} \tag{4-20}$$

이것은 오일러의 해석방법에 따른 유체입자의 실질가속도이다.

3 나비에르-스토크스 방정식

오일러의 운동 방정식을 3차원으로 나타내고 실제의 유체가 가진 점성력을 고려하여 나타낸 운동방정식은 층류유동에 대한 점성유동의 운동방정식이 된다.

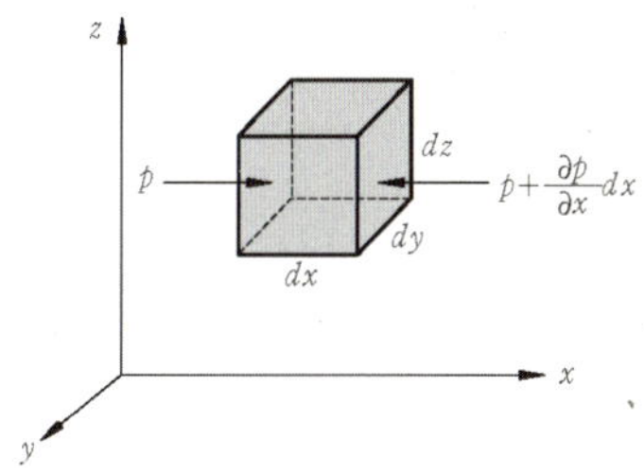

그림 4-16

그림 4-16과 같이 유체의 미소체적($dx \cdot dy \cdot dz$)를 3차원 유동장에서의 제한체적으로 생각한다. 유체의 단위질량에 작용하는 x, y, z 방향에 대한 분력(分力)을 f_x, f_y, f_z라 하면 $f_x\rho dxdydz$, $f_y\rho dxdydz$, $f_z\rho dxdydz$를 각 방향에 대한 질량력(body force, 質量力)이라 한다. 그러나 이 미소체적에 작용하는 힘은 질량력과 압력에 의한 힘의 두 가지가 있으며 유동하고 있는 유체에서는 운동하고 있는 각 방향에 대한 힘의 차에 의해서 가속도가 발생한다.

뉴턴의 운동법칙을 적용하여 각 방향에 대한 운동방정식을 유도하면 다음과 같다. x 방향 성분만 생각하면

$$pdydz + f_x \rho dxdydz - \left(p + \frac{\partial p}{\partial x}dx\right)dydz = \rho dxdydza_x$$

정리하면

$$f_x - \frac{1}{\rho}\frac{\partial p}{\partial x} = a_x \tag{4-21}$$

마찬가지로 y 방향성분은

$$\rho dxdz + f_y \rho dxdydz - \left(p + \frac{\partial p}{\partial y}dy\right)dzdz = \rho dxdydza_y$$

정리하면

$$f_y - \frac{1}{\rho}\frac{\partial p}{\partial y} = a_y \tag{4-22}$$

z 방향은

$$pdxdy + f_z \rho dxdydz - \left(p + \frac{\partial p}{\partial z}dz\right)dxdy = \rho dxdydza_x$$

정리하면

$$f_z - \frac{1}{\rho}\frac{\partial p}{\partial z} = a_z \tag{4-23}$$

위의 결과를 식 (4-20)에 대입하여 정리하면

$$f_x - \frac{1}{\rho}\frac{\partial p}{\partial x} = u\frac{\partial u}{\partial x} + v\frac{\partial u}{\partial y} + w\frac{\partial u}{\partial z} + \frac{\partial u}{\partial t} \tag{4-24}$$

$$f_y - \frac{1}{\rho}\frac{\partial p}{\partial y} = u\frac{\partial v}{\partial x} + v\frac{\partial v}{\partial y} + w\frac{\partial v}{\partial z} + \frac{\partial v}{\partial t} \tag{4-25}$$

$$f_z - \frac{1}{\rho}\frac{\partial p}{\partial z} = u\frac{\partial w}{\partial x} + v\frac{\partial w}{\partial y} + w\frac{\partial w}{\partial z} + \frac{\partial w}{\partial t} \tag{4-26}$$

이것은 3차원 직교평면 좌표계에서 나타낸 오일러의 운동방정식이다. 점성력을 포함한 운동방정식은 정상류, 비압축성 유동의 경우,

$$\frac{Du}{Dt} = -\frac{1}{\rho}\frac{\partial p}{\partial x} + f_x + \frac{\mu}{\rho}\left(\frac{\partial^2 u}{\partial x^2} + \frac{\partial^2 u}{\partial y^2} + \frac{\partial^2 u}{\partial z^2}\right) \tag{4-27}$$

$$\frac{Dv}{Dt}=-\frac{1}{\rho}\frac{\partial p}{\partial y}+f_y+\frac{\mu}{\rho}\left(\frac{\partial^2 v}{\partial x^2}+\frac{\partial^2 v}{\partial y^2}+\frac{\partial^2 v}{\partial z^2}\right)$$

$$\frac{Dw}{Dt}=-\frac{1}{\rho}\frac{\partial p}{z}+f_z+\frac{\mu}{\rho}\left(\frac{\partial^2 w}{\partial x^2}+\frac{\partial^2 w}{\partial y^2}+\frac{\partial^2 w}{\partial z^2}\right)$$

여기서 미분 연산자

$$\frac{D}{Dt}=\frac{\partial}{\partial t}+u\frac{\partial}{\partial x}+u\frac{\partial}{\partial y}+w\frac{\partial}{\partial z}$$

를 나타낸다. 상기 식 (4-27)을 나비에르-스토크스 방정식(Navier-Stokes Equation)이라 한다. 이 식은 흐름이 층류일 때만 적용되는 일반식으로서 점성유동에서의 기초방정식이 된다.

따라서 2차원 유동에 대한 나비에르-스토크스 방정식은

$$\frac{\partial u}{\partial t}+u\frac{\partial u}{\partial x}+v\frac{\partial u}{\partial y}=-\frac{1}{\rho}\frac{\partial p}{\partial x}+\nu\left(\frac{\partial^2 u}{\partial x^2}+\frac{\partial^2 u}{\partial y^2}\right) \tag{4-28}$$

$$\frac{\partial v}{\partial t}+u\frac{\partial v}{\partial x}+v\frac{\partial v}{\partial y}=-\frac{1}{\rho}\frac{\partial p}{\partial y}+\nu\left(\frac{\partial^2 v}{\partial x^2}+\frac{\partial^2 v}{\partial y^2}\right)$$

이 된다.

4-9 : 회전, 와도 및 순환

그림 4-17과 같이 유체요소 dx, dy의 z축에 대한 회전율은 x, y축에 대한 속도 성분 u, v와 그 변화량으로 나타낼 수 있다. 시계 반대방향을 양의 값으로 정하면 dx면의 회전속도 변화율은

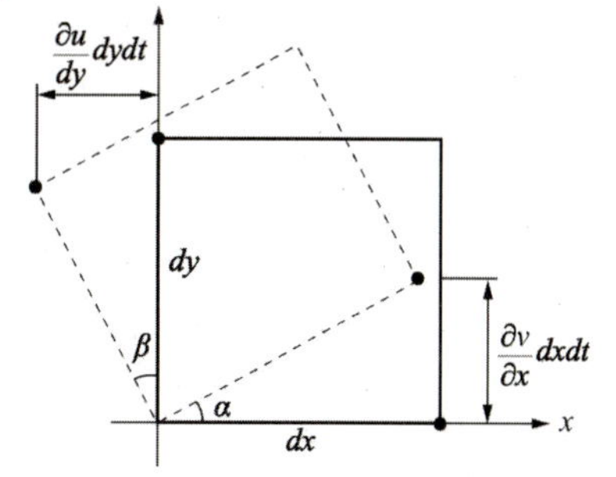

그림 4-17 유체요소의 회전

$$\dot{\alpha}=\frac{\alpha}{dt}=\frac{\frac{\partial v}{\partial x}dxdt\frac{1}{dx}}{dt}=\frac{\partial v}{\partial x}$$

dy면의 회전속도 변화율은

$$\dot{\beta}=\frac{\beta}{dt}=\frac{-\frac{\partial u}{\partial y}dydt\frac{1}{dy}}{dt}=-\frac{\partial u}{\partial y}$$

여기서 "−" 부호는 시계 반대방향을 양으로 정했기 때문이다. 그러면 z축에 대한 순회전율은 상기한 값의 평균이므로

$$\omega_z = \frac{1}{2}\left(\frac{\partial v}{\partial x} - \frac{\partial u}{\partial y}\right)$$

마찬가지 방법으로 x, y축에 대한 값은

$$\omega_z = \frac{1}{2}\left(\frac{\partial w}{\partial y} - \frac{\partial v}{\partial z}\right)$$

$$\omega_y = \frac{1}{2}\left(\frac{\partial u}{\partial z} - \frac{\partial w}{\partial x}\right)$$

벡터표시법으로 나타내면

$$\omega = \frac{1}{2}(\nabla \times \boldsymbol{V})$$

여기서 $\nabla \times \boldsymbol{V}$는 속도벡터의 컬(curl)이라 하며, 와도(vorticity), $\boldsymbol{\xi}$라 한다. 즉

$$\boldsymbol{\xi} = 2\omega = \nabla \times \boldsymbol{V}$$

여기서

$$\nabla \times \boldsymbol{V} = \text{curl } \boldsymbol{V} = \begin{vmatrix} \boldsymbol{i} & \boldsymbol{j} & \boldsymbol{k} \\ \dfrac{\partial}{\partial x} & \dfrac{\partial}{\partial y} & \dfrac{\partial}{\partial z} \\ u & v & w \end{vmatrix}$$

$$\nabla \times \boldsymbol{V} = \boldsymbol{i}\left(\frac{\partial w}{\partial y} - \frac{\partial v}{\partial z}\right) + \boldsymbol{j}\left(\frac{\partial u}{\partial z} - \frac{\partial w}{\partial x}\right) + \boldsymbol{k}\left(\frac{\partial v}{\partial x} - \frac{\partial u}{\partial y}\right)$$

흐르는 유체 내에 두 점 A, B를 임의곡선으로 연결하고, 그 곡선을 C라 하면 곡선 C를 따라 행한 속도의 선적분,

$$\int_A^B \boldsymbol{V} \cdot \boldsymbol{ds} = \int_A^B \boldsymbol{V_s} \cdot \boldsymbol{ds} = \int_A^B (u dx + v dy + w dz)$$

를 곡선 C를 따르는 흐름이라 정의한다. 특히 곡선 C가 폐곡선일 때

$$\Gamma = \oint_C \boldsymbol{V} \cdot \boldsymbol{ds} = \oint (u dx + v dy + w dz)$$

를 C를 따르는 순환(Circulation)이라 한다. Stoke의 정리에 의하면

$$\Gamma = \oint_C \boldsymbol{V} \cdot \boldsymbol{ds} = \iint_A \nabla \times \boldsymbol{V} \cdot \boldsymbol{dA}$$

비회전유동에서는 $\nabla\times \boldsymbol{V}=0$이므로 순환, $\Gamma=0$이 된다.

임의 형상의 단면을 가지는 물체 주위를 흐르는 2차원 비압축성 정상유동에서는 순환 Γ만 존재하면 물체에 작용하는 양력은

$$F_{lift}=\rho V_0\Gamma$$

가 된다. 이것을 쿠타 주코프스키(Kutta-Joukowsky)의 정리라 한다.

4-10 : 에너지 방정식(베르누이 방정식)

1장에서 배운 에너지보존의 법칙에 의해서 어떤 물체가 움직이는 동안 에너지의 손실을 무시할 때 물체가 가진 전체 에너지, 즉 운동에너지, 위치에너지, 압력에너지의 총량은 변함이 없고 이 세 가지 에너지끼리 서로 주고받을 뿐이다.

관속을 흐르는 유체의 에너지는 유체가 가진 속도를 v, 기준면으로부터 높이를 z, 압력을 p라 할 때,

- 위치에너지(potential energy)$=mgz$
- 운동에너지(kinetic energy)$=\frac{1}{2}mV^2$
- 압력에너지(pressure energy)$=\frac{m}{\rho}p$

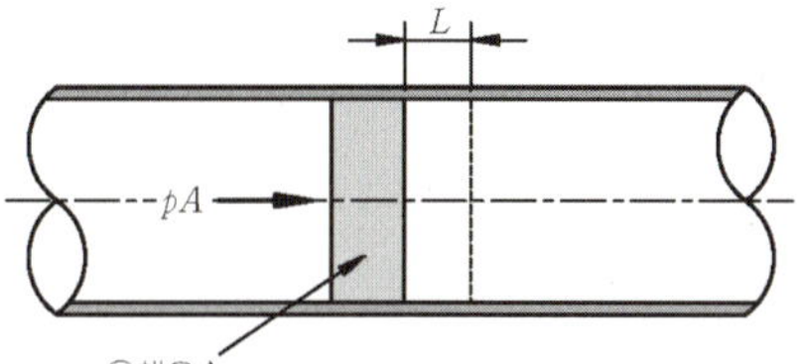

그림 4-18 관속의 흐름

위에서 압력에너지는 유동에너지(flow energy) 또는 유동일(flow work)이라고도 하며 아래와 같이 설명될 수 있다. 그림 4-18과 같이 유체요소가 단면적이 A이고 압력 p가 걸려 있는 관속을 흐르고 있을 때 유체요소에 작용하는 힘은 pA이다. 유체가 흐른다는 것은 유체요소가 이러한 힘을 이겨내면서 움직이고 있는 것이다. 그러므로 유체가 하는 일, W는 힘과 거리를 곱한 양이므로

$$W=pA\times L=p\nu$$

여기서 ν는 유체가 이동한 부분의 부피이다. 밀도 $\rho = m/\nu$이므로 압력에너지는

$$W = \frac{m}{\rho}p$$

이 된다.

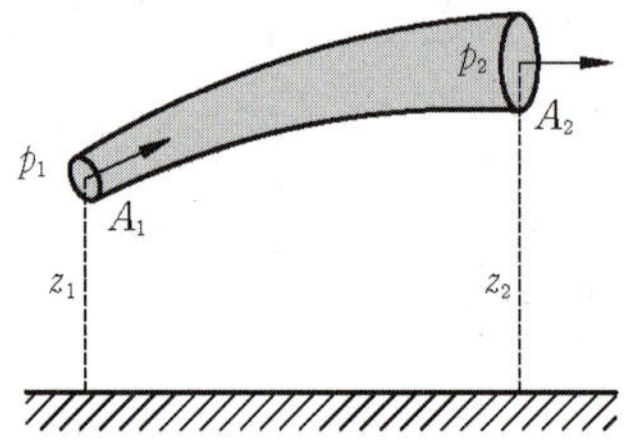

그림 4-19

그림 4-19와 같이 단면이 A_1에서 A_2로 변하는 굽은 관 속을 비압축성 유체가 정상류로 흐르고 있다고 하자. 같은 유선상에 있는 상류점 1과 하류점 2 사이에 관마찰로 인한 에너지 손실을 무시하면 1점에서 단위시간당 유입한 에너지의 총량은 2점에서 유출한 에너지의 총량과 같다.

$$\frac{mV_1^2}{2} + \frac{m}{\rho}p_1 + mgz_1 = \frac{mV_2^2}{2} + \frac{m}{\rho}p_2 + mgz_2$$

양변을 중량인 mg로 나누면

$$\frac{V_1^2}{2g} + \frac{p_1}{\gamma} + z_1 = \frac{V_2^2}{2g} + \frac{p_2}{\gamma} + z_2 \tag{4-29}$$

$$\therefore \boxed{\frac{V^2}{2g} + \frac{p}{\gamma} + z = \text{일정[m]}} \tag{4-30}$$

위 식은 에너지 방정식으로서 베르누이 방정식(Bernoulli's equation)으로 알려져 있다. 위 식의 단위는 단위중량당 에너지 [N·m/N]=[m]이다. 단위중량당 에너지를 수두(head, 水頭) 또는 양정(揚程)이라 한다. 각 항의 의미는 아래와 같다.

$$\therefore \underset{\text{속도수두}}{\frac{V^2}{2g}} + \underset{\text{압력수두}}{\frac{p}{\gamma}} + \underset{\text{위치수두}}{z} = \text{총수두}$$

위 식에 의하면 유체가 가진 에너지의 총량은 변함이 없다는 것이다. 따라서 베르누이 방정식이 가지는 뜻은 "유선상의 임의의 한 점에서 단위중량당(또는 질량당)의 유체가 가지는 속도, 압력, 위치에너지의 합은 일정하다."는 것이다.

예제9

유동하는 물의 속도가 10[m/sec], 압력이 1.05 기압이다. 속도수두와 압력수두는 각각 얼마인가?

$$\frac{V_2}{2g}=\frac{(10)^2}{2\times 9.8}=5.1[\mathrm{m}],\quad \frac{P}{\gamma}=\frac{1.05\times 10^4}{1000}=10.5[\mathrm{m}]$$

예제10

어떤 파이프 내에 물의 속도가 9.8m/sec, 압력이 147kPa이다. 이 파이프가 기준면으로부터 3m 위에 있다면 전수두는 얼마인가?

압력수두 : $p/\gamma=(147\times 10^3)/9800=15\mathrm{m}$
속도수두 : $V^2/2g=9.8^2/(2\times 9.8)=4.9\mathrm{m}$
위치수두 : $z=3\mathrm{m}$
따라서 전수두 $H=15+4.9+3=22.9\mathrm{m}$

예제11

수평으로 둔 공기의 수송관의 단면적이 0.68[m^2]에서 0.18[m^2]로 감소하고 있다. 손실이 없는 것으로 하여 0.68[kg/sec]의 공기(비중량 1.23[kg/m^2])가 흘렀을 때 압력의 감소는 몇 kg/m^2인가?

$$Q=\frac{G}{\gamma}=\frac{0.68}{1.23}=0.553\mathrm{m/sec},\quad V_1=\frac{0.553}{0.68}=0.813\mathrm{m/sec},\quad V_2=\frac{0.553}{0.18}=3.07\mathrm{m/sec}$$

Bernoulli의 식을 단면 ① 또는 ② 사이에 세우면 $\frac{P_1}{\gamma}+\frac{V_1^2}{2g}=\frac{P_2}{\gamma}+\frac{V_2^2}{2g}$

$$\therefore\ \frac{P_1-P_2}{\gamma}=\frac{V_2^2-V_1^2}{2g}=\frac{(3.07)^2-(0.813)^2}{2\times 9.8}=0.447[\mathrm{m}]$$

따라서 $(P_1-P_2)=\gamma\times 0.447=1.23\times 0.447=0.55[\mathrm{kg/m^2}]$

베르누이 방정식은 에너지 보존의 원리를 말해 주는 방정식이다. 이것은 실제유체의 관내 유동을 해석하는 데 기본이 되는 매우 중요한 식이다. 상기 식은 이상유체에 적용되는 식으로서 관마찰로 인한 에너지 손실이 없는 경우라는 것을 유의해야 한다. 즉 베르누이 방정식은 비점성이고 비압축성인 유체에만 적용되는 식이다. 또한 유체에 작용하고 있는 외력은 중력과 압력뿐이다. 실제유체에서는 유체와 물체 표면과의 점성으로 인한 마찰력 때문에 에너지의 손실을 가져온다. 이러한 손실수두를 포함한 베르누이 방정식은 다음 절에서 설명하기로 한다. 위 식에서 압력값은 절대압력이나 계기압력 모두 다 사용할 수 있는데 주의할 것은 양변에 모두 일치되게 사용해야 한다는 것이다.

베르누이 방정식의 가정범위

- 비점성, 비압축성이다.
- 1차원, 정상유동이다.
- 유선을 따라 흐른다.
- 외력은 중력과 압력만을 고려한다.

베르누이식은 오일러의 운동방정식으로부터 구해질 수도 있다. 식 (4-16)을 적분하면

$$\int \frac{dp}{\gamma} + \int d\left(\frac{V^2}{2g}\right) + \int dz = \text{일정}$$

비압축성 유체에 대해서는 비중량 γ이 일정하므로 상기 식은 식 (4-30)과 같다. 식 (4-30)에 ρg를 곱하면

$$\frac{\rho V_1^2}{2} + p_1 + \rho g z_1 = \frac{\rho V_2^2}{2} + p_2 + \rho g z_1 \quad (4\text{-}31)$$

$$\frac{\rho V^2}{2} + p + \rho g z = \text{일정}[\mathrm{N/m^2}] \quad (4\text{-}32)$$

이것은 베르누이 방정식을 압력의 단위[N/m^2]로 나타낸 식이다.

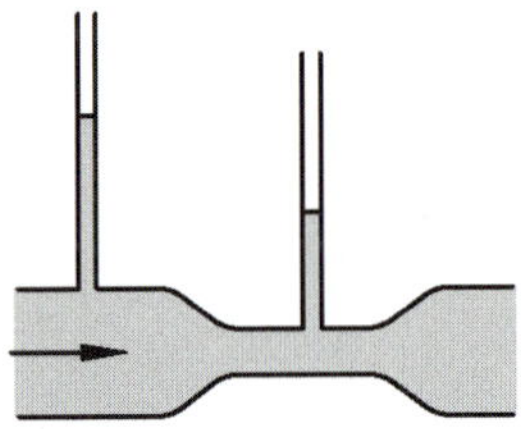

그림 4-20

베르누이 방정식의 일례를 들면 유체는 지름이 작은 관으로 흘러들어 갈 때 연속방정식으로부터 그 속력이 커진다. 그림 4-20과 같이 단면이 변화하는 관속을 유체가 흐를 때 지름이 작은 부분에서는 유리관의 물기둥의 높이가 내려감을 관찰할 수 있을 것이다. 이것은 유체의 흐름이 빠른 곳은 유체의 압력이 작고 유체의 흐름이 느린 곳은 유체의 압력이 크다는 것을 나타내 준다. 이러한 관계를 베르누이의 원리라 한다. 수평한 정상류에서 유선 위의 임의의 점의 속도를 v, 그 점에서의 유체의 압력을 p, 유체의 밀도를 ρ라 하면 식 (4-32)에서 $p+\frac{1}{2}\rho V^2$는 일정하다. 또한 유선 위에서 유체가 정지하고 있는 점을 하첨자 0으로 타나내면 유체의 압력은 p_0이고 유속 $V_0=0$이므로 $p_0 = p+\frac{1}{2}\rho V^2$이다. 즉 정상류에서 유속이 빠른 곳의 압력은 작고 유속이 느린 곳의 압력은 크다.

우리들이 가정에서 사용하는 분무기는 베르누이의 원리를 이용한 것이다. 그림 4-21과 같이 물이 관

속으로 올라오는 이유는 불어 나온 공기의 속도가 끝 A점에서 빨라진다. 따라서 그 점의 압력은 대기압보다 작아지고 또 병 속의 액면의 압력은 대기압과 같으므로 이 압력의 차이로 인해서 액체는 가는 관속에 올라와서 바깥으로 뿌려진다.

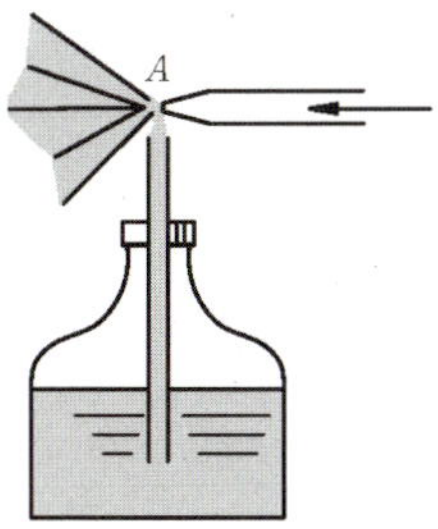

그림 4-21

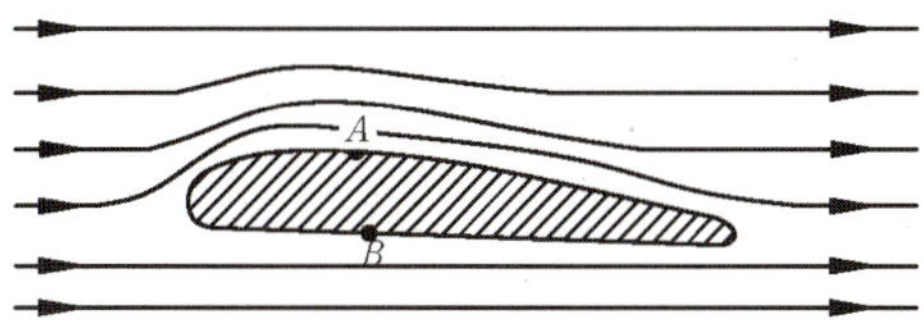

그림 4-22 비행기 날개 주위의 흐름

그림 4-22와 같이 비행기의 날개 부근의 유선을 보면 날개 위쪽을 지나는 유선은 그 경로가 아래쪽에 비해서 길어지기 때문에 속도는 커진다. 따라서 베르누이의 정리에 의해서 $p+\frac{1}{2}\rho V^2$의 값은 어디서나 일정하므로 A점의 압력은 B점의 압력보다 작아진다. 이것이 비행기의 무게와 평형을 이루고 수평으로 날고 있는 것이다.

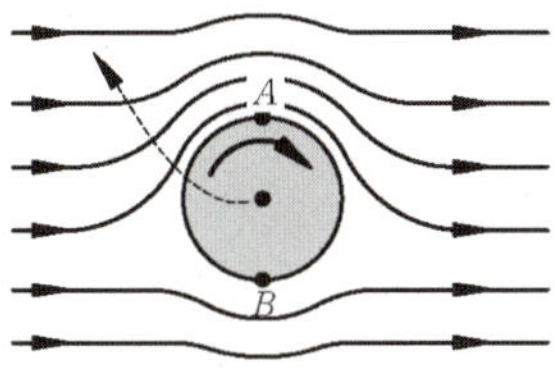

그림 4-23 공 주위의 흐름

야구공의 커브를 생각해 보자. 그림 4-23과 같이 야구공이 피처에 의해 스핀을 먹고 오른쪽으로 회전하면서 날아갈 때 공이 어느 쪽으로 휘어지겠는가? 그림의 A점에서는 진행기류와 회전기류의 방향이 같으므로 유속이 빨라지고 B점에서는 두 기류의 방향이 다르기 때문에 유속은 작아진다. 따라서 A점에서의 압력은 B점의 압력보다 작아지므로 야구공은 그림에서 점선과 같이 A점 쪽으로 휘어지게 되는 것이다.

베르누이식 (4-30)에서 압력수두와 위치수두만을 더한 값($p/\gamma+z$)를 피에조미터수두(piezometer head)라 한다. 수력구배선(hydraulic grade line(HGL), 水力勾配線)이란 이러한 피에조미터수두의 크기를 나타낸 값으로서 그림 4-24와 같이 유선상에서 피조미터의 물기둥 높이를 연결한 선을 말한다. 에너지선(energy line, EL)이란 전체수두의 크기, 즉 ($p/\gamma+z+V^2/2g$)의 값을 연결한 선을 말한다. 따라서 에너지선에서 속도수두 ($V^2/2g$)을 뺀 값이 수력구배선이 된다. 즉 수력구배선은 항상 에너지선보다 속도수두 $V^2/2g$만큼 아래에 위치한다. 만일 유체가 관속을 흐르면서 마찰손실이 없다고 가정하면 그림 4-24와 같이 에너지선은 수평선으로 그어지게 된다. 그러나 실제의 유동에서는 관마찰손실이 존재하므로 EL은 내려가게 되며 제8장의 실제유체의 흐름에서 다루게 될 것이다.

- 수력구배선(HGL) : $\left(\dfrac{p}{\rho g}+z\right)$의 값을 연결한 선
- 에너지선(EL) : $\left(\dfrac{V^2}{2g}+\dfrac{p}{\rho g}+z\right)$의 값을 연결한 선

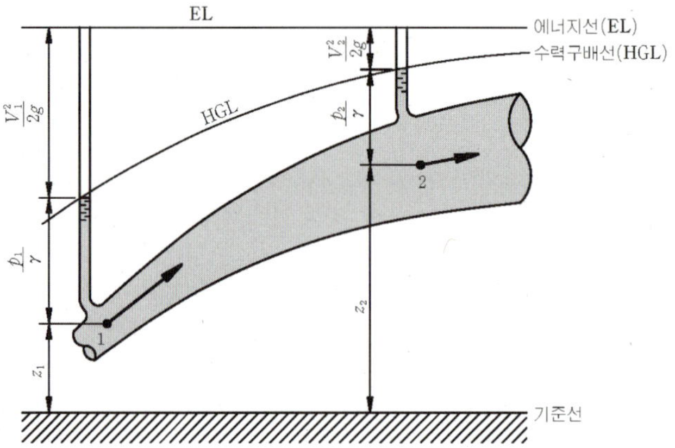

그림 4-24 관속의 흐름

4-11 : 베르누이 방정식의 응용

베르누이 방정식은 이상유체에 관하여 유도된 것이지만 유체역학 분야에서는 가장 많이 이용하는 식 중의 하나이다. 식이 간단 명료하므로 실제의 점성유체에 적용될 수 있다. 베르누이의 원리를 이용하여 각종 유체계측기기가 사용되고 있다. 피토관은 유동장에 삽입되어 압력차를 측정함에 의해서 유속을 알아 내는 기구이다. 오리피스와 벤튜리관은 압력차를 통하여 유량을 알아 내는 기구이다.

1 오리피스

그림 4-25나 그림 12-22에서 보는 바와 같이 끝이 날카로운 원형출구를 오리피스(orifice)라 한다. 오리피스는 벤튜리관과 마찬가지로 높이차나 압력차에 의해서 유량을 측정하는 기구이다. ①점과 ②점 사이에 베르누이 방정식을 적용하면 유출유체의 속도를 구할 수 있다.

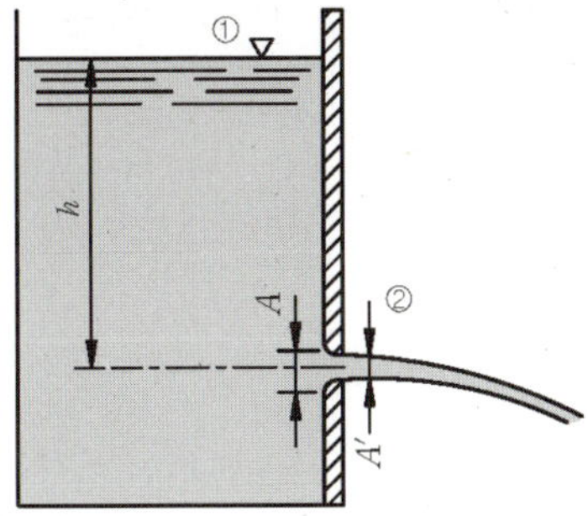

그림 4-25 자유흐름의 오리피스

$$\frac{V_1^2}{2g}+\frac{p_1}{\rho g}+z_1=\frac{V_2^2}{2g}+\frac{p_2}{\rho g}+z_2$$

$$0+0+z_1=\frac{V_2^2}{2g}+0+z_2$$

$$\frac{V_2^2}{2g}=z_1-z_2=h$$

$$\therefore\ V_2=\sqrt{2gh} \tag{4-33}$$

위 식 (4-33)을 토리첼리의 정리(Torricelli's principle)라 하며, 이 속도는 물체의 자유낙하속도와 같다. 위 식에서 유출속도 V_2는 이론속도이다. 실제의 속도는 점성효과로 인하여 이보다 작다. 실제의 속도를 V'라 하고 이론적인 유출속도를 V라 하면

$$V'=C_vV \tag{4-34}$$

실제속도=속도계수×이론속도

여기서 C_v를 속도계수(coefficient of velocity, 速度係數)라 하며 출구단면의 크기와 h의 크기에 따라 약간의 변화가 있다. 물의 경우 보통 $C_v=0.97\sim0.99<1$을 취한다.

유출속도 V_2에 오리피스 단면적 A를 곱하면 유량을 구할 수 있는 데 실제유체의 유출제트의 단면적도 그림에서 보듯이 오리피스 구멍의 단면적보다 작아진다. 오리피스를 통하면서 유체의 단면적이 작아지는 목 부분을 "vena contracta"라 한다(12-6-3절 참조). 오리피스의 단면적을 A라 하고 유출제트의 단면적을 A'라 하면

$$A'=C_cA \tag{4-35}$$

여기서 C_c를 수축계수(coefficient of contraction, 收縮係數)라고 하며 물의 경우 대체로 $C_c=0.61\sim0.66$의 값을 취하는 것으로 실험결과가 알려져 있다.

실제의 유체속도와 단면적이 이론값과는 다르므로 실제유량도 이론유량과 다르며 이것을 보정하기 위한

상수를 유량계수(flow coefficient, 流量係數)라 한다. 오리피스의 실제유량을 Q라 하면 식 (4-34), (4-35)에서

$$Q = A'V' = C_c A \cdot C_v = C_c C_v A V \tag{4-36}$$

따라서 $V = \sqrt{2gh}$ 이므로

$$Q = CA\sqrt{2gh}$$

로 구하여진다. 여기서 $C = C_c \times C_v$이며 C를 유량계수라 부르고 물의 경우 일반적인 C값은 0.59~0.65를 취한다. 오리피스는 그림 4-25와 같이 설치될 뿐만 아니라 관의 입구나 출구측 또는 관로 내에 설치되는 경우가 많다.

예제12

물탱크의 수면으로부터 h만큼 아래의 구멍을 통하여 나오는 물의 속도를 V라 하면 $2h$만큼 아래 뚫린 구멍을 통해 나오는 물의 속도는 얼마인가?

$V = 2\sqrt{gh}$ 에서 $V \propto \sqrt{h}$ 이다. $2h$ 아래 뚫린 구멍에서의 속도를 V'라 하면

$\therefore \dfrac{V'}{V} = \dfrac{\sqrt{2h^-}}{\sqrt{h}} = \sqrt{2}$

2 피토관(정압과 동압)

운동하는 유체가 정지한 물체에 닿게 되면 유체의 압력이 증가한다. 예를 들면 달리는 자동차에서 손으로 창 밖의 공기를 막으면 손바닥에 공기의 압력이 작용하고 있음을 느낄 수 있다. 이러한 압력의 증가는 베르누이의 법칙에 의해서 유체의 속도와 관계가 있다. 즉 유체가 가진 에너지의 총량은 변하지 않으므로 속도 에너지가 압력 에너지의 형태로 변한 것이다. 이러한 원리를 이용하여 유체의 속도를 측정하는 계측기기를 피토관(pitot tube)이라 한다.

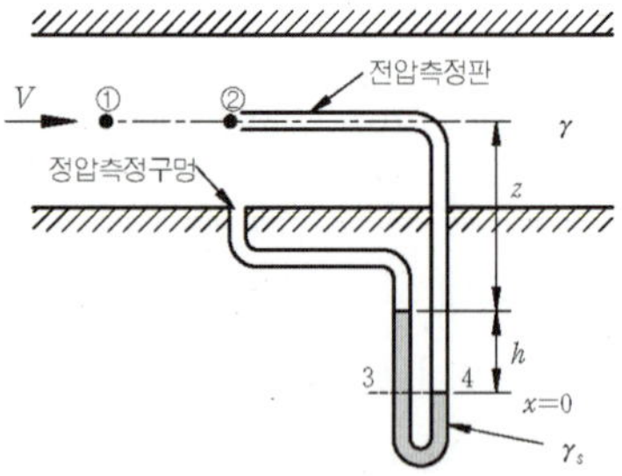

그림 4-26 전압과 정압의 측정

그림 4-26과 같이 관 벽면에 작은 구멍을 뚫어 놓고 관 속에 또 하나의 유선 방향에 평행한 관을 만들어 이 관끝에 구멍이 뚫려 있는 것이 피토관이다. 피토관의 원리는 그림 4-26에 나와 있듯이 정압과 전압의 압력차에 의해서 베르누이 방정식을 이용하여 유체의 속도를 계산할 수 있다는 것이다. 그림에서 ①점과 ②점에 대하여 베르누이 방정식을 적용해 보자.

$$\frac{v_1^2}{2g}+\frac{p_1}{\gamma}+z_1=\frac{v_2^2}{2g}+\frac{p_2}{\gamma}+z_2$$

그런데 $z_1=z_2$이고 ②점에서는 진행하던 유체가 정지해 있는 점이므로 $v_2=0$ 이다. 따라서

$$\frac{v_1^2}{2g}+\frac{p_1}{\gamma}=\frac{p_2}{\gamma}\,[\mathrm{m}]$$

위 식은 길이의 단위로 나타낸 에너지식이다. 여기서 p_2는 정지되어 있는 유체의 압력으로서 $p_2=p_s$로 바꾸고 압력의 단위로 바꾸기 위해서 양변에 γ를 곱해주면

$$p_s=p_1+\frac{\rho v_1^2}{2}\left[\frac{\mathrm{N}}{\mathrm{m}^2}\right]$$

여기서 p_s는 흐름을 막아서 잰 압력으로서 전압(total pressure, 全壓) 또는 정체압(stagnation pressure, 停滯壓)이라 한다. p_1은 유체 자체에 걸린 압력으로서 정압(static pressure, 靜壓)이라 한다. $\rho v_1^2/2$는 압력의 단위를 가지며 속도 v_1으로 운동하고 있는 유체가 가진 동압(dynamic pressure, 動壓)이라 한다. 그림 4-26에서 정압측정구멍을 통해 측정된 압력이 정압이며 전압측정관을 통해 측정된 압력이 전압이다.

- 흐르는 유체의 압력은 정압과 동압으로 나눌 수 있다.

전압=정압+동압

$$p_s=p_1+\frac{\rho v_1^2}{2} \tag{4-37}$$

위 식에 의하면 그림에서 보듯이 관벽에서 재면 압력은 p_1인데 흐름을 막아서 잰 압력은 이것보다 $\rho v_1^2/2$만큼 커진다. 즉 전압은 항상 정압보다 크다. 유체가 정지해 있을 때 정압과 전압은 같으며 동압은 없다. 그러나 유체가 흐르고 있을 때는 정압과 동압 모두 가지고 있으며 두 개의 합이 전압이 되는 것이다. 관속의 유속 v_1은 식 (4 -37)에서 압력차 p_s-p_1을 알면 구할 수 있다.

$$v=\sqrt{\frac{2g}{\gamma}(p_s-p_1)} \tag{4-38}$$

또는 (p_s-p_1)을 그림 4-26과 같이 액주계의 높이 h로 표시하면

$$v=\sqrt{2gh\left(\frac{\gamma_s}{\gamma}-1\right)} \tag{4-39}$$

그 이유는 $p_3=p_4$이므로

$$p_3=p_1+\gamma z+\gamma_s h$$
$$p_4=p_s+\gamma(z+h)$$

따라서

$$p_s + \gamma z + \gamma h = p_1 + \gamma z + \gamma_s h$$
$$p_s - p_1 = (\gamma_s - \gamma) h$$

가 되기 때문이다. 식 (4-39)는 액주계의 높이를 측정하면 유속을 구할 수 있는 관계식이다. 상업용 피토관은 그림 4-27과 같이 이중관으로 되어 있어서 유동장 내에 삽입된다. 그림과 같이 피토관은 한 개의 관속에 또 하나의 관이 들어있고 유동방향에 평행하게 놓여진다. 바깥쪽에 있는 관은 주변에 구멍이 뚫려 있어서 이것이 정압을 측정한다. 이 구멍은 흐름에 수직이므로 유체의 정압만을 느낀다. 안쪽의 관은 관끝에 구멍이 뚫려 있어서 이것이 전압을 측정한다. 이 구멍은 흐름방향에 평행하므로 흐름을 막을 때 생기는 압력인 전압을 느끼게 된다. 이러한 두 가지 압력의 차이가 바로 위 식에서 보는 바와 같이 동압이 되는 것이다. 피토관의 구조에 대해서는 12-5절에서 다시 다루게 된다.

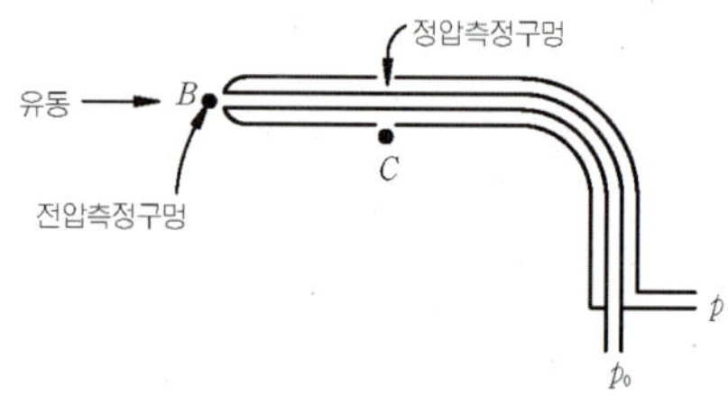

그림 4-27

예제13

그림과 같이 비중이 0.85인 기름이 흐르고 있는 개수로에 피토관을 설치했다. $\Delta h = 30$[mm], $h = 120$[mm]일 때 유속 V는 몇 [m/sec]인가?

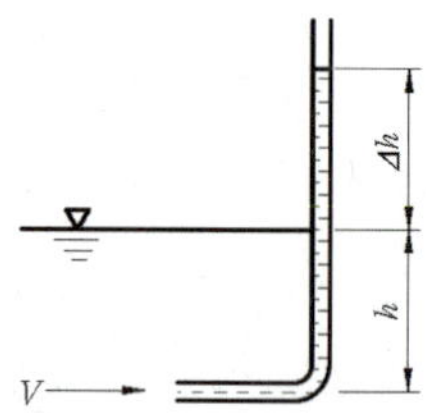

정체점 압력을 P_s라 하면 $\frac{P}{\gamma} + \frac{V^2}{2g} = \frac{P_s}{\gamma}$, $\frac{V^2}{2g} = \frac{P_s}{\gamma} - \frac{P}{\gamma} = \Delta h$

$V = \sqrt{2g\Delta h} = \sqrt{2 \times 9.8 \times 0.03} = 0.767$[m/sec]

3 벤튜리관

그림 4-28과 같이 점차적으로 축소 확대된 관에서 정압을 측정함으로써 유량을 구할 수 있도록 만든 관을 벤튜리관(Venturi tube)이라 한다. 관벽의 작은 구멍들은 정압측정을 위한 것이다.

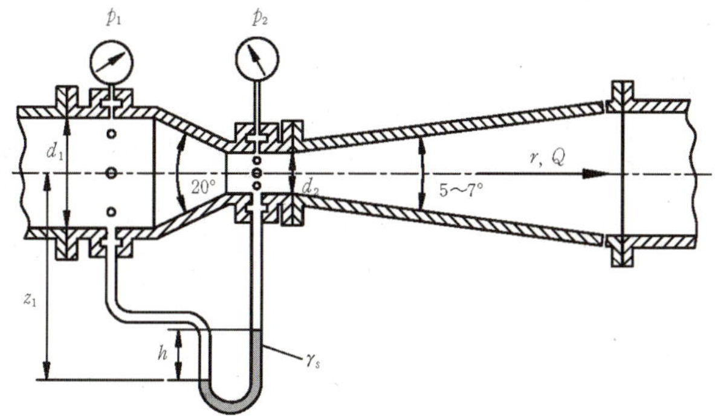

그림 4-28 벤튜리관

그림에서 상류측 1지점과 목부분 2지점에 대하여 베르누이 방정식을 적용하면, 위치수두는 같고 연속방정식에서 $V_1=(d_2/d_1)^2V_2$이므로

$$\frac{p_1-p_2}{\gamma}=\frac{V_2^2-V_1^2}{2g}=\frac{1}{2g}\left[1-\left(\frac{d_2}{d_1}\right)\right]^4V_2^2$$

$$\therefore\ V_2=\frac{\sqrt{2g(p_1-p_2)/\gamma}}{\sqrt{1-(d_2/d_1)^4}}$$

$$Q=A_2V_2=\frac{A_2}{\sqrt{1-(d_2/d_1)^4}}\sqrt{2g(p_1-p_2)/\gamma} \qquad (4\text{-}40)$$

를 얻는다. 식 (4-40)를 살펴보면 벤튜리관의 직경들은 이미 알고 있는 것이므로 압력차(p_1-p_2)를 측정함으로써 유량계산을 할 수 있다. 여기서 압력수두차$(p_1-p_2)/\gamma$ 대신에 액주계에서 우리가 직접 읽을 수 있는 높이차 h를 사용해서 상기 식을 나타내 보면 3-4절에서 배운 바와 같이

$$p_1+\gamma z_1=p_2+\gamma_s h+\gamma(z_1-h)$$

$$\therefore\ \frac{p_1-p_2}{\gamma}=\frac{(\gamma_s-\gamma)h}{\gamma}=\left(\frac{\gamma_s}{\gamma}-1\right)h$$

이므로 이것을 식 (4-40)에 대입하면

$$\boxed{Q=\frac{A_2}{\sqrt{1-(d_2/d_1)^4}}\sqrt{2gh\left(\frac{\gamma_s}{\gamma}-1\right)}} \qquad (4\text{-}41)$$

예제14

그림과 같은 벤튜리관에서 액주계의 높이차가 250mm일 때 관을 통하는 물의 유량을 구하여라.

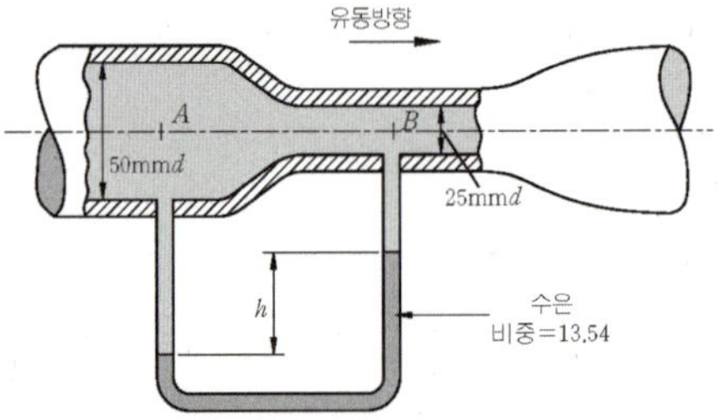

식 (4-41)에서 $Q=\dfrac{\pi\times0.025^2/4}{\sqrt{1-\left(\dfrac{25}{50}\right)^4}}\sqrt{2\times9.8\times0.25\times\left(\dfrac{13.54}{1}-1\right)}=3.974\times10^{-3}\dfrac{\text{m}^3}{\text{s}}$

4-12 : 실제유동에 대한 에너지 방정식

실제유체의 흐름을 크게 둘로 나누면 관속의 흐름과 물체 주위의 유동으로 구분할 수 있다. 8장과 9장에서 각각 이러한 두 종류의 흐름을 자세히 다루고자 한다. 실제로는 점성효과로 인하여 흐르는 유체가 손실을 갖게 된다. 관 속을 흐르는 경우 관벽과 유체입자 사이에 마찰력이 존재하고 유체입자들 사이에서도 전단력이 존재한다. 관벽과의 마찰력을 이겨내는 힘이 관의 상류 측과 하류 측 간의 압력차가 된다. 또한 관의 단면적이 변하는 부분이나 엘보우, 티, 밸브, 오리피스 등 배관 부속기기에서 발생하는 유체마찰로 인하여 유체가 원래 가졌던 압력 에너지의 손실을 가져온다. 유체계통에서 생기는 이러한 에너지의 손실을 수두로 나타낸 양을 손실수두(head loss)라 한다. 이러한 손실수두에 대한 것은 8장에서 자세히 다루기로 한다. 베르누이 방정식은 비압축성인 유체가 점성에 의한 손실이 없는 경우에 적용되는 식이었다. 이상유체에 관한 베르누이 방정식에 손실수두항을 첨가하면 실제유체에 대해서 적용할 수 있다. 에너지 손실을 h_L이라 하면

$$\left(\frac{V_1^2}{2g}+\frac{p_1}{\rho g}+z_1\right)-h_L=\left(\frac{V_2^2}{2g}+\frac{p_2}{\rho g}+z_2\right) \tag{4-42}$$

여기서 h_L은 유체의 점성으로 인한 마찰손실량을 수두[m]로 나타낸 값이다.

관속의 흐름에서 이러한 에너지의 손실을 공급해 주는 것이 펌프이다. 대부분의 경우 유체가 펌프로부터 에너지를 공급받는다. 펌프의 동력(power, 動力)으로부터 얻은 에너지로 유체가 마찰력을 이겨내면서 계속 흐르고 있는 것이다. 따라서 실제 유체의 흐름에 베르누이식을 적용시키려면 손실수두의 항과 펌프에

의한 동력을 수두로 나타낸 값을 추가로 반영시켜 주어야 한다. 펌프가 공급한 단위중량당 에너지(수두 또는 양정)를 E_P라 하고 관내흐름에 의한 총손실수두를 h_L이라 하면 상류지점 1과 하류지점 2 사이에 에너지의 총량은 변함이 없으므로

$$\boxed{\frac{V_1^2}{2g}+\frac{p_1}{\rho g}+z_1+E_P=\frac{V_2^2}{2g}+\frac{p_2}{\rho g}+z_2+h_L[\mathrm{m}]} \tag{4-43}$$

(속도수두$_1$ + 압력수두$_1$ + 위치수두$_1$ + 펌프수두 = 속도수두$_2$ + 압력수두$_2$ + 위치수두$_2$ + 손실수두)

위 식의 단위는 단위중량당 에너지[N · m/N=m]이다. 상기 식에서 $\frac{V^2}{2g}+\frac{p}{\rho g}+z$를 합한 값을 연결한 선을 에너지선(EL)이라 하므로

$$\frac{V_1^2}{2g}+\frac{p_1}{\rho g}+z_1+E_P=\frac{V_2^2}{2g}+\frac{p_2}{\rho g}+z_2+h_L$$
$$\therefore\ E_P=EL_2-EL_1+h_L$$

라고 나타낼 수 있다. 또한 $\frac{p}{\rho g}+z$의 값을 연결한 선이 수력구배선(HGL)이므로 EL은 항상 HGL보다 $V^2/2g$만큼 크다.

실제 유체에 대한 일반적인 에너지식은 그림 4-29에서 보듯이 베르누이식과 실제 유동에서 발생하는 마찰손실수두, h_L과 유체가 받은 에너지, E_P 및 유체가 빼앗긴 에너지 E_τ로 나타낼 수 있다. 에너지보존법칙으로부터

$$\frac{V_1^2}{2g}+\frac{p_1}{\gamma}+z_1+E_P-E_\tau-h_L=\frac{V_2^2}{2g}+\frac{p_2}{\gamma}+z_2 \tag{4-44}$$

하첨자 1, 2는 흐름방향으로 생각하여 각각 상류 측 단면과 하류 측 단면을 말한다. 유체가 처음 가졌던 에너지에서 펌프로부터 받은 에너지를 합하고 곧은 관에서의 마찰손실과 배관 부속기기에서 생기는 마찰손실을 빼고 모터로 준 에너지를 뺀 것이 나중상태의 에너지가 된다. 실제로는 상기한 식에서 나타난 항들이 모두 적용되지 않고 일부항만이 사용된다.

펌프의 동력은 산업현장에서 자주 사용되는 값이다. 펌프가 단위중량의 유체에 E_P만큼 에너지를 공급한다면 펌프의 동력, L은 유량을 Q라 할 때

$$\boxed{L=\rho g Q E_P}\left[\frac{\mathrm{N\cdot m}}{\mathrm{s}}\right] \tag{4-45}$$

$$\left[\frac{\mathrm{N\cdot m}}{\mathrm{s}}\right]=\left[\frac{\mathrm{kg}}{\mathrm{m^3}}\right]\left[\frac{\mathrm{m}}{\mathrm{s^2}}\right]\left[\frac{\mathrm{m^3}}{\mathrm{s}}\right][\mathrm{m}]$$

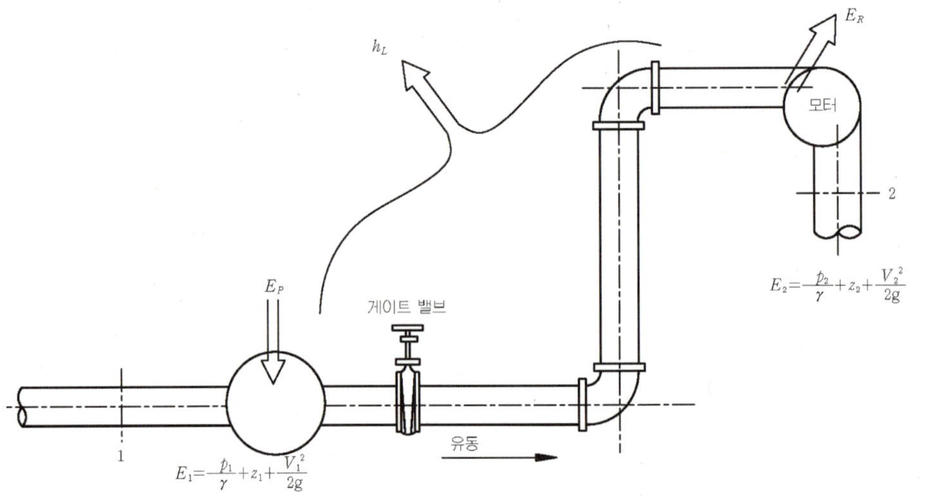

그림 4-29

로 표시된다.

펌프는 흐르는 유체에 에너지를 공급하고 터빈은 유체로부터 에너지를 받는다. 펌프는 없고 터빈이 있는 경우에 물이 수차에 공급한 단위중량당 에너지를 E_τ라 하면

$$\frac{V_1^2}{2g}+\frac{p_1}{\rho g}+z_1=\frac{V_2^2}{2g}+\frac{p_2}{\rho g}+z_2+E_\tau+h_L \tag{4-46}$$

실제유체의 유동은 6장에서 다시 자세히 다루고 있다.

예제15

그림과 같이 큰 저수지에서 관을 통해 물이 송출되고 있다. 유량이 $0.035m^3/s$이고 송출 부분에서 물의 분류직경이 8cm일 때 관로와 부속기기에 의해서 발생하는 손실수두를 계산하여라.

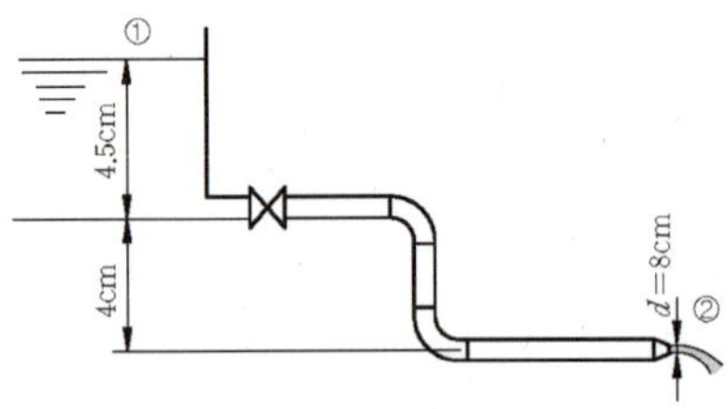

상류 측 수면 위의 한 점을 1이라 하고 하류 측으로 분류되는 지점을 2라 하면 1과 2 사이의 에너지 방정식은

$$\frac{V_1^2}{2g}+\frac{p_1}{\gamma}+z_1-h_L=\frac{V_2^2}{2g}+\frac{p_2}{\gamma}+z_2$$

여기서 p_1, p_2에 걸리는 압력은 대기압이므로 $p_1=p_2=0$

또한 수면 위에서 속도는 없으므로 $V_1=0$

따라서 손실수두, h_L은 $h_L=(z_1-z_2)-\frac{V_2^2}{2g}$

여기서 $z_1=4.5+4=8.5\text{m}$ $z_2=0$

연속 방정식에서 $Q = A_2 V_2$이므로 $V_2 = \frac{Q}{A_2} = \frac{0.035}{\pi \times 0.08^2/4} = 6.96\frac{\text{m}}{\text{s}}$

따라서 $h_L = 8.5 - \frac{6.96^2}{2 \times 9.8} = 6.028\text{m}$

예제16

그림과 같은 단면이 축소된 수평원관에 물이 흐르고 있다. 단면 ①과 ② 사이의 손실을 무시하고 유량 $Q\text{m}^3/\text{s}$를 계산하여라.

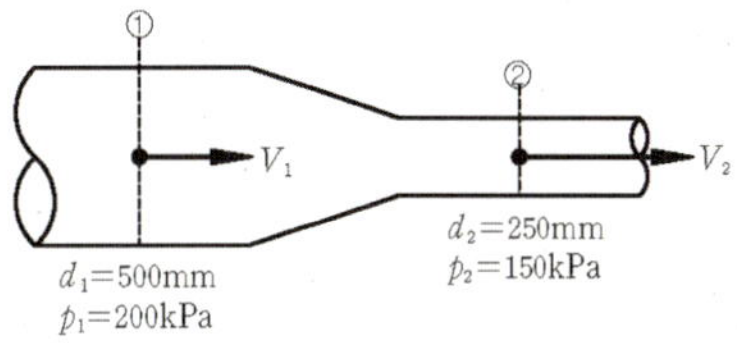

단면 ①과 ② 사이에 베르누이 방정식을 적용하면 $\frac{V_1^2}{2g} + \frac{p_1}{\gamma} + z_1 = \frac{V_2^2}{2g} + \frac{p_2}{\gamma} + z_2$

여기서 $z_1 = z_2$이다.

한편 연속방정식에서 $\frac{\pi \times 0.5^2}{4} \times V_1 = \frac{\pi \times 0.25^2}{4} \times V_2 \quad \therefore V_2 = 4V_1$

이것을 위 식에 대입하고 $\gamma = \rho g$를 사용하면 $\frac{V_1^2}{2} + \frac{2p_1}{\rho} = \frac{16V_1^2}{2} + \frac{2p_2}{\rho}$

$\therefore V_1 = \frac{\sqrt{2(p_1 - p_2)}}{15\rho} = \sqrt{\frac{2(200-150) \times 10^3}{15 \times 1000}} = 2.582$

따라서 $Q = A_1 V_1 = p \times 0.5^2/4 \times 2.582 = 0.507\text{m}^23/\text{sec}$

예제17

그림과 같은 사이폰(syphon)에 유량 Q=0.05m^3/sec의 물이 흐르고 있다. ①점과 ②점 사이의 손실수두를 구하고 ②점에서의 압력을 계산하여라. (단, ①점과 ②점 사이의 손실은 전체손실의 1/3이다.)

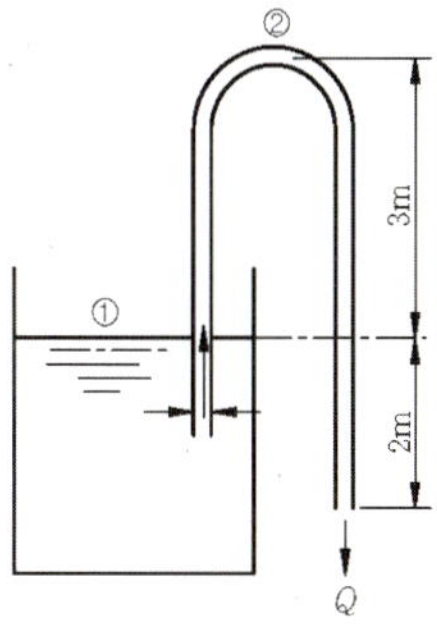

먼저 사이펀 내에 흐르는 유체의 속도를 구하면 $V = \frac{Q}{A} = \frac{4 \times 0.05}{\pi \times 0.2^2} = 1.59\frac{\text{m}}{\text{sec}}$

그리고 ①점과 ③점 사이에 베르누이 방정식을 적용하면 $\frac{V_1^2}{2g} + \frac{p_1}{\gamma} + z_1 = \frac{V_2^2}{2g} + \frac{p_2}{\gamma} + z_2 + h_{L13}$

$\therefore 0 + 0 + 2 = \frac{1.59^2}{2g} + 0 + 0 + h_{L13}$

$h_{L13} = 2 - \frac{1.59^2}{2 \times 9.8} = 1.87\text{m}$

다음에 ①점과 ②점 사이에 베르누이 방정식을 적용하면 $\frac{V_1^2}{2g}+\frac{p_1}{\gamma}+z_1=\frac{V_2^2}{2g}+\frac{p_2}{\gamma}+z_2+h_{L12}$

그런데 $h_{L12}=h_{L13}\times 1/3=1.87\times 1/3=0.62\text{m}$ 이므로 $0+0+2=\frac{1.59^2}{2\times 9.8}+\frac{p_2}{9800}+5+0.62$

$p_2=-9800\left\{\frac{1.59^2}{2\times 9.8}+5-2+0.62\right\}=-36740\text{N/m}^2=0.3675\text{bar}$ 진공

예제18

그림과 같이 0.145m^3/sec의 물을 퍼올리는 펌프가 있다. 압력계 1과 2의 읽음이 각각 250mmHg 진공과 19.6kPa 이라면 펌프가 유체에 공급하는 동력은 얼마인가?

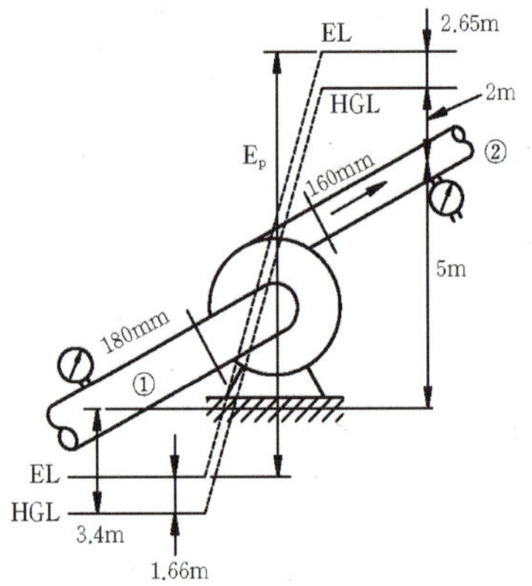

먼저 압력수두를 구하면 $1\text{mmHg}=133.3\frac{\text{N}}{\text{m}^2}$ 이므로 $\frac{p_1}{\gamma}=-\frac{250\times 133.3}{9800}=-3.4\text{m}$

$\frac{p_2}{\gamma}=\frac{19600}{9800}=2\text{m}$

수력구배선은 점 ①에서 아래방향으로 3.4m 그리고 점 ②에서 위로 2m 되는 점을 통과한다.

흡입관과 송출관에서의 평균속도와 속도수두를 구하면

$V_1=\frac{Q}{A_1}=\frac{1\times 0.145}{\pi\times(0.18)^2}=5.7\text{m/sec} \rightarrow \frac{V_1^2}{2g}=\frac{(5.7)^2}{2\times 9.8}=1.66\text{m}$

$V_2=\frac{Q}{A_2}=\frac{1\times 0.145}{\pi\times(0.16)^2}=7.21\text{m/sec} \rightarrow \frac{V_2^2}{2g}=\frac{(7.21)^2}{2\times 9.8}=2.65\text{m}$

따라서 에너지선은 ①, ② 단면에서의 수력구배선보다 각각 1.66m, 2.65m 위에 있게 된다.

② 단면에서 갑자기 EL이 상승한 것은 펌프 동력이 가해진 결과이며, E_p는 두 점에서의 EL의 차와 같다.

그러므로 $E_p=2.65+2+5+3.4-1.66=11.39\text{m}$

따라서 펌프의 동력은 식 (4-45)에서 $L=\gamma QE_p=9800\times 0.145\times 11.39=16185\text{W}=16.185\text{kW}$

2장에서 배운 포화증기압은 액체가 관 속을 흐르고 있을 때 액체의 압력이 극단적으로 저하할 경우 생기는 공동현상을 다루는 데 있어서 중요한 인자가 된다. 관 속에 액체가 흐르고 있을 때 그 온도에 상당하는 포화압력보다 액체의 압력이 크면 그냥 액체의 상태로 남아 있으나 만일 액체의 압력이 포화압력보다 작아지게 되면 비등(boiling, 沸騰)이 일어나는 것을 공동현상(cavitation, 空洞現象)이라 한다. 즉 액체는 증기압 이하의 압력에서 비등하므로 흐르는 유체에서 국소 압력이 증기압 이하로 떨어지면 기포가 발생하

게 되는 현상을 말한다. 이것은 액체의 비등조건이 온도와 함께 가해진 압력에 달려 있다는 것을 의미한다. 따라서 파이프 내를 통과하는 유체가 갑자기 압력이 떨어진다면 낮은 온도에서도 비등현상이 일어날 수 있으며 이러한 현상은 유압기구나 수력기계에서 매우 중요하게 다루어지는 것으로서 이것을 방지하기 위한 설계는 필수적인 것이다. 공동현상의 결과로 침식(erosion, 浸蝕), 효율의 감소, 심한 진동 등 기계 및 배관의 손상을 가져오기 때문이다.

예제19

그림과 같은 관에 40℃의 물이 흐르고 있다. ②점에서 공동현상이 일어나지 않을 ①점에서 최소압력을 구하여라. 단 관의 손실은 무시하고 40℃ 물의 증기압은 55.324mmHg(a)이다.

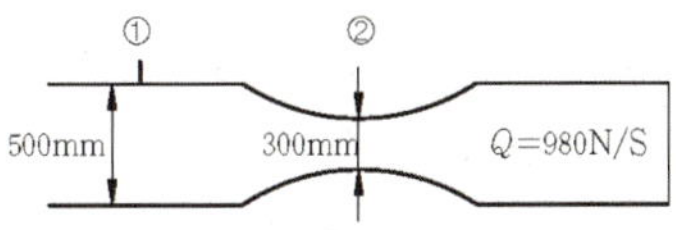

체적유량, $Q=\dfrac{980\mathrm{N/s}}{9800\mathrm{N/m^3}}=0.1\dfrac{m^3}{\sec}$

연속 방정식에 의하여

$$V_1=\frac{Q}{A_1}=\frac{4\times0.1}{\pi\times0.5^2}=0.52\frac{\mathrm{m^3}}{\sec}$$

$$V_2=\frac{Q}{A_2}=\frac{4\times0.1}{\pi\times0.3^2}=1.41\frac{\mathrm{m^3}}{\sec}$$

베르누이 방정식에서

$$p_1=\frac{\rho(V_2^2-V_1^2)}{2}+p_2=\frac{1000(1.41^2-0.51^2)}{2}+1.01325\times10^5\times\frac{55.324}{760}=8240[\mathrm{N/m^2\,abs}]=8.24\mathrm{kPa(a)}$$

그러므로 ① 단면에서의 압력이 8.24kPa(a)보다 낮으면 ② 단면에서 공동현상이 일어난다.

4-13 : 비회전유동

유체가 유동할 때 유동입자의 움직임을 분석해 보면 입자는 이동(Translation)하면서 변형(Deformation)과 회전(Rotation)을 계속한다. 특히 유체입자가 회전없이 이동과 변형만을 하는 유동을 비회전유동(Irrotational Flow)이라 한다. 비회전유동은

$$\omega=0$$

여기서 $\omega=\dfrac{1}{2}\mathrm{curl}\ \boldsymbol{V}$이므로

$$\mathrm{curl}\ \boldsymbol{V}=\nabla\times V=0$$

을 말한다.

1 속도포텐셜과 유량함수

만일 속도장 $\boldsymbol{V}(x, y, z, t)$가 스칼라함수 $\phi(x, y, z, t)$의 구배함수(Gradient)로 표시될 수 있다면

$$\boldsymbol{V} = -\nabla\phi$$

이고

$$\text{curl}\ \boldsymbol{V} = \nabla \times \boldsymbol{V} = \nabla \times (-\nabla\phi) = 0$$

이므로 속도장 $\boldsymbol{V}$는 비회전유동장이 된다. 이때 스칼라장 $\phi(x, y, z, t)$를 속도포텐셜이라 한다. 그러므로 비회전유동장은 항상 속도포텐셜이 존재한다. 이 역도 성립한다. 따라서 비회전유동을 포텐셜유동이라고도 말한다. 비압축성유동에서 연속방정식은

$$\nabla \cdot \boldsymbol{V} = 0$$

만일 속도장 $\boldsymbol{V}$가 비회전유동장이면 $\boldsymbol{V} = -\nabla\phi = 0$인 ϕ가 존재하므로

$$\nabla \cdot (-\nabla\phi) = -\nabla^2\phi = 0$$

즉 비압축성, 비회전유동장에 대한 속도포텐셜은 라플라스(Laplace) 방정식을 만족한다. 즉

$$\frac{\partial^2\phi}{\partial x^2} + \frac{\partial^2\phi}{\partial y^2} = 0$$

이 성립한다. 여기서

$$u = -\frac{\partial\phi}{\partial x}, \quad v = -\frac{\partial\phi}{\partial y}$$

이다. 또한 유량함수의 정의로부터

$$u = -\frac{\partial\Psi}{\partial y}, \quad v = \frac{\partial\Psi}{\partial x}$$

이므로

$$\frac{\partial\Psi}{\partial y} = \frac{\partial\phi}{\partial x}, \qquad \frac{\partial\Psi}{\partial x} = -\frac{\partial\phi}{\partial y}$$

이것을 코시-리만(Cauchy-Riemann) 방정식이라 한다. 또한 비회전유동의 경우

$$\frac{\partial v}{\partial x} = \frac{\partial u}{\partial y}$$

이므로

$$\frac{\partial^2 \Psi}{\partial x^2}+\frac{\partial^2 \Psi}{\partial y^2}=0$$

즉 비압축성, 비회전유동장에서 유량함수는 라플라스 방정식을 만족한다. 또한 비압축성, 비회전유동장에서는 베르누이 방정식이 유선에 관계없이 전체 유동장에 대해서 만족함을 나타낼 수 있다.

2차원 비압축성유동에서 유선(ψ=c)과 등포텐셜선(ϕ=c)은 서로 직교한다는 것을 보일 수 있다. ϕ가 일정하다면

$$d\phi=\frac{\partial \phi}{\partial x}dx+\frac{\partial \phi}{\partial y}dy$$

일정한 Ψ에 대해서는

$$d\Psi=0=\frac{\partial \Psi}{\partial x}dx+\frac{\partial \Psi}{\partial y}dy$$

첫 번째 식으로부터

$$\left.\frac{dy}{dx}\right|_{\phi_{const}}=-\frac{\partial\phi/\partial x}{\partial\phi/\partial y}=-\frac{u}{v}$$

두 번째 식으로부터

$$\left.\frac{dx}{dy}\right|_{\psi_{const}}=-\frac{\partial\psi/\partial x}{\partial\psi/\partial y}=-\frac{u}{v}$$

따라서

$$\left[\left.\frac{dy}{dx}\right|_{\phi_{const}}\right]\left[\left.\frac{dy}{dx}\right|_{\psi_{const}}\right]=-1$$

이것은 ϕ가 일정한 선과 Ψ가 일정한 선을 서로 직교한다는 것을 의미한다.

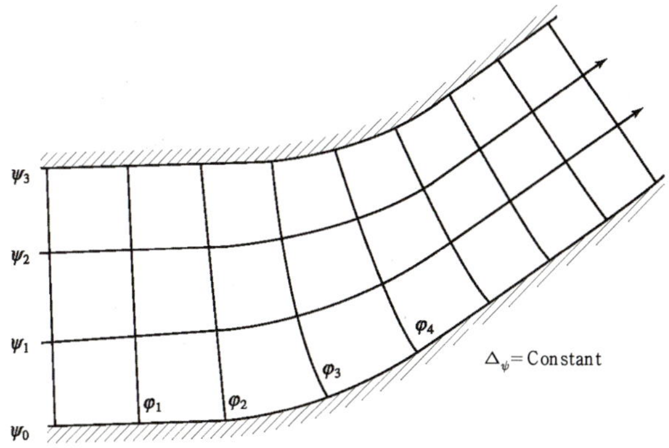

그림 4-30 수축엘보우 2차원유동의 유선과 등포텐셜선의 직교성

2 2차원 등속유동(Uniform Flow)

음의 방향으로 일정한 속도 V_0로 흐르는 유동장은

$$u = -V_0\ ,\ v = 0$$

이므로, 속도포텐셜은

$$\phi = V_0 x$$

유량함수는

$$\Psi = V_0 y$$

가 된다.

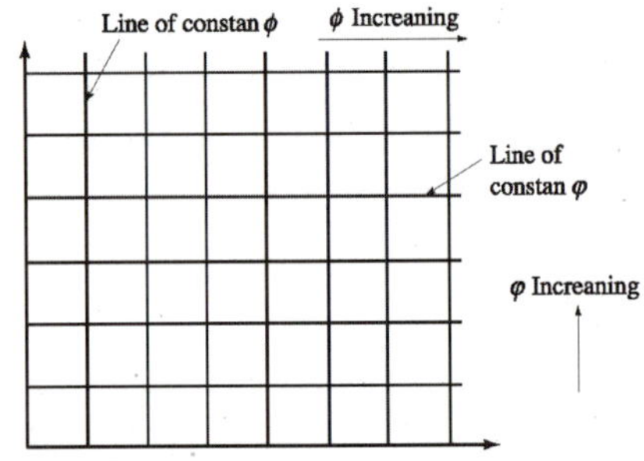

그림 4-31 등속유동장의 유선과 등포텐셜선

3 2차원 용출과 흡입

그림 4-32와 같이 한 점으로부터 일정 세기의 유량이 방사방향으로 흘러 나와 직선과 수직 평면을 따라 무한원점으로 흘러나가는 유동을 2차원 용출(Two-dimensional source), 반대로 무한원점으로부터 방사방향으로 흘러 들어오는 유동을 2차원 흡입(Two-dimensional sink)이라 한다.

• 용출의 경우

유량을 Q, 방사방향의 유속을 u_r이라 하면 연속방정식에 의하여

$$Q = (2\pi rb)u_r$$

여기서 b는 용출의 깊이이다. 따라서

$$u_r = \frac{Q}{b} \cdot \frac{1}{2\pi r} = \frac{q}{2\pi r},\ u_\theta = 0$$

여기서 $\rho = Q/b$는 단위 폭당 유량으로서 용출의 세기(Strength of Source)[m^2/s]라 한다. 속도포텐셜은

$$\phi = -\int u_r dr + f(\theta) = -\frac{q}{2\pi} lnr + f(\theta),\ u_\theta = 0$$

$$u_\theta = -\frac{1}{r}\frac{\partial\phi}{\partial\theta} = -\frac{1}{r}\frac{\partial f}{\partial thtea} = 0 \qquad \therefore\ f(\theta) = c(\text{상수})$$

따라서

$$\phi=-\frac{q}{2\pi}lnr$$

유량함수는

$$\Psi=-\frac{q}{2\pi}\theta$$

• 흡입의 경우

용출의 반대이므로 2차원 흡입의 포텐셜과 유량함수는

$$\phi=\frac{q}{2\pi}lnr$$

$$\Psi=\frac{q}{2\pi}\theta$$

가 된다.

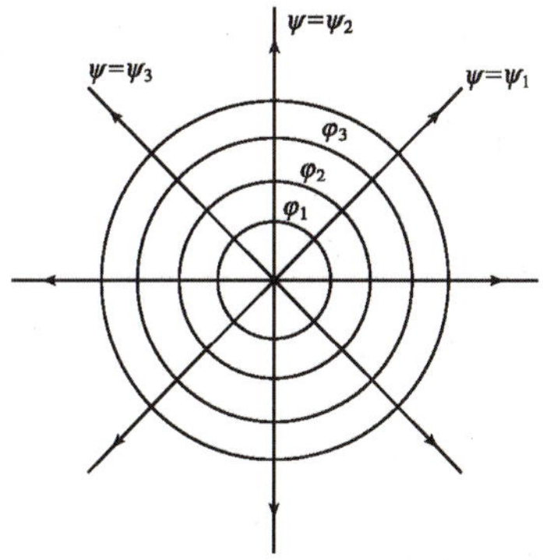

그림 4-32 2차원 용출

4 단순와동(Free Vortex)

그림 4-33과 같이 한 점의 주위를 회전하는 흐름을 단순와동(Free Vortex)이라 한다. 포텐셜유동에서 속도포텐셜 ϕ와 유량함수 ψ를 서로 바꾸면 다른 하나의 포텐셜유동을 만든다. 2차원 용출의 포텐셜 ϕ와 유량함수 ψ를 서로 바꾸면 2차원 단순와동을 만든다. 단순와동의 포텐셜과 유량함수는

$$\phi=-\frac{\Lambda}{2\pi}\theta$$

CHAPTER 4 유체운동학

$$\Psi = -\frac{\Lambda}{2\pi} \ln r$$

이 된다. 여기서 Λ는 와의 세기(Strength of Vortex)[m^2/s]라 한다.
원점을 일순하는 폐회로를 따르는 순환은

$$\Gamma = \oint \boldsymbol{V} \cdot d\boldsymbol{s} = \int_0^{2\pi} u_\theta r d\theta = \int_0^{2\pi} \frac{\Lambda}{2\pi} d\theta = \Lambda$$

이다. 즉 순환은 와의 세기와 같다.

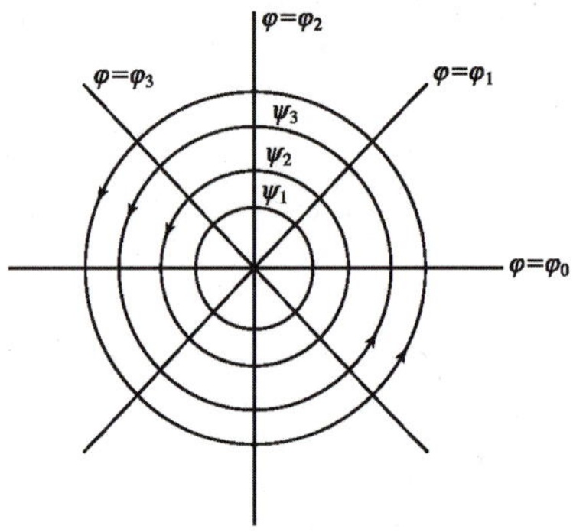

그림 4-33 단순와동

유체운동학 / 기본문제

01

그림과 같은 물통에 물이 10m 깊이로 채워져 있다. 구멍 2로부터 나오는 물의 최초의 유출속도를 구하여라.

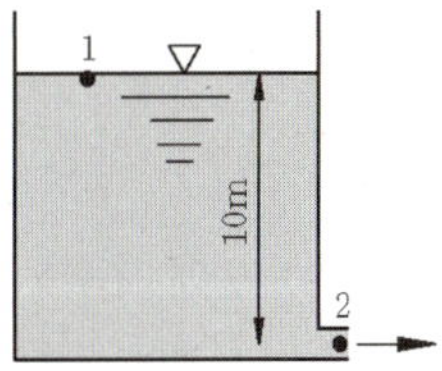

풀이

1점과 2점 사이에 베르누이 방정식을 적용하면

$$\frac{p_1}{\rho g}+\frac{V_1^2}{2g}+z_1=\frac{p_1}{\rho g}+\frac{V_1^2}{2g}+z_2$$

여기서 $p_1=p_2=0$, $V_1=0$, $z_1-z_2=h=10m$ 이므로

$$h=\frac{V^2}{2g}$$

$$\therefore\ V=\sqrt{2gh}$$

$$V=\sqrt{2\times9.8\times10}=14\frac{\text{m}}{\text{s}}$$

02

그림과 같은 관에 물이 $10l$/s로 흐르고 있다. 1점과 2점 사이에서 유체의 흐름에 의한 모든 손실을 무시할 때 1점과 2점 사이의 압력차는 몇 kg_f/cm^2인가?

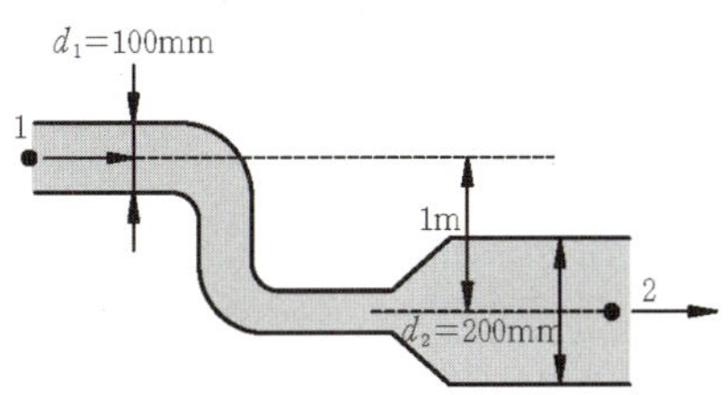

풀이

1점에서 유속

$$V_1=\frac{Q}{A_1}=\frac{10/1000}{\pi\times0.1^2/4}=1.273\frac{\text{m}}{\text{s}}$$

$$V_2=\frac{Q}{A_2}=\frac{100/1000}{\pi\times0.2^2/4}=0.318\frac{\text{m}}{\text{s}}$$

1점과 2점 사이의 베르누이 방정식은

$$\frac{V_1^2}{2g}+\frac{p_1}{\rho g}+z_1=\frac{V_2^2}{2g}+\frac{p_2}{\rho g}+z_2$$ 에서

$$\frac{1.273^2}{2\times9.8}+\frac{p_1}{9800}+1=\frac{0.3182^2}{2\times9.8}+\frac{p_2}{9800}+0$$

$$0.0827+\frac{p_1}{9800}+1=0.00517+\frac{p_2}{9800}$$

$$\therefore\ \frac{p_2-p_1}{9800}=1.0775$$

따라서

$$p_2-p_1=10560\frac{\text{N}}{\text{m}^2}=\frac{10560}{9.8\times10000}=0.10775\frac{\text{kg}_\text{f}}{\text{cm}^2}$$

03

그림과 같이 물이 원관을 통하고 있다. 수은(비중, s =13.6)의 높이 차가 10cm일 때 물의 속도는 얼마인가?

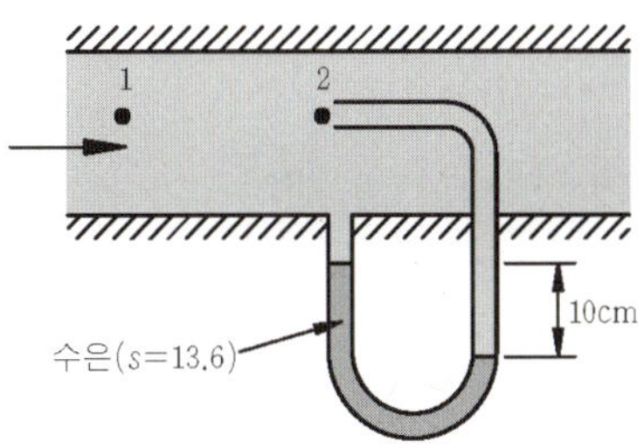

풀이

$$V=\sqrt{2gh\left(\frac{\gamma_s}{\gamma}-1\right)}$$ 에서

물의 비중량, $\gamma=9800\frac{\text{N}}{\text{m}^3}$

수은의 비중량, $\gamma_B=13.6\times9800=133280\frac{\text{N}}{\text{m}^3}$

$$\therefore\ V=\sqrt{2\times9.8\times0.1\times\left(\frac{133280}{9800}-1\right)}=4.98\frac{\text{m}}{\text{s}}$$

04

그림과 같이 1점에서 2점으로 물이 송수되고 있다. 이러한 배관계에서 관내흐름에 의한 총마찰 손실수두가 2m라 하면 펌프의 양정은 몇 m인가?

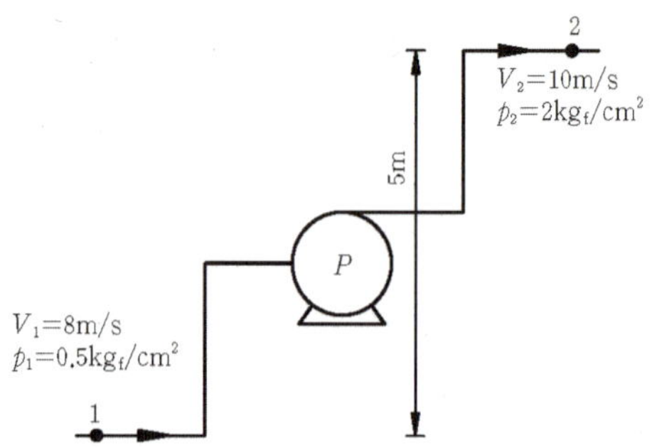

풀이

$$p_1 = 0.5\frac{\text{kg}_\text{f}}{\text{cm}^2} = 0.5\times9.8\times10^4\frac{\text{N}}{\text{m}^3} = 49000\frac{\text{N}}{\text{m}^2}$$

$$p_2 = 2\frac{\text{kg}_\text{f}}{\text{cm}^2} = 196000\frac{\text{N}}{\text{m}^2}$$

1번과 2점 사이의 베르누이 방정식은

$$\frac{V_1^2}{2g} + \frac{p_1}{\gamma} + z_1 + E_p = \frac{V_2^2}{2g} + \frac{p_2}{\rho g} + z_2 + h_L$$

여기서, E_P : 펌프의 양정, h_L : 총마찰손실수두

$$\frac{8^2}{2\times9.8} + \frac{49000}{9800} + 0 + E_P = \frac{10^2}{2\times9.8} + \frac{196000}{9800} + 5 + 2$$

$$3.27 + 5 + E_P = 5.1 + 20 + 5 + 2$$

$$\therefore\ E_P = 23.83\text{m}$$

05

그림과 같이 액체가 흐를 때 입구 ②를 통하여 흘러 들어오는 액체의 속도 V_2를 구하여라.

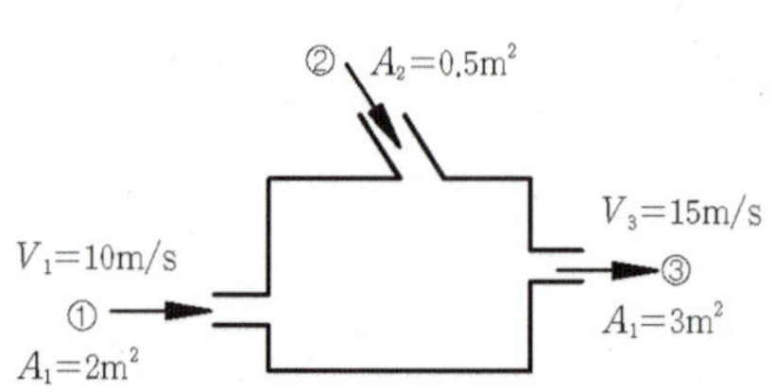

풀이

$Q = AV$에서

$$A_1V_1 + A_2V_2 = A_3V_3$$

$$2\times10 + 0.5\times V_2 = 3\times15$$

$$\therefore\ V_2 = 50\text{m/s}$$

06

피토관이 공기가 흐르는 관에 그림과 같이 설치되었다. 공기의 밀도는 ρ=1.23kg/m^{3}이고 물로 차 있는 액주계의 높이차가 h=150mm일 때 공기의 유동속도는 얼마인가?

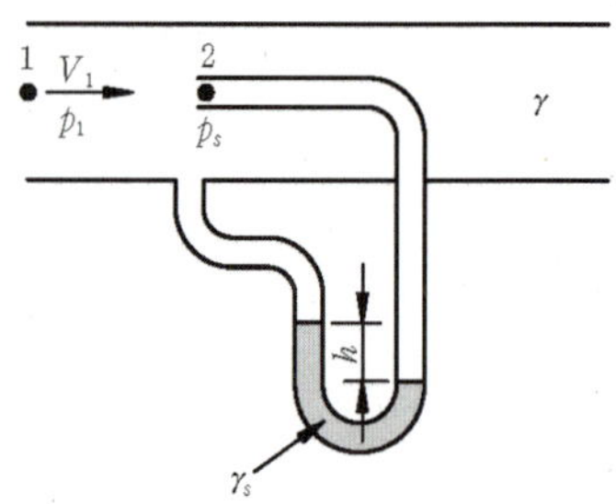

풀이

$\frac{V_1^2}{2g} + \frac{p_1}{\rho_a g} = \frac{p_s}{\rho_a g}$에서 $p_s - p_1 = \Delta p$라 하면

$$\frac{V_1^2}{2g} = \frac{\Delta p}{\rho_a g}$$

그런데 $\Delta p = \rho_w gh = 1{,}000\times9.8\times0.15 = 1470[\text{N}\cdot\text{m}^2]$

$$\frac{V_1^2}{2g} = \frac{1470}{1.23} \rightarrow V_1 = 48.89\frac{\text{m}}{\text{s}}$$

별해

$$V = \sqrt{2gh\left(\frac{\gamma_s}{\gamma} - 1\right)}$$

$$= \sqrt{2\times9.8\times0.15\times\left(\frac{1000\times9.8}{1.23\times9.8} - 1\right)} = 48.86\frac{\text{m}}{\text{s}}$$

07

그림에서 펌프의 흡입지점 ①과 송출지점 ②에 설치된 압력계의 읽음이 $p_1=3$kPa이고 $p_2=260$kPa이다. 양 지점 간의 높이차는 3m이다. 이 펌프로 인한 물의 배출유량이 0.15m^3/s이고 송출밸브 및 관내손실수두가 2m일 때 펌프에 공급하여야 할 동력은 몇 kW인가?

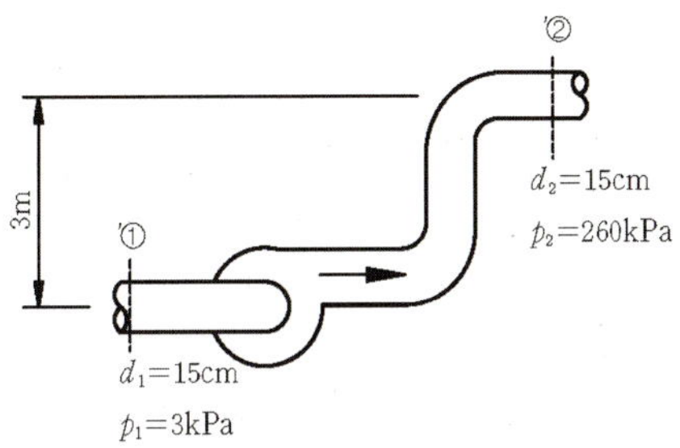

풀이

$$\frac{V_1^2}{2g}+\frac{p_1}{\rho g}+z_1+E_p=\frac{V_2^2}{2g}+\frac{p_2}{\rho g}+z_2+h_L$$

$$V_1=\frac{Q}{A_1}=\frac{0.15}{\pi\times 0.2^2/4}=4.775\frac{\text{m}}{\text{s}}$$

$$V_2=8.488\frac{\text{m}}{\text{s}}$$

$$\frac{4.775^2}{2\times 9.8}+\frac{3000}{9800}+0+E_p=\frac{8.488^2}{2\times 9.8}+\frac{260{,}000}{9800}+3+2$$

$$\therefore\ E_p=33.74\text{m}$$

펌프의 동력은

$$L=\rho gQE_p\equiv 9800\times 0.15\times 33.74=49598\text{W}$$

08

질량유량 300kg/s의 물이 그림과 같은 원관통로에 흐르고 있다. 물의 밀도가 ρ=1000kg/m^{3}일 때

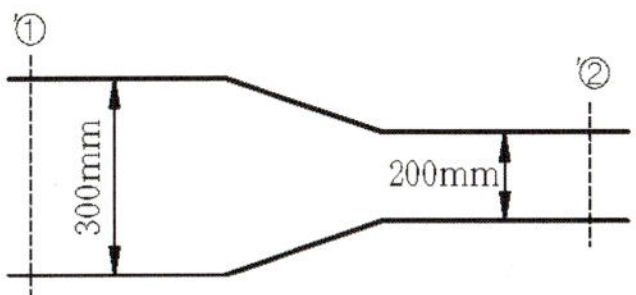

(1) 체적유량, Q[m^3/s]를 구하여라.

(2) ①점과 ②점에서 유속을 구하여라.

풀이

(1) $Q=\dfrac{\dot{m}}{\rho}=\dfrac{300}{1000}=0.3\dfrac{\text{m}}{\text{s}}$

(2) $V_1=\dfrac{Q}{A_1}=\dfrac{0.3}{\pi\times 0.3^2/4}=4.244\dfrac{\text{m}}{\text{s}}$

(3) $V_2=\dfrac{Q}{A_2}=\dfrac{0.3}{\pi\times 0.2^2/4}=9.55\dfrac{\text{m}}{\text{s}}$

09

그림과 같은 펌프계가 있다. 유량이 Q=0.1m^3/s이고 손실수두 h_L이 10m일 때 펌프가 물에 준 에너지, 즉 펌프수두를 구하고 펌프의 동력을 계산하여라.

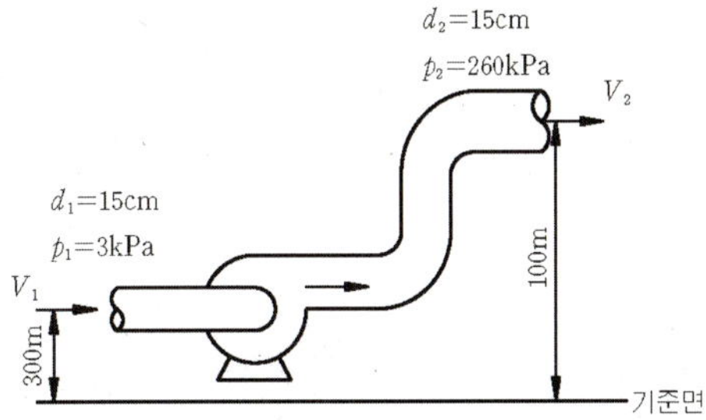

풀이

$$\frac{V_1^2}{2g}+\frac{p_1}{\rho g}+z_1+E_p=\frac{V_2^2}{2g}+\frac{p_2}{\rho g}+z_2+h_L$$

$$V_1=\frac{Q}{A_1}=\frac{0.1}{\pi\times 0.2^2/4}=3.18\frac{\text{m}}{\text{s}}$$

$$V_2=\frac{0.1}{\pi\times 0.1^2/4}=12.73\frac{\text{m}}{\text{s}}$$

$$\frac{3.18^2}{2\times 9.8}+\frac{5000}{1000\times 9.8}+30+E_p$$

$$=\frac{12.73^2}{2\times 9.8}+\frac{2000}{1000\times 9.8}+100+10$$

$$31.026+E_p=138.67$$

$$\therefore\ E_p=107.65\text{m}$$

펌프의 동력은

$$L=\rho gQE_p=1000\times 9.8\times 0.1\times 107.65=105497\text{J/s}$$

CHAPTER 04 유체운동학 / 기본문제

10

지름 400mm의 원관속에 1.256m^3/s로 물이 흐르고 있다. 평균속도와 질량유량, 중량유량을 계산하여라.

풀이

$Q = AV$이므로 $1.256 = \frac{\pi \times 0.4^2}{4} \times V$

∴ 평균속도, $V = 10\frac{\text{m}}{\text{s}}$이다.

$\dot{m}$는 단위시간당 질량 즉 [¥] 이므로

$\dot{m} = \rho Q \left[\frac{\text{kg}}{\text{m}^3\text{s}}\right] \cdot \left[\frac{\text{m}^3}{\text{s}}\right]$

$= \rho AV = 1000 \times \frac{\pi \times 0.4^2}{4} \times 10 = 1257\left[\frac{\text{kg}}{\text{s}}\right]$

중량유량 $\dot{G} = \dot{m}g = 1257 \times 9.8 = 12315\text{N/s}$

11

원관 속에 정상류 비압축성인 물의 흐름이 있다. 지름 500mm인 단면에서의 평균속도가 9m/s이면 지름 300mm인 단면에서의 평균속도는 얼마인가?

풀이

연속방정식에서 단위시간당 질량유량은 일정하므로

$\dot{m}_1 = \rho AV = $ 일정$\left[\frac{\text{kg}}{\text{s}}\right]$

그런데 정상류, 비압축성인 경우 ρ는 일정하므로

$Q = AV = $ 일정$\left[\frac{\text{m}^3}{\text{s}}\right]$ 즉 $Q = A_1V_1 = A_2V_2$

$\frac{\pi \times 0.5^2}{4} \times 9 = \frac{\pi \times 0.3^2}{4} \times V_2 \rightarrow V_2 = 25\frac{\text{m}}{\text{s}}$

12

지름 400mm인 원관 속을 5kg/s의 공기가 흐르고 있다. 관 속의 압력은 200kPa 온도는 23℃, 공기의 기체상수는 287J/kg°K이라고 할 때 공기의 평균속도를 계산하여라.

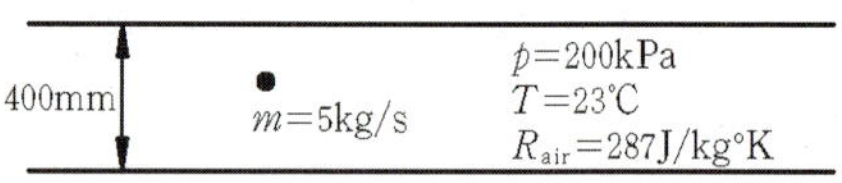

풀이

$\dot{m}_1 = \rho AV$에서 $\dot{m}$을 알고 ρ를 알면 V를 알 수 있다.

압축성 유체는 밀도변화를 한다.

$p = \rho RT$에서 $p = 200{,}000\frac{\text{N}}{\text{m}^2}$, $R = 287\frac{\text{N}\cdot\text{m}}{\text{kg°K}}$,

$T = 23 + 273 = 296\text{°K}$ 이므로

∴ $\rho = 2.354\left[\frac{\text{kg}}{\text{m}^3}\right]$

그런데 $\dot{m}_1 = \rho AV$ 이므로

$5\left[\frac{\text{kg}}{\text{s}}\right] = 2.354\left[\frac{\text{kg}}{\text{m}^3}\right] \times \frac{\pi \times 0.4^2}{4}[\text{m}^2] \times V\left[\frac{\text{m}}{\text{s}}\right]$

∴ $V = 16.9\frac{\text{m}}{\text{s}}$

13

원관의 단면적 변화에 의한 압력변화로 단면 ②의 밀도가 단면 ① 밀도의 80%로 줄었다. 단면 ①에서의 밀도는 800kg/m^3, 지름은 200mm, 평균속도는 20m/s라 하면 지름 100mm인 단면 ②에서의 평균속도는?

풀이

압축성 유체에서 $p = \rho RT$

연속방정식에서 $\dot{m}_1 = \dot{m}_2$

$\rho_1 A_1 V_1 = \rho_2 A_2 V_2$

$800\left[\frac{\text{kg}}{\text{m}^3}\right] \times \left[\frac{\pi \times 0.2^2}{4}\right]\text{m}^2 \times 20\left[\frac{\text{m}}{\text{s}}\right]$

$= 0.8 \times 800 \times \frac{\pi \times 0.1^2}{4} \times V_2$

∴ $V_2 = 100\frac{\text{m}}{\text{s}}$

14

그림에서 $d_1=$20cm, $d_2=$10cm, $Q=$0.2m^3/s일 때 액주계 눈금이 수평을 이루고 있다면 ①, ②단면 중심의 높이차는 얼마인가? 관손실은 무시하여라.

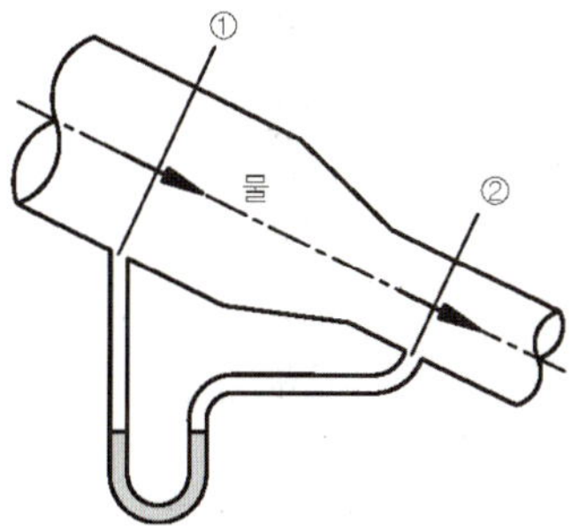

풀이

$p_1=p_2$이므로 베르누이 방정식에서

$$\frac{V_1^2}{2g}+\frac{p_1}{\rho g}+z_1=\frac{V_2^2}{2g}+\frac{p_2}{\rho g}+z_2$$

또한

$$V_1=\frac{Q}{\pi d_1^2/4}=\frac{0.2}{\pi\times 0.2^2/4}=6.37\frac{\text{m}}{\text{s}}$$

$$V_2=\frac{Q}{\pi d_2^2/4}=\frac{0.2}{\pi\times 0.1^2/4}=25.46\frac{\text{m}}{\text{s}}$$

$$\therefore\ z_1-z_2=\frac{V_2^2-V_1^2}{2g}=\frac{25.46^2-6.37^2}{2\times 9.8}=31\text{m}$$

15

물의 증기압이 2.34kPa이면 그림에서 수축부에 공동현상이 일어나지 않을 최고높이 h를 계산하여라. 관손실은 무시하여라.

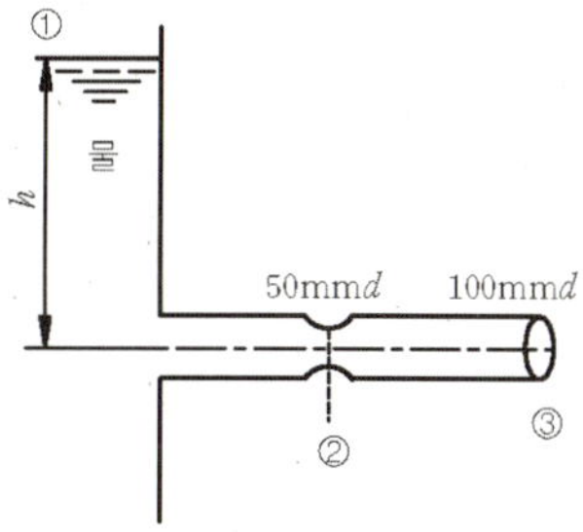

풀이

h가 점점 커지면 출구의 V가 커지고 따라서 압력 p는 작아진다. 왜냐하면 총에너지는 일정하기 때문이다. 즉 ①점과 ②점 간의 베르누이 방정식은

$$\frac{V_1^2}{2g}+\frac{p_1}{\rho g}+z_{1_P}=\frac{V_2^2}{2g}+\frac{p_2}{\rho g}+z_2$$

그런데 $p_1=101.3\text{kPa}$, $p_2=2.34\text{kPa}$, $z_1=h$, $z_2=0$, $V_1=0$이므로

$$0+\frac{101300}{9800}+h=\frac{V_2^2}{2\times 9.8}+\frac{2340}{9800}+0$$

$$\therefore\ 202.6+19.6h=V_2^2+4.68 \quad\cdots\cdots (1)$$

미지수가 2개이므로 h와 V_2의 관계식을 얻으면 된다.

한편 출구 ③에서의 속도는 $V_3=\sqrt{2gh}$이고 연속방정식에서 ②점에서의 유량과 ③점에서의 유량은 같다.

유량, $Q=A_2V_2=A_3V_3$이므로

$$V_2=\left(\frac{0.1}{0.05}\right)^2\times\times\sqrt{2\times 9.8\times h}$$

$$\therefore\ V_2^2=313.6h$$

따라서 식 (1)에서

$$202.6+19.6h=313.6h+4.68$$

$$\therefore\ h=0.673\text{m}$$

16

그림의 관로에서 물이 흐르고 있다. 높이 H와 압력 p를 계산하여라.

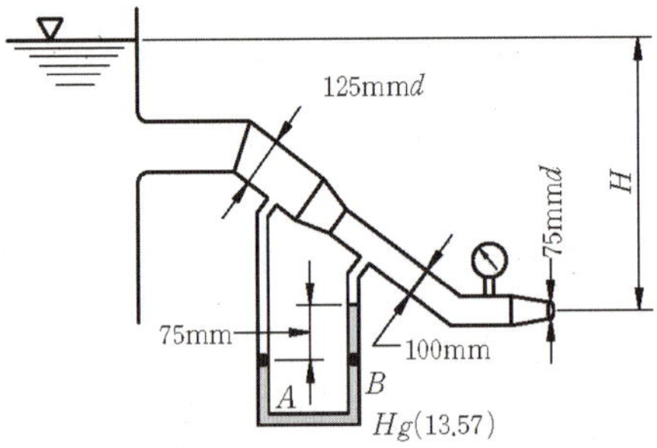

풀이

EL이 일정하므로

$V_3 = \sqrt{2gh}$ ……………………………… (1)

①점과 ②점 간의 베르누이 방정식을 적용하면

$\frac{V_1^2}{2g} + \frac{p_1}{\rho g} = \frac{V_2^2}{2g} + \frac{p_2}{\rho g}$ ……………………………… (2)

연속방정식으로부터

$0.125.\ V_1 = 0.075^2 V_3 \rightarrow V_1 = 0.36\,V_3$

$0.1^2 V_2 = 0.075^2 V_3 \rightarrow V_2 = 0.5625\,V_3$

그런데 $p_A = p_B$이므로

$p_A = p_1 + \gamma z_1$

$p_B = p_2 + \gamma(z_2 - 0.175) + 13.57\gamma \times 0.175$

$\therefore\ p_1 + \gamma z_1 = p_2 + \gamma z_2 - 0.175\gamma + 0.175 \times 13.57\gamma$

위 식을 γ로 나누면

$\frac{p_1}{\rho g} + z_1 - \left(\frac{p_2}{\rho g} + z_2\right) = 0.175(13.57 - 1) = 2.2\text{m}$

이 값을 식 (2)에 대입하면

$(0.5625^2 - 0.36^2)\frac{V_3^2}{2 \times 9.8} = 2.2 \rightarrow V_3 = 15.19\frac{\text{m}}{\text{s}}$

식 (1)에서

$15.19 = \sqrt{2 \times 9.8 \times H}\ \therefore\ H = 11.78\text{m}$

압력계가 있는 위치와 ③점의 위치는 같은 높이에 있으므로 두 점 간의 베르누이 방정식을 나타내 보면

$\frac{V_2^2}{2g} + \frac{p_2}{\rho g} = \frac{V_3^2}{2g} + \frac{p_3}{\rho g}$

그런데 $V_2 = 0.5625 \times 15.19 = 8.544\text{m/s}$이므로

$\frac{8.544^2}{2} + \frac{p}{1000} = \frac{15.19^2}{2} \rightarrow p = 78868\frac{\text{N}}{\text{m}^2}$

17

그림에서 $0.3\text{m}^3/\text{s}$의 물이 흐르고 있다. 액주계의 읽음을 계산하여라. 그리고 정압관을 ① 단면에, 피토관을 ② 단면에 설치할 때의 액주계의 읽음도 계산하여라. (단, CCl_4의 비중은 1.59이다.)

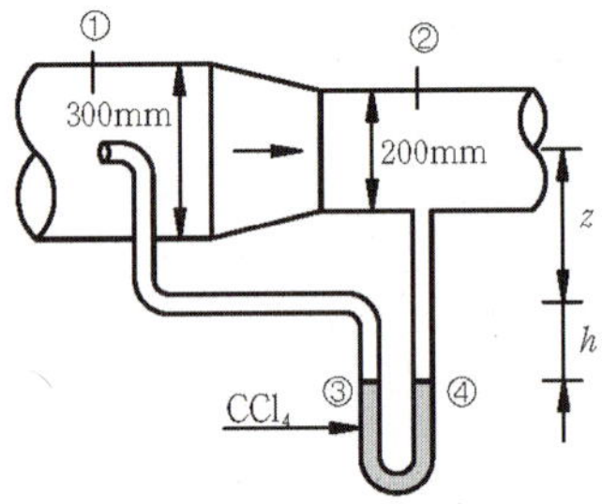

풀이

①과 ②점 사이의 베르누이 방정식은

$\frac{V_1^2}{2g} + \frac{p_1}{\rho g} = \frac{V_2^2}{2g} + \frac{p_2}{\rho g}$ ……………………………… (1)

상기 식의 좌변항이 ①점의 피토관에 걸리는 압력(P_s : 전압)이며 우변의 $\frac{P_2}{\rho g}$가 ②점의 정압관에 걸리는 압력이므로 $\frac{V_2^2}{2g}$이 액주계에 걸리는 압력차이다. 즉

$\frac{p_s}{\rho g} = \frac{V_2^2}{2g} + \frac{p_2}{\rho g}$

이므로 양변에 물의 $\gamma = \rho g$를 곱하면

$p_s - p_2 = \frac{\rho}{2}V_2^2 \rightarrow V_2 = \sqrt{\frac{2g}{\gamma}(p_s - p_2)}$ ………………… (2)

그런데 체적유량 $Q = A_2 V_2$이므로

$0.3 = \frac{\pi \times 0.2^2}{4} \times V_2 \rightarrow V_2 = 9.55\frac{\text{m}}{\text{s}}$

즉

$9.55 = \sqrt{\frac{2g}{\gamma}(p_s - p_2)}$

압력차 $p_2 - p_2$를 액주계의 높이차로 나타내기 위하여 ③점과 ④점에 걸리는 압력을 생각해 보자

$p_3 = p_s + \gamma(z + h)$

$p_4 = p_2 + \gamma z + \gamma_{ccl4}h$

$p_3 = p_4$이므로

$p_s + \gamma z + \gamma h = p_2 + \gamma z + \gamma_{ccl4}h$

$p_s - p_2 = (\gamma_{ccl4} - \gamma)h$

따라서 (2)식에 대입하면

$9.55 = \sqrt{\frac{2g}{\gamma}(\gamma_{ccl4} - \gamma)h} = \sqrt{2 \times 9.8 \times \left(\frac{\gamma_{ccl4}}{\gamma} - 1\right) \times h}$

$s = \frac{\gamma_{ccl4}}{\gamma} = 1.59$이므로

$9.55. = 2 \times 9.8 \times (1.5 - 1) \times h \therefore\ h = 7.88\text{m}$

다음에 피토관을 ② 단면에 설치할 경우도 마찬가지 방법으로 구한다. 즉 ②점에서 전압이 걸리므로

전압, $\frac{p_s}{\rho g} = \frac{V_2^2}{2g} + \frac{p_2}{\rho g} = \frac{V_1^2}{2g} + \frac{p_2}{\rho g}$

$$V_1 = \sqrt{\frac{2g}{\gamma}(p_s - p_1)} \quad \cdots\cdots (3)$$

V_1을 구하면 상기와 같은 방법으로 계산할 수 있다.

$$V_1 = \frac{Q}{A_1} + \frac{0.3}{\pi \times 0.3^2/4} = 4.244\frac{\text{m}}{\text{s}}$$

③측의 액주가 ④측의 액주보다 h'만큼 높다 하면

$p_3 = p_1 + \gamma z + \gamma_{ccl4} h'$

$p_4 = p_3 + \gamma(z + h')$

그런데 $p_3 = p_4$이므로

$p_s - p_1 = (\gamma_{ccl4} - \gamma)h'$

이것을 (3)식에 대입하면

$\therefore\ 4.244^2 = 2 \times 9.8 \times 0.59 \times h' \ \therefore\ h' = 1.56\text{m}$

18

표면표고 20m인 저수지의 물을 표면표고 65m인 저수지로 양수하려 한다. 유량은 0.52m^3/s로 하고, 관로와 펌프에서의 손실수두가 10m라 할 때 펌프에 필요한 동력을 계산하여라.

풀이

저수위 표면 위의 점 ①과 고수위 표면 위의 점 ② 사이에 베르누이 방정식을 적용하면

$$\frac{V_1^2}{2g} + \frac{p_1}{\rho g} + z_1 + E_P = \frac{V_2^2}{2g} + \frac{p_2}{\rho g} + z_2 + h_L$$

(E_P: 펌프수두, h_L: 손실수두)

$20 + E_P = 65 + 10$

$\therefore\ E_P = 55\text{m}$

동력 $L = \rho g Q E_P = 1000 \times 9.8 \times 0.52 \times 55 = 280280\text{J/s}$

19

그림에서 저수지로부터 사각형단면의 수로에 물이 양수되고 있다. 이상유체의 흐름으로 가정하여 펌프의 필요동력을 계산하여라.

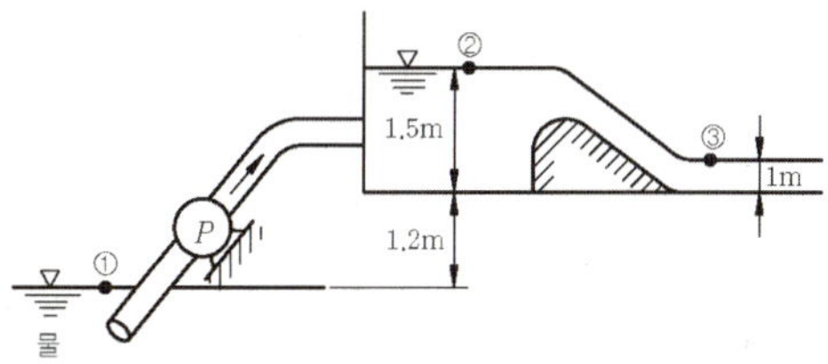

풀이

①점과 ②점 간의 베르누이 방정식은

$$\frac{V_1^2}{2g} + \frac{p_1}{\rho g} + z_1 + E_P = \frac{V_2^2}{2g} + \frac{p_2}{\rho g} + z_2 + h_L$$

$$0 + 0 + 0 + E_P = \frac{V_2^2}{2g} + (1.5 + 1.2) \quad \cdots\cdots (1)$$

V_2를 구하기 위하여 ②점과 ③점 간의 베르누이 방정식을 적용하면

$$\frac{V_2^2}{2g} + \frac{p_2}{\rho g} + z_{2_p} = \frac{V_3^2}{2g} + \frac{p_3}{\rho g} + z_3$$

$$\frac{V_2^2}{2 \times 9.8} + (1.5 + 1.2) = \frac{V_3^2}{2 \times 9.8} + (1 + 1.2) \quad \cdots\cdots (2)$$

그런데 ②점과 ③점간의 연속 방정식에서

$Q = A_2 V_2 = A_3 V_3 =$ 일정하므로

3이것을 (2)식에 대입하면

$$1.5 - 1 = \frac{V_2^2}{2 \times 9.8}(1.5^2 - 1) \rightarrow V_2 = 2.8\frac{\text{m}}{\text{s}}$$

따라서 (1)식은

$$E_P = \frac{2.8^2}{2 \times 9.8} + 2.7 \rightarrow E_P = 3.1\text{m}$$

펌프의 동력은 $L = \rho g Q E_p$이고 체적유량 $Q = AV$이므로

$Q/\text{폭} = q = h_2 V_2 = 1.5 \times 2.8 = 4.2\text{m}^3/\text{s} \cdot \text{폭}$

$\therefore\ L = 1000 \times 9.8 \times 4.2 \times 3.1 = 127{,}600\text{W}/\text{폭}$

20

그림과 같이 0.1m^3/s의 유량을 유지하는 데 필요한 공동현상이 일어나지 않을 펌프 동력을 계산하여라. 대기압은 98.6kPa(a)이고 물의 증기압은 6.9kPa(a)이다. 그리고 가능한 최대길이 x를 계산하여라. (단, 관손실은 무시한다.)

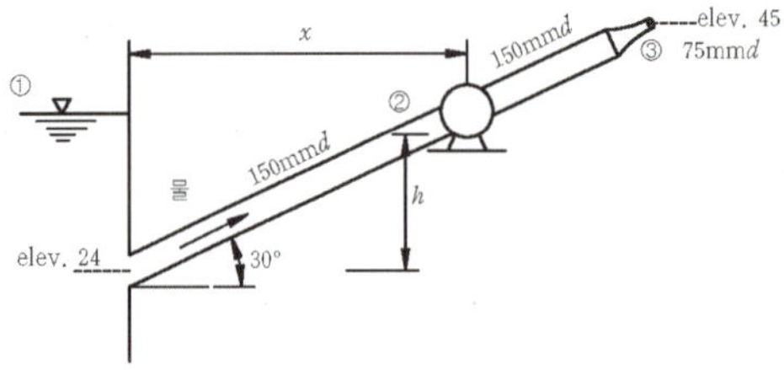

풀이

①과 ③ 사이에 베르누이 방정식을 적용하면

$$\frac{V_1^2}{2g}+\frac{p_1}{\rho g}+z_1+E_P=\frac{V_3^2}{2g}+\frac{p_3}{\rho g}+z_3+h_L$$

그런데 $V_3=\dfrac{0.1}{\pi\times0.75^2/4}=22.6\dfrac{\text{m}}{\text{s}}$ 이므로

$$0+0+30+E_P=\frac{22.6^2}{2\times9.8}+0+45$$

$\therefore\ E_p=45+26-30=41\text{m}$

따라서 펌프 동력은

$L=\rho gQE_P=1000\times9.8\times0.1\times41=40180\text{W}$

공동현상은 압력이 가장 낮은 지점, 즉 펌프흡입구인 ②점에서 일어나므로 ①점과 ②점 사이에 베르누이 방정식을 적용하면

$$\frac{V_1^2}{2g}+\frac{p_1}{\rho g}+z_{1_p}=\frac{V_3^2}{2g}+\frac{p_2}{\rho g}+z_2$$

그런데 $V_2=\dfrac{0.1}{\pi\times15^2/4}=5.659\dfrac{\text{m}}{\text{s}}$ 이고 계기압력으로 대기압은 0이므로 증기압은 대기압보다 작은 진공압력이다. 절대압력을 사용하여 위 식을 계산하면

$$0+\frac{98600}{9800}+30=\frac{5.659^2}{2\times9.8}+\frac{6900}{98600}+(24+h)$$

$40.06=1.634+0.704+24+h\ \ \therefore\ h=13.7\text{m}$

그런데 $\dfrac{h}{x}=\tan30°$ 이므로 $x=\dfrac{13.7}{0.577}=23.7\text{m}$

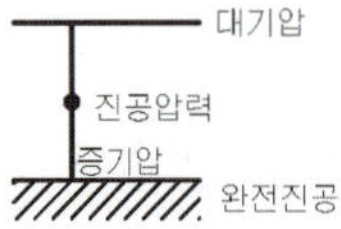

CHAPTER 04

유체운동학 / 연습문제

해답은 486쪽에 있습니다.

01

유체가 V m/s로 흐르고 있을 때 질량 1kg이 가진 운동에너지는?

① m $V^2/2$ ② $\rho V^2/2$
③ $V^2/2$g ④ $V^2/2$

02

정상류는?

① 위치변화에 따라 흐름의 특성이 변화하지 않는다.
② 한 점에서의 흐름특성은 시간에 따라 변하지 않는다.
③ 이상유체의 흐름이다.
④ 유체 입자가 유선을 따라 질서 있게 흐르는 흐름이다.

03

유선의 방정식은?

① $\frac{dx}{u}=\frac{dy}{v}=\frac{dz}{w}$ ② $\frac{\partial u}{\partial x}+\frac{\partial v}{\partial y}+\frac{\partial w}{\partial z}=0$
③ $\frac{\partial P}{\partial t}=\frac{\partial \rho}{\partial t}$ ④ $\frac{dA}{A}+\frac{drho}{\rho}+\frac{dv}{v}=0$

04

연속방정식이 아닌 것은?

① $\frac{dx}{u}=\frac{dy}{v}=\frac{dz}{w}$ ② $\frac{dA}{A}+\frac{drho}{\rho}+\frac{dv}{v}=0$
③ $\rho A V = C$ ④ $A_1 V_1 = A_2 V_2$

05

베르누이 방정식 $p/\gamma + V^2/2g + z = H$의 단위로 적당한 것은?

① J/N ② N · m
③ kg·m/s ④ kg · m

06

유량 2kg$_f$/sec의 물이 그림의 관로를 유동한다. 체적유량을 구하고, 200mm 관과 100mm 관에서의 평균속도를 구하여라.

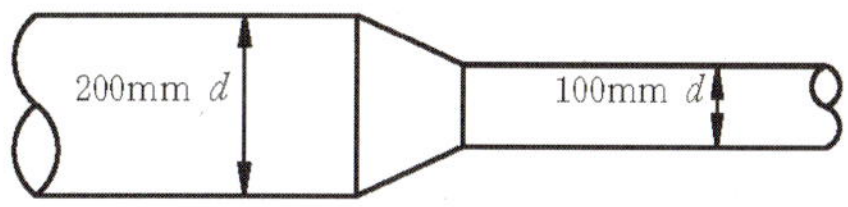

07

그림에서 원관속에 비중, s =1.2인 유체가 흐르고 있다. p_1 =300kPa, p_2 =200kPa이면 관의 유량은 얼마이겠는가?

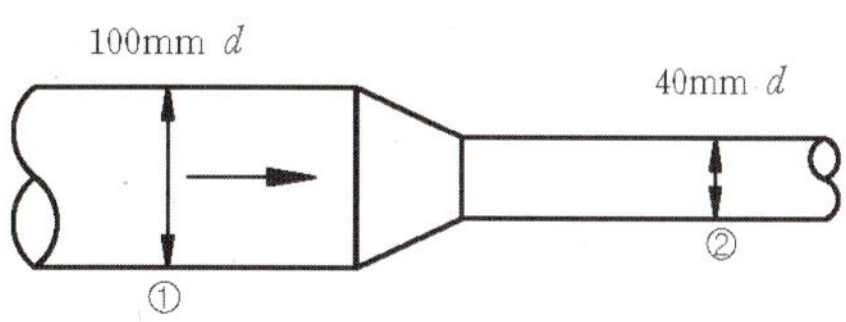

08

그림에서 액주계의 읽음 h를 계산하여라.

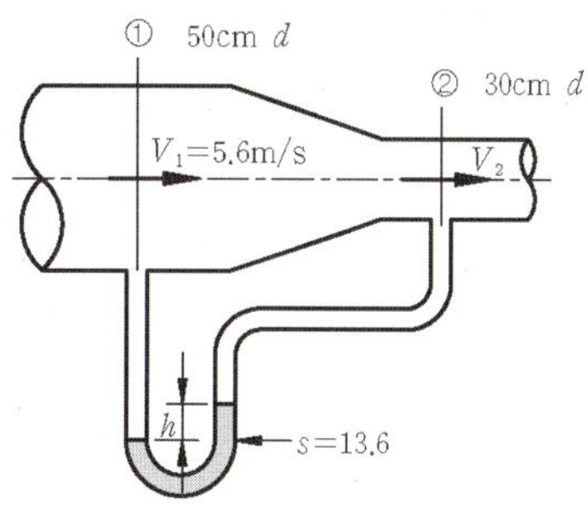

CHAPTER 04 유체운동학 / 연습문제

해답은 486쪽에 있습니다.

09

그림과 같은 상태에서 노즐을 통하는 유량을 구하고 A점의 압력을 구하라. (단, 관손실은 무시한다.)

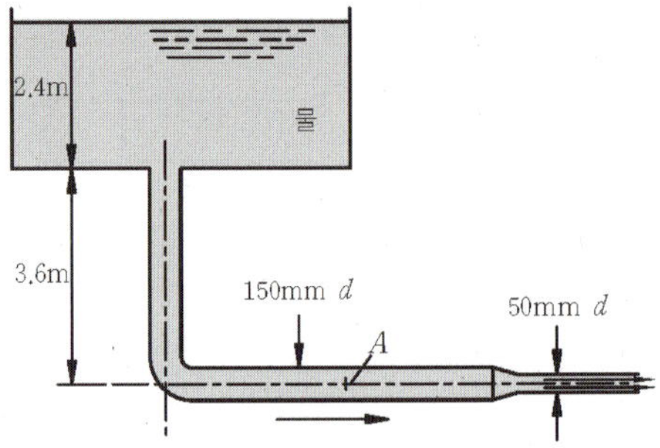

10

그림에서 $d_1=50\text{cm}$, $d_2=30\text{cm}$이다. 압력계의 읽음이 서로 같을 때 유량을 계산하여라.

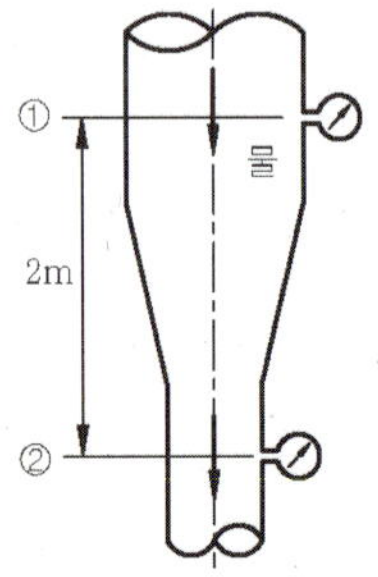

11

그림에서 $d_1=50\text{cm}$, $d_2=30\text{cm}$, $h=15\text{mm}$일 때 유량을 계산하여라.

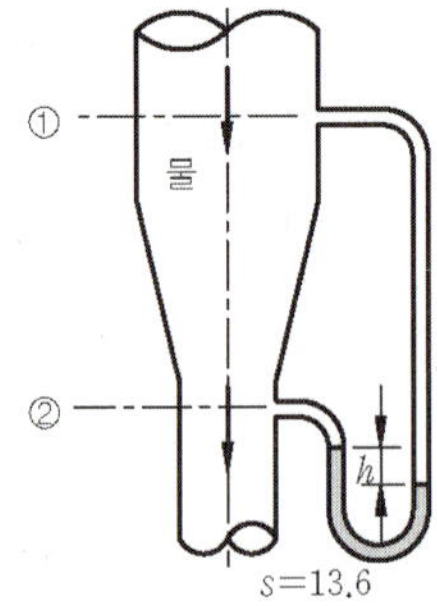

12

그림에서 유량은 $0.6\text{m}^3/\text{s}$이고, $d_1=40\text{cm}$, $d_2=20\text{cm}$이다. ①, ② 단면에서의 압력차를 계산하여라.

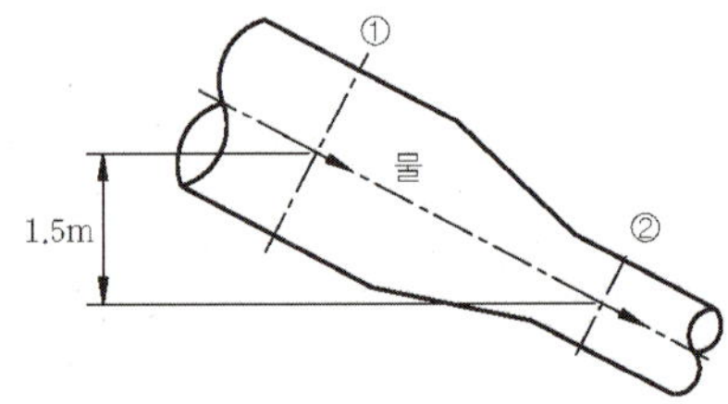

13

그림에서 유량은 $0.6\text{m}^3/\text{s}$이고, $d_1=20\text{cm}$, $d_2=40\text{cm}$이다. ①, ② 단면 사이의 압력차를 계산하고 [문제 4-12]와 비교하여라.

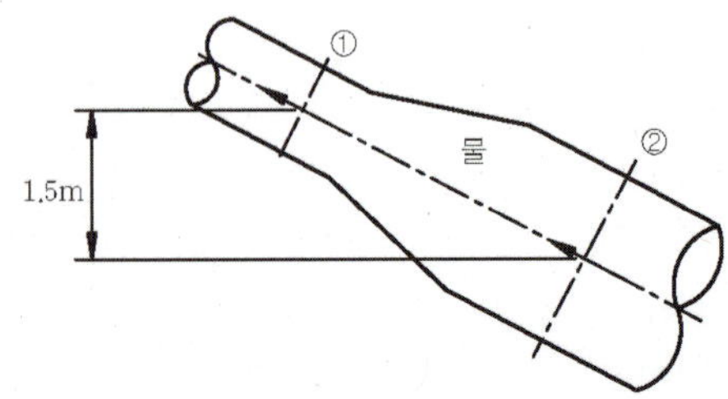

14

그림과 같이 물이 관속을 흐를 때 단면 ①에서의 압력, $p_1=2\text{kg}_\text{f}/\text{cm}^2$이고 속도 $V_1=1.8\text{m/s}$일 때 단면 ②에서의 속도와 압력을 구하여라. 단 관손실은 무시한다.

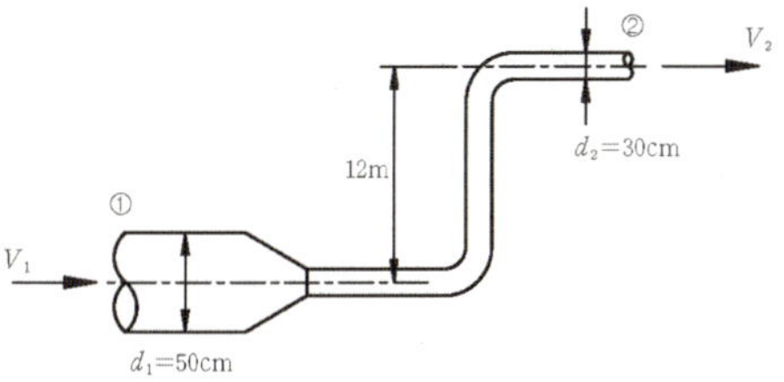

15

그림에서 관로를 흐르는 유량을 계산하여라. 또, 평균속도가 3m/s이면 관로에서의 손실수두는 몇 m이겠는가?

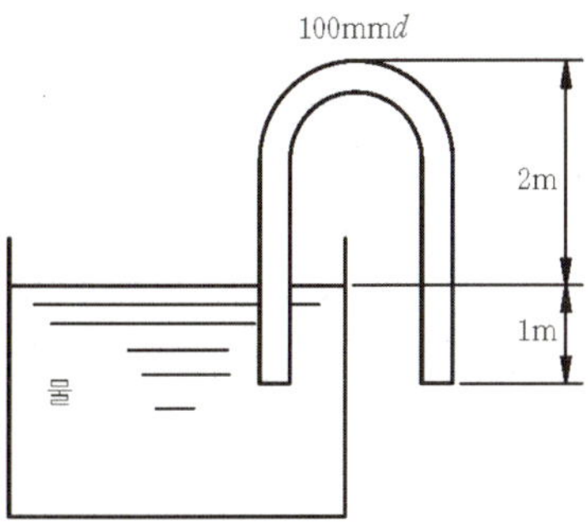

16

그림에서 대기압은 1at, 유체의 증기압은 1.8kPa이다. 관로에 흐를 수 있는 최대유량과 길이 h를 구하여라.

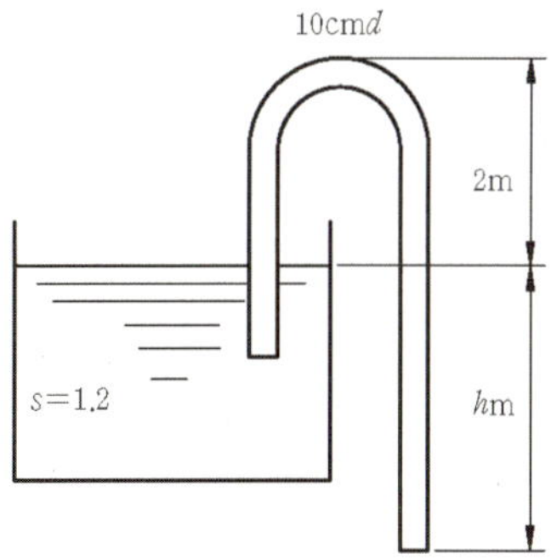

17

그림에서 두 압력계의 읽음은 같고 유량은 28l/s이다. 수축부의 지름을 구하여라.

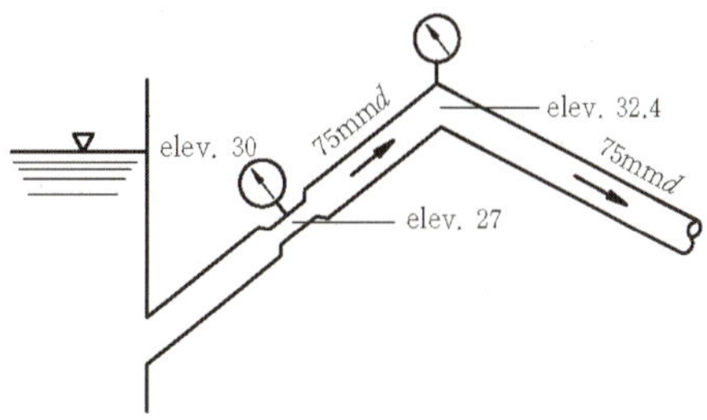

유체운동학 / 연습문제

해답은 486쪽에 있습니다

18

그림에서 $2m^3/s$의 공기($\gamma=12.0N/m^3$)가 흐르고 있다. 피에조미터 입구까지 물이 올라가게 될 최대단면적 A_2를 구하여라. 압축성은 무시한다.

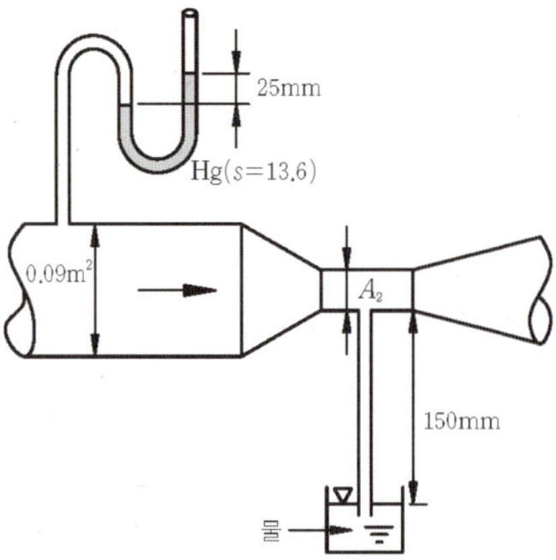

19

그림에서 유량을 계산하여라.

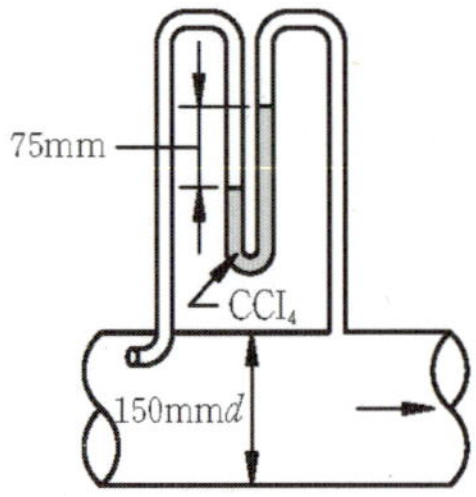

20

그림과 같이 출구의 물이 가진 에너지의 절반만큼 터빈이 동력을 얻고 있다. 터빈의 동력을 계산하여라. 관손실은 무시한다.

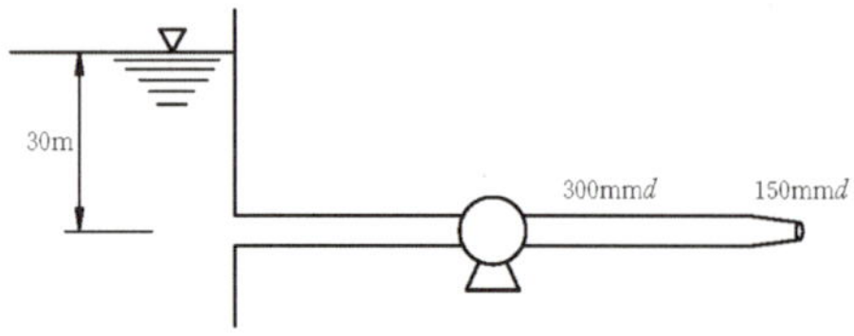

CHAPTER 05

운동량의 법칙

CHAPTER 05 운동량의 법칙

5-1 : 역적과 운동량

유체의 흐름으로 인한 힘이 발생한다는 것은 일상생활에서 많이 관찰할 수 있는 현상이다. 소방수가 잡고 있는 노즐에서 생기는 힘이나 배관계통에서 엘보우에 걸리는 힘, 바람에 의해서 빌딩이나 굴뚝이 받고 있는 힘, 인공위성을 발사하기 위한 추진력 등은 모두 유체의 흐름에 의해서 물체에 힘이 작용하고 있는 것이다. 이러한 유체의 운동량과 힘에 대한 관계식은 뉴턴의 운동 제2법칙에 의해 설명될 수 있다. 힘이나 가속도는 벡터양이므로 진한 글자로서 벡터양을 나타낸다.

$$\boldsymbol{F} = m \cdot \boldsymbol{a} \tag{5-1}$$

즉 힘은 질량에 가속도를 곱한 양이다. 어떤 물체에 힘 $\boldsymbol{F}$를 가하면 가속도가 $\boldsymbol{a}$인 운동을 하게 되고 반대로 가속도가 $\boldsymbol{a}$인 물체를 정지시키려면 힘 $\boldsymbol{F}$가 필요하다는 말이 된다. 가속도는 속도를 시간으로 나눈 양이므로

$$\boldsymbol{F} = m \cdot \boldsymbol{a} = m\frac{d\boldsymbol{V}}{dt} = \frac{d}{dt}(m\boldsymbol{V}) \tag{5-2}$$

위 식에 나타난 $m\boldsymbol{V}$를 운동량이라 한다. 즉 질량 m인 물체가 속도 $\boldsymbol{V}$로 움직일 때 이것을 곱한 양($m\boldsymbol{V}$)을 운동량(momentum, 運動量)이라 한다. 어떤 물체가 받는 모든 힘은

$$\sum \boldsymbol{F} = \frac{d}{dt}(m\boldsymbol{V}) = m\frac{\Delta \boldsymbol{V}}{\Delta t} \tag{5-3}$$

위 식에서 $m\Delta\boldsymbol{V}$는 운동량의 변화량을 말한다. 즉 $\boldsymbol{V}_1$을 처음상태의 속도, $\boldsymbol{V}_2$를 나중 상태의 속도라 할 때 $m\Delta\boldsymbol{V} = m(\boldsymbol{V}_2 - \boldsymbol{V}_1)$이다. 어떤 물체에 힘 $\boldsymbol{F}$가 Δt시간 동안 가해졌을 때 이것을 곱한 양($\boldsymbol{F}\Delta t$)을 역적(impulse, 力積) 또는 충격량(衝擊量)이라 한다. 위 식으로부터

$$\therefore\ \sum \boldsymbol{F} \cdot \Delta t = m \cdot \Delta\boldsymbol{V} \tag{5-4}$$

상기 식은 Δ가 0으로 접근할 때는 차이값 Δ의 기호가 d로 바뀌므로

$$\Sigma \boldsymbol{F} \cdot dt = m \cdot d\boldsymbol{V} \tag{5-5}$$

와 같다. 즉 운동량의 변화량은 역적(충격량)과 같다는 것을 알 수 있다. 상기 식을 역적과 운동량의 법칙(impulse-momentum equation)이라 한다. 운동량의 단위는 [kg · m/s]이다. 중력단위로 운동량의 단위는 [kg_f · s]이다.

$$1[\mathrm{kg}] \cdot \left[\frac{\mathrm{m}}{\mathrm{s}}\right] = 0.102\left[\frac{\mathrm{kg_f} \cdot \mathrm{s}^2}{\mathrm{m}}\right] \cdot \left[\frac{\mathrm{m}}{\mathrm{s}}\right] = 0.102[\mathrm{kg_f} \cdot \mathrm{s}]$$

예제 1

어떤 야구선수가 질량 0.3kg인 야구공을 40m/s의 속도로 날아오는 것을 배트로 쳐서 50m/s로 날려 보냈을때

(1) 야구공의 운동량 변화량은 몇 kg · m/s인가?

(2) 공을 배트로 충격한 시간이 0.1sec이었다면 배트가 공에 준 힘은 몇 N인가?

공의 운동량 변화량은 $\Delta(mV) = m(V_2 - V_1) = 0.3[50-(-40)] = 27\frac{\mathrm{kg} \cdot \mathrm{m}}{\mathrm{s}}$

공이 받는 힘은 $F = \frac{m(V_2 - V_1)}{t} = \frac{27}{0.1} = 270\frac{\mathrm{kg} \cdot \mathrm{m}}{\mathrm{s}} = 270\mathrm{N}$

식 (5-3)에서 $m/\Delta t$는 질량유량을 말한다. 연속방정식에서 배웠듯이 이것을 $\dot{m}$로 표시한다.

$$\dot{m} = \rho Q = \rho A V \tag{5-6}$$

와 같다. 따라서

$$\Sigma \boldsymbol{F} = \dot{m} \cdot \Delta \boldsymbol{V} = \rho Q \Delta \boldsymbol{V} \tag{5-7}$$

$$\therefore \ \Sigma \boldsymbol{F} = \rho Q(\boldsymbol{V}_2 - \boldsymbol{V}_1) \tag{5-8}$$

유체가 받는 힘=질량유량(나중속도 - 처음속도)/시간

운동량이라 함은 $m\boldsymbol{V}$를 말하므로 운동량의 시간적인 변화율은 $(m\Delta \boldsymbol{V})/\Delta t = \dot{m}\Delta \boldsymbol{V}$와 같다. 따라서 운동량의 시간적인 변화율(또는 질량유량×속도변화량)은 유체가 받고 있는 모든 힘과 같다. 식 (5-8)을 운동량의 법칙(principle of momentum) 또는 운동량 방정식(momentun equation)이라 한다. 식 (5-8)은 또한 아래와 같이 표현될 수 있다.

유체가 받는 힘=(나중운동량 - 처음운동량)/시간

상기한 식 (5-8)의 물리적인 의미를 이해하기 위하여 또 다른 방법으로 그림 5-1과 같이 곡관에서의 정상류 1차원 흐름을 예로 들어 간단히 생각해 보자. 힘과 속도는 벡터양이므로 좌표계를 그림과 같이 잡으면 x 좌표의 양의 방향은 항상 오른쪽이고 y 좌표의 양방향은 항상 위쪽이다.

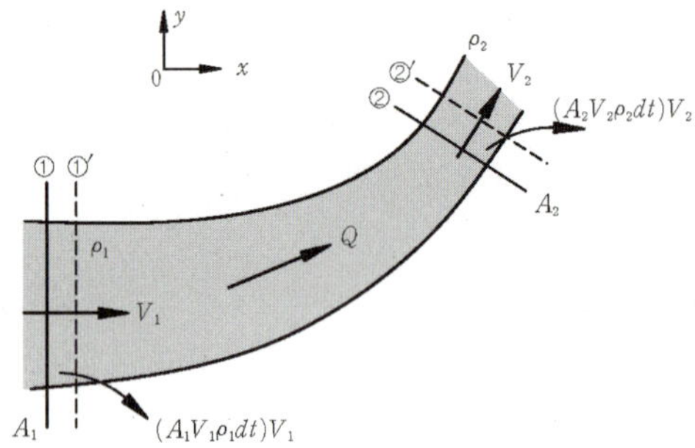

그림 5-1 운동량의 변화

단면 ①과 ② 사이의 공간을 제한체적으로 하고 어느 순간의 제한체적내의 유체가 dt 시간 후에 단면 ①′와 ②′ 사이의 유체로 이동하였다면 제한체적 내에 유체의 운동량 변화는

(단면 ①′와 ②′ 사이의 유체운동량) - (단면 ①과 ② 사이의 유체운동량)

단면 ①′와 ② 사이의 유체가 가지는 운동량은 공통으로 갖는 운동량이므로 결과적으로 dt 시간 동안의 운동량 변화는 (단면 ②와 ②′ 사이의 유체운동량) - (단면 ①과 ①′사이의 유체운동량)과 같다. 이 사실을 위 법칙에 적용하여 정리하면

$$\Sigma \boldsymbol{F} dt = (A_2 V_2 \rho_2 dt)\boldsymbol{V}_2 - (A_1 V_1 \rho_1 dt)\boldsymbol{V}_1 = \rho Q(\boldsymbol{V}_2 - \boldsymbol{V}_1)dt$$
$$\Sigma \boldsymbol{F} = \rho Q(\boldsymbol{V}_2 - \boldsymbol{V}_1)$$

가 되므로 상기 식 (5-8)과 같음을 알 수 있다. 위 식에서 보듯이 나중운동량이라 함은 유체가 제한체적 밖으로 나가는 부분에서의 운동량을 말하며 처음운동량이라 함은 유체가 제한체적으로 들어오는 입구 부분을 말한다.

힘과 속도는 벡터양이므로 그림 5-2와 같이 힘 $\boldsymbol{F}$의 방향은 $(\boldsymbol{V}_2 - \boldsymbol{V}_1)$의 방향과 같다. 속도변화 방향은 힘방향과 같아야 한다. $\boldsymbol{V}_1$과 $\boldsymbol{V}_2$의 크기가 같다고 하더라도 벡터양이므로 방향이 다르면 외력 $\boldsymbol{F}$가 존재함을 알 수 있다.

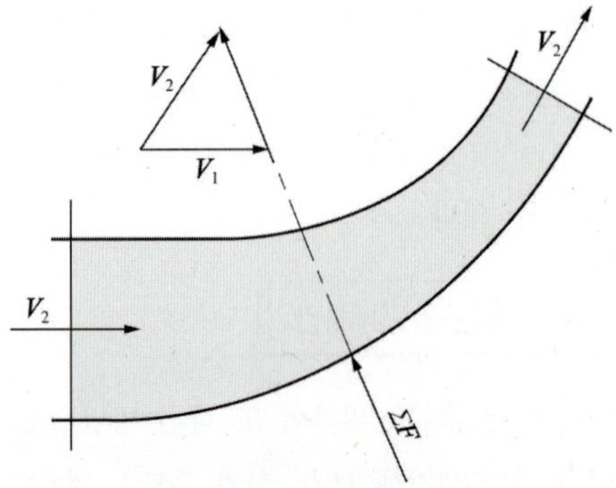

그림 5-2 속도변화 벡터

식 (5-8)은 벡터로 나타내었으므로 실제로 계산하기 위해서는 각 방향의 분력으로 표시해야 한다. x, y, z 방향의 분력으로 나누면

$$x \text{ 방향} : \Sigma F_x = \rho Q(V_{2x} - V_{1x}) \quad (5\text{-}9)$$
$$y \text{ 방향} : \Sigma F_y = \rho Q(V_{2y} - V_{1y})$$
$$z \text{ 방향} : \Sigma F_z = \rho Q(V_{2z} - V_{1z})$$

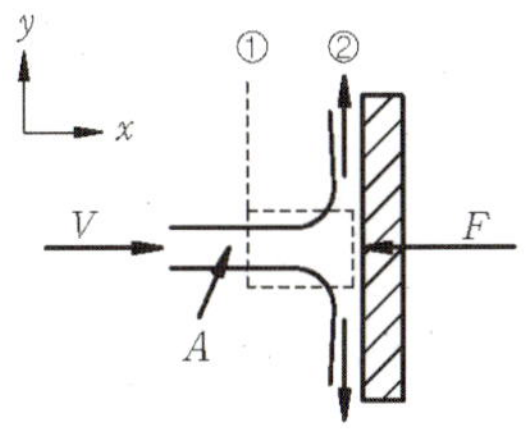

그림 5-3

그림 5-3과 같이 단면적이 A인 분류가 고정된 평판에 직각으로 충돌할 때를 생각해 보자. 좌표계를 그림과 같이 잡고 점선으로 쌓인 부분을 제한체적으로 설정한다. 그러면 y 방향으로는 유체의 운동이 대칭이므로 운동량의 변화에 의한 힘은 존재하지 않는다. x 방향의 힘만 존재한다. 오른쪽을 양의 방향으로 하고 점선으로 둘러쌓인 제한체적 내의 유체가 받는 힘을 F_s라 하면 식 (5-9)에서

$$\Sigma F_x = \rho Q(V_{2x} - V_{1x}) \quad (5\text{-}10)$$

그런데

$$V_{1x} = V$$
$$V_{2x} = 0$$

충돌 후의 x 방향 성분은 없기 때문이다.

$$\Sigma F_x = \rho Q(-V) = -\rho A V^2 \quad (5\text{-}11)$$

여기서 유체가 받는 힘 ΣF_x는 분류정압은 대기압($p_1 = p_2 = 0$)이므로 유체가 받는 힘은 운동량의 변화에 의한 힘밖에 존재하지 않는다. 식 (5-11)에서 유체가 받는 힘은 음의 값이므로 그림과 같이 왼쪽으로 작용함을 알 수 있다. 그 크기는

$$\boxed{F = \rho A V^2} \quad (5\text{-}12)$$

유체가 받는 힘은 뉴턴의 제3법칙인 작용 반작용의 법칙에 의해서 평판이 받는 힘과 서로 크기는 같고 방향은 다르다. 따라서 평판을 받쳐 주어야 할 힘은 유체가 받는 힘 F와 크기와 방향이 같다.

위와 반대의 경우로서 그림 5-4와 같은 경우에는 상기 식 (5-10)에서

$$V_{1x} = 0$$

$$V_{2x} = V$$

이므로

$$F_x = \rho Q V$$

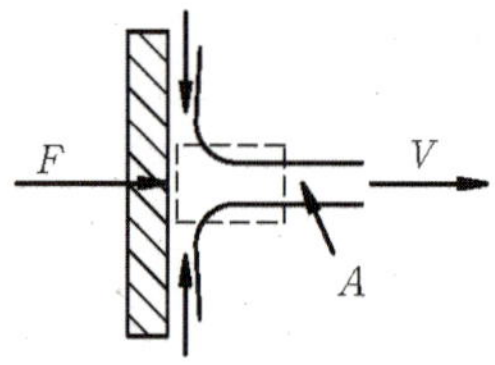

그림 5-4

즉 점선으로 둘러쌓인 제한체적 내에서 유체가 받는 힘은 그림과 같이 오른쪽으로 작용한다. 그 크기는 위와 마찬가지로

$$F = \rho A V^2$$

예제2

그림과 같이 비중이 0.8인 기름이 10m/s의 속도로 수직평판에 직각으로 부딪치고 있다. 판을 받쳐 주어야 할 힘 F는 얼마인가?

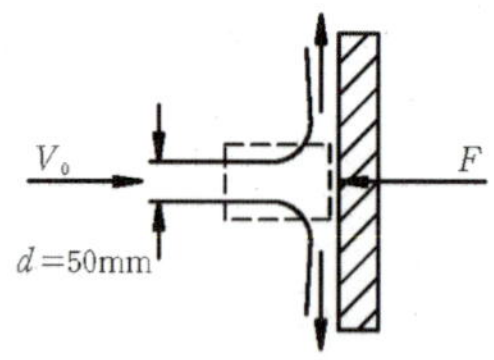

상기 식 (5-12)에서 $F = \rho A V^2 = 0.8 \times 1000 \times \dfrac{\pi \times 0.05^2}{4} \times 10^2 = 157.08\text{N}$

그림 5-5와 같이 단면이 일정한 직관에 유체가 정상류로 흐를 때 유체가 받는 마찰력은 운동량의 법칙에 의해서 구할 수 있다. 점선 부분을 제한체적으로 잡으면 상류 측 ①점과 하류 측 ②점 사이에 운동량의 법칙을 적용한다. 운동량의 법칙에서 x 성분만 생각하므로

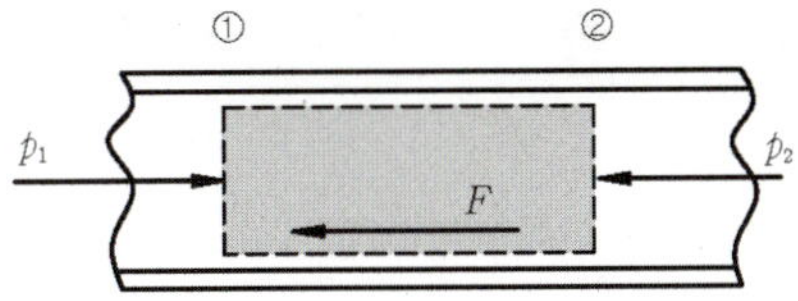

그림 5-5

$$\Sigma F_x = \rho Q(V_{2x} - V_{1x})$$

그런데 $V_{2x} = V_{1x}$이므로 $\Sigma F_x = 0$, 즉 유체에 작용하는 흐름방향의 힘의 합은 0이다. 한편 유체에 작용하는 힘은 관벽과의 마찰에 의한 전단력과 ①·②점 사이의 압력차밖에 없다(유체의 자중은 무시). 따라서

$$\Sigma F_x = (p_1 - p_2)A - F = 0$$

여기서 F는 관벽과의 마찰력이다.

$$F = (p_1 - p_2)A$$

즉 관벽과의 마찰력은 흐름방향의 압력차와 같다.

예제3

지름 500mm인 수평원관에 물이 흐르고 있다. 상류 측 단면 1에서의 압력이 100kPa이고, 하류 측 단면 2에서의 압력이 50kPa이면 두 단면 사이의 벽면이 받는 마찰력은 얼마인가?

단면이 일정하므로 운동량의 변화는 없다. ($\because\ V_1 = V_2$)
따라서 $\Sigma F = 0$
마찰력 R이라 하면 물이 받고 있는 힘의 평형식으로부터 $p_1 A - p_2 A - R = 0$

$$\frac{\pi \times 0.5^2}{4}(100 \times 1000 - 50 \times 1000) = R$$

$\therefore R = 9817\text{N} = 9.817\text{kN}$

증기터빈(steam turbine)이나 수차(water turbine)는 그 주위에 달려 있는 날개에 유체가 분사됨에 의해 동력을 발생시킨다. 운동량방정식은 이러한 열유체기기들의 토크를 계산할 때 적용된다. 이러한 경우를 다음 절에서 생각해 보기로 하자. 우선 물체가 고정되어 있는 경우 운동량에 의한 힘을 알아보고 다음에 물체가 움직이고 있을 때를 생각해 보자.

5-2 : 고정된 물체에 작용하는 힘

배관계통에서 엘보우(elbow)가 받는 힘을 알아보면 그림 5-6과 같은 곡관에서 유체의 흐름으로 인하여 곡관이 받는 힘을 생각할 수 있다. 유체가 관에 미치는 힘은 뉴턴의 운동 제3법칙인 작용 반작용의 원리에 의하여 유체가 관으로부터 받는 힘과 크기가 같고 방향이 반대이다.

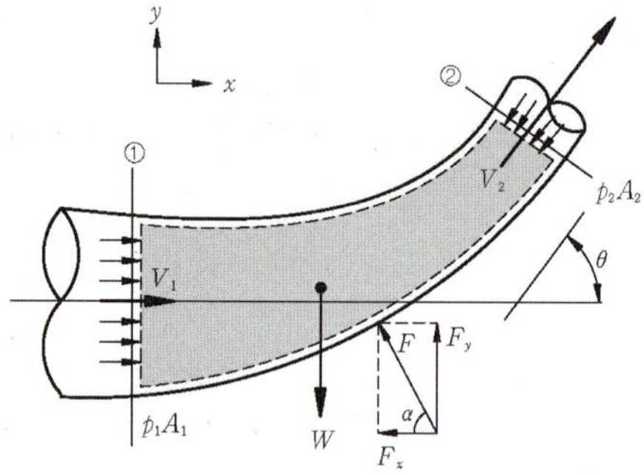

그림 5-6 곡관에 미치는 힘

따라서 관을 받쳐주어야 할 힘은 유체가 받는 힘과 그 크기와 방향이 같다. 유체가 받고 있는 힘들은,

- 입구 및 출구 쪽에서 유체에 걸리는 압력
- 유체자체의 무게(자중)
- 유체흐름에 대한 반작용으로서 관벽면으로부터 유체가 받고 있는 힘

이 된다. 관마찰은 무시한다. 그림 5-6의 단면 ①과 ② 사이에 점선으로 둘러싸인 유체요소를 제한체적으로 잡고 이 요소에 걸리는 모든 외력과 자중을 생각해 보자. 입구와 출구의 단면적을 A_1, A_2, 속도를 V_1, V_2라 하자. 단면 ①과 ②에서 유체가 받고 있는 압력을 p_1, p_2라 하자(관벽과 접촉된 부분에 걸리는 압력은 관과 유체끼리 서로 주고 받기 때문에 상쇄되므로 생각하지 않는다). 또한 유체가 받고 있는 자중, W는 항상 수직으로 밑을 향하여 작용한다. 유체가 관 벽면으로부터 받는 외력의 x, y 방향의 성분을 F_x, F_y라 하면 운동량의 법칙 식 (5-9)를 적용하여 다음 식을 얻을 수 있다.

$$x \text{ 방향} : p_1A_1 - p_2A_2\cos\theta - F_x = \rho Q(V_2\cos\theta - V_1)$$
$$y \text{ 방향} : F_y - W - p_2A_2\sin\theta = \rho QV_2\sin\theta \quad (5\text{-}13)$$

위 식에서 F_x, F_y를 구하고 전체 힘, F와 a는 다음과 같이 구한다.

$$F = \sqrt{F_x^{\,2} + F_y^{\,2}} \quad (5\text{-}14)$$
$$a = \tan^{-1}\frac{F_y}{F_x}$$

예제4

그림에서 $p_1 = 12\text{N/cm}^2$, $p_2 = 10\text{N/cm}^2$, $d_1 = 50\text{cm}$, $d_2 = 40\text{cm}$, $\theta = 30°$이고 20kN/s의 물이 관속을 흐른다. F와 a를 구하여라. (단, 유체자중은 무시한다.)

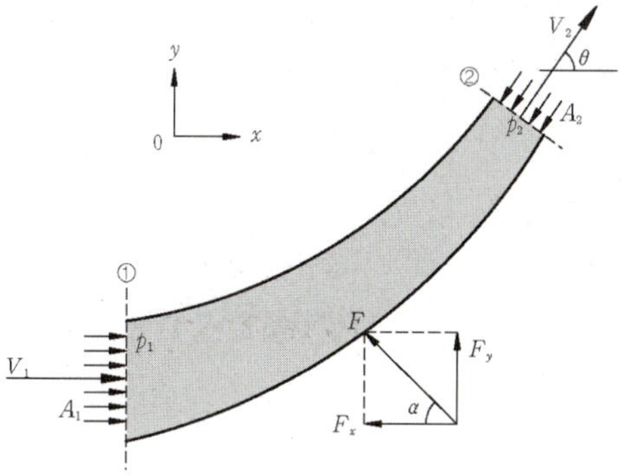

$\dot{G} = \gamma Q = 20000\dfrac{\text{N}}{\text{s}}$ 이고 $\gamma = 9800\dfrac{\text{N}}{\text{m}^2}$ 이므로 $Q = \dfrac{20000}{9800} = 2.041\dfrac{\text{m}^2}{\text{s}}$

따라서 $V_1 = \dfrac{Q}{A_1} = \dfrac{2.041 \times 4}{\pi \times 0.5^2} = 10.395\dfrac{\text{m}}{\text{sec}}$

$V_2 = \dfrac{Q}{A_2} = \dfrac{2.041 \times 4}{\pi \times 0.4^2} = 16.24\dfrac{\text{m}}{\text{sec}}$

상기한 식 (5-13)에서

$F_x = 12 \times 10^4 \times \dfrac{\pi \times 0.5^2}{4} - 10 \times 10^4 \times \dfrac{\pi \times 0.4^2}{4} \times \cos 30° - 1000 \times 2.041(16.24\cos 30° - 10.395)$

$\therefore F_x = 5190.2\text{N}$

$F_y = 10 \times 10^4 \times \dfrac{\pi \times 0.4^2}{4} \times \sin 30° + 1000 \times 2.041 \times 16.24\sin 30°$

$\therefore F_y = 22856\text{N}$

$\therefore F = \sqrt{F_x^2 + F_y^2} = \sqrt{5190.2^2 + 22856^2} = 23438\text{N}$

$a = \tan^{-1}\dfrac{F_y}{F_x} = \tan^{-1}\dfrac{22856}{5190.2} = 77.2°$

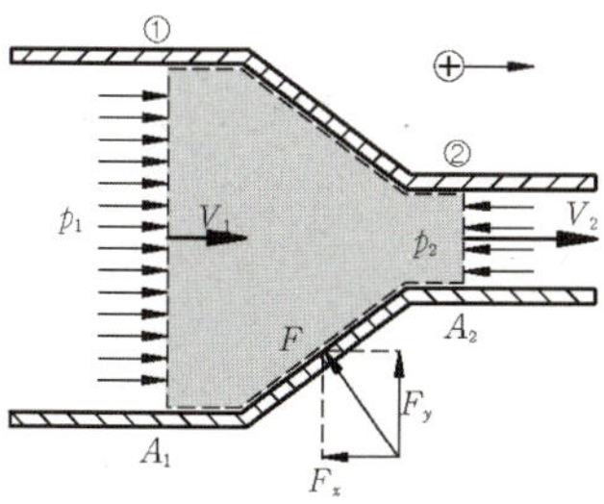

그림 5-7

그림 5-7과 같이 점차로 축소하는 부분에서 유체가 받는 힘을 구해 보자. 점선으로 둘러싸인 유체부분을 제한체적으로 잡고 벽으로부터 제한체적 내의 유체가 받는 힘을 F_x, F_y라 하면 유체가 관벽에 미치는

힘은 반력으로서 크기는 같고 방향은 반대이다. 식 (5-9)로부터 마찰력을 무시하면 유체가 받는 외력은 압력밖에 없으므로

$$p_1A_1 - p_2A_2 - F_x = \rho Q(V_{2x} - V_{1x})$$

$$\therefore\ F_x = p_1A_1 - p_2A_2 - \rho Q(V_{2x} - V_{1x}) \tag{5-15}$$

예제5

그림 5-7과 같은 관로를 유량 $0.01\text{m}^3/\text{s}$의 물이 흐른다. 단면 ①의 지름은 50mm이고 압력은 $5\text{kg}_\text{f}/\text{cm}^2$이다. 단면 ②의 지름이 30mm일 때 유체가 원추면에 미치는 힘은 얼마인가?

단면 ①과 ②에서의 유속은 연속방정식에서

$$V_1 = \frac{Q}{A_1} = \frac{0.01}{\frac{\pi}{4}\times 0.05^2} = 5.09\frac{\text{m}}{\text{s}}$$

$$V_2 = \frac{Q}{A_2} = \frac{0.01}{\frac{\pi}{4}\times 0.03^2} = 14.15\frac{\text{m}}{\text{s}}$$

압력 p_2를 구하기 위하여 ①과 ②사이에 베르누이식을 적용하면

$$\frac{p_1}{\gamma} + \frac{V_1^2}{2g} = \frac{p_2}{\gamma} + \frac{V_2^2}{2g}$$

$$p_2 = p_1 + \frac{\gamma}{2g}(V_1^2 - V_2^2) = 5\times 10^4 + \frac{1000}{2\times 9.8}(5.09^2 - 14.15^2) = 41106\frac{\text{kg}_\text{f}}{\text{m}^3}$$

유체가 받는 힘, F_x는 식 (5-15)에서

$$F_x = p_1A_1 - p_2A_2 - \rho Q(V_{2x} - V_{1x})$$

$$= 5\times 10^4 \times \frac{\pi}{4}\times 0.05^2 - 41106\times\frac{\pi}{4}\times 0.03^2 - \frac{1000}{9.8}\times 0.01(14.15 - 5.09) = 59.87\text{kg}_\text{f}$$

따라서 유체가 받는 힘은 왼쪽 방향이다. 그러므로 관을 받쳐 주어야 할 힘은 왼쪽방향이다.

이제 유체가 분사될 때 분사된 유체를 받고 있는 회전차 주위의 날개에 대해서 생각해 보자. 이러한 경우는 증기터빈이나 수차에서 관찰할 수 있다. 노즐에서 분사되는 유체가 물체에 부딪히면 방향이 바뀌어져 물체면에 접하여 흐른다. 유체의 방향이 변했다면 외력의 작용이 있는 것이므로 운동량의 법칙을 적용하게 되는 데 가정조건은 아래와 같다.

운동량 법칙의 가정조건

- 벽면과 분류(jet) 사이의 마찰은 무시한다.
- 유체의 자중은 무시한다.(위치에너지를 무시)
- 분류단면적의 크기는 일정하다.(정상류에서)
- 분류의 정압은 대기압과 같다(압력=0).

실제의 날개는 움직이고 있으나 이 절에서는 해석을 간단하게 하기 위하여 우선 고정된 것으로 간주하고 다음 절에서 움직이는 경우를 생각하기로 하자. 그림 5-8과 같이 입구 분류방향으로 x축을 잡고 출구유체의 속도방향이 x축과 θ의 각을 이룬다면 정압과 자중에 대한 힘은 없으므로 유체가 받는 외력은 날개로부터

받는 힘 F밖에 없다. 힘 F의 x, y방향 분력을 F_x, F_y라 하면 식 (5-9)로부터

$$x\text{방향} : -F_x = \rho Q(V_2\cos\theta - V_1) \tag{5-16}$$
$$y\text{방향} : F_y = \rho Q(V_2\sin\theta - 0)$$

그런데 V_1과 V_2의 연속방정식으로부터 크기는 같으므로 $V_1 = V_2 = V$로 놓으면

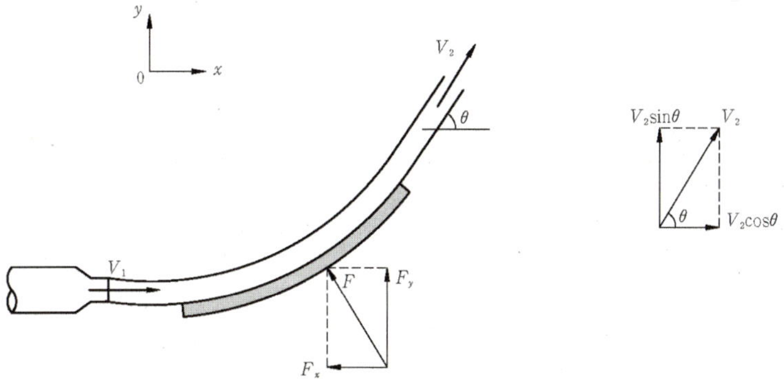

그림 5-8

$$F_x = \rho QV(1-\cos\theta) \tag{5-17}$$
$$F_y = \rho QV\sin\theta$$

날개가 고정되어 있으므로 분류가 날개에 한 일은 0이다.

예제6

그림과 같이 고정날개에 비중이 2인 액체의 분류가 50m/sec로 노즐로부터 나오고 있다. 분류의 지름이 5cm라면 이 날개를 고정시키는 데 필요한 분류성분 F_x는 몇 kg_f/인가? (단, 물의 비중량은 1000kg_f/m^3이다.)

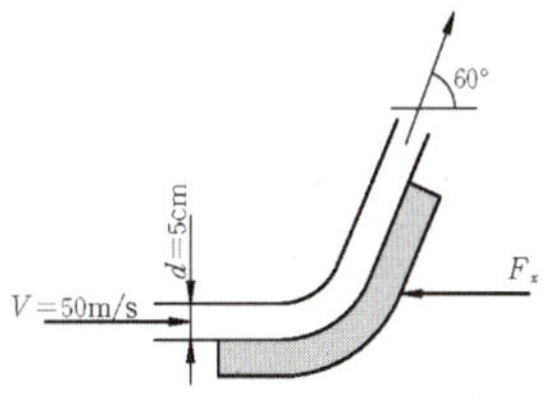

이 액체의 비중량은 $\gamma = \gamma_w S = 2\times 1000 = 2000\dfrac{kg_f}{m^3}$, 밀도는 $\rho = \gamma/g = 2000/9.8$이다.

운동량 방정식을 적용하면 $-F_x = \rho Q(V_{2x} - V_{1x})$

여기서, $V_{1x} = 50\dfrac{m}{sec}$, $V_{2x} = 50\cos 60° = 25\dfrac{m}{sec}$

따라서 $Q = AV = \pi(0.05)^2/4\times 50 = 0.098\dfrac{m^3}{sec}$

$\therefore\ -F_x = 2000/9.8\times 0.98\times(25-50) = -500kg_f$

$\therefore\ F_x = 500kg_f$

예제7

그림과 같이 지름이 3cm인 물기둥이 속도 6m/s로 날개에 분사되고 있다. 날개의 각이 90°일 때 날개에 의하여 유체가 받는 힘을 구하여라.

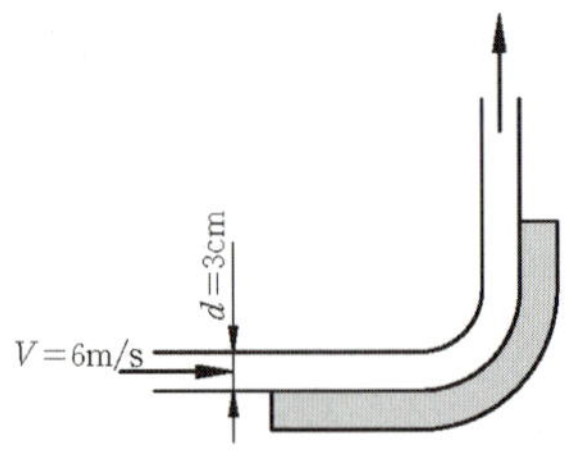

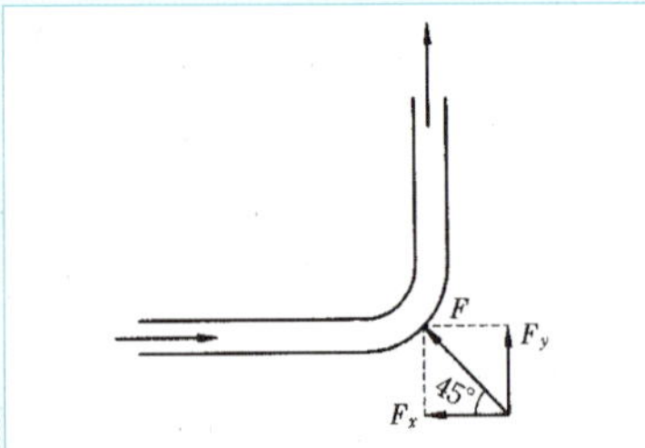

운동량 방정식에서 유체가 받는 힘의 x성분은 $F_x = \rho Q(V_{2x} - V_{1x})$

그런데 $Q = AV = \dfrac{\pi \times 0.03^2}{4} \times 6 = 0.00424\dfrac{\text{m}^2}{\text{s}}$

또한 $V_{2x} = 0$

그런데 $V_{1x} = 6\text{m/s}$이므로 $F_x = 1000 \times 0.00424 \times (0-6) = -25.45\text{N}$

유체가 받는 힘의 y성분은 $F_y = \rho Q(V_{2y} - V_{1y})$

그런데 $V_{2y} = 6\text{m/s},\ V_{1y} = 0$이므로 $F_y = 1000 \times 0.00424 \times (6-0) = 25.45\text{N}$

$\therefore\ F = \sqrt{F_x^{\,2} + F_y^{\,2}} = \sqrt{(-25.45)^2 + 25.45^2} = 36\text{N}$

$F = 36\text{N}$

그림 5-9와 같이 노즐로부터 분류가 평판에 경사지게 부딪치는 경우를 생각해 보자. 운동량 변화를 평판에 수직한 방향과 평행한 방향으로 분해하여 생각하면 평판에 수직한 방향으로의 운동량 변화량이 평판에 수직인 방향으로의 힘을 야기시킨다. 평판과 평행한 힘은 작용하지 않으므로 판과 평행한 방향의 운동량 변화량은 0이 되어야 한다. 수직방향(y방향)으로의 속도는 $V\sin\theta$에서 0까지 변화하므로 평판이 유체에 작용하는 힘, F는

$$F = \rho QV\sin\theta \qquad (5\text{-}18)$$

가 된다. 다음에 수평방향(x 방향)으로의 속도는 처음상태의 모든 운동량의 합은 나중상태의 모든 운동량의 합과 같다는 원리를 이용한다. 여기서 처음 상태라는 것은 그림과 같이 점선으로 둘러싸인 제한체적 내로 유체가 들어가는 부분을 말하며 나중 상태라는 것은 점선 부분의 체적 밖으로 나가는 부분을 말하는 것이다. 따라서 x 방향 성분의 운동량은

처음상태 : $-\rho QV\cos\theta$

나중상태 : $\rho Q_2 V-\rho Q_1 V$

유체의 에너지가 손실되지 않는 한 좌측으로 나가는 속도나 우측으로 나가는 속도는 똑같이 V가 된다. 운동량의 법칙에서 x 방향 성분의 운동량은

$$\Sigma F_x = (\rho Q_2 V-\rho Q_1 V)-(-\rho QV\cos\theta)=0 \tag{5-19}$$

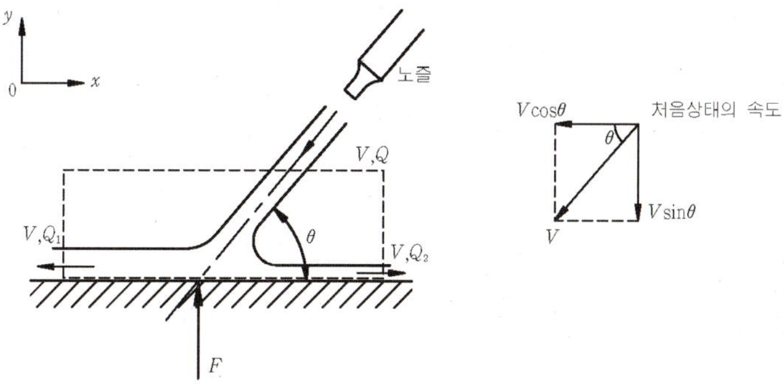

그림 5-9

상기 식으로부터 각 방향의 유량을 결정할 수 있다. 위 식을 정리하면

$$Q_1 - Q_2 = Q\cos\theta \tag{5-20}$$

연속방정식으로부터

$$Q= Q_1 + Q_2 \tag{5-21}$$

위의 식 (5-20), (5-21)로부터

$$Q_1 = Q(1+\cos\theta)/2 \tag{5-22}$$

$$Q_1 = Q(1-\cos\theta)/2$$

예제8

그림 5-8에서 노즐로부터 나가는 분류의 속도가 60m/s이고 분류의 지름이 40mm라 한다. 고정평판에 45°의 각도를 이루고 충돌할 때 판이 받는 힘은 몇 N인가? 또한 분할된 유량 Q_1, Q_2를 구하여라.

평판이 받는 힘은 유체가 받는 힘과 크기가 같으므로 식 (5-18)으로부터 $F=\rho QV\sin\theta$

그런데 $Q=AV=\frac{\pi}{4}\times 0.04^2\times 60 = 0.0754\,\frac{\mathrm{m}^2}{\mathrm{s}}$

$\therefore\ F=1000\times 0.0754\times 60\sin 45^\circ = 3200\,\mathrm{N}$

각각 분할되는 유량은 식 (5-22)으로부터

$$Q_1 = 0.0754(1+\cos 45°)\times 0.5 = 0.06436\,\frac{\text{m}^3}{\text{s}}$$

$$Q_2 = 0.0754(1-\cos 45°)\times 0.5 = 0.01104\,\frac{\text{m}^3}{\text{s}}$$

5-3 : 움직이는 물체에 작용하는 힘

실제로 터빈이나 회전형 유체기계의 날개는 움직이고 있는 상태에서 고속의 유체가 진입하게 된다. 이러한 유체의 운동량으로 인하여 날개가 원주방향의 힘을 받게 되며 토크를 발생시킨다. 같은 분사속도라도 움직이는 날개에 진입하는 유체의 속도는 날개의 입장에서 볼 때 고정된 날개에 진입하는 유체의 속도와는 다르다. 이것은 절대속도와 상대속도의 개념으로 설명될 수 있다.

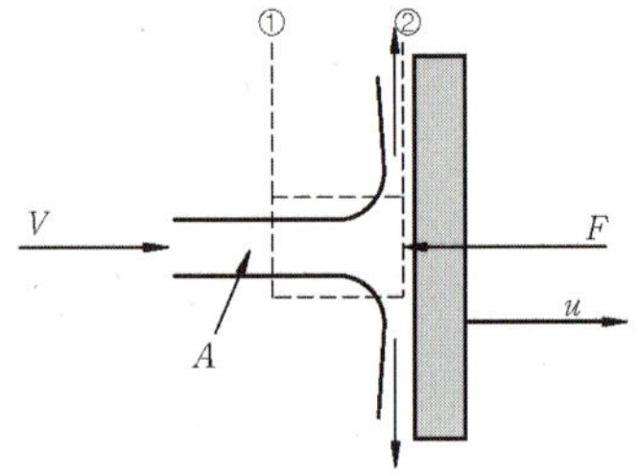

그림 5-10

그림 5-10과 같이 직각평판이 분류의 방향으로 u의 속도를 가지고 움직일 때 점선으로 둘러싸인 제한체적 내의 유체가 받는 힘, F를 생각해 보자. 분류가 평판에 충돌하는 속도는 분류의 속도 V에서 u를 뺀 값이다. 절대속도와 상대속도의 개념에 대해서 1장에서 설명했듯이 절대속도는 공간의 한 점에 고정된 좌표계에서 관찰한 속도이고 상대속도는 물체에 고정된 좌표계에서 관찰한 속도이다. a와 b 두 물체가 각각 V_a, V_f란 속도로 운동하고 있을 때 a에 대한 b의 상대속도, $V_{b/a}$는 아래와 같이 나타내진다.

$$\boldsymbol{V}_{b/a} = \boldsymbol{V}_b - \boldsymbol{V}_a \quad (5\text{-}23)$$

$$\downarrow \quad \downarrow \quad \downarrow$$

$$\boldsymbol{V}' = \boldsymbol{V} - \boldsymbol{u}$$

여기서 $\boldsymbol{V}'$: 평판에 대한 분류의 상대속도

$\boldsymbol{V}$: 분류의 절대속도

$\boldsymbol{u}$: 움직이는 평판의 절대속도

로 주어진다. 즉 평판의 입장에서 본 분류의 속도는 $(V-u)$이다. 그러면 단위시간당 평판이 받은 유량 $Q' = A(V-u)$이므로 유체가 받는 힘 F는

$$F = \rho Q'(V-u) = \rho A(V-u)^2 \quad (5\text{-}24)$$

이 경우에 Q'는 분류의 절대유량 $Q = AV$와는 다르다는 것을 유의하여야 한다. 분류의 절대유량 Q는 고정된 물체에서 측정한 유량이고 평판이 받은 유량 Q'는 움직이는 평판에서 관찰된 유량이다. 한편, 분류가 직각평판에 한 일에 의한 동력, L은

$$L = F \cdot u = \rho A u (V - u)^2 \tag{5-25}$$

그림 5-11과 같이 분류의 힘에 의하여 날개가 x축방향으로 u로 움직이고 있는 경우를 생각하자. 움직이는 날개에 대한 물의 진입속도 u_1과 유출속도 u_2는 상대속도이며(그림 5-11(b)) 정상류인 경우에는 방향은 다르지만 그 크기는 서로 같다.

$$\boldsymbol{u}_1 = \boldsymbol{V}_1 - \boldsymbol{u} \tag{5-26}$$

$$\boldsymbol{u}_2 = \boldsymbol{V}_1 - \boldsymbol{u} \tag{5-27}$$

$$|\boldsymbol{u}_1 = \boldsymbol{u}_2|$$

또한 분류의 절대유량 즉 분출유량 $Q = AV_1$이지만 움직이는 날개에서 관찰된 유량 즉 날개를 거쳐가는 유량 $Q' = Au_1 = A(V_1 - u)$다. 따라서 분류의 절대유량과 날개를 거쳐가는 유량은 서로 다르다는 것을 유의하여야 한다.

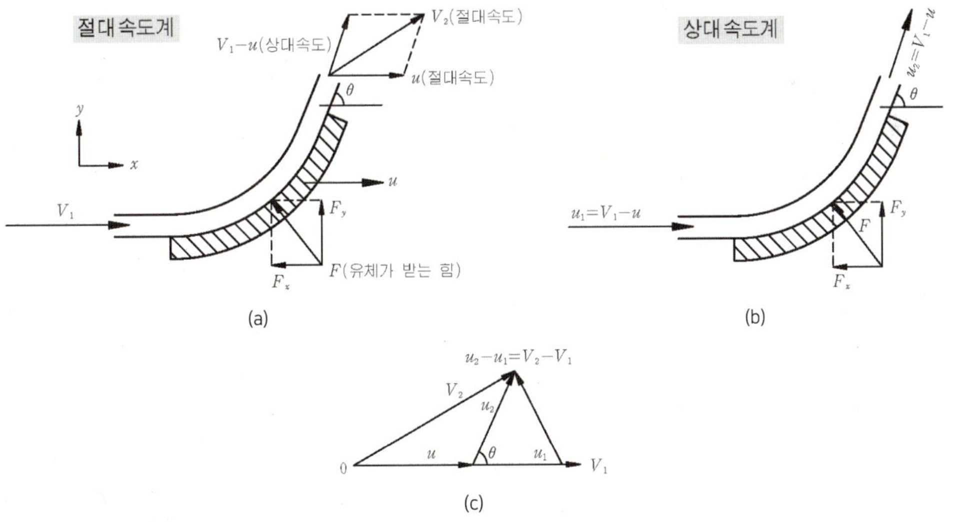

그림 5-11

그림 5-11(a)에서 보듯이 절대속도계에서 관찰했을 때는 입구 절대속도와 출구절대속도는 그 크기와 방향이 서로 다르다. 그림 5-11(b)에서와 같이 상대속도계에서 관찰했을 때는 입구와 출구에서의 상대속도가 서로 크기는 같고 방향만 다르다. 그림 5-11(c)는 출구에서의 절대속도 V_2의 크기와 방향을 구하기 위한 작도법을 보여준다.

정압과 자중에 대한 힘은 없으므로 유체가 받는 외력은 날개로부터 받는 힘 F밖에 없다. 출구유체의 속도방향이 x축과 θ의 각을 이루고 있고 힘 F의 x, y 방향 분력을 F_x, F_y라 하면 식 (5-17)으로부터

$$x \text{ 방향} : F_x = \rho Q'(V_1 - u)(1-\cos\theta) = \rho A(V_1 - u)^2(1-\cos\theta)$$
$$y \text{ 방향} : F_y = \rho Q'(V_1 - u)\sin\theta = \rho A(V_1 - u)^2 \sin\theta \quad (5\text{-}28)$$

날개가 받는 힘은 유체에 미치는 힘과 크기는 같고 방향은 반대이다. 날개가 얻은 동력 L은 아래와 같다.

$$L = F_x \times u = \rho A(V_1 - u)^2(1-\cos\theta)u \quad (5\text{-}29)$$

예제9

이동하는 날개에 분류를 분출시켜 분류방향으로 500N의 힘을 가하였다. 이때 날개는 분류방향으로 30m/s의 속도로 이동하였다. 날개가 얻은 동력은 얼마인가?

식 (5-29)에서 동력 $L = F \times u = 500 \times 30 = 15{,}000\dfrac{\text{N}\cdot\text{m}}{\text{s}} = \dfrac{15000\text{kgf}\cdot\text{m}}{9.8\text{s}} = \dfrac{15000}{735}\text{ps}$

예제10

그림과 같이 날개가 8m/s로 움직이고 있다. 물이 분사되는 절대속도가 20m/s이고 분사지름이 50mm일 때 날개가 유체에 미치는 힘을 구하여라.

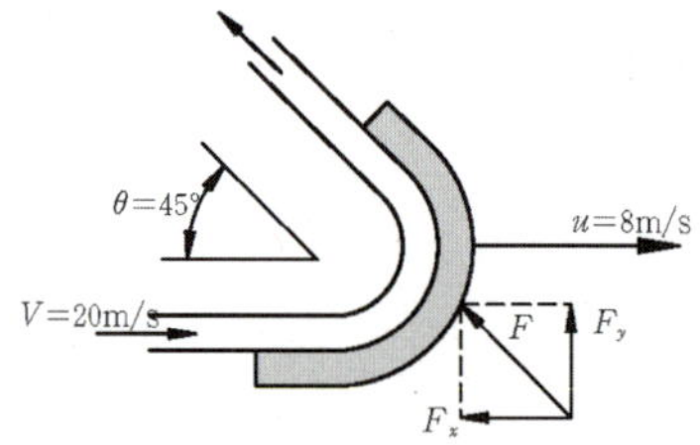

운동량 방정식 (5-28)에서

$F_x = \rho A(V_1 - u)^2(1-\cos\theta)$

$\therefore\ F_x = 1000 \times \dfrac{\pi \times 0.05^2}{4} \times (20-8)^2(1-\cos 135°) = 483\text{N}$

$F_y = \rho A(V_1 - u)^2 \sin\theta$

$\therefore\ F_y = 1000 \times \dfrac{\pi \times 0.05^2}{4} \times (20-8)^2 \sin 135° = 200\text{N}$

예제11

그림과 같이 0.1m³/sec의 물이 28m/sec의 속도로 노즐에서 분사되어 10m/sec의 속도로 움직이고, 150°로 구부러진 날개에 부딪히고 있다. 날개가 갖는 동력을 계산하고, 물이 가진 운동에너지의 차와 비교하여라.

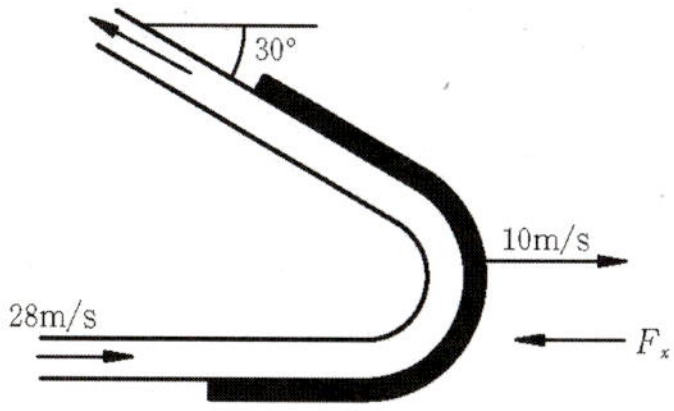

(1) 분류의 절대유량 $Q = A\,V_1 = 0.1\,\dfrac{\mathrm{m}^3}{\mathrm{s}}$ 이므로 $A = \dfrac{Q}{V_1} = \dfrac{0.1}{28}$

식 (5-28)에서 $F_x = 1000 \times \dfrac{0.1}{28} \times (28-10)^2(1-\cos 150°) = 2159.26\mathrm{N}$

날개가 가지는 동력 $L_1 = F_x \cdot u = 2159.26 \times 10 = 21592.6\mathrm{J/s} \fallingdotseq 21.6\mathrm{kW}$

(2) 물이 처음에 가진 운동에너지(단위시간당)$= \dfrac{1}{2}\dot{m}\,V_1^{\,2} = \dfrac{1}{2}\rho Q'\,V_1^{\,2}$

$\therefore\ \dfrac{1}{2} \times 1000 \times \dfrac{0.1}{28} \times 18 \times 28^2 = 39200\mathrm{W}$

여기서 Q'는 날개를 거쳐가는 유량 $Q' = A\,(V_1 - u_1)$임을 유의해야 한다.

물이 나중에 가진 운동에너지(단위시간당)$= \dfrac{1}{2}\dot{m}\,V_2^{\,2} = \dfrac{1}{2}\rho Q'\,V_2^{\,2}$

여기서 V_2는 그림 5-11(a)에서 보듯이 날개를 떠나는 물의 절대속도이다.

V_2의 크기를 구하기 위하여 그림 5-11(c)와 같이 생각하면 옆의 그림과 같다.

$V_2 = \sqrt{(18\cos 30° - 10)^2 + (18\sin 30°)^2} = 10.594\,\dfrac{\mathrm{m}}{\mathrm{s}}$

따라서 운동에너지의 차는

$L_2 = \rho Q(V_1^{\,2} - V_1^{\,2})/2 = \dfrac{1}{2} \times \dfrac{0.1}{28} \times 18 \times 1000(28^2 - 10.594^2) = 21592.5\mathrm{W} \fallingdotseq 21.6\mathrm{kW}$

위의 결과로 보아 날개가 갖는 동력과 출구 유체가 갖는 동력을 합하면 유체가 원래 가졌던 동력과 같음을 알 수 있다. 그리고 단일날개에서는 유량을 $A\,(V_1 - u)$로 하지만 펠톤수차와 같은 연속날개에서는 유량을 $A\,V_1$으로 함을 주의해야 한다.

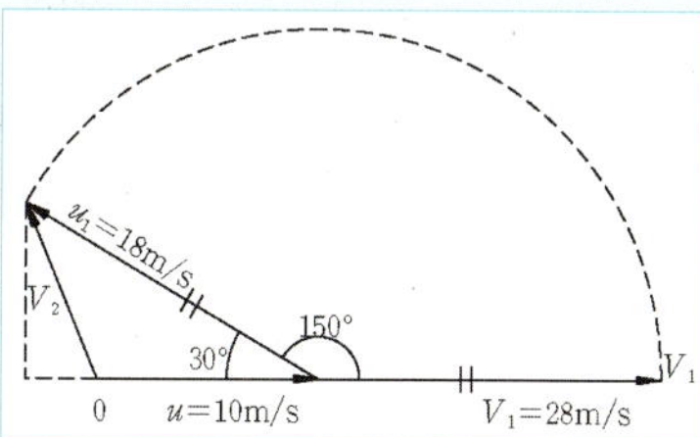

5-4 : 분사추진

선박이나 항공기는 물이나 공기를 뒤로 분사시켜 앞으로 나가는 힘을 얻게 되는데 이것을 추력(thrust, 推力)이라 한다. 운동량 방정식을 사용하여 추력을 계산할 수 있다.

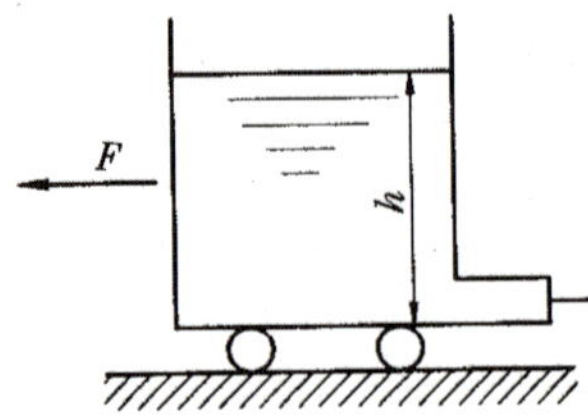

그림 5-12

그림 5-12와 같이 탱크에 붙어 있는 노즐에 의한 추력을 계산해 보자. 수면으로부터 h에 있는 노즐의 유속은 4-11절에서 배운 바와 같이 $V=\sqrt{2gh}$ 이다.
이 탱크에 운동량 방정식을 적용하면 추력 F는

$$F=\rho QV \qquad (5\text{-}30)$$

여기서 $Q=AV$이므로 $F=\rho AV^2=\rho A(2gh)=2\gamma Ah$가 된다.
유체(물 또는 공기) 속에서 움직이는 물체의 유체에 대한 상대속도가 V_1이면 물체에 대한 유체의 상대속도의 크기도 V_1이다. 그림 5-13에서 비행기에 타고 있는 사람이 관찰한 유체의 진입속도를 V_1이라 하고 방출속도를 V_2라 하자. 공기가 비행기를 통과하면서 비행기에 대한 공기의 상대속도가 V_1에서 V_2로 증가되었다면 운동량의 법칙으로부터 추력, F_{th}는 아래와 같다.

$$F_{th}=\rho Q(V_2-V_1)=\rho QV \qquad (5\text{-}31)$$

여기서 $V=(V_2-V_1)$으로서 유체의 절대속도이다. 입출구에서의 유체정압변화는 무시했다.

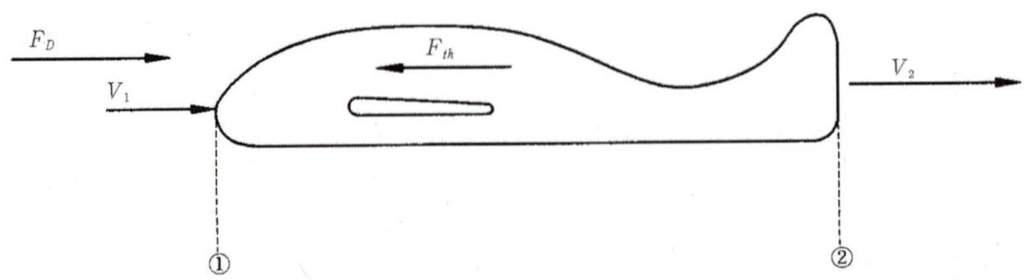

그림 5-13

공기는 비행기 앞에 뚫려 있는 흡입구로 속도 V_1으로 흡입되어 압축실로 들어가 압축된다. 압축공기가 연소실에 들어가 연료와 혼합되어 연소한 다음 팽창하여 속도를 증가시킨 후 노즐에서 V_2의 속도로 공중에 배출된다. 만일 진입되는 유체와 배출되는 유체의 밀도와 유량이 다르다면 이때 비행기의 추력은

$$F_{th} = \rho_2 Q_2 V_2 - \rho_1 Q_1 V_1 \tag{5-32}$$

가 된다. 여기서 하첨자 1, 2는 각각 상류 측과 하류 측 지점을 표시한다. 비행기의 추진동력은

$$L = \text{힘} \times \text{속도} = F_{th} \times V_1 \tag{5-33}$$

이다. 여기서 V_1은 비행기에 대한 공기의 상대속도이다. 비행기의 경우 분류에 자체연료가 포함되어 분사된다면 연료의 운동량 변화도 고려된다. 즉, 추력은

$$F_{th} = \rho Q(V_2 - V_1) + \rho_f Q_f V_2 \tag{5-34}$$

이고, $\rho_f Q_f$는 연료의 질량유량이다.

기계적 이론효율(η)은 입력(L_i)에 대한 출력(L_o)의 비의 값으로서 여기서 입력은 추진동력과 손실동력의 합으로 잡고 출력은 추진동력으로 잡는다.

$$\eta = \frac{L_0}{L_0 + \text{손실}} = \frac{F_{th} V_1}{F_{th} V_1 + \rho Q V^2/2} = \frac{1}{1 + V/2 V_1} \tag{5-35}$$

$F = ma$로부터 어떤 물체가 힘을 받으면 가속도가 생긴다. 지금까지 비행기의 속도는 일정한 것으로 보고 추력을 계산하였으므로 비행체는 가속도운동이 아니며, 비행기에 받는 전외력은 평형을 이루고 있다. 비행체가 처음속도를 갖지 않을 때는 추력에 의해 가속된다. 속도가 점점 빨라져서 속도의 제곱에 비례하는 항력 $F_D = C_D A_\rho V^2/2$이 추력 F_{th}와 크기가 같게 되면 외력은 평형을 이루고 그 때의 속도로 등속운동을 유지하게 된다. 그림 5-13은 등속운동을 하고 있는 비행기를 나타내고 있다. 이 사실은 반대로 등속비행 중의 추력을 계산하면 그 속도에 대한 비행체의 항력을 알 수 있게 한다.

예제12

시속 1000km/h의 속도로 비행하는 제트비행기가 300m/s의 속도로 배기가스를 분출할 때 이 비행기가 내는 추진력은 얼마인가? (단, 흡기량은 40kg/s이고 연소가스 2%가 배기가스에 포함된다.)

식 (5-34)에서

추력, $F_{th} = (\rho Q + \rho_f Q_f) V_2 - \rho Q V_1 = (\dot{m} + \dot{m}_f) V_2 - \dot{m} V_1$

$= (40 + 40 \times 0.02) \times 300 - 40 \times \dfrac{1000 \times 10^3}{3600} = 1128.9\text{N} = \dfrac{1128.9}{9.8}\text{kgf}$

예제13

그림과 같이 작은 배가 분사추진으로 움직이고 있다. 8m/s의 속도로 흐르는 강물에서 강변에 상대적으로 20m/s의 속도로 거슬러 올라간다. 이 배는 앞 부분에서 물을 공급받아 배 뒤편에서 $0.5m^3/s$ 의 물을 단면적 $100cm^2$인 노즐을 통하여 분출하고 있다. 배의 추력을 계산하여라.

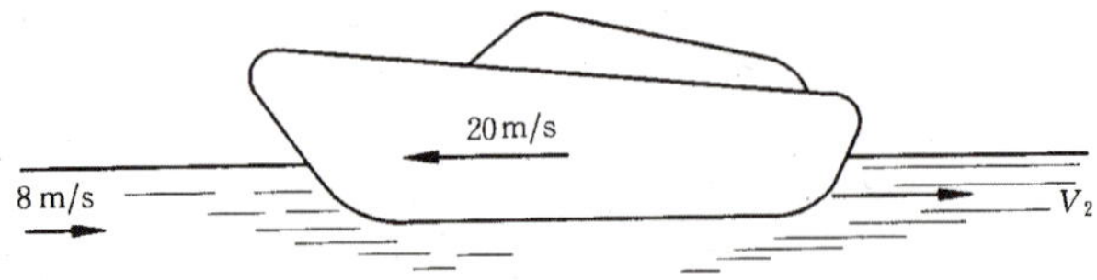

배의 절대속도는 20m/s이고 물의 절대속도는 8m/s이므로 배에 대한 물의 상대속도, $V_{b/a}$ 는

$$V_{b/a} = V_b - V_a = 8 - (-20) = 28\frac{m}{s}$$

↓ 물의 속도 ↓ 배의 속도

배에 대한 들어오는 물의 상대속도를 V_1, 나가는 물의 상대속도를 V_2라 하면

추력 $F_{th} = \rho Q(V_2 - V_1)$이므로

$$F_{th} = 1000 \times 0.5 \times \left(\frac{0.5}{100 \times 10^{-4}} - 28\right) = 11000\text{N}$$

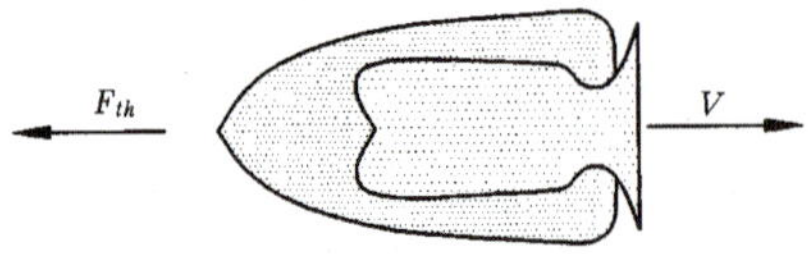

그림 5-14

제트기는 그림 5-14와 같이 전면의 입구에서 흡입된 공기를 압축기로 압축해 연소실로 보내어 이것을 연료와 혼입 연소시켜 고온 고압으로 된 가스를 후부에서 고속으로 분출시켜 그 반작용으로 추력, F_{th}를 얻어 앞으로 나가는 물체이다. 제트기의 추진력 F_{th}는 운동량 방정식에서

$$F_{th} = \rho QV \tag{5-36}$$

여기서 ρ : 분사된 유체의 질량유량

V : 분사속도

를 나타낸다.

선박이나 항공기의 프로펠러는 유체에 운동량의 변화를 주어 추진력을 발생하게 하는 장치이다. 프로펠러의 추진은 기본적으로 로켓의 추진과 같으나 로켓의 경우 유량보다 속도변화량이 크고 프로펠러의 경우에는 속도변화량보다 유량이 더욱 크다는 것이다. 그림 5-15(a)와 같이 프로펠러를 통과하는 유체의 흐름을 생각해 보자.

상류 측 1점에서의 속도를 V_1이라 하면 흐름의 단면적이 좁혀져서 유속은 점점 증가하여 프로펠러 부분에서 V_p가 되고 2점에서 최종속도를 V_2라 하자. 1점과 2점은 대기상태로 열려 있으므로 압력은 모두 p_1과 같다. 그림 5-15(b)에서 보듯이 속도가 증가하므로 압력은 강하하고 프로펠러 전후에서 압력에너지를 공급받아 압력이 급격히 상승한다.

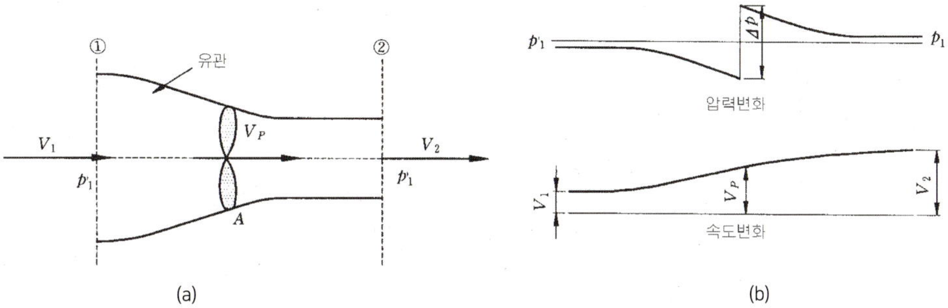

그림 5-15

그림 5-15(b)와 같이 속도는 계속 증가하게 된다. 유관을 제한체적으로 잡으면 추력 F_{th}는 1점과 2점 사이의 운동량 변화량과 같다.

$$F_{th} = \rho A V_p (V_2 - V_1) = \rho Q (V_2 - V_1) \tag{5-37}$$

여기서 A는 프로펠러가 있는 부분의 단면적이며 유량 $Q = A V_p$이다. 유체가 받는 힘은 프로펠러에 의한 것이므로 프로펠러의 전후에 생긴 압력차에 면적을 곱한 값과 같아야 한다. 즉 $F_{th} = \triangle p \cdot A$이므로

$$\triangle p = \rho V_p (V_2 - V_1) \tag{5-38}$$

1점에서 프로펠러 직전까지 베르누이식을 적용하면

$$p_1 + \frac{1}{2}\rho V_1^{\,2} = p_{p1} + \frac{1}{2}\rho V_p^{\,2} \tag{5-39}$$

프로펠러 직후부터 2점까지 베르누이식을 적용하면

$$p_{p2} + \frac{1}{2}\rho V_p^{\,2} = p_1 + \frac{1}{2}\rho V_2^{\,2} \tag{5-40}$$

여기서 p_{p1}과 p_{p2}는 각각 프로펠러 전과 후의 압력을 말한다. $\triangle p = p_{p2} - p_{p1}$이므로 식 (5-39)과 (5-40)을 더하여 정리하면

$$\triangle p = \frac{1}{2}\rho (V_2^{\,2} - V_1^{\,2}) \tag{5-41}$$

위 식과 식 (5-38)로부터

$$\frac{V_2^{\,2}-V_1^{\,2}}{2}=V_p(V_2-V_1)$$

$$\therefore\ V_p=\frac{V_1+V_2}{2} \tag{5-42}$$

즉 프로펠러에서 유체의 속도는 상류 측과 하류 측에서의 속도의 산술평균값임을 알 수 있다.
프로펠러에 의해 생긴 추진동력은 식 (5-37)로부터

$$L=F_{th}\cdot V_1=\rho Q(V_2-V_1)V_1 \tag{5-43}$$

이 된다. 프로펠러의 이론효율은 유효동력과 유체를 V_1에서 V_2까지 증속하기 위한 단위시간당의 필요 에너지의 비로서 나타낼 수 있다.

$$\eta=\frac{L}{\frac{1}{2}\rho Q(V_2^{\,2}-V_1^{\,2})}=\frac{\rho Q(V_2-V_1)V_1}{\frac{1}{2}\rho Q(V_2^{\,2}-V_1^{\,2})}=\frac{2(V_2-V_1)}{V_2^{\,2}-V_1^{\,2}}=\frac{2V_1}{V_2+V_1}=\frac{V_1}{V_p} \tag{5-44}$$

으로 된다. $V_1=V_p$일 때 효율이 100%가 되나 결과적으로 $V_1=V_2$로 되어 추력은 발생하지 않는다. 항공기 프로펠러의 실제효율은 최적조건하에서 이론효율과 같은 85% 정도의 효율을 갖지만, 배의 프로펠러는 프로펠러 지름의 제한 때문에 60% 정도에도 못 미친다.

예제14

밀도가 1.26kg/m^{3}인 공기 속을 300km/hr의 속도로 비행기가 날고 있다. 지름이 3m인 프로펠러에 의해 발생한 추력이 9kN일 때 ① 프로펠러를 지나는 공기의 속도, ② 프로펠러를 지난 후의 최종속도, ③ 프로펠러 전후의 압력차를 구하여라.

프로펠러의 추력은 $F=\rho A V_p(V_2-V_1)$이므로 $9000=1.26\times\frac{\pi\times 3^2}{4}\times V_p\times(V_2-83.33)$

그런데 $V_1+V_2=2V_p$에서 $V_p=0.5+(83.33+V_2)$이므로

출구에서 유속 V_2는 $9000=8.906\times 0.5\times(V_2^{\,2}-83.332)$

$V_2^{\,2}=8964.9\rightarrow V_2=94.68\frac{\text{m}}{\text{s}}$

프로펠러를 지나는 유체의 속도 V_p는 $V_p=0.5\times(83.33+94.68)=89\frac{\text{m}}{\text{s}}$

프로펠러 양단간의 압력차는 $\triangle p=F_{th}/A$이므로 $\triangle p=\frac{900}{\pi\times 3^2/4}=1273\frac{\text{N}}{\text{m}^2}$

예제15

어떤 로켓트가 산소연료 5kg/s와 산소 80kg/s를 태워 기체를 5km/s로 방출한다. 이 기체에 의해 로켓에 생기는 추진력을 구하여라.

$\dot{m} = \rho Q = 5 + 80 = 85 \frac{kg}{s}$

$F = \rho Q V = 85 \times 5000 = 425000N = 43367kg_f$

예제16

1120km/h로 비행하는 분사추진 비행기의 공기흡입량은 75kg/s이고, 연료의 연소기체 질량이 1.35kg/s이었다. 추진력이 3600kg$_f$일 때 분사속도를 구하여라.

$V_1 = \frac{1120 \times 1000}{3600} = 311.11 \frac{m}{s}$

$\rho_1 Q_1 = 75 \frac{kg}{s}$, $\rho_2 Q_2 = 75 + 1.35 = 76.35 \frac{kg}{s}$

$F = 3600kg_f$이므로

$F = \rho_2 Q_2 V_2 - \rho_1 Q_1 V_1$

$\therefore\ 3600 = 76.35 \times V_2 - 75 \times 311.11$

$V_2 = 352.76 \frac{m}{s}$

예제17

배가 물위를 8m/s로 지나간다. 배 뒤의 프로펠러를 지난 후의 물의 절대속도는 6m/s이다. 프로펠러의 지름을 0.6m라 하면 추력과 추진효율은 얼마인가?

$V_1 = 8 \frac{m}{s}$, $V_2 = 8 + 6 = 14 \frac{m}{s}$

$V_{p=} \frac{(V_1 + V_2)}{2} = 11 \frac{m}{s}$, $Q = \frac{(\pi \times 0.6^2)}{4} / 4 \times 11 = 3.1 \frac{m^3}{s}$

$F_{th} = Q(V_2 - V_1) = 102 \times 3.1 \times (14 - 8) = 1897.2kg = 18592.6N$

$\eta = V_1 / V_p = \frac{8}{11} = 0.727 = 72.7\%$

5-5 : 각운동량의 법칙

물체를 이루는 각 물체요소가 원운동을 하는 것을 회전체라 한다. 대부분의 유체기계는 회전차를 가지고 있으므로 회전운동에 대하여 생각해 보자. 회전운동을 하는 한 물체요소가 받는 힘을 $\boldsymbol{F}$라 하고 원점에서 떨어진 반경방향거리를 $\boldsymbol{r}$이라 하면 이것을 곱한 값을 모멘트(moment) 또는 토크(torque)라 한다. 이것을 $\boldsymbol{T}$라 하면

$$\boldsymbol{T}=\boldsymbol{r}\times\boldsymbol{F} \tag{5-45}$$

로 정의한다. 즉 토크는 반경거리와 힘의 벡터곱으로 표시된다. 평면운동의 경우 r과 F가 서로 직각을 이룰 때 토크, $\boldsymbol{T}$를 스칼라양으로 나타내면 $\sin 90°=1$이므로 식 (1-18)로부터

$$T=r\cdot F \tag{5-46}$$

따라서 선운동량 법칙인 식 (5-2)의 양변에 r을 곱하면

$$T=\frac{d}{dt}(mrV) \tag{5-47}$$

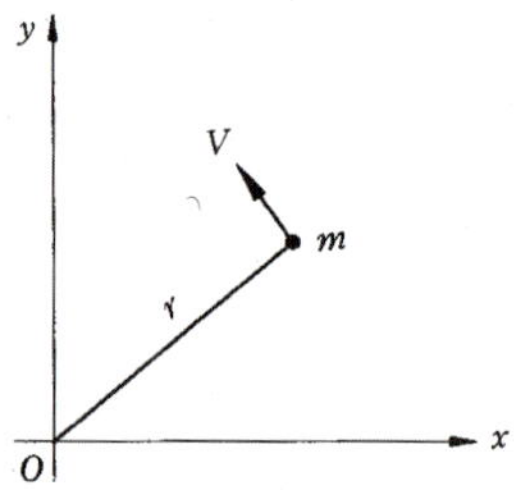

그림 5-16

여기서 운동량에 반지름 r을 곱한 값, mrV를 각운동량(angular momentum, 角運動量)이라 한다. 그림 5-16과 같이 회전체를 구성하고 있는 한 물체요소의 질량을 m이라 할 때 각운동량이라 함은 그 각 부분에 있는 질량에 대해서 운동량 mV를 구하고 각각의 거리를 곱한 운동량의 모멘트와 같다. 위 식으로부터

토크=단위시간당 각운동량의 변화

임을 알 수 있다. 이것을 각운동량의 법칙(principle of angular momentum, 角運動量法則) 또는 운동량 모멘트의 원리(principle of momentum moment)라 한다.

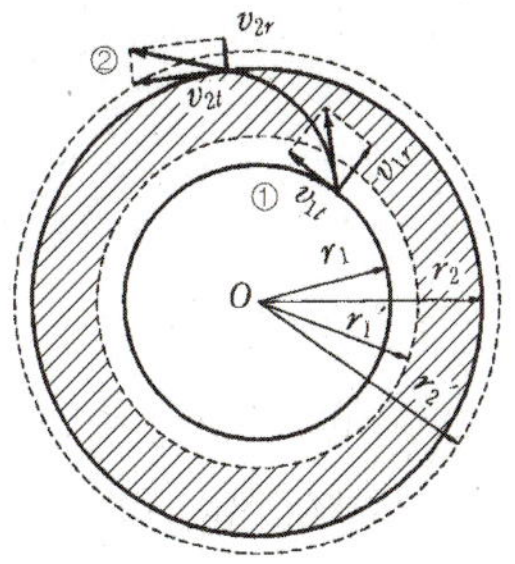

그림 5-17 운동량 모멘트의 변화

이러한 원리를 이용하여 펌프와 터빈의 회전차(impeller) 속을 유체가 흐를 때 축에 작용하는 토크를 쉽게 구할 수 있다. 그림 5-17과 같이 유체가 원점 O를 중심으로 선회하면서 유출하고 있는 정상류를 생각해 보자. 1점을 상류 측 지점, 2점을 하류 측 지점이라 하자. V_r은 반경방향의 속도성분이고 V_t는 원주방향(접선방향 또는 회전방향)의 속도성분이다. 처음에 반지름이 r_1, r_2인 실선으로 둘러싸인 환 모양의 유체가 유출되면서 시간 dt 동안 반지름이 r_1', r_2'인 점선부분의 환 모양으로 이동했다고 하자. 그러면 dt 시간 동안 각운동량의 증가량은 r_1', r_2' 사이와 r_1, r_2 사이의 각운동량의 차가 된다. 서로의 공통부분인 빗금친 부분의 운동량은 상쇄되므로 결과적으로 dt 시간 후의 각운동량의 증가량은 r_2, r_2' 간의 각운동량과 r_1, r_1' 간의 각운동량의 차가 된다.

$$(2\pi r_2 b V_{2r} dt \rho_2) r_2 V_{2t} - (2\pi r_1 b V_{1r} dt \rho_1) r_1 V_{1t} \tag{5-48}$$

여기서 b는 원주의 폭을 말하며 $m = \rho \times (\text{부피}) = \rho 2\pi r b V dt$와 같다. 따라서 식 (5-47)로부터

$$T = (2\pi r_2 b V_{2r} \rho_2) r_2 V_{2t} - (2\rho r_1 b V_{1r} \rho_1) r_1 V_{1t} \tag{5-49}$$

그런데 연속방정식에 의하여

$$2\pi r_1 b V_{1r} \rho_1 = 2\pi r_2 b V_{2r} \rho_2 = \rho Q = \text{일정} \tag{5-50}$$

이므로

$$T = \rho Q (r_2 V_{2t} - r_1 V_{1t}) \tag{5-51}$$

즉 회전차의 입구와 출구의 속도상태만으로 회전차 축에 작용하는 토크를 구할 수 있다. 위 식은 원심펌프나 반동터빈 및 송풍기의 회전차 내부를 흐르는 유체의 토크를 나타내는 중요한 식이다.
회전차의 각속도를 ω라 하면 축에 전달되는 동력, L은 다음과 같다.

$$L = T \cdot \omega \tag{5-52}$$

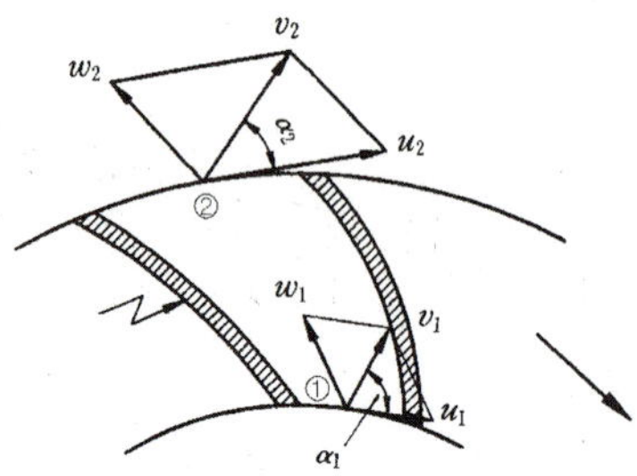

그림 5-18 펌프의 임펠러

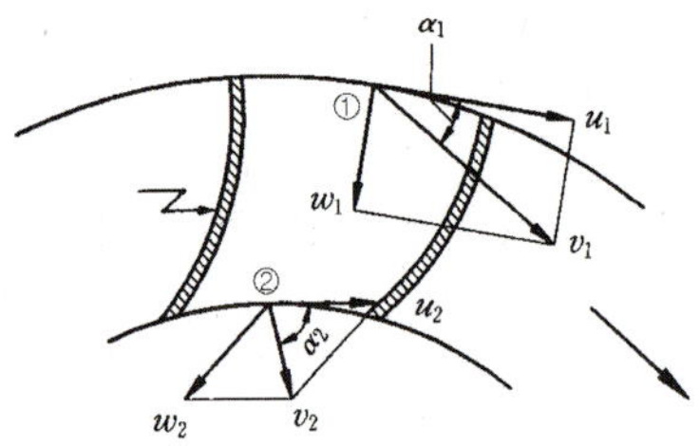

그림 5-19 터빈의 임펠러

식 (5-51)로부터

$$L=\rho Q(r_2\omega V_{2t}-r_1\omega V_{1t}) \tag{5-53}$$

원운동을 하는 회전체의 원주속도를 u라 하면 $u=r\omega$이므로

$$L=\rho Q(u_2 V_{2t}-u_1 V_{1t}) \tag{5-54}$$

펌프의 동력은 $L=\rho gQE_p$이므로 펌프의 에너지수두 E_p는

$$E_p=\frac{T\omega}{\rho gQ}=\frac{\rho Q(r_2 V_{2t}-r_1 V_{1t})\omega}{\rho gQ}=\frac{\omega}{g}(r_2 V_{2t}-r_1 V_{1t}) \tag{5-55}$$

로 주어진다.

원심펌프의 경우 임펠러는 물로 에너지를 공급한다. 임펠러를 전동기에서 회전시켜 그 동력이 물에 도달하게 하는 것이다. 그림 5-18과 같이 상류점 1에서 하류점 2로 가면서 에너지가 커졌으므로, 즉 운동량이 증가되므로 유체가 받은 토크는 식 (5-51)로 주어진다. 회전차의 원주방향의 절대속도를 u, 물의 절대속도를 v, 날개에 대한 물의 상대속도를 w, 그리고 v와 u가 이루는 각을 a라 하면 물에 주어지는 토크 T와 동력 L은 식 (5-51)과 (5-54)로부터 아래와 같다.

$$T=\rho Q(r_2 V_2\cos\alpha_2-r_1 V_1\cos\alpha_1) \tag{5-56}$$

$$L=\rho Q(u_2 V_2\cos\alpha_2-u_1 V_1\cos\alpha_1) \tag{5-57}$$

반동 터빈의 경우 임펠러는 물로부터 에너지를 받는다. 에너지 수급(受給)의 방향이 펌프와 정반대이다. 따라서 그림 5-19와 같이 상류점 1에서 하류점 2로 가면서 에너지가 작아졌으므로, 즉 운동량이 감소되므로 임펠러가 받은 토크와 동력은

$$T=\rho Q(r_1 V_1\cos\alpha_1-r_2 V_2\cos\alpha_2) \tag{5-58}$$

$$L=\rho Q(u_1 V_1\cos\alpha_1-u_2 V_2\cos\alpha_2) \tag{5-59}$$

만일 토크의 작용이 없으면 유체가 자유로이 중심을 향하여 흐르는 경우가 된다. 식 (5-51)에서 $T=0$으로 두면

$$r_2 V_{2t} = r_1 V_{1t} = r V_t = \text{일정} \tag{5-60}$$

이 된다. 이와 같이 유체가 외력작용을 받지 않고 자유로이 회전하는 운동을 자연와류운동(free vortex motion, 自然渦流運動) 또는 자유선회운동이라 한다. 이때 위 식으로부터 반지름이 작은 곳에서 원주속도가 커지므로 베르누이의 정리에 의해 중심부에는 압력이 낮아진다. 소용돌이 치는 태풍이나 물의 중심부에는 속도가 크고 압력이 낮은 것은 이 원리에 의한 것이다. 또한 연속의 원리로부터

$$r_1 V_{1r} = r_2 V_{2r} = r V_r = \text{일정} \tag{5-61}$$

이 된다. 식 (5-60)과 (5-61)로부터

$$\frac{V_{1t}}{V_{1r}} = \frac{V_{2t}}{V_{2r}} = \frac{V_t}{V_r} = \text{일정} \tag{5-62}$$

이 되므로 유체입자가 흐르는 궤도는 대수나선(logarithmic spiral)이 된다.

예제18

그림과 같은 살수기(sprinkler)의 두 노즐로부터 각각 0.36l/s의 물이 분출되고 있다. 기계적 손실은 무시하고, 살수기의 각속도(ω)를 구하여라. (단, 노즐의 단면적은 각각 1.8cm^{2}이다.)

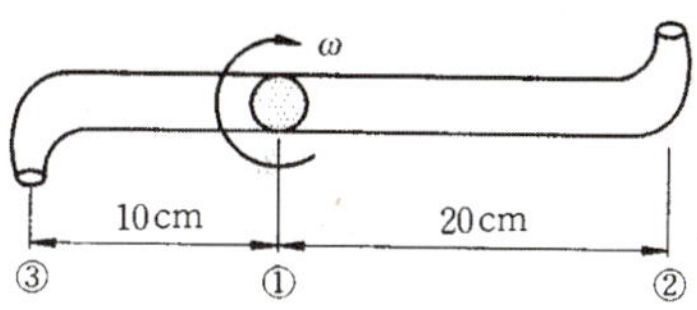

(a)

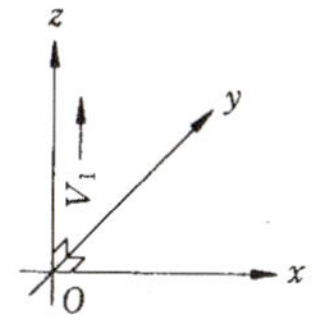

(b)

살수기에 공급되는 단면 ①에서의 물의 속도는 그림(b)에서 보는 바와 같이 x, y 방향 속도성분을 갖지 않는다.
그리고 살수기가 돌고 있으므로 회전력을 갖지 않기 때문에 운동량 모멘트는 0이다.
따라서 출구에서 물의 절대속도에 의한 운동량 모멘트의 합도 0이 되어야 한다.
이때 입구속도를 회전하고 있는 살수기에 대한 상대속도를 구하는 것은 복잡하므로 절대속도를 이용하는 것이 편리하다.
V_{t2}, V_{t3}를 출구 ②, ③에서의 원주방향 절대속도, V_{r2}, V_{r3}을 각각 노즐 출구에 대한 원주방향 상대속도라 하면

$$V_{t2} = V_{r2} - r_2\omega = \frac{0.36 \times 10^{-3}}{1.8 \times 10^{-4}} - 0.2\omega = 2 - 0.2\omega$$

$$V_{t3} = V_{r3} - r_3\omega = \frac{0.36 \times 10^{-3}}{1.8 \times 10^{-4}} - 0.1\omega = 2 - 0.1\omega$$

운동량 모멘트의 합은 $\rho Q(r_2 V_{t2} + r_3 V_{t3}) = 0$

$\rho Q \neq 0$이므로 $r_2 V_{t2} + r_3 V_{t3} = 0$이 되어야 한다.

$0.2(2-0.2\omega) + 0.1(2-0.1\omega) = 0$

$\therefore\ \omega = 12\dfrac{\text{rad}}{\text{s}}$

CHAPTER 05 운동량의 법칙 / 기본문제

01

그림과 같이 물이 곡관을 흐르고 있다. 곡관을 고정시키는데 필요한 힘 F를 구하여라. (①점과 ②점 사이에 베르누이 방정식을 적용하고 물의 자중과 위치차는 무시하여라)

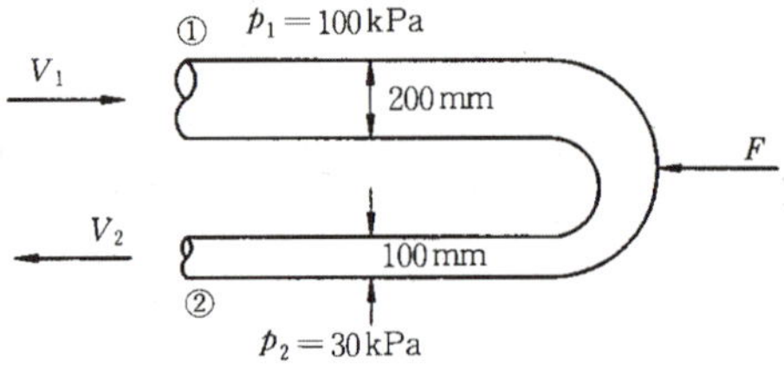

풀이

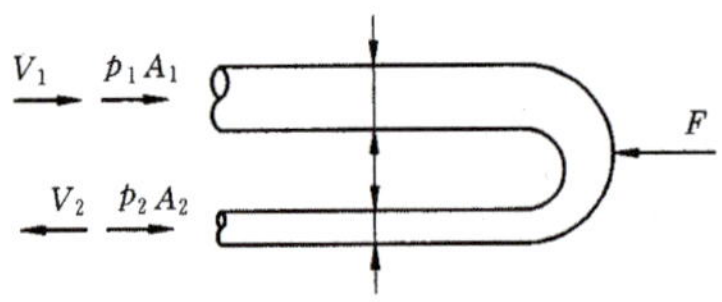

1점과 2점 사이에 베르누이 방정식을 적용하면

$$\frac{\rho V_1^2}{2} + p_1 = \frac{\rho V_2^2}{2} + p_2$$

연속방정식에서 $\frac{\pi \times d_1^2}{4} \times V_1 = \frac{\pi \times d_2^2}{4} \times V_2$

$$\therefore d_1^2 V_1 = d_2^2 V_2$$

$$\therefore \ V_2 = \left(\frac{d_1}{d_2}\right)^2 V_1 = \left(\frac{200}{100}\right)^2 V_1 = 4V_1$$

$$\frac{1000 \times V_1^2}{4} + 100000 = \frac{1000 \times 16 \times V_1^2}{2} + 30000$$

$$500V_1^2 + 100000 = 8000V_1^2 + 30000$$

$$70000 = 7500V_1^2$$

$$V_1^2 = 9.333 \Rightarrow V_1 = 3.055\frac{\text{m}}{\text{s}}$$

$$\therefore \ V_2 = 12.22\frac{\text{m}}{\text{s}}$$

유량 $Q = A_1 V_1 = \frac{\pi \times 0.2^2}{4} \times 3.055 = 0.096\frac{\text{m}^3}{\text{s}}$

운동량방정식에서

$$\Sigma \vec{F} = \rho Q(\vec{V_2} - \vec{V_1})$$

$$p_1A_1 + p_2A_2 - F = \rho Q(-V_2 - V_1)$$

$$A_1 = \frac{\pi \times 0.2^2}{4} = 0.0314\text{m}^2, \quad A_2 = \frac{\pi \times 0.1^2}{4} = 0.00785\text{m}^2$$

$100000 \times 0.0314 + 30000 \times 0.00785 - F$

$= 1000 \times 0.096(-12.22 - 3.055)$

$F = 1466.4 + 3140 + 235.5 = 4841.9\text{N}$

02

지름 400mm인 수평원관에 물이 흐르고 있다. 50m 거리에서 압력강하가 100kPa이면 관 벽면에서의 전단응력은 얼마이겠는가?

풀이

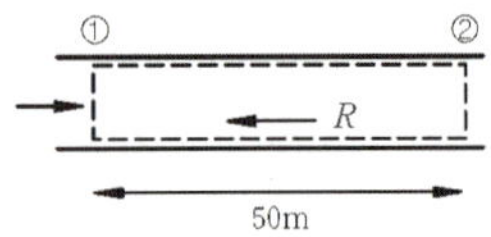

$V_1 = V_2$이므로 운동량 변화는 없다.

따라서 $\Sigma F = 0$

전단력을 R이라 하면 $p_1A_1 - p_2A_2 - R = 0$

$A_1 = A_2 = A$이므로

$\triangle pA = R$

$$100 \times 10^3 \times \frac{\pi \times 0.4^2}{4} = R$$

$R = 12566\text{N}$

τ_w은 전단응력 즉 단위면적당 힘이므로

$\tau_w \times \pi DL = R$

$\tau_w \times \pi \times 0.4 \times 50 = 12566$

$$\therefore \tau_w = 200\frac{\text{N}}{\text{m}^2}$$

03

지름이 150mm에서 75mm로 수축된 수평원관에 그림과 같이 물이 흐르고 있다. 유량이 $10l$/s이고, 단면 1에서의 압력이 300kPa이면 단면 1과 2 사이의 수축부가 받는 힘의 크기와 방향을 구하여라. (단, 손실은 무시한다.)

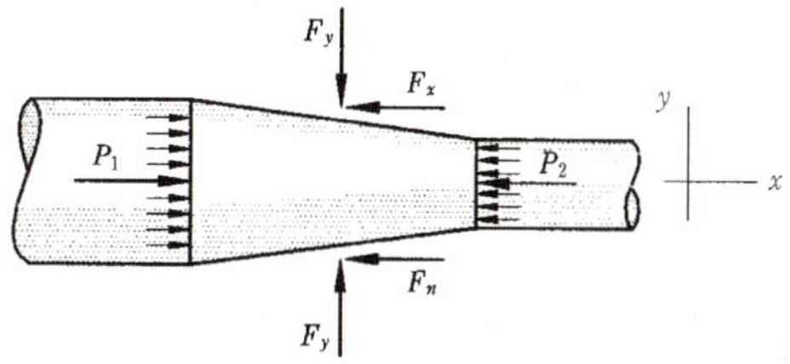

풀이

$Q = 10l/s = 0.01\dfrac{m^3}{s}$

유체자중과 손실을 무시할 때 힘의 크기와 방향은

$\Sigma \vec{F} = \rho Q(\vec{V_2} - \vec{V_1})$

따라서 x 방향 : $\Sigma F_x = \rho Q(V_{2x} - V_{1x})$ ………………… (1)

y 방향 : 자중을 무시하고 y 방향의 힘이 없다.

$\Sigma F_x = P_1A_1 - P_2A_2 - F_x$

$V_{2x} = Q/A_2$

$V_{1x} = Q/A_1$

P_2를 구하기 위하여 베르누이 방정식을 적용하면

$$\frac{V_1^{\ 2}}{2g} + \frac{P_1}{\rho g} = \frac{V_2^{\ 2}}{2g} + \frac{P_2}{\rho g} \quad \cdots\cdots (2)$$

$$V_{1x} = \frac{Q}{A_1} = \frac{0.01}{\pi \times 0.15^2/4} = 0.566\frac{m}{s}$$

$$V_{2x} = \frac{Q}{A_2} = \frac{0.01}{\pi \times 0.075^2/4} = 2.264\frac{m}{s}$$

식 (2)에 대입하면

$$\frac{0.566^2}{2 \times 9.8} + \frac{300 \times 10^3}{1000 \times 9.8} = \frac{2.264^2}{2 \times 9.8} + \frac{P_2}{1000 \times 9.8}$$

$\therefore P_2 = 297597\text{Pa}$

식 (1)에 대입하면

$$300 \times 10^3 \times \frac{\pi \times 0.15^2}{4} - 297597 \times \frac{\pi \times 0.15^2}{4} - F_x$$

$= 1000 \times 0.01 \times (2.264 - 0.566)$

$F_x + 16.98 = 3986.7$

$\therefore F_x = 3969.7\text{N}$

04

그림과 같이 지름 60cm인 90° 곡관에 비중 0.85인 기름이 $0.8m^3/s$로 흐르고 있다. 곡관에서의 손실수두가 1.2m이고, 입구 압력이 400kPa이면 기름이 곡관에 미치는 힘은 얼마인가? (단, 기름의 자중은 무시한다.)

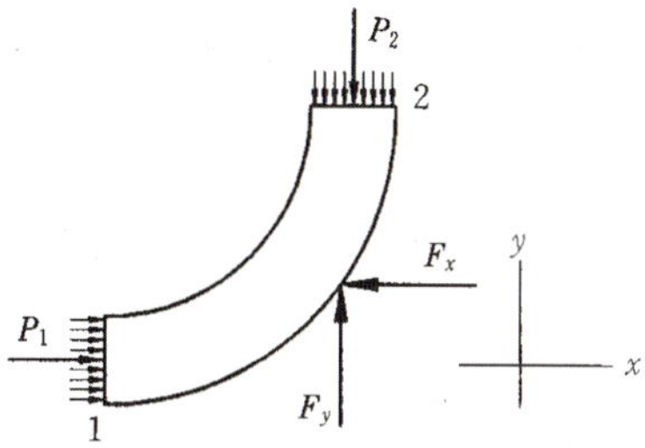

풀이

운동량 방정식 $\Sigma \vec{F} = \rho Q(\vec{V_2} - \vec{V_1})$에서

x방향 : $\Sigma F_x = \rho Q(V_{2x} - V_{1x})$ ……………………………… (1)

y방향 : $\Sigma F_y = \rho Q(V_{2y} - V_{1y})$ ……………………………… (2)

속도 V를 구하기 위하여 연속방정식을 적용하면

$$V = \frac{Q}{A} = \frac{0.8}{\pi \times 0.6^2/4} = 2.83\frac{m}{s}$$

식 (1)을 풀기 위하여 x 방향성분을 고려하면

$\Sigma F_x = P_1A - F_x = 400 \times 10^3 \times 0.2827 - F_x$

$= 113080 - F_x$

$V_{2x} = 0$

$V_{1x} = V = 2.83$

따라서 식 (1)은

$113080 - F_x = 0.85 \times 1000 \times 0.8 \times (0 - 2.83)$

$\therefore F_x = 115,000\text{N}$ ← (힘의 방향)

식 (2)를 적용하기 위하여 또한 y 방향성분을 구하면

$\Sigma F_y = -P_2A + F_y$

$V_{2y} = V_2 = V = 2.83$

$V_{1y} = 0$

문제에 P_2가 주어져 있지 않으면 손실수두가 존재하므로 베르누이 방정식을 적용해서 P_2를 구해야 한다. 즉 ①점과 ②점 사이에 적용하면

$$\frac{V_1^{\ 2}}{2g} + \frac{P_1}{\rho g} = \frac{V_2^{\ 2}}{2g} + \frac{P_2}{\rho g} + h_L$$

상기 식에서 위치수두는 무시한다. 양변에 ρg를 곱하면

$P_2 = P_1 - \rho g h_L$

CHAPTER 05 운동량의 법칙 / 기본문제

$P_2 = 400 \times 10^3 - 0.8 \times 1000 \times 1.2 \rightarrow P_2 = 399.040 \dfrac{N}{m^3}$

따라서 식 (2)는

$-399,040 \times 0.2827 + F_y = 0.85 \times 1000 \times 0.8 \times (2.83 - 0)$

$F_y = 114,733N$ ↑ (힘의 방향)

따라서 합력 $\vec{F}$의 크기는

$|F| = \sqrt{115,000^2 + 114,733^2} = 162,446N$

$\tan\alpha = \dfrac{114,733}{115,000}$, $\alpha = \tan^{-1}0.9977$, $\alpha = 44.9°$

05

그림에서 볼트에 작용하는 힘을 계산하여라. (단, 유체의 자중과 위치수두는 무시한다.)

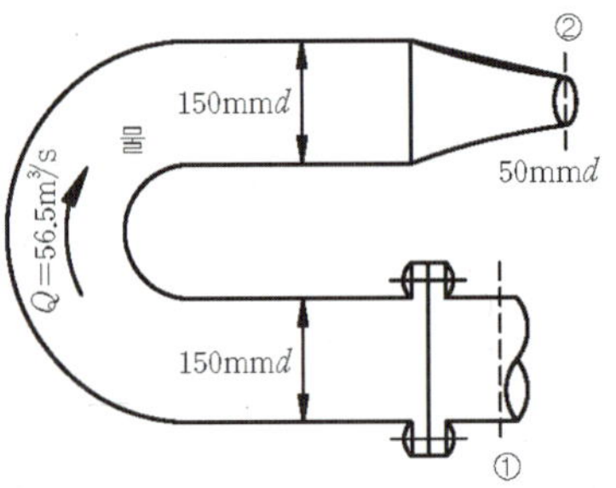

풀이

단면 ①과 ② 사이에 물의 제한체적의 표면을 통과하는 유체의 운동량과 힘을 생각해 보자.

운동량 방정식은

$\Sigma \vec{F} = \rho Q(\vec{V_2} - \vec{V_1})$ ············ (1)

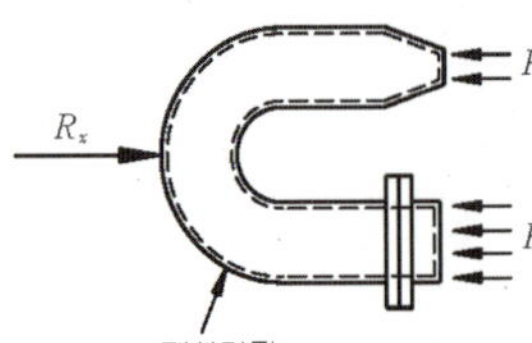

y 방향성분은 없으므로 볼트에 작용하는 힘을 R≈라고 하고 ①, ②점에서 걸리는 압력을 P_1, P_2라 하면 베르누이 방정식에서

$\dfrac{V_1^2}{2g} + \dfrac{P_1}{\rho g} = \dfrac{V_2^2}{2g} + \dfrac{P_2}{\rho g}$

$P_2 = 0$(대기압)이고

$V_2 = \dfrac{Q}{A_2} = \dfrac{56.5 \times 10^{-3}}{\pi \times 0.05^2/4} = 28.77 \dfrac{m}{s}$

$V_1 = \dfrac{Q}{A_1} = \dfrac{56.5 \times 10^{-3}}{\pi \times 0.15^2/4} = 3.197 \dfrac{m}{s}$ 이므로

$P_1 = \dfrac{\rho}{2}(V_2^2 - V_1^2) = \dfrac{1000}{2}(28.77^2 - 3.197^2)$

$= 408.746 \dfrac{N}{m^2}$

$A_1 = \dfrac{\pi \times 0.15^2}{4} = 0.0177m^2$이므로

$\Sigma F_x = P_1 A + R_x = -408,746 \times 0.0177 \times R_x$

식 (1)에서

$-408,746 \times 0.0177 + R_x$

$= 1000 \times 0.0565 \times 28.77 - (-3.197)$

$R_x = 9040N$ →

R_x는 유체가 받는 힘이고 볼트가 받는 힘은 방향이 반대이므로 9040N의 인장력을 받는다.

06

그림에서 d_1=40cm, d_2=20cm, P_1=200kPa이다. 단면 사이의 유체자중과 손실을 무시하고 단면 ①·② 사이의 곡관이 유체에 미치는 반력 R의 크기와 방향을 구하여라. (단, 유체자중과 손실을 무시하고 위치수두 변화도 무시한다.)

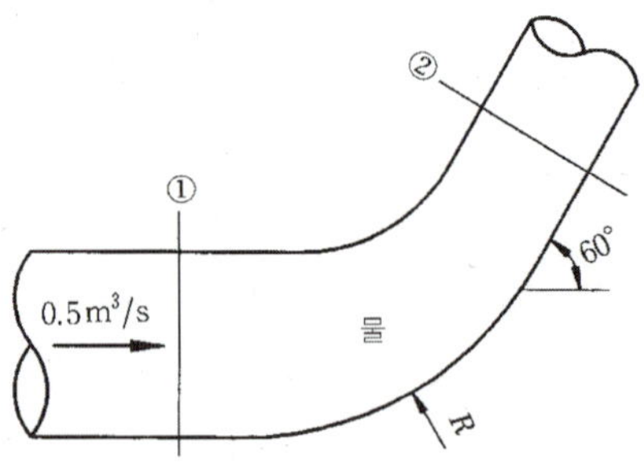

풀이

운동량 방정식 $\Sigma \vec{F} = \rho Q(\vec{V_2} - \vec{V_1})$에서

x, y 성분으로 나누면

$\Sigma F_x = \rho Q(V_{2x} - V_{1x})$ ············ (1)

$\Sigma F_y = \rho Q(V_{2y} - V_{1y})$ ············ (2)

유체에 가해지는 힘은 압력과 반력 R이다. P_1은 알고 P_2를 구하기 위하여 베르누이 방정식을 적용하고 V_2를 구하기 위하여 연속 방정식을 적용한다.

즉 $Q = A_1 V_1 = A_2 V_2 =$ 일정이므로

$$\frac{\pi \times 0.4^2}{4} \times 0.5 = \frac{\pi \times 0.2^2}{4} \times V_2 \rightarrow V_2 = 2\text{m/s}$$

$$\frac{{V_1}^2}{2g} + \frac{P_1}{\rho g} = \frac{{V_2}^2}{2g} + \frac{P_2}{\rho g}$$

양변을 ρg를 곱하면

$$P_2 = P_1 + \frac{\rho({V_1}^2 - {V_2}^2)}{2}$$

$$P_2 = 200 \times 10^3 + \frac{1000}{2}(0.5^2 - 2^2) = 198,125\text{Pa}$$

식 (1)의 왼쪽항에 있는 ΣF_x를 구하기 위하여

$$\Sigma F_x = -R_x + P_1 A_1 - P_2 A_2 \cos 60°$$

그런데

$$A_1 = \frac{\pi \times 0.4^2}{4} = 0.1257\text{m}^2,\ A_2 = \frac{\pi \times 0.2^2}{4} = 0.0314\text{m}^2$$

$$\therefore\ \Sigma F_x = -R_x + 200 \times 10^3 \times 0.1257 - 198,125$$
$$\times 0.0314 \times 0.5 = -R_x + 22,029$$

식 (1)의 오른쪽 항을 구하기 위하여 V_{2x}, V_{1x}를 구하면

$V_{2x} = V_2 \cos 60° = 2 \times 0.5 = 1$, $V_{1x} = 0.5$이고

$Q = A_1 V_1 = 0.1257 \times 0.5 = 0.06285\text{m}^3/\text{s}$이므로

식 (1)에서

$$-R_x + 22029 = 1000 \times 0.06285 \times (1 - 0.5)$$

$$\therefore\ R_x = 21997\text{N} \leftarrow$$

식 (2)의 ΣF_y를 구하기 위하여

$$\Sigma F_y = R_y - P_2 A_2 \sin 60°$$
$$= R_y - 198125 \times 0.0314 \times 0.866 = R_y - 5387.5$$

식 (2)의 오른쪽 항을 구하면

$V_{2y} = V_2 \sin 60° = 2 \times 0.866 = 1.732$, $V_{1y} = 0$

따라서 식 (2)는

$$R_y - 5387.5 = 1000 \times 0.06285 \times (0.732 - 0)$$

$$\therefore\ R_y = 5496.4\text{N} \uparrow$$

따라서 합력 R는

$$R = \sqrt{21997^2 + 5496.4^2} = 22673\text{N}$$

$$a = \tan^{-1}\frac{5496.4}{21997} = 14°$$

CHAPTER 05

운동량의 법칙 / 연습문제

해답은 486쪽에 있습니다

01

지름 400mm인 수평원관에 물이 흐르고 있다. 50m 거리에서 손실수두가 6m이면 관벽면에서의 전단응력은 얼마이겠는가?

02

제트기가 200m/sec에서 작용하여 20kg/sec의 공기량을 소비한다. 700kg$_f$의 추진력을 만들기 위해 배출하는 연소가스의 속도는 얼마인가?

03

그림과 같이 깃각이 180°인 단일 날개에서 흐르는 물에 의하여 날개에 작용하는 힘은 약 몇 N인가?

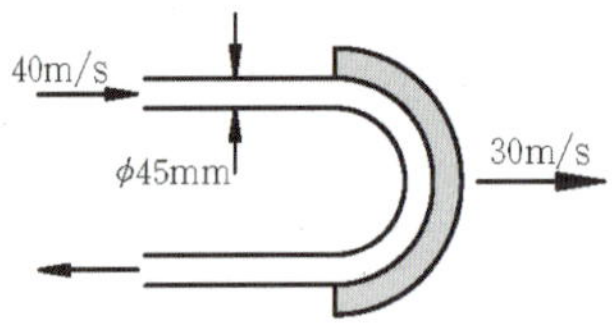

04

그림과 같은 고정 날개에 물(비중 1)이 40kg/s의 율로 분사될 때 분류에 의해 날개에 작용하는 x 방향의 힘은 얼마인가? (단, 분류의 속도는 10m/s이고 손실은 무시한다.)

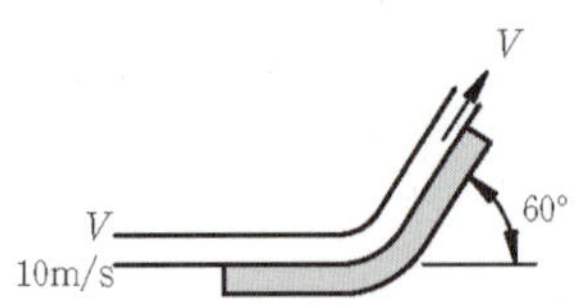

05

다음 그림과 같은 수조차의 탱크 측면에 지름 25.4cm의 노즐을 붙여 깊이 3m만큼 물을 실었다. 수조차가 받는 추력은 몇 N인가? (단, 유량 계수 $C=1$이다.)

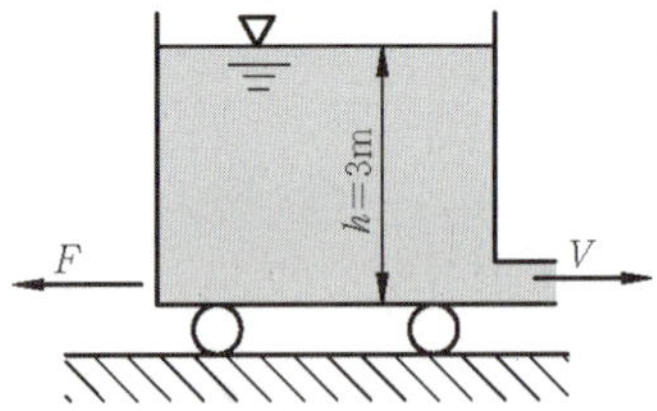

06

그림과 같이 목관의 안지름이 60.5mm이고, $V=20$m/s로 물이 흐르고 있다. F_x는 얼마인가? (단, 물의 밀도는 1000kg/m^{3}이다.)

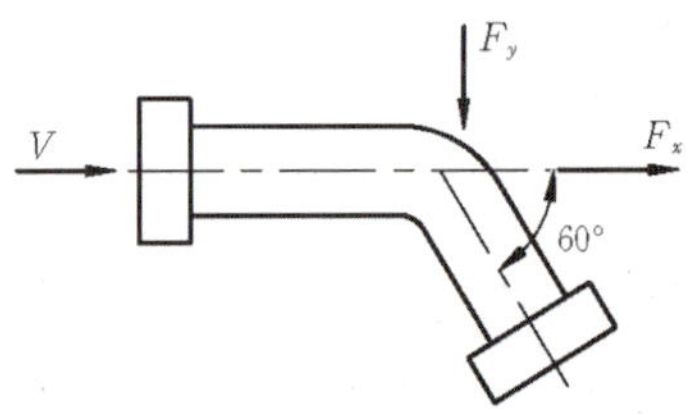

07

그림과 같은 오리피스판에 미치는 힘을 계산하여라. 관지름은 30cm, 유출유체의 지름은 16cm이다.

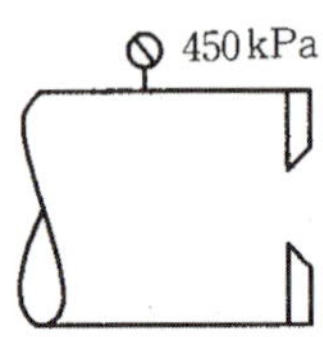

08

그림과 같은 포탄 모형 물체가 지름 0.3m 관끝을 부분적으로 막고 있다. 이 물체를 현재 위치에 유지하는 데 필요한 힘 F를 계산하여라.

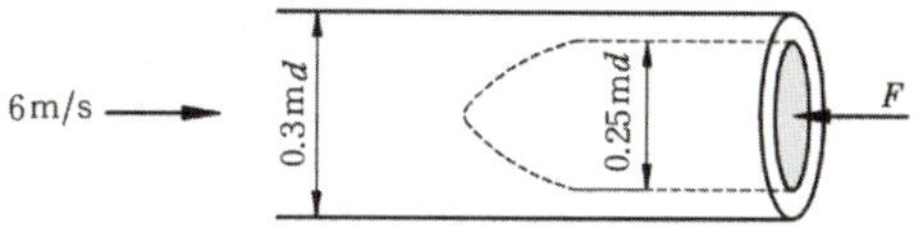

09

그림과 같이 유량이 $2.83m^3/s$일 때, 물이 90° 곡관에 미치는 힘의 크기, 방향을 구하여라.

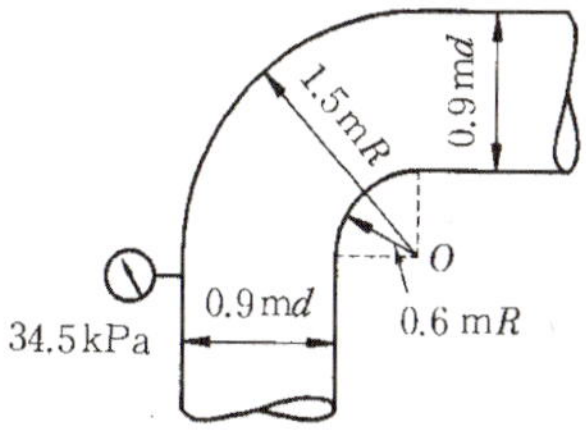

10

그림과 같이 펌프가 가동되지 않고, 물이 아무런 저항 없이 흘러나갈 때 용수철에서의 힘은 672N이었다. 펌프가 가동되어 용수철에서의 힘이 2.24kN이라면 펌프가 유체에 공급하는 동력은 얼마인가? (단, 용기속의 물은 일정량으로 유지된다.)

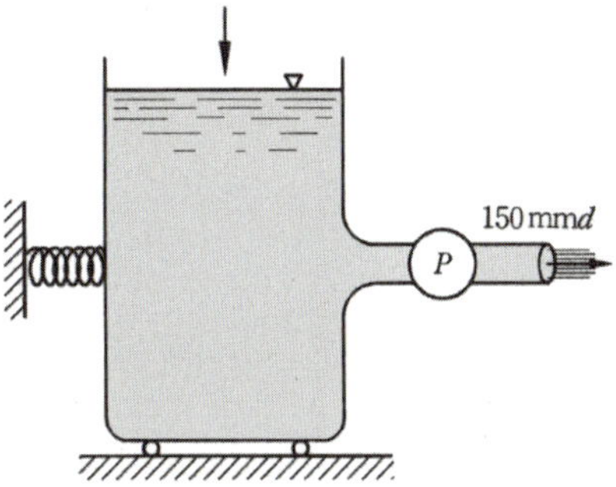

11

그림에서 물로부터 구조물 AB가 받는 힘의 수평분력을 계산하여라.(구조물의 폭은 1m이고 마찰효과는 없는 것으로 가정)

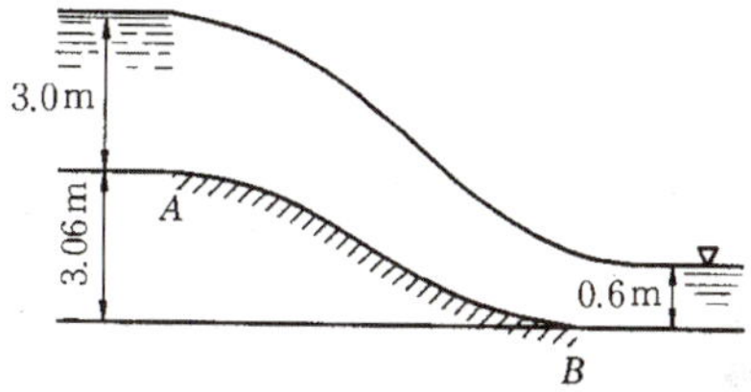

12

그림과 같이 노즐들은 같은 크기로, 지름은 25mm이고 각 노즐의 유량은 $7l$/s 물이다. 회전 각속도가 10rad/s일 때 터빈의 동력을 계산하여라.

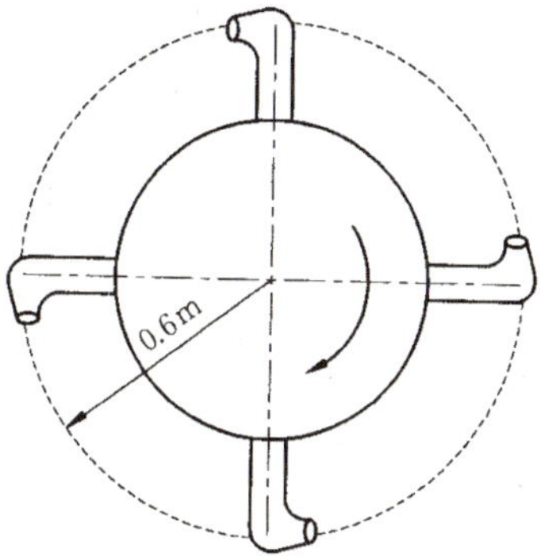

13

움직이는 날개에 분류를 분출시켜 분류방향으로 1500N의 힘을 가하였더니 이때 날개는 분류방향으로 20m/s의 속력으로 이동되었다. 얻어진 동력은 몇 PS인가?

해답은 486쪽에 있습니다.

14

그림에서 보듯이 속도 3m/s로 운동하는 평판에 속도 10m/s인 물이 직각으로 충돌하고 있다. 분류의 단면적이 0.01m^{2}이라고 하면 평판이 받는 힘은 몇 N인가?

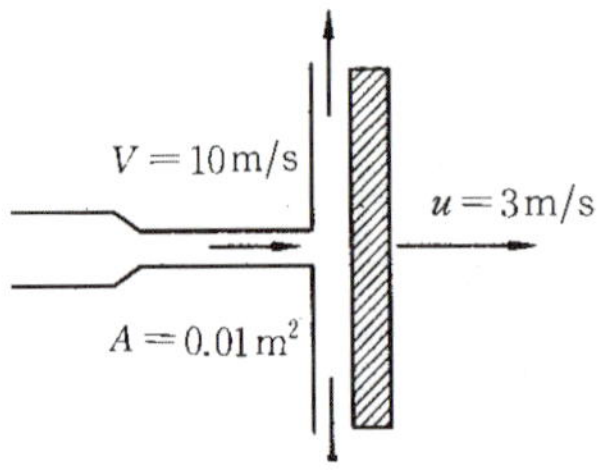

15

지름 10cm인 물분류가 속도 50m/s로서 25m/s로 이동하는 날개에 그림과 같이 충돌한다. 이때 충격력 F_x는 몇 N인가? (단, 날개각은 160° 이다.)

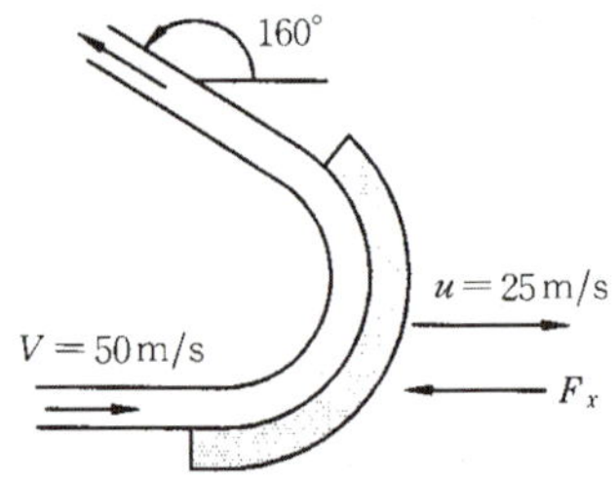

기/초/유/체/역/학

CHAPTER 06

실제 유체의 흐름

CHAPTER 06 실제 유체의 흐름

6-1 : 점성의 영향

앞부분에서 설명한 점성의 영향으로 실제유체의 유동상태가 어떻게 되는지 알아보자. 실제의 유체는 점성을 가지고 있으므로 흐르게 되면 점성으로 인한 마찰력, 즉 전단력이 유체요소에 작용하게 된다. 점성은 유체 상호 간 또는 고체 벽면 사이에 전단력을 유발하게 하고 이러한 전단력으로 인하여 유체가 원래 가졌던 에너지의 손실이 생기게 된다.

이 에너지는 열이나 소음의 형태로 변화하고 흐름의 에너지로는 다시 회수될 수 없는 것이므로 이것을 마찰손실(frictional loss, 摩擦損失)이라 한다. 이러한 마찰손실은 유체가 물체 표면에 접촉해서 흐르고 있을 때는 항상 일어난다. 이러한 유체마찰력은 다른 조건이 동일하다고 가정하면 점성이 큰 유체일수록 더욱 크다.

유체가 평면 위를 흐르고 있을 때를 생각해 보자. 유체의 마찰이 물체의 표면과 유체입자 사이에 생기는 것은 고체마찰(solid friction, 固體摩擦)이라 할 수 있다. 이것은 두 개의 물체가 서로 접해 있을 때 그 접촉면에서 일어나는 저항력이다. 특히 고체마찰로 인해 생기는 전단응력을 벽면전단응력(wall shear stress, 壁面剪斷應力)이라 한다. 흐름이 층류(laminar flow)일 경우 벽면 가까이에 있는 유체요소들끼리 마찰이 일어나는데 이것을 유체마찰(fluid friction, 流體摩擦)이라 한다.

유체가 처음에는 층을 이루며 흐르다가 속도가 커지면 유선이 흐트러지고 결국 흐름 속에 무수한 난류(turbulent flow)가 발생한다. 이 경우 물체 표면을 지날 때는 벽면 가까이에서 유체마찰이 심하게 일어나 벽면전단응력이 층류보다 훨씬 커진다. 또한 유체가 노즐을 통하여 분사되거나 확산될 때에도 유체입자들 사이에 심한 유체마찰이 일어난다.

난류일 경우에는 층류보다 유체의 마찰손실이 더욱 크게 된다.

실제유체의 흐름을 크게 둘로 나누면 관속의 흐름과 물체 주위의 유동으로 구분할 수 있다. 8장과 9장에서 각각 이러한 두 종류의 흐름을 자세히 다루고자 한다.

6-2 : 층류와 난류

층을 이루며 흐르고 있다. 유체의 흐름 특성은 층류와 난류로 구분될 수 있다. 이러한 구분은 매우 중요한 논리인데 그 이유는 유체의 운동을 해석하는 역학적인 측면에서 층류와 난류는 전혀 다른 흐름의 특성을 보이기 때문이다. 유체가 그림 6-1과 같이 원관 속을 흐를 때 층을 이루고 흐른다 해서 층류(laminar flow, 層流)라 한다. 점도가 큰 액체가 조용히 흐를 때는 층류일 경우가 많다. 이에 반하여 유체가 층을 이루지 않고 유체입자가 사방으로 흩어지면서 흐르는 것을 난류(turbulent flow, 亂流)라 한다. 일상적으로 우리 주위에서 관찰되고 있는 흐름은 대부분 난류이다.

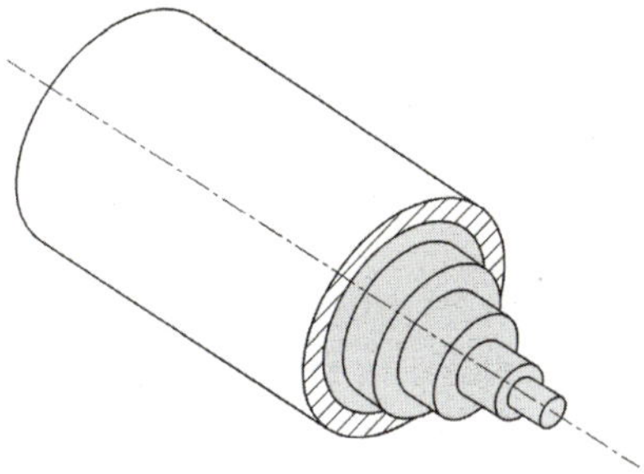

그림 6-1 층류흐름

오즈번 레이놀즈(Osborne Raynolds)는 실험을 통하여 층류와 난류의 흐름을 관찰하였다. 그는 투명한 관에 물을 흐르게 하고 물속에 가는 튜브를 통하여 물감을 흘려 보내었다.
유체의 흐름속도가 작을 경우 그림 6-2에서 보듯이 물감이 흐트러지지 않고 흐름이 층상을 이루며 조용히 흐르는 것을 관찰하였다. 그러나 흐름속도가 빨라지게 되면 물감은 흐트러지고 유체는 더 이상 층을 이루지 않고 사방으로 확산되어 무질서하게 흐르게 되었다. 그는 전자를 층류라 하고 후자를 난류라 명명하였다. 그는 많은 실험을 거쳐서 아래와 같은 무차원수에 의해서 층류와 난류의 특성을 구분 지을 수 있음을 발견하였다.

> 층류
> 유체가 층을 이루며 매끄럽고 질서정연하게 직선적으로 흐르는 경우
>
> 난류
> 유체입자가 사방으로 흩어지면서 불규칙하게 혼합되면서 난동을 이루며 흐르는 경우

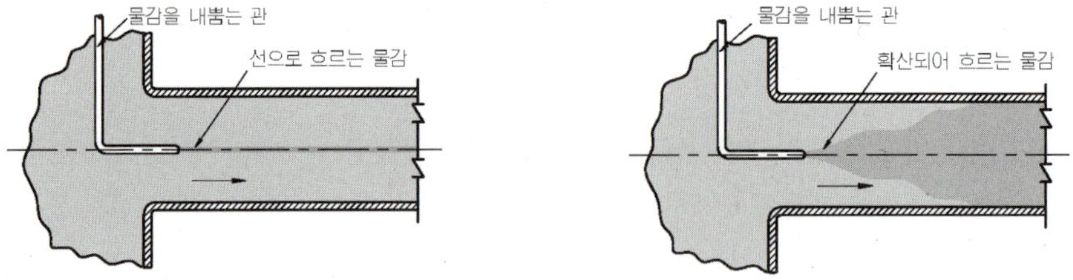

(a) 층류 (b) 난류

그림 6-2 층류와 난류

$$R_e = \frac{\rho Vd}{\mu} = \frac{Vd}{\mu/\rho} = \frac{Vd}{\nu} \qquad (6-1)$$

여기서 ρ : 유체의 밀도

V : 유체의 평균속도

d : 관의 지름

l : 유체의 점성계수

m : 유체의 동점성계수

여기서 Re를 레이놀즈수(Raynolds' number)라 한다. 위 식에서 보듯이 분자에 속도항이 있으므로 속도가 커지면 일반적으로 Re 수가 커진다. 즉 일반적으로 속도가 크면 난류이고 속도가 작으면 층류이다. 또한 분모에 점성계수가 있으므로 μ가 크면 Re 수가 작아지고 μ가 작으면 Re 수가 크다는 것을 알 수 있다.

예제1

밀도 $\rho = 200\text{kg/m}^3$이고 점성계수 $l = 1 \times 10^{-5}\text{N} \cdot \text{s/m}^2$인 유체가 지름이 10cm인 관 내를 평균속도 10m/s로 흐를 때 레이놀즈수는 얼마인가?

$$Re = \frac{\rho \cdot V \cdot d}{\mu} = \frac{200 \times 10 \times 0.1}{1 \times 10^{-5}} = 2 \times 10^7$$

어떤 유체의 Re 수가 작다는 말은 유체의 점성효과가 크다는 것이고 따라서 점성유체의 성격을 강하게 가지고 있다. 이것은 층류에 가깝다. 그러나 Re 수가 크게 되면 유체의 점성효과가 작다는 것이고 따라서 비점성 유체의 성격을 가지고 있다. 이것은 난류의 특성에 가깝다. 밀도가 거의 변하지 않는 유체의 흐름에서 점성계수가 작고 유속이 크면 Re 수가 매우 크게 되며 이러한 유체는 비점성, 비압축성인 이상유체에 가깝다고 할 수 있다. 반대로 점성계수가 큰 유체가 천천히 흐르면 Re 수가 매우 작아서 점성력이 지배하는 흐름이 된다.

Re 수가 작으면 층류이고 Re 수가 크면 난류이다.

레이놀즈수는 유체역학에서 매우 중요한 무차원수로서 유체의 특성인 점성을 대표하는 수이다. 앞에서 나왔지만 Re 수는 운동하는 유체가 가진 관성력에 대한 점성력의 비이다. 관성력이 점성력보다 크면 Re 수가 큰 것이고 점성력이 관성력보다 크면 Re 수가 작은 것이다. 즉 기름이나 꿀의 흐름은 Re 수가 작은 점성의 흐름이고 자동차 주위를 지나는 빠른 공기의 흐름은 Re 수가 큰, 점성의 영향이 비교적 작은 흐름이라 할 수 있다.

Re 수가 작은 흐름은 점성이 큰 흐름이고 Re 수가 큰 흐름은 점성이 작은 흐름이다.

원관 내의 흐름에서 층류와 난류의 구분은

층류 : $Re < 2100$
천이영역 : $2100 < Re < 4000$
난류 : $Re > 4000$

일반적으로 평면 위의 흐름에서 층류와 난류의 구분은

층류 : $Re < 5 \times 10^5$
난류 : $Re > 5 \times 10^5$

난류의 경우에는 유체의 요동이 심하게 일어나기 때문에 에너지의 손실이 층류의 경우보다 훨씬 더 크다.

예제2

지름 4cm의 수평원관에 평균속도 0.5m/sec로 0℃ 물이 흐르고 있다. 레이놀즈수를 구하고 층류, 난류를 판별하여라. (단, 0℃ 물의 동점성계수 $\nu = 1.7887 \times 10^{-6} m^2/sec$이다.)

$$R_e = \frac{V \cdot d}{\nu} = \frac{0.5 \times 0.04}{1.7887 \times 10^{-6}} = 11180$$

Re가 4000보다 크므로 난류이다

예제3

지름 5cm의 원관에 20℃ 물이 흐르고 있다. 난류로 흐를 수 있는 최소유량을 계산하여라. (단, 20℃ 물의 동점성계수는 $\nu = 1.0064 \times 10^{-6} m^2/sec$이다.)

난류가 되기 위한 최소 Re 수는 4000이므로 $R_e = \frac{Vd}{\nu} = 4000$에서 $V = \frac{4000 \times 1.0064 \times 10^{-6}}{0.05} = 0.0805 m/sec$

$$Q = AV = \frac{\pi \times 0.05^2}{4} \times 0.0805 = 1.58 \times 10^{-4} m^3/sec$$

6-3 : 경계층(boundary layer)

실제의 흐름은 일반적으로 고체의 벽면(wall, 壁面)을 따라서 흐르고 있으며, 벽면에 닿은 유체의 작은 입자는 벽면에 부착되어 전혀 흐르지 않는 것으로 생각할 수 있다. 다시 말하면, 벽면에 따르는 유체의 속도는 0이다. 그러나 벽면으로부터 조금 떨어진 점에서는 유체입자는 어떤 속도를 가지고 흐르고 있지 않으면 안 되므로 벽면에 부착한 유체입자와 조금 떨어진 흐름 속에 있는 입자와의 사이에 속도의 차가 생긴다. 이 사실은 벽에 따라 흐르는 유체의 층과 층 사이에 미끄럼(slip)이 일어나고 있음을 의미한다.

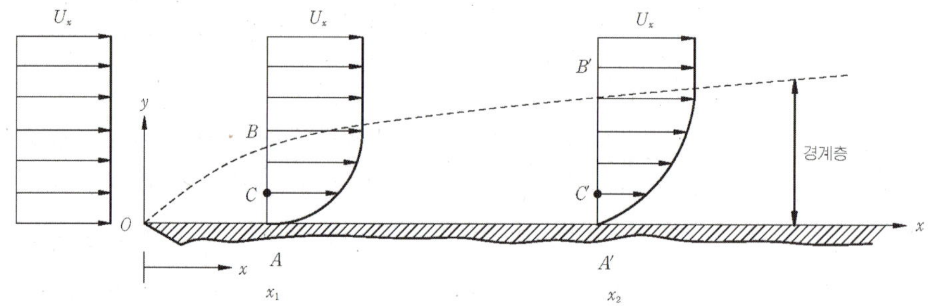

그림 6-3

그림 6-3과 같이 유체가 속도 U_∞의 균일한 속도로 고정된 평판 위로 접근하고 있다. 이러한 흐름이 평판과 만나게 되면 평판과 접촉한 유체입자의 속도는 0이다(no-slip condition). 그러나 평판 위로 멀리 떨어진 유체의 속도는 원래의 균일한 속도와 같다. 따라서 그림과 같은 속도분포를 가지게 된다. 즉 평판 가까이에서는 정지된 물체의 영향을 받아 점성력 때문에 속도가 줄어들지만 평판에서 멀리 떨어진 부분은 정지된 물체의 영향을 받지 않고 점성력의 효과도 없어지는 것이다. 이와 같이 유체가 물체 표면을 따라 흐르는 경우 점성의 영향으로 물체표면을 따라 형성된 얇은 층을 경계층(boundary layer, 境界層)이라 한다. 경계층 내부에서는 그림과 같이 속도가 변한다(실제로 우리가 관찰하는 경계층의 두께는 그림보다 훨씬 작다). 그리고 표면에서 멀리 떨어진, 유체의 속도가 일정한 부분을 자유유동장(free stream, 自由流動場) 또는 포텐셜구역이라 한다. 이곳에서 유체의 흐름을 자유유동장흐름(free stream velocity) 또는 포텐셜흐름(potential flow)이라 한다. 즉 벽면 가까이에서 속도가 변하는 구역을 경계층이라 하고 조금 멀리 떨어진 속도가 일정한 구역을 포텐셜구역이라 한다. 경계층 내부에서는 점성력이 존재하기 때문에 점성유체의 흐름이라 하고 경계층 외부의 포텔셜흐름에서는 점성의 영향을 받지 않는 구역으로서 비점성유체의 흐름이 된다.

> 경계층
> - 물체의 표면 가까이에서 유체가 흐르는 구역이다.
> - 점성력의 영향을 받는다.
> - 속도가 0에서 자유유동장의 속도로 증가한다.

매끈한 평면 위로 그림 6-4와 같이 흐를 때 경계층의 두께는 점성이 클수록 두꺼워진다. 또한 그림 6-3에서 보는 바와 같이 경계층이 시작되는 점으로부터 떨어진 거리 x가 길수록 경계층의 두께는 증가한다. 자유유동장 속도, U_∞가 작을수록 경계층의 두께는 두껍고 밀도가 작을수록 두꺼워진다.

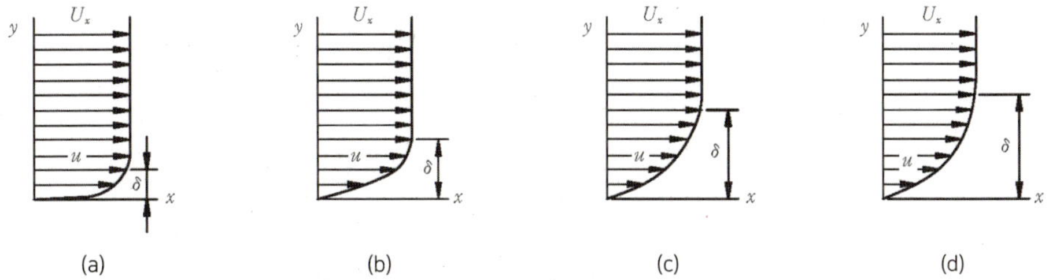

작다 ←	점성(μ)	→ 크다
짧다 ←	시작점부터 거리(x)	→ 길다
크다 ←	밀도(ρ)	→ 작다
크다 ←	속도(U_∞)	→ 작다

그림 6-4

1 속도구배

그림 6-5와 같이 평면 위에 경계층이 형성되어 있을 때 앞서 말한 바와 같이 전단응력은 $\tau = \mu(du/dy)$로 주어진다. 따라서 경계층 내부 각 점에서의 속도구배(velocity gradient, 速度勾配)는 전단력의 크기를 결정한다. 그림과 같이 1점과 2점에서의 속도구배 du/dy의 크기를 비교해 보면 1점이 2점보다 크다는 것을 알 수 있다. 즉 경계층 내부의 유체요소가 받고 있는 전단응력의 크기는 벽면 가까이에서 큰 값을 가지고 멀리 떨어질수록 작다. $y=0$일 때 가장 크며 이것을 벽면전단응력(wall shear stres, 壁面剪斷應力)이라 하며 τ_w로 표시한다.

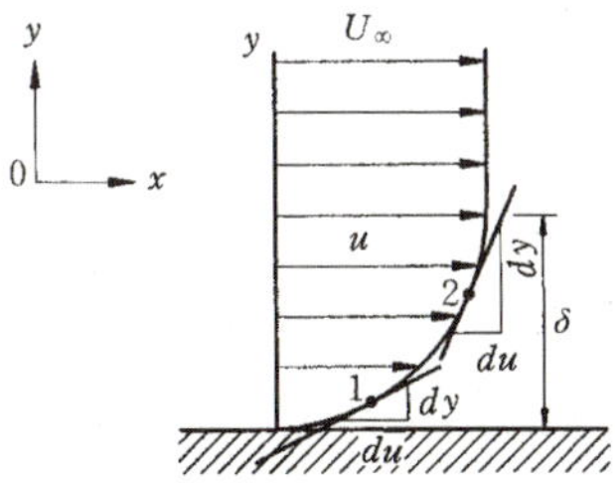

그림 6-5

$$\tau_w = \mu \frac{du}{dy}\Big|_{y=0} \tag{6-2}$$

흐름이 층류일 경우에는 그림 6-4에서 보듯이 경계층이 시작되는 곳으로부터 거리가 멀어지면서 경계층의 두께가 두꺼워지면서 $\frac{du}{dy}$가 작아지므로 벽면전단응력의 크기는 작아진다는 것을 알 수 있다.

앞에서 언급했듯이 경계층이론에서 중요한 것은 실제유체의 흐름에서는 물체 벽면의 유체속도는 항상 0이라는 것이다(no-slip condition). 또한 물체 벽면에서 전단력은 가장 큰 값을 가짐을 알 수 있다.

2 벽면전단응력

경계층의 두께는 하류로 갈수록 두꺼워지며 경계층 내부의 속도는 $u=0$에서 $u=U_\infty$까지 증가하므로 그림 6-4의 (a)에서 (d)로 변해간다. 따라서 하류 측으로 갈수록 벽면에서의 속도구배, $(du/dy)_w$는 경계층 두께가 증가함에 따라 작아진다. 평판 위의 각 점에서 국소적인 전단응력 sΣ은 평판의 앞 끝머리부터 거리가 커짐에 따라 점점 작아진다.

후에 알게 되겠지만 선단으로부터의 거리 x에 따른 경계층의 두께와 벽면전단응력의 변화는 아래와 같은 비례식으로 나타낼 수 있다.

층류인 경우 : $\delta \propto \sqrt{x}$ (6-3)

$$\tau_w \propto \frac{1}{\sqrt{x}} \quad (6\text{-}4)$$

난류인 경우 : $\delta \propto x^{4/5}$ (6-5)

$$\tau_w \propto \frac{1}{x^{1/5}} \quad (6\text{-}6$$

상기와 같은 결과는 9장에 자세히 나와 있다. 이러한 경계층은 유체가 물체와 접촉해서 흐를 때 항상 존재한다. 그림 6-6의 (a)와 같이 관속에서의 유체의 흐름을 생각해 보면 층류일 경우와 난류일 경우 모두 벽면으로부터 경계층을 가지고 있고 최대속도는 중심에서 일어난다. 그러나 속도분포는 그림 6-6(a)에서 보는 바와 같이 서로 다르다.

난류와 층류 모두 같은 유량으로 흐르고 있으나(즉 평균속도가 서로 같음) 난류인 경우 중심에서의 속도는 층류보다 작고 벽면에서는 속도가 급격히 증가하는 속도분포를 보이고 있다. 이러한 이유는 난류일 경우에는 유체입자가 활발하게 흩어지며 운동하면서 유체입자들 사이에 서로 운동량의 교환이 활발하게 이루어지므로 벽면 가까이를 제외하고는 유체층 간의 속도차이가 거의 없어지게 되기 때문이다. 따라서 층류보다 중심부에서 더욱 편평한 속도분포를 이루게 된다. 층류인 경우는 운동량의 교환이 거의 없어서 포물선형으로 가운데가 볼록해진 속도분포를 나타낸다. 평균속도를 V라 하면 최대속도 $u_{\max}$의 비 $V/u_{\max}$는 층류에서는 0.5 이지만, 난류에서는 0.8~0.88이 된다.

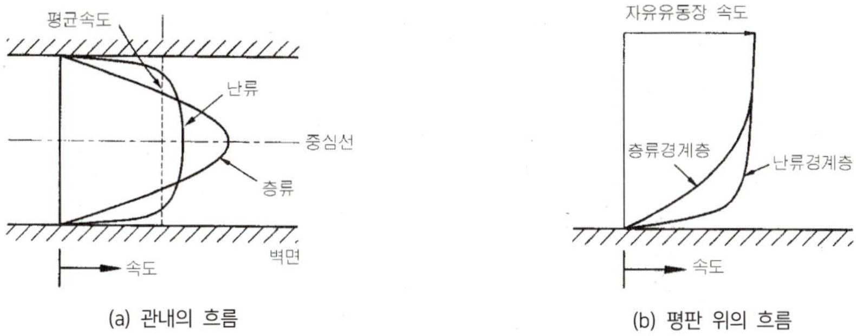

그림 6-6 점성유체의 속도분포

물체 주위에서 유체의 흐름은 앞서 언급한 데로 물체 표면 가까이의 경계층 구역과 그 위의 자유유동장의 구역으로 나누어진다. 유체가 평판 위를 흐를 때 그림 6-6(b)와 같이 경계층이 형성되나 여기서도 마찬가지로 난류일 경우 층류 때보다 벽면에서 속도변화가 급격하게 이루어진다. 난류 경계층의 대부분은 벽면 근처를 제외하고는 편평한 속도분포를 이루고 있다. 따라서 물체 주위의 흐름이나 관속에서의 흐름 모두 경계층 내부의 흐름은 서로 비슷하다고 할 수 있다. 단 압력구배의 영향과 표면조도에 의한 영향은 없다고 가정한다.

관의 입구 부분에서의 유동 현상은 그림 6-7과 같다. 그림에서 보인 것은 층류의 경우이다. 처음에 일정한 속도 U_∞를 가진 흐름은 관의 입구 부분을 통과하면서 벽면의 영향을 받아 경계층이 형성되어 간다. 관벽은 유체의 운동을 방해하여 유체입자에 전단응력을 발생시킨다. 어떤 일정거리가 지난 후에는 완전히 발달된 속도분포를 보이고 있다.

발달되기 전의 흐름에서 중심부분은 자유유동장의 속도, 즉 경계층 바깥의 흐름인 일정한 속도 U_∞를 가진다. 양 벽면으로부터 생성된 경계층이 증가하여 서로 맞닿는 부분까지를 입구 길이라 하며 그 이후부터는 완전히 발달된 흐름이라 한다. 완전히 발달된 구역에서는 더 이상 일정한 속도구역을 가지지 않고 그림 6-6(a)와 같은 속도분포를 가진다.

일반적인 흐름은 대부분 난류이며 관 속의 흐름에서 중간 부분이 편평하게 속도분포를 가지므로 단면 전체에 대해서 일정한 속도로 흐른다고 가정해도 큰 오차는 없다.

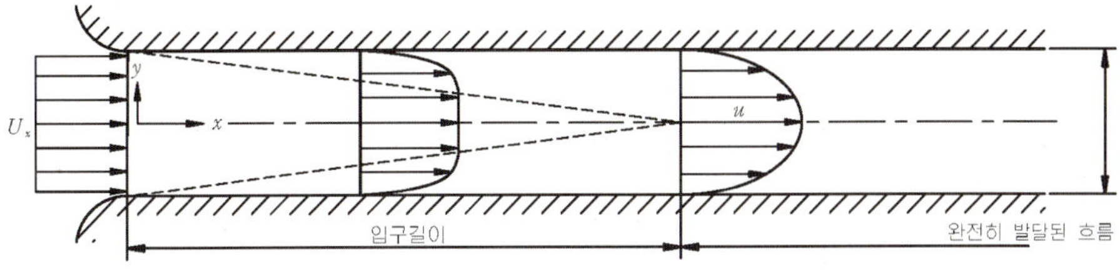

그림 6-7 관의 입구부분 속도분포

6-4 : 원관속의 층류흐름

앞에서 배운 실제유동에 대한 에너지방정식에서 유체가 관속을 흐르게 되면 관마찰로 인하여 에너지의 손실을 가져온다는 것을 알았다. 실제적으로 우리가 가장 관심이 많은 것은 유체가 관속을 흐르면서 압력강하가 얼마나 일어나는가 하는 것이다. 그래야만 펌프의 동력을 결정할 수 있기 때문이다. 따라서 관속에서의 흐름에서는 관마찰저항에 대해서 중점적으로 다루고자 한다.

유체에 점성이 없으면 힘을 작용시키지 않아도 수평 파이프를 통하여 흐를 수가 있다.

실제유체가 정상적으로 흐르려면 점성 때문에 관의 양 끝 사이에 압력차가 있어야 한다.

유체마찰로 인하여 유체가 원래 가지고 있었던 압력에너지의 손실을 가져오는 것이다.

관 속을 흐르는 물이나 기름, 또는 인체의 순환계통 내의 피와 같은 유체가 그런 경우이다. 상류 측의 압력이 하류 측의 압력보다 커야 유동이 형성되는 것이다.

층류는 층을 이루며 흐르는 흐름을 말한다. 유체의 점성으로 인하여 이러한 유체층 사이에 전단응력이 발생한다. 원관 내의 흐름이 층류일 경우에는 압력차와 유량과의 관계를 이론적으로 구할 수가 있다. 원관 속의 층류흐름에 대한 해석은 관마찰에 대한 기본이론으로서 난류의 경우에도 자주 응용되는 내용이므로 잘 기억해 두어야 한다. 지금부터 원관 내의 층류흐름에 대한 이론전개식을 알아보자. 난류에 대한 방정식은 8장에서 공부하기로 한다.

그림 6-8과 같이 원관속의 정상류의 흐름에서 원통 모양의 유체 부분에 걸리는 전단력을 생각해 보자. 반지름이 y이고 길이가 L인 실린더 모양의 유체요소를 떼어서 생각해 보자. 원통형인 유체요소의 양단 사이의 압력차는 p_1-p_2이다. 원통의 단면적이 πy^2이므로 원통이 수평방향으로 받는 전체 힘은 $(p_1-p_2)\pi y^2$이다(원통 주위 면의 압력은 관벽과 주고 받으므로 서로 상쇄된다. 또한 유체 자체의 무게는 수직방향으로 작용하기 때문에 수평성분은 없다). 이 힘은 힘의 평형법칙으로부터 유체가 받는 마찰력과 서로 평형을 이루어야 한다. 즉 운동방향에 평행한 면에 걸리는 마찰력인 전단력과 같아야 한다. 전단응력을 τ라 하면 원통 주위면의 면적은 $2\pi yL$이므로

전단응력에 의한 힘=압력차에 의한 힘

$$\tau \cdot 2\pi yL = (p_1-p_2)\pi y^2 \tag{6-7}$$

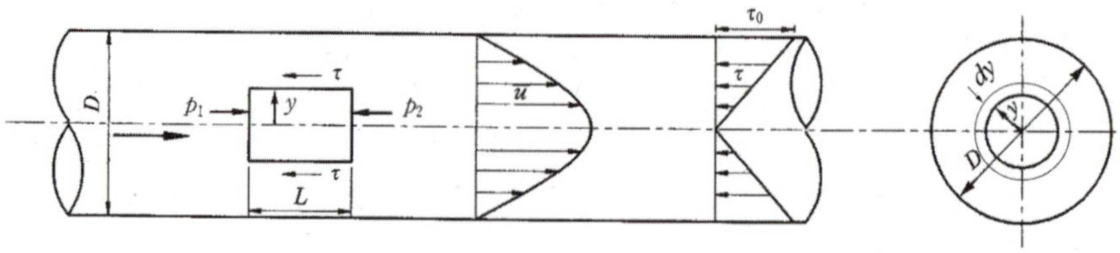

그림 6-8 관속의 흐름

$$\therefore \ \tau = \frac{(p_1 - p_2)y}{2L} \tag{6-8}$$

그런데 뉴턴의 점성법칙에서 $\tau = -\mu \dfrac{du}{dy}$이므로(점성계수 앞의 -부호를 붙인 이유는 좌표계의 방향이 중심에서 시작하므로 벽면좌표계와 반대이기 때문이다).

$$-\mu \frac{du}{dy} = \frac{(p_1 - p_2)y}{2L} \tag{6-9}$$

여기서 $\Delta p = p_1 - p_2$이라 하고 양변을 적분하면

$$du = -\frac{y\Delta p}{2\mu L}dy \tag{6-10}$$

$$u = -\frac{y^2}{2}\frac{\Delta p}{2\mu L} + c$$

상수 c값을 구하기 위하여 경계조건을 대입시켜 주어야 한다. 경계조건으로서 관의 벽면에서는 속도가 0이어야 함을 이용한다. $y = \dfrac{D}{2}$일 때 $u = 0$을 대입하면

$$0 = -\frac{D^2\Delta p}{16\mu L} + c \tag{6-11}$$

$$\therefore \ \frac{D^2\Delta p}{16\mu L}$$

따라서

$$u = \frac{y^2\Delta p}{4\mu L} - \frac{D^2\Delta p}{16\mu L} = \frac{\Delta p}{4\mu L}\left(\frac{D^2}{4} - y^2\right) \tag{6-12}$$

상기 식은 속도 u를 반지름 y에 대해서 나타낸 식, 즉 $u = f(y)$로서 y의 2차식이다. 따라서 속도분포곡선은 그림과 같이 포물선 형상이 된다. 벽면전단응력 τ_o는 상기 속도분포식으로부터 구할 수 있다.

$$\tau_w = \mu \frac{du}{dy}\Big|_{\frac{D}{2}} = \mu \frac{8V}{D}$$

한편 최대속도는 중심($y = 0$)에서 생기며 그 크기는

$$u_{max} = \frac{D^2\Delta p}{16\mu L} \tag{6-13}$$

임을 알 수 있다. 식 (6-12)를 최대속도 u_{max}를 사용해서 나타내면

$$u = u_{\max}(1 - \frac{4y^2}{D^2}) = u_{\max}\left\{1 - \frac{y^2}{(D/2)^2}\right\} = u_{\max}(1 - \frac{r^2}{r_0^2})$$

유량 Q를 구하기 위하여 원관단면 y와 $y+dy$를 통과하는 미소유량은

$$dQ = 2\pi yudy$$

$$\therefore\ Q = \int_0^{\frac{D}{2}} 2\pi yudy = \frac{\triangle P\pi}{2\mu L}\int_0^{D/2}(\frac{D^2}{4}y - y^3)dy = \frac{\triangle P\pi}{2\mu L}\cdot\frac{D^4}{64} = \frac{\triangle P\cdot\pi\cdot D^4}{128\mu L}$$

평균 유속 V는

$$V = 4Q/\pi D^2 = \frac{D^2\triangle P}{32\mu L} = \frac{u_{\max}}{2}$$

또는 평균속도, V를 알면 연속방정식으로부터 유량을 구할 수 있다. 그림과 같이 속도분포형상은 회전포물체의 형상과 같다. 회전포물체의 체적은 이것을 둘러싸는 원통체적의 절반이므로 평균속도, V는 최대속도의 절반이다.

$$V = \frac{u_{\max}}{2} \tag{6-14}$$

그러므로

$$V = \frac{D^2\triangle P}{32\mu L} \tag{6-15}$$

위 식에서 압력차는 평균속도에 비례함을 알 수 있다. 연속방정식에서 $Q = AV$이므로

$$Q = \frac{\pi D^2}{4}(\frac{D^2\triangle P}{32\mu L}) = \frac{\triangle p\pi D^4}{128\mu L} \tag{6-16}$$

$$\therefore\ \boxed{Q = \frac{\triangle p\pi D^4}{128\mu L}} \tag{6-17}$$

상기 식은 하겐-포아즈웰의 방정식(Hagen-Poiseuille's equation)으로 알려져 있다.
수평원관의 층류 유동 시 그림에서 보듯이 속도분포곡선은 원의 중심부에서 최고속도를 나타내는 포물선이다. 평균속도의 크기는 최고속도 크기의 절반이며 반경의 중간지점에서 측정될 수 있다. 하겐-포아즈웰의 방정식은 층류유동에만 해당되는 식이므로 레이놀즈수를 계산한 후 적용여부를 판단해야 한다. 난류일 경우에는 다음에 나오겠지만 실험을 통해서 얻은 경험식을 사용하여 압력손실과 평균속도(또는 유량)와의 관계식을 구한다.
하겐-포아즈웰의 식은 실험으로부터 입증되었다. 이 식으로부터 층류 유동인 경우 관벽면의 거칠기(또는

조도)에는 상관이 없다는 것을 알 수 있다. 그러나 난류일 경우 압력손실은 레이놀즈수와 관벽의 조도에 따라 달라진다.

예제4

지름이 50mm인 수평원관속을 비중이 0.8이고 점성계수가 0.2Pa·s인 기름이 유량 $0.01m^3/s$로 흐르고 있다. 관의 길이가 10m라면 손실수두는 몇 m인가?

$V=\frac{Q}{A}=\frac{0.01}{\pi\times0.05^2/4}=5.093\frac{m}{s}$

$Re=\frac{\rho Vd}{\mu}=\frac{0.8\times1000\times5.093\times0.05}{0.2}=1019$ 이 값은 하임계 레이놀즈수 2100보다 작으므로 층류이다.

따라서 하겐–포아즈웰의 방정식을 적용할 수 있다.

식 (6–16)으로부터 $Q=\frac{\pi d^4\cdot\Delta p}{128\mu L}$ 에서 $\Delta p=rh_L$이므로

손실수두는 $h_L=\frac{128\mu LQ}{\pi d^4\cdot r}=\frac{128\times0.2\times10\times0.01}{3.14\times0.05^4\times0.8\times9800}=16.63m$

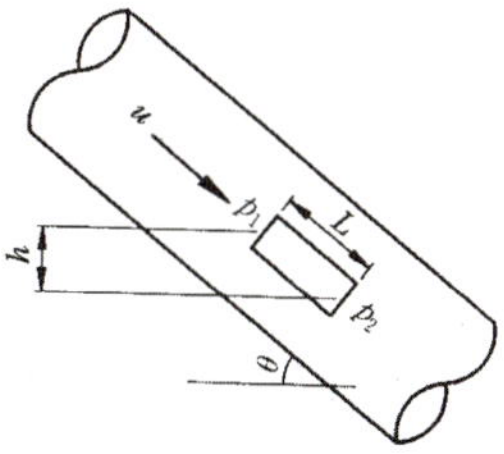

그림 6-9

그림 6-9와 같이 원관이 경사진 경우의 층류흐름은 압력수두뿐만 아니라 높이수두도 고려해 주어야 한다. 따라서 상기한 식에 나타나는 압력항 p 대신에 경사진 길이의 높이차 h를 더한 $(p+rh)$로 바꿔서 대입해 주면 된다. 상기 식 (6-15), (6-17)로부터 경사진 경우의 층류흐름에 대한 평균속도 V와 유량 Q는

$$V=\frac{D^2\Delta(p+rh)}{32\mu L} \tag{6–18}$$

$$Q=\frac{\Delta(p+rh)\pi D^4}{128\mu L} \tag{6–19}$$

CHAPTER 6 실제 유체의 흐름

예제5

그림과 같은 경사관에 대하여 흐름방향과 유량을 구하여라. (단, 관의 지름은 13mm, 유체밀도는 800kg/m^3, 점성계수는 l=0.4poise이다.)

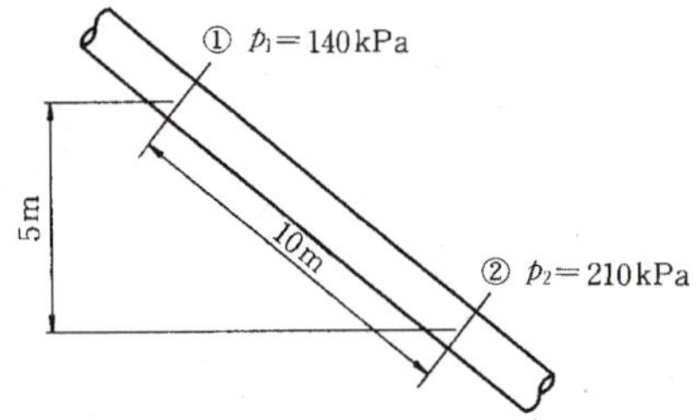

수평기준면을 점 ②를 통과하는 면으로 잡으면 $p_1 + rh_1 = 140\times10^3 + 9.8\times800\times5 = 179.2\times10^3\frac{\text{N}}{\text{m}^2}$

$p_2 + rh_2 = 210\times10^3\frac{\text{N}}{\text{m}^2}$

①·② 단면에서의 운동에너지는 같으므로 ② 단면에서의 에너지가 크다. 따라서 유체는 ② 단면에서 ① 단면으로 흐른다.

유량은 식 (6-19)에서 $\Delta(p+rh) = (p_2+rh_2) - (p_1+rh_1)$ 이므로

$Q = \frac{\pi D^4}{128\mu L}(p_2+rh_2)-(p_1+rh_1) = \frac{\pi\times0.013^4}{128\times0.4\times10^{-1}\times10}(210-179.2)\times10^3 = 5.4\times10^{-5}\frac{\text{m}^3}{\text{s}}$

6-5 : 운동에너지와 운동량의 수정계수

우리가 이제까지 생각한 속도는 평균속도를 말하는 것이다. 즉 유체의 속도가 유체의 흐름 단면에 걸쳐서 일정하다고 보는 것이다. 이러한 가정을 전제하여야만 연속방정식에서 비압축성일 경우 $Q=VA$(체적유량=속도×단면적)라고 말할 수 있는 것이다. 그러나 실제의 유체는 대부분의 경우 유체의 흐름 단면상의 위치에 따라 속도의 크기가 다르다.

이런 경우에 유량은 단면 전체에 대하여 유속을 적분해야 한다. 유속을 u라 하고 평균유속을 V라 하면

$$Q = AV = \int_A u\cdot dA \quad (6\text{-}20)$$

$$V = \frac{\int_A u\cdot dA}{A} \quad (6\text{-}21)$$

질량의 m이고 속도가 u인 물체의 운동에너지는 $KE=\frac{1}{2}\mu^2$이다. 단위시간 동안 어떤 단면을 통과한 질량이 가지는 운동에너지는 질량유량을 $\dot{m}$이라 하면

$$KE=\int_A d\dot{m}\frac{u^2}{2}=\int_A(\rho udA)\frac{u^2}{2}=\int_A\frac{\rho u^3}{2}dA \qquad (6\text{-}22)$$

이 된다. 그러나 이 값은 평균속도를 사용해서 구한 단위시간당 운동에너지 $KE'=\frac{1}{2}\rho V^3A$와는 값이 다르다. 평균속도를 제곱하거나 세제곱한 것은 각각의 속도를 제곱하거나 세제곱한 것의 평균과는 일반적으로 같지 않다. 따라서 운동에너지 보정계수를 사용하여 운동에너지의 참값이 평균속도를 사용한 운동에너지에 보정계수를 곱한 값과 같도록 한다. a를 보정계수라 하면 $aKE'=KE$이므로

$$a=\frac{KE}{KE'}=\frac{1}{AV^3}\int_A u^3dA=\frac{1}{A}\int_A(\frac{u}{V})^3dA \qquad (6\text{-}23)$$

위 식에서 a를 운동에너지 수정계수라 한다. a는 항상 1보다 크며 층류일 때는 $a=2$이고 난류일 때는 1.01～1.15가 되나 보통 1.03～1.06 사이의 값을 취한다. 일반 산업현장에서 대부분의 흐름은 난류이고 1에 가까워서 오차가 적기 때문에 정확한 수정계수의 값은 보통 사용하지 않는다.
또한 위와 같은 방법으로 운동량에 대한 수정계수, β를 구하면 다음과 같다.

$$\beta=\frac{1}{AV^3}\int_A u^2dA=\frac{1}{A}\int_A(\frac{u}{V})^2dA \qquad (6\text{-}24)$$

여기서 β를 운동량 수정계수라 한다. 보통 층류일 때는 $\beta=4/3$, 난류일 때는 $\beta=1.005$～1.05, 속도가 균일한 단면에서는 $\beta=1$의 값을 취한다.

예제6

그림과 같이 단면이 수축된 수평원관에 기름이 흐르고 있다. 벽면에서의 속도는 0이고 최대속도(u_{max})는 관 중심에서 일어나며, 속도분포는 포물선을 이룬다. 단면 ①에서의 최대속도(u_{1max})가 4m/sec일 때

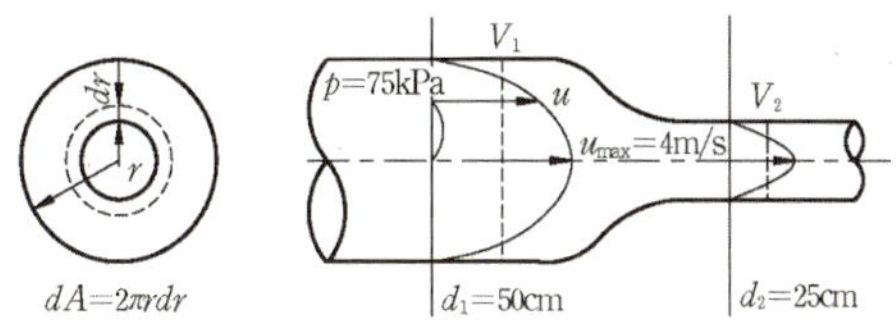

(1) 단면 ①에서의 평균속도 V_1을 계산하여라.

(2) 단면 ①에서의 운동에너지 수정계수를 계산하여라.

(3) p_1 =75kPa 일 때 수정계수를 쓴 베르누이 방정식에서 p_2를 구하고 수정계수를 쓰지 않은 베르누이 방정식의 경우와 비교하여라.

(1) 속도분포 곡선을 구하면

$u=ar^2+b$에서 $r=0$일 때 $u=u_{max}$, $r=r_1$일 때 $u=0$이므로

$$u=u_{max}(1-\frac{r^2}{{r_1}^2}) \quad \cdots\cdots (1)$$

이다. 유량을 계산하고 평균속도 V를 구하면

$$Q = AV = \int_0^{r_1} u 2\pi r dr = \int_0^{r_1} 2\pi u_{max}(1 - \frac{r^2}{r_1^2}) r dr = 2\pi u_{max}\left[\frac{r^2}{2} - \frac{r^4}{4r_1^2}\right]_0 = \frac{1}{2}\pi u_{max} r_1^2$$

$\therefore\ V = \frac{1}{2}u_{max}$ ………………………………………………………………………………………… (2)

(2) 운동에너지 수정계수 α는 식 (6-23)으로부터

$$\alpha = \frac{1}{AV^3}\int_0^{r_1} u_{max}^3 (1 - \frac{r^2}{r_1^2})^3 2\pi r dr = \frac{8}{\pi r_1^2 (u_{max})^3} 2\pi u_{max}^3 \int_0^{r_1} (1 - 3\frac{r^2}{r_1^2} - \frac{r^4}{r_1^4} - \frac{r^6}{r_1^6}) r dr$$

$$= \frac{16}{r_1^2}\left[\frac{r^2}{2} - \frac{3}{4}\frac{r^4}{r_1^2} + \frac{1}{2}\frac{r^6}{r_1^4} + \frac{r^8}{8r_1^6}\right]_0^{r_1} = 2$$

수정계수가 2인 경우는 층류일 때며, 실제로 층류의 속도분포는 포물선 분포이다.

(3) 베르누이 방정식에서 $p_2 = p_1 + \frac{\rho(V_1^2 - V_2^2)}{2}$

그런데 $V_2 = \frac{A_1}{A_2}V_1 = (\frac{d_1}{d_2})^2 V_1 = 4V_1$이므로 $p_2 = 75 \times 10^3 + \frac{1}{2} \times 10^3 (V_1^2 - 16V_1^2)$

식 (2)에서 $u_{max} = 4\text{m/s}$이므로 $V_1 = 2\text{m/s}$이다.

$p_2 = 75 \times 10^3 - 0.5 \times 10^3 \times 15 \times 2^2 = 45\text{kPa}$

베르누이 방정식에서 수정계수를 적용하면 $\alpha\frac{V_1^2}{2g} + \frac{p_1}{r} = \alpha\frac{V_2^2}{2g} + \frac{p_2}{r}$에서 $\alpha = 2$이고

양변에 $r = \rho g$를 곱하면 $p_2 = p_1 + \rho(V_1^2 - V_2^2) = 75 \times 10^3 - 60 \times 10^3 = 15\text{kPa}$

CHAPTER 06 실제 유체의 흐름 / 기본문제

01

9m³/min의 유량으로 지름 10cm인 관속을 기름 (s =0.8, μ =8.8poise)이 흐르고 있다. 이때 Re 수를 구하여라. 그리고 거리가 10km 떨어진 곳까지 수송하려면 필요한 최소동력은 몇 kW인가?

풀이

$V=\dfrac{9/60}{\pi\times0.1^2/4}=19.1\text{m/s}$

$\mu=8.8\text{poise}=8.8\,\text{dyne}\cdot\text{s/cm}^2=0.88\,\text{N}\cdot\text{s/m}^2$

$\rho=\rho_w\cdot s=1{,}000\times0.8=800\text{kg/m}^3$

$Re=\dfrac{\rho Vd}{\mu}=\dfrac{800\times19.1\times0.1}{0.88}=1736<2100$

∴ 층류 흐름이다.

따라서 하겐 포아즈웰의 방정식에서

$\Delta p=\dfrac{128\mu QL}{\pi d^4}=\dfrac{128\times0.88\times(\frac{9}{60})\times10{,}000}{\pi\times0.1^4}$

$=5.378\times10^8\text{N/m}^2$

동력 $P=rQh_L$에서 $rh_L=\Delta p$이므로

$P=\Delta p\cdot Q=5.378\times10^8\times9/60=8.067\times10^7\text{W}$

$=80670\text{kW}$

02

지름 20cm인 원관에 비중 0.9, 점성계수 0.52poise인 유체가 평균속도 0.48m/s로 흐르고 있다. 층류, 난류를 판별하라.

풀이

$\tau=\mu\dfrac{du}{dy}\rightarrow\mu=\dfrac{\tau}{du/dy}$

u의 단위 : $1\,\text{poise}=1\dfrac{\text{g}}{\text{m}\cdot\text{s}}=1\dfrac{\text{dyne}\cdot\text{s}}{\text{cm}^2}=0.1\dfrac{\text{N}\cdot\text{s}}{\text{m}^2}$

지름 $d=20\text{cm}=0.2\text{m}$, $s=0.9$이고

$\mu=0.52\,\text{poise}=0.52\dfrac{\text{dyne}\cdot\text{s}}{\text{cm}^2}$

$=0.52\dfrac{\text{dyne}\cdot\text{s}}{\text{cm}^2}\times\dfrac{1\text{N}}{100000\text{dyne}}\times100000\dfrac{\text{cm}^2}{\text{m}^2}$

$=0.52\times\dfrac{1}{10}=0.052\dfrac{\text{N}\cdot\text{s}}{\text{m}^2}$

∴ $Re=\dfrac{\rho Vd}{\mu}=\dfrac{0.9\times1000\times0.48\times0.2}{0.052}=1661<2100$

∴ 층류 흐름이다.

03

비중 1.02인 유체가 지름 50mm의 원관을 평균속도 1m/s의 층류로 흐르고 있다. 매초당 단면을 통과하는 유체가 가지는 운동에너지를 구하여라.

풀이

매초당 에너지는 동력이므로 $P=\rho gQH$(H는 수두)

따라서 매초당 운동에너지는 속도수두 $\dfrac{V_2}{2g}$를 사용하여 H 값으로 대신하면 된다.

$H=\dfrac{V_2}{2g}=\dfrac{1^2}{2\times9.8}=0.051\text{m}$

$Q=AV=\dfrac{\pi\times0.05^2}{4}\times1=0.00196\text{m}^3/\text{s}$

∴ $P=1.02\times1000\times9.8\times0.00196\times0.051$

$=1.0\,\text{N}\cdot\text{m/s}$

(※ 운동에너지의 정의는 속도에 의한 에너지)

즉 $\dfrac{1}{2}mV^2$이므로 매초당 운동에너지는 $\dfrac{1}{2}\dot{m}V^2$ 이다.

$\dot{m}=\rho Q=\dfrac{rQ}{g}$이므로

$P=\dfrac{rQV^2}{2g}=\dfrac{1.02\times9800\times0.00196\times1^2}{2\times9.8}=1.0)$

04

절대압력 200kPa, 온도 40℃의 공기가 지름 100 mm 관에서 층류로 흐를 수 있는 최대유량을 구하여라. (단, 공기의 절대점성계수는 $\mu=180.9\times10^{-6}$ poise이다.)

풀이

층류가 되기 위해서는 $Re \le 2100$이므로 층류로 될 수 있는 최대유량은

$$Re = \frac{\rho Vd}{\mu} = 2100$$

1poise는 $0.1\frac{\mathrm{N\cdot s}}{\mathrm{m^2}}$이므로 공기의 절대 점성계수는

$$\mu = 1.809\times10^{-6}\times0.1 = 1.809\times10^{-5}\frac{\mathrm{N\cdot s}}{\mathrm{m^2}}$$

ρ값을 구하기 위해서 기체의 상태방정식 $p=\rho RT$을 적용하면

$$\rho = \frac{p}{RT} = \frac{200\times10^3}{286.8\times293} = 2.38\mathrm{kg/m^2}$$

(공기의 $R = 286.8\frac{\mathrm{J}}{\mathrm{kg°K}}$)

$$\therefore\ 2100 = \frac{2.38\times V\times0.1}{1.809\times10^{-5}} \rightarrow V = 0.16\frac{\mathrm{m}}{\mathrm{s}}$$

$$\therefore\ Q = AV = \frac{\pi\times0.1^2}{4}\times0.16 = 0.001257\frac{\mathrm{m^2}}{\mathrm{s}}$$

05

20℃의 물 $6l$/s를 층류로 흐를 수 있게 하는 최소 관지름을 구하여라.

풀이

$$Q = 6l/\mathrm{s} = 0.006\ \mathrm{m^3/s}$$

$$Re = 2100 = \frac{\rho Vd}{\mu} = \frac{\rho(Q/A)d}{\mu} = \frac{\rho Qd}{\mu\pi d^2/4}$$

부록의 표에서 20℃ 물의 점성계수 $\mu = 0.001002\mathrm{N\cdot s/m^2}$

$$\therefore\ 2100 = \frac{4\times1000\times0.006}{0.001002\times3.14\times d} \rightarrow d = 3.63\mathrm{m}$$

06

점성계수 1Pa·s인 기름이 지름 0.3m인 원관속에 흐르고 있다. 관 중심에서 최대속도는 4.5m/s이고 속도분포는 포물선일 때 벽면에서의 전단응력을 계산하여라.

풀이

절대점성계수 $\mu = 1\mathrm{Pa\cdot s} = 1\frac{\mathrm{N\cdot s}}{\mathrm{m^2}}$이고 벽면전단응력은

$$\tau_w = \mu\frac{du}{dy}\Big|_{y=0}$$

로 정의된다. 전단응력을 알려면 속도분포곡선 du/dy를 알아야 하므로 $u=f(y)$를 구해야 한다. 층류인 경우에 식 (6-12)를 (6-13)으로 나누면

$$\frac{u}{u_{\max}} = 1-\frac{4y^2}{D^2}$$

그런데 벽면전단응력을 구하려면 벽면에서 $y=0$인 좌표계를 사용해야 하므로 그림 6-8에서 사용한 y 대신에 $\left(\frac{D}{2}-y\right)$로 대체해야 한다.

$$\therefore\ \frac{u}{u_{\max}} = 1-\frac{4\left(\frac{D}{2}-y\right)^2}{D^2} = \frac{-4(y^2-Dy)}{D^2} = \frac{4(Dy-y^2)}{D^2}$$

$$\therefore\ u = u_{\max}\times\frac{4}{D^2}\times(Dy-y^2) = 4.5\times\frac{4}{0.3^2}\times(0.3y-y^2)$$

$$= 60y-200y^2$$

$$\therefore\ \frac{du}{dy} = 60-400y \quad \text{따라서} \quad \frac{du}{dy}\Big|_{y=0} = 60$$

$$\therefore\ \tau_w = \mu\frac{du}{dy}\Big|_{y=o} = 1\left[\frac{\mathrm{N\cdot s}}{\mathrm{m^2}}\right]\times60\left[\frac{\mathrm{m}}{\mathrm{s\cdot m}}\right] = 60\left[\frac{\mathrm{N}}{\mathrm{m^2}}\right]$$

CHAPTER 06 실제 유체의 흐름 / 연습문제

해답은 486쪽에 있습니다.

01

점성계수 0.12Pa·s인 유체가 250mm 관 속에 층류로 흐르고 있다. 벽면에서의 전단응력이 48Pa이라 할 때 중심선에서 30mm 떨어진 곳의 속도구배를 구하여라.

02

비중 0.88인 유체가 레이놀즈수 1200으로 250mm 관속을 흐르고 있다. 벽면에서 40mm인 곳의 속도가 2.5m/s일 때 유량과 벽면에서의 속도구배를 구하여라.

03

20℃, 1.9l/s의 물이 75mm 지름의 관속에 흐르고 있다. 흐름은 층류인가 난류인가 판별하여라.

04

지름 10mm인 원관에 최대속도 0.12m/s인 층류흐름이 있다. 유량(l/s)을 구하여라.

05

지름이 1cm인 파이프에 동점성 계수가 1.788×10^{-6}m²/s인 유체가 평균속도 1.2m/s로 흐르고 있다. 레이놀즈수는?

06

지름이 10cm인 원관에서 층류로 흐를 수 있는 임계 레이놀즈수를 2100으로 할 때 층류로 흐를 수 있는 최대 평균유속은 몇 m/s인가? (단, 동점성계수는 1.8×10^{-6}m²/s이다.)

07

지름이 4mm이고 길이가 10m인 원관속에 20℃의 물이 흐르고 있다. 양단의 압력차가 $\Delta p=0.1$kgf/cm² 이며 $\mu=0.02\times10^{-6}$kgf·s/cm²일 때 유량은 몇 cm³/s인가?

08

수평층류 원관유동에서 점성계수가 0.01kgf·s/m² 인 기름이 안지름 2.5cm의 관속으로 수송될 때 압력강하가 관의 길이 1m당 0.05kgf/cm²이라면 10m를 수송하는 데 필요한 마력(PS)은 얼마인가?

09

어떤 유체가 지름 400mm인 수평원관에 흐르고 있다. 이때 길이 100m에서 압력강하가 1kgf/cm² 이었다면 관벽에서 전단응력은 몇 kgf/m²인가?

10

동점성 계수가 0.0131cm²/s인 물을 안지름 20 mm인 원관을 통하여 고도의 난류상태에서 저속으로 떨어뜨리면 어떠한 유속에서 층류가 되는가?

11

지름 50mm, 길이 800m인 매끈한 파이프를 써서 매분 135l 기름을 수송할 때 펌프의 압력은 몇 kgf/cm²인가? (단, 기름의 비중은 0.92이고 점성계수는 0.56poise이다.)

MEMO

CHAPTER 07

차원해석과 상사법칙

CHAPTER 07 차원해석과 상사법칙

실제적인 유동현상을 다루다 보면 이론식만으로 해결될 수 없는 경우가 대부분이다. 따라서 실험에 의한 방법과 결과를 도입할 수밖에 없으며 경험식을 많이 사용하고 있다. 차원해석(dimensional analysis, 次元解析)과 상사법칙(law of similarity, 相似法則)은 실제 물체의 크기와 다른 크기의 모형으로 실험할 수 있다거나 실험횟수를 줄이는 이론적인 기반을 마련하였다. 예를 들면 풍동실험장치에서 모형비행기로 실제비행기의 운동을 모사할 수 있으며 수차나 펌프 내의 유동, 개수로 유동, 파동현상 등은 그 크기를 줄이거나 늘여서 실험할 수가 있다. 또한 실제의 유체와 똑같은 유체를 사용하지 않아도 되며 가능하고 편리한 다른 유체로서 실험할 수도 있다. 모형(model, 模型)으로부터 얻은 실험결과치를 원형(prototype, 原型)과 비교하려면 모형과 원형 사이에 일정한 상사법칙이 적용되어야 한다. 아래와 같이 이러한 상사성의 법칙과 현대유체역학의 또 하나의 유용한 도구이며 상사법칙과 밀접하게 관계되어 있는 차원해석에 대하여 알아보고자 한다.

7-1 : 차원해석

차원해석(dimensional analysis, 次元解析)이란, 어떤 물리적인 현상을 등식으로 표시할 때 유체의 성질에 영향을 미치는 모든 물리적 변수를 결합시켜서 좌변과 우변의 차원과 단위를 일치시키어 무차원수로 만드는 과정을 말한다. 어떤 물리현상이 매우 복잡해서 해석적으로 표시하는 이론식을 유도하기가 매우 힘들다. 이때 차원해석법에 의하여 이 현상을 표시하는 대략식의 형태를 간편하게 추정할 수가 있다. 차원해석은 유체의 운동을 자세히 관찰해 볼 때 유동현상을 주로 지배하는 몇 개의 물리량이 존재함을 알 수 있고 그 외의 물리량은 상대적으로 무시할 수 있다는 개념으로부터 시작한다. 이러한 고찰은 주로 실험실에서 모형을 통한 실험을 하면서부터 시작되었다. 역학적인 현상은 길이, 질량, 시간, 힘, 속도, 운동량, 에너지 등의 여러 가지 물리차원해석과 상사법칙량으로서 나타낼 수 있는데 어떠한 물리량이든 앞에서 배운 기본단위인 M, L, T 또는 F, L, T라는 기본단위로 표시할 수 있으며 힘은 F=MLT^{-2}이 된다. 어떤 물리량은 이러한 3가지의 기본단위에 대한 어떤 멱수(power)로서 표시될 수 있다. 이렇게 하여 표시된 것을 차원(dimension, 次元)이라고 한다.

각종 물리적 변수를 기본단위인 M[질량], L[길이], T[시간]의 차원으로 나타내면 표7-1과 같다.

표 7-1 여러 물리량의 차원

변수	기호	M-L-T	변수	기호	M-L-T
길이(m)	L	L	압력(N/m$_2$)	p	$ML^{-1}T^{-2}$
질량(kg)	m	M	절대점성계수(kg/m · s)	μ	$ML^{-1}T^{-1}$
시간(s)	t	T	동점성계수(m^2/s)	ν	L^2T^{-1}
단면적(m^2)	A	L^2	체적탄성계수(N/m^2)	E	$ML^{-1}T^{-2}$
부피(m^3)	V	L^3	동력(N · m/s)	L	ML^2T^{-3}
속도(m/s)	v	LT^{-1}	모멘트, 토크(N · m)	T	ML^2T^{-2}
가속도(m/s^2)	a	LT^{-2}	일, 에너지(N · m)	W	ML^2T^{-2}
각속도(rad/s)	ω	T^{-1}	전단응력(N/m^2)	τ	$ML^{-2}T^{-2}$
운동량(kg · m/s)	M	MLT^{-1}	표면장력(N/m)	σ	MT^{-2}
체적유량(m^3/s)	Q	L^3T^{-1}	무게, 중량(N)	G	MLT^{-2}
비체적(m^3/kg)	v_s	$M^{-1}L^3$	비중량(N/m^3)	γ	$ML^{-2}T^{-2}$
밀도(kg/m^3)	ρ	$M^{-}L^3$	중량유량(N/s)	$\dot{G}$	MLT^{-3}
힘(kg · m/s^2)	F	MLT^{-2}	질량유량(kg/s)	$\dot{m}$	MT^{-1}

차원해석과 상사법칙을 비교해 보면 각각의 이론에 대한 전개과정은 약간 다르나 결과적으로 모두 무차원수를 구하고 있다는 측면에서 결국 같은 논리라고 볼 수 있다. 7.2절에서 배울 상사법칙의 결과로 유체의 운동을 대표하는 여러 가지 무차원수가 나올 수 있음을 알게 될 것이다.
차원해석의 몇 가지 예로서 아래와 같이 유체의 저항, 관마찰, 관로의 유량에 대한 해석절차를 알아보기로 하자.

1 유체저항

점성이 있는 유체 속을 구(sphere, 球)가 등속운동하고 있을 때 구에 미치는 항력(drag force, 抗力)을 생각해 보자. 항력이란 유체의 운동을 반대하는 힘을 말한다. 이러한 유동현상에 영향을 끼치는 인자들을 나열해 보면

- 구의 크기는 항력의 크기를 좌우할 것이다.
- 유체의 성질에 따라 항력의 크기가 달라질 것이다.
- 유체의 속도에 따라 항력이 달라질 것이다.

따라서 항력 F_D에 영향을 주는 주요 물리량은 구의 크기, 유체의 성질, 유체의 속도가 되므로

$$F_D = f(D,\ V,\ \rho,\ \mu) \tag{7-1}$$

여기서 D는 구의 직경이다. 즉 F_D는 괄호 속의 4가지 물리량의 함수로 나타낼 수 있다. 이제 이러한 물리량들이 서로 어떠한 상관관계를 가지고 있는지 알아보기 위하여 차원해석을 적용해 보자. 즉 좌변과 우변의 물리량을 기본단위로 풀어서 전개해 보면

$$F_D = CD^a,\ V^b,\ \rho^c,\ \mu^d \tag{7-2}$$

$$\frac{\mathrm{ML}}{\mathrm{T}^2} = \mathrm{L}^a\left(\frac{\mathrm{L}}{\mathrm{T}}\right)^b\left(\frac{\mathrm{M}}{\mathrm{L}^3}\right)^b\left(\frac{\mathrm{M}}{\mathrm{LT}}\right)^b \tag{7-3}$$

여기서 C는 무차원 상수이다. 따라서 각각의 기본단위에 대하여 양변의 차원이 서로 일치해야 하므로

$$\begin{aligned} &\mathrm{M} : 1 = c + d \qquad (7\text{-}4) \\ &\mathrm{L} : 1 = a + b - 3c - d \\ &\mathrm{T} : -2 = -b - d \end{aligned}$$

미지수가 4개인데 식은 3개이므로 미지수값은 구할 수 없다. 그러나 미지수 한 개를 고정시키면 나머지 3개를 구할 수 있다. 여기서 고정시켜야 할 미지수는 상기 방정식에서 가장 많이 나타나는 미지수를 선택한다. 왜냐하면 그 물리량이 물체의 운동을 지배하는 가장 중요한 인자이기 때문이다. 식 (7-4)에서 d가 가장 많이 나타나는 미지수이므로 d를 고정시키고 나머지 a, b, c를 d로 나타내면

$$\begin{aligned} &a = 2 - d \qquad (7\text{-}5) \\ &b = 2 - d \\ &c = 1 - d \end{aligned}$$

따라서

$$F_D = CD^{2-d}V^{2-d}\rho^{1-d}\mu^d$$

이것을 같은 지수로 묶어서 정리하면

$$F_D = C\rho D^2 V^2 \left(\frac{\rho VD}{\mu}\right)^{-d} \tag{7-6}$$

여기서 $\rho VD/\mu$는 레이놀즈수, Re임을 우리는 이미 알고 있다.

$$F_D = f'(Re)\,\rho V^2 D^2 \tag{7-7}$$

상기의 결과는 구가 받는 항력은 레이놀즈수에 따라 변하는 어떠한 상수와 $\rho V^2 D^2$의 곱이라는 것을 알 수 있다. 실험에 의하여 항력, C_D를 Re의 함수로 나타낼 수 있다. 9장에서 배울 항력과 양력에 관한 설명에서 이러한 결과를 다시 공부하게 될 것이다.

2 관마찰

관속을 통하는 유체의 관마찰에 의한 압력손실 $\triangle p$를 생각해 보자. $\triangle p$에 영향을 주는 물리적 변수들은 관로의 길이 l, 평균유속 V, 관내경 d, 유체의 점성계수 μ, 밀도 ρ, 관내벽의 절대조도 ε가 전부라고 생각할 수 있다.

$$\triangle p = f(l,\ V,\ d,\ \mu,\ \rho,\ \varepsilon) \tag{7-8}$$

위 식을 다음과 같이 가정한다.

$$\triangle p = kl^a V^b d^c \mu^d \rho^e \varepsilon^f \tag{7-9}$$

여기서 k는 어떤 상수이다. 그러나 간단한 실험에 의하여 $\triangle p$는 l에 비례한다고 알려져 있으므로 지수 $a=1$이라 놓을 수 있다.
위 식의 양변을 기본단위인 MLT를 사용하여 양변의 차원을 비교해 보면

$$\begin{aligned} ML^{-1}T^{-2} &= L^a(LT^{-1})^b L^c (ML^{-1}T^{-1})^d (ML^{-3})^e L^f \\ &= M^{d+e} L^{1+b+c-d+3e+f} T^{-b-d} \end{aligned} \tag{7-10}$$

$$\begin{aligned} &M: 1 = d+e \\ &L: -1 = 1+b+c-d-3e+f \\ &T: -2 = -b-d \end{aligned} \tag{7-11}$$

상기한 식은 3개이고 미지수는 5개이므로 미지수의 값은 구할 수 없다. 따라서 가장 많이 나타나는 d와 f를 고정시키고 b, e, c를 d와 f를 사용하여 나타내면

$$\therefore\ b=2,\ e=1-d,\ c=-1-d-f \tag{7-12}$$

이들을 식 (7-9)에 대입하면

$$\triangle p = kl\,V^{2-d} d^{-1-d-f} \mu^d \rho^{1-d} \varepsilon^f = 2k\frac{l}{d}\frac{\rho V^2}{2}\left(\frac{\mu}{Vd\rho}\right)^d \left(\frac{\varepsilon}{d}\right)^f$$

손실수두 h_1은 $h_L = \triangle p / r$이므로

$$\therefore\ h = \frac{\triangle p}{r} = 2k\left(\frac{1}{Re}\right)^d \left(\frac{\varepsilon}{d}\right)^f \frac{l}{d} \cdot \frac{V^2}{2g} \tag{7-13}$$

따라서 일반적으로

$$h_L = f\frac{l}{d} \cdot \frac{V^2}{2g} \tag{7-14}$$

이 되며 이것은 8장에서 배울 달시-와이스바하의 방정식이 된다. 여기서 f는 관마찰계수라 하며 f는 레이놀즈수와 상대조도, ε/d의 함수가 된다. 즉

$$f = f(Re, \frac{\varepsilon}{d}) \tag{7-15}$$

상기한 식 (7-14)는 관마찰에 의한 손실수두를 계산하는 중요한 식이다.

3 관로의 유량

수평원관속의 유동을 예로 들어 그 실험식을 세우는 방법을 생각해 보자. 길이가 l인 원관에 대하여 그 양단의 압력차를 $\triangle p$라고 할 때, 실험에 의하여 압력구배 $\triangle p/l$은 유체의 밀도 ρ, 점성계수 μ, 평균유속 V 및 원관의 지름 d와 관계가 있다고 한다.
즉, $\triangle p/l$은 ρ, μ, V 및 d의 함수란 뜻이므로

$$\frac{\triangle p}{l} = f(\rho,\ \mu,\ V,\ d) \tag{7-16}$$

으로 표시할 수 있다. 이것을 간단히 해서 다음과 같이 표시한다.

$$\frac{\triangle p}{l} = k\rho^a \mu^b V^c d^d \tag{7-17}$$

단, k는 무차원 상수이다. 식 (7-17)을 기본차원 M, L, T로서 표시하면

$$ML^{-2}T^{-2} = (ML^{-3})^a(ML^{-1}T^{-1})^b(LT^{-1})^c L^d$$

이 되고, 이 양변의 M, L, T에 대한 지수방정식을 세우면

$$\begin{aligned} &M : 1 = a + b \\ &L : -2 = -3a - b + c + d \\ &T : -2 = -b - c \end{aligned} \tag{7-18}$$

위 식에서 가장 많이 나타나는 수가 b이므로 a, c, d를 b의 함수라 놓고 풀면

$$\begin{aligned} &a = 1 - b \\ &c = 2 - - b \\ &d = -1 - b \end{aligned} \tag{7-19}$$

이 된다. 이 값을 식 (7-17)에 대입하면

$$\frac{\Delta p}{l} = k\rho^{1-b}\mu^b V^{2-b} d^{-1-b} \tag{7-20}$$

$$\therefore \frac{\Delta p}{l} = k\frac{\rho V^2}{d}\left(\frac{\mu}{\rho V d}\right)^b$$

하겐-포아즈웰(Hagen-poiseuille)의 계산결과에 의하면 위 식에서 $k=32$, $b=1$로 놓아

$$\frac{\Delta p}{l} = 32\frac{\rho V^2}{d}\left(\frac{\mu}{\rho V d}\right)^1 = 32\frac{\mu V}{d^2} \tag{7-21}$$

가 된다. 이것으로부터 유량 Q는

$$Q = \frac{\pi d^2}{4} V = \frac{\pi}{128}\frac{\Delta p d^4}{\mu l} \tag{7-22}$$

이 되므로 앞에서 배웠던 하겐-포아즈웰의 방정식(6 -16)과 같게 된다.

예제1

점성을 가진 비압축성 유체에서 운동하는 물체가 받는 항력은 물체의 길이 l과 물체의 속도 V, 유체의 밀도 ρ, 유체의 점성계수 μ와 밀접한 관계가 있다고 알려졌다. 이러한 경우 차원해석법에 의한 무차원수를 구하여라.

$F_D = f(l,\ V,\ \rho,\ \mu)$

$\therefore F_D = kl^a V^b \rho^c \mu^d$ .... (1)

라고 놓을 수 있다.

양변의 차원을 서로 비교해 보면 표 7-1로부터

$F_D = [\mathrm{MLT}^{-2}]$ $l = [\mathrm{L}]$ $V = [\mathrm{LT}^{-1}]$ $\rho = [\mathrm{ML}^{-3}]$ $\mu = [\mathrm{ML}^{-1}\mathrm{T}^{-1}]$ 이므로 k를 임의의 상수라 하면

$\mathrm{MLT}^{-2} = \mathrm{k}[\mathrm{L}]^a[\mathrm{LT}^{-1}]^b[\mathrm{ML}^{-3}]^c[\mathrm{ML}^{-1}\mathrm{T}^{-1}]^d$

양변의 지수를 같게 놓으면

$\mathrm{M} : 1 = c + d$

$\mathrm{L} : 1 = a + b - 3c - d$

$\mathrm{T} : -2 = -b - d$

위 식에서 가장 빈번하게 나타나는 미지수가 d이므로 a, b, c를 d로 나타내면

$a = 2 - d$

$b = 2 - d$

$c = 1 - d$

따라서 식 (1)에 대입하면 $F_D = kl^2V^2\rho\left(\frac{\mu}{\rho l V}\right)^d$ 상기 식에서 무차원수 $\rho V l/\mu$를 레이놀즈수(Re)라 한다.

$$\frac{F_D}{\rho V^2 l^2} = f(Re)$$

예제2

선박이 운항할 때 배의 앞부분과 뒷부분에서 파도가 일어나고 이것으로 인한 저항이 증가한다. 파도에 의해서 받는 저항을 조파저항(wave making resistance, 造波抵抗)라고 한다. 이러한 조파저항 F_D의 실험식을 구하여라(F_D는 유체의 밀도 ρ, 선체의 배수체적 Q, 속도 V, 중력가속도 g에 관계가 있다고 한다).

$F_D = f(\rho,\ Q,\ V,\ g)$

k를 상수라 하면

$$F_D = k\rho^a Q^b V^c g^d \quad \cdots\cdots (1)$$

로 놓을 수 있다.

양변의 차원을 표 7-1에 의해서 비교해 보면

$MLT^{-2} = k[ML^{-3}]^a[L^3]^b[LT^{-1}]^c[LT^{-2}]^d$

M, L, T의 지수를 서로 같게 놓으면

$M : 1 = a$

$L : 1 = -3a + 3b + c + d$

$T : -2 = -c - 2d$

a, b, c를 d의 함수로 나타내면

$a = 1$

$b = \dfrac{(2+d)}{3}$

$c = 2 - 2d$

이것을 위 식 (1)에 대입하면 $F_D = k\rho Q^{2/3} V^2 \left(\dfrac{Q^{1/3} g}{V^2}\right)^d$으로 나타낼 수 있다.

여기서 괄호 속의 $Q^{1/3}$은 길이 L과 같은 차원이므로 배의 기준길이 L로 나타낼 수 있다.

또한 $Q^{2/3}$은 면적의 차원과 같으므로 기준면적을 S라 하면 $F_D = k\rho V^2 S \left(\dfrac{\sqrt{Lg}}{V}\right)^{2d}$로 나타낼 수 있다.

여기서 무차원수 $\dfrac{V}{\sqrt{gL}}$를 프루드수라 한다.

예제3

음속에 가까운 속도로 운행하는 비행기가 받는 항력은 공기의 압축성으로 인하여 여러 가지 물리량에 영향을 받는 것으로 알려진다. 물체의 항력 F_D는 기체의 밀도 ρ, 물체의 기준면적 S, 기류의 속도 V, 음속 a와 관계된다고 한다. 이러한 경우에 비행기의 저항 F_D에 대한 실험식을 구하여라.

$$F_D = k\rho^a s^b V^c a^d \quad \cdots\cdots (1)$$

로 놓고 양변의 차원식을 만들면

$MLT^{-2} = k[ML^{-3}]^a[L^2]^b[LT^{-1}]^c[LT^{-2}]^d$

양변의 M, L, T의 지수를 같게 놓으면

$M : 1 = a$

$L : 1 = -3a + 2b + c + d$

$T : -2 = -c - d$

a, b, c를 d의 함수로 나타내면

$a = 1$

$b = 1$

$c = 2 - d$

이것을 (1)식에 대입하면 $F_D = k\rho S V^2 \left(\frac{a}{V}\right)^d$ 로 된다.

여기서 $\frac{V}{a}$ 라는 무차원수는 마하수로 알려졌다. 이것을 M으로 표시하면 $F_D = k\rho V^2 S \left(\frac{1}{M}\right)^d$

4 버킹험의 π 정리

버킹험의 π 정리(Buckingham's π theorem)에 의하면 어떤 유동현상을 지배하는 물리량이 n개가 있고 기본단위가 m개일 때 존재하는 독립 무차원수는 $(n-m)$개가 된다는 것이다. 무차원수를 π라 하면 π는 n개의 물리량 중에서 m개의 기본단위수만큼 택한 반복변수(repeating variable, 反復變數 또는 기본변수(fundamental variable)라고도 함)와 남은 (n-m)개의 물리량 중의 하나와 조합하여 구한다. 반복변수를 선택하는 경우 다음과 같은 방법으로 선정하는 것이 바람직하다.

- 종속변수(구하고자 하는 물리량)는 반복변수로 택하지 않는다.
- 반복변수는 문제에서 나타난 m개의 기본단위를 포함하여야 한다.
- 문제에서 주어진 물리량 가운데 중요한 물리량을 반복변수로 택한다. 이때 가능한 한 아래의 변수에서 각각 하나씩만 택한다.
  - 크기를 대표하는 변수(예 d, L, A)
  - 유동변수(예 V, Q, p)
  - 유체의 성질(예 ρ, μ, γ)

반복변수의 개수는 기본단위수와 같으므로 만일 기본단위수가 2개이면 반복변수도 2개를 택해야 한다는 것을 주의하여야 한다.

버킹험의 π 정리의 예를 들면 앞에서 설명한 유체저항에서 식 (7-1)에 의하면

$$f(F_D,\ D,\ V,\ \rho,\ \mu)=0 \tag{7-23}$$

여기서 $n=5$이고 $m=3$(기본단위인 M, L, T 3개를 말함)이 된다. 따라서 무차원수는 2개가 되며 이것을 π_1, π_2라 하면

$$\phi(\pi_1,\ \pi_2)=0 \tag{7-24}$$

상기한 무차원수 π_1, π_2는 5개의 물리량 중에서 몇 개의 물리량의 조합으로 나타내어질 것이다. 전술한 바와 같은 방법으로 반복변수를 택한다면 ρ, D, V로 정할 수 있다.

그러면 p항은 각각

$$\pi_1 = \rho^{a_1} D^{b_1} V^{c_1} \mu^{d_1} \tag{7-25}$$

$$\pi_2 = \rho^{a_2} D^{b_2} V^{c_2} F^{d_2} \tag{7-26}$$

π는 무차원수이므로 $M^0L^0T^0$이고 각각의 물리량의 차원은 표 7-1로부터 아래와 같이 나타낼 수 있다.

$$M^0L^0T^0 = \left(\frac{M}{L^3}\right)^{a1} L^{b_1} \left(\frac{L}{T}\right)^{c_1} \left(\frac{M}{LT}\right)^{d_1} \tag{7-27}$$

각각의 기본단위에 대하여

$$\begin{aligned} &M : 0 = a_1 + d_1 \\ &L : 0 = -3a_1 + b_1 + c_1 - d_1 \\ &T : 0 = -c_1 - d_1 \end{aligned} \tag{7-28}$$

미지수가 4개 인데 식은 3개이므로 가장 많이 나타나는 d_1을 고정시키고 나머지 수를 구하면

$$a_1 = -d_1,\ b_1 = -d_1,\ c_1 = -d_1 \tag{7-29}$$

그러므로

$$\pi_1 = \rho^{-d_1} D^{-d_1} V^{d_1} \mu^{-d_1} = \left(\frac{\mu}{\rho VD}\right)^{d_1} = \left(\frac{\rho VD}{\mu}\right)^{-d_1} = Re \tag{7-30}$$

즉 π_1은 레이놀즈수가 된다. 같은 방법으로 π_2를 구하면

$$\pi_2 = \frac{F_D}{\rho V^2 D^2} \tag{7-31}$$

$$\frac{F_D}{\rho V^2 D^2} = f(Re) \tag{7-32}$$

식 (7·24)에서

$$\begin{aligned} &\pi_2 = \phi'(\pi_1) = \phi''(Re) \\ &\frac{F_D}{\rho V^2 D^2} = \phi''(Re) \\ &F_D = \phi''(Re)\rho V^2 D^2 \end{aligned} \tag{7-33}$$

이것은 차원해석법으로부터 나온 식 (7-7)의 결과와 같다고 볼 수 있다.

예제4

물리량이 다음과 같은 함수관계를 가질 때 무차원수는 몇 개나 있는가?

$f(d,\ V,\ \nu,\ g)=0$

관계되는 물리량은 모두 4개이므로 $n=4$이다.
각 물리량의 차원을 알아보면 $d=[\mathrm{L}]$ $V=[\mathrm{LT}^{-1}]$ $\nu=[\mathrm{L}^2\mathrm{T}^{-1}]$ $g=[\mathrm{LT}^{-2}]$
이므로 기본단위는 L과 T, 2가지뿐이다.
따라서 $m=2$가 된다.
따라서 무차원수는 $n-m=4-2=2$이다.

예제5

수평관을 통하여 흐르는 유체의 유량 Q는 단위길이당의 압력강하 $\triangle p$, 관의 지름 d, 유체의 점성 μ와 관계된다고 한다. 이로부터 버킹험의 π 정리와 관련된 무차원수를 구하고 그로부터 유량에 관한 방정식을 유도하여라.

관계가 있는 물리량은 길이를 L이라 하면

$f\left(Q,\ \dfrac{\triangle p}{L},\ d,\ \mu\right)=0$

표 7-1에 의하면 각 물리량의 단위는

$Q=[\mathrm{L}^3\mathrm{T}^{-1}],\quad \dfrac{\triangle p}{L}=[\mathrm{ML}^{-2}\mathrm{T}^{-2}],\ d=[\mathrm{L}],\ \mu=[\mathrm{ML}^{-1}\mathrm{T}^{-1}]$

여기서 기본단위수는 M, L, T 의 3개이므로 $m=3$이고 변수의 수 $n=4$이다.
따라서 무차원수는 $n-m=1$개가 된다.

그러므로 $\pi_1=Q^{a_1}(\dfrac{\triangle p}{L})^{b_1}d^{c_1}\mu$로 나타낼 수 있다.

위 식을 차원으로 표시하면 $\pi_1=\mathrm{M}^0\mathrm{L}^0\mathrm{T}^0=[\mathrm{L}^3\mathrm{T}^{-1}]^{a_1}[\mathrm{ML}^{-2}\mathrm{T}^{-2}]^{b_1}[\mathrm{L}]^{c_1}[\mathrm{ML}^{-1}\mathrm{T}^{-1}]$
양변의 지수를 같게 놓으면

$\mathrm{M}:1=-b_1$

$\mathrm{L}:1=3a_1-2b_1+c_1$

$\mathrm{T}:1=-a_1-2b_1$

위 식을 풀면 $a_1=1, b_1=-1, c_1=-4$

따라서 $\pi_1\dfrac{Q_1\cdot\mu}{d^4\triangle p/L}$

Q에 대해서 풀면 $Q=C\dfrac{\triangle p}{L}\dfrac{d^4}{\mu}$

여기서 C는 임의의 상수로서 실험이나 기타 순수한 이론적인 방법으로부터 구하게 된다.

하겐-포아즈웰의 이론식으로부터 $C=\dfrac{\pi}{128}$임을 알 수 있다.

따라서 $Q=\dfrac{\pi\triangle pd^4}{128\mu L}$

7-2 : 상사성의 법칙

유체역학에서는 유동현상을 연구할 때 해석적인 방법으로 해결되지 않을 경우 모형실험을 통하여 원형의 결과를 예측하고 판단하는 경우가 많다. 모형(model, 模型)을 사용하면 원형(prototype, 原型)에 비하여 시간과 제작비가 적게 들어 경제적이다.

이와 같이 모형실험을 할 때 모형과 실형 사이에 만족해야 할 법칙을 상사법칙(law of similarity, 相似法則)이라 한다. 상사법칙을 만족시키려면 물체의 운동에 중요한 영향을 미치는 물리적 변수를 나열하고 상기한 차원해석방법을 통하여 얻은 무차원수가 모형과 실형 사이에 서로 같아야 한다. 이 상사법칙에는 기하학적 상사, 동적 상사, 역학적 상사 등 세 가지가 있으므로 각각에 대해서 아래와 같이 살펴보기로 한다.

1 기하학적 상사성

원형과 모형의 형태는 같으나 다만 크기가 다를 경우 기하학적으로 상사하다고 말한다. 원형과 모형의 길이를 각각 L_p, L_m이라 하면 길이의 비율, L_r은

$$L_r = \frac{L_p}{L_m} \tag{7-34}$$

따라서 면적비는 L_r^2이 되고 부피비는 L_r^3이 된다. 원형과 모형이 완전히 상사하기는 힘들다. 예를 들면 모형이 작을 경우 표면조도가 원형과 비례적으로 같기 위해서는 모형의 표면이 매우 반들반들해야 하는 어려움이 따른다.

2 동적 상사성

동적인 상사성은 기하학적 상사성 이외에 추가적으로 속도가 원형과 모형 사이에 서로 상사한 경우를 말한다. V_p를 원형의 속도, V_m을 모형의 속도라 하면 속도비 V_r은

$$V_r = \frac{V_p}{V_m} \tag{7-35}$$

시간 $T = L/V$이므로 시간비 T_r은

$$T_r = \frac{L_r}{V_r} \tag{7-36}$$

같은 방법으로 가속도비 a_r은

$$a_r = \frac{L_r}{{T_r}^2} = \frac{{V_r}^2}{L_r} \tag{7-37}$$

3 역학적 상사성

기하학적, 운동학적 상사를 이룬 실형과 모형 사이에 서로 대응 하는 점에서의 힘(점성력, 중력, 압력, 관성력, 표면장력, 탄성력 등)의 방향이 서로 평행하고 크기의 비가 같을 때 두 형은 역학적 상사가 존재한다고 말한다. 물체에 작용하는 힘으로서는

중력(gravitational force) $F_G = mg = \rho L^3 g$ (7-38)

압력(pressure) $F_p = (\Delta p)A = (\Delta p)L^3$ (7-39)

점성력(viscous force) $F_V = \mu\left(\frac{du}{dy}\right)A = \mu\left(\frac{V}{L}\right)L^2 = \mu VL$ (7-40)

탄성력(elastic force) $F_E = E \cdot A = E \cdot L^2$ (7-41)

표면장력(surface tension) $F_T = \sigma L$ (7-42)

관성력(inertia force) $F_I = ma = \rho L^3 \frac{L}{T^2} = \rho L^4 T^{-2} = \rho V^2 L^2$ (7-43)

여기서 L은 물체의 특성길이이며 V는 특성속도이다. 만일 유체요소에 작용하는 모든 힘이 서로 평형을 이루고 있지 않으면 뉴턴의 운동 제2법칙, $F=ma$에 의해서 유체요소는 가속도를 가진 운동을 하게 된다. 이것을 관성력이라 한다. 힘의 평형법칙에서

$$F_G + F_p + F_V + F_E + F_T + F_I = 0 \tag{7-44}$$

그러나 많은 경우에는 상기한 모든 힘들이 작용하는 것이 아니기 때문에 일부만 고려하면 된다. 탄성력과 표면장력이 존재하지 않는 경우에 역학적 상사성은

$$\frac{F_{Gp}}{F_{Gm}} = \frac{F_{pp}}{F_{pm}} = \frac{F_{Vp}}{F_{Vm}} = \frac{F_{Ip}}{F_{Im}} \tag{7-45}$$

여기서 하첨자 p와 m은 각각 원형과 모형의 경우를 말한다. 상기 식을 바꾸어 쓰면

$$\left(\frac{F_I}{F_G}\right)_p = \left(\frac{F_I}{F_G}\right)_m \quad \left(\frac{F_I}{F_p}\right)_p = \left(\frac{F_I}{F_p}\right)_m \qquad \left(\frac{F_I}{F_V}\right)_p = \left(\frac{F_I}{F_V}\right)_m \tag{7-46}$$

유체의 흐름 가운데 발생되는 힘들의 어떠한 것들은 상황에 따라서 작용하지 않거나 크기를 무시할 수 있거나 또는 다른 힘들과 대립되어서 양자의 효과가 감소되는 경우가 있다.
각각의 새로운 상사법칙의 문제에 있어서 유체현상의 현명한 이해로 어떻게 문제들을 무시할 수 있거나 보상하는 힘들의 소거에 의하여 만족스럽게 간단화할 수 있는가를 결정하는 것이 필요하다. 이와 같은 해석에 포함된 논법은 간단하게 되풀이되는 공학적인 예들을 인용함으로써 가장 잘 설명된다. 다음에 몇 가지 역학적 상사법칙들을 소개한다.

• 레이놀즈수

비압축성이며 점성을 가진 유체의 유동장에 놓인 물체에 작용하는 항력이나 마찰력은 레이놀즈수와 밀접한 관계가 있다. 관속을 충만하여 흐르는 경우에는 중력이나 표면장력의 영향은 거의 없으며 상대적으로 점성력과 관성력이 물체의 운동을 주도하는 중요한 힘으로 작용한다. 압축성을 무시할 수 있는 공기의 흐름(저속으로 비행하는 물체나 자동차 주위의 흐름)에서의 양력과 항력, 경계층 문제에서도 레이놀즈수가 중요한 무차원수가 된다.
자유표면을 갖지 않는 물 속의 잠수함의 운동도 또한 점성력과 관성력이 주요인자가 된다. 관성력과 점성력의 비는 물리적으로 중요한 의미를 갖는 무차원수이며 이것을 레이놀즈수 Re이라 한다.

$$Re = \frac{\text{관성력}}{\text{점성력}} = \frac{F_I}{F_V} = \frac{\rho V^2 L^2}{\mu VL} = \rho \frac{VL}{\mu} \quad (7\text{-}47)$$

$$\boxed{Re = \frac{VL}{\nu}} \quad (7\text{-}48)$$

여기서 L은 유동현상에서 특징을 나타내는 부분의 길이로서 특성길이라고도 하며 임의로 결정될 수 있다. 관속을 흐르는 유체의 운동에서는 관의 지름 또는 반지름이 될 수 있고 평면 위를 흐르는 흐름에서는 평면의 유동방향 길이가 될 수 있다.
원형과 모형의 레이놀즈수가 같으면 역학적으로 서로 상사하다는 것이다.

$$\left(\frac{VL}{\nu}\right)_p = \left(\frac{VL}{\nu}\right)_m \quad \text{즉} \quad \frac{V_p L_p}{\nu_p} = \rho \frac{V_m L_m}{\nu_m} \quad (7\text{-}49)$$

원형과 모형 사이에 상기 식이 성립하면 두 현상은 상사하다는 것이다. 이것을 레이놀즈의 상사칙(相似則)이라 한다. 상기 식에서 보듯이 서로 같은 유체를 사용하는 경우에 모형의 크기가 작으면 Re가 같아지기 위해서 속도는 빨라져야 함을 알 수 있다. 또한 V와 L을 조정하면 서로 다른 유체를 사용하여 실험할 수 있다.

예제6

지름이 800mm인 원관속을 20℃, 760mmHg인 공기가 200m/s의 속도로 흐르고 있다. 관속의 유동상태를 연구하기 위하여 지름이 50mm인 모형관을 사용하고 유체는 물을 사용하고자 한다. 그러면 물의 평균 유속은 얼마인가?

관속의 흐름이 역학적으로 상사하기 위해서는 레이놀즈수가 같아야 한다.

$$\frac{V_p \cdot d_p}{\nu_p} = \frac{V_m \cdot d_m}{\nu_m}$$

여기서 $V_p = 200\frac{\mathrm{m}}{\mathrm{s}}$, $d_p = 0.8\mathrm{m}$, $d_m = 0.05\mathrm{m}$ 이고 부록의 표 A.1과 A.2에서

20℃ 공기의 동점성 계수, $\nu_p = 1.51 \times 10^{-5}\frac{\mathrm{m}^2}{\mathrm{s}}$

20℃ 물의 동점성 계수, $\nu_m = 1.004 \times 10^{-6}\frac{\mathrm{m}^2}{\mathrm{s}}$ 이므로

$$V_m = V_p \cdot \frac{d_p}{d_m}\frac{\nu_m}{\nu_p} = 200 \times \frac{0.8}{0.05} \times \frac{1.004 \times 10^{-6}}{1.51 \times 10^{-5}} = 212.77\frac{\mathrm{m}}{\mathrm{s}}$$

• 프루드수

자유표면을 가진 유체의 흐름에서는 중력이 중요한 영향을 미친다. 예를 들면 배의 운동이나 개수로 유동 등을 들 수 있다. 액체의 압축성은 이와 같은 문제들에서는 중요하지 않고 표면장력도 또한 모형이 아주 작지 않으면 무시할 수 있다. 그러나 액체 속을 지나는 선박의 운동은 액체표면에 물의 파동을 생기게 하고, 이 파동은 중력의 영향하에서 운동한다. 그러므로 선박의 항력은 파동발생에서 소산된 에너지의 영향과 선체에 대한 액체의 마찰작용 영향의 합이다. 이러한 중력의 영향은 관성력과 중력의 비인 프루드수(Froude number) F_r을 사용하여 나타낼 수 있다.

$$Fr' = \frac{\text{관성력}}{\text{중력}} = \frac{F_I}{F_G} = \frac{\rho V^2 L^2}{\rho L^3 g} = \frac{V^2}{gL} \tag{7-50}$$

$$\boxed{Fr = \frac{V}{\sqrt{gL}}} \tag{7-51}$$

여기서 사용되는 L은 특성길이로서 물체의 운동을 대표하는 주요길이이다. 개수로 유동에서는 수심이 될 수 있고 배의 운동에서는 배의 진행방향 길이가 될 수 있다. 다리를 받치고 있는 교각 주위의 흐름에서도 프루드수가 주요인자가 된다. 원형과 모형 사이에

$$\left(\frac{V}{\sqrt{gL}}\right)_p = \left(\frac{V}{\sqrt{gL}}\right)_m \quad \text{즉} \quad \frac{V_p}{\sqrt{gL}_p} = \frac{V_m}{\sqrt{gL}_m} \tag{7-52}$$

가 성립하면 서로 상사하다고 말할 수 있다. 이것을 프루드의 상사칙(相似則)이라 한다.

프루드수는 유체입자에 미치는 힘이 관성력과 중력에 의하여 지배되는 운동, 즉 수면에 생기는 중력파의 문제라든가 선박의 조파저항 또는 관로에 의한 모래, 석탄 등의 수송에서 마찰손실을 논하는 문제 등에

적용된다. 자유표면을 갖는 유동, 즉 선박의 파고 저항(wave drag), 조파현상, 강물의 흐름, 수력도약 등의 모형실험에 있어서 매우 중요한 무차원수이다.

상기한 레이놀즈수와 비교해 볼 때 어떤 유동현상에서 우선적으로 고려해야 할 무차원수는 유동의 성격에 따라서 적절히 결정되어야 한다. 레이놀즈수가 중요한지 아니면 프루드수가 중요한 지는 그 흐름의 환경에 따라 달라질 수 있다. 일반적으로 자유표면을 가지고 중력의 영향을 받는 개수로 유동이나 파동현상에서는 프루드수가 주로 고려해야 할 무차원수가 된다. 그러나 관속의 흐름이나 마찰항력을 받는 물체 주위의 흐름 등 마찰력이 주요대상인 경우에는 레이놀즈수가 주요인자가 된다.

예제7

길이 200m의 선박이 10m/s의 속도로 운항하고 있다. 이 선박의 시험을 위한 모형의 길이가 5m일 때 모형선의 속도는 얼마인가?

선박의 경우 프루드수가 중요하므로 F_r수가 서로 같아야 한다.

$$\left(\frac{V}{\sqrt{gL}}\right)_p = \left(\frac{V}{\sqrt{gL}}\right)_m$$

$$\therefore \frac{V_p}{\sqrt{L_p}} = \frac{V_m}{\sqrt{L_m}}$$

그런데 $V_p = 10\frac{\mathrm{m}}{\mathrm{s}}$, $L_p = 200\mathrm{m}$, $L_m = 5\mathrm{m}$ 이므로

$$\therefore \frac{10}{\sqrt{200}} = \frac{V_m}{\sqrt{5}}$$

$$\therefore V_m = 10 \times \sqrt{5/200} = 1.581\frac{\mathrm{m}}{\mathrm{s}}$$

• **마하수**

압축성의 영향이 중요할 경우 탄성력과 관성력이 유체의 운동을 지배한다. 이러한 탄성력과 관성력의 비를 마하수(Mach number) M이라 한다.

$$M = \frac{관성력}{탄성력} = \frac{F_I}{F_E} = \frac{\rho V^2 L^2}{EL^2} = \frac{\rho V^2}{E} = \frac{V^2}{E/\rho} \tag{7-53}$$

$$\boxed{M = \frac{V}{\sqrt{E/\rho}} = \frac{V}{a}} \tag{7-54}$$

따라서 마하수는 유체의 속도와 음속의 비를 말한다. 여기서 음속 $a = \sqrt{E/\rho}$이며 E는 체적탄성계수이다. 마하수가 1인 경우를 음속(sonic)이라 하며 1보다 작은 흐름을 아음속(subsonic)이라 하고 1보다 크면 초음속(supersonic, hypersonic)이라 한다.

속도가 음속에 가까울 때 또는 음속 이상인 유동에서는 마하수는 중요한 무차원수가 된다. 특히 압축성 유체의 풍동실험에서 중요하다.

• 오일러수

압력과 관성력의 비를 나타내는 무차원수를 오일러수(Euler number)라 한다. 이것은 비점성이며 비압축성인 흐름을 나타낼 때 주로 사용된다.

$$Eu' = \frac{압력}{관성력} = \frac{F_p}{F_I} = \frac{\Delta p \cdot L^2}{\rho V^2 L^2} = \frac{\Delta p}{\rho V^2} \tag{7-55}$$

$$\boxed{Eu = \frac{\Delta p}{\frac{1}{2}\rho V^2}} \tag{7-56}$$

오일러수, Eu를 또한 압력계수(pressure coefficient, 壓力係數) C_p라고도 한다. 역학적인 상사를 만족시키는 주요 무차원수를 정리하면 표 7-2와 같다.

표 7-2 무차원수

명칭	정 의	물리적 의미	중요성
레이놀즈수 (Reynolds number)	$Re = \frac{\rho VL}{\mu}$	$\frac{관성력}{점성력}$	모든 유체유동 (자유표면이 없는 유동)
프루드수 (Froude number)	$Fr = \frac{V}{(Lg)^{1/2}}$	$\frac{관성력}{중력}$	자유표면 유동
오일러수(Euler number) (압력계수, Pressure coefficient)	$Eu(=C_p)\frac{\Delta p}{\rho V^2/2}$	$\frac{압력}{탄성력}$	압력차에 의한 유동
마하수 (Mach number)	$M = \frac{V}{a}$	$\frac{관성력}{탄성력}$	압축성 유동
코오시수 (Cauchy number)	$Ca = \frac{\rho V^2}{E}$	$\frac{관성력}{탄성력}$	마하수의 제곱근
웨버수 (Weber number)	$We = \frac{\rho LV^2}{\sigma}$	$\frac{관성력}{표면장력}$	표면장력을 고려해야 할 유동

CHAPTER 07

차원해석과 상사법칙 / 기본문제

01

압력강하 $\triangle p$, 밀도 ρ 길이 l, 유량 Q 사이에서 얻을 수 있는 무차원식은?

① $\sqrt{\dfrac{\triangle p}{\rho}}\dfrac{Q}{\rho^2}$　　② $\dfrac{\rho l}{\triangle p Q^2}$

③ $\dfrac{\triangle p l Q}{\rho}$　　④ $\sqrt{\dfrac{\rho}{\triangle p}}\dfrac{Q}{l^2}$

풀이

무차원수$=\triangle p^a,\ \rho^b,\ l^c,\ Q^d$

$$M^0L^0T^0=\left(\frac{M}{T^2L}\right)^a\left(\frac{M}{L^3}\right)^bL^c\left(\frac{L^3}{T}\right)^d$$

$M: 0=a+d$

$L: 0=-a-3b+c+3d$

$T: 0=-2a-d$

b를 고정하면

$a=-b$

$d=2b$

$c=a+3b-3d=-b+3b-6b=-4b$

$$\therefore\ \triangle p^{-b}\rho^b l^{-4b}Q^{2b}=\left(\frac{\rho Q^2}{\triangle p l^4}\right)^b=\left(\sqrt{\frac{\rho}{\triangle p}}\frac{Q}{l^2}\right)^{2b}$$

02

물 위를 3m/s의 속력으로 나아가는 길이 2.5m의 모형선에 조파저항력이 작용하고 있다. 길이 40m인 실물의 선박이 이것과 상사한 조파상태로 항해하기 위해서는 원형의 속도는 몇 m/s인가?

풀이

조파저항은 주로 중력의 영향에 좌우되므로 원형과 모형에서는 프루드수가 같아야 한다. 즉

$$\frac{V_p}{\sqrt{gl_p}}=\frac{V_m}{\sqrt{gl_m}}$$

따라서 원형의 속도는

$$V_p=V_m\times\sqrt{\frac{l_p}{l_m}}=3\times\sqrt{\frac{40}{2.5}}=12\text{m/s}$$

03

밀도가 50kg/m^{3}이고 절대점성 계수가 0.0002N·s/m^{2}인 기체가 지름이 2m인 관을 통하여 25m/s로 흐른다. 실험을 위한 모형관에 20℃의 물을 사용하여 75l/s의 유량을 흘러 보내려면 역학적 상사를 만족하기 위한 모형관의 지름은 얼마가 되어야 하는가? (단, 20℃ 물의 동점성 계수는 $\nu=1.007\times10^{-6}$m^2/s이다.)

풀이

모형관의 지름을 d_m이라 하면 관속의 흐름이므로 역학적 상사성을 위해서는 레이놀즈수를 만족시켜야 한다.

$$\frac{V_pd_p}{\nu_p}=\frac{V_md_m}{\nu_m}$$

그런데 $V_m=\dfrac{Q_m}{A_m}=\dfrac{0.075}{\pi\times d_m^{\ 2}/4}=\dfrac{0.0955}{d_m^{\ 2}}$

$$\therefore\ \frac{50\times25\times2}{0.0002}=\frac{(0.0955/d_m^{\ 2})}{1.007\times10^{-6}}\times d_m$$

$d_m=0.007587\text{m}$

04

원형의 1/25로 축소된 모형배가 물 위를 2m/s로 움직일 때 조파항력이 10N이었다. 이러한 모형과 역학적 상사를 만족하는 원형선박의 속도와 조파항력을 구하여라.

풀이

자유표면을 가진 배의 조파항력에 관한 상사성은 프루드수가 서로 같아야 한다. 즉

$$\frac{V_p}{\sqrt{gL_p}}=\frac{V_m}{\sqrt{gL_m}}$$

따라서 원형의 속도는

$$\therefore\ V_p=V_m\sqrt{\frac{L_p}{L_m}}=2\sqrt{25}=10\text{m/s}$$

상사법칙이 성립하면 무차원수가 같아지는 것이므로 원형과 모형 사이의 항력계수도 같아져야 한다. 따라서

항력계수, $C_D=\left(\dfrac{F_D}{\rho AV^2/2}\right)_p=\left(\dfrac{F_D}{\rho AV^2/2}\right)_m$

$$\therefore\ F_{Dp}=F_{Dm}\frac{A_p}{A_m}\left(\frac{V_p}{V_m}\right)^2=F_{Dm}\left(\frac{L_p}{L_m}\right)^2\left(\frac{V_p}{V_m}\right)^2$$

$$\therefore\ F_{Dp}=10\times25^2\times\left(\frac{10}{2}\right)^2=156250\text{N}$$

05

지름이 50cm인 원관속을 동점성계수 $\nu=1.2\times10^{-5}$ m^2/s이고 비중 $s=0.8$인 기름이 흐르고 있다. 20℃인 물을 사용하여 지름이 5cm인 원관으로 실험을 하였더니 길이 10m에 대해서 압력강하가 60,000 N/m^2이었다. 그러면 원형에서 길이 100m에 대한 압력 강하량은 얼마인가? (단, 20℃ 물의 동점성계수는 $1.0\times10^{-6}m^2/s$이다.)

풀이

압력강하는 점성에 의한 마찰력 때문이므로 원관 내의 유동에서는 역학적 상사성을 위해서 레이놀즈수가 서로 같아야 한다.

$$\left(\frac{Vd}{\nu}\right)_p=\left(\frac{V\cdot d}{\nu}\right)_m$$

따라서

$$\frac{V_p}{V_m}=\frac{d_m}{d_p}\cdot\frac{\nu_p}{\nu_m}=\frac{5}{50}\left(\frac{1.2\times10^{-5}}{1.0\times10^{-6}}\right)=1.2$$

원형과 모형 간의 기하학적 상사성이 만족되고 무차원수인 레이놀즈수가 서로 같으므로 압력계수도 서로 같아지게 된다.

$$\left(\frac{\Delta p}{\rho V^2/2}\right)_p=\left(\frac{\Delta p}{\rho V^2/2}\right)_m$$

$$\therefore\ \Delta p_p=\Delta p_m\frac{\rho_p}{\rho_m}\left(\frac{V_p}{V_m}\right)^2=60000\times\left(\frac{0.8\times1000}{1000}\right)\times1.2^2$$

$$\therefore\ \Delta p_p=69120\frac{N}{m^2}$$

06

지름이 80cm인 원관속을 기름($\nu=1.394\times10^{-5}$ m^2/s)이 2.4m/s인 속도로 흐르고 있다. 만일 물이 지름 8cm인 원관속을 흐른다면 속도가 얼마일 때 두 가지 흐름이 역학적으로 상사하겠는가? (단, 물의 동점성계수는 $1.0\times10^{-6}m^2/s$ 이다.)

풀이

하첨자 o와 w가 각각 기름과 물을 나타낸다면 Re 수가 서로 같아야 하므로

$$Re_o=Re_w$$

$$\frac{V_oD_o}{\nu_o}=\frac{V_wD_w}{\nu_m}\ \rightarrow\ \frac{2.4\times0.8}{1.394\times10^{-5}}=\frac{V_m\times0.08}{1.0\times10^{-6}}$$

$$\therefore\ V=1.722m/s$$

07

강물의 흐름을 모사한 모형이 실제 크기의 1/80로 축소하여 만들어졌다. 모형에서 강물의 속도가 0.18 m/s이라면 실제 강물의 속도는 얼마인가?

풀이

하첨자 p와 m이 각각 원형과 모형을 나타낸다면 자유표면이 있는 흐름이므로 Fr 수가 서로 같아야 한다. $Fr_p=Fr_m$이므로

$$\frac{V_p}{\sqrt{gL_p}}=\frac{V_m}{\sqrt{gL_m}}$$

$$\therefore\ \frac{L_m}{L_p}=\frac{V_m^{\ 2}}{V_p^{\ 2}}\ \rightarrow\ \frac{1}{80}=\frac{0.18^2}{V_p^{\ 2}}$$

$$\therefore\ V_p=1.61m/s$$

08

수중어뢰의 모형이 실제크기보다 1/4로 축소되어 물 속에서 어뢰에 걸리는 항력을 시험하고 있다. 모형을 통과하는 물의 속도가 14.6m/s이고 모형 어뢰의 앞 끝부분에서 압력이 자유유동장의 압력보다 106.8kPa만큼 높다. 그러면 바닷물 속에서 실제 어뢰의 앞 끝부분에 걸리는 압력은 주위의 압력보다 얼마나 높겠는가? (단, 바닷물의 비중은 $s=1.025$이고 절대점성계수는 순수한 물과 같다.)

풀이

레이놀즈수가 서로 같아야 하므로 $Re_m=Re_p$

즉 $\dfrac{V_mL_m\rho_m}{\mu_m}=\dfrac{V_pL_p\rho_p}{\mu_p}$

$\mu_m=\mu_p$이고 $\rho_m/\rho_p=1/1.025$이므로

$$V_p=V_m\frac{L_m\rho_m}{L_p\rho_p}=14.6\times\frac{1}{4}\times\frac{1}{1.025}$$

$$\therefore\ V_p=3.561m/s$$

오일러수가 서로 같아야 하므로 $Eu_p=Eu_m$ 즉

$$\frac{\Delta p_p}{\rho_pV_p^{\ 2}/2}=\frac{\Delta p_m}{\rho_mV_m^{\ 2}/2}$$

$$\Delta p_p=\Delta p_m\frac{\rho_pV_p^{\ 2}}{\rho_mV_m^{\ 2}}=106.8\times1.025\times\frac{3.561^2}{14.6^2}$$

$$\therefore\ \Delta p_p=6.512kPa$$

09

마하수 3으로 날고 있는 미사일 주위의 공기 온도는 15℃이다. 풍동실험장치에서 실제크기의 1/10인 모형으로 실험할 때 주위공기의 온도는 -40℃이었다. 실험장치에서 공기의 속도는 얼마인가? 또한 실제 미사일의 속도를 [m/s]로 나타내어라. (단, 공기의 기체상수는 R=287/kg°K이다.)

풀이

마하수가 같아야 하므로 $M_m = M_p = 3$

$$\frac{V_m}{\sqrt{kRT_m}} = \frac{V_p}{\sqrt{kRT_p}} = 3$$

$$V_m = 3\sqrt{1.4 \times 287 \times (-40+273)} = 917.9\text{m/s}$$

$$V_p = 3\sqrt{1.4 \times 287 \times (15+273)} = 1020.5\text{m/s}$$

10

평균유속 V로 유동하는 비압축성유체 속에서 구가 받는 항력 F_D는 구의 지름 d, 유체속도 V, 밀도 ρ, 점성계수 μ와 관계가 있다. 버킹험의 π 정리를 사용하여 이들 사이의 관계식을 구하여라.

풀이

문제에서 주어진 물리량의 차원은 다음 표와 같다.

물량	F_D	d	V	ρ	μ
차원	MLT^{-2}	L	LT^{-1}	ML^{-3}	$ML^{-1}T^{-}{}_{1}$

이 물리량의 함수관계는 $f(F_D,\ d,\ V,\ \rho,\ \mu)=0$

문제에서 주어진 물리량의 개수는 $n=5$, 기본차원수는 $m=3$ (M, L, T)이므로 독립무차원수 π는 $n-m=5-3=2$개이다. 문제에서 F_D는 구하고자 하는 물리량, 즉 종속변수이므로 반복변수로 택해서는 안 된다. 따라서 구의 지름 d(크기를 대표하는 변수), 유체속도 V(유동변수), 밀도 ρ(유체의 성질)를 반복변수로 택하고, 이 반복변수와 남은 물리량 2개(F_D, μ)와 각각 결합하여 두 개의 π를 구한다. 즉,

$$\pi_1 = d^{x_1}V^{y_1}\rho^{z_1}F_D$$
$$= (L)^{x_1}(LT^{-1})^{y_1}(ML^{-3})^{z_1}MLT^{-2}$$
$$= M^0L^0T^0$$

$$\left.\begin{array}{l} M : z_1+1=0 \\ L : x_1+y_1-3z_1+1=0 \\ T : -y_1-2=0 \end{array}\right] \Leftrightarrow \left[\begin{array}{l} x_1=-1 \\ y_1=-1 \\ z_1=-1 \end{array}\right.$$

$$\therefore\ \pi_1 = \frac{F}{\rho V^2 d^2}$$

$$\pi_2 = d^{x_2}V^{y_2}\rho^{z_2}\mu$$
$$= (L)^{x_2}(LT^{-1})^{y_2}(ML^{-3})^{z_2}ML^{-1}T^{-1}$$
$$= M^0L^0T^0$$

$$\left.\begin{array}{l} M : z_1+1=0 \\ L : x_2+y_2-3z_2-1=0 \\ T : -y_2-1=0 \end{array}\right] \Leftrightarrow \left[\begin{array}{l} x_2=-1 \\ y_2=-1 \\ z_2=-1 \end{array}\right.$$

$$\therefore\ \pi_2 = \frac{\mu}{\rho Vd}$$

따라서 위에서 주어진 물리량의 함수관계는 다음과 같은 무차원수의 함수로 나타낼 수 있다.

$f(\pi_1,\ \pi_2)=0$ 또는 $f\left(\frac{F_D}{\rho V^2 d^2},\ \frac{\mu}{\rho Vd}\right)=0$

위 식에서 $\frac{F_D}{\rho V^2 d^2}$에 대하여 풀면 $\frac{F_D}{\rho V^2 d^2} = f_1\left(\frac{\mu}{\rho Vd}\right)$

일반적으로 함수의 형태 f_1는 실험적으로 결정된다.

CHAPTER 07

차원해석과 상사법칙 / 연습문제

해답은 486쪽에 있습니다.

01

무차원수가 아닌 것은 어느 것인가?

① 압력계수 ② 관마찰계수
③ 웨버수 ④ 동점성계수

02

원관유동에서 중요한 무차원수는 어느 것인가?

① 레이놀드수 ② 프루드수
③ 오일러수 ④ 코오시수

03

풍동시험에서 중요한 무차원수는 어느 것인가?

① 레이놀즈수, 코오시수
② 프루드수, 웨버수
③ 프루드수, 마하수
④ 레이놀즈수, 마하수

04

어떤 물체의 운동에서 10개의 물리적 변수가 관계되고 있다고 한다. 기본차원을 M.L.T로 하면 버킹험의 π 정리에 의해서 해석할 때 몇 개의 π항을 얻을 수 있는가?

① 6개 ② 7개
③ 5개 ④ 8개

05

동력의 차원을 중력단위인 FLT계로 나타내면?

① $FL^{-2}T$ ② FLT^{-1}
③ FT^2L^{-1} ④ FL^{-1}

06

점성계수의 차원을 중력단위인 FLT계로 나타내면?

① FL^{-2} ② FLT^{-1}
③ $FL^{-2}T$ ④ FT^2L^{-1}

07

개수로를 설계하려고 할 때 원형과 모형 사이에 역학적 상사를 만족시키는 데 가장 중요한 무차원 함수는?

① 레이놀즈수 ② 프루드수
③ 마하수 ④ 코오시수

08

어느 물리법칙이 F(a, v, ν, L)=0과 같은 식으로 주어졌다. 이 식을 무차원수의 함수로 표시하면 무차원군(群)은 몇 개인가? (단, 식 중 a는 선가속도, v는 선속도, ν는 동점성계수, L은 길이의 단위이다.)

① 5 ② 4
③ 3 ④ 2

09

길이가 80m이고 항해속도가 10m/s인 배가 바다에 떠 있을 때의 파도저항 특성을 실험하기 위하여 길이가 5m인 모형을 만들었다. 역학적 상사를 위해서 모형 배의 속도는 몇 m/s로 해야 하는가?

① 25 ② 4
③ 2.5 ④ 2

10

유체기계에서 중요한 무차원수는?

① 레이놀즈수, 마하수
② 오일러수, 마하수
③ 레이놀즈수, 웨버수
④ 오일러수, 웨버수

CHAPTER 07 차원해석과 상사법칙 / 연습문제

해답은 486쪽에 있습니다

11

실물의 길이가 125m인 배를 실험실에서 길이가 5m인 모형선으로 실험하고자 한다. 원형의 배가 50km/hr로 움직일 때 원형과 모형 사이에 역학적인 상사를 만족시키려면 모형선의 속도는 얼마인가? (단, 점성마찰은 무시한다.)

12

지름이 200mm인 수평원관속에 30℃의 물이 5m/s의 유속으로 흘러가고 있다. 기하학적으로 상사한 지름이 50mm인 관 속에 20℃의 휘발유를 흘려 보낼 때 역학적 상사를 만족시키기 위한 휘발유의 평균유속은 얼마가 되는가? (단, 30℃ 물의 동점성계수 $\nu=0.804\times10^{-6}m^2/s$이고 20℃ 휘발유의 동점성계수 $\nu=4.27\times10^{-7}m^2/s$ 이다.)

13

상사비가 1/400인 강의 모형에서 표면유속이 0.2m/s이었다. 역학적 상사가 이루어지려면 실형의 표면유속은 얼마로 하는 것이 좋은가?

14

실형의 1/10인 모형 잠수함을 해수에서 실험한다. 실형 잠수함이 5m/s로 움직인다면 역학적 상사를 만족하기 위해서는 모형 잠수함을 얼마로 끌어야 하는가?

15

안지름 100mm 파이프에 20℃의 물이 6m/s의 속도로 흐른다. 이것과 기하학적으로 상사인 안지름 75mm 파이프에 40℃의 암모니아가 흐를 때 이 두 흐름이 역학적 상사를 이루려면 암모니아의 유속은 얼마로 하면 좋은가? (단, 물의 동점성계수는 $1.0\times10^{-6}m^2/s$, 암모니아의 동점성계수는 $0.34\times10^{-6}m^2/s$이다.)

기/초/유/체/역/학

CHAPTER 08

관속에서의 흐름

CHAPTER 08

관속에서의 흐름

관속에서의 흐름이란 관속을 완전히 채운 유동을 말하며 뒤에 나올 개수로 흐름과 구분된다. 개수로 유동은 자유표면이 존재하는 흐름으로서 하수도의 흐름이나 관개수로에서의 흐름 등을 말하며 주로 토목공학에서 많이 적용되는 분야이다. 이런 반면에 관속에서의 유동은 각종 배관계통 내에서의 흐름에 적용되는 지식이다. 관내유동에 의한 마찰저항은 관길이에 의한 저항뿐만 아니라 곡관(bend pipe)과 밸브(valve)들과 같이 비교적 큰 크기의 난류가 형성되어 에너지가 많이 손실되는 관로의 부속기기(pipe fitting)에 의해서도 나타난다. 여기서는 문제를 간단히 하기 위하여 1차원 정상류만을 다루고 있다.

8-1 : 난류의 전단응력과 속도분포

앞에서 원관속의 층류유동에 대해서 고찰해 보았으나 실제의 흐름은 대부분이 난류유동이다. 간극을 통하는 윤활유의 흐름은 층류가 대부분이나 원관, 덕트, 노즐, 확대관, 축소관, 밸브 등을 통하는 관속의 흐름은 난류가 대부분이다. 앞에서 설명한 대로 점성에 의한 에너지 손실은 압력의 강하로 나타난다. 관내유동에서는 다른 흐름과 마찬가지로 그 흐름이 층류인지 난류인지에 따라서 결과가 사뭇 다르다. 층류인 경우 실제유체의 흐름을 해석적으로 계산할 수 있으나 난류인 경우 경험이나 실험에 의한 결과식을 사용한다.

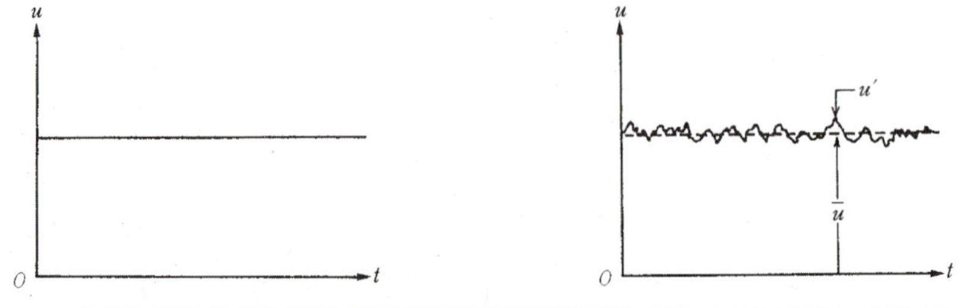

그림 8-1 유동방향속도의 시간적 변화

앞서 기술한 대로 층류와 난류의 구분은 레이놀즈수에 의해서 결정된다. 난류는 유체입자가 요동하면서 흐른다. 실험실에서 유체의 속도를 측정하면 그림 8-1과 같은 결과를 나타낸다. 벽면 가까이에서의 속도의 측정은 12장에서 나오겠지만 보통 열선유속계(Hot Wire Anemometer)나 레이저도플러유속계(Laser Doppler Velocimeter) 등과 같은 유체계측기기를 사용한다. 층류일 경우 평균속도만 가지므로 속도가 일정하나 난류일 경우 평균속도 이외에 무작위로 움직이는 변동속도를 가진다. 이러한 변동속도의 크기와 방향관속에서의 흐름은 시간에 따라 다르다. 일반적인 흐름은 대부분이 난류이며 우리가 말하는 속도란 엄밀히 따지면 이러한 난류의 평균속도인 것이다. 2차원 흐름인 경우 x축 방향의 속도를 u, y축방향의 속도를 v라 하면

층류 : $u=\bar{u}$ $\quad v=\bar{v}$

난류 : $u=\bar{u}+u'$ $\quad v=\bar{v}+v'$

여기서 $\bar{u}$, $\bar{v}$는 평균속도이고 u', v'는 변동속도이다. u와 v는 순간적으로 측정된 값이라 하여 순간속도라 한다. T를 충분히 긴 시간으로 잡으면

$$\bar{u}=\frac{1}{T}\int_0^T u\,dT \qquad \bar{v}=\frac{1}{T}\int_0^T v\,dT$$

가 되고 u'와 v'의 시간적 평균값은

$$\overline{u'}=\frac{1}{T}\int_0^T u'\,dT=0 \qquad \overline{v'}=\frac{1}{T}\int_0^T v'\,dT=0$$

으로 표시된다.

층류일 경우 전단응력은 $\tau=\mu(du/dy)$로 표시되었다. 프랑스의 보시네스크(Boussinesq)는 난류의 전단응력도 층류와 마찬가지로 속도구배를 가진 항으로 나타낼 수 있다고 가정하였다.

$$\tau_t=\eta\frac{du}{dy} \tag{8-1}$$

여기서 τ_t는 난류에 의한 전단응력이고 y는 벽면으로부터 떨어진 거리를 말한다. η를 와류점성계수(eddy viscosity, 渦流粘性係數)라 한다. 따라서 전체 전단응력은 τ_l을 층류에 의한 전단응력이라 하면 두 개를 합한 것이므로

$$\tau=\tau_l+\tau_t \tag{8-2}$$

$$\therefore\ \tau=\mu\frac{du}{dy}+\eta\frac{du}{dy} \tag{8-3}$$

여기서 층류일 경우 η는 0이다. 난류일 경우 η는 1보다 훨씬 크게 되어 $\mu(du/dy)$항은 무시될 수 있다. μ는 주어진 유체의 고유상수로서 일정한 값을 가지지만 η는 난류의 크기에 따라 달라지기 때문에 경계층

내부의 벽면으로부터 떨어진 거리에 따라 값이 변한다.

$\mu(du/dy)$항은 속도구배를 측정함으로써 계산될 수 있으나 η값이 변하기 때문에 난류의 전단응력을 계산하기는 쉽지 않다. 난류로 인한 전단응력은 유체요소 사이에 전달되는 운동량의 교환을 관찰하여 얻을 수 있다. 전단응력은 단위면적당 힘으로서 운동량의 시간적인 변화율은 힘과 같다는 운동량의 법칙에서 구해진다.

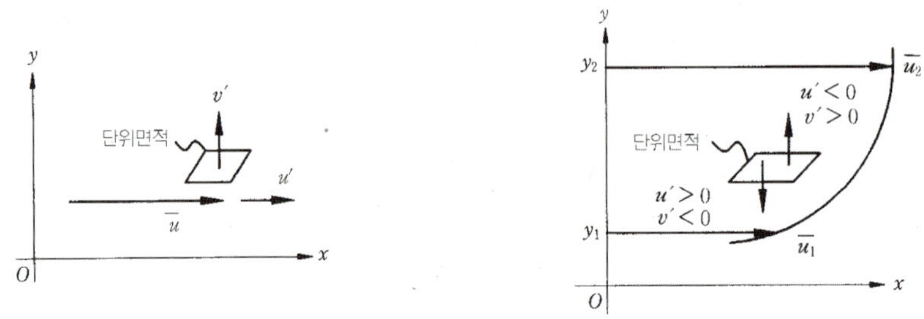

그림 8-2 경계층 내부에서의 난류속도

그림 8-2와 같이 x축에 평행한 단위면적을 수직방향으로 통과하는 유체의 질량유량은 $\rho v'$이다. 이 유체의 x 방향의 속도변동, u'에 상당하는 단위면적당 운동량의 시간적인 변화율은 $\rho u'v'$ 또는 시간적 평균값, $\rho\overline{u'v'}$이다. 따라서 이것이 전단응력과 같은 단위를 가지며 식 (8-3)의 오른쪽 두 번째 항과 같은 값을 가지게 된다.

이제 $\rho\overline{u'v'}$의 부호를 알아보자. $y=0$을 벽면이라 하면 벽면 가까이에서는 경계층 흐름이 형성되고 속도가 0으로부터 차차 증가하여 그림 8-2와 같은 속도분포를 가진다. 그림과 같이 x축과 평행한 y_1층 및 y_2층의 평균속도를 각각 $\overline{u_1}$, $\overline{u_2}$ 또 $\overline{u_2} > \overline{u_1}$라 하자. v'의 부호는 그림과 같은 $x-y$ 좌표계에서 위로 가면 "+"이고 아래로 가면 "−"이다. 마찬가지로 u'의 부호도 오른쪽으로 가면 "+"이고 왼쪽으로 가면 "−"이다. 먼저 유체입자가 y_1층에서 윗쪽 y_2층으로 이동하였다고 하면, 즉 $v'>0$ 이면 y_1층에서 온 유체입자의 속도는 대부분 $\overline{u_1}$으로서 $\overline{u_2}$보다는 느리다. 따라서 y_2층에 유속계가 놓여 있다고 하면 유속계가 측정한 u'는 $u'<0$이 된다. 반대로 y_2층에서 y_1층으로 이동할 때는 $u'>0$이 된다. 따라서 $v'>0$과 $u'<0$, $v'<0$과 $u'>0$ 가 조합이 되는 기회가 많고 따라서 $\rho\overline{u'v'}$는 보통 음의 부호로 측정된다. 이러한 이유로 2차원 흐름에서 난류의 전단응력은 아래와 같이 표시된다.

$$\tau_t = -\rho\overline{u'v'} \tag{8-4}$$

여기서 $-\rho\overline{u'v'}$를 레이놀즈응력(Reynolds' stress) 또는 난류전단응력(turbulent shear stress, 亂流剪斷應力)이라 한다. 이것은 흐름이 난류일 때의 전단응력이다. 따라서 식 (8-2)로부터 난류의 경우 전단응력은

$$\tau = \mu\frac{du}{dy} - \rho\overline{u'v'} \tag{8-5}$$

프란틀(L. Prandtl)은 불규칙한 운동을 하고 있는 난류에 대하여 기체에 적용하는 평균자유행로에 대한 개념을 도입하였다. 그는 변동속도의 평균거리를 도입하여 이것을 혼합거리(mixing length)라 명명하였다. 이러한 혼합거리를 l로 표시하고 $l=l(y)$로서 난류의 크기에 따라 달라지므로 벽면에서 떨어진 거리에 따라 변하는 값이다. 그는 변동속도 u', v'의 평균거리는 혼합거리와 아래와 같은 관계를 가진다고 생각하였다. 또한 변동속도끼리 비례한다고 가정하였다.

$$\overline{|u'|} \propto l\left(\frac{d\bar{u}}{dy}\right) \qquad \overline{|u'|} \propto \overline{|v'|}$$

여기서 $||$는 절대값(양의 부호를 가짐)을 나타낸다. $\overline{|u'|}$와 $\overline{|v'|}$는 평균값을 말한다. 식 (8-4)에 이러한 가정을 대입하면

$$\tau_t = \rho l^2 \left|\frac{d\bar{u}}{dy}\right| \frac{d\bar{u}}{dy} \tag{8-6}$$

이 되고, 이것을 식 (8-1)과 비교하면

$$\eta \frac{d\bar{u}}{dy} = \rho l^2 \left|\frac{d\bar{u}}{dy}\right| \frac{d\bar{u}}{dy}$$

$$\therefore \ \eta = \rho l^2 \left|\frac{d\bar{u}}{dy}\right|$$

이 된다. 식 (8-6)에서 평방근을 취하면

$$\sqrt{\frac{\tau_t}{\rho}} = l \frac{d\bar{u}}{dy} \tag{8-7}$$

프란틀은 위 식의 l을 벽으로부터의 거리 y에 비례한다고 가정하였다. 따라서 $l(y)=ky$라 놓으면 식 (8-6)은

$$\tau_t = \rho (ky)^2 \left|\frac{d\bar{u}}{dy}\right| \frac{d\bar{u}}{dy} \tag{8-8}$$

이 된다.

뉴턴의 점성법칙에 의하면 전단응력과 속도는 밀접한 관계를 가지고 있다. 상기한 전단응력을 사용하여 관속을 흐르는 난류의 속도분포를 생각해 보자. 난류의 경계층 내부를 자세히 분석해 보면 크게 두 부분으로 나뉠 수 있다. 난류의 영향을 거의 받지 않는 벽면 가까이의 층류의 성격을 띤 내부층(inner layer, 內部層)과 층류의 영향이 거의 없고 완전히 난류의 성격을 가진 외부층(outer layer, 外部層)으로 구분될 수 있다.

내부층은 층류저층과 천이구역으로 이루어지고 외부층은 흐름이 완전난류인 난류층으로 구성된다.

벽면 가까이에는 층류의 성격을 가진 구역을 층류저층(laminar sublayer, 層流底層)이라 한다. 이 부분은

또한 점성력이 지배한 구역이라 하여 점성저층(viscous sublayer, 粘性底層)이라고도 한다. 층류저층에서는 층두께가 매우 얇으므로 층내의 속도분포는 거의 직선으로 간주할 수 있다. 벽면에서의 전단응력을 τ_w라 하고 층류저층의 두께를 δ_o라 하면

$$\tau_w = \mu\frac{du}{dy} = \mu\frac{u}{y}(y \le \delta_o) \tag{8-9}$$

$$\therefore \ \frac{\tau_w}{\rho} = \nu\frac{u}{y}$$

이 된다. 여기서 $\sqrt{\tau_w/\rho}$는 속도의 차원을 가지며 특별한 물리적 의미를 가지고 있다. 이것을 마찰속도(friction velocity, 摩擦速度)라 하고, u_τ로 표시한다. 따라서 위 식은 $u_\tau^{\ 2} = \nu(u/y)$ 이므로

$$\frac{u}{u_\tau} = \frac{u_\tau y}{\nu} \tag{8-10}$$

무차원수인 $\dfrac{u}{u_\tau} = u^*$라 놓고 $\dfrac{yu_\tau}{\nu} = y^*$라 하면

$$u^* = y^*(y^* < 5) \tag{8-11}$$

이것은 경계층의 층류저층 부분에 대한 속도분포식이다. 그림 8-3에서 보듯이 $y^* < 5$인 구역에서 실험치와 잘 일치하고 있다. 층류저층의 바로 윗부분은 점성력과 난류전단응력이 함께 영향을 주는 구역으로서 천이구역(transition region, 遷移區域)이라 한다. 그림에서와 같이 $5 < y^* < 30$~70일 때가 여기에 해당된다.

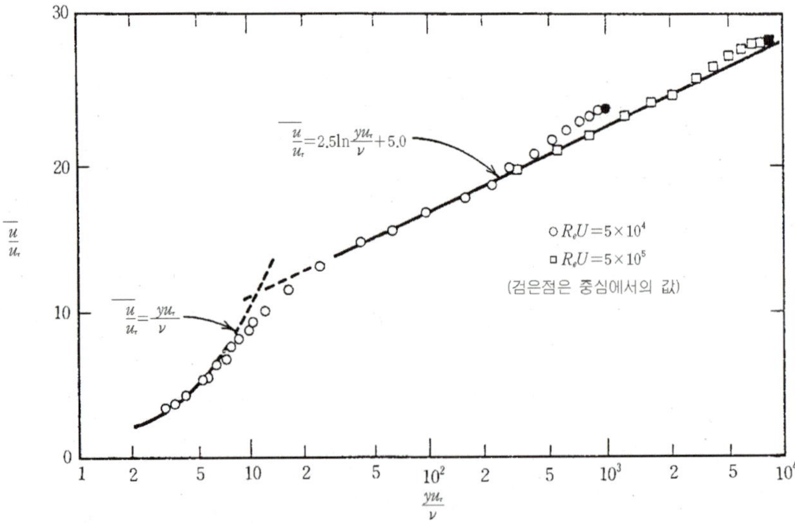

그림 8-3 매끈한 관에서 난류의 속도분포

$y^*>30\sim70$일 때는 흐름이 난류특성을 지닌 구역으로서 난류층(turbulent region, 亂流層)이라 한다. 이러한 경우에 식 (8-8)에서 비례상수 k의 실험값은 0.4다. 즉 $l=0.4y$가 된다. 식 (8-7)의 τ_t를 τ_w로 대치하고 l을 $0.4y$로 바꾸면

$$\frac{d\bar{u}}{dy}==\frac{1}{0.4y}\sqrt{\frac{\tau_w}{\rho}}=2.5\frac{\sqrt{\tau_w/\rho}}{y} \tag{8-12}$$

$$\frac{d\bar{u}}{dy}=\frac{2.5u_\tau}{y}$$

위 식에 의하면 속도구배는 관벽의 높이에 반비례함을 알 수 있다. 상기 식을 적분하면

$$\frac{\bar{u}}{u_\tau}=2.5\ln y+c \tag{8-13}$$

자연대수인 ln을 상용대수인 log로 바꾸면 $\ln y=\dfrac{\log y}{\log e}=2.3\log y$이므로

$$\frac{\bar{u}}{u_\tau}=5.75\log y+c \tag{8-14}$$

여기서 적분상수 c는 실험에서 구한다. 상기 식을 일반화시키려면, 즉 유체의 속도와 점도 및 관의 크기에 상관없는 일반적인 속도분포식을 얻으려면 변수를 무차원수로 바꾸어 주어야 한다. 따라서 우변의 y 대신에 yu_τ/ν라는 레이놀즈수를 사용한다. 이렇게 하면 좌변의 u/u_τ도 무차원수로서 상사성을 가지는 실험식을 도출할 수가 있다.

$$\frac{\bar{u}}{u_\tau}=5.75\log\frac{yu_\tau}{\nu}+c' \tag{8-15}$$

실험에 의하면 상기 식은 모든 종류의 관속의 흐름에서 적용될 수 있는 속도분포식으로 알려졌다. 상수 c'는 매끈한 관일 경우 5.0가 된다. 5.0이라는 값은 여러 연구자들 사이에 다르게 발표되었으나 평균값을 택한 것이다. 무차원수인 $\bar{u}/u_\tau=u^*$라 놓고 $yu_\tau/\nu=y^*$라 하면

$$u^*=5.75\log y^*+5.0 \tag{8-16}$$

그림 8-3에 매끈한 관을 통하는 난류의 속도분포가 나타나 있다. 층류저층 구역에서 식 (8-11)이 적용되고 윗부분에서는 식 (8-16)가 실험치와 거의 일치함을 알 수 있다.

관의 표면이 거친 경우에는 거리에 대한 무차원수 yu_τ/ν보다 조도에 대한 무차원수 y/e(여기서 e는 조도, 즉 거 의 크기)가 속도분포에 훨씬 큰 영향을 주는 것으로 알려졌다. 거친 관에 대한 니쿠라드스의 실험결과 속도분포식은 다음과 같다.

$$\frac{u}{u_\tau}=5.75\log\frac{y}{e}+8.5 \tag{8-17}$$

벽에서 상당히 떨어진 곳에서는 식 (8-3)에서 층류에 대한 전단응력인 첫째항은 0이 되고 흐름의 혼합에 의한 레이놀즈 응력인 둘째항만 존재하게 된다. 이러한 흐름은 경계층의 대부분을 차지하며 난류전단응력이 지배하는 구역이라고 말할 수 있다. 여기서의 속도분포곡선은 반지름이 r_o인 매끈한 원관속을 흐르는 난류의 속도분포는 프란틀이 제안한 경험식으로서

$$\frac{u}{u_{\max}}=\left(\frac{y}{r_o}\right)^{\frac{1}{n}} \tag{8-18}$$

을 많이 사용하고 있다. 여기서 y는 관벽면으로부터 떨어진 거리이고 $u_{\max}$는 관의 중심에서의 최대유속이다. 위 식의 n은 Re 수에 따라 다르며, Re 수가 10^5 부근인 일반적인 흐름에서 $n=7$일 때 실제유동과 잘 일치하는 것으로 알려졌다. 이것을 난류속도분포에 대한 1/7승근법칙(one-seventh power law)이라고 한다.

그림 8-4는 n값에 따른 속도분포를 보여준다. 여기서 R은 관의 반지름이고 r은 관 중심으로부터 떨어진 거리이다. Re가 커짐에 따라서 n의 값도 커진다. n가 7일 때 거의 난류의 평균속도분포를 보인다고 할 수 있다. 난류의 속도분포는 유체미립자의 혼합작용의 결과로서 그림에 표시된 바와 같이 층류에 비해서 관의 중간부분이 편평하다.

평균속도와 최대속도의 관계는 위 식을 적분함에 의해서 구할 수 있다. 평균속도를 V라 하면 그 결과는

$$\frac{V}{u_{\max}}=\frac{2n^2}{(n+1)(2n+1)} \tag{8-19}$$

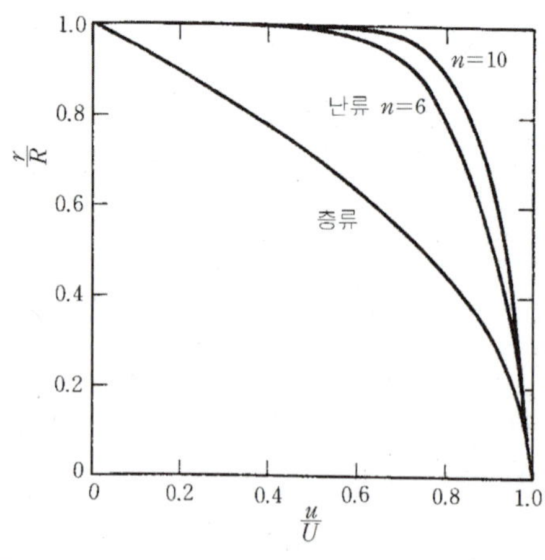

그림 8-4 층류와 난류의 속도분포

평균속도와 최대속도의 비, $V/u_{\max}$은 층류일 경우 0.5이고 난류일 경우 0.8~0.88이 된다.
유속이 커지면 관을 통과하는 흐름은 난류가 된다. 난류가 되면 마찰손실이 커지므로 주어진 유량에 대해서 층류보다 압력차가 커지게 될 것이다.

8-2 : 관마찰계수와 손실수두

유체가 관속을 흐를 때 생기는 압력손실은 압력의 단위이므로 γ로 나누면 압력에 의한 손실수두가 된다.

$$\boxed{h_L = \frac{\Delta p}{\gamma}\,[\mathrm{m}]} \tag{8-20}$$

앞에서 나온 식 (4-42)으로부터 흐르고 있는 유체의 상류 측 1점과 하류 측 2점 간에 생기는 손실수두(head loss, 損失水頭), h_L은 아래와 같이 표현할 수 있다.

$$\left(\frac{V_1^2}{2g}+\frac{p_1}{\rho g}+z_1\right)-\left(\frac{V_2^2}{2g}+\frac{p_2}{\rho g}+z_2\right)=h_L \tag{8-21}$$

여기서 V는 관내의 평균속도를 말한다. 위 식으로부터 균일한 수평원관에서의 압력강하는 $V_1 = V_2$, $z_1 = z_2$이므로 $p_1 - p_2 = rh_L$ 즉 압력강하 $\Delta p = rh_L$이 됨을 알 수 있다.
비압축성 유체의 난류흐름에 대한 실험결과, 손실수두는 다음과 같은 물리적 변수들에 의해 나타내어 질 수 있다.

관의 길이 : L
관의 지름 : D
관벽면의 조도 : e
유체의 평균속도 : V
유체의 밀도 : ρ
유체의 점성계수 : μ

손실수두, h_L은 앞에서 배운 차원해석법에 의하여 식(7-13)에 따라서

$$h_L = \frac{L}{D}\frac{V^2}{2g}\cdot F\left(\frac{\rho VD}{\mu}, \frac{e}{D}\right) \tag{8-22}$$

즉 손실수두는 레이놀즈수와 상대조도만의 함수이다. 여기서 상대조도란 조도 e를 관의 지름 D로 나눈 값을 말한다. 함수 F를 무차원수 f로 바꾸면

$$h_L = f\frac{L}{D}\frac{V^2}{2g} \tag{8-23}$$

이것을 달시-와이스바하의 방정식(Darcy-Weisbach equation)이라 한다. 여기서 f를 관마찰계수(friction factor)라 한다. f는 레이놀즈수, Re와 상대조도, $\frac{e}{D}$의 함수이다. 즉

$$f = f\left(Re, \frac{e}{D}\right) \tag{8-24}$$

상기 식으로부터 관마찰계수 f를 구한 후 식 (8-23)으로부터 손실수두, h_L을 구할 수 있다.

예제1

안지름이 10cm인 원관 내에 유체가 2m/s로 흐르고 있다. 관마찰계수 f=0.022이며 관길이가 200m일 때 손실수두는 몇 m인가?

$$h_L = 0.022 \times \frac{200}{0.1} \times \frac{2^2}{2 \times 9.8} = 8.98\text{m}$$

안지름 D인 관로 속을 평균유속 V로서 유체가 흐르고 있을 때 임의의 거리 L만큼 떨어진 두 점의 압력을 p_1, p_2라고 하면, 유체마찰에 의한 압력수두의 손실 h_L은 다음 식으로 표시된다.

$$\Delta p = p_1 - p_2 = \rho g h_L \tag{8-25}$$

또는 식 (8-23)으로부터

$$h_L = \frac{\Delta p}{\gamma} = f\frac{L}{D}\frac{V^2}{2g} \tag{8-26}$$

즉, 손실수두를 알면 압력강하를 계산할 수 있다. 상기한 달시-와이스바하의 방정식은 층류와 난류 모두에 적용될 수 있는 식이다.

예제2

지름이 10cm이고 길이가 20m, 관마찰계수 $f=0.025$인 원관속을 물이 흐르고 있다. 관의 출구와 입구의 압력차가 10kPa이면 유량은 몇 l/s인가?

식 (8-23)에서 $\Delta p = f\frac{L}{D}\frac{rV^2}{2g}$ 이므로 $V=\sqrt{\frac{2gD\Delta p}{fLr}}=\sqrt{\frac{2\times9.8\times0.1\times10\times10^3}{0.025\times20\times9800}}=2\frac{\text{m}}{\text{s}}$

(물의 비중량 $r=9800\frac{\text{N}}{\text{m}^3}$)

유량 $Q=AV=\frac{\pi}{4}\times0.1^2\times2=0.0157\frac{\text{m}^3}{\text{s}}=15.7\frac{l}{\text{s}}$

관마찰계수, f는 무디(Moody)에 의하여 실험적으로 구해졌으며 그 결과는 그림 8-5에 나타나 있다. 이 그림은 무디선도(Moody diagram)라고 알려져 있으며 일반 산업현장에서 널리 사용되고 있는 매우 중요한 도표이다. 이 그림으로부터 관마찰계수, f를 읽으려면 f는 Re 수와 상대조도의 함수이므로 Re 수를 알아야 하고 또한 상대조도($=e/D$, 즉 조도의 크기를 관의 지름으로 나눈 값)를 알고 있어야 한다. 그러나 무디선도에서 보듯이 조도가 큰 경우에는 f값은 Re 수와 관계없이 상대조도만의 함수임을 알 수 있다.

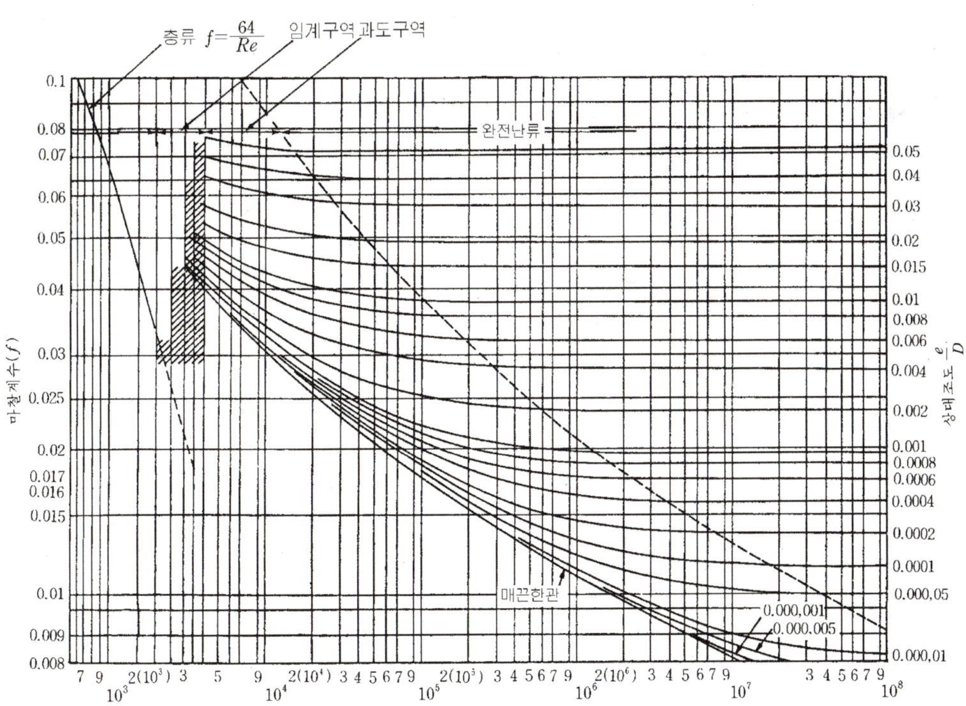

그림 8-5 무디선도

앞서 말한 바와 같이 층류일 경우 관마찰손실은 관벽의 조도에 관계가 없었으나 난류인 경우에는 그림 8-5에서 보는 바와 같이 관의 상대조도에 큰 영향을 받는다. 예를 들면 $Re=6\times10^5$이고 상대조도가 $e/D=0.001$이면 $f=0.02$가 된다. 조도가 거의 없는 매끈한 관일 경우는 맨 아랫줄의 값을 Re 수에 따라 읽으면 된다. f값을 알면 식 (8-23)에 의해서 손실수두를 계산할 수 있다.

일반 산업현장에서 많이 사용되는 각종 관에 대한 상대조도의 값과 마찰계수는 그림 8-6에 나와 있다.

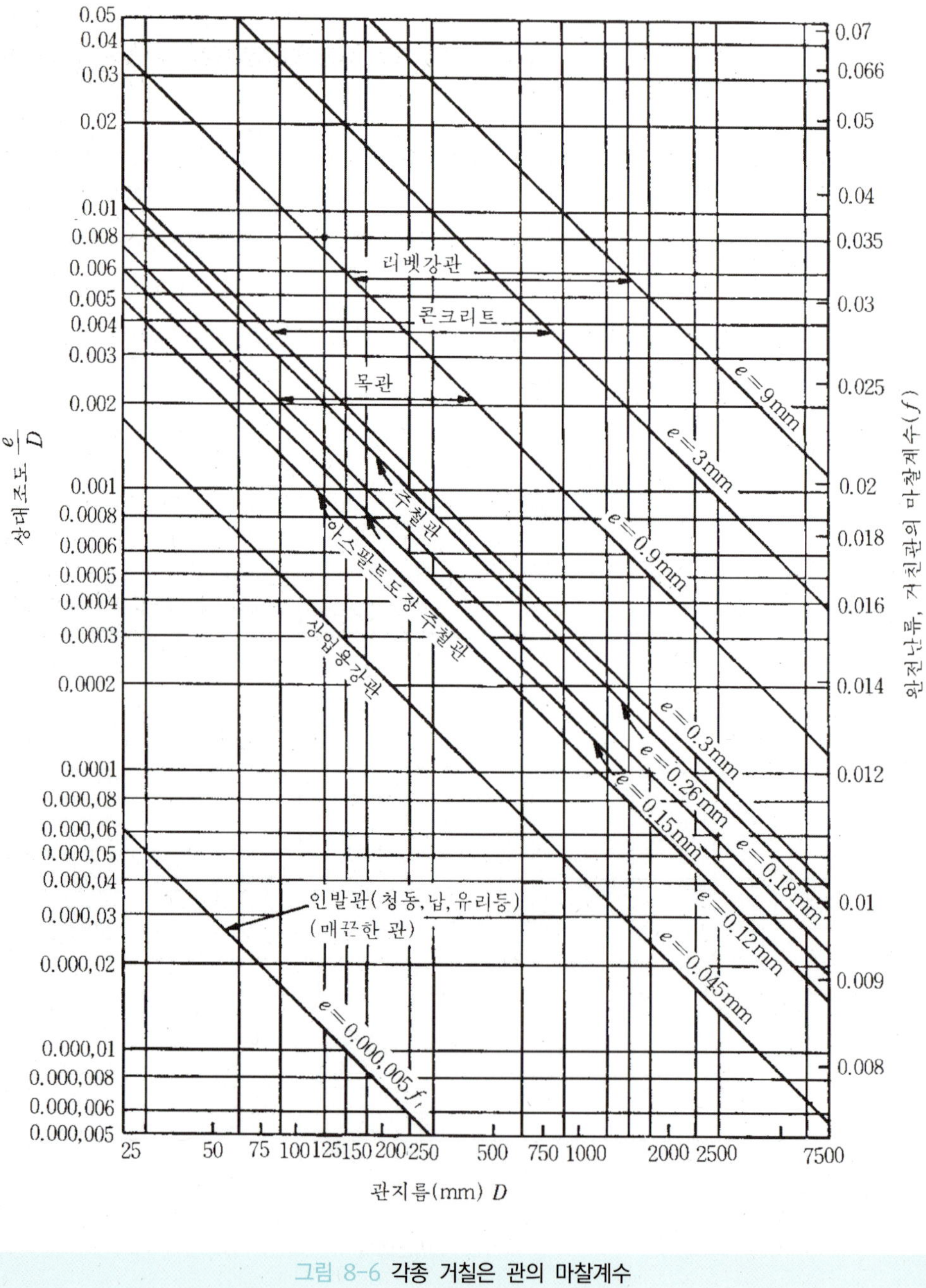

그림 8-6 각종 거칠은 관의 마찰계수

예제3

저장용기로부터 10℃의 물을 길이 300m, 지름 900mm인 콘크리트 수평원관을 통하여 공급하고 있다. 유량이 $1.25m^3/sec$일 때 원관에서의 압력강하를 계산하여라. (단, 동점성계수는 $\nu=1.31\times10^{-6}m^2/sec$이고 부차적 손실은 무시한다.)

$V=\frac{4\times1.25}{\pi\times0.9^2}=1.96m/s$

그림 8-6 에서 $e=0.3\sim3mm$이므로 산술평균값을 써서 $e=1.7mm$로 하면 $\frac{e}{D}=\frac{1.7}{900}=0.0019$

$Re=\frac{VD}{\nu}=\frac{1.96\times0.9}{1.31\times10^{-6}}=1.35\times10^6$이므로 흐름은 난류이다.

무디선도에서 $f=0.023$으로 읽을 수 있으므로 손실수두는 $h_L=f\frac{L}{D}\frac{V^2}{2g}=0.023\times\frac{300}{0.9}\times\frac{1.96^2}{2\times9.8}=1.5m$

압력강하는 $\Delta p=\rho g h_L=9.8\times999.7\times1.5=14695.6\frac{N}{m^2}\fallingdotseq14.7kPa$

1 층류의 관마찰계수

수두로 나타낸 압력손실(또는 에너지손실)을 h_L이라 하면 $h_L=\frac{\Delta p}{\gamma}$[m] 가 되므로 하겐-포아즈웰의 방정식(6-15)로부터 층류인 경우 관마찰계수는

$$h_L=\frac{32\mu LV}{\gamma D^2} \tag{8-27}$$

달시-와이스바하 방정식으로부터 $h_L=f\frac{L}{D}\frac{V^2}{2g}$이므로

$$\frac{32\mu LV}{\rho gD^2}=f\frac{L}{D}\frac{V^2}{2g}$$

$$\therefore\ f=\frac{64\mu}{\rho VD}=\frac{64}{\rho VD/\mu}$$

$\frac{\rho VD}{\mu}$는 레이놀즈수이므로

$$f=\frac{64}{Re} \tag{8-28}$$

이 결과는 그림 8-5의 무디선도에 나와 있듯이 하겐-포아즈웰의 이론적인 해석이 실험결과와 잘 일치함을 보여준다. 층류흐름의 마찰계수는 무디선도에서 읽지 않더라도 Re 수만 계산하면 알 수 있다. 층류일 경우 관벽의 조도에는 관계가 없고 다만 Re 수에 따라 압력손실이 달라지게 된다.

예제4

동점성계수가 $1\times10^{-4}m^2/s$의 지름이 안지름 60mm의 관을 2m/s의 속도로 흐른다. 관마찰계수는 얼마가 되는가?

$Re = \frac{V \cdot d}{\nu} = \frac{2\times0.06}{1\times10^{-4}} = 1200 < 2100$ ∴ 층류

층류인 경우 마찰계수 $f = \frac{64}{Re}$이므로 $f = \frac{64}{1200} = 0.0533$

관속의 흐름이 층류일 경우, 벽면에 작용하는 전단력은 하겐-포아즈웰의 방정식을 공부할 때 사용한다. 그림 6-8로부터 쉽게 유도할 수 있다. 그림(6-8)과 같은 미소요소에 걸리는 힘의 평형법칙으로부터

$$\triangle p\pi r^2 = 2\pi r\tau L \tag{8-29}$$

벽면에 걸리는 전단응력을 τ_w라 하면 반지름이 $D/2$이므로

$$\triangle p\pi\left(\frac{D}{2}\right)^2 = 2\pi\left(\frac{D}{2}\right)\tau_w L \tag{8-30}$$

$$\therefore \tau_w = \frac{\Delta p}{2L}\left(\frac{D}{2}\right) \tag{8-31}$$

식 (8-29)를 (8-30)으로 나누면

$$\tau = \frac{\tau_w}{(D/2)}r \tag{8-32}$$

즉 τ는 r에 비례하므로 전단응력은 반경방향으로 직선적으로 변화함을 알 수 있다. 중심($r=0$)에서는 $\tau=0$이 되며 벽면($r=D/2$)에서는 $\tau=\tau_w$로서 최대값을 가진다.
벽면전단응력, τ_w은 달시방정식 (8-23)으로부터 손실수두는

$$h_L = \frac{\Delta p}{\rho g} = f\frac{L}{D}\frac{V^2}{2g} \tag{8-33}$$

이므로 식 (8-31)과 (8-33)으로부터 $\triangle p$를 소거하면

$$\tau_w = \frac{f\rho V^2}{8} \tag{8-34}$$

가 된다. 상기 식은 원관속을 유체의 벽면전단응력과 유체의 평균속도에 대한 관계식으로서 일반적인 흐름에 대해서 고찰하였으므로 층류나 난류에 관계없이 모두 적용되는 식이다. 층류일 경우 $f=64/Re$가 되며 난류일 경우에는 무디선도로부터 f값을 구하면 된다.

층류유동일 경우 전단응력분포는 그림 6-8과 같이 중심부에서는 0이고 벽면에서 최대치 τ_0를 가지는 직선상으로 나타난다. 6장의 식 (6-8)에서 보듯이 전단응력은 반경방향의 거리에 비례적으로 변한다. 원관이 아닌 두 평판 사이의 층류흐름도 상기와 유사한 방법으로 구할 수 있다.

예제5

동점성계수 $2.4\times10^{-4}m^2/s$이고, 비중 $s=0.88$인 40℃ 엔진 오일을 1km 떨어진 곳으로 원관을 통하여 송유하려 한다. 관의 지름 100mm이고 유량이 $0.02m^3/s$이라 하면 1km 거리에서의 손실수두와 압력강하는 얼마인가? 또 송유하는 데 필요한 최소펌프동력은 얼마인가?

레이놀즈수를 구해보면 $Re=\dfrac{Vd}{\nu}=\dfrac{4Qd}{\pi d^2\nu}=\dfrac{4\times0.02\times0.1}{\pi\times0.1^2\times2.4\times10^{-4}}=1061<2100$

따라서 이 유체는 층류로 흐르므로 하겐-포아즈웰의 방정식을 이용할 수 있다.

$h_L=\dfrac{128\nu LQ}{\pi d^4 g}=\dfrac{128\times2.4\times10^{-4}\times1000\times0.02}{\pi\times0.1^4\times9.8}=199.6\text{m}$

그런데 곧고 긴 원관에서 길이 L만큼 떨어진 두 단면에 베르누이 방정식을 적용하면 속도수두와 위치수두는 두 단면에서 각각 같으므로 $\Delta p=0.88\times9800\times199.6=1,721,350\text{Pa}$

펌프동력은 $L=h_L\times\rho gQ$ 또는 $L=\Delta p\times Q$ 로 계산된다.

$L=199.6\times9800\times0.88\times0.02=34427\text{N}\cdot\text{m/sec}$

2 난류의 관마찰계수

흐름이 난류일 경우에는 층류 때와 같이 해석적으로 관마찰계수 f를 구할 수가 없고 실험을 통해서 얻을 수 있다. Re 수가 커지면 난류가 되는데 Re 수의 분자에 속도항이 있으므로 층류에서 난류로 변하기 위해서는 속도를 증가시키면 된다. 층류와 난류 사이에는 변화 도중의 과정으로 천이구역이 존재한다. 경계층에 대한 이론은 9장에서 다시 공부하게 될 것이다. 6-3절에서 말했듯이 Re 수가 증가함에 따라 흐름은 완전난류흐름(fully developed turbulent flow)으로 형성되어 간다. 대부분의 관속의 유동은 완전난류흐름이라 말할 수 있다.

관 속의 흐름이 층류에서 난류로 바뀌게 되면 점성층의 크기가 작아져서 결국은 벽면 가까이에서만 존재하게 되고 흐름의 대부분의 구역은 난류로 바뀌게 된다. 난류가 되면서 그림 6-6의 (a)와 같이 관의 중심부분의 속도는 거의 일정하게 된다. 층류일 경우 관벽의 조도에는 관계가 없었으나 난류일 경우 실험에 의하면, 관마찰계수는 Re 수뿐만 아니라 관벽의 조도의 함수가 된다. 조도가 매우 큰 관일 경우 실험의 결과에서 보듯이 (그림 8-5) 관마찰계수는 더 이상 Re 수의 함수가 아니다. 다만 관벽의 상대조도의 함수일 뿐이다. 무디선도에 나타난 곡선을 컴퓨터에 입력시키기 위해서는 수학적인 표현이 필요하다.

그림 8-5에서 매끈한 관일 경우의 곡선에 대한 f값을 Re의 함수로서 수식으로 표현하면 아래와 같이 나타낼 수 있다. 매끈한 관일 경우에 $Re\le10^5$일 때,

$$f = 0.3164 Re^{-1/4} \quad (8\text{-}35)$$

(단 $Re \le 10^5$)

여기서 $Re = \dfrac{V \cdot D}{\nu}$

예를 들면 $Re = 10000$일 때 $f = 0.03164$가 되며 그림 8-5의 무디선도와 잘 일치됨을 알 수 있다.

예제6

비중이 0.9이고 절대점성계수가 0.059Pa·s인 유체가 350l/s로 80mm 지름의 원관속을 흐르고 있다. 관속의 평균속도와 300mm 길이에서의 손실수두를 계산하여라.

$$\mu = 0.059\text{Pa} \cdot \text{s} = 0.059 \frac{\text{N} \cdot \text{s}}{\text{m}}$$

$$Q = 350l/s = 0.35 \frac{\text{m}^3}{\text{s}}$$

$$V = \frac{Q}{\pi d^2/4} = \frac{4 \times 0.35}{\pi \times 0.08^2} = 69.66 \frac{\text{m}}{\text{s}}$$

$$Re = \frac{Vd}{\nu} = \frac{\rho Vd}{\mu} = \frac{0.9 \times 1000 \times 69.66 \times 0.08}{0.059} = 85000$$

$$f = \frac{0.316}{Re^{1/4}} = \frac{0.316}{85000^{1/4}} = 0.0185$$

$$\therefore h_L = f \frac{L}{D} \frac{V^2}{2g} = 0.0185 \times \frac{0.3}{0.08} \times \frac{69.66^2}{2 \times 9.8} = 17.18\text{m}$$

6장의 하겐-포아즈웰의 방정식을 유도하는 과정에서 나오는 식 (6-8)에서 관 벽면에서는 $y = D/2$가 되고 τ는 τ_w이 되므로

$$\tau_w = \frac{(p_1 - p_2)D}{4L} = \frac{\Delta p \cdot D}{4L} \quad (8\ \text{-36})$$

그런데 $\Delta p / r = h_L$이고 $h_L = f(L/D)(V^2/2g)$이므로

$$\tau_w = \frac{h_L rD}{4L} = \frac{rD}{4L} f \frac{L}{D} \frac{f \rho V^2}{2g} \quad (8\text{-}37)$$

위 식에 식 (8-35)의 f를 대입하면

$$\tau_w = \frac{0.3164}{Re^{1/4}} \frac{\rho V^2}{8} = 0.03955\ \rho V^2 Re^{-1/4} \quad (8\text{-}38)$$

여기서 $Re = VD/\nu$이므로 지름 D를 반지름 R로 바꾸면

$$\tau_w = 0.03325\rho V^2\left(\frac{\nu}{RV}\right)^{0.25} \tag{8-39}$$

여기서 V는 관 내의 평균속도이다. 식 (8-39)는 나중에 나올 난류 경계층의 흐름을 해석할 때 사용된다.

3 원관이 아닌 관로의 손실수두

산업현장에서 사용되는 대부분의 관은 원형이다. 그러나 덕트와 같은 구형관이나 환형관과 같은 원관이 아닌 형태의 관도 자주 사용되고 있다. 이러한 원관이 아닌 관에서의 마찰손실을 계산하기 위하여 수력반지름(hydraulic radius)이라는 개념이 도입된다. 수력반지름, R_h는 아래와 같이 정의한다.

$$\boxed{R_h = \frac{A}{P}} \tag{8-40}$$

여기서 A는 단면적, P는 유체와 관벽이 닿는 부분의 모든 길이를 합한 값으로서 접수길이(perimeter)라 한다. 원관인 경우

$$R_h = \frac{\pi D^2/4}{\pi D} = \frac{D}{4} \tag{8-41}$$

$$\therefore D = 4R_h$$

이므로 이것을 식 (8-23)에 대입하면

$$h_L = f\frac{L}{4R_h}\frac{V^2}{2g} \tag{8-42}$$

가 된다. 즉 원관이 아닌 경우에 손실수두의 계산식인 달시-와이즈바하 방정식을 사용할 때는 지름 D 대신에 $4R_h$를 사용해야 한다. 또한 Re 수는

$$Re = \frac{(4R_h)V\rho}{\mu} \tag{8-43}$$

를 사용한다. 마찬가지로 상대조도 e/D는 $e/(4R_h)$로 사용해야 한다. 편의상 $4 \cdot R_h = D$라 놓고 D_h를 수력지름(hydraulic diameter)이라고도 한다.

이러한 계산결과는 흐름이 난류일 때 만족스러운 결과를 나타내고 있으나 층류일 경우에는 그렇지가 못하다. 왜냐하면 난류일 경우 마찰은 대부분 벽면에서 발생하나 층류일 경우에는 유체 내부층끼리 점성에 의한 마찰이 큰 영향을 미치기 때문이다.

예제7

그림과 같이 300mm×450mm인 직사각형 도관의 수력반지름을 구하여라.

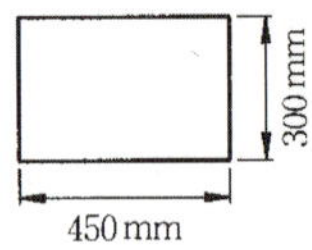

수력반지름 $R_h = \dfrac{A}{P} = \dfrac{0.3 \times 0.45}{2 \times (0.3 + 0.45)} = 0.09\text{m}$

예제8

밀도가 1100kg/m^{3}이고 점성계수가 1.62×10^{-2}Pa·s인 유체가 그림과 같이 한 변이 250mm인 정사각형과 원형 사이의 단면을 0.16m^3/s의 유량으로 흐르고 있다. 관의 길이는 수평으로 50m이고 원의 지름이 150mm일 때 압력 강하량을 구하여라. (단, 관의 조도는 $e = 3 \times 10^{-5}$m이다.)

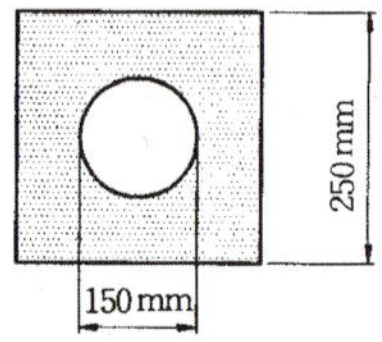

수력반지름을 구하기 위하여 단면적과 접수길이를 구한다.

$A = 0.25^2 - \dfrac{\pi \times 0.15^2}{4} = 0.04483\text{m}^2$

$P = 4 \times 0.25 + \pi \times 0.15 = 1.4712\text{m}$

$\therefore R_h = \dfrac{0.04483}{1.4712} = 0.0305\text{m}$

평균속도, $V = \dfrac{Q}{A} = \dfrac{0.16}{0.04483} = 3.57\text{m/s}$

Re 수는 $Re = \dfrac{\rho V(4R_h)}{\mu} = \dfrac{1100 \times 3.57 \times (4 \times 0.0305)}{1.62 \times 10^{-2}} = 29574$

흐름은 난류가 된다. 손실수두, h_L을 구하기 위하여 상대조도를 계산해 보면 $\dfrac{e}{D} = \dfrac{e}{4R_h} = \dfrac{3 \times 10^{-5}}{4 \times 0.0305} = 0.000246$

무디선도로부터 읽으면 $f = 0.0245$

$\therefore\ h_L = f \times \dfrac{L}{4R_h} \times \dfrac{V^2}{2g} = 0.0245 \times \dfrac{50}{4 \times 0.0305} \times \dfrac{3.57^2}{2 \times 9.8} = 6.53\text{m}$

덕트가 수평이고 단면이 변하지 않으므로 $h_L = \Delta p / r$ 에서

$\therefore\ \Delta p = r h_L = \rho g h_L = 1100 \times 9.8 \times 6.53 = 70393 \dfrac{\text{N}}{\text{m}^2} = 70.4\text{kPa}$

8-3 : 관로의 부분적 손실

배관계통은 엘보우(elbow), 티(tee), 유니온(union), 밸브(valve) 등의 여러 가지 부속기기를 포함하고 있으며 또한 유로의 단면적이 변하는 경우가 많다. 이러한 부속기기를 통하는 유체는 벽면과의 마찰과 경계층 박리현상으로 인하여 에너지 손실을 가져온다. 이러한 관로의 부속기기 뿐만 아니라 관의 입구, 출구 및 관의 확대, 축소 부분에서 생기는 손실을 부차적 손실(minor loss, 副次的損失)이라고 한다. 부차적 손실은 속도수두에 손실계수를 곱한 값을 사용하며 아래와 같이 나타낸다.

$$h_L = K\frac{V^2}{2g} \tag{8-44}$$

여기서 K를 손실계수(loss coefficient, 損失係數)라 한다. K는 실험적으로 구해지는 값이다. 따라서 관로의 변화부분이나 부속기기의 K값을 알면 여기서 생기는 손실수두를 구할 수 있다. 부차적 손실은 주로 위 식을 많이 사용하고 있으나 경우에 따라서는 아래와 같이 달시-와이스바하 방정식을 그대로 사용하는 방식으로 나타내기도 한다.

$$h_L = f\frac{L_e}{D}\frac{V^2}{2g} \tag{8-45}$$

여기서 L_e를 등가길이(equivalent length)라 하며 이것은 부속기기의 손실을 이에 상당하는 일정한 지름을 가진 곧은 관의 길이로 나타낸 값이다. 즉 L_e는 부속기기에서 생기는 손실수두와 같은 크기의 손실수두를 갖는 지름이 D인 직선관의 길이를 말한다.

$$K = f\frac{L_e}{D} \quad \text{또는} \quad L_e = \frac{K \cdot D}{f} \tag{8-46}$$

여기서 f는 부속기기가 연결된 관의 관마찰계수로서 Re 수와 상대조도를 알고 무디선도에서 찾을 수 있는 값이다. f는 완전난류구역에서 취해진 값인 것을 유의해야 한다.

곧은 관과 부속기기를 합한 전체의 손실수두를 생각하면 등가길이 L_e를 실제의 관 길이에 더하여 줌으로서 나타낼 수 있다. 즉,

$$\left(f\frac{L}{D}+K\right)\frac{V^2}{2g} = f\frac{(L+L_e)}{D}\frac{V^2}{2g} \tag{8-47}$$

이 된다.

부차적 손실은 긴 관로일 때는 대체로 무시할 수 있으나, 짧은 관로에서는 관마찰손실과 함께 미치는 영향을 무시할 수 없다.

예제9

지름 150mm의 상품용 강관에 완전 난류가 흐르고 있다. 만일 이 관로의 부차적 손실계수의 총합이 $K=12$라고 하면 달시방정식을 써서 전 손실수두를 구하기 위하여 실제 관 길이에 더해야할 등가길이(L_e)는 얼마인가?

강관에 대하여 $e=0.046\times10^{-3}\text{m}$, $D=150\times10^{-3}$이므로 $e/D=0.046/150=0.0003$

완전난류구역에서는 f가 e/D에 의해 구해지므로 무디선도에서 $f=0.015$,

따라서 등가길이는 $L_e=\dfrac{12\times150\times10^{-3}}{0.015}=120\,\text{m}$

1 돌연확대 부분

흐름의 단면적이 갑자기 넓어지면 속도가 급속히 감소하게 되고 난류발생으로 인한 에너지 손실을 가져온다. 그림 8-7과 같이 A_i에서 A_2로 갑자기 넓어질 때 흐름의 주류는 확대관의 I의 벽면에서 유리하여 어느 정도 하류로 간 다음에 다시 벽면에 접하게 된다. 이 확대관의 처음 부분에서는 분류가 주위의 유체를 교란시켜서 와동을 이루어 손실을 초래한다.

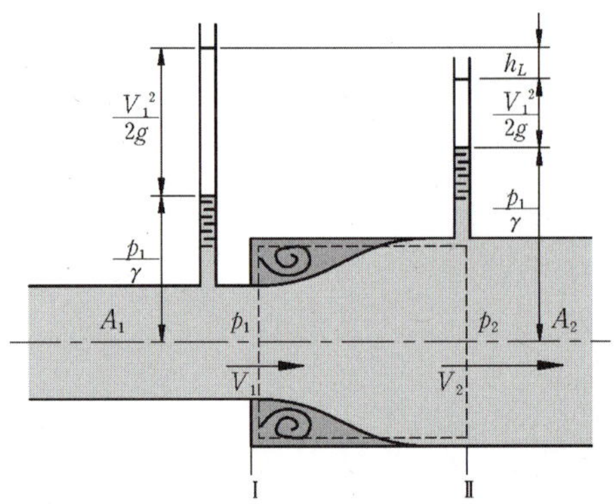

그림 8-7

그림 8-7에서 상류와 하류의 평균유속을 V_1, V_2, 압력을 p_1, p_2라 하고, 돌연확대에 의한 손실수두 h_L을 고려하여 베르누 이방정식을 세우면

$$\frac{p_1}{\gamma}+\frac{V_1^{\,2}}{2g}=\frac{p_2}{\gamma}+\frac{V_2^{\,2}}{2g}+h_L \tag{8-48}$$

$$\therefore\ h_L=\frac{V_1^2-V_2^2}{2g}+\frac{p_1-p_2}{\gamma}$$

다음에 Ⅰ, Ⅱ부분을 제한체적으로 생각하고 이 사이의 흐름에 대하여 운동량법칙을 적용하면

$$(p_1 - p_2)A_2 = \frac{\gamma Q}{g}(V_2 - V_1)$$

이 된다. 단, 비압축성의 경우 $Q = A_1 V_1 = A_2 V_2$이므로 위 식에 대입하면

$$\frac{p_1 - p_2}{\gamma} = \frac{V_2(V_2 - V_1)}{g} \tag{8-49}$$

이 된다. 이것을 식 (8-48)에 대입하면

$$h_L = \frac{(V_1 - V_2)^2}{2g} \tag{8-50}$$

V_2를 V_1으로 나타내기 위하여 $V_2 = \dfrac{A_1}{A_2}V_1$을 대입하면

$$h_L = \frac{1}{2g}\left(V_1 - \frac{A_1}{A_2}V_1\right)^2 = \frac{V_1^2}{2g}\left(1 - \frac{A_1}{A_2}\right)^2 \tag{8-51}$$

위 식으로부터 실제의 손실수두를

$$h_L = K\frac{V_1^2}{2g} \tag{8-52}$$

라고 놓았을 때 돌연확대 부분에서의 부분적 손실계수는

$$K = \xi\left(1 - \frac{A_1}{A_2}\right)^2 \tag{8-53}$$

로 나타내어 실제 실험치와의 보정을 가해주는 수정계수 ξ를 사용한다. 여기서 ξ는 1에 가까운 값이 된다. 또한 주의할 것은 식 (8-52)에서 사용되는 속도는 상류 측의 속도값이라는 것이다. 손실수두의 크기는 단면적의 변화에 따라 다르고 입구에 대한 출구의 단면적비가 크면 클수록 손실이 커지게 된다.

2 돌연축소 부분

관로의 단면적이 갑자기 작아지게 되면 그림 8-8과 같이 변화 시작점으로부터 유동박리가 일어나게 되고 유로가 작아지는 오목한 부분이 형성된다. 이렇게 오목한 부분을 축류(縮流), 즉 “vena contracta”라 한다. 따라서 이 부분에서 속도는 상류 측보다 빨라지게 된다. 이러한 경우 부차적 손실은 주로 유동이 확산되는 과정에서 생기는 난류혼합현상에 기인한다.

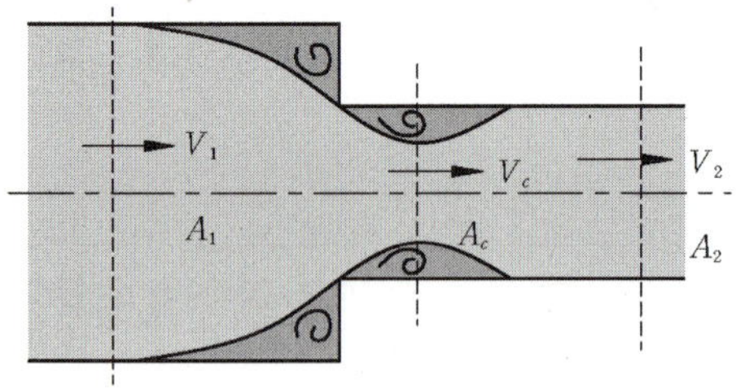

그림 8-8

관로가 갑자기 좁아질 때(그림 8-8) 흐름은 유체의 관성으로 인하여 일단 단면적 A_1에서 A_c(유속 V_c)까지 수축한 연후에 하류쪽 A_2 단면으로 확대 유동하게 된다. 흐름은 가속($V_1 \rightarrow V_c$)될 때에는 손실이 극히 작고, 감속($V_c \rightarrow V_2$)될 때에는 윗 절에서 설명한 돌연확대의 경우와 같은 수두손실이 일어난다. 즉 식 (8-50)로부터 c 단면과 2 단면 사이의 손실수두는

$$h_L = \frac{(V_c - V_2)^2}{2g} \tag{8-54}$$

$A_c V_c = A_2 V_2$이므로 $V_2 = \dfrac{A_c}{A_2} V_c$를 대입하면

$$h_L = \left(1 - \frac{A_c}{A_2}\right)^2 \frac{V_c^2}{2g}$$

$\dfrac{A_c}{A_2} = C_c$ 라 놓으면 $V_c = \dfrac{V_2}{C_c}$ 이므로

$$h_L = (1 - C_c)^2 \left(\frac{1}{C_c}\right)^2 \frac{V_2^2}{2g} = \left(\frac{1}{C_c} - 1\right)^2 \frac{V_2^2}{2g}$$

여기서 C_c를 축소계수(coefficient of contraction)라 한다. 위 식을 식 (8-44)로부터

$$h_L = K\frac{V_2^2}{2g} \tag{8-55}$$

라고 놓았을 때 돌연축소부분에서의 부분적 손실계수는

$$K = \left(\frac{1}{C_c} - 1\right)^2 \tag{8-56}$$

이 된다. 여기서 주의할 것은 식 (8-55)에서 사용되는 속도는 하류 측의 속도값이라는 것이다. 와이스바하(Weisbach)의 실험결과에 따른 C_c의 값과 K의 값은 표 8-1과 같다.

표 8-1 돌연축소부분에 대한 손실계수										
A_2/A_1	0.1	0.2	0.3	0.4	0.5	0.6	0.7	0.8	0.9	1.0
C_c	0.61	0.62	0.63	0.65	0.67	0.70	0.73	0.77	0.84	1.0
K	0.41	0.38	0.34	0.29	0.24	0.18	0.14	0.089	0.036	0

3 입구 및 출구 부분

입구나 출구부분에서의 손실은 앞에서 설명한 돌연확대와 돌연축소 부분 손실로부터 구해질 수 있다. 그림과 같은 출구부분에서의 손실은 돌연확대에 관한 식 (8-51)에서 $A_1/A_2=0$인 경우이므로 $K=1$ 이 된다.

$$h_L = \frac{V_1^2}{2g} \qquad (8\text{-}57)$$

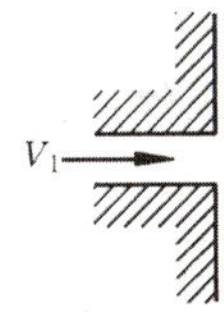

여기서 V_1은 출구단면에서의 속도이다. 출구손실을 적게 하기 위해서는 출구를 나팔 모양으로 넓히면 된다.

그림과 같은 입구 부분에서의 손실은 입구의 형상에 따라 다르다. 왜냐하면 입구부분의 형상에 따라 모양이 달라지는 vena contracta로 인한 난류의 발생이 에너지 손실의 주요 원인이 되기 때문이다. 그림과 같이 입구 부분의 형상이 날카로운 경우, 즉 입구 부분의 곡률반경이 0인 경우에는 그림 8-9의 (a)와 같이 $K=0.5$가 된다.

$$h_L = 0.5\frac{V_2^2}{2g} \qquad (8\text{-}58)$$

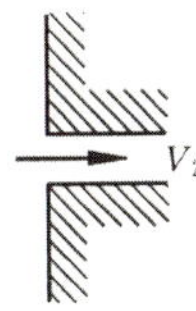

여기서 V_2는 입구단면에서의 속도이다. 그림 8-9는 실험에 의해서 얻은 결과이다. 만일 입구부분의 형상을 둥글게 만들어 손실을 줄이게 되면 손실계수값의 차이가 크게 됨을 알 수 있다. 그림 8-9(c)의 경우와 같이 입구부분의 형상이 유선형과 가까우면 손실이 거의 생기지 않는다는 것을 알 수 있다.

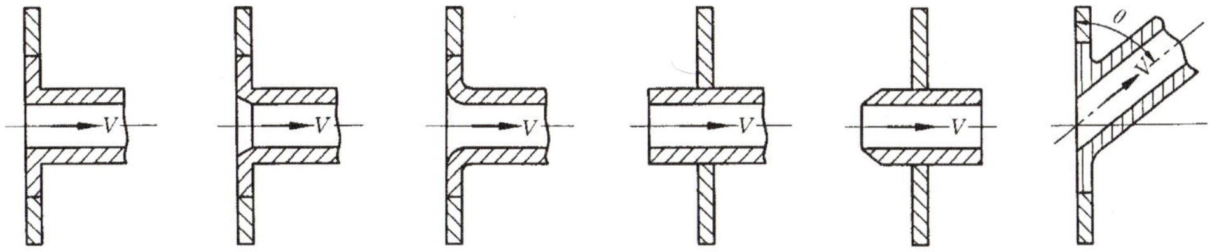

(a) $K=0.50$ (b) $K=0.25$ (c) $K=0.06 \sim 0.05$ (d) $K=0.56$ (e) $K=3.0 \sim 1.3$ (f) $K=0.5+0.3\cos\theta + 0.2\cos^2\theta$

그림 8-9 관로 입구의 형상과 손실계수

4 점차확대 부분

돌연확대보다 손실을 적게 하기 위해서 원추모양의 확대관을 사용한다. 그림 8-10과 같은 점차확대관(diffuser)은 속도가 작아지므로 속도수두를 압력수두로 바꾸어 높은 압력을 얻을 수 있다. 원추각이 큰 경우에는 확대시작점으로부터 유동박리가 일어날 수 있다.

확대부분의 손실은 식 (8-50)로부터 수정계수 ξ를 사용한

$$h_L = \xi \frac{(V_1 - V_2)^2}{2g} \tag{8-59}$$

로 나타내며 ξ의 값은 그림 8-11과 같이 된다.

손실계수는 $h_L = K\frac{V_1^2}{2g}$이고 식 (8-51)로부터 $\frac{(V_1-V_2)^2}{2g} = \left(1-\frac{A_1}{A_2}\right)^2 \frac{V_1^2}{2g}$이므로 K의 값은

$$K = \xi\left(1 - \frac{A_1}{A_2}\right)^2 \tag{8-60}$$

로 주어진다. 원추각 6°근방에서 손실계수가 가장 작다. 여기서의 손실수두는 길이 L에 걸친벽면에서의 마찰손실도 포함된 것이다.

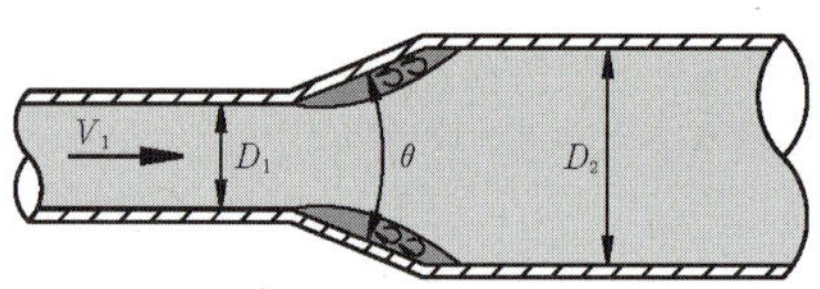

그림 8-10 점차확대관

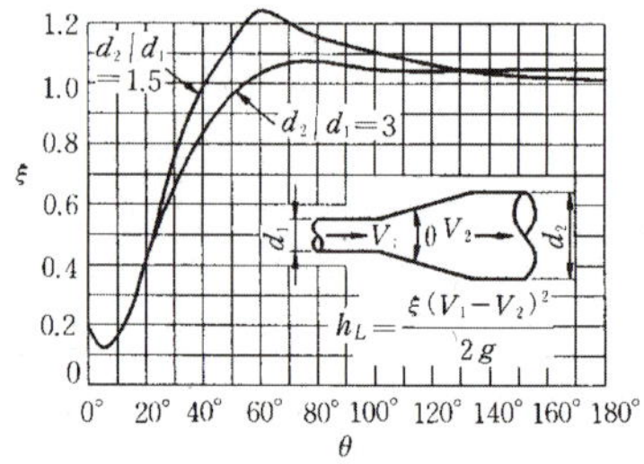

그림 8-11 원뿔확대관의 손실계수

5 점차축소 부분

점차 축소관에서 축소각이 작을 경우에는 일반적으로 마찰손실 이외의 손실은 일어나지 않는 것으로 본다. 보통 원추각 30° 이하이면 벽면마찰 이외의 손실은 무시한다. 그러나 속도가 대단히 크거나 압력이 진공압력일 경우에는 유리된 공기나 증기가 발생하여 손실이 일어난다. 즉, 소방용 노즐은 마찰손실을 포함하여 손실계수를 K=0.03~0.05로사용한다.

6 곡관과 엘보우의 손실

곡관(bend)과 엘보우(elbow)는 유체흐름의 방향을 바꾸어 주면서 그림 8-12에서 보는 바와 같이 흐름의 관성에 의하여 안쪽 벽면에 박리현상이 일어나거나 2차적 흐름이 발생하여 큰 와류와 함께 손실을 증가시키게 된다.

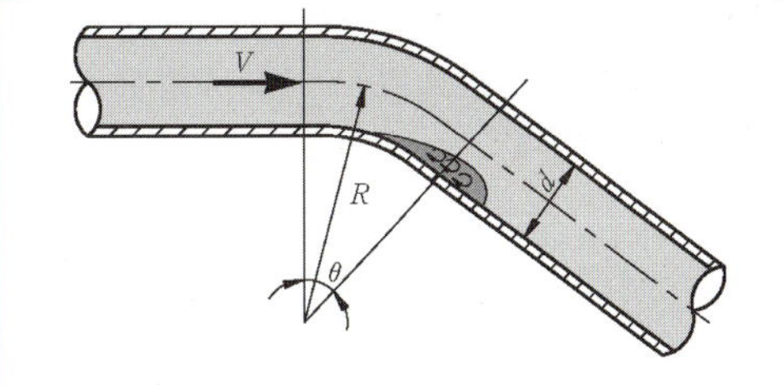

그림 8-12 곡관 내 흐름

곡관에서 R/d와 θ에 대한 손실계수가 표 8-2에 주어져 있으며, 이때 손실계수 K는 길이 L에 걸친 벽면에서의 손실을 포함한 손실계수이다. 여기서 d는 관의 안지름을 말한다.

엘보우는 곡관에 비해 만곡이 심한 배관 부속기기이다. 엘보우의 손실계수 K는 그림 8-13에 나타나 있다.

표 8-2 곡관의 손실계수 K

벽면	θ \ R/d	1	2	4	6	10
매끈한 벽	15°	0.03	0.03	0.03	0.03	0.03
	22.5°	0.045	0.045	0.045	0.045	0.045
	45°	0.14	0.09	0.080	0.08	0.07
	60°	0.19	0.12	0.095	0.085	0.07
	90°	0.21	0.135	0.10	0.085	0.0105
거친 벽	90°	0.51	0.30	0.23	0.18	0.20

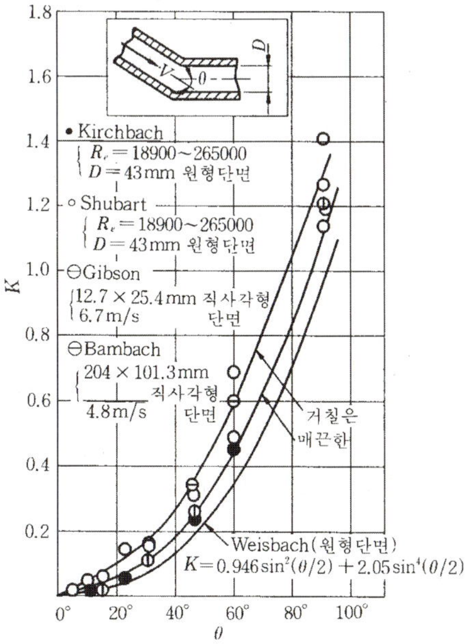

그림 8-13 엘보우의 손실계수

예제10

그림과 같이 150m의 높이에 있는 탱크에서 낮은 곳에 있는 탱크로 기름($\nu=4\times10^{-5}m^2/s$, $s=0.9$)이 $0.028m^3/s$의 유량으로 흐르고 있다. 매끈한 관의 지름이 15cm이고 그림과 같은 관로를 가질 때 낮은 탱크의 높이를 구하여라.

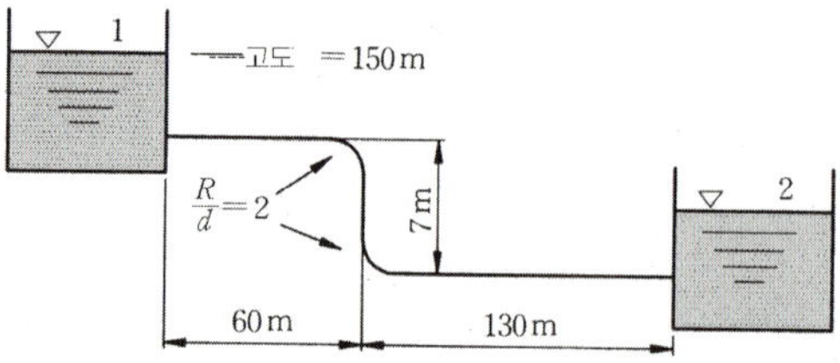

$$\frac{V_1^2}{2g}+\frac{p_1}{r}+z_1=\frac{V_2^2}{2g}+\frac{p_2}{r}z_2+\sum h_L$$

$$0+0+150=0+0+z_2+f\frac{L}{D}\frac{V^2}{2g}+2K_b\frac{V^2}{2g}+K_e\frac{V^2}{2g}+K_o\frac{V^2}{2g}$$

여기서 K_b, K_e, K_o는 각각 곡관, 입구 및 출구에서의 손실계수이다.

표 (8-2)에서 $K_b=0.135$

식 (8-58)에서 $K_e=0.5$

식 (8-57)에서 $K_o=1.0$이다.

마찰계수 f를 구하기 위하여 Re 수를 구하면 $Re=\frac{V\cdot D}{\nu}$

그런데 $V=\frac{Q}{A}=\frac{0.028}{\pi\times0.15^2/4}=1.58m/s$

$\therefore\ Re=\frac{1.58\times0.15}{4\times10^{-5}}=5925$

따라서 흐름은 난류이고 매끈한 관일 경우 그림 8-5의 무디선도로부터 $f=0.035$

$$\therefore\ z_2=150-\frac{V_2}{2g}\left(f\frac{L}{D}+2K_b+K_e+K_o\right)$$

$$z_2=150-\frac{1.58^2}{2\times9.8}\left[0.035\times\frac{(60+7+130)}{0.15}+2\times0.135+0.5+1.0\right]=143.9m$$

상기 식의 계산결과로 보아 부차적 손실은 관의 길이가 큰 경우에는 무시할 수 있는 값임을 알 수 있다.

7 밸브에서의 손실

여러 가지 종류의 밸브(valve)가 관로 속의 유량 또는 흐름의 방향을 제어(control)하기 위하여 사용된다. 주로 사용하는 밸브로서는 글로브(globe) 밸브, 앵글(angle) 밸브, 게이트(gate) 밸브, 버터플라이(butterfly) 밸브, 체크(check) 밸브 등이 있다. 밸브가 달린 부분에서는 유로와 흐름의 단면적이 복잡하게 변화하여 난류와 와류현상으로 인한 손실수두가 생긴다. 밸브의 손실수두의 크기는 위와 마찬가지로 식 (8-44)로부터 계산된다. 여기서 V 는 관로 속에서 밸브의 영향을 받지 않는 곳에 있어서의 평균유속이다. 모든 밸브의 손실계수는 밸브의 개도에 따라 달라진다.

• 슬루스 밸브

그림 8-14의 슬루스 밸브(sluice valve) 또는 게이트 밸브는 원판이 육로를 막는 구조로 되어 있다. 주로 밸브 선단의 직후에 있어서의 흐름의 단면적이 급확대되므로 인하여 수두손실이 생긴다. x/d가 적을수록 손실수두는 커져서 관로의 유량이 감소한다. 표 8-3은 손실계수의 값을 나타낸 것이다.

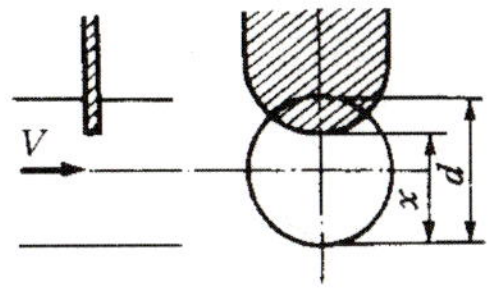

그림 8-14 슬루스 밸브

표 8-3 슬루스 밸브의 K의 값

호칭구경 (in)	x/d					
	1/8	1/4	3/8	1/2	3/4	1
1/2	374	536	18.26	7.74	2.204	0.808
3/4	308	40.3	10.15	4.23	0.920	0.280
1	211	34.9	9.91	3.54	0.882	0.233
2	146	22.5	7.15	3.22	0.739	0.175
4	67.2	13.0	4.62	1.93	0.412	0.164

• 글로브 밸브

그림 8-15의 글로브 밸브(glove valve)에 있어서도 x/d_1이 커질수록 K는 작아지지만(표 8-4) 완전히 열렸을 때도 K는 6~8의 값이다.

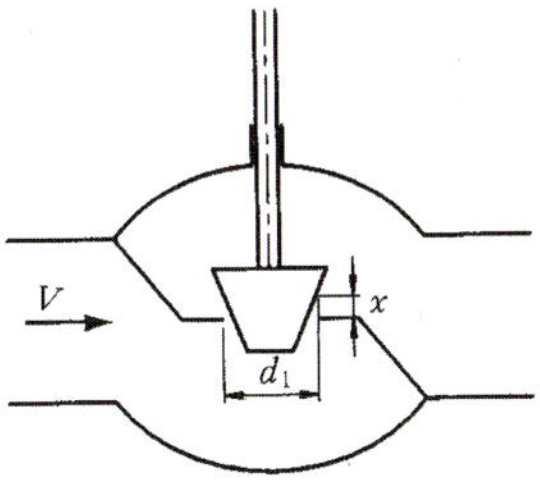

그림 8-15 글로브 밸브

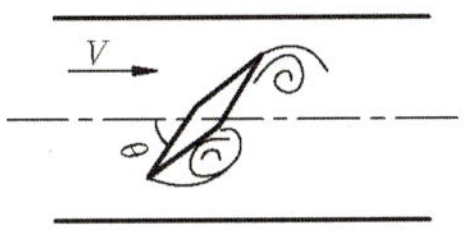

그림 8-16 버터플라이 밸브

표 8-4 글로브 밸브의 K의 값(d_1 =1in)

x/d_1	1/4	1/2	3/4	1
K	16.3	10.3	7.63	6.09

예제11

글로브밸브($k=10$)에 의한 손실을 안지름 20cm이고 관마찰계수 $f=0.025$인 관의 길이로 환산한다면 관의 상당길이는 몇 m인가?

식 (8-46)으로부터 $Le = \frac{k \cdot d}{f} = \frac{10 \times 0.2}{0.025} = 80\text{m}$

• 버터플라이 밸브

그림 8-16의 버터플라이 밸브(butterfly valve)에 있어서는 밸브판의 경사각 θ가 커지면 밸브 직후의 단면적의 급증이 현저해져서 손실계수 K가 커진다(표 8-5).
원형 나비 너트 밸브에서 $\theta=0$일 때는

$$K \fallingdotseq \frac{t}{d_o}$$

이다. 단, t, d_o는 각각 밸브 원판의 두께와 지름이다.

표 8-5 버터플라이 밸브의 K의 값

θ	5°	10°	15°	20°	25°	30°	40°	50°	60°	70°
K(원형)	0.24	0.52	0.90	1.54	2.51	3.90	10.8	32.	118	751
K(사각형)	0.82	0.45	0.77	1.34	216	3.54	9.3	24.9	77.4	368

• 콕

그림 8-17과 같은 콕(cock)에 있어서도 각 θ의 증가와 함께 흐름의 단면적의 변화가 현저해지고, 손실계수 K는 커진다(표 8-6).

표 8-6 원형 콕의 K의 값

θ	5°	10°	15°	20°	30°	40°	50°	55°	60°
K	0.05	0.29	0.75	1.56	5.47	17.3	52.6	106	203

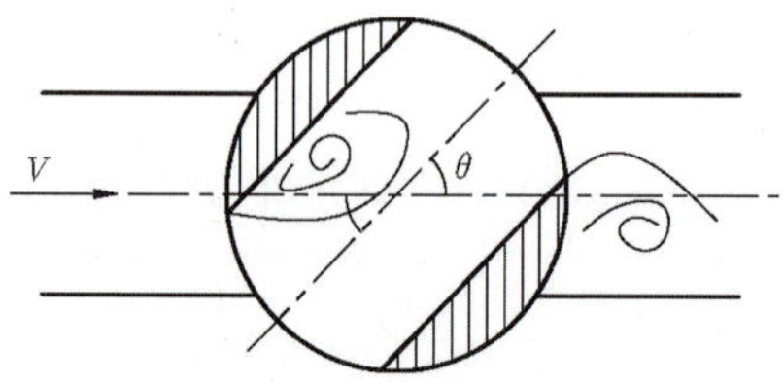

그림 8-17 콕

예제12

길이 2m, 지름이 5cm인 배관이 탱크의 수면으로부터 4m 밑에 붙어 있다. 탱크 가까이에 그림과 같이 글로브 밸브(완전 개방 시 $K=10$)를 설치하였다. 글로브 밸브를 완전히 열었을 때 유량 Q를 구하라. (단, 관마찰계수는 $f=0.02$이다.)

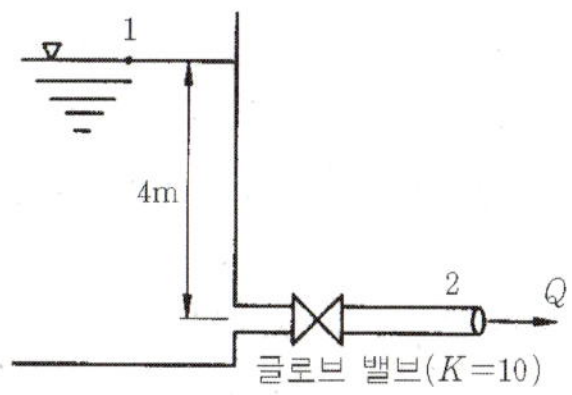

관내의 속도를 V라 하면 총 손실 수두=관입구 손실+로브 밸브 손실+관마찰손실

$$\therefore\ h_L = 0.5\frac{V^2}{2g} + 10\frac{V^2}{2g} + 0.02\frac{2}{0.05}\frac{V^2}{2g} = 11.3\frac{V^2}{2g}$$

1점과 2점 사이에 베르누이식을 적용하면 2점의 $p_2 = 0$(대기압)이므로

$$\frac{V_1^2}{2g} + \frac{p_1}{\rho g} + z_1 = \frac{V_2^2}{2g} + \frac{p_2}{\rho g} + z_2 + h_L$$

$$0+0+4 = \frac{V^2}{2\times 9.8} + 0 + 0 + 11.3\frac{V^2}{2\times 9.8}$$

$$\therefore\ V = 2.525\frac{\text{m}}{\text{s}}$$

유량 $Q = A \cdot V = \dfrac{\pi \times 0.05^2}{4} \times 2.525 = 0.00496\dfrac{\text{m}^3}{\text{s}}$

8-4 : 복합관로에서의 흐름

지금까지는 하나의 관로에 대하여 공부했으나 실제의 배관계통은 여러 개의 크고 작은 관로들이 복합적으로 결합되어 매우 복잡하며 더욱이 다지관이나 관로망 등에 관한 문제는 시행착오법(try and error method, 試行錯誤法)에 의한 근사적인 해답을 구할 수밖에 없다. 그리고 문제의 복잡성을 덜기 위하여 상대적으로

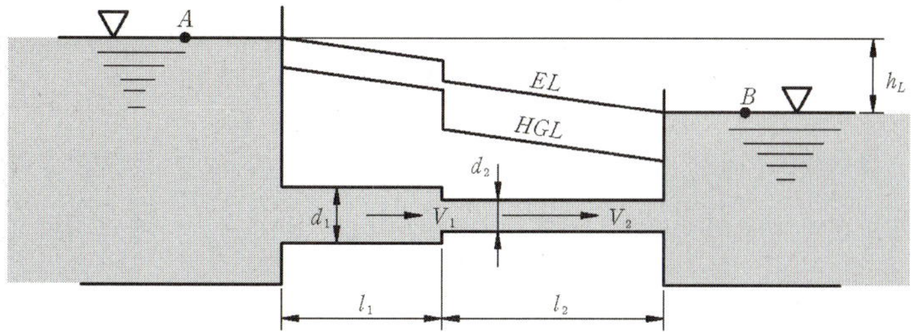

그림 8-18 직렬관

작은 양이면 부차적 손실을 무시하거나 속도수두를 무시할 때도 있다. 앞에서 설명했던 EL은 관마찰 손실로 인하여 유동방향에 따라 내려가게 된다. 만일 속도수두를 무시하면 EL과 HGL은 서로 일치하게 된다. 이 절에서는 크고 작은 관이 직렬로 연결된 직렬관, 병렬로 연결된 병렬관, 한 개의 관에서 여러 개의 관으로 나누어지는 분기관, 관로가 그물처럼 결합되어 있는 관로망에 대해서 고찰해 보기로 한다.

1 직렬관

관로의 지름과 길이가 다른 2개 이상의 관로가 한 줄로 연결된 것을 직렬관(series pipes, 直列管)이라고 한다. 그림 8-18과 같이 두 저수지를 연결한 관로를 통하여 물이 흐르는 경우 유량이 주어지면 손실수두는 각 부분의 합으로 계산된다.

$$Q = Q_1 = Q_2 \quad (8\text{-}61)$$

$$h_L = h_{L1} + h_{L2} + h_{L3} \cdots\cdots \quad (8\text{-}62)$$

A저수지의 물이 관로를 통한 다음 B저수지의 물이 되었다면 물이 흐르면서 갖게 된 전 손실수두는 두 저수지의 수위차 h_L이다. 그림에서 관의 유동면적이 변하므로

$$h_L = K_1\frac{V_1^2}{2g} + f_1\frac{l_1}{d_1}\frac{V_1^2}{2g} + K_2\frac{V_2^2}{2g} + f_2\frac{l_2}{d_2}\frac{V_2^2}{2g} + K_3\frac{V_2^2}{2g}$$

↑ 돌연축소 ↑ 돌연축소 ↑ 돌연확대

그런데 $V_1 = \frac{A_2}{A_1}V_2$이므로 모든 V_1을 V_2로 바꾸면

$$h_L = \frac{V_2^2}{2g}\left\{K_1\left(\frac{V_1}{V_2}\right)^2 + f_1\frac{l_1}{d_1}\left(\frac{V_1}{V_2}\right)^2 + K_2 + f_2\frac{l_2}{d_2} + K_3\right\}$$

입구 및 출구손실, $K_1 = 0.5$이고 $K_3 = 1.0$이므로

$$h_L = \frac{V_2^2}{2g}\left\{0.2\left(\frac{A_2}{A_1}\right)^2 + f_1\frac{l_1}{d_1}\left(\frac{A_2}{A_1}\right)^2 + K_2 + f_2\frac{l_2}{d_2} + 1.0\right\}$$

이다. 여기서 f_1, f_2를 알면 주어진 수면차에 대한 속도 V_2를 구할 수 있고 유량도 구할 수 있다. 반대로 유량이 주어진 양이라 하면 필요한 수면차 h_L을 계산할 수 있다. V_2와 f_1, f_2가 주어지지 않았다면 무디선도를 이용하는 시행착오법을 써서 f_1과 f_2를 가정하고 V_2를 구한다. 즉, 가정된 f값에 의하여 구해진 V_2로 레이놀드수 Re를 계산하고 이 Re와 상대조도 e/d으로 무디선도에서 f를 구하여 가정한 값과

비교하는 것이다.

위 식에서 l_1과 l_2가 큰 값이면 부차적 손실을 무시하고 전 손실수두는 관 마찰에 의한 손실수두만의 합으로 표시될 수 있다. 즉 관로의 길이와 부속기기수에 따라 부차적 손실이 중요할 수도 있고 무시될 수도 있다.

예제13

그림 8-18에서 d_1, d_2가 각각 200mm, 100mm, l_1, l_2가 800m, 1200m, f_1, f_2가 0.03, 0.02라고 하면 수면의 높이차가 60m일 때 유량 Q를 구하여라.

$A_2/A_1 = 1/4$이므로 표 8-1에서 $K_2 = 0.36$으로 보고 $V_1 = V_2/4$이므로 식 (8-63)으로부터

$$60 = \frac{V_2^2}{2g}\left(0.5\times\frac{1}{16}+0.03\times\frac{800}{0.2}\times\frac{1}{16}+0.36+0.02\times\frac{1200}{0.1}+1\right)$$

$$V_2^2 = 60\times2\times9.8\times\frac{1}{249} = 4.72 \qquad \therefore V_2 = 2.17\frac{m}{\sec}$$

$$Q = \frac{\pi}{4}\times0.1^2\times2.17 = 0.017\frac{\mathrm{m}^3}{\mathrm{s}}$$

2 등가길이

직렬관에서 크기가 다른 관로를 하나의 관로로 통일해서 등가길이(equivalent lengh)로 나타낼 수 있다. 등가길이로 나타내려면 하나의 지름으로 통일해야 한다. 앞서 말한 대로 등가길이란 지름이 다른 관이나 부속기기에서 생기는 손실수두와 같은 크기의 손실수두를 갖는 통일된 지름의 직선관의 길이를 말한다. 지금 그림 8-18과 같은 직렬관에서 지름이 d_2인 단일관만으로 이루어졌다고 생각해 보자. 즉 하나로 통일된 지름을 d_2라 하자. 그러면 지름 d_1인 관에서의 손실을 통일된 지름 d_2인 관에 상당하는 등가길이로 나타내려면 지름 d_1, 길이 L_1인 관에서의 손실수두와 같은 크기의 손실수두를 갖는 지름 d_2인 관의 길이가 되므로 이것을 L_{1e}라 하면

$$h_{L1} = f_1\frac{L_1}{d_1}\frac{V_1^2}{2g} = f_2\frac{L_{1e}}{d_2}\frac{V_2^2}{2g} \tag{8-63}$$

따라서

$$L_{1e} = L_1\frac{f_1}{f_2}\frac{d_2}{d_1}\left(\frac{V_1}{V_2}\right)^2$$

가 된다.

연속방정식에서 $\left(\frac{V_1}{V_2}\right)^2 = \left(\frac{d_2}{d_1}\right)^4$ 이므로 관이 직렬로 연결되어 있는 경우

$$L_{1e} = L_1 \frac{f_1}{f_2}\left(\frac{d_2}{d_1}\right)^5 \tag{8-64}$$

가 된다. 따라서 전체 손실은 지름 d_2인 관 길이에 등가길이 L_{1e}를 더함으로서 구할 수 있다.

$$h_L = h_{L1} + h_{L2} = f_2 \frac{L_{1e}}{d_2}\frac{V_2^2}{2g} + f_2 \frac{L_2}{d_2}\frac{V_2^2}{2g} = f_2 \frac{(L_2 + L_{1e})}{d_2}\frac{V_2^2}{2g}$$

예제14

상기한 예제 (8-13)에서 관길이 L_2에 가할 관길이 L_1의 등가길이 L_{1e}를 계산하여라.

$$L_{1e} = L_1 \frac{f_1}{f_2}\left(\frac{d_2}{d_1}\right)^5 = 800 \times \frac{0.03}{0.02} \times \left(\frac{1}{2}\right)^5 = 37.5\text{m}$$

3 병렬관

그림 8-19와 같이 하나의 관로점에서 병렬로 나누어져 한 개의 관로점으로 합쳐지는 관로를 병렬관(parallel pipes, 竝列管) 또는 평행관이라 한다. 그림과 같이 A점에서 유체가 가지는 기계적 에너지는 어느 경로로 가거나 같으며, 다시 B점에서의 유체도 어느 경로를 통하여 흘러 왔던 같은 에너지를 갖는 유체가 된다. 즉, 경로에 관계없이 단위중량의 유체가 손실로 잃는 에너지는 같아야 하므로 각 관로의 손실수두는 같다.

따라서 병렬관에서는 다음과 같은 방정식이 성립한다.

$$Q = Q_1 + Q_2 + Q_3 \tag{8-65}$$

또한

$$h_L = h_{L1} = h_{L2} = h_{L3} \tag{8-66}$$

$$h_L = \left(\frac{p_A}{r} + z_A\right) - \left(\frac{p_B}{r} + z_B\right)$$

위 식 (8-66)에서 부차적손실을 무시하고, 관마찰손실수두를 유량으로 표현하면

$$h_{L1} = h_{L2} = h_{L3} = f_1 \frac{L_1}{d_1}\frac{V_1^2}{2g} = f_2 \frac{L_2}{d_2}\frac{V_2^2}{2g} = f_3 \frac{L_3}{d_3}\frac{V_3^2}{2g}$$

그리고 $Q_1 = A_1 V_1 = \frac{\pi d_1^2}{4} V_1$, $Q_2 = \frac{\pi d_2^2}{4} V_2$, $Q_3 = \frac{\pi d_3^2}{4} V_3$

따라서 $V_1^2 = \frac{16 Q_1^2}{\pi^2 d_1^4}$, $V_2^2 = \frac{16 Q_2^2}{\pi^2 d_2^4}$, $V_3^2 = \frac{16 Q_3^2}{\pi^2 d_3^4}$ 이므로

$$\frac{8 f_1 L_1}{\pi^2 d_1^2} Q_1^2 = \frac{8 f_2 L_2}{\pi^2 d_2^2} Q_2^2 = \frac{8 f_3 L_3}{\pi^2 d_2^2} Q_3^2$$

여기서 각항의 계수를 각각 a^2, b^2, c^2이라 놓으면 방정식은 다음과 같이 간단히 표시된다.

$$a Q_1 = b Q_2 = c Q_3 \qquad (8\text{-}67)$$

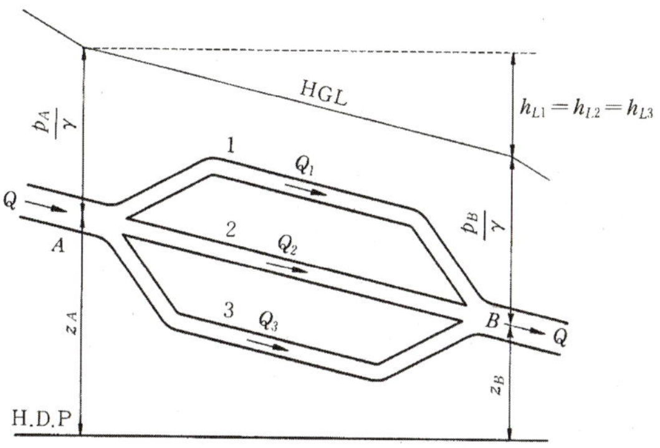

그림 8-19 병렬관

따라서 관 특성 (f, d, L)이 주어지면 a, b, c는 결정되고 총유량을 알면 세 개의 미지수 Q_1, Q_2, Q_3는 식 (8-65)와 (8-67)의 세개의 방정식으로부터 각각 구할 수 있다. 또한, 위의 사실을 응용하여 기존 관로에 병렬관을 연결하면 유량을 증가시킬 수 있다.

예제15

그림과 같은 병렬관에서 ①, ② 관로의 마찰계수는 0.03으로 같고 총유량 Q는 0.04m³/s일 때 각 관로의 유량 Q_1, Q_2를 구하여라.

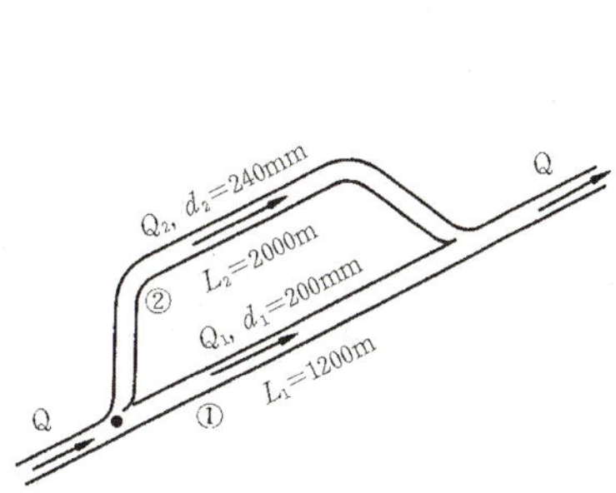

식 (8−66)에서 $0.03 \times \frac{1200}{0.2} \times \frac{V_1^2}{2g} = 0.03 \times \frac{2000}{0.24} \times \frac{V_2^2}{2g}$

위 식을 정리하면 $V_2 = 0.848\, V_1$

그런데 $V=Q/A$이므로 $\frac{Q_2}{A_2}=0.848\frac{Q_1}{A_1}$, $\frac{Q_2}{d_2^2}=0.848\frac{Q_1}{d_1^2}$에서

$$Q_2=\left(\frac{d_2}{d_1}\right)^2\times 0.848Q_1=\left(\frac{0.24}{0.2}\right)^2\times 0.848Q_1$$

$\therefore\ Q_2=1.222Q_1$ ········· (1)

또한, 그림에서

$Q_1+Q_2=0.04$ ········· (2)

식 (1), (2)를 연립하여 풀면 $2.22Q_1=0.04$

$$Q_1=\frac{0.04}{2.22}=0.018\frac{\text{m}^3}{\text{s}}$$

$$\therefore\ Q_2=0.022\frac{\text{m}^3}{\text{s}}$$

4 분지관

한 점으로부터 여러 갈래의 관로가 각각 저장용기에 연결된 것을 분지관(branching pipes, 分枝管)이라 한다. 그림 8-20과 같이 3개의 저수지로부터 형성되는 유동현상을 고려해 보자. 물탱크 A의 물을 단일관으로 보내고 도중에 물탱크 B에서의 물을 J점에서 합하여 물탱크 C로 유입하는 합류관로를 생각한다. 관로가 매우 길면 상대적으로 부차적 손실수두와 속도수두는 무시할 수 있다. 이러한 경우 그림과 같이 EL과 HGL이 일치하게 된다. 관로의 치수와 각 탱크 속의 수면의 위치 여하에 따라서는 분기점 J에서 탱크 B로 유출하는 대신 B에서 J점으로 유입하는 수도 있다. 즉 3개의 관로의 분기점인 J에서 피조미터 수두$(p/r+z)$가 B수조의 높이보다 크냐 작으냐에 따라 관로 2의 유동방향이 결정된다. 따라서 다음과 같이 2가지로 나누어 생각해 보자.

- J점에서 피조미터수두가 B수조보다 높은 경우

이런 경우에는 그림 8-20(a)에서 보는 바와 같이 J점에서 B수조로 물이 흐른다. 임의의 기준면에서 재어 물탱크 속의 액면의 높이를 각각 H_1, H_2, H_3, J점의 높이를 H라 하고, 관로 AJ, BJ, CJ의 내경을 d_1, d_2, d_3, 길이를 l_1, l_2, l_3, 마찰계수를 f_1, f_2, f_3라 한다. 연속방정식과 에너지방정식이 성립해야 하므로 AJ, BJ, CJ 사이에 각각 베르누이식을 적용하고 $V=Q/A$임을 고려하면,

1. $Q_1=Q_2+Q_3$ (8-68)

2. $AJ: H_1-H=f_1\frac{l_1}{d_1}\frac{V_1^2}{2g}=\frac{8}{g\pi^2}\frac{f_1l_1}{d_1^5}Q_1^2$ (8-69)

$$JB: H-H_2=f_2\frac{l_2}{d_2}\frac{V_2^2}{2g}=\frac{8}{g\pi^2}\frac{f_2l_2}{d_2^5}Q_2^2$$

$$JC: H-H_3=f_3\frac{l_3}{d_3}\frac{V_3^2}{2g}=\frac{8}{g\pi^2}\frac{f_3l_3}{d_3^5}Q_3^2$$

상기 식에서 미지수가 Q_1, Q_2, Q_3, H로 4개이고 주어진 식이 4개이므로 각각의 값을 구할 수 있다. 계산을 편리하게 하기 위하여 우선 H값을 가정한 후 식 (8-69)에 의해서 Q_1, Q_2, Q_3를 구한 다음 식 (8-68)의 연속방정식과 비교하여 다시 가정값을 조정하는 시행착오법을 사용한다. 이러한 반복계산 결과 가정한 값과 결론이 거의 일치하면 끝나게 된다. 관로의 유량이 구해지면 각 관의 유속도 정해지게 된다.

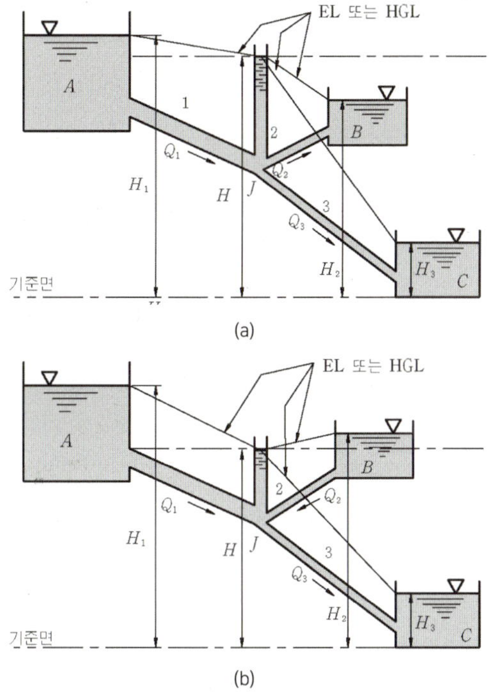

그림 8-20 **분지관**

- J점에서 피조미터수두가 B수조보다 낮을 경우

그림 8-20(b)와 같은 경우에는 B수조에서 J점으로 물이 흐른다. 따라서

1. $Q_1 + Q_2 = Q_3$

2. $AJ : H_1 - H = f_1 \dfrac{l_1}{d_1} \dfrac{V_1^2}{2g} = \dfrac{8}{g\pi^2} \dfrac{f_1 l_1}{d_1^5} Q_1^2$

$$BJ : H_2 - H = f_2 \frac{l_2}{d_2} \frac{V_2^2}{2g} = \frac{8}{g\pi^2} \frac{f_2 l_2}{d_2^5} Q_2^2 \tag{8-70}$$

$$JC : H - H_3 = f_3 \frac{l_3}{d_3} \frac{V_3^2}{2g} = \frac{8}{g\pi^2} \frac{f_3 l_3}{d_3^5} Q_3^2$$

예제16

그림에서 다음 값들이 주어질 때 각 관로의 유량을 구하여라.

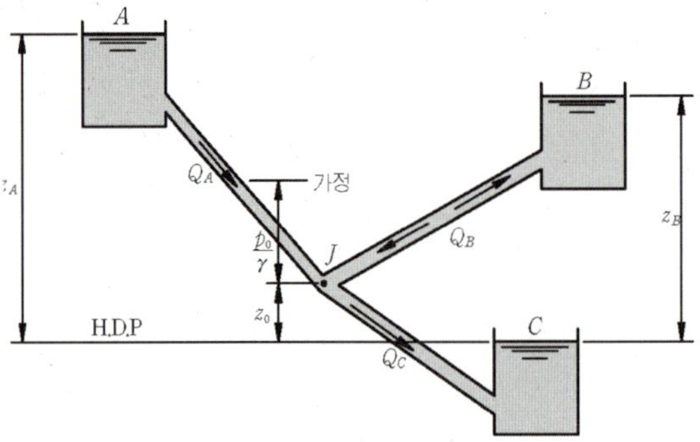

$z_A=30$,	$d_A=30$cm,	$L_A=1000$,	$f_A=0.02$
$z_B=12$,	$d_B=25$cm,	$L_B=800$,	$f_B=0.03$
$z_C=0$,	$d_C=40$cm,	$L_C=600$,	$f_C=0.024$

$z_o+\frac{p_o}{r}=10\text{m}$ 로 가정하면 J점에서 피조미터수두가 B수조보다 낮으므로 식 (8-70)에서

$$20=0.02\times\frac{1000}{0.3}\times\frac{V_A^2}{2\times 9.8},\ V_A=2.4248,\ Q_A=0.1714 \quad \cdots\cdots (1)$$

$$2=0.03\times\frac{800}{0.25}\times\frac{V_B^2}{2\times 9.8},\ V_B=0.6390,\ Q_B=0.0313 \quad \cdots\cdots (2)$$

$$10=0.024\times\frac{500}{0.4}\times\frac{V_C^2}{2\times 9.8},\ V_C=2.3333,\ Q_C=0.2932 \quad \cdots\cdots (3)$$

$Q_A+Q_B<Q_C$ 이므로 가정을 조금 더 작게 잡아야 함을 알 수 있다. $z_o+p_o/r=6\text{m}$ 로 가정하면

$$24=\frac{200}{3}\times\frac{V_A^2}{19.6},\ V_A=2.6563,\ Q_A=0.1878$$

$$6=\frac{240}{2.5}\times\frac{V_B^2}{19.6},\ V_B=1.1068,\ Q_B=0.0543$$

$$6=36\times\frac{V_C^2}{19.6},\ V_C=1.8074,\ Q_C=0.2271$$

$0.1878+0.0543>0.2271$ 이므로 아직 만족스럽지는 못하다.
다음에는 가정을 보간법에 의해 약간 크게 잡아 $z_o+p_o/r=6.6\text{m}$ 로 가정하면

$$23.4=\frac{200}{3}\times\frac{V_A^2}{19.6},\ V_A=2.6229,\ Q_A=0.1854$$

$$5.4=\frac{240}{2.5}\times\frac{V_B^2}{19.6},\ V_B=1.0500,\ Q_B=0.0515$$

$$6.6=36\times\frac{V_C^2}{19.6},\ V_C=1.8956,\ Q_C=0.2382$$

$0.1854+0.0515=0.2382$ 이므로 위 가정에 만족하면 유량은 확정된다.
그리고 너무 정확하게 계산을 되풀이 할 필요가 없는 것은 위의 식 자체가 근사적인 것이기 때문이다.

5 관로망

관로가 여러 개의 병렬관으로 엮어져서 그물망처럼 복잡하게 얽힌 배관을 관로망(pipe network, 管路網)이라 한다. 관로망은 도시의 상수도 구조나 대부분의 생산공정 과정에서 나타난다. 관로망 내의 한 관로에서 유동방향과 유량의 결정은 그리 쉬운 문제가 아니다. 1~2개의 그물망을 가진 단순한 경우를 제외하고는 일반적으로 그 해석이 매우 복잡하고 수치계산을 반복하여 근사해를 얻을 수밖에 없다. 복잡한 수치계산의 반복은 전자계산기의 출현으로 상당히 쉬워졌으며, 기본원리가 간단하므로 아날로그 컴퓨터를 이용하면 간단히 해답을 얻을 수 있다. 실제적인 풀이과정은 아래와 같은 하디-크로스(Hardy Cross)가 제안한 해법을 통해서 설명해 보고자 한다.

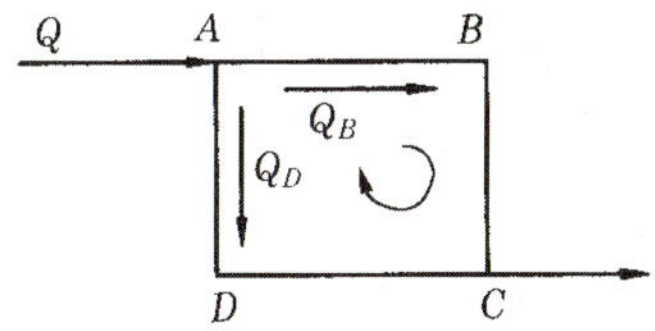

그림 8-21

그림 (8-21)과 같은 단순회로망에서 A와 C 사이의 손실수두는 경로에 관계없이 일정하다.

$$h_{L(ABC)} = h_{L(ADC)}$$

또는

$$h_{L(ABC)} - h_{L(ADC)} = 0$$

이 관계식을 일반적으로 생각하면 하나의 폐회로를 순환하는 손실수두의 총합은 0이다.
이때 흐름방향과 반대방향으로는 손실수두를 (-)로 잡는다.
손실수두와 유량의 관계식은

$$h_L = kQ^n \tag{8-71}$$

로 주어질 수 있다. 여기서 k와 n은 경험에 의하여 구해지는 상수이다. 위 식에 의하면 손실수두 h_L은 유량 Q만의 함수가 된다. 하겐-윌리암스(Hagen-*Williams) 공식에 의하면 $n=1.85$이다. 관로망의 각 관이 충분히 길고 또 관마찰손실이 커서 국부손실을 무시할 수 있을 때 앞에서 배운 달시(Darcy) 방정식 (8-23)을 적용하면

$$h_L = f\frac{L}{D}\frac{V^2}{2g} = f\frac{L}{D}\frac{1}{2g}\left(\frac{4Q}{\pi D^2}\right)^2 = kQ^2 \tag{8-72}$$

이므로 $n=2$가 되고 $k=8fL/g\pi^2D^5$이 됨을 알 수 있다.

아무리 복잡한 관로망이라 할 지라도 아래와 같이 연속방정식과 에너지방정식은 만족시켜야 한다.

- 어느 분기점에서든지 들어온 유량의 합은 나간 유량의 합과 같다.
- 각각의 곧은 관로에서는 단일관로와 같이 관마찰계산식이 만족되어야 한다.
- 어느 폐회로 내를 순환하는 총 손실수두의 합은 0이다.

지금 어느 한 관로의 실제의 참유량을 Q_o, 가정된 유량을 Q, 보정유량을 $\triangle Q$라 하면

$$Q_o = Q + \triangle Q \qquad (8\text{-}73)$$

$$kQ_o^n = k(Q+\triangle Q)^n = k(Q^n + nQ^{n-1}\triangle Q + \cdots)$$

여기서 $\triangle Q$는 Q에 비하여 작다고 보고 2차항 이후의 항을 무시하면 그림 8-21에 대한 회로의 손실수두 식에서

$$k_B({Q_B}^n + n{Q_B}^{n-1}\triangle Q) - k_D({Q_D}^n + n{Q_D}^{n-1}\triangle Q) = 0 \qquad (8\text{-}74)$$

$$\triangle Q = -\frac{k_B{Q_B}^n - k_D{Q_D}^n}{n(k_B{Q_B}^{n-1} - k_D{Q_D}^{n-1})}$$

따라서 일반적으로는 다음 방정식이 성립함을 알 수 있다.

$$\triangle Q = -\frac{\Sigma k_i {Q_i}^n}{\Sigma n k_i {Q_i}^{n-1}} = -\frac{\Sigma h_{Li}}{n\Sigma\left(\frac{h_{Li}}{Q_i}\right)} \qquad (8\text{-}75)$$

위 식에서 $\triangle Q$가 0이 되기 위해서는 $\Sigma h_L = 0$이 되어야 하며, 실제로 0이 아니라도 $\triangle Q$가 만족할 만큼 작은 값이면 그때의 가정된 유량을 참유량으로 보는 것이다. 이것을 하디-크로스(Hardy Cross)의 근사해법이라 한다. 위 식을 사용할 때 유의할 점은 분자의 손실수두합을 구할 때 음의 손실수두가 있으나 분모는 항상 양수로 된다는 점이다.

예제 17

그림과 같은 단순회로망에서 각 관로의 유량을 구하여라. (단, $n = 2$이다.)

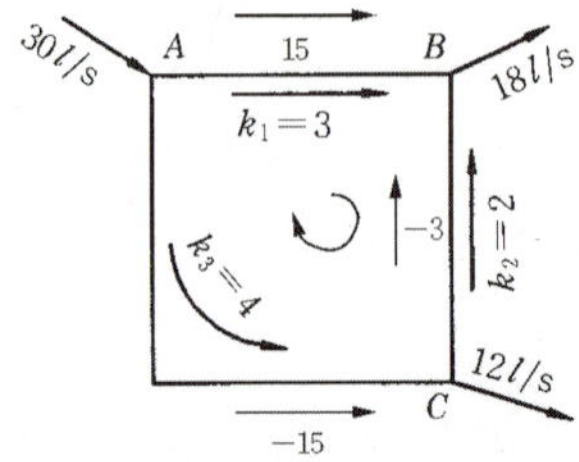

첫 번째 가정으로서 관로 $AB = 15l/s$, $BC = -3l/s$, $AC = -15l/s$라고 하자.
그러면 $n = 2$이므로 식 (8-75)에서

관로	가정된 유량	$k_iQ_i^n$	nk_iQ^{n-1}	$\triangle Q$
AB	15	$3\times15^2 = 675$	$2\times3\times15 = 90$	$\triangle Q = -\dfrac{\sum k_iQ_i^n}{\sum nk_iQ_i^{n-1}}$
BC	-3	$-2\times3^2 = 18$	$2\times2\times3 = 12$	
CA	-15	$-4\times15^2 = -900$	$2\times4\times15 = 120$	$= -\left(\dfrac{-243}{222}\right)$
		$\sum k_iQ_i^n = -243$	$\sum nk_iQ_i^{n-1} = 222$	$= 1.09$

$\triangle Q$가 1.09이므로
두 번째 가정은 $AB = 15 + 1.09 = 16.09l/s$, $BC = -3 + 1.09 = -1.91l/s$, $AC = -15 + 1.09 = -13.91l/s$라 하자.
그러면

AB	16.09	$3\times(16.09)^2 = 776.66$	$2\times3\times16.09 = 96.54$	$\triangle Q = -\left(\dfrac{-4.59}{215.46}\right)$
BC	-1.90	$-2\times(1.91)^2 = -7.3$	$2\times2\times1.91 = 7.64$	$= 0.02$
CA	-13.91	$-4\times(13.91)^2 = 773.95$	$2\times4\times13.91 = 111.28$	
		-4.59	215.46	

$\triangle Q$가 0.02이므로
두 번째 가정은 $AB = 16.09 + 0.02 = 16.11l/s$, $BC = -1.91 + 0.02 = -1.89l/s$, $AC = -13.91 + 0.02 = -13.89l/s$라 하자. 그러면

AB	16.11	$3\times(16.11)^2 = 778.66$	$2\times3\times16.11 = 96.66$	$\triangle Q = -\left(\dfrac{-0.27}{215.34}\right)$
BC	-1.89	$-2\times(1.89)^2 = -7.14$	$2\times2\times1.89 = 7.56$	$= 0.00013$
CA	-13.89	$-4\times(13.89)^2 = 771.73$	$2\times4\times13.89 = 111.12$	
		0.27	215.34	

위와 같이 3번째 보정유량은 만족할 만큼 작으므로 3번째 가정된 유량을 각 관로의 참유량으로 본다.

[별해]

이 문제의 경우는 특별히 다음과 같이 병렬관의 해법을 적용하여도 간단히 유량을 계산할 수 있다.
AB, BC, AC 관로의 유량을 각각 Q_1, Q_2, Q_3라 하면

$3Q_1^2 - 2Q_2^2 - 4Q_3^2 = 0$ .... (1)

$Q_1 + Q_2 = 18$ .... (2)

$Q_3 - Q_2 = 12$ .... (3)

식 (2) (3)의 Q_1, Q_3값을 식 (1)에 대입하여 Q_2를 구하면

$3(18 - Q_2)^2 - 2Q_2^2 - 4(12 + Q_2)^2 = 0$

$3Q_2^2 - 204Q_2 - 396 = 0$

$Q_2 = -69.89$ 또는 1.89

Q_2는 −69.89는 될 수 없으므로 $Q_2 = 1.89$

$Q_1 = 16.11(l/s)$

$Q_3 = 13.89(l/s)$

CHAPTER 08

관속에서의 흐름 / 기본문제

01

지름이 5cm의 원관에 2m/s의 유속으로 기름이 흐르고 있다. 이때 기름의 동점성계수 $\nu=2\times10^{-4}$ m^2/s라 하면 관마찰계수 f는 얼마인가?

풀이

$$Re=\frac{Vd}{\nu}=\frac{2\times0.05}{2\times10^{-4}}=500<2100 \quad \therefore \text{층류}$$

따라서 마찰계수 f는

$$f=\frac{64}{Re}=\frac{64}{500}=0.128$$

02

지름 4cm인 매끈한 원관에 물($\nu=1.15\times10^{-6}$ m^2/s)이 2m/s의 속도로 흐르고 있다. 길이 50m에 대한 손실수두는 몇 m가 되는가?

풀이

$$Re=\frac{Vd}{\nu}=\frac{2\times0.04}{1.15\times10^{-6}}=69565>2100 \quad \therefore \text{난류}$$

난류에 대한 관마찰계수공식 (8-35)에서

$$f=0.3164Re^{-1/4}=0.3164(69565)^{1/4}=0.0195$$

따라서 손실수두는

$$h_L=f\frac{L}{d}\frac{V^2}{2g}=0.0195\frac{50}{0.04}\frac{2^2}{2\times9.8}=4.97\text{m}$$

03

새로운 주철관을 써서 매분 $3.8m^3$의 물을 수송할 때 손실수두가 100m당 3m이면 이때의 주철관의 지름은 얼마인가? (단, 마찰계수 $f=0.02$이다.)

풀이

$h_L=f\frac{L}{d}\frac{V^2}{2g}$에서 $V=\frac{Q}{A}=\frac{3.8/60}{\pi d^2/4}$이므로

$$3=0.02\times\frac{100}{d}\times\frac{\{(4\times3.8)/60\pi d^2\}^2}{2\times9.8}$$

여기서 $d=0.185\text{m}$

04

내경 25cm인 원관으로 1000m 떨어진 곳에 수평거리로 물을 수송하려 한다. 1시간에 $500m^3$을 보내는데, 필요한 압력은 얼마인가? (단, 관마찰계수 $f=0.03$이다.)

풀이

$$V=\frac{Q}{A}=\frac{500/3600}{\pi\times0.25^2/4}=2.83\text{m/s}$$

$$h_L=f\frac{L}{d}\frac{V^2}{2g}=0.03\times\frac{1000}{0.25}\times\frac{2.83^2}{2\times9.8}=49.03\text{m}$$

$$\triangle p=rh_L=9800\times49.03=480494\frac{\text{N}}{\text{m}^2}=4.9\frac{\text{kg}_\text{f}}{\text{cm}^2}$$

05

20℃의 공기를 지름 500mm인 공업용 강관을 써서 $264m^3/min$로 수송할 때 100m 당의 압력강하를 수두로 표시하면 얼마가 되는가? (단, 관마찰계수 $f=0.0001$이다.)

풀이

$$V=\frac{Q}{A}=\frac{264/60}{\pi\times0.5^2/4}=22.41\frac{\text{m}}{\text{s}}$$

$$h_L=f\frac{L}{d}\frac{V^2}{2g}=0.0001\times\frac{100}{0.5}\times\frac{22.41^2}{2\times9.8}=0.512\text{m}$$

$$=512mm$$

06

0.01539m^3/s의 유량으로 지름 30cm인 주철관속을 기름(μ=0.0105kg$_f$·s/m^2, s=0.85)이 흐르고 있다. 길이 3000m에 대한 손실수두는 몇 m인가?

풀이

평균 유속 $V=\dfrac{Q}{A}=\dfrac{0.01539}{\pi\times 0.3^2/4}=0.218\dfrac{\text{m}}{\text{s}}$

밀도는 $\rho=\rho_w\cdot s=102\times 0.85=86.7\dfrac{\text{kg}_\text{f}\cdot\text{s}^2}{\text{m}^4}$

Re수는

$Re=\dfrac{\rho\cdot V\cdot d}{\mu}=\dfrac{86.7\times 0.218\times 0.3}{0.0105}=540<2100$

따라서 흐름은 층류이다. 마찰계수는

$f=\dfrac{64}{Re}=\dfrac{64}{540}=0.1185$

그러므로 손실수두는

$h_L=f\dfrac{L}{d}\dfrac{V^2}{2g}=0.1185\dfrac{3000}{0.3}\dfrac{0.218^2}{2\times 9.8}=2.87\text{m}$

07

절대압력 100kPa, 온도 15℃인 공기(절대점성계수 μ=17.95×10^{-6}N·s/m^2)가 길이 500m이고 지름이 500mm인 관속에서 평균유속 2m/s로 유동할 때 다음을 구하여라. (단, 공기의 기체상수는 R=287N·m/kg°K, 관마찰계수는 f=0.0198, 관의 절대조도는 e=0.006m이다.)

(1) 레이놀즈수
(2) 손실수두
(3) 상대조도

풀이

기체의 상태방정식

$\rho=\dfrac{p}{RT}=\dfrac{100{,}000}{287\times(15+273)}=1.21\dfrac{\text{kg}}{\text{m}^3}$

(1) $Re=\dfrac{\rho Vd}{\mu}=\dfrac{1.21\times 2\times 0.5}{17.95\times 10^{-6}}=67409$

(2) $h_L=f\dfrac{l}{d}\dfrac{V^2}{2g}=0.0198\times\dfrac{500}{0.5}\times\dfrac{2^2}{2\times 9.8}=4.041\text{m}$

(3) $\dfrac{e}{d}=\dfrac{0.006}{0.5}=0.012$

08

그림에서 비중 0.88인 유체가 75mm 단면에서 평균속도 6m/s로 흐르고 있다. 압력계 읽음을 계산하여라. (단, μ=4.5×10^{-6}m^3/s이다.)

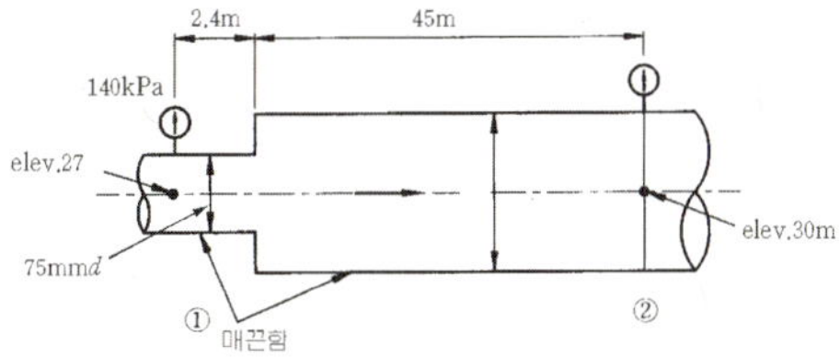

풀이

돌연확대 부분에서의 손실수두, h_{L1}은

$h_{L1}=\dfrac{(V_1-V_2)^2}{2g}$

$V_2=\dfrac{A_1}{A_2}V_1=\left(\dfrac{d_1}{d_2}\right)V_1=\left(\dfrac{75}{150}\right)^2\times 6=1.5\dfrac{\text{m}}{\text{s}}$

$\therefore\ h_{L1}=\dfrac{(6-1.5)^2}{2\times 9.8}1.033\text{m}$

관마찰에 의한 손실수두 h_{L2}는

$h_{L2}=f_1\dfrac{l_1}{d_1}\dfrac{V_1^2}{2g}+f_2\dfrac{l_2}{d_2}\dfrac{V_2^2}{2g}$

f_1과 f_2를 구하기 위하여 Re수를 구해야 하므로

$Re_1=\dfrac{V_1d_1}{\nu}=\dfrac{6\times 0.075}{4.5\times 10^{-6}}=10^5$

$Re_2=\dfrac{V_2d_2}{\nu}=\dfrac{1.5\times 0.15}{4.5\times 10^{-6}}=5\times 10^4$

무디선도에서 매끈한 관에 대하여

$f_1=0.0151,\ f_2=0.0205$

$\therefore\ h_{L2}=0.0151\times\dfrac{2.4}{0.075}\times\dfrac{6^3}{2\times 9.8}+0.0205$

$\times\dfrac{45}{0.15}\times\dfrac{1.5^2}{2\times 9.8}$

$h_{L2}=0.8875+0.706=1.593$

①점과 ②점 간의 베르누이 방정식은

$\dfrac{V_1^2}{2g}+\dfrac{p_1}{\rho g}+z_1=\dfrac{V_2^2}{2g}+\dfrac{p_2}{\rho g}+z_2+h_{L1}+h_{L2}$

$\dfrac{6^2}{29.8}+\dfrac{14\times 10^3}{1000\times 0.88\times 9.8}+27$

$=\dfrac{1.5^2}{2\times 9.8}+\dfrac{p_2}{1000\times 0.88\times 9.8}+30+1.033+1.59$

$1.837+16.23+27=0.1148+\dfrac{p_2}{8624}+32.626$

$\therefore\ p_2=106{,}301\text{N/m}^2=106.301\text{kPa}$

CHAPTER 08

관속에서의 흐름 / 기본문제

09

동점성계수가 $1.18\times10^{-3}m^2/s$인 유체가 지름 50mm 관속을 흐르고 있다. 중심에서의 속도가 3.2m/s일 때 유량과 5m 길이에서의 손실수두를 계산하여라.

풀이

층류인지 난류인지 구별하기 위해서 Re를 구해보면

$$Re=\frac{Vd}{\nu}=\frac{1.6\times0.0.5}{1.18\times10^{-3}}=68<2100$$

그러므로 층류이다. 따라서 마찰계수 $f=\frac{64}{Re}$

$$f=\frac{64}{68}=0.941$$

$$h_L=f\frac{l}{d}\frac{V^2}{2g}=0.941\times\frac{5}{0.05}\times\frac{1.6}{2\times9.8}=12.29\text{m}$$

$$Q=AV=\frac{\pi\times0.05^2}{4}\times1.6=0.00314\text{m}^3/\text{s}$$

하겐-포아즈웰 방정식에서 $h_L=\frac{128\nu LQ}{\pi d^4 g}$이므로

$$12.29=\frac{128\times1.18\times10^{-3}\times5\times Q}{\pi\times0.05^4\times9.8}\rightarrow Q=0.00314\text{m}^3/\text{s}$$

10

그림에서 터빈이 흐르는 물로부터 35J/N의 에너지를 얻고 있다. 유량을 계산하여라.

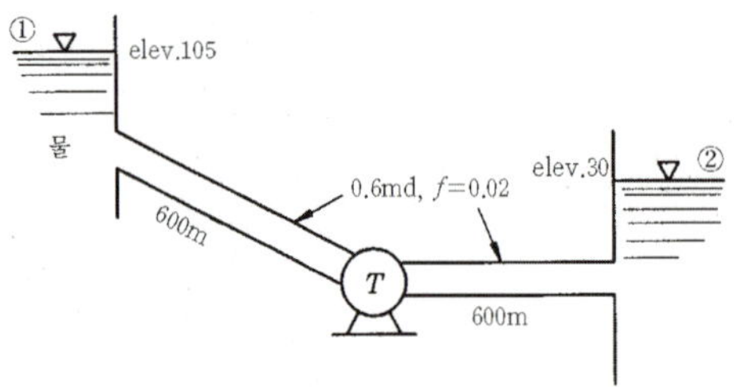

풀이

터빈이 물로부터 받는 단위중량당 에너지는

$$E_T=35\frac{J}{N}=35\frac{\text{N}\cdot\text{m}}{\text{N}}=35\text{m}$$

①, ②점 간의 베르누이 방정식은

$$\frac{V_1^2}{2g}+\frac{p_1}{2g}+z_1+E_P=\frac{V_2^2}{2g}+\frac{p_2}{\rho g}+z_2+E_T+H_L$$

E_P: 펌프수두, E_T: 터빈수두, H_L: 손실수두

$V_1=V_2=0\quad p_1=p_2=0,\ E_P=0$이고 $h_L=f\frac{l}{d}\frac{V^2}{2g}$이다.

따라서 $105=30+35+h_L\rightarrow h_L=40$

$$\therefore\ 40=0.02\times\frac{(600+600)}{0.6}\times\frac{V^2}{2\times9.8}$$

$$V=4.427\frac{\text{m}}{\text{s}}$$

따라서 $Q=AV=\frac{\pi\times0.6^2}{4}\times4.427=1.25\frac{\text{m}^3}{\text{s}}$

11

지름이 4mm이고 길이가 10m인 원관속에 20℃의 물이 흐르고 있다. 이 10m 길이에서 압력차 $\Delta p=0.1\text{kg}_\text{f}/\text{cm}^2$이며 $\mu=1.02\times10^{-8}\text{kg}_\text{f}\cdot\text{s/cm}^2$일 때 유량은 얼마인가?

풀이

층류흐름이라 가정하면 하겐-포아즈웰식을 이용할 수 있다.

유량 $Q=\frac{\Delta p\pi r_0{}^4}{8\mu L}=\frac{0.1\times10000\times\pi\times0.002^4}{8\times1.02\times10^{-8}\times10000\times10}$

$$=6.16\times10^{-6}\frac{\text{m}^3}{\text{s}}$$

평균속도 $V=\frac{Q}{A}=\frac{6.16\times10^{-6}}{\pi\times0.002^2}=0.49\frac{\text{m}}{\text{s}}$

물의 $\nu=\frac{\mu}{\rho}$에서 μ의 단위를 정리하면

$$\mu=1.02\times10^{-8}\text{kg}_\text{f}\cdot\text{s/cm}^2=1.02\times10^{-4}\frac{\text{kg}_\text{f}\cdot\text{s}}{\text{m}^2}$$

$$=9.8\times1.02\times10^{-4}\text{kg/m}\cdot\text{s}=9.996\times10^{-4}\frac{\text{kg}}{\text{m}\cdot\text{s}}$$

이므로

$$\nu=\frac{9.996\times10^{-4}}{1000}=9.996\times10^{-7}\frac{\text{m}^2}{\text{s}}$$

$$Re=\frac{V\cdot d}{\nu}=\frac{0.49\times0.004}{9.996\times10^{-7}}=1960<2100$$

따라서 층류의 가정은 옳음을 알 수 있다.

CHAPTER 08

관 속에서의 흐름 / 연습문제

해답은 486쪽에 있습니다.

01

지름 20cm인 원관에 비중 0.9, 점성계수 0.52 poise 인 유체가 평균속도 0.48m/s로 흐르고 있다. 층류, 난류를 판별하여라.

02

20℃ 1.9l/s의 물이 75mm 지름의 관 속에 흐르고 있다. 흐름은 층류인가 난류인가?

03

지름 70mm인 원관에 공기가 30m/s로 흐르고 원관의 길이 1m당 정압차가 16kg_f/m^2이었다. 공기의 밀도를 1.22kg/m^3라 하면 이 원관의 관마찰계수는 얼마인가?

04

비중 1.02인 유체가 지름 50mm의 원관을 평균속도 1m/s의 층류로 흐르고 있다. 매초당 단면을 통과하는 유체가 가지는 운동에너지(N·m/s)를 계산하여라.

05

절대압력 200kPa, 온도 20℃의 공기가 지름 100mm 관에서 층류로 흐를 수 있는 최대 유량을 계산하여라.

06

6l/s의 물(20℃)을 층류로 흐를 수 있게 하는 최소 지름을 구하여라.

07

원관에서 레이놀즈(Re)를 Q, d, ν의 항으로 표시하여라.

08

점성계수 1Pa·s인 기름이 지름 0.3m인 원관속에 흐르고 있다. 관 중심에서 최대속도는 4.5m/s이고 속도분포는 포물선일 때 벽면에서의 전단응력을 계산하여라.

09

지름 100mm의 수직원관 끝에 지름 50mm의 노즐이 부착되어 물이 흐르고 있다. 노즐 끝에서 4m 위의 관로 내 압력이 200kPa이고 이 지점에서 노즐 끝까지의 손실수두가 2m라고 할 때 관로의 유량을 계산하여라.

10

표면 표고(標高) 20m인 저수지의 물을 표면 표고 65m인 저수지로 양수하려 한다. 유량은 0.52m^3/s로 하고, 관로와 펌프에서의 손실수두가 10m라 할 때 펌프에 필요한 동력을 계산하여라.

11

2.4m^3/s의 물이 수력터빈을 통과하고 있다. 표고 50m이고, 지름 0.9m인 입구를 관에서의 압력계 읽음이 380kPa이고, 표고 45m, 지름 1.4m인 출구측 관단면의 압력계 읽음이 수은주 100mm 진공이었다면 터빈이 얻을 수 있는 동력은 얼마로 예측할 수 있겠는가? (단, 두 압력계 사이에서의 손실수두는 10m라 한다.)

관속에서의 흐름 / 연습문제

해답은 486쪽에 있습니다

12

200mm 원관을 통하여 $0.12m^3/s$의 물을 표면 표고 50m인 저수지에서 표고 70m인 언덕 넘어로 양수(揚水)하려 한다. 표고 70m인 언덕에서 관단면 압력이 300kPa로 유지되기 위하여는 펌프 동력이 얼마여야 하겠는가? (단, 저수지와 언덕 사이의 손실구도는 8m라 한다.)

13

지름 400mm인 원관속에 물이 흐르고 있다. 표고 60m인 지점과 200m 거리에 있는 표고 40m인 지점 사이에서 일어나는 손실수두와 흐름방향을 구하여라. (단, 표고 60m 지점과 40m 지점에서의 압력은 각각 240kPa와 358kPa이다.)

14

[문제 8-13]의 경우에 유량이 $0.2m^3/s$라 하면 관마찰계수는 얼마이겠는가?

15

[문제 8-13]의 경우에 벽면에서의 전단응력을 계산하여라.

16

200mm 수평원관에 유체가 흐르고 있다. 벽면에서의 전단응력이 80Pa일 때 50m 거리 사이에서의 압력강하를 계산하여라.

17

200mm 수로관의 마찰계수가 0.03이다. 관 중심선에서 40mm 떨어진 곳에서의 전단응력이 10Pa 이면 유량은 얼마인가?

18

$0.2m^3/s$의 물이 250mm 관속을 흐르고 있다. 400m 길이에 걸쳐 80kW의 손실이 일어날 때 손실수두, 마찰계수, 벽면에서의 적단응력을 계산하여라.

19

280mm 관속에 $0.3m^3/s$의 물이 상방(上方)으로 흐르고 있다. 관로상의 표고 45m 지점에서 압력계 읽음이 800kPa일 때 표고 60m이고, 앞지점에서 500m 거리에 있는 지점에서의 압력을 계산하여라. 관마찰계수는 0.03으로 가정한다.

20

242kg/min의 물이 55mm 수평원관을 통하여 흐른다. 10m 간격의 두 지점 사이의 시차(示差) 액주계 읽음이 113mm이었다. 물의 온도는 15℃이고 액주계 액체는 비중 13.6인 수은이다. 마찰계수와 레이놀즈수를 계산하여라.

21

20℃, $0.12m^3/s$의 물이 지름 140mm의 매끈한 관속을 흐르고 있다. 어떤 길이에 걸쳐 4m의 손실수두가 일어난다면, 같은 길이에서 유량이 $0.24m^3/s$일 때 손실수두는 얼마로 기대되는가?

22

동점성계수 $1.18 \times 10^{-3}m^2/s$인 유체가 50mm 관속을 흐르고 있다. 중심에서의 속도가 3.2m/s일 때 유량과 5m 길이에서의 손실수두를 계산하여라.

23

6l/s의 유체가 80mm 관속을 층류로 흐르면서 벽면에서의 전단응력이 45Pa로 알려졌다. 이 유체의 점성계수를 계산하여라.

24

비중 0.88인 유체가 레이놀즈수 1200으로 250 mm 관속을 흐르고 있다. 벽면에서 40mm 곳의 속도가 2.5m/s일 때 유량과 벽면에서의 속도구배를 계산하여라.

25

물이 아래로 흐르고 있다. 점차 확대 부분에서의 손실계수를 계산하여라.

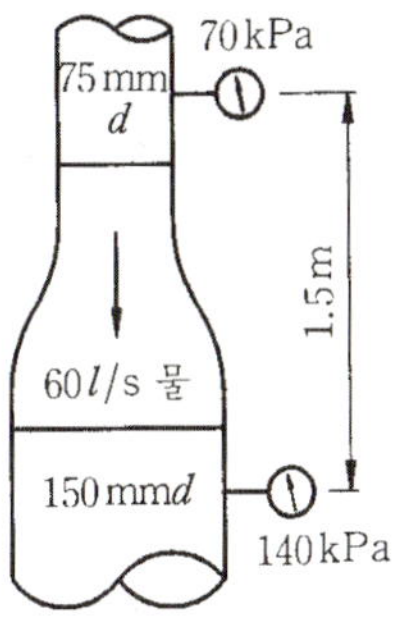

26

물이 저장용기로 흘러 들어가고 있다. 액주계의 읽음을 계산하여라.

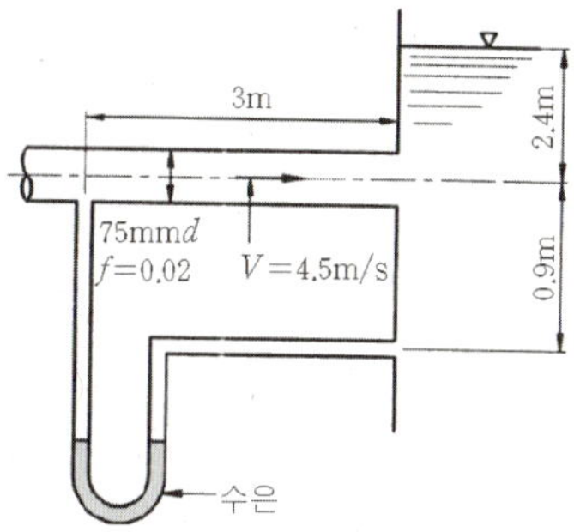

27

120mm 관속을 평균속도 1m/s로 흐르는 물이 갑자기 축소된 40mm 관으로 흐르고 있다. 120mm 관에서의 압력이 280kPa일 때 관마찰을 무시하고 축소관에서의 압력을 계산하여라.

28

물이 흐르고 있다. 300mm 관에서의 속도가 2.2 m/s일 때 압력계 읽음을 계산하여라.

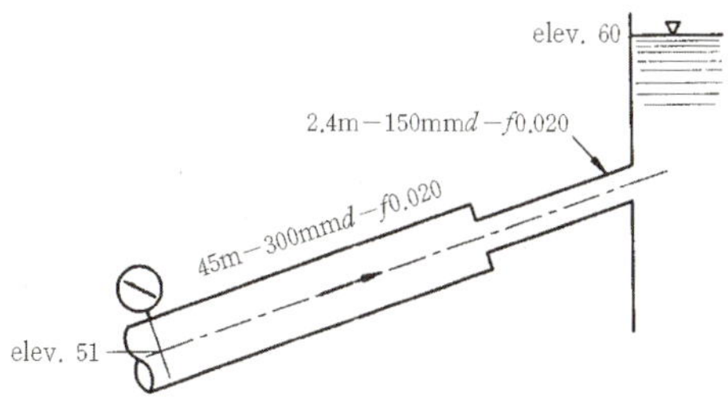

해답은 486쪽에 있습니다.

29

액주계 읽음의 방향과 크기를 계산하여라.

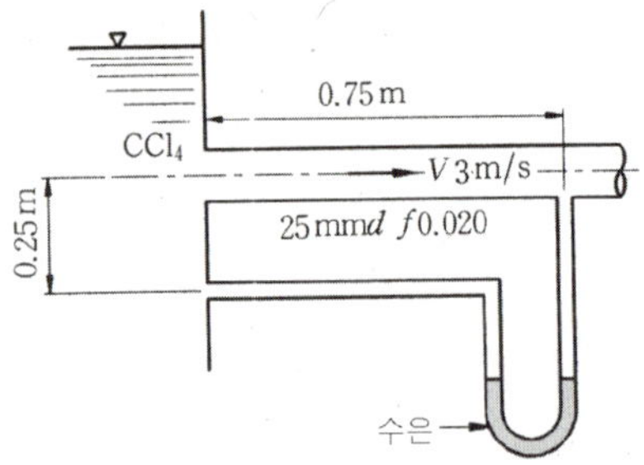

30

볼트가 받는 전인장력(全引張力)을 계산하여라. (단, 관 입구손실은 무시한다.)

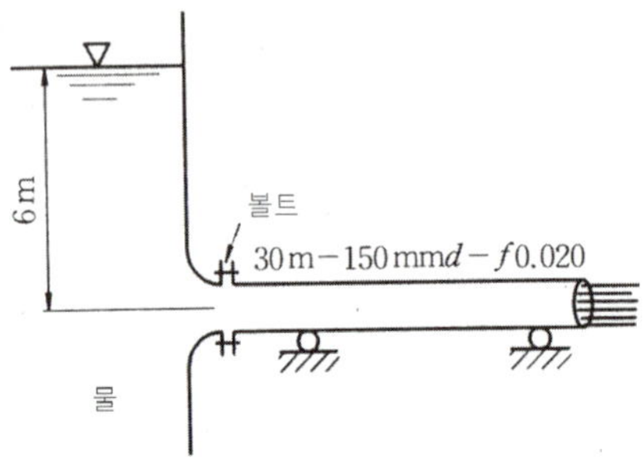

31

관로에서 마찰손실이 없을 때의 유량만큼 흐르도록 펌프가 가동되고 있다. 부분적 손실은 무시하고 펌프가 필요로 하는 동력을 계산하라.

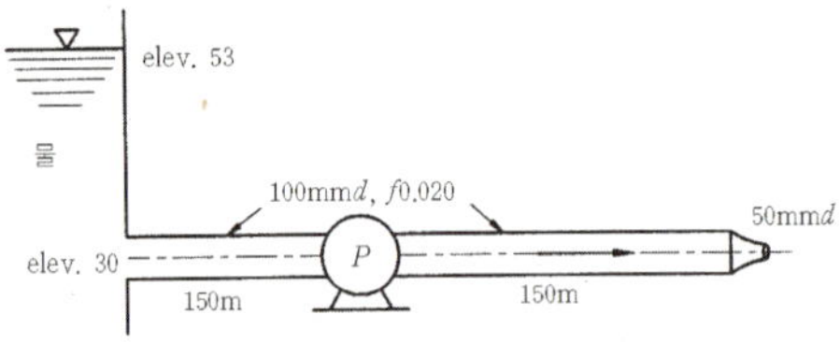

32

펌프가 없을 때 관로속의 유량은 $0.12m^3/s$의 물이 흐른다. 같은 유량을 펌프에 의하여 반대 방향으로 흘려 보내는 데 필요한 펌프동력을 계산하여라.

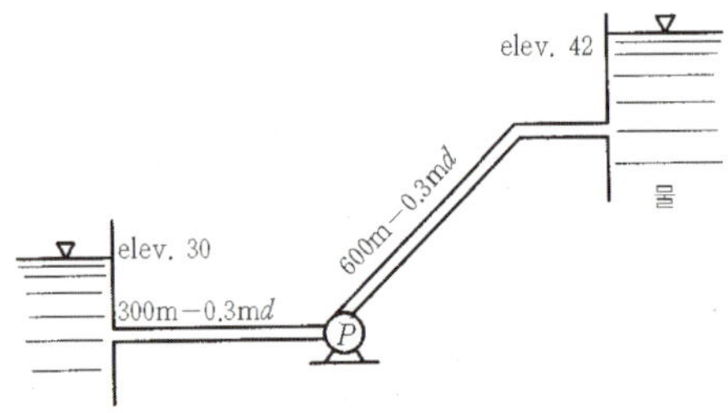

33

펌프가 없을 때 유량은 $0.12m^3/s$이다. 유량을 $0.16m^3/s$로 유지하기 위한 펌프의 동력을 계산하여라.

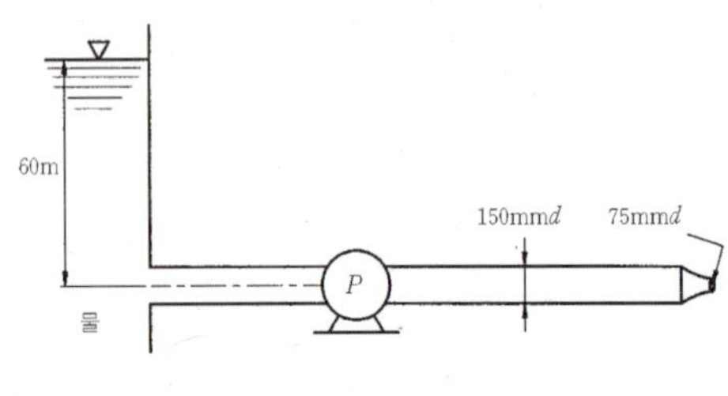

34

물이 흐르고 있다. $Q_3 = 110 l/s$일 때 Q_1, Q_2 및 펌프동력을 계산하여라.

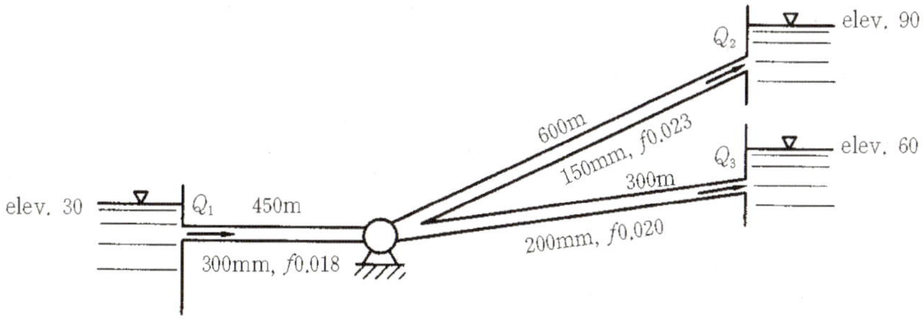

35

각 관로의 마찰계수는 0.02로 같다. 각 관로에서의 유량을 계산하여라.

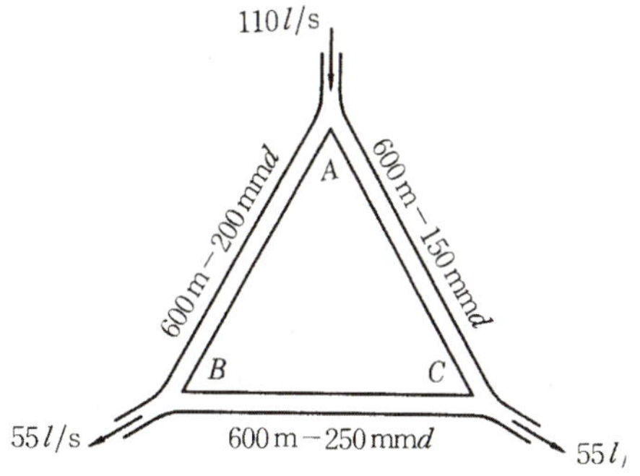

MEMO

기/초/유/체/역/학

CHAPTER 09

물체 주위의 흐름

CHAPTER 09 물체 주위의 흐름

9-1 : 항력과 양력

물체 주위의 흐름에서 우리가 가장 관심이 있는 것은 흐르는 유체 중에 놓인 물체가 받는 항력과 양력이다. 예를 들면 달려가는 자동차나 기차 또는 스키선수가 바람에 의해 받는 항력, 야구공이나 골프공이 받는 항력, 비행기 날개가 받는 항력과 양력 등을 말한다. 유체 속에서 운동하고 있는 물체는 항상 항력과 양력을 받는다. 항력(drag, 抗力)이라 함은 그림과 같이 공기의 저항으로 인하여 물체의 운동을 방해하는 힘으로서 운동방향에 반대로 작용하는 힘을 말한다. 달리는 물체에 걸리는 항력이 작으면 더욱 빨리 달릴 수 있다. 이러한 항력을 최소화시키는 것이 우리 기술자들이 해야 할 일이다.

양력(lift, 揚力)이란 물체가 운동하는 방향에 수직으로 작용하는 힘을 말한다. 주로 비행기의 날개를 설계할 때 많이 사용되는 말이다. 비행기의 날개을 익형이라고 하는데 익형의 위와 아래의 압력차로 인하여 날개가 뜨도록 작용하는 힘이 양력이다. 그림과 같이 흐름 속의 물체에 작용하는 전체힘은 항력과 양력을 합친 합력이 된다.

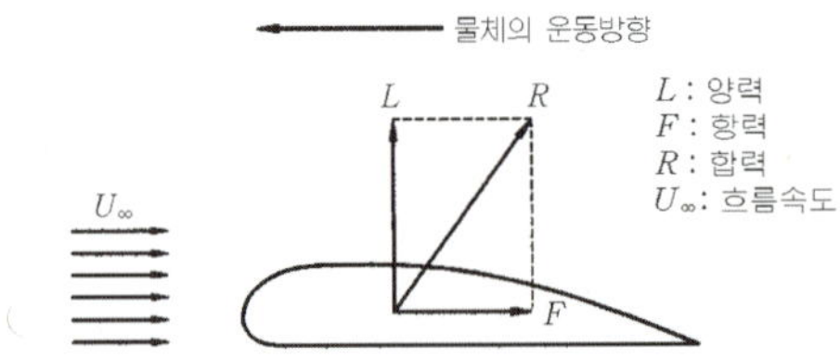

그림 9-1

항력은 마찰항력과 압력항력 두 가지로 나눌 수 있다. 마찰항력(friction drag, 摩擦抗力)이란 물체 표면에서 유체의 점성에 의하여 생기는 전단력에 의하여 저항하는 힘을 말한다. 이것은 물체의 표면과 유체간의 마찰에 의해 생기는 운동을 방해하는 힘이다.

마찰항력의 크기를 결정하기 위해서는 물체 표면에 작용하는 전단력의 크기를 알아야 한다. 물체의 표면에 작용하는 전단력을 전체 표면에 대해서 적분한 값이 마찰항력이기 때문이다. 전단력의 크기는 층류일 경우와 난류일 경우가 서로 다르므로 각각의 흐름에 대한 속도분포곡선으로부터 전단력을 구한다. 따라서 다음에 나오는 평판 위의 흐름을 층류와 난류로 구분해서 자세히 알아보기로 한다. 평판 위에서의 흐름에서는 자유유동장에서의 압력이 일정하므로 자유유동장의 속도가 어디서나 항상 같다. 그러나 곡면 위에서의 흐름은 자유유동장의 압력이 변하게 되며 따라서 유체의 속도도 이에 따라 변화하게 된다. 후에 자세히 논하겠지만 유체의 압력이 흐름 방향으로 증가하게 되면 경계층의 박리현상이 생긴다. 흐름을 막는 형상을 가진 물체의 뒷부분에 생기는 소용돌이 구역에서의 압력은 주위의 압력보다 작아진다. 이러한 소용돌이 구역을 후류(wake, 後流)라 하는데 이것은 경계층의 박리현상 때문에 생기는 것이다. 이로 인하여 물체의 운동을 방해하는 힘이 생긴다. 이렇게 물체가 놓인 상류 측과 하류 측에서 물체에 작용하는 압력의 차이로 인하여 물체의 운동을 저항하는 힘을 압력항력(pressure drag, 壓力抗力)이라 한다. 압력항력은 물체의 형상에 크게 영향을 받으므로 형상항력(form drag, 形狀抗力)이라고도 한다. 이것은 흐름을 막을 때 생기는 항력으로서 예를 들면 바람을 우산으로 막을 때 걸리는 힘의 대부분은 압력항력이다. 흐름 중에 놓인 물체가 받는 항력은 이러한 마찰항력, F_f와 압력항력, F_D의 합이 될 것이다. 마찰항력과 압력항력을 더한 값을 전항력(total drag, 全抗力)이라 한다. 따라서 물체가 받는 전항력을 F라 하면

$$F = F_f + F_D \tag{9-1}$$

마찰항력 F_f는 아래와 같이 정의한다.

$$F_f = C_f \frac{1}{2} \rho U_\infty{}^2 S \tag{9-2}$$

$$\boxed{\therefore\ C_f = \frac{F_f}{\frac{1}{2}\rho U_\infty{}^2 S}} \tag{9-3}$$

여기서 C_f는 마찰항력계수(friction drag coefficient, 摩擦抗力係數)라 한다. S는 유체가 닿는 부분의 표면적을 말한다.

압력항력 F_D는

$$F_D = C_D \frac{1}{2} \rho U_\infty{}^2 S \tag{9-4}$$

$$\boxed{\therefore\ C_D = \frac{F_D}{\frac{1}{2}\rho U_\infty{}^2 S}} \tag{9-5}$$

여기서 C_D는 압력항력계수(pressure drag coefficient, 壓力抗力係數)라 한다. 면적 S는 특성면적으로서 일반적으로 물체가 유체의 흐름을 막는 부분의 단면적을 사용하나 경우에 따라서 익형의 표면적을 사용하는 수도 있다. 따라서 C_D값을 결정할 때는 어떤 S값을 사용하는지 명시해야 한다.

양력은 L로 표시하며 아래와 같이 정의한다.

$$L = C_L \frac{1}{2} \rho U_\infty{}^2 S \tag{9-6}$$

$$\therefore \ C_L = \frac{L}{\frac{1}{2}\rho U_\infty{}^2 S} \tag{9-7}$$

표 9-1 여러 물체들의 항력계수(C_D)

물체	크기	기준면적 A	$C_D = \dfrac{F_D}{\frac{1}{2}\rho U^2 A}$
원주 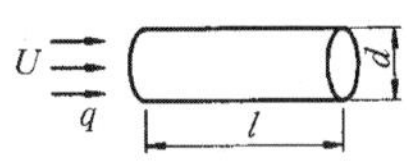	$\ell/d=1$ 2 4 7	$\pi d^2/4$	0.91 0.85 0.87 0.99
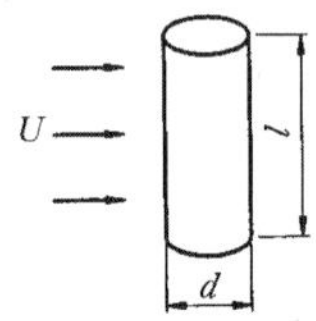	$\ell/d=1$ 2 5 10 40 ∞	$d \cdot l$	0.63 0.68 0.74 0.82 0.98 1.20
흐름에 직각 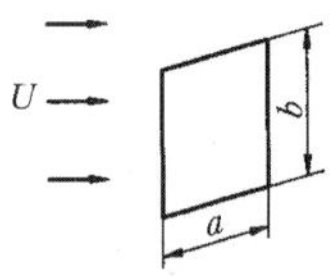	$a/d=1$ 2 4 10 18 ∞	ab	1.12 1.15 1.19 1.29 1.40 2.01
반구(半球) 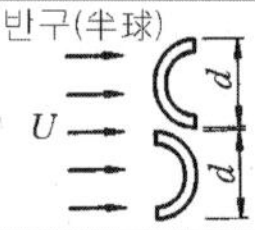		$\frac{\pi}{4}d^2$	0.34 1.33
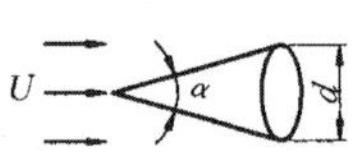	$a=60°$ $b=30°$	$\frac{\pi}{4}d^2$	0.51 0.34
원판 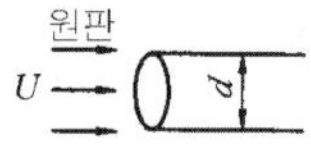 흐름에 직각		$\frac{\pi}{4}d^2$	1.11

여기서 C_L은 양력계수(lift coefficient, 揚力係數)라 한다. 면적 S는 물체가 유체의 흐름을 막는 부분의 단면적이나 어떤 경우에는 익형의 면적을 사용하므로 문제의 성격, 실험의 결과에 따라 주어지는 값이다. 상기한 바와 같이 실제적인 항력의 크기를 결정하기 위해서는 경계층에 대한 이론과 물체 표면 위에서 흐름의 특성을 알아야 할 것이다.

9-2 : 경계층 이론

물체 주위의 유동은 평판 위의 흐름이나 실린더 주위의 흐름, 또는 공 주위의 흐름 등을 들 수 있다. 이러한 흐름은 앞서 말한 대로 물체 표면에서는 경계층이 형성되고 표면에서 멀리 떨어진 경계층 이외의 구역은 자유유동장 또는 포텐셜 흐름으로서 전단응력이 존재하지 않는 비점성 유체의 흐름구역으로 취급한다. 따라서 경계층 내부의 흐름과 경계층 외부의 흐름과는 그 지배방정식이 서로 다르다. 경계층 내부구역은 층류인 경우에 점성을 포함하는 일반적인 운동방정식인 나비에르-스토크스 방정식(Navier-Stokes equation)에 의해 지배를 받는다. 난류인 경우에는 식 (8-4)인 난류전단응력을 포함한 경계층 지배방정식을 사용한다. 경계층 외부구역은 점성의 영향을 받지 않는 구역으로서 점성항이 포함되지 않은 오일러 방정식(Euler equation) 또는 베르누이 방정식(Bernoulli equation)에 의해 지배를 받는 구역이다. 밀도가 변하지 않는 비압축성의 흐름에서 점성을 무시할 수 있는 유체는 베르누이 방정식으로부터

$$\frac{\rho v^2}{2} + p + \rho g z = \text{일정} \tag{9-8}$$

위 식에서 수평적인 흐름이거나 속도가 빠르고 밀도가 작은 흐름에서는 상대적으로 위치수두가 무시될 수 있다. 그러면

$$\boxed{\frac{\rho v^2}{2} + p = \text{일정}} \tag{9-9}$$

상기 식은 속도항과 압력항만을 가지고 있으며 비점성 유체의 1차원 흐름을 지배하는 식이다. 즉 자유유동장에서의 속도는 상기 식을 사용하여 속도 및 압력을 구한다. 오일러수는 위 식에서 속도항과 압력항의 비를 나타낸 값이다. 물체의 형상에 따라 물체 주위를 흐르는 자유유동장의 속도장은 포텐셜흐름으로부터 계산되며 압력은 식 (9-9)에 의해서 결정된다. 따라서 곡면을 따라서 흐르는 유동장에서는 압력구배가 존재하나 평면을 따라서 흐르는 유동장에서는 압력구배가 없는 흐름이 된다. 위 식에서 보듯이 자유유동장의 압력이 흐름방향으로 감소하면 자유유동장의 속도는 증가하게 된다. 반대로 압력이 증가하면 속도는 감소하게 됨을 알 수 있다. 이러한 경우는 다음에 나올 경계층의 박리현상에서 자세히 알아보기로 한다. 경계층에 대한 이론은 1904년 독일의 과학자 프란틀(Ludwig Prandtl)에 의해서 처음으로 소개되었다. 경계층 내부에서는 점성력과 관성력이 지배하는 흐름의 특성을 보인다. 경계층 내부의 흐름은 점성력과 레이놀즈 응력의 영향을 받는 구역으로서 레이놀즈수에 따라 유체의 성질을 나타내는 변수들이 크게 변한다. 경계층의 흐름은 레이놀즈수에 따라 층류일 수도 있고 난류일 수도 있다. 그러나 층류와 난류를 구분하는 정확한 Re 수는 없고 다만 대략적으로 5×10^5 전후로 생각할 수 있다. 왜냐하면 흐름의 특성은 물체 표면의 거칠기나 압력구배 또는 열량이동 등의 영향을 받기 때문이다. 보다 자세한 고찰은 이 책에서는 다루지 않는다.

실제의 비압축성 유체가 매끈한 평면 위를 흐르는 경우 경계층의 모양은 그림 9-2와 같다. 경계층의 두께는 이해를 돕기 위해서 실제 크기보다 훨씬 크게 그려진 것이다. 경계층이 시작되는 부분은 층류이고

차츰 전진하면서 흐름은 난류로 변해 간다. 층류에서 완전히 발달된 난류(fully developed turbulent flow)의 특성을 보이기 전에 천이구역(transition region, 遷移區域)이 존재한다. 난류구역에서 벽면 가까이에는 층류의 흐름인 층류저층(laminar sublayer, 層流低層)이 존재한다. 그림에서 δ는 경계층의 두께이고 U_∞은 자유유동장의 속도이다. 경계층 내부에서는 속도구배(du/dy)가 매우 크며 점성전단응력 ($\tau = \mu du/dy$)이 크게 작용한다. 경계층 밖의 전체영역에서는 점성의 영향이 거의 없어 이상유체의 흐름을 갖고 있다. 경계층 외부구역의 흐름을 포텐셜흐름 또는 자유유동장흐름이라 한다.

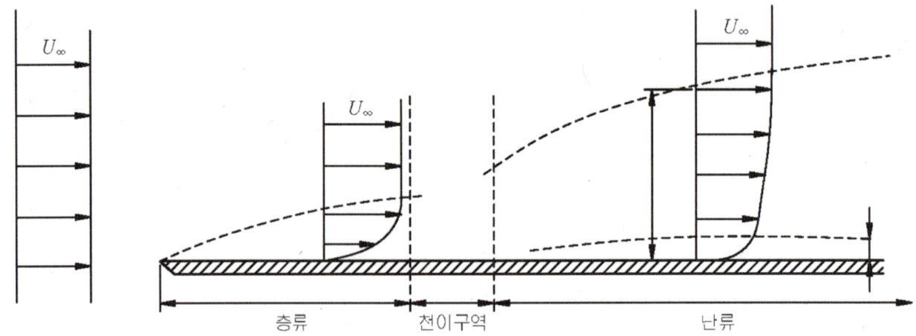

그림 9-2 평면 위의 경계층

9-3 : 경계층 두께

경계층 내의 최대속도 u가 자유유동장의 속도 U_∞과 같아질 때의 두께를 경계층 두께(boundary layer thickness)라 하며 δ로 표시한다. 일반적으로 경계층의 두께는 매우 얇다. 또한 경계층 내부의 속도 분포와 자유유동장의 속도가 경계층 두께 근처에서 점진적으로 접근하므로 정확한 δ의 값을 산출하기는 매우 어렵다. 그러므로 일반적으로 경계층 내의 속도가 자유유동장 속도의 99%가 되는 지점, 즉 $u = 0.99\,U_\infty$이 되는 곳까지의 두께를 경계층 두께라 정의한다. 실제로 눈에 보이는 경계층 두께보다 아래와 같은 배제두께나 운동량 두께가 물리적인 의미가 더 많기 때문에 보편적으로 사용되고 있다. 배제 두께는 δ^*로 표시하며 그림 9-3에서 보듯이 경계층 두께보다 작은 길이의 두께이다. 배제 두께는 다음과 같이 정의한다. 일정한 속도 U_∞로 운동하고 있던 유체가 벽면의 영향으로 인하여 경계층이 형성됨에 따라 운동량을 잃어 버리고 표면 근처에서 속도가 줄게 된다. 유체가 원래 가졌던 질량유량($\dot{m} = \rho A U_\infty$)은 경계층이 형성됨으로 말미암아 줄어들게 된다. 점성력의 영향으로 줄어든 질량유

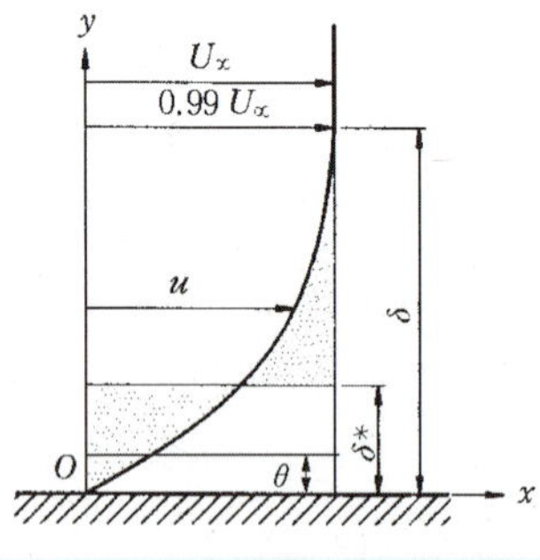

그림 9-3 경계층의 두께

량은 $\int_0^\infty \rho(U_\infty - u)w\,dy$이다. 여기서 미소단면적 dA는 평면의 폭(그림에서 책 속으로 들어가는 방향)의 길이를 w라 하면 $dA = w \cdot dy$이다. 만일 점성력이 존재하지 않는다면 경계층 내부의 속도도 U_∞가 되었을 것이다. 배제 두께 δ^*는 경계층 내부에서 질량유량의 감소량만큼 바깥쪽으로 밀려나가게 되는 평균적인 거리이다. 거리 δ^*만큼 벽면을 위쪽으로 이동시킨다면 감소된 질량유량은 $\rho U_\infty \delta^* w$이다. 따라서 그림에서 보는 바와 같이

$$\rho U_\infty \delta^* w = \int_0^\delta \rho(U_\infty - u)w\,dy \tag{9-10}$$

비압축성 유체인 경우 ρ는 일정하므로 위 식은

$$\delta^* = \int_0^\infty (1 - \frac{u}{U_\infty})dy \simeq \int_0^\delta (1 - \frac{u}{U_\infty})dy \tag{9-11}$$

$y = \delta$일 때 $u = U_\infty$이므로 $y \geq \delta$ 부분에서의 적분값은 0이다. 여기서 δ^*를 배제 두께(displacement thickness)라 한다. 배제 두께는 경계층 두께와 마찬가지로 흐름방향으로 증가한다.

경계층 내의 속도감소는 또한 유체의 운동량의 감소를 가져온다. 유체가 원래 가졌던 질량유량에 대한 운동량($= \rho A U_\infty{}^2$)은 경계층이 형성됨으로 말미암아 줄어들게 된다. 점성력의 영향으로 줄어든 질량유량에 대한 운동량은 $\int_0^\infty \rho u(U_\infty - u)w\,dy$이다. 만일 점성력이 존재하지 않는다면 경계층 내부의 속도도 U_∞가 되었을 것이다. 운동량 두께 θ는 경계층 내부에서 질량유량에 대한 운동량의 감소량만큼 바깥쪽으로 밀려나가게 되는 평균적인 거리이다. 거리 θ만큼 벽면을 위쪽으로 이동시킨다면 감소된 질량유량에 대한 운동량은 $\rho U_\infty^2 \theta w$이다. 따라서

$$\rho U_\infty^2 \theta w = \int_0^\infty \rho u(U_\infty - u)w\,dy \tag{9-12}$$

비압축성 유체인 경우 ρ는 일정하므로

$$\theta = \int_0^\infty \frac{u}{U_\infty}\left(1 - \frac{u}{U_\infty}\right)dy \simeq \int_0^\delta \frac{u}{U_\infty}\left(1 - \frac{u}{U_\infty}\right)dy \tag{9-13}$$

$y = d$일 때 $u = U_\infty$이므로 $y \geq \delta$ 부분에서의 적분값은 0이다. 여기서 h를 운동량 두께(momentum thickness)라 한다. 운동량 두께도 경계층 두께와 마찬가지로 흐름방향으로 증가한다.

9-4 : 평판 위의 층류흐름

평판 위의 흐름에서 압력구배가 없을 때, 마찰항력의 크기는 앞에서 배웠던 물체 표면에서의 전단력에 면적을 곱한 값이다. 층류일 경우 표면에서 전단력의 크기는 뉴턴의 점성법칙, $\tau = \mu(du/dy)$으로부터 구할 수 있다. y가 0일 때의 벽면에서 전단응력은

$$\tau_w = c_f \frac{\rho {U_\infty}^2}{2} \tag{9-14}$$

로 정의한다. 따라서

$$c_f = \frac{\tau_w}{\frac{1}{2}\rho {U_\infty}^2} \tag{9-15}$$

여기서 c_f를 국부적인 마찰항력계수라 해서 국부마찰항력계수(局部摩擦抗力係數)라 한다. 앞서 설명했듯이 벽면전단응력은 그림과 같이 선단으로부터의 거리 x 따라 값이 변하기 때문이다. 위 식에서 보듯이 ρ와 U_∞은 상수이므로 c_f는 τ_w에 비례하는 값임을 알 수 있다. 즉 c_f의 값이 크다는 것은 마찰항력이 크다는 것이다. 보통 어떤 물체의 마찰항력을 알기 위해서는 τ_w 대신에 일반성이 있는 c_f를 많이 사용한다.

그림 9-4

유체의 흐름 속에 평행하게 놓인 물체의 표면에서 받는 전체 마찰항력은 이러한 국부적인 마찰항력을 표면 전체에 대하여 적분함에 의해서 구해진다. 그림 9-4와 같이 폭이 1이고 길이가 l인 평판 표면이 받는 마찰항력의 합, F_f는 평판의 위아래면을 모두 고려하면

$$F_f = 2\int_0^l \tau_w dx \tag{9-16}$$

이 된다. 이러한 합마찰항력에 대하여

$$C_f = \frac{F_f}{\frac{1}{2}\rho {U_\infty}^2 S} \tag{9-17}$$

로 나타낼 수 있을 때 상기한 C_f를 합마찰항력계수(friction drag coefficient, 合摩擦抗力係數)라 정의한다. 여기서 S는 유체가 닿는 부분의 전체 표면적이다. 그림과 같은 폭이 1인 경우 $S=2l$이므로 식 (9-14)와 (9-16)을 이용하여 위 식을 적분하면

$$C_f = \frac{2}{S}\int_0^l c_f dx \tag{9-18}$$

와 같이 된다. 이것이 국부마찰항력계수 c_f와 합마찰항력계수 C_f와의 관계식이다.

4장에서 공부한 2차원 나비에-스토크스 방정식(4-28)은 경계층 두께(δ)가 유동방향거리(x)에 비해 매우 작다는 사실을 적용하여 각 항의 크기를 비교해보면 몇 개의 항은 무시될 수 있다. 이러한 해석결과로부터 얻어지는 식은

x 방향 운동방정식 $$\frac{\partial u}{\partial t}+u\frac{\partial u}{\partial x}+v\frac{\partial u}{\partial y}=-\frac{1}{\rho}\frac{\partial p}{\partial x}+\nu\frac{\partial^2 u}{\partial y^2} \tag{9-19a}$$

y 방향 운동방정식 $$\frac{\partial p}{\partial y}=0 \tag{9-19b}$$

연속방정식 $$\frac{\partial u}{\partial x}+\frac{\partial v}{\partial y}=0 \tag{9-19c}$$

이 된다. 상기 식을 일반적인 층류경계층 방정식(laminar boundary layer equation, 層流境界層方程式)이라 한다.

프란틀이 세운 경계층이론은 그의 제자들이 많은 발전을 이룩시켜 왔는데 그들 중에서 블라지우스(H. Blasius)는 평판을 따르는 층류흐름에 대한 이론을 정립시켰다. 그는 일반적인 2차원 나비에-스토크스방정식(Navier-Stokes equation)으로부터 층류경계층 방정식(boundary layer equation)을 유도하였고 이것의 이론적인 해법을 구하였다. 평판 위의 정상류 흐름($\partial/\partial t=$)에서 압력구배가 없을 때 $\partial p/\partial x=0$, 즉 유동방향으로 압력이 일정한 경우, 상기한 식 (9-19)는 아래와 같이 단순화된다.

x 방향 운동방정식 $$u\frac{\partial u}{\partial x}+v\frac{\partial u}{\partial y}=\nu\frac{\partial^2 u}{\partial y^2} \tag{9-20}$$

연속방정식 $$\frac{\partial u}{\partial x}+\frac{\partial v}{\partial y}=0 \tag{9-21}$$

이 된다. 블라지우스는 상기 식의 이론적인 풀이를 통하여 아래와 같이 경계층의 두께를 구하였다.

$$\frac{\delta}{x}=\frac{5.0}{\sqrt{Re_x}} \tag{9-22}$$

여기서

$$Re_x = \frac{\rho U_\infty x}{\mu}$$

이것을 블라지우스의 해법(Blasius solution)이라 한다. 블라지우스의 풀이 절차는 다른 책에서도 많이 나오므로 여기서는 생략하기로 한다. 결론적으로 층류일 경우 속도분포곡선의 모양은 8장에서 나온 그림 8-4와 같다(윗면이 벽면). 일단 속도가 주어지면 $\tau_w = \mu \frac{du}{dy}|_{y=0}$에 의해서 벽면전단응력을 구할 수 있다. 그 결과는

$$\tau_w = 0.332 \frac{\mu U_\infty}{x} \sqrt{Re_x} \tag{9-23}$$

그런데 식 (9-14)로부터

$$c_f \frac{\rho U_\infty^2}{2} = 0.332 \frac{\mu U_\infty}{x} \sqrt{Re_x} \tag{9-24}$$

$$c_f = \frac{0.664\mu}{\rho U_\infty x} \sqrt{Re_x} = \frac{0.664\mu}{\rho U_\infty x} \frac{\rho^{1/2} U_\infty{}^{1/2} x^{1/2}}{\mu^{1/2}} = \frac{0.664\mu^{1/2}}{\rho^{1/2} U_\infty{}^{1/2} x^{1/2}}$$

$$\therefore\ c_f = \frac{0.664}{\sqrt{Re_x}}$$

위 식으로부터 δ는 $\sqrt{x}$ 비례함을 알 수 있다. 또한 τ_w은 c_f에 비례하므로 τ_w은 $x^{1/2}$에 반비례한다. 합마찰항력계수 C_f는 식 (9-18)로부터 구한다. x가 l일 때 폭이 1인 평판의 전체 표면적 S는 $S=2l$이므로

$$C_f = \frac{2}{S} \int_0^l \frac{0.664}{\sqrt{Re_x}} dx = \frac{1.328}{S} \int_0^1 \sqrt{\frac{\nu}{U_\infty l}}\, dx = \frac{1.328}{l} \sqrt{\frac{\nu}{U_\infty l}}$$

따라서

$$C_f = \frac{1.328}{\sqrt{Re_l}} \tag{9-25}$$

여기서 $Re_l = \rho U_\infty l / \mu$이다. 위 식을 식 (9-2)에 대입하여 마찰항력을 구한다. 이것을 평판 위의 층류에 대한 블라지우스의 마찰법칙이라 한다. 위 식을 사용하는 데 주의할 점은 경계층 내의 흐름이 층류일 경우에만 적용된다는 것이다. 흐름이 층류가 아닌 경우는 다음 장에서 설명한다.

층류흐름의 결과를 요약하면 아래와 같다.

평판 위에서의 층류 흐름	$\frac{\delta}{x} = \frac{5.0}{\sqrt{Re_x}}$
국부마찰항력계수	$c_f = \frac{0.664}{\sqrt{Re_x}}$

(9-26)

합마찰항력계수	$C_f = \dfrac{1.328}{\sqrt{Re_l}}$

여기서 l은 평판 전체 길이이고 x는 평판 선단으로부터 떨어진 거리이다. 실제로 경계층의 두께는 매우 얇다. 두께 δ가 어느 정도인지 일례를 들어 보자. 2m/s의 속도로 조용히 흐르고 있는 20℃ 의 공기 중에 평판을 놓았을 때 앞 끝에서 l=1m인 곳에서의 경계층의 두께를 알아보자. 20℃ 의 공기의 동점성계수를 ν=0.151cm./sec라 하면 Re 수는

$$Re = \frac{200 \times 100}{0.51} = 1.325 \times 10^5$$

$Re = 5 \times 10^5$보다 작으므로 층류로 생각할 수 있으며 층류에 대한 경계층의 두께에 관한 식 (9-22)에 의해서

$$\frac{\delta}{100} = \frac{5.0}{\sqrt{1.325 \times 10^5}} = 0.0137$$

따라서 경계층의 두께는

$$\delta = 1.37\text{cm}$$

로 된다. 같은 방법으로 계산하면 앞끝에서 10cm 떨어진 곳에서 경계층의 두께는 4.34mm 밖에 되지 않는다.

예제1

동점성계수 $\nu = 1.568 \times 10^{-5}\text{m}^2/\text{s}$인 공기가 평판 위를 1.5m/s의 속도를 흐르고 있다. 선단(先端)으로부터 30cm 되는 곳에서 Re_x는 얼마인가?

$$Re_x = \frac{U_\infty x}{\nu} = \frac{1.5 \times 0.3}{1.568 \times 10^{-5}} = 28700$$

예제2

위의 예제에서 경계층의 두께는 얼마인가?

$Re_x = 28700 < 5 \times 10^5$ ∴ 층류경계층이라 볼 수 있다.

그러므로 식 (9-26)에서 $\dfrac{\delta}{x} = \dfrac{5}{\sqrt{Re_x}}$ 이므로

$$\frac{\delta}{0.3} = \frac{5}{\sqrt{28700}} \qquad \therefore \delta = 0.00885\text{m} = 8.85\text{mm}$$

예제3

속도는 1.5m/sec로 흐르고 있는 20℃의 공기 속에 $L=1$m 되는 평판을 놓았을 때 마찰항력계수 C_f를 구하여라. (단, 공기의 동점성계수는 0.15cm²/sec이다.)

$\nu=0.15\frac{\text{cm}^2}{\text{sec}}$ 이므로 $Re_l=\frac{150\times100}{0.15}=10^5$이 되고 따라서 $C_f=\frac{1.328}{\sqrt{10^5}}=0.0042$

예제4

길이 80cm, 폭 100cm인 평판을 수중에서 판에 평행하게 30cm/sec의 속도로 운동시킬 때 판의 뒤끝에서의 전단응력과 판 전체의 항력을 구하여라. (단, 물의 동점성계수는 0.0131cm²/sec라고 한다.)

$\nu=0.0131\frac{\text{cm}^2}{\text{sec}}=1.31\times10^{-6}\text{m}^2/\text{sec},\ \rho=1000\text{kg/m}^3$

$Re=\frac{Ul}{\nu}=\frac{0.3\times0.8}{1.31\times10^{-6}}=1.832\times10^5$

레이놀즈수가 $Re=5\times10^5$보다 작으므로 식 (9−14)와 (9−24)에 의해서

뒤끝에서 전단응력은 $\tau_w=\frac{0.664}{\sqrt{Re_l}}\frac{\rho U^2}{2}=\frac{0.664}{\sqrt{1.832\times10^5}}\frac{1}{2}\times1000\times0^2=0.07\frac{\text{N}}{\text{m}^2}$

전체 항력은 식 (9−25)에 의해서 $C_f=\frac{1.328}{\sqrt{R_l}}=\frac{1.328}{\sqrt{1.832\times10^5}}=3.1\times10^{-3}$

전체 항력은 $F_f=C_f\frac{1}{2}\rho U^2S=3.1\times10^{-3}\times\frac{1}{2}\times1000\times0.3^2\times0.8\times1\times2=0.2232\text{N}$

9-5 : 운동량적분형 경계층 방정식

벽면전단응력과 경계층 두께와의 상관식은 벽면전단응력의 크기를 구하기 위해서 필요한 방정식이다. 이것은 경계층 내부에서 유체의 운동량과 힘에 대한 관계식으로부터 구할 수 있다. 그림 9-5와 같이 비압축성, 정상류가 평판 위를 흐르고 있을 때를 생각해 보자. 즉 흐름방향으로 압력구배가 없는 경우이다. 유체는 ①-①-②-②의 제한체적 내에서 ①-①면으로 들어 왔다가 ②-②면을 통해 나간다. 운동량의 시간적인 변화율이 힘과 같다는 운동량의 법칙으로부터 제한체적 밖으로 나가는 유체가 가진 운동량변화율에서 들어오는 운동량변화율을 뺀 것이 유체가 벽면으로부터 받는 힘과 같다. 즉 유체가 받는 전단응력은 그림과 같이 왼쪽을 향하므로 단위폭당 유체가 받는 힘은

$$-\tau_w\Delta x \qquad (9\text{-}27)$$

속도를 u라 할 때 질량유량은 ρAu이고 단위폭당면적 $A=\int_0^\delta dy$이므로 운동량의 시간적인 변화율은 $\int_0^\delta \rho u^2 dy$이다.

$$\int_0^{\delta_2} \rho u_2^2 dy - \int_0^{\delta_1} \rho u_1^2 dy \tag{9-28}$$

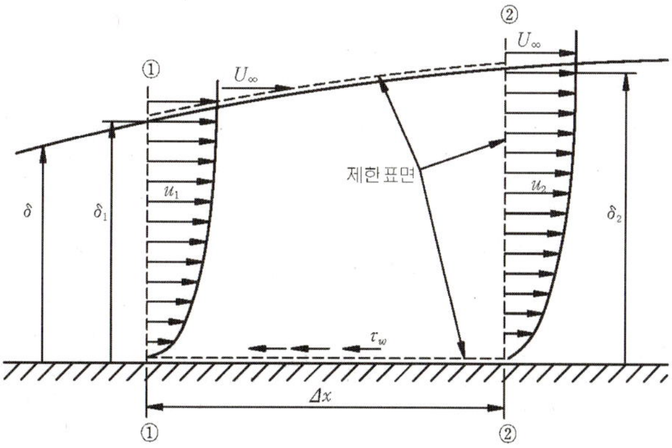

그림 9-5 경계층 내의 제한체적

또한 경계층 내부로 들어오는 유체가 가진 운동량도 고려해야 한다. 이것의 질량유량을 $\dot{m}_\delta$라 하면

$$-U_\infty \dot{m}_\delta \tag{9-29}$$

들어오는 양이기 때문에 '–'가 붙는다. 여기서

$$\dot{m}_\delta = \int_0^{\delta_2} \rho u_2 dy - \int_0^{\delta_1} \rho u_1 dy \tag{9-30}$$

따라서

$$-\tau_w \Delta x = \int_0^{\delta_2} \rho u_2^2 dy - \int_0^{\delta_1} \rho u_1^2 dy - U_\infty \dot{m}_\delta$$

식 (9-30)을 위 식에 대입하면

$$-\tau_w \Delta x = \int_0^{\delta_2} \rho u_2^2 dy - \int_0^{\delta_1} \rho u_1^2 dy - U_\infty \left[\int_0^{\delta_2} \rho u_2 dy - \int_0^{\delta_1} \rho u_1 dy \right]$$

비압축성에서 ρ가 일정하므로 ρ로 묶으면

$$-\tau_w \Delta x = \rho \int_0^{\delta_2} (u_2^2 - U_\infty u_2) dy - \rho \int_0^{\delta_1} (u_1^2 - U_\infty u_1) dy$$

$$= \rho U_\infty^2 \int_0^{\delta_2} [(\frac{u_2}{U_\infty})^2 - \frac{u_2}{U_\infty}] dy - \int_0^{\delta_1} [(\frac{u_1}{U_\infty})^2 - \frac{u_1}{U_\infty}] dy$$

$$= \rho U_\infty^2 \Delta \int_0^{\delta} [(\frac{u}{U_\infty})^2 - \frac{u}{U_\infty}] dy$$

미소량 'Δ'가 0으로 간다면 상기 식은 아래와 같은 미분식으로 나타낼 수 있다.

$$\tau_w = \rho U_\infty^2 \frac{d}{dx} \int_0^{\delta} \frac{u}{U_\infty} (1 - \frac{u}{U_\infty}) dy = \rho U_\infty^2 \frac{d\theta}{dx} \tag{9-31}$$

상기 식을 압력구배가 없을 때의 운동량적분형 경계층방정식(momentum integral equation to the boundary layer, 運動量積分形境界層方程式)이라 한다. 위 식에 의하면 벽면전단응력은 ρU_∞^2 에 운동량 두께의 흐름방향변화율을 곱한 것과 같다. 따라서 벽면전단응력은 실험에서 얻은 속도분포곡선을 그래프에 그려서 운동량 두께를 계산함으로써 실험적으로 구할 수 있다.

9-6 : 평판 위의 난류흐름

난류에 대한 속도분포곡선의 방정식은 앞에 나왔던 경험식인 1/7승근법칙을 이용한다.

$$\frac{u}{U_\infty} = (\frac{y}{\delta})^{\frac{1}{7}} \tag{9-32}$$

위 식은 압력구배가 없을 때 난류의 흐름에서 경계층의 방정식으로 많이 사용된다. 상기 식은 $y=0$ 일때 $u=0$ 이고 $y=d$일때 $u=U_\infty$이므로 경계층의 경계조건을 만족시킨다.

층류경계층과 난류경계층은 그림 9-6에서 보는 바와 같이 속도분포가 사뭇 다르다. 서로 다른 차이점 중에서 중요한 것은 아래와 같다.

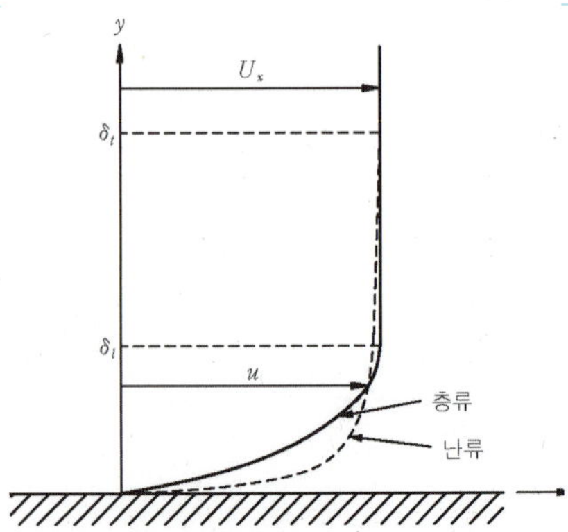

그림 9-6 층류와 난류의 속도분포비교

- 난류의 경우 벽면전단응력은 층류의 경우보다 훨씬 크다.
- 난류경계층은 층류경계층보다 두께가 더욱 두껍고 그 두께는 거리에 따라 급속하게 증가한다.
- 난류의 경우 속도분포곡선은 층류의 경우보다 벽면 가까이에서는 속도구배가 크고 벽면에서 떨어진 곳에서는 층류의 경우보다 편평하다.

식 (9-32)의 속도분포식으로부터 우리가 알고자 하는 벽면전단응력은 유감스럽게도 뉴턴의 점성법칙을 사용해서 구할 수가 없다. 왜냐하면 식 (9-32)에서 u를 y에 대해서 미분한 값 $du/dy=\infty$가 되기 때문이다. 따라서 앞절의 운동량적분형 경계층방정식을 이용하여 τ_w와 δ와의 관계를 구한 후 δ와 x와의 관계를 통해서 τ_w와 x간의 관계식을 유도하고자 한다.

난류경계층의 흐름에서도 앞에서 나왔던 원관 내의 난류흐름에 대한 실험식을 사용한다. 난류의 관마찰계수에서 벽면전단응력은

$$\tau_w = 0.03325\rho V^2\left(\frac{\nu}{RV}\right)^{0.25} \tag{9-33}$$

로 표시되었다(식 8-39). 여기서 V는 원관 내의 평균속도이므로 자유유동장의 속도로 바꾸기 위해서 식 (8-19)을 이용하여 $n=7$을 대입하면 $V/U_\infty=0.817$이 된다($U_{\max}=U_\infty$). 따라서 $V=0.817\,U_\infty$로 바꾸고 $R=\delta$로 대치하면

$$\tau_w = 0.0233\rho U_\infty^2\left(\frac{\nu}{U_\infty\delta}\right)^{1/4} \tag{9-34}$$

운동량적분형방정식으로부터

$$\tau_w = \rho U_\infty^2 \frac{d}{dx}\int_0^\delta \frac{u}{U_\infty}\left(1-\frac{u}{U_\infty}\right)dy \tag{9-35}$$

이므로

$$0.0233\left(\frac{\nu}{U_\infty\delta}\right)^{1/4} = \frac{d}{dx}\int_0^\delta \frac{u}{U_\infty}\left(1-\frac{u}{U_\infty}\right)dy \tag{9-36}$$

여기서 $y/\delta=\eta$라 두면 $dy=\delta d\eta$이고 식 (9-32)에서 $y=\delta$일 때 η는 1이고 $u/U_\infty=\eta^{1/7}$이므로 대입하여 적분하면

$$0.0233\left(\frac{\nu}{U_\infty\delta}\right)^{1/4} = \frac{d\delta}{dx}\int_0^1 \eta^{1/7}(1-\eta^{1/7})\,d\eta = \frac{7}{72}\frac{d\delta}{dx} \tag{9-37}$$

따라서 δ에 대한 미분식을 얻을 수 있다.

$$\delta^{1/4}d\delta = 0.240\left(\frac{\nu}{U_\infty}\right)^{1/4}dx \tag{9-38}$$

이것을 적분하면

$$\frac{4}{5}\delta^{5/4}d\delta = 0.240\left(\frac{\nu}{U_\infty}\right)^{1/4}x + c \tag{9-39}$$

x가 0일 때 δ가 0이라 가정하면 $c=0$이 되므로

$$\delta = 0.382\left(\frac{\nu}{U_\infty}\right)^{1/5}x^{4/5} \tag{9-40}$$

또는

$$\frac{\delta}{x} = \frac{0.382}{Re_x^{1/5}} \tag{9-41}$$

식 (9-34)로부터 국부마찰응력계수를 δ의 항으로 나타낼 수 있다.

$$c_f = \frac{\tau_w}{\frac{1}{2}\rho U_\infty^2} = 0.0466\left(\frac{\nu}{U_\infty \delta}\right)^{1/4} \tag{9-42}$$

식 (9-41)에 의해서 위 식의 δ를 x로 바꾸어 쓰면

$$c_f = \frac{\tau_w}{\frac{1}{2}\rho U_\infty^2} = \frac{0.0594}{Re_x^{1/5}} \tag{9-43}$$

식 (9-41)으로부터 δ는 $x^{4/5}$에 비례함을 알 수 있다. 또한 τ_w은 c_f에 비례하므로 τ_w은 $x^{1/5}$에 반비례한다. 합마찰항력계수 C_f는 식 (9-18)로부터 구한다. x가 l일 때 폭이 1인 평판의 전체 표면적 S는 $S=2l$이므로

$$C_f = \frac{2}{S}\int_0^l \frac{0.0594}{Re_x^{1/5}}dx = \frac{2\times 0.0594}{2l}\int_0^l\left(\frac{\nu}{U_\infty x}\right)^{1/5}dx = \frac{0.0594}{l}\frac{5}{4}\left(\frac{\nu}{U_\infty}\right)^{1/5}\frac{l}{l^{1/5}}$$
$$= 0.074\left(\frac{\nu}{U_\infty l}\right)^{1/5}$$

따라서

$$C_f = \frac{0.074}{Re_l^{1/5}} \tag{9-44}$$

여기서 $Re_f = U_\infty l/\nu$이다. 그림 9-7에서 보듯이 난류의 경우 벽면에 걸리는 전단력의 크기는 층류의 경우보다 훨씬 크다.

난류흐름의 결과를 요약하면 아래와 같다.

평판 위에서의 난류 흐름 : $\dfrac{\delta}{x} = \dfrac{0.382}{Re_x^{1/5}}$

$C_f = \dfrac{0.074}{Re_l^{1/5}}$ $(5\times10^5 < Re < 10^7$, 난류구역)

$C_f = \dfrac{0.074}{Re_l^{1/5}} - \dfrac{1700}{Re_l}$ $(Re = 5\times10^5$ 근방 천이구역)

$C_f = \dfrac{0.455}{(\log_{10}Re_l)^{2.58}} - \dfrac{1700}{Re_l}$ $(Re > 10^7$, 완전난류구역) (9-45)

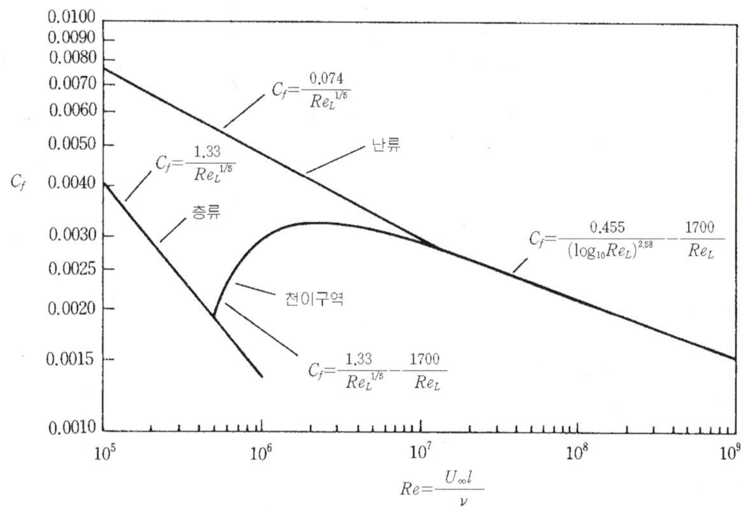

그림 9-7 평균마찰항력계수

예제5

평균풍속 150m/sec인 바람 속에 1m^{2}의 정사각형 평판을 바람에 평행하게 놓았을 경우에 평판의 저항을 구하여라. (단, 이 경우에 공기의 밀도는 1.22kg/m^{3}이고 점성계수는 0.171×10^{-4}kg/m·sec이라고 한다.)

동점성계수 $\nu = \dfrac{\mu}{\rho} = \dfrac{0.171\times10^{-4}}{1.22} = 0.14\times10^{-4}\dfrac{m^2}{\text{sec}}$

레이놀즈수는 $Re = \dfrac{Ul}{\nu} = \dfrac{150\times1}{0.14\times10^{-4}} = 1.07\times10^7$

따라서 완전난류이다. 식 (9-45)에 의하여

$C_f = \dfrac{0.455}{(\log_{10}Re_l)^{2.58}} - \dfrac{1700}{Re_l} = \dfrac{0.455}{\{\log_{10}(1.07\times10^2)\}^{2.58}} - \dfrac{1700}{1.07\times10^7} = 0.002813$

한쪽면의 항력은 $F_f = C_f \frac{1}{2}\rho U^2 S = 2.813\times10^{-3}\times\frac{1}{2}\times1.22\times150^2\times1 = 38.61N$

따라서 양면의 항력으로 $2F_f = 2\times38.61 = 77.22N$

예제6

평균풍속 10m/sec 인 바람 속에서 $1m^2$의 정사각형 평판을 바람에 평행하게 놓았을 경우에 평판의 저항을 구하여라. (단, 평판의 앞끝에서는 층류, 위끝에서는 난류 경계층이고, 공기의 밀도는 1.22 kg/m^3, 절대점성계수는 $0.171\times10^{-4}kg/m\cdot sec$이라고 한다.)

$\nu = \frac{\mu}{\rho} = \frac{0.171\times10^{-4}}{1.22} = 0.14\times10^{-4}\frac{m^2}{\sec}$

$Re = \frac{Ul}{\nu} = \frac{10\times1}{0.14\times10^{-4}} = 7.14\times10^5$

레이놀즈수가 5×10^5 근방으로서 천이가 있는 흐름이므로

식 (9-45)에 의하여 $c_f = \frac{0.074}{{Re_l}^{1/5}} - \frac{1700}{Re_l} = \frac{0.074}{(7.14\times10^5)^{1/5}} - \frac{1700}{7.14\times10^5} = 0.002614$

한쪽면의 마찰저항 F_f는 $F_f = C_f\frac{1}{2}\rho U^2 S = 2.614\times10^{-3}\times\frac{1}{2}\times1.22\times10^2\times1 = 0.1595\text{N}$

따라서 양면의 항력은 $2F_f = 2\times0.1595 = 0.319\text{N}$

이제까지는 주로 평판인 경우에 대해서 고찰하였는데 이와 같은 평판에 대한 이론적 결과는 조금만 변형함으로써 원주, 비행기 날개 등과 같은 곡면을 표면으로 하는 물체 주위의 흐름에도 적용할 수 있는 경우가 많다. 다음 절에서는 이러한 곡면의 경우 물체가 받는 항력에 대해서 고찰해 보기로 한다.

9-7 : 경계층의 박리와 압력항력

이제까지 우리는 흐름에 평행인 평판 위에서의 흐름을 생각했다. 이런 경우에는 마찰항력만이 작용한다고 볼 수 있다. 그러나 대부분의 물체는 흐름을 막는 형상을 가진다.

이런 경우에 물체가 받는 항력은 대부분 압력항력에 기인하게 되고 마찰항력은 미소한 값에 지나지 않는다. 이러한 이유 때문에 우리가 일반적으로 항력이라 하면 압력항력을 말하는 것이다.

흐름을 막는 형상을 가진 물체의 뒷부분에서 와동(vortex, 渦動)이 생기는 후류(wake, 後流) 구역을 가지게 된다. 이로 인하여 물체가 받는 압력항력을 F_D라 하면 압력항력계수, C_D는 아래와 같이 정의한다.

$$F_D = C_D(\rho {U_\infty}^2/2)S \qquad (9\text{-}46)$$

여기서 면적 S는 물체가 흐름을 막는 부분의 단면적이다. 또한 $\rho U_\infty{}^2/2$은 동압을 나타낸다.

지금부터 마찰항력과 압력항력 모두가 영향을 미치는 경우를 생각해 보자. 마찰항력과 압력항력 모두가 영향을 미치는 경우의 대표적인 형상으로서 원주(cylinder, 圓柱)나 구(sphere, 球)를 생각할 수 있다. 원주나 구와 같은 물체가 받는 항력은 Re 수에 따라 그 크기가 다르다. 그림 9-8은 매끈한 표면을 가진 실린더와 구의 항력계수를 보여준다. 여기서 수평축에 있는 Re 수는 $Re = U_\infty D/\nu$에서 D는 실린더나 구의 지름을 말한다(그림 (b)에서 직사각형(square, 直4角形) 실린더의 경우에는 한 변의 길이를 사용). Re 수가 작을 때는 점성의 영향이 크며 C_D가 매우 큰 값을 가진다. Re 수가 매우 작을 때는 ($Re \le 1$) 구의 주위에 박리현상이 일어나지 않는다. 구가 받는 항력은 주로 마찰항력에 기인한다. 스토크스(G.G. Stokes)는 이런 경우의 흐름에 대해서 해석적인 풀이를 제시하였는데 지름이 D인 구가 받는 마찰항력, F_f는

$$F_f = 3\pi\mu U_\infty D \tag{9-47}$$

이것을 스토크스의 법칙이라 한다. 여기서 U_∞는 자유유동장의 속도이고 μ는 유체의 절대점성계수이다. 이러한 이론적인 결과를 구에 대한 실험결과와 비교해 보자. 그림 9-8은 구에 대한 항력을 실험한 결과로서 Re 수에 따른 압력항력계수를 보여주는 그림이다. 따라서 그림 9-8과 이론식을 비교해 보기 위하여 상기한 식 (9-47)의 마찰항력을 편의상 압력항력계수를 사용한 압력항력으로 간주하면 식 (9-46)으로부터

$$F = 3\pi\mu U_\infty D = C_D(\rho U_\infty{}^2/2)S$$

압력항력의 계산식에서 단면적 S는 유체의 흐름을 막는 단면적을 말하므로 $S = \pi D^2/4$를 위 식에 대입하여 정리하면

$$C_D = \frac{24}{Re} \tag{9-48}$$

스토크스의 풀이방법은 참고문헌 [18]을 참조하기 바란다. 그림 9-8에서 보듯이 이러한 스토크스의 이론적인 해석결과는 구에 대한 실험치와 잘 일치하고 있다. 예를 들면 Re =0.5일 때 C_D =48이다.

Re 수가 커지게 되면 원주나 구와 같은 물체가 받는 전체항력 중의 마찰항력은 극히 작은 부분에 지나지 않고 흐름의 모양이 변화하는 데 따라서 생기는 압력항력이 대부분을 이루고 있다. 압력항력은 물체의 뒤에 생기는 박리현상으로 인한 후류의 영향에 기인한 것이다.

그림 9-8에서 보듯이 구의 경우 Re 수가 1000에서 10^5까지는 C_D가 0.38에서 0.46 사이의 값을 가지며 거의 변하지 않는다. 실린더의 경우 Re 수가 1000에서 10^5까지는 0.90에서 1.30 사이의 값을 가진다. 구의 경우 Re 수가 2×10^5 부근에서 C_D 값이 급속히 작아져서 0.42 에서 0.17로 떨어짐을 볼 수 있다. 이것은 구 주위의 경계층의 흐름이 층류에서 난류로 변했기 때문이라고 설명할 수 있다. 층류에서의 박리와 난류에서의 박리는 서로 다른 특성을 가지고 있으며 아래와 같이 설명되는 경계층의 박리현상에 기인한다.

예제7

10cm×10cm의 구형 단면을 가진 길이 2m의 실린더 주위로 물이 1.2m/s의 속도로 흐르고 있다. 이 구형 실린더의 축이 물의 흐름에 직각 방향으로 놓여져 있을 때 실린더가 받는 항력을 구하여라. (단, 물의 동점성계수 $\nu=1.55\times10^{-6}\text{m}^2/\text{s}$이다._

압력항력을 구하는 식 (9-46)에서 $F_D = C_D \cdot \frac{\rho U_\infty{}^2}{2} \cdot S$

그림 9-8(b)로부터 Re 수에 따른 구형실린더의 항력계수를 읽을 수 있다.

물의 $Re = \frac{V \cdot l}{\nu} = \frac{1.2\times0.1}{1.55\times10^{-6}} = 77420$

따라서 그림으로부터 $C_D = 2.05$를 읽을 수 있다.

단면적 S는 흐름을 막는 부분의 면적이므로 $S = 0.1\times2 = 0.2\text{m}^2$

따라서 $F_D = 2.05\times\frac{1000\times1.2^2}{2}\times0.2 = 295.2\text{N}$

경계층 내부에서 수직방향으로의 압력은 일정하다. 즉 y축에 따라서는 압력이 변화하지 않는다. 그러나 흐름방향으로는 압력이 변할 수 있다. 베르누이식에서 보듯이 압력이 작아지면 유속이 빨라지는 것이다. 2-5절 점성에서 언급한 속도구배와 마찬가지로 흐름방향으로의 압력변화는 dp/dx로 표시하며 이것을 압력구배(pressure gradient, 壓力勾配)라 한다. 우리가 평판 위의 흐름을 생각할 때는 압력구배가 없는 경우를 말하는 것이다. 따라서 자유유동장의 속도는 일정하다. 그러나 유동장의 압력이 변화하게 되면 앞에서 말한 바와 같이 자유유동장에서 유체의 속도는 유동장의 압력변화에 따라 오일러의 방정식(9-9)에 의해서 증감하게 된다. 즉 흐름방향으로 압력이 증가하면 유속은 느려진다. 반대로 흐름방향으로 압력이 감소하면 유속은 빨라진다. $dp/dx>0$이면 흐름방향으로 압력이 점점 커진다는 말이므로 속도는 점점 작아지게 된다. 이것을 역압력구배(adverse pressure graident, 逆壓力勾配)라 한다. 이와 반대로 역압력구배, 즉 $dp/dx<0$이면 압력은 흐름방향으로 작아지므로 속도는 점차 가속되어진다. 이것을 정압력구배(favorable pressure gradient, 正壓力勾配)라 한다.

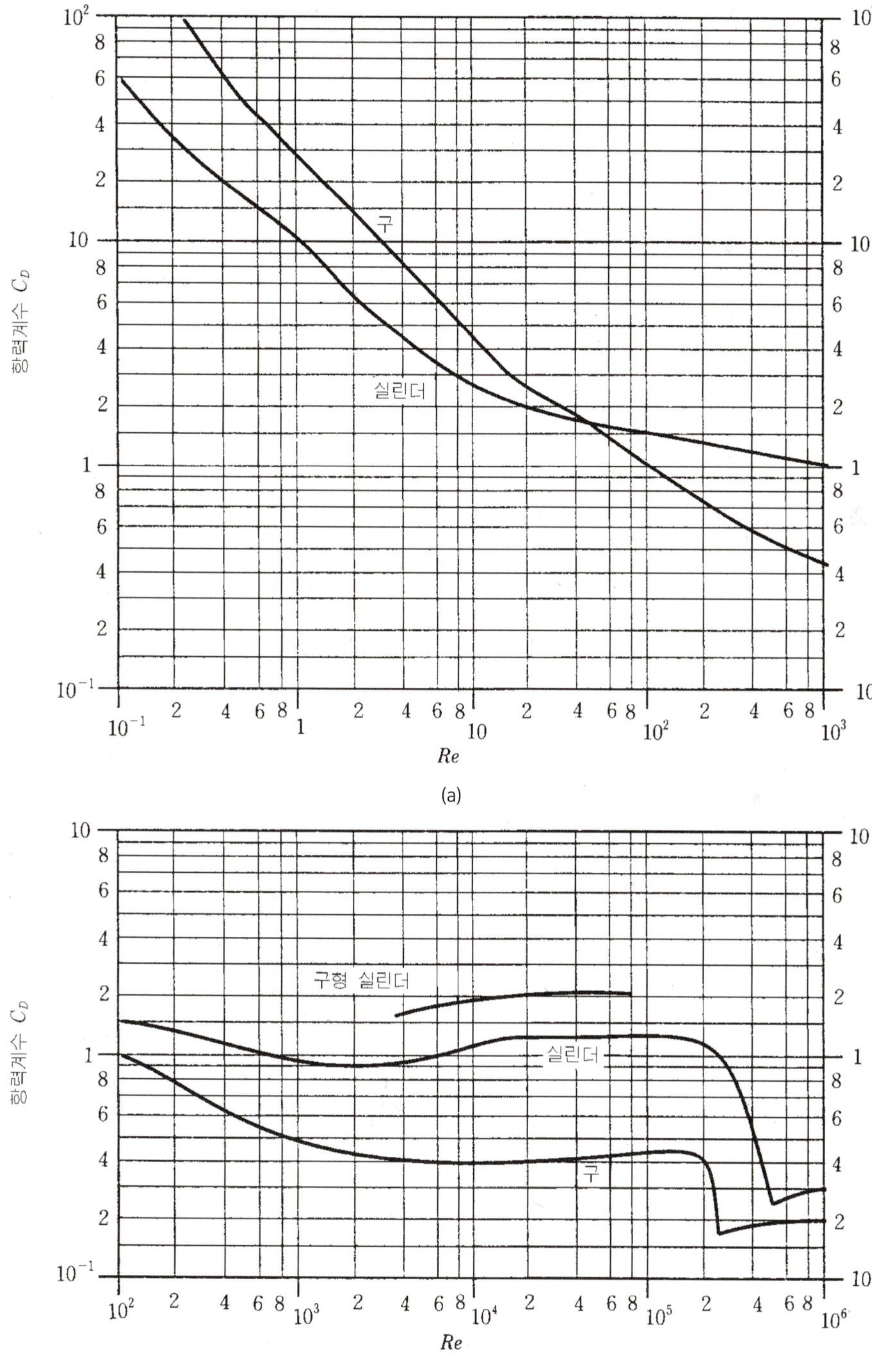

(b)

그림 9-8 압력항력계수

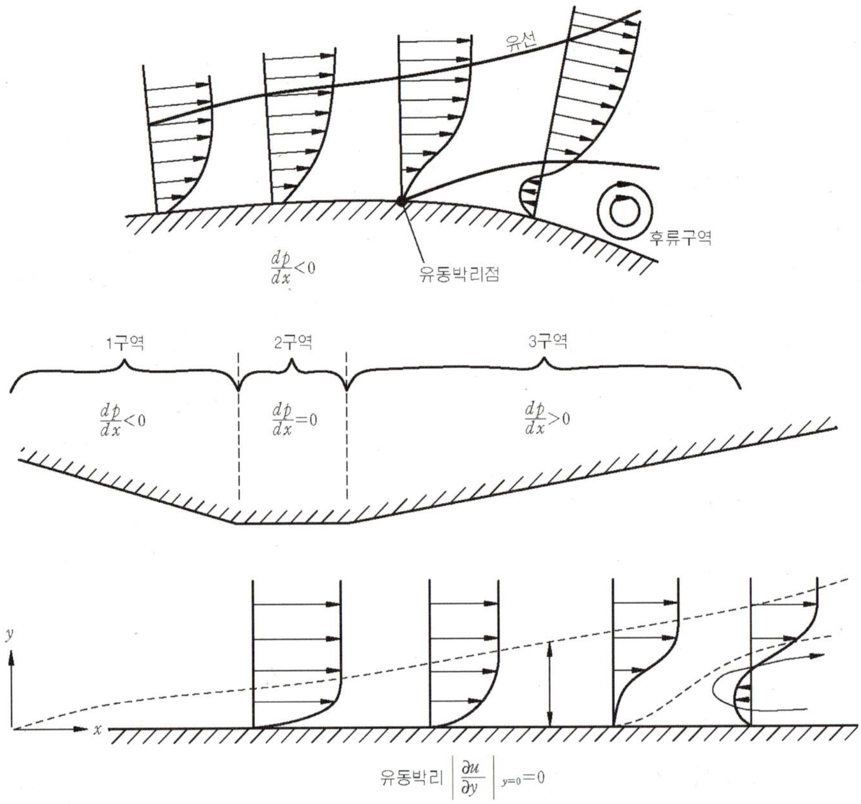

그림 9-9

그림 9-9와 같이 역압력구배, 즉 $dp/dx>0$일 경우 표면 근방에서 속도가 줄어들기 시작하다가 결국 어느 시점에서 흐름의 방향이 바뀌기 시작한다. 6-4절 원관속의 층류흐름에서 언급하였듯이 흐름은 항상 압력이 높은 곳에서 압력이 낮은 곳으로 흐른다. 따라서 상류 측의 압력이 높으면 $\left(\frac{dp}{dx}<0\right)$ 흐름은 가속되나 하류 측의 압력이 높으면 $\left(\frac{dp}{dx}>0\right)$ 흐름은 감속이 되는 것이다. 그러므로 $\frac{dp}{dx}>0$인 상태가 어느 정도 계속되면 그림 9-9와 같이 흐름이 감속되다가 마침내 역류가 형성된다. 이러한 유속의 감소는 벽면 근처에서의 운동량(mv)이 가장 작으므로 벽면 근처에서 먼저 일어나게 된다. 이러한 현상을 경계층 박리(boundary layer separation, 境界層剝離) 또는 유동 박리(flow separation, 流動剝離)라 한다. 역류가 일어나기 시작하는 점을 경계층의 박리점(separation point, 剝離點)이라 한다. 이것을 수식으로 표현하면 $\partial u/\partial y=0$인 점이라고 말할 수 있다. 경계층 박리가 시작되는 점부터 경계층이 표면에서 떨어지게 된다. 유체의 흐름 속에 있는 구(sphere, 球)의 상류 측에 있는 한 점에서의 압력을 p_o라 하고 유속을 U_∞라 하자. 그리고 p를 구 표면에서 임의의 한 점에서의 압력이라 하자. 그러면 $\rho U_\infty{}^2/2$이 동압이므로 $(p-p_o)$를 동압으로 나눈 값을 압력계수라 정의한다.

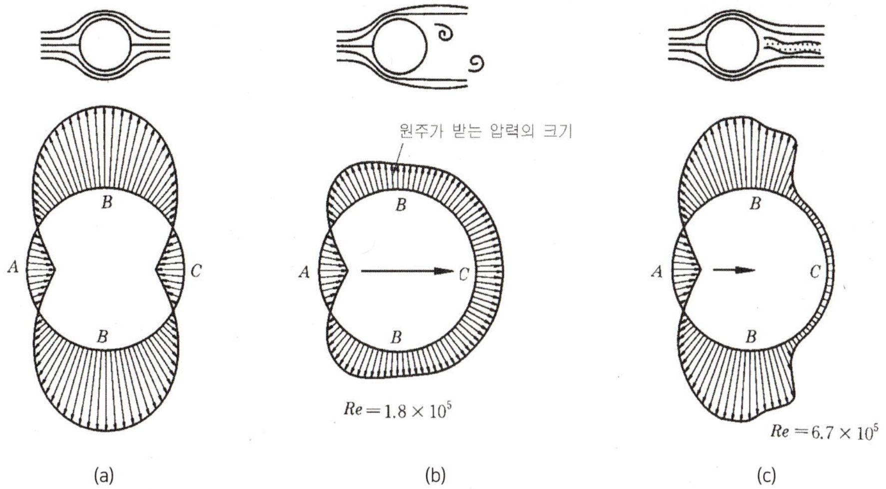

	(a)	(b)	(c)
흐름 형태 :	이상유체	층류	난류
항력 :	없다	크다	작다

그림 9-10

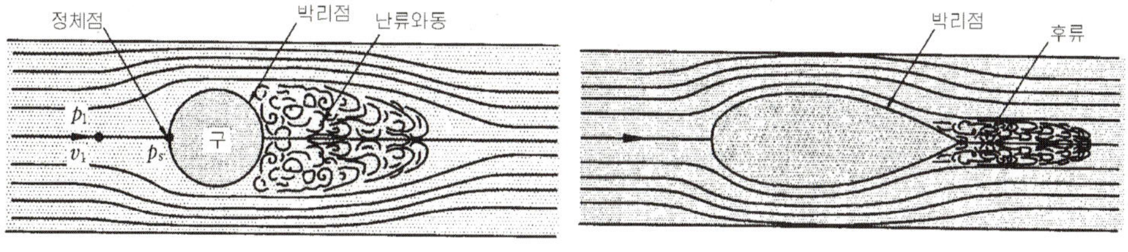

그림 9-11

$$C_p = \frac{p - p_0}{\frac{1}{2}\rho U_\infty^{\ 2}} \tag{9-49}$$

여기서 C_p를 압력계수라 하고 p_o는 일정한 값이다. 그러나 p는 구 표면상의 각 점에서 그 크기가 다르다. 따라서 구 표면을 따라서 C_p값은 음이 될 수도 있고 양이 될 수도 있다. 그림 9-10은 C_p의 부호와 크기를 벡터로 나타낸 그림이다. 구의 내부로 향한 C_p값은 "+"값을 가지며 외부로 향한 C_p 값은 "−"값을 가진다. 그림 9-10(a)의 A점에서는 압력 p가 전압, $p_1 = p_0 + \rho U_\infty^{\ 2}/2$이 되므로 C_p =+1이 된다. 그러나 B점에서는 압력 p가 p_o보다 작으므로 C_p가 "−"값을 가지게 된다. 그림 9-11(a)와 같이 구가 비압축성 유체의 흐름 속에 놓여 있을 때 그림에서 보듯이 1점에서 속도를 가지고 있던 유체가 s점에서 정지하게 됨에 따라 1점보다 더욱 높은 압력을 가지게 된다. 이것을 정체압이라 하여 식 (9-9)로부터 그림 9-11(a)의 1점과 s점 사이에는 아래와 같은 관계식이 성립한다.

$$p_s = p_1 + \rho U_\infty^{\ 2}/2 \tag{9-50}$$

즉 s점에서는 속도가 0이며 1점보다 $\rho U_\infty^2/2$만큼 압력이 크다. 유체의 운동에너지가 압력에너지로 바뀐 것이다. 이러한 압력의 증가는 결국 물체에 작용하는 항력으로 나타나는 것이다(그림에서 물체는 왼쪽으로 운동하므로 항력은 오른쪽으로 작용함). 이러한 항력은 구의 앞부분에 걸려 있는 정체압뿐만 아니라 뒷부분에 생기는 후류구역에서 걸리는 압력의 영향도 받게 된다. 구의 표면상의 어떤 한 점에서 유동 박리가 일어나 경계층이 표면에서 떨어지고 후류가 형성되는데 이 부분에서 유체의 압력은 구의 앞부분의 압력보다 매우 작아지게 된다. 결과적으로 구의 운동을 방해하는 힘으로 나타나게 된다. 후류구역에 생기는 압력은 주위압력보다 작은 압력, 즉 부압이 걸리게 되며 그 크기를 계산하기가 쉽지 않으므로 실험적으로 구하게 된다.

만일 그림 9-11(b)와 같이 물체의 형상이 유선형으로 되면 후류구역이 줄어들면서 압력항력의 크기가 작아진다. 따라서 물체를 유선형으로 만드는 이유는 압력항력을 줄이기 위함이다. 박리가 일어날 때보다 일어나지 않을 때 항력이 작아지며 이러한 모양을 가진 물체를 유선형 물체라 한다(비행기, 자동차, 물고기 등).

압력항력계수는 물체의 형상, Re 수, 표면의 조도, 인접한 물체의 위치 등에 따라 그 값이 달라진다. 구의 앞부분은 유체입자가 구의 표면에 붙어서 흐르는 경계층을 형성한다. 경사면을 따른 흐름에서 벽면의 조도에 따라 층류에서 난류로 바뀌는 거리가 더욱 짧아질 수 있다. 그림 9-10의 (b)와 (c)에서 보듯이 층류(그림 9-10(b))일 경우 경계층의 박리가 난류(그림 9-10(c))의 경우보다 빨리 일어난다. 따라서 층류의 경우 원주의 뒷부분에 생기는 후류구역이 난류의 경우보다 더욱 넓어지게 된다. 그림 9-10의 (b)와 (c)에서 보듯이 후류부분에서의 압력은 그 크기가 일정하다. 그러나 층류의 경우에 걸리는 부압(주위압력보다 작은 압력)은 난류의 경우보다 더욱 크며 더욱 넓은 지역을 차지하고 있다.

층류일 경우에 원주가 받는 압력의 크기를 적분한 값인 압력항력(그림에서 원주는 왼쪽으로 운동하므로 항력은 오른쪽으로 작용)이 난류보다 크게 된다.

앞에서 설명한 그림 9-8에서 보듯이 구의 경우 $Re = 2\times10^5$ 부근에서 흐름이 층류에서 난류로 변하며 이에 따라 경계층 박리점의 이동이 생긴다. 즉 층류일 경우 박리점은 구의 뒷부분에서 약간 상류 측에 있으나 흐름이 난류로 변하면서 난류일 경우 박리점은 더욱 하류 쪽으로 내려가게 된다(그림 9-10 참조). 원주의 앞부분의 정체점으로부터 시작된 층류흐름은 Re 수가 2×10^5보다 작을 경우에는 흐름이 층류인 상태에서 경계층 박리가 일어나서 그림 9-10(b)와 같이 후류구역이 넓어진다. 후류구역은 경계층 박리점부터 시작된다. 그러나 Re 수가 2×10^5보다 크게 되면 흐름이 층류에서 난류로 바뀌게 되고 난류 경계층 박리가 일어나게 되는데 이 경우에는 그림 9-10(c)와 같이 후류구역이 좁아지게 되어 항력의 크기가 작아지게 되는 것이다. 이렇게 후류구역이 작아지게 되는 이유는 난류경계층의 박리는 층류경계층의 박리보다 더욱 늦게 일어나기 때문이다. 이렇게 늦게 일어나는 이유는 그림 9-6에서 보듯이 난류경계층의 흐름을 보면 표면 근처에서 층류보다 속도가 빠르기 때문이다. 따라서 경계층의 박리가 일어나기 위해서는 흐름이 역류로 바뀌어야 하는데 유체요소가 가진 운동량이 크므로 관성력 때문에 흐름이 역류로 바뀌기 힘들다. 그래서 층류보다는 더욱 먼 거리를 진행한 후에 경계층의 박리가 시작되는 것이다.

그림 9-12 실린더의 뒷부분의 흐름

그림 9-12와 같이 실린더 주위의 흐름을 관찰해 보면 후류구역에 주기적인 와류(vortex)가 형성됨을 볼 수 있다. 이것은 주기적으로 발생했다가 사라지고 또 생겨나는 특성을 가진다. 이것을 최초로 분석한 칼만(Karman)의 이름을 따서 칼만의 와류열(Karman's vortex street)이라 한다.

이러한 현상은 다리를 받치고 있는 교각의 주위로 흐르는 강물을 자세히 관찰해 보면 알 수 있다. 그림 9-12에서 보듯이 여러 개의 와류가 얼마간의 거리를 두고 발생하고 있는 것을 알 수 있다. 이러한 현상은 공학설계에 반영해야 할 필요가 있다. 왜냐하면 흐름속에 있는 실린더의 고유진동수와 와류의 진동수가 공진을 이루게 되면 실린더에 매우 큰 응력이 발생시킬 수 있기 때문이다.

실험에 의하면 레이놀즈수가 60~5000일 때 가장 뚜렷한 주기적인 와류흘림 현상이 관찰된다. 와류흘림과 관련하여 한 가지 주목할 사실은 레이놀즈 수가 일정 이상이면 접근유동의 속도 V와 원주의 직경 D, 와흘림 주파수 f로 무차원화한 스트로홀수(Strouhal number, $S_t = \frac{fD}{V}$)는 0.2~0.21 정도로 거의 일정한 값을 갖는다는 것이다.

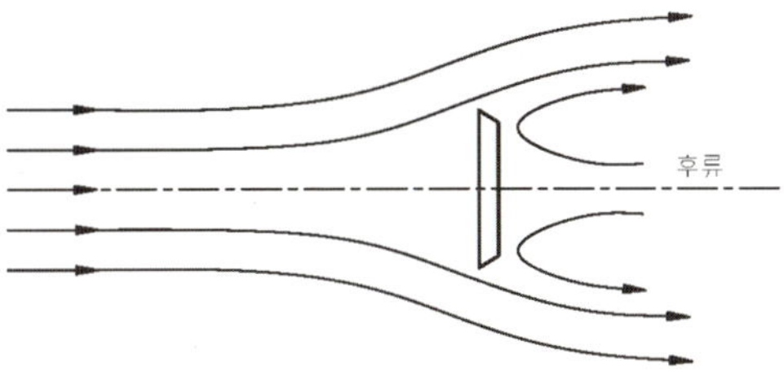

그림 9-13 수직평판 주위의 흐름

흐름 속에 놓인 대부분의 물체가 받는 항력은 거의 모두 압력항력이다. 또한 압력항력의 크기는 일반적으로 마찰항력보다 훨씬 크다. 우리가 상식적으로 생각할 때도 흐름을 막을 때 생기는 압력항력이 흐름이 스쳐갈 때 걸리는 마찰항력보다 크다고 느낄 수 있을 것이다. 예를 들면 손바닥을 바람이 부는 곳에 수직으로 세웠을 때와 바람의 방향에 평행하게 놓았을 때 받는 항력의 크기는 분명히 전자가 큼을 알 수 있다. 그림 9-13과 같이 흐름을 막는 형상을 가진 물체가 받는 항력은 전체항력 중에 마찰항력은 없고 압력항력만을 가진다. 또한 물체의 항력계수 C_D는 Re 수와 무관한데 그 이유는 흐름을 막는 끝부분에서 날카로운 끝머리를 가지고 있기 때문에 이 부분에서 경계층의 박리가 일어나기 때문이다. 표 9-1은 주요형상을 가진 물체에 대해서 실험을 통해 구한 항력계수를 보여준다. 또한 표 9-2는 자동차의 여러 모델에 대하여 실험을 통해서 얻은 항력계수를 나타내었다.

표 9-2 자동차의 항력계수

차종	형성	C_D
1932 Fiat Balillo	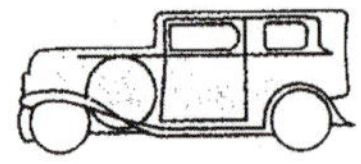	0.60
Volkswagen "Bug"		0.46
Toyota Prenia		0.34
Plymouth Laser		0.33
Ford Taurus		0.32
Vovo 850GLT	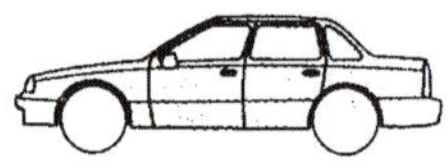	0.32
Oldmobile Cutlass		0.29
Ford Probe V(oncept car)	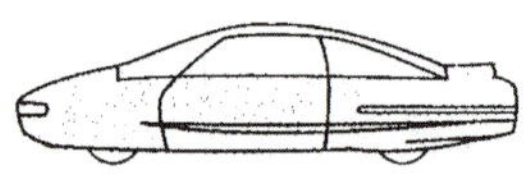	0.14
G M Sunraycer (eyperimental silar vehicle)		0.12

예제8

지름 1cm인 구가 공기 중을 매초 30m/sec의 속도로 날아갈 경우에 항력과 마력을 구하여라. (단, 공기의 밀도는 1.23kg/m^3 동점성계수는 0.15cm^2/sec라 한다.)

레이놀즈수는 $Re = \dfrac{Ud}{\nu} = \dfrac{3000 \times 1}{0.15} = 2 \times 10^4$

그림 9-8의 구에 대한 $C_D \sim Re$ 선도에서 $C_D = 0.4$를 얻는다.

따라서 항력은 $F_D = C_D \dfrac{1}{2} \rho U^2 \left(\dfrac{\pi}{4} d^2 \right) = 0.4 \times \dfrac{1}{2} \times 1.23 \times 30^2 \left(\dfrac{\pi}{4} \times 0.01^2 \right) = 1.739 \times 10^{-2}\text{N}$

구하는 마력은 $P = \dfrac{F_D U}{735} = \dfrac{1.739 \times 10^{-2} \times 30}{735} = 0.71 \times 10^{-3}\text{PS}$

예제9

65kg인 사람이 낙하산을 이용하여 낙하할 때 종속도를 구하여라. (단, 낙하산의 무게는 무시하고 완전히 열렸을 경우(지름 5.4m) 항력계수를 1.0, 공기의 밀도를 1.20kg/m^{3}이라 한다.)

중력 mg와 항력 $F_D = C_D \frac{1}{2}\rho U^2 S$이 같을 때 종속도로 되므로 $U = \sqrt{\frac{2mg}{C_D \rho S}} = \sqrt{\frac{2 \times 65 \times 9.81}{1.0 \times 1.20 \times \frac{\pi}{4} \times 5.4^2}} = 6.81 \frac{\text{m}}{\text{sec}}$

9-8 : 양력과 익형

지금까지 배웠던 항력뿐만 아니라 양력까지 받는 형상의 물체, 즉 그림 9-14에 보여주는 비행기의 날개를 익형(airfoil, 翼型)이라 한다. 이러한 익형은 항력뿐만 아니라 위아래에서 흐름이 비대칭이기 때문에 베르

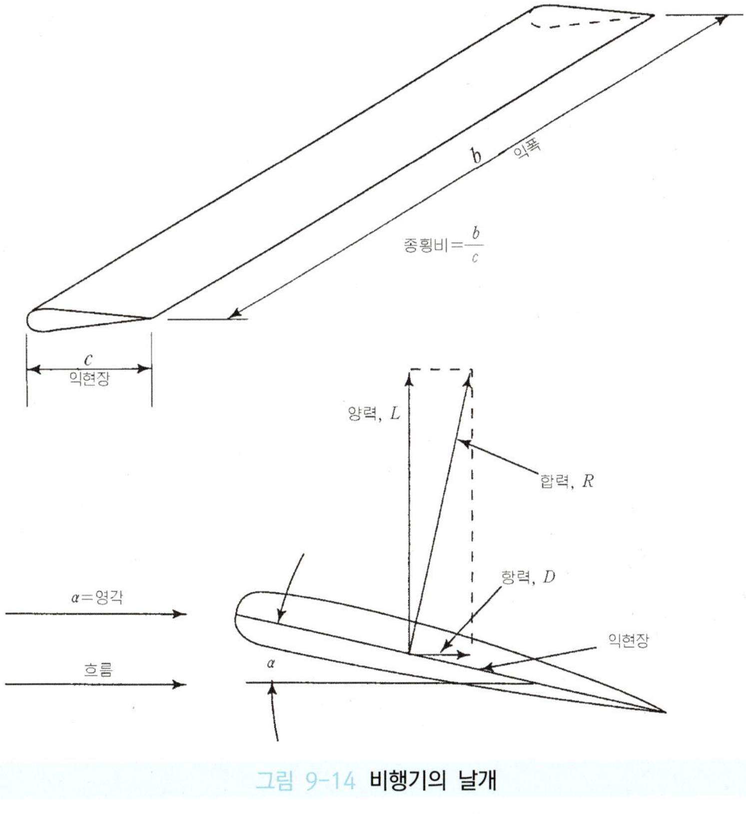

그림 9-14 비행기의 날개

누이의 원리에 의해서 양력도 함께 받는 형상의 물체이다. 앞서 설명했듯이 물체의 윗부분에서 유체의 속도가 아랫부분보다 빠르면 압력이 작아지므로 위로 뜨게 된다. 흐름 속에 있는 익형은 그림 9-15와 같은 압력을 받는다. 익형 주위에 걸린 압력을 적분하면 위로 뜨는 힘을 받게 됨을 알 수 있는데 이것을 양력(lift, 揚力)이라 한다. 날개(또는 깃)의 전단과 후단을 잇는 직선을 익현(chord, 翼弦)이라 하고 그 길이를 익현장(chord length, 翼弦長)이라 한다. 또한 깃의 폭을 익폭(span, 翼幅)이라 하며 익형의 윗면과 아랫면의 중앙을 연결한 선을 골격선(camber line, 骨格線)이라 한다. 유체의 흐름방향과 익현과의 이루는 각 α를 영각(angle ofattack, 迎角)이라 한다.

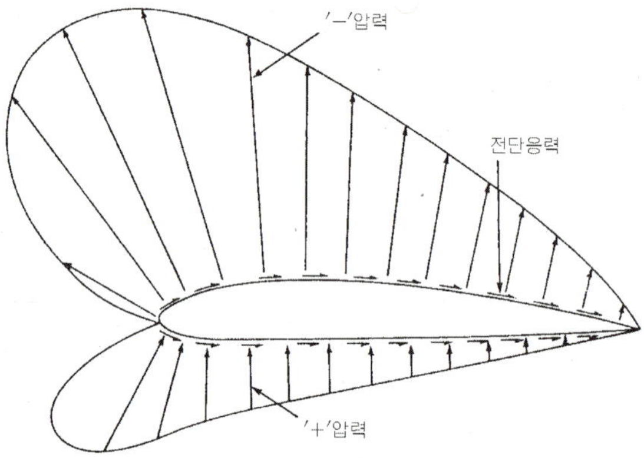

그림 9-15 날개주위의 압력과 전단력

양력계수는 아래와 같이 정의한다. 양력을 L이라 할 때

$$L = C_L(\rho U_\infty{}^2/2)S \tag{9-51}$$

$$\boxed{C_L = \frac{L}{\frac{1}{2}\rho U_\infty^2 S}} \tag{9-52}$$

여기서 C_L을 양력계수라 한다. 면적 S는 익폭과 익현장의 곱을 말한다. 즉 $S = cb$(c는 익현장, b는 익폭)이다. 양력계수 C_L과 항력계수 C_D값은 영각과 익형의 모양에 따라 달라진다. 그러나 C_L과 C_D는 흐름의 조건을 일반화시킨 무차원수이기 때문에 유체의 속도나 점성도, 밀도에 영향을 받지 않고 익형의 크기와는 관계없이 일정한 값을 가진다. 익형의 성능에 대한 연구는 미국의 NACA(National Advisory Committee for Aeronautics, 1959년부터는 NASA(National Aeronautics and Space Administration)로 개칭), 영국의 RAF(Royal Aircraft Factory), 독일의 괴팅겐(Go¨ttingen)대학에서 이룬 것이 유명하고 익형에 각각의 명칭을 붙여서 부른다. 그림 9-16은 익형의 한 보기를 나타낸 것으로서 C_L과 C_D를 영각, α의 함수로 나타낸 것이다. 이러한 그림을 익형의 성능곡선이라 한다.

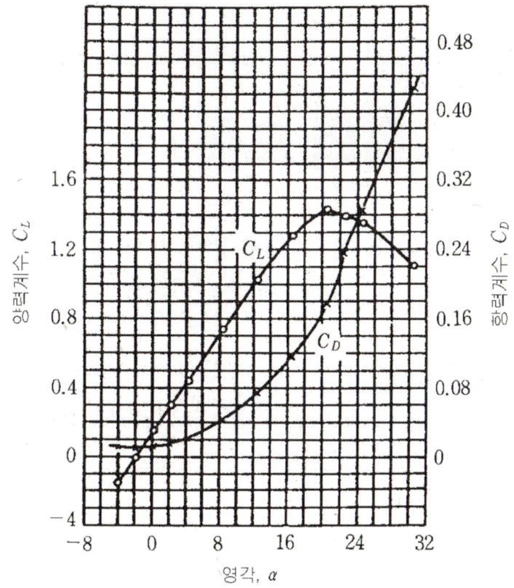

그림 9-16 비행기 날개의 양력과 항력계수(NACA 2418 airfoil, Re=3,060,000)

영각이 커짐에 따라 C_L이 증가하다가 어느 시점에서 감소한다. 또한 이 점에서 항력계수는 급격히 증가한다. 이러한 이유는 영각이 어느 정도의 크기를 넘게 되면 날개의 배후부에서 박리가 일어나 큰 소용돌이가 생기기 때문이다. 후류의 영향으로 항력이 커지고 양력이 작아지게 된다. 이와 같이 항력이 급히 증대하고 속도가 늦어지면 양력도 없어지고 비행기는 매우 위험한 상태로 되는데 이것을 실속(stall, 失速)이라 한다. C_L이 최대로 되는 각 α를 실속각(stalling angle, 失速角)이라 하며 C_L의 최대값을 최대 양력계수(maximum lift coefficient, 最大揚力係數)라 한다.

그림 9-16에서 C_L과 C_D를 비교해 보면 C_D에 비해서 C_L은 매우 크다. $C_L > C_D$의 비가 큰 것이 비행기성능이 좋은 것이다. 엔진출력으로 프로펠러를 회전시키고 앞으로 추진하는 추력(thrust, 推力), T와 항력, F가 평행되고 그 때 양력, L이 기체의 중량, W와 평행이 되면 작은 추력으로 무거운 비행기를 뜨게 할 수 있는 것이다.

예제10

조용한 공기속에서 1m×1.5m 넓이의 평판에 영각 12°로 수평방향으로 날고 있다. 그 속도는 14m/sec이고 양력계수 C_L는 0.72, 항력계수 C_D는 0.17 공기의 밀도는 1.22kg/m^{3}이라 한다. (a) 양력과 항력을 구하고 (b) 평판운동이 지속될 마력을 구하여라.

$$\text{양력} = C_L \frac{1}{2}\rho U^2 S = 0.72 \times \left(\frac{1}{2} \times 1.22 \times 14^2\right) \times 1.5 = 129.12\text{N}$$

$$\text{항력} = C_D \frac{1}{2}\rho U^2 S = 0.17 \times \left(\frac{1}{2} \times 1.22 \times 14^2\right) \times 1.5 = 30.49\text{N}$$

$$\text{마력} = \frac{F_D \cdot U}{735} = \frac{30.49 \times 14}{735} = 0.58\text{HP}$$

CHAPTER 09 물체 주위의 흐름 / 기본문제

01

폭이 0.6m, 길이가 2.4m의 얇은 평판이 0.9m/s의 속도로 흐르는 공기(ρ=1.238kg/m^3, μ=1.789×10^{-5}N·sec/m^2)의 평행류 속에 평행하게 놓여 있다. 양쪽면에 작용하는 항력을 계산하여라.
(단, 합마찰 항력계수는 $C_f = \dfrac{1.328}{\sqrt{Re_L}}$이다.)

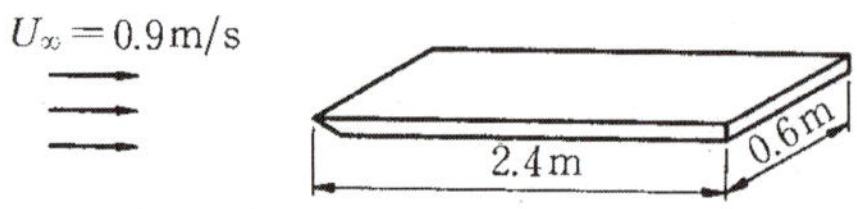

풀이

항력 $F_f = C_f \cdot \frac{1}{2} \cdot \rho U_\infty{}^2 \cdot S$ 그런데 레이놀즈수는

$$Re_L = \frac{1.238 \times 0.9 \times 2.4}{1.789 \times 10^{-5}} = 1.495 \times 10^{-5}$$

양면에 모두 마찰항력이 작용하므로 면적은

$S \times 2 = 0.6 \times 2.4 \times 2 = 2.88\text{m}^2$

$$F_f = \frac{1.328}{\sqrt{1.495 \times 10^5}} \times \frac{1}{2} \times 1.238 \times 0.9^2 \times 2.88$$
$$= 0.00496\text{N}$$

02

1.5m×2m 넓이의 평판이 조용한 공기 속에서 영각 12°로 수평방향으로 날고 있다. 그 속도는 20m/s이고 양력계수 C_L=0.72 항력계수 C_D=0.17, 공기의 밀도는 ρ=1.22kg/m^{3}이다. 다음을 구하여라.

(1) 양력
(2) 항력
(3) 평판운동이 지속될 마력수

풀이

(1) 양력

$$L = C_L \cdot \frac{1}{2} \cdot \rho U^2 \cdot S$$
$$= 0.72 \times \frac{1}{2} \times 1.22 \times 20^2 \times 1.5 \times 2$$
$$= 527.04\text{N}$$

(2) 항력

$$F_D = C_D \cdot \frac{1}{2} \cdot \rho U^2 \cdot S$$
$$= 0.17 \times \frac{1}{2} \times 1.22 \times 20^2 \times 1.5 \times 2$$
$$= 124.44\text{N}$$

(3) 마력수

$$P = F_D U = 124.44 \times 20 = 2488.8\text{N} \cdot \text{m/s} = 3.386\text{HP}$$

03

평균풍속 20m/s인 바람속에 4m^{2}인 정사각형의 얇은 평판을 바람속에 평행하게 놓았을 경우에 다음을 구하여라. (단, 공기의 밀도는 ρ=1.22kg/m^3, 절대점성계수 μ=0.171×10^{-4}kg/m·s이다.)

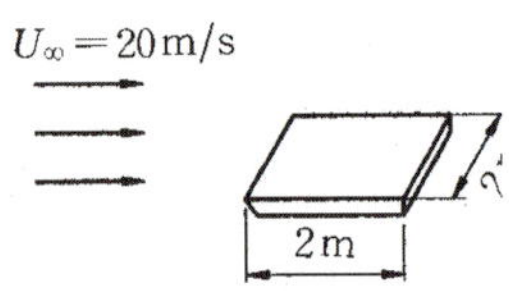

(1) 레이놀즈수 Re_l
(2) 평판의 저항력 F_D

풀이

(1) $Re_l = \dfrac{\rho U l}{\mu} = \dfrac{1.22 \times 20 \times 2}{0.171 \times 10^{-4}} = 2.85 \times 10^6$

Re수가 $5 \times 10^5 < 2.85 \times 10^6 < 5 \times 10^6$이므로 난류의 흐름이다.

(2) $F_D = C_f \frac{1}{2} \rho U^2 S$에서 난류인 경우 C_f는 식(9-45)에서

$$F_D = \left\{ \frac{0.074}{(2.85 \times 10^6)^{1/5}} - \frac{1700}{2.85 \times 10^6} \right\} \times \frac{1}{2} \times 1.22 \times 20^2 \times 4 = 3.114\text{N}$$

따라서 양면의 항력은

$2F_D = 2 \times 3.114 = 6.227\text{N}$

04

지름이 0.9m, 높이 22m인 원통형 굴뚝이 56km/hr의 바람(15℃, 101.3kPa, 가스정수 R=287N·m/kg°K)에 노출되어 있다. 굴뚝 밑면에 걸리는 굽힘모멘트는 얼마인가? (단, 압력항력계수 C_D=0.34이고 마찰항력은 무시하여라.)

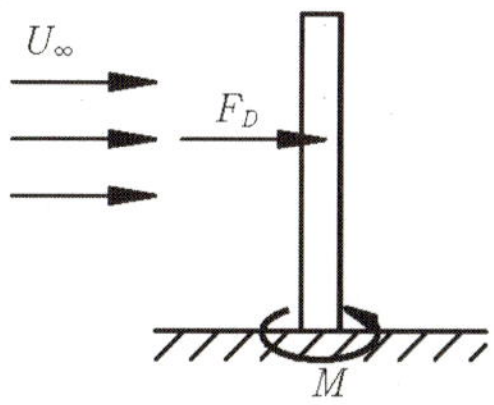

풀이

굴뚝에 걸리는 압력항력을 F_D라 할 때

굽힘모멘트는 $M=\int y dF_D$이다.

$F_D = C_D \frac{1}{2} \rho U_\infty^2 S$

바람의 속도는 56km/hr=15.56m/s

바람의 도는 $p = \rho RT$에서

$101.3 \times 10^3 = \rho \times 287 \times (15+273)$

$\therefore\ \rho = 1.226 \left[\frac{\text{kg}}{\text{m}^3}\right]$

$\therefore\ F_D = 0.34 \times \frac{1}{2} \times 1.226 \times 15.56^2 \times (0.9 \times 22) = 1000\text{N}$

전체항력의 작용점은 전체높이의 $\frac{1}{2}$ 지점에 위치한다.

$\therefore\ M = 11 \times 1000 = 11000\text{N}\cdot\text{m}$

별해

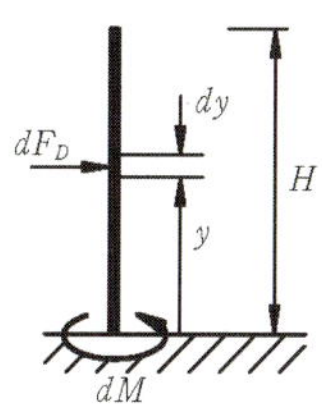

그림에서 $dM = dF_D \times y$

적분하면 $M = \int y dF_D$

그런데 면에 수직인 방향으로의 폭을 b라 하면

$dF_D = pb\,dy$

여기서 p는 항력을 단위면적으로 나눈 값이다.

$\therefore\ M = \int_0^H ypb \cdot dy = \left|\frac{pby^2}{2}\right|_0^H = \frac{pbH^2}{2}$

그런데 $F_D = pbH$ 이므로 $M = F_D \times \frac{H}{2}$

즉 모멘트는 전체항력값 F_D에 중간점까지의 높이를 곱한 값이다.

05

길이 1m의 평판이 온도 20℃, 풍속 7.5m/s의 공기 흐름에 평행하게 놓여져 있다. 판의 앞끝으로부터 40cm 되는 위치의 경계층의 두께를 구하여라.

풀이

표 A-2에서 20℃ 공기의 동점성계수 $\nu = 1.51 \times 10^{-5}\frac{\text{m}^2}{\text{s}}$

$\therefore\ Re = \frac{U \cdot x}{\nu} = \frac{7.5 \times 0.4}{1.51 \times 10^{-5}} = 198675$

Re 수가 5×10^5보다 작으므로 충류로 생각할 수 있다. 따라서

$\delta = \frac{5x}{Re_x^{1/2}} = \frac{5 \times 0.4}{198675^{1/2}} = 0.004487\text{m} = 0.4487\text{cm}$

06

10m×1.8m 면적의 날개를 가진 비행기가 112m/s의 속도로 날고 있다. 날개의 영각이 1°이고 C_L=0.326, C_D=0.0761이면 양력과 항력은 각각 얼마인가? (단, 본체의 영향은 무시하며 공기의 밀도는 1.22kg/m^{3}이다.)

풀이

$F_D = C_D \frac{\rho}{2} U^2 A$

$F_D = 0.0761 \times \frac{1.22}{2} \times 112^2 \times 10 \times 1.8 = 10481\text{N}$

$= 1096\text{kgf}$

$L = 0.326 \times \frac{1.22}{2} \times 112^2 \times 10 \times 1.8 = 44899\text{N} = 4581\text{kgf}$

CHAPTER 09

물체 주위의 흐름 / 기본문제

07

30℃, 1atm의 공기가 평판 위를 30m/s의 속도로 흐르고 있다. 앞끝에서 하류방향으로 3cm 떨어져 있는 곳의 경계층의 두께를 구하여라. (단, 공기의 동점성계수는 $0.15cm^2/s$라고 한다.)

풀이

$\nu = 0.15cm^2/s = 0.15 \times 10^{-4} m^2/s$ 이므로

$$Re = \frac{U \cdot x}{\nu} = \frac{30 \times 0.03}{0.15 \times 10^{-4}} = 6 \times 10^4 < 5 \times 10^5$$

따라서 흐름은 층류이다.

$$\frac{\delta}{x} = \frac{5}{{Re_x}^{1/2}}$$

$$\frac{\delta}{0.03} = \frac{5}{\sqrt{6 \times 10^{1/2}}} \rightarrow \delta = 0.0006m = 0.061cm$$

08

1.2m×1.2m 넓이의 얇은 평판이 풍속 3m/s인 공기 속에 흐름에 평행하도록 놓여져 있다. (a) 판의 항력과 평판 뒤끝에서의 (b) 경계층 두께 및 (c) 전단응력을 각각 구하여라.

풀이

공기의 동점성계수 $\nu = 0.15 \times 10^{-4} m^2/s$,

밀도 $\rho = 1.22 kg/m^2$라 하면

$$Re_x = \frac{U \cdot x}{\nu} = \frac{3 \times 1.2}{0.15 \times 10^{-4}} = 2.4 \times 10^5 < 5 \times 10^5 \ \therefore \text{층류}$$

$\frac{\delta}{x} = \frac{5}{{Re_x}^{1/2}}$ 에서

$$\frac{\delta}{1.2} = \frac{5}{\sqrt{2.4 \times 10^5}} \rightarrow \delta = 0.0122m$$

$F_f = C_f \frac{1}{2} \rho U^2 S$이고

$$C_f = 1.328 {Re_x}^{-1/2} = 1.328(2.4 \times 10^{-5})^{-\frac{1}{2}} = 0.00271$$

$S = 1.2 \times 1.2 \times 2 = 2.88m^2$(양면)

$$\therefore F = 0.00271 \times \frac{1}{2} \times 1.22 \times 3^2 \times 2.88 = 0.04285N$$

$$\tau = \frac{F}{S} = \frac{0.04285}{2.88} = 0.01488N/m^2$$

09

표면적 $1700m^2$, 길이 60m인 잠수함이 바다 깊은 곳에서 33km/h로 항해할 때 마찰력은 어느 정도인가? (단, 물의 밀도는 $1020kg/m^3$이고 동점성계수는 $1.2 \times 10^{-6} m^2/s$라고 한다.)

풀이

$$U = 33km/h = \frac{33000}{3600} = 9.167 \frac{m}{s}$$

$$Re_l = \frac{U \cdot l}{\nu} = \frac{(\frac{33000}{3600}) \times 60}{1.2 \times 10^{-6}} = 4.58 \times 10^8$$

∴ 흐름은 완전난류이다.

$F_f = C_f \frac{1}{2} \rho U^2 S$이고

$$C_f = \frac{0.455}{\{\log_{10}(4.58 \times 10^8)\}^{2.58}} - \frac{1700}{4.58 \times 10^8}$$

$= 0.00173$ 이므로

$$F_f = 0.00173 \times \frac{1}{2} \times 1020 \times 9.167^2 \times 1700 = 126338N$$

10

0.76m 길이의 매끄러운 평판이 0.61m/s로 흐르는 20℃의 물속에 흐름에 평행하게 놓여 있다. 평판 중심에서의 전단응력을 구하여라. (단, 모든 면에서 경계층 내에서 흐름은 층류이다.)

풀이

20℃, 물 $\nu = 1.003 \times 10^{-6} m^2/s$라 하면 층류의 경우 국부마찰항력계수는

$$c_f = \frac{0.664}{\sqrt{Re_x}}$$

평판중심까지의 거리는 0.76/2=0.38이므로

$$Re_x = \frac{U_x}{\nu} = \frac{0.61 \times 0.38}{1.003 \times 10^{-6}} = 231100$$

$$\therefore c_f = \frac{0.664}{\sqrt{231100}} = 0.00138$$

$$\therefore \tau_w = c_f \times \frac{1}{2} \rho U^2 = 0.00138 \times \frac{1}{2} \times 1000 \times 0.61^2$$

$$= 0.257 \frac{N}{m^2}$$

11

6m/s로 흐르는 공기(15℃, 101.3kPa) 속에 지름 0.5m인 구(球)를 놓았을 때 받는 항력을 구하여라.

풀이

구의 단면적은 $S = \frac{\pi d^2}{4} = \frac{\pi}{4} \times 0.5^2 = 0.19625\text{m}^2$

$p = \rho RT$(공기의 $R = 286.8\frac{\text{N} \cdot \text{m}}{\text{kg°K}}$)에서

$101300 = \rho \times 286.8 \times (273 + 15) \qquad \therefore \ \rho = 1.23\frac{\text{kg}}{\text{m}^3}$

15℃ 일 때 공기의 $\mu = 1.789 \times 10^{-5}\text{N} \cdot \text{s/m}^2$이므로

$Re = \frac{\rho U d}{\mu} = \frac{1.23 \times 6 \times 0.5}{1.789 \times 10^{-5}} = 2.06 \times 10^5$

그림 (9-8)에서 $C_D = 0.4$이므로

$F_D = C_D \frac{1}{2} \rho U^2 S = 0.4 \times \frac{1}{2} \times 1.23 \times 6^2 \times 0.19625$

$= 1.738\text{N}$

CHAPTER 09 물체 주위의 흐름 / 연습문제

해답은 486쪽에 있습니다.

01

다음 중 경계층 레이놀즈수는?

① $\frac{U\delta}{\nu}$ ② $\frac{U\delta\mu}{\rho}$

③ $\frac{U\delta\rho}{\nu}$ ④ $\frac{U\delta}{\mu}$

02

층류경계층의 두께는 다음 어느 함수에 비례하는가?

① $\frac{1}{x^2}$ ② $x^{\frac{1}{7}}$

③ $x^{\frac{1}{2}}$ ④ $x^{\frac{2}{3}}$

03

경계층에 관한 설명 중 틀린 것은 어느 것인가?

① 천이영역의 임계 레이놀즈수는 5×10^5이다.
② 경계층 내에서는 속도구배가 크기 때문에 마찰응력이 감소한다.
③ 경계층 내에서는 점성의 영향이 크게 작용한다.
④ 경계층 바깥구역의 흐름은 포텐셜흐름이다.

04

경계층의 박리(separation)가 일어나는 이유는?

① 압력이 감소할 때
② 압력이 증가할 때
③ 경계층의 속도가 증가하기 때문에
④ 경계층의 두께가 0으로 감소하기 때문에

05

다음은 후류에 관한 것이다. 맞는 것은?

① 압력이 감소하는 포텐셜흐름을 말한다.
② 항상 마찰항력이 지배적일 때 일어난다.
③ 박리가 일어나는 경계로부터 하류구역을 말한다.
④ 난류경계층에서 표면에 가까운 층으로서 층류를 지속하는 층을 말한다.

06

현의 길이가 8m인 날개가 400km/h로 이륙할 때 날개가 받는 양력이 350kN이라면 날개의 폭은 몇 m인가? (단, $C_L=1.0$, $C_D=0.05$, $\rho=1\text{kg/m}^3$이다.)

07

직경이 120cm이고 높이가 12m인 굴뚝이 풍속 10m/s의 바람을 받고 있을 때 걸리는 항력의 크기를 구하라. (단, 공기의 밀도 $\rho=1.205\text{kg/m}^3$이다. 단, 항력계수 $C_D=0.82$이다.)

08

길이가 3cm이고 폭이 1.5cm인 얇은 평판이 흐름의 속도가 3m/s인 물속에 평행으로 놓여져 있다. 물의 동점성계수 $\nu=1.0\times10^{-6}\text{m}^2/\text{s}$일 때 평판이 받는 마찰항력을 구하라.

09

길이가 4m이고 폭이 2m인 평판이 5m/s의 속도로 흐르는 물 속에 평행으로 놓여져 있다. 수온이 20℃일 때 평판면이 받는 마찰저항은 얼마인가?

10

직경이 10cm인 공이 공기 속을 매초 30m/s의 속도로 날아갈 때 항력은 얼마인가? (단, 항력계수 $C_D=0.6$이고 공기의 밀도 $\rho=1.205\text{kg/m}^3$이다.)

11

지름 2mm인 구가 공기($\rho=0.3716\text{kg/m}^3$, $\nu=108.2\times10^{-6}\text{m}^2\text{/s}$) 속을 2.5cm/s로 운동할 때 항력은 몇 dyne인가?

12

폭이 12m이고 현의 길이가 2m인 사각형 날개의 양력계수와 항력계수가 영각이 7°일 때 각각 0.4와 0.03이다. 이 날개가 정지한 공기(온도 2℃, 압력 80kPa) 속에서 50m/s로 날 때 필요한 동력은 몇 kW인가? (단, 공기의 기체상수 $R=287\text{N}\cdot\text{m/kg}^\circ\text{K}$이다.)

13

동점성계수 $\nu=1.5\times10^{-5}\text{m}^2\text{/s}$인 공기가 평판 위를 2m/s의 속도로 흐르고 있다. 선단으로부터 30cm 되는 곳에서의 경계층의 두께 δ는 얼마인가?

14

20℃, 98 kPa(a)의 공기가 매끈한 평판 위를 100 km/hr의 속도로 흐르고 있다. 경계층의 두께가 8mm가 되는 점의 길이 x는 얼마인가? 단 경계층은 평면 선단으로부터 난류경계층이 생성되고 속도분포는 1/7승근법칙을 따른다고 가정하라. (단, 공기의 기체상수 $R=287\text{N}\cdot\text{m/kg}^\circ\text{K}$이고 점성계수 $\mu=1.92\times10^{-5}\text{kg/m}\cdot\text{s}$이다.)

15

면적이 50m^2인 평면이 620PS를 소비하여 100 m/s로 공기 속을 날때 양력이 44100N이었다. 이때 날개면적을 기준으로 한 양력계수와 항력계수는 얼마인가? (단, 공기의 밀도는 1.47kg/m^3이다.)

16

폭 0.6m, 길이 2.4m인 평판이 9m/s의 속도로 흐르는 공기(101.3kPa(a), 15℃)의 평행류 속에 평행하게 놓았다. 양쪽면에 작용하는 항력을 다음 경우에 대하여 계산하여라.

(1) 평판후단에서 층류경계층일 경우
(2) 평판후단에서 난류경계층일 경우

17

20℃의 물이 5m/s의 속도로 평행유동한다. 이 유동장에 폭이 1m, 길이 1m의 매끈한 평판을 평행하게 놓았다.

(1) 전평판에 대한 표면항력계수
(2) 전표면 마찰항력
(3) 임계길이
(4) 층류경계층만으로 야기되는 표면항력을 계산하여라.

MEMO

CHAPTER

10

개수로의 흐름

CHAPTER 10 개수로의 흐름

10-1 : 개수로 흐름

강이나 운하, 하수도, 농수관개용 수로, 충만되지 않은 관로 등에서의 흐름을 개수로 흐름(open channel flow, 開水路)이라 하며, 주로 토목공학의 한 분야인 수리학에서 많이 다루고 있다. 앞에서 배운 관속에서의 유동에서는 유체가 관속을 충만해서 흐르는 경우를 생각하였다. 그러나 유체가 관의 일부분만 차서 흐르는 경우나 대기 중에 열린 유로에 액체가 통과하는 경우를 개수로 유동이라 한다. 개수로 유동에서는 액체가 자유표면을 가지고 흐르는 것이 특성이라 할수 있다. 관 내의 흐름에서는 상하류 사이의 압력차에 의해서 유동이 형성되지만 개수로 유동에서는 중력의 작용에 의해서만 흐른다는 것이 큰 차이점이라 할 수 있다. 쉽게 말하면 관 내 유동은 펌프나 송풍기에 의해서 관마찰에 의한 손실을 이겨 내기 때문에 유동이 형성되는 것이고 개수로 유동은 높은 곳에서 낮은 곳으로 중력에 의해서 유동이 형성되는 것이다. 강물의 흐름이나 저수지를 통하는 관개수로의 흐름 등은 개수로 유동에 속한다. 여기서도 앞에서와 같이 정상류에 대해서만 다루고자 한다.

10-2 : 개수로 흐름의 분류

1 층류와 난류

개수로 흐름에서는 흔히 레이놀즈수를 $Re = VR_h/\nu$와 같이 정의한다. 여기서 R_h는 수력반경이라 하며 10-4절 쉐지만닝의 식에서 공부하게 될 것이다. 6장에서 배운 식 (6-1)에 나온 Re 수의 길이단위 d는 특성길이로서 여러 가지 유동현상에 대해서 가장 특징을 가지는 길이를 사용하면 된다. 개수로 유동에서 층류와 난류의 구분은 실험을 통해서 종합해보면 일반적으로

층류 : $Re < 500$

천이구역 : $500 < Re < 2000$

난류 : $Re > 2000$

로 나타낼 수 있다. 여기서 층류(laminar flow, 層流)라 함은 관속의 유동과 마찬가지로 층을 이루며 조용히 흐르는 흐름을 말한다. 난류(turbulent flow, 亂流)는 무질서하고 서로 섞이어 혼란스럽게 흐르는 흐름을 말한다.

2 상류와 사류

개수로 흐름에서는 레이놀즈수뿐만 아니라 중력의 영향이 크므로 프루드수가 흐름의 특성을 주로 지배한다. 프루드수 Fr은 7-2절 역학적 상사성에서 배웠듯이 관성력과 중력의 비로서

$$Fr = \frac{V}{\sqrt{gy}} \tag{10-1}$$

로 나타낼 수 있다. 여기서 V는 물의 속도, y는 물의 깊이를 말한다.

상류(tranquil flow, 常流)란 다음에 설명하겠지만 임계수심보다 깊은 수심일 경우로서 아임계흐름(subcritical flow)을 말한다. 임계수심보다 수심이 깊고, 유속이 임계유속보다 느린 흐름이며 Fr이 1보다 작을 때 일어난다. 이때는 하류에서 생긴 교란이 상류로 전달된다.

사류(rapid flow, 射流)란 임계수심보다 낮은 수심일 경우로서 초임계흐름(supercritical flow)을 말한다. 임계수심보다 수심이 낮고, 유속이 임계유속보다 빠른 흐름이며 Fr이 1보다 클 때 일어난다. 이때는 하류에서 생긴 교란은 상류로 전달되지 않는다.

3 정상 등류유동

물의 깊이가 일정하고 물의 속도가 시간과 위치에 따라 변하지 않는 흐름을 정상 등류유동(steady uniform flow, 定常等流流動)이라 한다.

4 정상 비등류유동

물의 깊이가 시간에 따라서 변하지는 않으나 위치에 따라 변하는 흐름을 정상 비등류유동(steady non uniform flow, 正常非等類流動)이라 한다.

5 비정상 비등류유동

물의 깊이가 시간과 위치 모두에 따라 변하는 흐름을 비정상 비등류유동(unsteady nonuniform flow, 非正常非等類流動)이라 한다.

10-3 : 정상 등류유동의 에너지방정식

그림 10-1은 경사진 수로 바닥면 위를 흐르는 정상 등류를 보여주고 있다. 정상 등류인 경우 자유표면과 수로 바닥면의 기울기는 서로 같으므로 유선도 같은 기울기를 가진다. 그림과 같이 하나의 유선상에 있는 상류 측 1점과 하류 측 2점에서 흐름이 정상류이고 등류일 때 베르누이 방정식에서

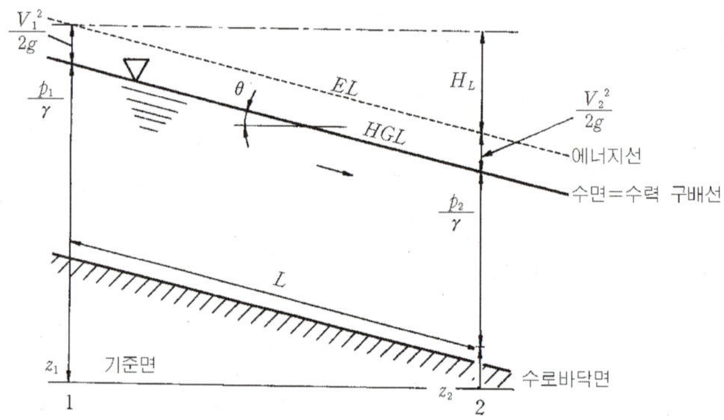

그림 10-1 개수로 유동

$$\frac{V_1^2}{2g}+\frac{p_1}{\rho g}+z_1=\frac{V_2^2}{2g}+\frac{p_2}{\rho g}+z_2+h_L \tag{10-2}$$

여기서 h_L은 바닥면과의 마찰로 인한 손실수두이다. 수력구배선(HGL)은 자유표면과 일치하므로 에너지선(EL)은 자유표면에서 속도수두$\left(\frac{V^2}{2g}\right)$만큼 위에 있다. 물의 깊이가 일정하므로 $V_1=V_2$, 또한 $p_1=p_2$이므로

$$h_L=z_1-z_2$$

즉 개수로 흐름은 높이차에 의해서 유동이 형성된다. 에너지선(EL)의 기울기, S는 경사각이 작은 경우에 $S=h_L/L$이 되므로

$$h_L=S\cdot L \tag{10-3}$$

이 된다. 상기한 바와 같이 개수로 흐름이 정상류이고 등류일 때 그 특성을 요약하면

- 액체의 자유표면은 대기압 상태로서 일정한 압력을 가진다.
- 수력구배선(HGL)은 자유표면과 일치한다.
- 에너지선(EL)은 수력구배선(HGL)과 평행하며 속도수두만큼 수면 위에 있다.
- 에너지선의 기울기는 수로바닥의 기울기와 같으며 에너지선과 수평선의 차이는 손실수두가 된다.

10-4 : 쉐지-만닝의 식

개수로 유동에서 특성길이는 수력반경(hydraulic radius, 水力半徑)을 사용한다. 수력반경은 수로의 단면적을 접수길이(perimeter)로 나눈 값으로 정의한다. 수력반경을 R_h라 하면

$$R_h = \frac{A}{P} \tag{10-4}$$

여기서 접수길이 P는 수로의 단면에서 물에 접한 부분의 길이를 말한다. 그림 10-2에 각종 단면에 대한 접수길이와 유체의 흐름면적을 보여주고 있다. 점선으로 표시한 길이가 접수길이이다.

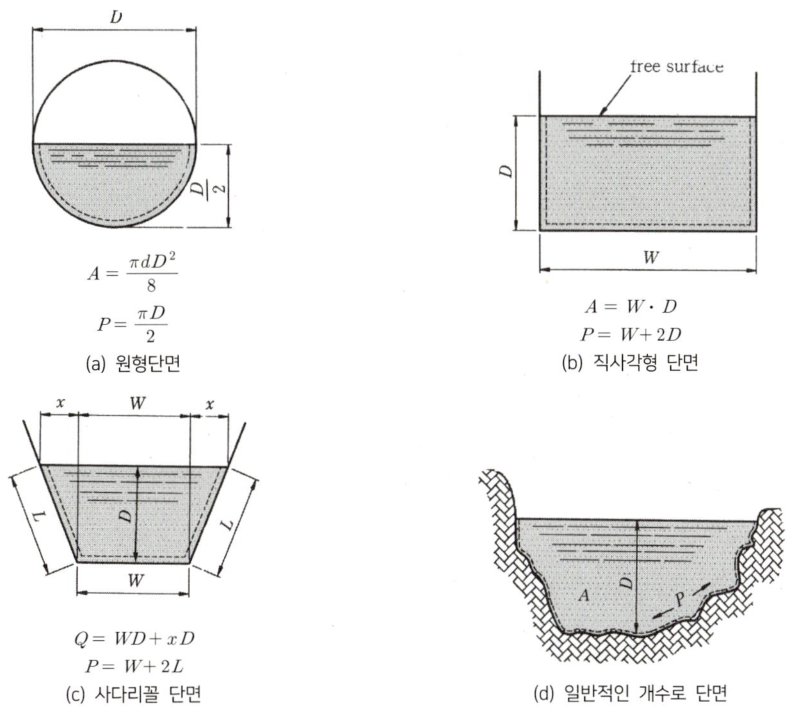

그림 10-2

개수로에서 흐름이 정상류 및 등류일 때는 유체에 걸리는 힘의 평형법칙을 이용하여 쉽게 유동방정식을 요도해 낼 수 있다. 그림 10-3과 같은 개수로 유동에서 상류 측 1지점과 하류 측 2 지점으로 물이 흘러가고 있다고 하자. 제한체적을 $ABCD$라 할 때 유체요소 $ABCD$가 받는 힘의 유동방향성분에 대하여 힘의 평형법칙을 적용해 보자. 유동방향으로 유체가 받고 있는 힘은

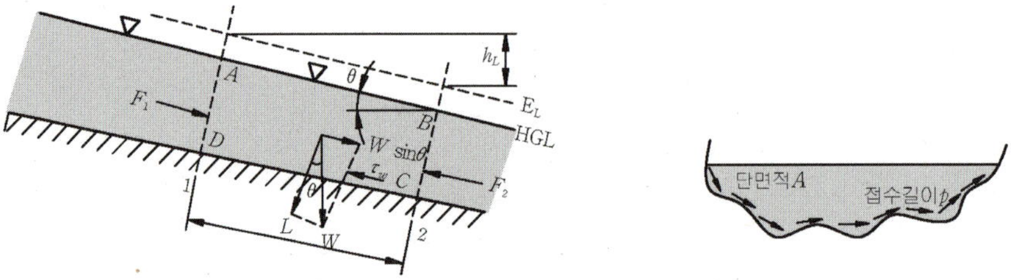

그림 10-3 개수로 유동

1지점과 2지점에서의 압력 : F_1, F_2

유체의 무게의 유동방향성분 : $W\sin\theta$

유체와 바닥사이에 작용하는 전단력 : $\tau_w PL$

여기서 P는 접수길이이다. 유체요소에 걸리는 전체 힘의 합은 0이 되어야 하므로 AD면에 걸리는 압력에 의한 힘-BC면에 걸리는 압력에 의한 힘 +유체의 무게-전단력=0

정상류 및 등류의 흐름에서는 단면이 일정하므로 AD 면과 BC 면에 걸리는 전압은 그 크기가 서로 같다. 그러므로

$$W\sin\theta - \tau_w PL = 0 \tag{10-5}$$

$ABCD$의 중량은 $W = \gamma V = \gamma AL$이므로 위 식은

$$\gamma AL \sin\theta = \tau_w AL/R_h \tag{10-6}$$

개수로 바닥의 기울기는 $S = \tan\theta$이다. 개수로 유동에서 일반적으로 θ값이 매우 작으므로 $\sin\theta = \tan\theta = S$로 생각할 수 있다. 따라서

$$\boxed{\tau_w = \gamma R_h S} \tag{10-7}$$

여기서 τ_w : 바닥에서의 전단응력

R_h : 수력반경

S : 기울기

γ : 유체의 비중량

원관속의 흐름인 경우 식 (8-34)로부터 $\tau_w = f\rho V^{20}/8$이었다. 난류인 경우 마찰계수 f는 조도와 레이놀즈수의 함수이나 조도가 클 경우에는 Re 수와 관계없이 f는 조도만의 함수이었다. 실제유체에 대한 개수로 유동은 수력반경의 개념을 도입하면 역학적으로 관속의 유동과 상사하다고 볼 수 있다. 따라서 식 (10-7)은

$$\frac{f\rho V^2{}_1}{8} = \rho g R_h S \tag{10-8}$$

$$V = \sqrt{\frac{8g}{f}}\sqrt{R_h S} \tag{10-9}$$

C를 $\sqrt{8g/f}$로 하면

$$V = C\sqrt{R_h S} \tag{10-10}$$

상기 식을 쉐지 방정식(Chezy equation)이라 한다. 따라서 유량은 단면적이 A일 때

$$Q = CA\sqrt{R_h S} \tag{10-11}$$

이 된다. 상기 식은 개수로 유동의 정상흐름에 대한 기초방정식이 된다. 여기서 쉐지식의 상수인 C값의 단위는 무차원이 아니고 $\sqrt{m}/s$임을 유의하여야 한다. C값을 구하기 위하여 그동안 많은 실험이 수행되어 왔다. 결과적으로 쉐지상수 C는 레이놀즈수, 수로의 상대조도, 수로단면형태 등에 기인되며 공학자 만닝(R. Manning)은 $C = \frac{1}{n}(R_h)^{1/6}$을 제안하였다. 여기서 n은 만닝의 n이라 하고 표 10-1에 주어져 있다. 따라서

$$\boxed{V = \frac{1}{n}R_h^{2/3}S^{1/2}} \tag{10-12}$$

로 표기되고 이 식을 쉐지-만닝의 식(Manning,s formula)이라 하며 개수로에 흔히 적용하는 식이다. 따라서 유량 $Q = AV$이므로

$$Q = \frac{1}{n}\cdot A\cdot R_h^{2/3}\cdot S^{1/2}\left[\frac{\text{m}^3}{\text{s}}\right] \tag{10-13}$$

이 된다. 상기 식에서 A와 R_h를 영국단위인 ft로 나타내면 $Q = \frac{1.486}{n}AR_h^{2/3}S^{1/2}\left[\frac{\text{ft}^3}{\text{s}}\right]$로 됨을 유의해야 한다.

표 10-1 만닝의 n값(오차범위 20%)

수로표면	n	수로표면	n
인공적으로 제작한 수로		땅을 파낸 수로	
유리	0.010	깨끗한 수로	0.022
황동	0.011	자갈로 된 수로	0.025
매끈한 강철	0.012	잡초 있는 수로	0.030
페인트 칠한 강철	0.014	돌이 많은 수로	0.035
리베트한 강철	0.015		
주조강철	0.013	자연수로	
마무리 작업된 시멘트	0.012	깨끗하고 똑바른 수로	0.030
마무리작업 안된 시멘트	0.014	느리고 깊은 수로	0.040
대패질 안한 나무	0.012	큰 강	0.035
점토·타일	0.014	대평원의 수로	
벽돌·벽면	0.015	목장·농장의 수로	0.035
아스팔트	0.016	가벼운 풀이 있는 수로	0.05
주름진 금속	0.022	거칠은 풀이 많은 수로	0.075
자갈·석조물	0.025	나무가 있는 수로	0.15

예제1

단면이 직사각형인 콘크리트 개수로에 있어서 폭이 8m, 수심이 1m이다. 기울기가 1/1000일 경우 평균유속을 구하여라.

표 10-1에서 $n = 0.012$로 하면 수로단면적 $A = 1 \times 8 = 8\text{m}^2$,
접수 길이 $P = 1 + 8 + 1 = 10\text{m}$ 이므로 수력반경 $R_h = A/P = 8/10 = 0.8\text{m}$ 기울기 $S = 1/1000 = 0.001$ 이다.
그러므로 쉐지-만닝식에 의하여 $V = \dfrac{1}{n} R_h^{2/3} S^{1/2}$

$$V = \frac{1}{0.012}(0.8)^{2/3}(0.001)^{1/2} = 2.271\frac{\text{m}}{\text{s}}$$

예제2

사각단면의 콘크리트 수로를 통하여 9m^3/min의 물을 수송하려 한다. 수로길이 300m, 수로양단 높이 차는 3m일 때 수로의 치수와 속도를 결정하여라. (단, 수심은 폭의 반 높이로 차서 흐른다.)

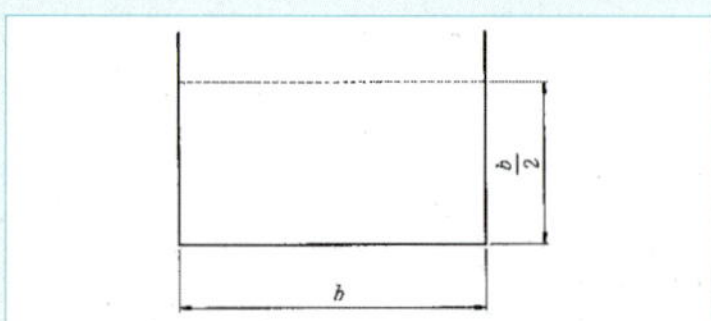

수로단면의 폭을 b라 하면 수로 단면적은 $b(b/2)$이므로 수력반경은 $R_h = \dfrac{A}{P} = \dfrac{b^2/2}{2b} = \dfrac{b}{4}$

기울기 S는 3/300=0.01 유량은 $9\text{m}^3/\text{min}$ 이므로 $V=\dfrac{Q}{A}=\dfrac{9/60}{b^2/2}=\dfrac{3}{10b^2}$

만닝공식에 의하여 $V=\dfrac{1}{n}R_h^{\frac{2}{3}}S^{\frac{1}{2}}=\dfrac{3}{10b^2}$

표 10-1에서 $n=0.014$를 쓰면 $\dfrac{1}{0.014}\cdot\left(\dfrac{b}{4}\right)^{\frac{2}{3}}(0.01)^{\frac{1}{2}}=\dfrac{3}{10b^2}$

$\therefore\ b=0.431\text{m}$

유속은 $V=\dfrac{3}{10b^2}=\dfrac{0.3}{b^2}=\dfrac{0.3}{0.431^2}=1.615\dfrac{\text{m}}{\text{s}}$

10-5 : 개수로의 최적단면

개수로의 설치는 물의 수송에 그 목적이 있다. 최대의 효과를 추구하는 공학적인 설계측면에서 개수로의 설계는 주어진 단면적 크기와 기울기에서 최대유량이 흐를 수 있도록 물의 깊이를 결정하는 것이 요구된다. 쉐지-만닝의 식을 보면 개수로 유동에 있어서 주어진 기울기, 벽면조건에 대하여 평균유속은 수력반경 R_h의 2/3 제곱에 비례하여 증대된다는 것을 알 수 있다. 그러므로 주어진 유동단면적 A에 대하여 주어진 조건하에서 최대유량을 얻으려면 수력반경 $R_h=A/P$가 최대가 되어야 한다는 것을 알 수 있다. 수력반경 R_h가 최대가 되려면 주어진 유동단면적 A에 대하여 접수길이 P가 최소가 되게끔 수로단면을 설계하여야 하며 이러한 수로건설이 효율적이라 볼 수 있다.

이렇게 수력반경이 최대가 되는 단면을 수로의 최적단면(best hydraulic cross section, 最適斷面)이라 한다. 따라서 주어진 유량에 대하여 수력반경 R_h를 최대가 되게끔 설계하면, 즉 접수길이 P를 최소로 설계하면, 주어진 유량에 대한 수력학적 최대효율단면이 된다고 말할 수 있다. 접수길이를 줄이는 것은 또한 수로 바닥의 표면처리제비용과 처리작업의 절약, 건설비용 절감등 경제성 측면에서도 효과가 크다. 일반적인 개수로의 형상은 원형, 직사각형, 사다리형 등이므로 이러한 형상을 가진 단면에 대한 최적단면과 수력반경에 대해서 아래와 같이 고찰해 보자.

1 직사각형 단면

그림 10-4와 같이 폭 b, 깊이 y인 직사각형 단면에서 단면적, A와 접수길이(wetted perimeter), P는

$$A=by \tag{10-14}$$

$$P=b+2y \tag{10-15}$$

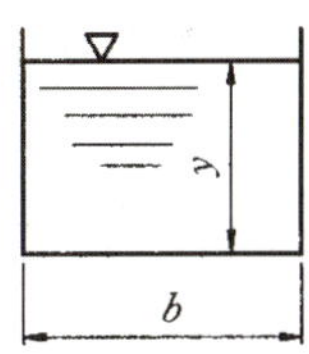

그림 10-4

이다. 따라서 수력반경 R_h는

$$R_h = \frac{A}{P} = \frac{by}{b+2y}$$

단면적 A가 일정한 값이면 접수길이 P가 최소일 때 R_h가 최대가 된다. 따라서 단면적을 일정하게 두고 y에 대한 P의 최소값을 구해보자.

식 (10-13)에서 Q, n, S가 주어진 값이므로 이 값을 상수 k로 놓고 수력반경 $R_h = A/P$를 대입하면

$$A = kP^{2/5} \tag{10-16}$$

또한 $A = by = (P-2y)y$이므로

$$(P-2y)y = kP^{2/5} \tag{10-17}$$

로 놓을 수 있으며 P가 최소가 될 조건 $dP/dy = 0$를 만족해야 한다. P를 y에 대해서 미분하면

$$\left(\frac{dP}{dy} - 2\right)y + P - 2y = \frac{2}{5}kP^{-3/5}\frac{dP}{dy} \tag{10-18}$$

$dP/dy = 0$을 대입하면

$$-2y + P - 2y = 0 \quad \therefore \quad P = 4y \tag{10-19}$$

그러므로 식 (10-15)으로부터 $b = 2y$가 된다. 즉 폭이 깊이의 2배인 직사각형 단면의 흐름이 최적단면이다. 깊이 y가 밑변 b의 1/2인 직사각형 단면의 흐름이 동일한 면적을 갖는 다른 어떤 직사각형 단면보다 접수길이가 작고 수력반경은 크며 속도가 크다.

예제3

폭 2m, 밑바닥 경사가 0.001인 대패질 안 한 나무로 만든 직사각형 수로에서 유동깊이가 1m일 때 등류상태로 흐르는 유량은 얼마인가? (단, 대패질 안 한 나무의 조도계수는 n=0.012이다.)

수력반경 R_h는 $R_h = \frac{2\times1}{2+2\times1} = 0.5\text{m}$

유량 Q는 $Q = \frac{1}{0.012}(2\times1)(0.5)^{2/3}(0.001)^{1/2}$

$\therefore \ Q = 3.32\frac{\text{m}^3}{\text{s}}$

2 사다리꼴 단면

하천이나 관개수로에 가장 많이 이용하는 단면형상인 사다리꼴 단면에 대한 수력학적 최대효율 단면의 조건을 구해보자. 그림 10-5와 같은 사다리꼴 단면의 단면적과 접수길이는

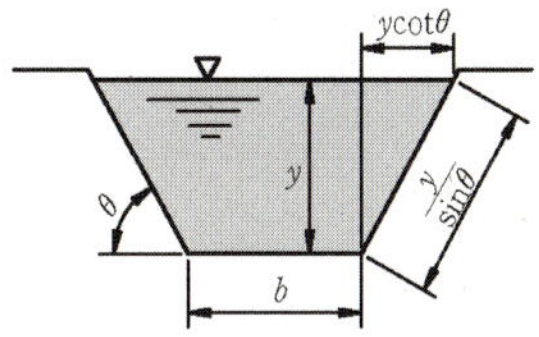

그림 10-5

$$A=(b+y\cot\theta)y \tag{10-20}$$

$$P=b+\frac{2y}{\sin\theta} \tag{10-21}$$

따라서 수력반경 R_h는

$$R_h=\frac{A}{P}=\frac{(b+y\cot\theta)y}{b+2y/\sin\theta} \tag{10-22}$$

식 (10-20), (10-21)에서 b를 소거하고 P에 대해서 나타내면

$$P=\frac{A}{y}-y\cot\theta+\frac{2y}{\sin\theta}$$

일정한 면적 A에 대한 P의 극소값을 구하기 위하여 P를 y에 대해서 미분하고 $dP/dy=0$으로 놓으면

$$\frac{dP}{dy}=-\frac{A}{y^2}-\cot\theta+\frac{2}{\sin\theta} \tag{10-23}$$

$$\frac{A}{y^2}=\frac{2-\cos\theta}{\sin\theta}$$

$$y^2=\frac{A\sin\theta}{2-\cos\theta} \tag{10 -24}$$

식 (10-24)는 θ를 일정한 상수로 본 것이고 다시 θ에 대한 y의 극소값을 구하면

$$2y\frac{dy}{d\theta}=\frac{A\cos\theta(2-\cos\theta)-A\sin\theta\sin\theta}{(2-\cos\theta)^2}=0$$

$$2\cos\theta=1$$

$$\therefore\ \theta=60°$$

즉 $\theta=60°$일 때 가장 효율적인 사다리꼴 단면 형상이 된다. 식 (10-23)에서 $A=y^2\left(2-\frac{1}{2}\right)/\frac{\sqrt{3}}{2}=\sqrt{3}\,y^2$

이고 식 (10-20)에서 $A=y\left(b+y\frac{1}{\sqrt{3}}\right)$이므로

$$\sqrt{3}y^2 = y\left(b + y\frac{1}{\sqrt{3}}\right) \tag{10-25}$$

$$\therefore\ y = \frac{\sqrt{3}}{2}b$$

측면길이, $y/\sin\theta = \frac{\sqrt{3}}{2}b/\sin 60° = b$므로 측면길이는 밑변의 길이와 같고 $\theta = 60°$일 때 즉 정육각형의 반쪽이 될 때 최적 사다리꼴 단면을 갖는다. 또한 $P = 3b$가 되는 것을 알 수 있다.

예제4

땅을 파서 만든($n = 0.022$) 깨끗한 등변사다리꼴 단면의 개수로가 있다. 이 개수로의 경사면 각도는 45°이며 경사도가 0.0001일 때 유량은 얼마인가? 밑변의 길이는 3m이고, 수심은 2m이다.

접수길이 P는 $P = 3 + \left(2 \times \frac{2}{\sin 45°}\right) = 8.66\text{m}$

단면적 A는 $(3 \times 2) + (2 \times 2) = 10\text{m}^2$

수력반경 R_h는 $R_h = \frac{A}{P} = \frac{10}{8.66} = 1.16\text{m}$

그러므로, 유량 Q는 $Q = \frac{1}{n} \cdot A \cdot R_h^{2/3} \cdot S^{1/2} = \frac{1}{0.022}(10)(1.16)^{2/3}(0.0001)^{1/2} = 5.02\frac{\text{m}^3}{\text{s}}$

3 원형단면

원형이라도 물이 꽉 차서 흐르지 않는 경우에는 개수로로서 취급하고 빗물이나 하수처리의 관에 주로 사용된다. 기하학적으로 볼 때 주어진 단면에서 최소의 접수길이를 갖는 형상은 원형관이다.

원형 개수로의 가장 경제적인 형상을 알아보자.

그림 10-6과 같이 수면의 중심각을 θ, 원의 반지름을 r이라고 하면 접수길이와 단면적은

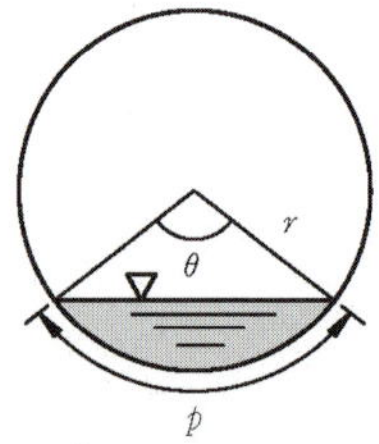

그림 10-6

$$P = r\theta \tag{10-26}$$

평면도형의 성질에서 그림과 같은 수로의 단면적은

$$A = \frac{r^2}{2}(\theta - \sin\theta) \tag{10-27}$$

따라서 수력반경 R_h는

$$R_h = \frac{A}{P} = \frac{r}{2}\left(1 - \frac{\sin\theta}{\theta}\right)$$

또한 식 (10-26)과 (10-27)에서 단면적을 접수길이로 나타내면

$$A = \frac{P^2(\theta - \sin\theta)}{2\theta^2} \tag{10-28}$$

로 표시된다. 이것을 P에 대해서 정리하면

$$P = \sqrt{2}\,A\sqrt{\frac{\theta^2}{\theta - \sin\theta}} \tag{10-29}$$

A를 일정하게 놓은 상태에서 P의 극소값을 구하기 위하여 P를 θ에 대해서 미분하고 $\frac{dP}{d\theta}=0$로 놓으면,

$$\theta - \theta\cos\theta - 2\theta + 2\sin\theta = 0$$
$$\therefore\ \theta\cos\theta + \theta - 2\sin\theta = 0$$

따라서 이 식을 만족하는 θ값은 $\theta = \pi$이므로 위 식에 대입하면

$$\pi\cos\pi + \pi - 2\sin\pi = -\pi + \pi - 0 = 0$$

그러므로 단면의 형상이 반원이 되는 경우가 가장 경제적 수로임을 알 수 있다.

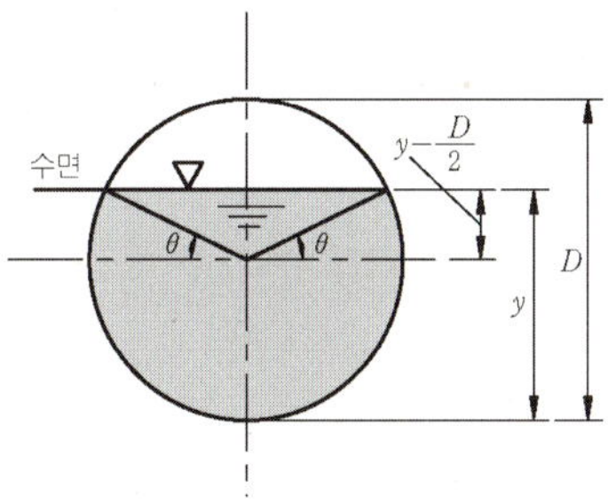

그림 10-7

그림 10-7과 같이 치수와 기호를 정하고 식 (10-13)을 이용하여 가득 차서 흐를 때와 부분적으로 흐를 때의 유량비를 나타내면

$$\frac{Q}{Q_f} = \frac{AV}{A_fV_f} = \frac{A(\frac{1}{n}R_h^{2/3}S^{1/2})}{A_f(\frac{1}{n}R_{hf}^{2/3}S^{1/2})} = \frac{A}{A_f}\left(\frac{R_h}{R_{hf}}\right)^{2/3} \tag{10-30}$$

이 된다. 여기서 첨자 f는 가득 차서 흐를 때이다.
그런데 수력반경, $R_h = A/P$ 이므로 이것을 위 식에 대입하면

$$\frac{Q}{Q_f} = \left(\frac{A}{A_f}\right)^{5/3} = \left(\frac{P_f}{P}\right)^{2/3} \tag{10-31}$$

으로 나타내진다. 그림 10-7에서 단면적 A는 θ를 라디안각이라고 할 때

$$A = \left(\frac{\pi D^2}{4}\right)\left(\frac{\pi + 2\theta}{2\pi}\right) + \left(y - \frac{D}{2}\right)\frac{D}{2}\cos\theta \tag{10-32}$$

이 되고 접수길이 P는

$$P = \frac{\pi D(\pi + 2\theta)}{2\pi} \tag{10-33}$$

이다. 여기서 θ는 y와 D의 함수로 주어져 있으므로

$$\theta = \sin^{-1}\left(\frac{2y - D}{D}\right) \tag{10-34}$$

이 된다. 따라서, 식 (10-32), (10-33), (10-34)를 식 (10-31)에 대입하면

$$\frac{Q}{Q_f} = \left[\frac{\pi + 2\theta}{2\pi} + \frac{\cos(2y - D)}{\pi D}\right]^{5/3}\left(\frac{2\pi}{(\pi + 2\theta)}\right)^{2/3} \tag{10-35}$$

으로 표현되고 동일한 방법으로 속도비는

$$\begin{aligned}\frac{V}{V_f} &= \left(\frac{\pi + 2\theta}{2\pi} + \frac{\cos(2y - D)}{\pi D}\right)^{5/3}\left(\frac{2\pi}{\pi + 2\theta}\right)^{2/3} \\ &= \left[\frac{2\cos\theta(2y - D)}{D(\pi + 2\theta)}\right]^{2/3}\end{aligned} \tag{10-36}$$

이 된다.
이상의 결과를 종합해 보면 식 (10-34), (10-35) 및 (10-36)에서 Q/Q_f와 V/V_f는 y/D 만의 함수임을 알 수 있으며 이들 함수관계를 그래프로 나타내면 그림 10-8과 같다.
그림 10-8에서 유량은 $y = 0.94D$ 일 때 최대이고 속도는 $y = 0.8D$ 일 때 최대임을 알 수 있다.
모든 기하학적 형상 가운데서 원형수로는 주어진 면적에 대하여 접수길이가 가장 짧으므로 가장 효율적인 단면으로 볼 수 있다. 따라서 주어진 면적, 기울기, 조도에 대하여 상기한 바와 같이 반원형의 수로는 다른 어떤 단면보다 유량이 많다. 그러나 이것은 건설상의 어려움이 많아 잘 쓰이지 않으며 지면을 파서 만든 수로는 보통 사다리꼴 단면이 가장 많이 쓰인다. 그림 10-9는 각종 단면에 대한 최대효율단면의 형상을 보여준다.

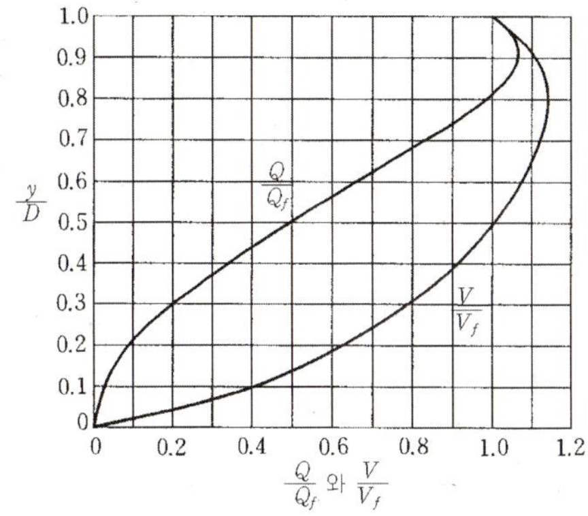

그림 10-8 원관의 개수로 흐름

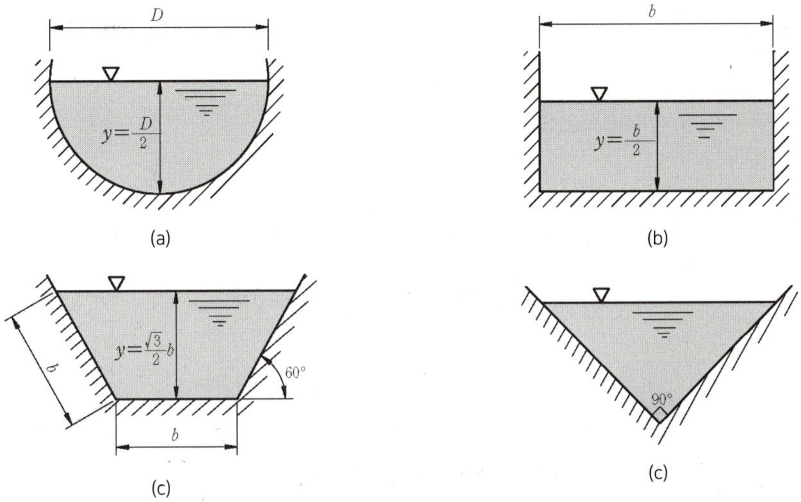

그림 10-9 개수로의 최적단면

10-6 : 중력파의 전파속도

중력파(gravity wave, 重力波)란 유체 표면에 생기는 단위 물결이라 생각할 수 있다.

자유표면을 가지는 액체의 표면에 발생하는 단일 파동의 한 방향으로의 이동속도는 연속방정식과 베르누이 방정식을 적용해서 쉽게 구할 수 있다. 그림 10-10(a)에는 자유 표면위에 생긴 파동이 왼쪽으로 진행하고 있음을 보여주고 있다. 그림 10-10(b)에서는 파동 위에 타고 앉아서 관찰했을 때 유체가 상대적으로 움직이고 있는 운동을 나타낸 것이다.

그림 10-10(b)에서 연속방정식에 의하여 단위폭당 유량 q는 1과 2 사이에

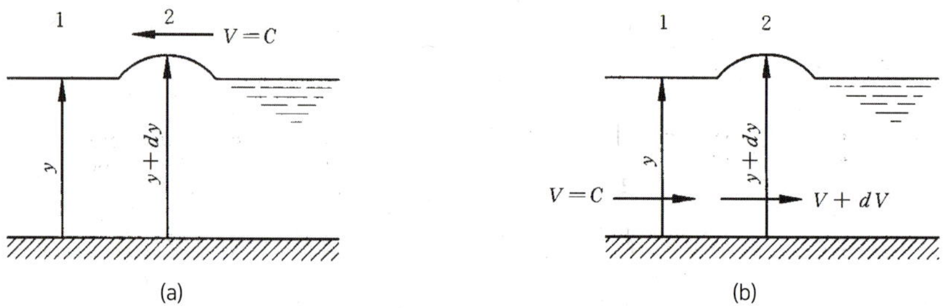

그림 10-10 중력파

$$q = V \cdot y = (V + dV)(y + dy) \tag{10-37}$$

$$\therefore \frac{dV}{V} + \frac{dy}{y} = 0$$

또한 단면 1과 2 사이에 베르누이 방정식을 적용하면

$$\frac{V^2}{2g} + y = \frac{(V + dV)^2}{2g} + (y + dy)$$

$$\therefore VdV + gdy = 0 \tag{10-38}$$

식 (10-37)과 식 (10-38)를 결합하여 구한 속도 V를 파동의 전파속도라 하여 a라 하면

$$a = \sqrt{gy} \tag{10-39}$$

이 된다. 식 (10-39)의 속도를 중력파의 전파속도라 하는데, 이 식에서 알 수 있듯이 액체 표면에 발생한 파동의 전파속도는 중력가속도 g와 유체의 깊이 y에 관계되므로 이 파동을 중력파(gravity wave, 重力波)라고 한다.

10-7 : 비에너지와 상류 · 사류

경사가 미소한 개수로 유동에 있어서 임의의 한 단면을 흐르는 유체입자가 가지고 있는 단위중량당의 에너지는 모두 같다. 1절의 그림 10-1에서 임의의 수평기준면을 이번에는 수로 바닥면으로 잡으면 유체가 가진 에너지는

$$E = y + \frac{V^2}{2g} \tag{10-40}$$

이며 여기서 E를 비에너지(specific energy, 比에너지)라 한다. 따라서 비에너지란 물이 가진 에너지의 합으로서 물의 깊이 y와 속도수두($V^2/2g$)의 합을 말한다. 한 단면에서 유체입자가 저장하고 있는 단위중량당의 수로 바닥면을 기준으로 한 기계적에너지, 다시 말하면 수로 바닥면으로부터 에너지선(EL)까지의 연직높이를 그 단면에서의 비에너지라 한다. 그러므로 한 단면에서 유체가 가지는 비에너지는 모두 같다. 비에너지는 개수로 해석에 편리하게 사용하기 위한 값으로서 관속의 유동에서 생각하는 베르누이식과 같은 개념이다.

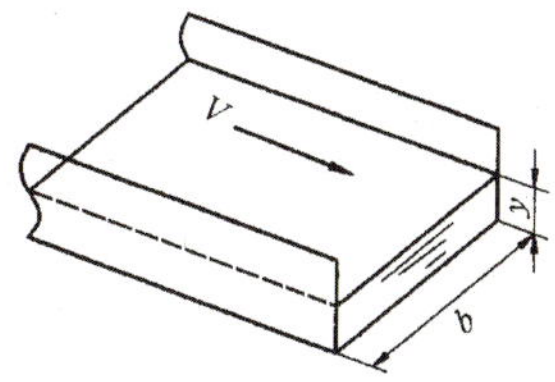

그림 10-11

그림과 같이 물 높이가 일정하고 폭이 넓은 사각단면 수로에서 비에너지의 개념을 생각해 보자.
폭이 넓은 사각형수로의 폭을 b라 하면 단위폭당 유량, $q[m^3(s \cdot m)]$는

$$q = \frac{Q}{b} \tag{10-41}$$

그러면 $V = Q/A$이고 $A = by$이므로

$$V = \frac{q}{y} \tag{10-42}$$

따라서 식 (10-40)은

$$E = y + \frac{q^2}{2gy^2} \tag{10-43}$$

로 나타낼 수 있다. 위 식은 비에너지(E), 유량(q), 물 깊이(y)에 대한 간단한 관계식이다.
지금 q를 고정시키고 E를 y의 함수로 보고 그래프를 그리면 그림 10-12(a)와 같다. 45°의 대각선은 여러 가지 y의 값에 대한 위치에너지($=y$)를 나타내는 선이고, 이 선과 곡선 사이의 수평거리는 식 (10-40)로부터 운동에너지($= V^2/2g$)임을 알 수 있다. 또한 그림으로부터 일정유량 q에 대하여 비에너지 E에는 최소값이 존재함을 알 수 있다.
이때의 깊이 y_c를 임계깊이(cirtical depth)라 하며 이때의 흐름을 임계흐름(critical flow)이라 한다. E가 최소일 때의 수심인 임계깊이 y_c를 구하려면 $dE/dy = 0$일 때 이므로 식 (10-43)을 y에 대하여 미분하면

$$\frac{dE}{dy}=1-\frac{q^2}{gy_c^3}=0$$

$$\therefore\ y_c=\left(\frac{q^2}{g}\right)^{1/3} \text{ 또는 } q^2=gy_c^{\ 3} \tag{10-44}$$

가 된다. 상기 식은 주어진 유량에 대한 임계깊이를 구하는 식이다. 위 식으로부터 임계깊이는 유량만의 함수라는 것을 알 수 있다.

식 (10-44)를 식 (10-43)에 대입하면 최소 비에너지를 구할 수 있다. 최소 비에너지를 $E_{\min}$라 하면

$$E_{\min}=y_c+\frac{q^2}{2gy_c^{\ 2}}=\frac{3}{2}y_c \tag{10-45}$$

로 된다.

그림 10-12(a)에서 보듯이 비에너지 E가 최소가 아닌 다른 임의 값에서는 자연적으로 두개의 y값이 존재하게 되는데 이러한 두 개의 깊이를 공액깊이(alternate depth)라 한다.

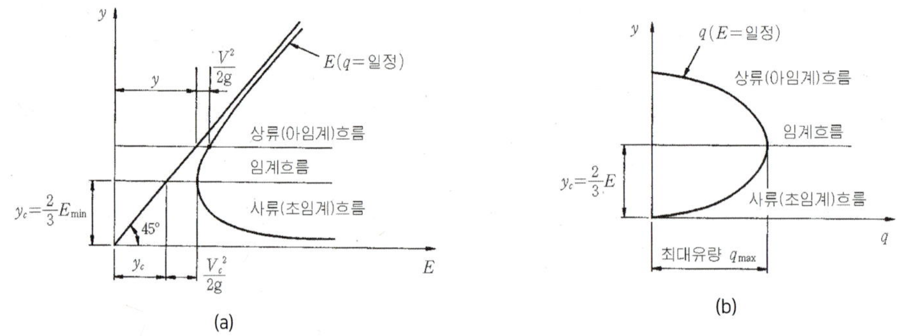

그림 10-12

이제 E를 고정시키고 q를 y의 함수로 나타내 보면 그림 10-12(b)와 같다. 식 (10-43)으로부터 q를 y에 대해 나타내면

$$q^2=(E-y)2gy^2 \text{ 또는 } q=y\sqrt{2g(E-y)} \tag{10-46}$$

최소의 에너지를 가지는 점은 또한 그림 10-12(b)에서 보는 바와 같이 최대의 유량을 가지는 점이 된다. 임계깊이에서의 속도를 임계속도(critical velocity, 臨界速度)라 한다. 임계속도를 V_c라 하면 식 (10-42)에서

$$V_c=\frac{q}{y_c}$$

위 식을 식 (10-44)에 대입하면

$$(V_c y_c)^2 = g y_c^{\ 3} \tag{10-47}$$

$$\therefore\ V_c = \sqrt{g y_c}$$

가 된다.

주어진 유량 q에 대하여 임계깊이보다 큰 깊이에서 유동할 때 이러한 유동을 아임계 흐름(subcritical flow, 亞臨界流) 또는 상류(tranquil flow, 常流)라 한다. 상류인 경우 물의 깊이는 임계깊이보다 더 높다. 즉 아임계흐름의 조건은

$$y > y_c \tag{10-48}$$

또는

$$V < V_c = \sqrt{g y_c} \tag{10-49}$$

그런데 식 (10-48)은 $y > y_c \ \rightarrow \ gy > gy_c \ \rightarrow \ \sqrt{gy} > \sqrt{gy_c}$와 같으므로 식 (10-49)로 나누면

$$\frac{V}{\sqrt{gy}} < \frac{V}{\sqrt{gy_c}} < \frac{\sqrt{gy_c}}{\sqrt{gy_c}} = 1 \tag{10-50}$$

$$\therefore\ Fr < 1$$

따라서 아임계흐름은 Fr이 1보다 작은 경우를 말한다.

이와 반대로 주어진 유량 q에 대하여 임계깊이보다 작은 깊이에서 유동할 때를 초임계 흐름(supercritical flow, 超臨界流) 또는 사류(rapid flow, 射流)라 한다. 사류인 경우 물의 깊이는 임계깊이 보다 작다. 즉 초임계흐름의 조건은

$$y < y_c \tag{10-51}$$

또는

$$V > V_c = \sqrt{g y_c} \tag{10-52}$$

위와 같은 방법으로 V와 $\sqrt{gy}$를 비교하면

$$Fr > 1 \tag{10-53}$$

따라서 초임계흐름은 Fr이 1보다 큰 경우를 말한다.

상기한 바와 같이 깊이에 의하여 결정되는 속도에 따른 흐름을 구분하면 다음과 같다.

> $V > \sqrt{gy}\,(Fr > 1)$ 이면 초임계흐름(supercritical flow) 또는 사류(rapid flow),
> $V < \sqrt{gy}\,(Fr < 1)$ 이면 아임계흐름(subcritical flow) 또는 상류(tranquil flow),
> $V = \sqrt{gy}\,(Fr = 1)$ 이면 임계흐름(critical flow)

한편 $\sqrt{gy}$ 는 식 (10-39)와 같이 중력파의 전파속도와 같다. 따라서 임계깊이보다 얕은 초임계흐름에서는 임계속도가 중력파의 전파속도보다 크므로 중력파가 상류로 진행하지 못하고 하류로 진행하게 된다. 이와 반대로 아임계흐름에서는 중력파가 상류로 거슬러 올라갈 수 있다.

물의 깊이가 얕아지면 연속방정식에 의해서 속도는 빨라져야 하므로 초임계흐름의 속도는 임계흐름의 속도보다 크게 된다. 이와 반대로 아임계흐름의 속도는 임계흐름의 속도보다 작게 된다.

임계흐름이라는 말은 그림 10-12(a)에서 보듯이 물이 최소의 에너지를 가지는 흐름이며 이때의 깊이가 임계깊이가 되는 것이다. 모든 운동하는 물체는 항상 최소의 에너지를 가지는 방향으로 가려고 한다. 개수로 유동에서 유로의 단면적이 변하는 경우, 즉 수로 바닥의 높이가 갑자기 변하거나 수로의 폭이 갑자기 변할 때 물 깊이는 임계깊이를 유지하려고 한다.

예제5

$12\text{m}^3/\text{s}$의 물이 폭 4m인 직사각형 단면수로에 1m 깊이로 흐르고 있다. 아임계흐름인가, 초임계흐름인가?

아임계

예제6

폭이 10m, 수심이 2m인 직사각형 수로에 물이 $20\text{m}^3/\text{s}$ 유량으로 흐르고 있다. 비에너지, 임계깊이, 임계속도를 구하여라.

단위폭당 유량 q는 $q = \dfrac{Q}{b} = \dfrac{20}{10} = 2\dfrac{\text{m}^2}{\text{s} \cdot \text{m}}$

비에너지 E는 $E = y + \dfrac{q^2}{2gy^2} 2 + \dfrac{2^2}{2 \times 9.8 \times 2^2} = 2.05\text{m}$

임계깊이 y_c는 $y_c = \left(\dfrac{q^2}{g}\right)^{1/3} = \left(\dfrac{2^2}{9.8}\right)^{1/3} = 0.74\text{m}$

임계속도 V_c는 $V_c = \sqrt{gy_c} = \sqrt{9.8 \times 0.74} = 2.693\dfrac{\text{m}^3}{\text{s}}$

10-8 : 수력도약

개수로 바닥의 경사가 급하다가 완만하게 바뀌는 경우 유동은 빠른 흐름에서 느린 흐름으로 변하며 그림 10-13과 같이 수면이 갑자기 상승한다. 이러한 경우 유동은 일시적으로 매우 심한 난류를 동반하게 되며 유체는 에너지를 상당량 잃어버리게 된다. 이러한 현상을 수력도약(hydraulic jump, 水力跳躍)이라 한다. 수력도약이 일어나기 위해서는 상류 측의 흐름이 초임계흐름이 되어야 한다. 즉 물의 높이가 임계깊이보다 작아야 하며 $Fr>1$이 된다.

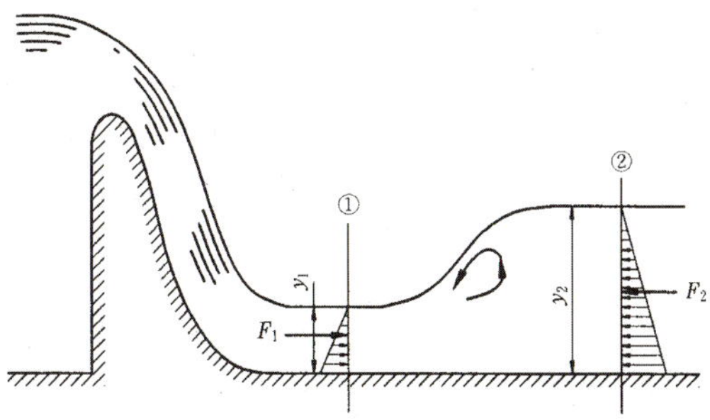

그림 10-13

수력도약의 전후에서는 깊이의 증가가 있고 속도의 감소가 있으며 손실에너지가 존재하게 된다. 수력도약의 전후에 생기는 손실에너지 계산 등은 연속방정식, 에너지방정식, 운동량방정식 등의 적용으로 간단히 유도될 수 있다. 이때 계산의 편의를 위해서 수력도약 전후의 짧은 간격에 수평방향으로만 힘이 작용되는 것으로 가정한다. 그림 10-13에서 유체정압에 의한 단위폭당 힘의 크기를 F_1, F_2라 하고 도약 후의 깊이를 y_2, 도약 전의 깊이를 y_1이라고 하면

$$F_1=\frac{ry_1^{\ 2}}{2},\ F_2=\frac{ry_2^{\ 2}}{2} \tag{10-54}$$

이고 운동량의 법칙을 적용하면

$$F_1-F_2=\frac{r}{2}(y_1^{\ 2}-y_2^{\ 2})=\rho q(V_2-V_1) \tag{10-55}$$

여기서 q는 단위폭당의 유량이며, 속도 $V=q/y$관계가 있으므로

$$y_1^{\ 2}-y_2^{\ 2}=\frac{2q^2}{g}\left(\frac{1}{y_2}-\frac{1}{y_1}\right) \tag{10-56}$$

$$y_2^{\ 2}+y_1y_2-\frac{2q^2}{gy_1}=0$$

이 된다. y_2에 대하여 2차방정식의 근의 공식을 적용하면

$$y_2 = \frac{y_1}{2}\left[-1+\sqrt{1+\frac{8q^2}{g{y_1}^3}}\right]$$

$$\therefore\ y_2 = -\frac{y_1}{2}+\sqrt{\frac{2{V_1}^2 y_1}{g}+\frac{{y_1}^2}{4}}$$

따라서

$$\frac{y_2}{y_1} = \frac{1}{2}\left[-1+\sqrt{1+\frac{8q^2}{g{y_1}^3}}\right] \tag{10-57}$$

를 얻는다.

그러므로, 식 (10-57)로부터 ${V_1}^2/gy_1 = 1$(임계흐름)이면 $y_1 = y_2$이 되고 ${V_1}^2/gy_1 > 1$(초임계흐름)이면 $y_2 > y_1$인 수력도약이 일어나게 되는 것을 알 수 있다.

수력도약에 의한 손실수두는 에너지방정식에 의하여

$$h_L = (y_1 + \frac{q^2}{2g{y_1}^2}) - (y_1 + \frac{q^2}{2g{y_1}^2}) = \frac{q^2}{2g}(\frac{1}{{y_1}^2} - \frac{1}{{y_2}^2}) + (y_1 + y_2)$$

그런데, $\frac{q^2}{g} = \frac{y_1 y_2 (y_1 + y_2)}{2}$ 이므로,

$$h_L = \frac{(y_2 - y_1)^3}{4 y_1 y_2} \tag{10-58}$$

이다. 위 식에서 손실수두 h_L은 수력도약 전후의 깊이 y_1, y_2만의 함수임을 알 수 있다.

예제7

깊이 50cm인 개수로를 물이 단위폭당 2m^3/s로 흐를 때 수력도약을 일으킬 수 있는 깊이와 에너지손실을 구하여라.

$$V_1 = \frac{q}{y_1} = \frac{2}{0.5} = 4\frac{\mathrm{m}^3}{\mathrm{s}}$$

$\frac{{V_1}^2}{gy_1} = \frac{4^2}{9.8\times 0.5} = 3.27 > 1$ ∴ 수력도약이 일어난다.

$$\therefore y_2 = \frac{y_1}{2}\left[-1+\sqrt{1+\frac{8V^2}{8y_1}}\right] = \frac{0.5}{2}\left[-1+\sqrt{1+\frac{8\times 4^2}{9.8\times 0.5}}\right]$$

따라서 $V_2 = \frac{q}{y_2} = \frac{2}{1.05} = 2\frac{\mathrm{m}^3}{\mathrm{s}}$

그리고, 에너지 손실 h_L은 $h_L = \frac{(y_2 - y_1)^3}{4y_1 y_2} = \frac{(1.05-0.5)^3}{4\times 0.5\times 1.05} = 0.08\mathrm{m}$

CHAPTER 10

개수로의 흐름 / 기본문제

01

1000m에 대해 1m의 기울기로 지름 2m의 원형단면수로에 깊이 1m로 일정하게 물이 흐르고 있다. 만닝의 n값이 0.012일 때 유량을 계산하여라.

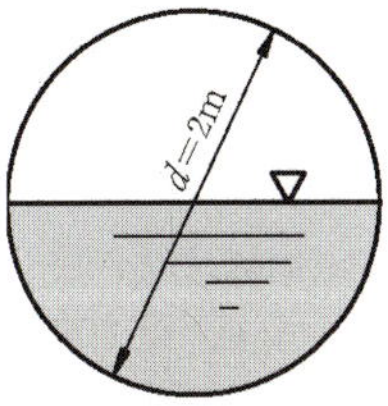

풀이

$$R_h = \frac{A}{P} = \frac{\pi \times 2^2/8}{\pi \times 2^2/2} = 0.5\text{m}$$

만닝의 공식에서 $V = \frac{1}{n} R_h^{2/3} S^{1/2}$

그런데 $S = \frac{1}{1000} = 0.001$ 이므로

$$V = \frac{1}{0.012}(0.5)^{2/3}(0.001)^{1/2} = 1.6601\frac{\text{m}}{\text{s}}$$

$$Q = AV = \frac{1}{2}\left(\frac{\pi \times 2^2}{4}\right) \times 1.6601 = 2.608\frac{\text{m}^3}{\text{s}}$$

02

폭이 12m, 수심이 1.5m인 직사각형 수로에 물이 30m^3/s의 유량으로 흐르고 있다. 비에너지 E, 임계깊이 y_c, 임계속도 V_c를 구하여라.

풀이

단위폭당 유량 q는

$$q = \frac{Q}{b} = \frac{30}{12} = 2.5\frac{\text{m}^3}{\text{s}\cdot\text{m}}$$

비에너지 E 는

$$E = y + \frac{q^2}{2gy^2} = 1.5 + \frac{2.5^3}{2 \times 9.8 \times 1.5^2} = 1.624\text{m}$$

임계깊이 y_c는

$$y_c = \left(\frac{q^2}{g}\right)^{1/3} = \left(\frac{2.5^2}{9.8}\right)^{1/3} = 0.86\text{m}$$

임계속도 V_c는

$$V_c = \sqrt{gy_c} = \sqrt{9.8 \times 0.86} = 2.9\frac{\text{m}}{\text{s}}$$

03

깊이가 0.7m인 개수로를 물이 단위폭당 4.5m^3/s로 흐를 때 수력도약을 일으킬 수 있는 깊이와 에너지 손실을 구하여라.

풀이

수력도약 전과 후의 깊이를 y_1, y_2라 하고
단위 폭당 유량을 q라 하면

$$V_1 = \frac{q}{y_1} = \frac{4.5}{0.7} = 6.4286\frac{\text{m}}{\text{s}}$$

$$Fr^2 = \frac{V_1^2}{gy_1} = \frac{6.4286^2}{9.8 \times 0.7} = 6.024 > 1$$

수력도약이 일어난다.

$$\therefore\ y = \frac{y_1}{2}\left(-1 + \sqrt{1 + \frac{8V_1^2}{gy_1}}\right)$$

$$= \frac{0.7}{2}\left(-1 + \sqrt{1 + \frac{8 \times 6.4286^2}{9.8 \times 0.7}}\right) = 2.105\text{m}$$

비에너지의 손실수두는

$$h_L = \frac{(y_2 - y_1)^3}{4y_1y_2} = \frac{(2.105 - 0.7)^3}{4 \times 0.7 \times 2.105} = 0.47\text{m}$$

04

직사각형 개수로의 폭이 2m, 수심이 0.5m이다. 유량이 2배가 되면 수심은 얼마나 되는가? (단, 유속계수는 일정불변이라고 한다.)

풀이

직사각형 개수로의 폭을 b, 수심을 h_1, 유량증가후 h_2가 되었다고 하면 각각의 경우 수력반경 R_{h1}, R_{h2}는

$$R_{h1} = \frac{bh_1}{2h_1 + b},\quad R_{h2} = \frac{bh_2}{2h_2 + b}$$

각각의 경우 유량 Q_1, Q_2는

$$Q_1 = bh_1C\sqrt{R_{h1}S},\quad Q_2 = bh_2C\sqrt{R_{h2}S}$$

$$\frac{Q_2}{Q_1} = \frac{h_2}{h_1}\sqrt{\frac{h_2}{h_1}\,\frac{2h_1 + b}{2h_2 + b}}$$

$\frac{Q_2}{Q_1} = 2$, $h_1 = 0.5\text{m}$, $b = 2\text{m}$ 를 대입하면

$$2 = \frac{h_2}{0.5}\sqrt{\frac{h_2}{0.5}\,\frac{2 \times 0.5 + 2}{2h_2 + 2}}$$

위 식을 정리하면

$$3h_2^3 - h_2 - 1 = 0$$

시행착오법으로 h_2를 구하면

$$h_2 = 0.85\text{m}$$

CHAPTER 10

개수로의 흐름 / 연습문제

해답은 486쪽에 있습니다

01

다음 그림에서 수력반경 R_h를 구하여라.

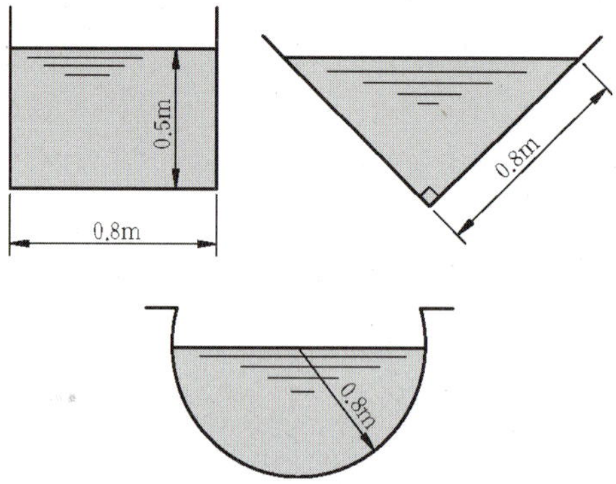

02

폭 4m인 사각형단면의 수로에 깊이 1m의 등류흐름이 있다. 기울기 1 : 1000이고 만닝수 n=0.012일 때의 유량을 계산하여라.

03

폭 4m인 사각형단면 수로에 깊이 1.6m의 등류로 물이 흐른다. 1000m 거리에 대한 1m의 경사일 때 벽면에서의 평균전단응력을 계산하여라.

04

마찰계수 0.03에 대응하는 쉐지상수를 계산하여라.

05

10m^3/s의 물이 5m 폭의 사각형단면에 1.2m/s 속도로 흐르고 있을 때는 아임계흐름인가, 초임계흐름인가?

06

5m 폭의 직사각형 단면수로에 60m^3/s의 유량이 최적의 상태로 흐르고 있다. 이 흐름은 상류인가, 사류인가? 또 비에너지를 계산하여라.

07

1000m에 대하여 1m의 기울기로 지름 2m의 원형단면 수로에 깊이 1.4m로 일정하게 물이 흐르고 있다. n=0.012일 때 유량을 계산하여라.

08

지름이 3m인 원형단면 수로에 깊이 1m의 등류로 물이 흐르고 있다. 기울기가 10000분의 1일 때 벽면에서의 전단응력을 계산하여라.

09

어떤 개수로(開水路) 흐름에 있어서 깊이가 1m이고 비에너지가 2.5m이다. 같은 유량에 대하여 비에너지가 3.2m 되기 위한 깊이들은 얼마로 예측되는가?

10

9m^3/s의 물이 폭 4m인 직사각형 단면수로에 흐르고 있다. 기울기가 0.002이고 n=0.012일 때의 흐름은 아임계흐름인가, 초임계흐름인가?

11

폭 2.4m인 직사각형 수로에서 비에너지 1.5m로 흐를 수 있는 최대유량을 계산하여라.

12

직사각형 수로에 $8m^3/s$의 물을 흐르게 하는데 기울기가 0.0015, $n=0.015$일 때의 최적단면치수를 결정하여라.

13

[문제 10-12]에서 $n=0.02$일 때의 최적치수와 비교하여 보아라.

14

3m 폭의 직사각형 단면수로에 $15m^3/s$의 유량이 흐르고 있을 때의 임계깊이와 임계속도를 구하여라.

15

1.2m 폭의 직사각형 단면수로에 $0.8m^3/s$의 유량이 흐르고 있을 때의 비에너지가 1.75m인 흐름의 깊이들을 구하여라.

16

폭 3m인 직사각형 단면수로에 비에너지 2.8m로 흐를 수 있는 최대 유량을 계산하여라.

17

직사각형 단면수로에 $12.8m^3/s$의 물이 흐른다. 수로의 폭이 2.8m이고 깊이가 0.7m이다. 수력도약(hydraulic jump)이 일어난 후의 깊이를 계산하여라.

18

[문제 10-17]의 경우에 수력도약으로 인한 비에너지의 손실수두를 계산하여라.

MEMO

CHAPTER 11

압축성 유체의 흐름

11-1 완전기체에 대한 열역학 관계식

11-2 압축성 유체의 에너지방정식

11-3 전온, 정온, 등온

11-4 음파의 속도

11-5 마하수

11-6 수격작용

11-7 단면적이 변하는 경우의 아음속흐름과 초음속흐름

11-8 완전기체의 단열흐름

11-9 충격파

CHAPTER 11 압축성 유체의 흐름

압축성 유체라 할지라도 유속이 작고 유체의 밀도가 거의 변하지 않으면 비압축성 유체에 적용되는 법칙을 사용해도 그 결과에 큰 오차가 없다. 그러나 밀도변화가 크게 되면 압축성 유체의 이론식을 적용해야 한다. 일반적으로 밀도변화가 $\Delta\rho/\rho > 5\%$이면 압축성 유체로 간주한다. 또한 유속이 빠르면 유체의 밀도가 크게 변하기 때문에 통상적으로 마하수 $M > 0.3$이면 압축성 유체로 생각하여 압축성 유체이론을 적용한다. 이제까지는 유체의 온도변화에 대해서는 고려하지 않았으나 일단 유체의 온도가 변하면 반드시 열의 이동이 있게 마련이고 열역학의 법칙을 적용시켜야 한다. 본 장에서는 지금까지 취급한 압력에너지, 운동에너지, 위치에너지 이외에 열에너지도 합쳐서 생각해 보기로 한다. 이 장의 처음에는 열역학의 기초지식을 공부하고 고속흐름 충격파 등을 논하는 데 주로 완전기체의 1차원흐름에 관한 문제가 논의된다. 이러한 압축성 유체의 해석은 밀도와 온도가 변하므로 비압축성일 경우보다 추가적으로 여러 가지의 열역학법칙을 적용시켜야 한다.

11-1 : 완전기체에 대한 열역학 관계식

1 완전기체

일반산업현장에서 취급되는 기체는 완전기체(ideal gas, 完全氣體)와 증기(vapor, 蒸氣) 두 가지로 크게 구분된다. 완전기체는 이상기체(理想氣體)라고도 하며 2장에서 설명한 바와 같이 식 (2-11)을 만족시키는 기체를 말한다. 완전기체는 분자 간에 인력이 작용하지 않는 가상적인 기체이며 어떠한 실제 기체도 이러한 가정을 만족하는 것은 없다.

그러나 우리 주위에 보통의 상태로 존재하는 공기(air), 수소(H_2), 산소(O_2), 질소(N_2), 헬륨(He) 등은 완전기체로 보아도 실용상 차질이 없으며 실제로 공기에 관한 초기실험을 하는 도중에 우리가 완전기체의 특성식으로 알고 있는 관계식들이 유도되었던 것이다. 이에 반하여 증기상태로 있는 물(H_2O), 암모니아(NH_3), 프레온(Freon), 탄산가스(CO_2) 등 액체의 비등점(boiling point, 沸騰點) 근방에 있는 기체는 완전기체로 취급될 수 없는 여러 가지 성질들을 갖고 있다. 그러나 이러한 증기도 온도를 높이고 압력을 아주 낮추면 비등점에서 멀리 떨어진 상태로 되어 완전기체에 가까워진다.

완전기체와 증기를 구분하는 엄격한 한계선은 없으나 2-6 기체의 상태 방정식에서 설명한 이상기체의 법칙을 만족하는 물질은 완전기체로, 그렇지 않은 기체를 증기로 구분하는 것을 기준으로 삼는다.

2 열역학 제1법칙

열은 에너지의 한 형태로서 기계적인 일이 열로 변화하고 반대로 열이 기계적 일로 변화할 수도 있다. 열량의 단위는 주로 kcal을 사용하며 일의 단위는 kJ을 사용하므로 열의 일당량은 M.K.S 절대단위계에서

$$1\text{kcal} = 4.185\text{kJ} \tag{11-1}$$

이다. 즉, 1kcal의 열량은 4.185kJ의 기계적 일에 상당한다.

물체가 가지는 열에너지란 내부에너지와 외부에너지의 합으로서 일반적으로 단위질량의 물체에 대해서 생각한다. 이 중에서 내부에너지(internal energy)란 물체의 전체 분자가 갖고 있는 모든 에너지를 합한 것을 말한다. 이에 반하여 외부에너지(external energy)란 물체가 그 체적 v를 유지하기 위하여 주위의 압력 p를 밀어내고 있는 에너지인데 pv로 나타낼 수 있다. 따라서 단위질량의 물체가 가지는 전체 열에너지를 h라 하고 내부에너지를 u라고 하면

$$h = u + pv \tag{11-2}$$

로 된다. 여기서 h를 엔탈피(enthalpy)라고 한다.

단위질량의 유체에 dp인 미소열량을 가하여 주면 그 일부는 유체의 체적이 변화할 때의 외부일로 소비되고 나머지는 내부에너지의 증가량으로 저장된다. w를 외부로 한 일, u를 내부에너지라 하고, 이것을 식으로 표시하면

$$\boxed{dq = du + dw} \tag{11-3}$$

로 된다. 이것을 열역학의 제1법칙이라고 한다. 여기서 유체가 열량을 받았을 때 q의 부호는 양수가 되며 유체가 일을 하였을 때 w의 부호는 양수가 됨을 주의하여야 한다.

외부일 w는 압력 p와 체적 v에 의하여

$$dw = pdv \tag{11-4}$$

로 되므로 이것을 위 식 (11-3)에 대입하여서

$$\boxed{dq = du + pdv} \tag{11-5}$$

로 된다. 또한 식 (11-2)를 미분하면

$$dh = du + pdv + vdp \tag{11-6}$$

로 되는데, 식 (11-5)에서 $dq = du + pdv$이므로

$$\boxed{dq = dh - vdp} \tag{11-7}$$

로 된다. 어떤 기체의 엔탈피 h란 한마디로 말해서 그 기체의 단위질량 내에 포함되는 열량의 합계이다. 엔탈피 100kJ/kg란 그 기체 1kg당 100kJ의 열이 포함되어 있는 것을 뜻하며 만일 이것을 가열하여 75kJ의 열을 추가적으로 주었다고 하면 이 기체의 엔탈피는 175kJ/kg로 된다.

예제1

100℃에 있어서 물의 비중을 0.95라고 하고, 100℃, 1기압에서 수증기의 비중을 0.000625라고 하면, 100℃인 1kg의 물이 100℃를 수증기로 변화할 때 내부 일 때문에 소비되는 열량(내부에너지의 변화량)은 얼마인가? (단, 압력을 1기압이라 하고 물의 기화열은 2255kJ/kg이라고 한다.)

$dq = du + pdv$를 적분하면 $q = \Delta u + p\Delta v\,(p = \text{일정})$이고 100℃에 있어서

물 1kg의 체적은 $v_1 = \dfrac{1}{0.95 \times 1000} = 1.05 \times 10^{-3}\dfrac{\mathrm{m}^3}{\mathrm{kg}}$이 되며

또한, 100℃에 있어서 수증기 1kg의 비체적은 $v_2 = \dfrac{1}{0.000625 \times 1000} = 1.6\dfrac{\mathrm{m}^3}{\mathrm{kg}}$

또 $q = 2255\mathrm{kJ}$, $p = 1.013 \times 10^5 \dfrac{\mathrm{N}}{\mathrm{m}^3}$이므로

$\therefore \Delta u = q - p(v_2 - v_1) = 2255 - \dfrac{1.013 \times 10^5}{1000}(1.6 - 1.05 \times 10^{-3}) = 2092.9\dfrac{\mathrm{kJ}}{\mathrm{kg}}$

3 비열

어떤 물체 1kg을 1℃ 높이는 데 필요한 열량을 비열(specific heat, 比熱)이라 한다. 어떤 물체 단위질량의 온도를 dT만큼 올리는 데 필요한 열량을 dq라 하면 $dq = CdT$로 되고

$$C = \frac{dq}{dT} \tag{11-8}$$

여기서 비례상수 C를 비열이라 하고 단위로서 kJ/kg℃를 사용한다. 액체의 경우 비열은 일정한 값을 가지나 기체의 경우 비열은 온도와 압력의 영향을 받으므로 정압비열(constant pressure specific heat, 定壓比熱)과 정적비열(constant volume specific heat, 定積比熱) 두 가지가 있다. 정압비열 C_p와 정적비열 C_v의 정의는 다음과 같다.

정압비열, C_p : 압력이 일정할 때 단위질량 기체의 온도를 1℃ 높이는 데 필요한 열량

$$C_p = (\frac{\partial q}{\partial T})_p \left[\frac{\text{kJ}}{\text{kg}^\circ\text{C}}\right] \tag{11-9}$$

정적비열, C_v : 체적이 일정할 때 단위질량 기체의 온도를 1℃ 높이는 데 필요한 열량

$$C_v = (\frac{\partial q}{\partial T})_v \left[\frac{\text{kJ}}{\text{kg}^\circ\text{C}}\right] \tag{11-10}$$

식 (11-10)과 (11-5)에 의해서 체적이 일정할 때 dv는 0이므로

$$C_v = (\frac{\partial q}{\partial T})_v = (\frac{\partial u}{\partial T})_v + 0$$

그런데, 열역학 이론에 의하면 완전기체의 내부에너지 u는 체적에 의해서는 변화하지 않고 온도 T에 의해서만 변화한다. 따라서 위 식은 전미분기호로 나타낼 수 있으므로

$$\boxed{C_v = \frac{du}{dT}} \tag{11-11}$$

이 된다. 이것을 적분하면

$$\triangle u = \int C_v dT$$

로 되는 데 C_v가 T에 대해서 변하지 않는 일정한 값으로 보면

$$\triangle u = C_v \triangle T \tag{11-12}$$

로 된다. 또 마찬가지로 식 (11-9)와 (11-7)에 의해서 압력이 일정할 때 $dp=0$이므로

$$C_p = (\frac{\partial q}{\partial T})_p = (\frac{\partial h}{\partial T})_p - 0$$

그런데 u와 pv가 온도만의 함수이므로 $h(=u+pv)$도 역시 온도만의 함수이다. 따라서

$$\boxed{C_p = \frac{dh}{dT}} \tag{11-13}$$

로 된다. C_p를 일정한 값으로 보고 적분하면

$$\triangle h = C_p \triangle T \tag{11 -14}$$

를 얻는다. 식 (11-2)를 T로 미분하면

$$\frac{dh}{dT}=\frac{du}{dT}=\frac{d(pv)}{dT}$$

인데, 위 식 (11-11), (11-13) 및 기체의 상태방정식 $pv=RT$를 대입하면

$$C_p = C_v + R \tag{11-15}$$

을 얻는다. 이것을

$$\boxed{k=\frac{C_p}{C_v}} \tag{11-16}$$

라 놓고, k를 비열비(specific heat, 比熱比)라고 한다. 공기의 경우 상온에서는 $k=1.4$이다. 위 식 (11-15), (11-16)에서는

$$\boxed{\begin{aligned} C_p &= \frac{k}{k-1}R \\ C_v &= \frac{1}{k-1}R \end{aligned}} \tag{11-17}$$

로 된다.

예제2

질소의 비열비가 $k=1.41$이라고 하면 그 정압비열 C_p의 값은 얼마인가?

질소(N_2)의 분자량은 28이므로 기체상수 $R=\frac{\overline{R}}{M}=\frac{8318}{28}=0.297\frac{\text{kJ}}{\text{kg°K}}$

$C_p=\frac{k}{k-1}R=\frac{1.4}{1.4-1}0.297=1.04\frac{\text{kJ}}{\text{kg°K}}$

4 완전기체의 단열변화 상태식

관이나 덕트내를 흐르는 기체는 많은 경우에 단열적으로 흐른다. 단열재로 잘 쌓여진 배관 내의 흐름은 단열흐름으로 생각될 수 있다. 지금 우리가 배우고자 하는 압축성 유체의 흐름은 모두 단열흐름으로 가정하고 있다. 열역학 제1법칙 식 (11-5)를 식 (11-11)과 함께 나타내면

$$dp = C_v dT + pdv \tag{11-18}$$

로 되는데 양변을 T로 나누고 $pv=RT$를 고려하면

$$\frac{dq}{T}=C_v\frac{dT}{T}+\frac{p}{T}dv=C_v\frac{dT}{T}+R\frac{dv}{v} \tag{11-19}$$

로 된다. 그런데 식 (11-15)의 $C_p-C_v=R$을 쓰면

$$\frac{dq}{T}=C_v\frac{dT}{T}+(C_p-C_v)\frac{dv}{v}=C_v(\frac{dT}{T}-\frac{dv}{v})+C_p\frac{dv}{v} \tag{11-20}$$

그런데 기체의 상태방정식 $pv=RT$의 대수를 취하고 미분했을 때

$$\ln p+\ln v=\ln R+\ln T$$

$$\frac{dp}{p}+\frac{dv}{v}=\frac{dT}{T}$$

이므로 이것을 식 (11-20)에 대입하면

$$\frac{dq}{T}=C_v\frac{dp}{p}+C_p\frac{dv}{v} \tag{11-21}$$

이 된다. 그러므로

$$\frac{dq}{T}=C_v\frac{dp}{p}+C_p\frac{dv}{v}=C_v\frac{dp}{p}+kC_v\frac{dv}{v} \tag{11-22}$$

$$=C_v(\frac{dp}{p}+k\frac{dv}{v})=C_vd\{\ln(pv^k)\}$$

이 된다. 즉 dq/T는 완전미분으로 된다. 이것을 ds라 놓으면

$$\frac{dq}{T}=ds=C_vd\{\ln(pv^k)\}=\frac{C_p}{k} \tag{11-23}$$

여기서 이와 같은 함수 s를 엔트로피(entropy)라고 한다. 엔트로피는 열역학에서 나오는 매우 중요한 변수로써 가역과정과 비가역과정을 구분하는 척도이다. 열역학의 제2법칙에 의하면 자연계의 외부에서 고립된 계(system)의 엔트로피는 항상 증가한다.

단열변화 또는 단열과정(adiabatic process, 斷熱過程)이란 열역학적 계가 주위와의 열교환을 일으키지 않고 이루어지는 과정을 말한다. 특히 단열과정이 가역적일 때는 가역단열과정(reversible adiabatic process, 可逆斷熱過程) 또는 등엔트로피과정(isentropic process)이라 한다. 흐르고 있는 유체 전체에 걸쳐 엔트로피가 일정한 값을 가질 때($ds=0$), 이와 같은 흐름을 등엔트로피 흐름이라고 말한다. 마찰이 없는 단열흐름은 등엔트로피흐름으로 간주된다. 이러한 흐름은 실제로 존재하지 않으나 실제로 노즐을 통한 흐름이나 자유유동장에서의 흐름 등은 열전달이나 마찰손실이 거의 없으므로 등엔트로피 과정으로 생각해도 무방하다. 따라서 일반적으로 단열흐름이나 등엔트로피 흐름은 같은 뜻으로 통용되는 경우가 많다.

이에 반하여 배관이 단열되어 있지 않고 장거리를 통하며 일정한 온도를 가진 주위의 대기상태에 노출되어 있으면 등온흐름으로 간주될 수 있다. 등온흐름인 경우 2장에서 배웠듯이 완전기체의 상태방정식 $p/\rho = RT$에서 기체가 일정 온도하에서 변화하는 경우, T가 상수가 되므로

$$pv = \text{일정} \quad \text{또는} \quad p/\rho = \text{일정} \tag{11-24}$$

가 성립한다. 이것은 등온변화의 관계식이다.
단열흐름인 경우 $ds = 0$(또는 $dq = 0$)이므로 결국 위 식 (11-23)에서

$$pv^k = \text{const(일정)} \tag{11-25}$$

가 성립한다. 이것을 단열변화라고 한다. 위 식은 또한

$$\frac{p}{\rho^k} = \text{const} \tag{11-26}$$

로 나타낼 수 있다. 위 식으로부터 $p_1 v_1{}^k = p_2 v_2{}^k$이고 보일-샤를의 법칙에서 $p_1 v_1 / T_1 = p_2 v_2 / T_2$이므로 v_1과 v_2를 소거하면

$$\boxed{\begin{aligned} \frac{p_2}{p_1} &= \left(\frac{v_1}{v_2}\right)^k = \left(\frac{\rho_2}{\rho_1}\right)^k \\ \frac{T_2}{T_1} &= \left(\frac{p_2}{p_1}\right)^{k-1/k} = \left(\frac{v_1}{v_2}\right)^{k-1} \end{aligned}} \tag{11-27}$$

를 얻는다. 이것은 단열변화일 경우 T와 p, v의 관계식이 된다.

예제3

진공 게이지 압력이 0.10kg$_f$/cm^2, 20℃인 기체가 게이지 압력 7kg$_f$/cm^{2}으로 등온 압축되었다면 처음 체적에 대한 최후의 체적비는 얼마인가? (단, 대기압은 720mmHg이다.)

처음과 최후의 절대압력을 각각 p_1, p_2라고 하면

$$p_1 = 1.0332 \times \frac{720}{760} - 0.1 = 0.98 - 0.10 = 0.88 \frac{\text{kg}_\text{f}}{\text{cm}^2}$$

$$p_2 = 1.0332 \times \frac{720}{760} + 7 = 7.98 \frac{\text{kg}_\text{f}}{\text{m}^2}$$

등온과정이므로 $p_1 v_1 = p_2 v_2$

$$\therefore \frac{v_2}{v_1} = \frac{p_1}{p_2} = \frac{0.88}{7.98} = \frac{1}{9.07} = 0.1103$$

예제4

단위질량의 기체가 $p=p_1$, $v=v_1$상태에서 팽창하여 $p=p_2$, $v=v_2$로 되었다고 하면 이 사이에 기체가 외부에 한 일은 얼마인가? (단, 팽창조건으로 각각 (a) 등온 변화 (b) 단열변화를 구별하여라.)

(a) 등온변화의 경우

$pv=p_1v_1=p_2v_2$이므로

$$w=\int_{v_1}^{v_2}pdv=p_1v_1\int_{v_1}^{v_2}\frac{dv}{v}=p_2v_2\ln\frac{v_2}{v_1}=2.303p_2v_2\log\frac{v_2}{v_1}$$

(b) 단열변화의 경우

$pv^k=p_1{v_1}^k=p_2{v_2}^k$이므로

$$w=\int_{v_1}^{v_2}pdv=p_1{v_1}^k\int_{v_1}^{v_2}\frac{dv}{v^k}=\frac{p_1{v_1}^k}{1-k}({v_2}^{1-k}-{v_1}^{1-k})=\frac{1}{k-1}(p_1v_1-p_2v_2)$$

11-2 : 압축성 유체의 에너지방정식

4장에서 배웠던 베르누이(Bernoulli)의 식에 의해서 표시되는 에너지식은 비압축성이고 비점성인 유체 즉, 이상유체에 관해서 성립하는 식이다. 이와 같이 유체를 비압축성이라고 생각하는 것은 유체의 밀도가 일정하고 온도도 변하지 않는 것으로 취급하는 것이다. 그러나 지금부터 유체를 압축성으로 하고 온도의 변화도 고려한 에너지식을 생각해 보자. 일반적으로 유체가 그림 11-1에 표시하는 것과 같이 유관 내를 정상상태로 흐르고 있다고 하자. 유관의 단면 1, 2에 있어서 유체의 단위질량당 내부에너지를 각각 u_1, u_2라고 한다.

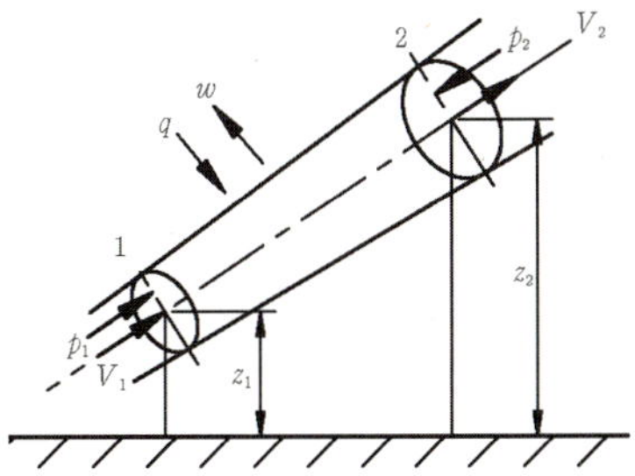

그림 11-1

다음에 단면 1을 통하여 흘러 들어오는 단위질량의 유체는 그 위치의 압력 p_1을 누르고 비체적 v_1과 같은 체적만큼 내부로 밀려들어 오므로 이 외부에너지는 p_1v_1으로 표시된다. 마찬가지로 단면 2에서는 p_2v_2로 된다.

다음에 단면 1, 2에 있어서 평균유속을 각각 V_1, V_2라고 하면 각 단면에 있어서 단위질량당 유체의 운동에너지는 각각 (1/2) V_1^2, (1/2) V_2^2로 표시된다. 또한 단면 1, 2에서의 높이를 각각 z_1, z_2 라고 하면 각 단면에 있어서 단위질량당 유체의 위치에너지는 각각 gz_1, gz_2로 표시된다.

유체가 1에서 2로 운동하는 사이에 외부에서 단위질량당 열량 qkJ/kg을 받고 외부로 단위질량당의 일 wkJ/kg을 하였을 경우, 단위질량의 유체가 단면 2를 지날 때 가지는 총에너지는 단면 1을 지날 때 가졌던 총에너지에 q를 더하고 w를 뺀 값이 된다. 즉

$$u_1 + p_1v_1 + \frac{1}{2}V_1^2 + gz_1 + q - w = u_2 + p_2v_2 + \frac{1}{2}V_2^2 + gz_2 \tag{11-28}$$

$$\therefore\ q - w = (u_2 - u_1) + (p_2v_2 - p_1v_1) + \frac{1}{2}(V_2^2 - V_1^2) + g(z_2 - z_1)$$

로 된다. 식 (11-2)에 의하여 $h = u + pv$이므로

$$q - w = (h_2 - h_1) + \frac{1}{2}(V_2^2 - V_1^2) + g(z_2 - z_1) \tag{11-29}$$

로 된다. 식 (11-14)의 식 $\Delta h = C_p \Delta T$ 에 의해서

$$q - w = C_p(T_2 - T_1) + \frac{1}{2}(V_2^2 - V_1^2) + g(z_2 - z_1) \tag{11-30}$$

로 된다. 실제로 취급되는 유체가 기체인 경우에는 위치에너지 gz는 다른 항에 비하여 작고 무시될 때가 많다. 이와 같은 경우에는 위 식은

$$q - w = C_p(T_2 - T_1) + \frac{1}{2}(V_2^2 - V_1^2) \tag{11-31}$$

로 된다. 식 (11-17)의 $C_p = \frac{k}{k-1}R$ 고려하면

$$q - w = \frac{k}{k-1}R(T_2 - T_1) + \frac{1}{2}(V_2^2 - V_1^2) \tag{11-32}$$

로 된다. 식 (11-28)~(11-32)을 압축성 유체의 에너지방정식이라고 한다.

예제5

어떤 열기관이 매시간 630kg의 동작유체 공급을 받고 50PS의 일을 행하였다. 이 열기관의 동작유체는 엔탈피 660kcal/kg, 속도 716m/s으로 들어가고 엔탈피 590kcal/kg, 속도 370m/s으로 나온다. 이 열기관에 있어서 전도, 대류, 복사에 의한 매시의 열손실은 몇 kcal/h인가?

$\dot{m}=630\frac{\text{kg}}{\text{hr}}=\frac{630}{3600}=0.175\frac{\text{kg}}{\text{s}}$

$w=50ps=50\times 735\times\frac{1}{4186}=8.78\frac{\text{kcal}}{s}$

들어가는 유체의 엔탈피와 속도에너지는 $h_1=660\frac{\text{kcal}}{\text{kg}}$

$\frac{V_1^2}{2}=\frac{716^2}{2}=256,328\frac{\text{N}\cdot\text{m}}{\text{kg}}=\frac{256,328}{4186}=61.24\frac{\text{kcal}}{\text{kg}}$

나오는 유체의 엔탈피와 속도에너지는 $h_2=590\frac{\text{kcal}}{\text{kg}}$

$\frac{V_2^2}{2}=\frac{370^2}{2}=68450\frac{\text{N}\cdot\text{m}}{\text{kg}}=16.35\frac{\text{kcal}}{\text{kg}}$

$z_1=z_2$이므로 식 (11-29)에서 열량은

$q-8.78=0.175(590-660)+0.175(16.35-61.24)$

$q=-11.326\frac{\text{kcal}}{\text{s}}=-40773\frac{\text{kcal}}{\text{hr}}$

11-3 : 전온, 정온, 동온

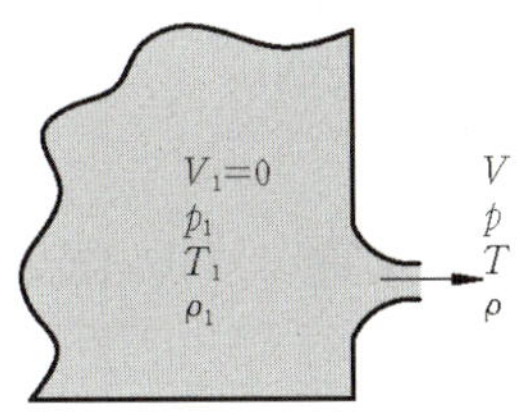

그림 11-2

그림과 같이 열의 출입이 없고 유속을 무시할 수 있는 커다란 용기 안에 들어 있는 기체가 단면적이 변화하는 관을 통하여 흐르고 있다고 생각하자. 그러면 용기 안의 유속은 0이고 온도 T_i인 상태의 기체가 도중에서 열과 일의 공급 없이($q=0,\ w=0$) 유속 V, 온도 T인 상태의 기체로 된다고 하면 식 (11-32)로부터 $T_2=T$, $T_1=T_0,\ \ V_1=0,\ \ V_2=V$이므로

$$T_o=T+\frac{1}{R}\frac{k-1}{k}\frac{V^2}{2} \tag{11-33}$$

↑ ↑ ↑

전온 정온 동온

로 된다. 이 경우의 T_o을 전온(total temterature, 全溫)이라고 한다. 이에 대해서 T를 정온(static temperature, 靜溫)이라 하고 속도항을 가지고 있는 $\frac{1}{R}\frac{k-1}{k}\frac{V^2}{2}$을 동온(dynamic temperature, 動溫)이라고 한다.

T_{o1}, T_{o2}를 각각 1, 2 상태의 전온이라고 하면 식 (11 -33)에서

$$T_{o1} = T_1 + \frac{1}{R}\frac{k-1}{k}\frac{V_1^2}{2}$$

$$T_{o2} = T_2 + \frac{1}{R}\frac{k-1}{k}\frac{V_2^2}{2}$$

이므로 식 (11-31)은

$$q - w = C_p(T_{o2} - T_{o1})$$

로 된다. 또 1, 2 사이에서 일의 공급이 없을 경우($w=0$)는

$$q = C_p(T_{o2} - T_{o1}) \qquad (11\text{-}34)$$

로 된다. 또 도중에서 열의 공급도 없는 경우 즉 단열흐름의 경우에는

$$q = 0 \qquad \therefore\ T_{o2} = T_{o1}$$

로 된다. 따라서 1, 2 각 상태의 전온은 일정하고 이것을 T_o으로 표시하면

$$T_{o1} = T_{o2} = T_o = \text{const.} \qquad (11\text{-}35)$$

로 된다. 즉 단열흐름의 경우에는 식 (11-33)과 식 (11-35)에 의하여 일반적으로

$$T + \frac{1}{R}\frac{k-1}{k}\frac{V^2}{2} = T_o = \text{const.} \qquad (11\text{-}36)$$

이 성립한다. 즉 단열흐름인 경우 전온 T_O는 항상 일정한 값을 가진다. 이것은 기체가 비점성기체의 경우는 물론이고 점성기체의 경우에도 성립한다. 왜냐하면 점성기체의 경우 마찰손실에 의해서 잃은 에너지는 열로 되어 다시 회수되기 때문이다.

그러나 전압(total pressure, 全壓)은 사정이 조금 다르다. 비점성기체에서는 마찰손실이 없으므로 전압이 일정하지만 점성기체에서는 마찰손실 때문에 이것이 압력감소로 나타난다. 따라서 점성기체의 경우는 전압은 감소한다.

다음에 등온변화의 경우를 생각하면 이 경우에는 도중에서 열의 출입이 있으므로 위 식 (11-34)의 $q = C_p(T_{o2} - T_{o1})$에서

$$q \neq 0 \quad \therefore \; T_{o2} \neq T_{o1}$$

로 되고 1, 2 각상태의 기체의 전온은 동일하지 않고 식 (11-33)에 따르며 일반적으로

$$T + \frac{1}{R}\frac{k-1}{k}\frac{V^2}{2} = T_o \neq \text{const.} \tag{11-37}$$

로 된다.

운동하고 있는 유체 속에 온도계를 삽입하여 온도를 측정할 때 우리는 전온 T_O을 측정하게 되고 정온 T보다 동온 온도만큼 높은 값을 얻는다. 일반적으로 정온 T를 측정할 수는 없다.(유체와 같은 속도로 운동시켰을 때의 온도계 눈금이 정온 T에 상당한다.)

실제의 물체가 단열적으로 고속운동할 때 그 동온은 경계층에 있어서 온도상승으로 나타난다. 예를 들면 고속으로 나는 인공위성의 표면에서는 유체의 속도가 0이 되므로 동온은 0이고 전온을 가지게 되어 표면이 고열화되는 것이다.

예제6

상온의 공기($k=1.4$) 속을 300m/sec로 운동하는 물체 표면의 온도증가는 이론상으로 몇 ℃인가? (단, 공기의 기체상수 $R = 287\dfrac{\text{N} \cdot \text{m}}{\text{kg℃}}$ 이다.)

물체의 표면에서 유속은 $V=0$이므로 온도증가 ΔT는 식 (11-33)에서

$$\Delta T = T_O - T = \frac{1}{R}\frac{k-1}{k}\frac{V^2}{2} = \frac{1}{287}\frac{1.4-1}{1.4}\frac{300^2}{2} = 44.8℃$$

11-4 : 음파의 속도

파동은 기체나 액체와 같은 매질의 진동에 의해서 전달된다. 파동에는 종파와 횡파가 있는데 종파(longitudinal wave, 縱波)란 매질의 부분들이 파가 진행하는 방향으로 평행하게 진동하는 경우이고 횡파(transverse wave, 橫波)란 파가 진행하는 방향에 수직인 방향으로 진동하는 경우를 말한다. 예를 들면 공기 중을 전파해 나가는 음파는 종파이고 팽팽한 줄을 흔들어서 생긴 파동은 횡파이다. 파동현상에서 매질의 진동속도와 파동의 전파속도는 서로 다르다는 것을 유의해야 한다.

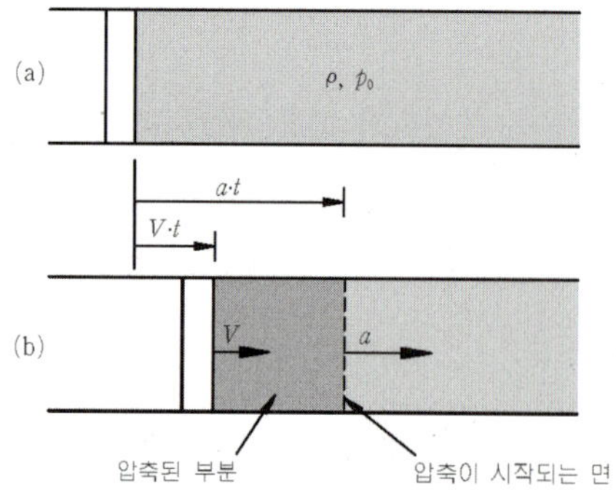

그림 11-3 일차원 종파

음파는 공기의 진동으로 인해 형성된 종파이다. 그림 11-3과 같이 단면적 A인 직관 속에 채워져 있는 공기를 통하여 음파가 진행하는 1차원 종파의 경우를 생각해 보자. 음속을 구하기 위하여 기체 속에 있는 한 점에서 압력의 변화가 일어날 때 그것이 어떤 속도로 전파되는가를 살펴보자.

공기는 시각 $t=0$일 때 균일한 밀도 ρ와 균일한 압력 p_o를 갖고 있다(그림 11-3(a)). 이때 관의 한 끝에 장치한 피스톤을 오른쪽으로 밀어서 V의 속도를 갖게 하여 유체를 압축시킨다. 그러면 짧은 시간 t 동안에 피스톤은 V_t의 거리를 움직인다. 압축된 공기는 속도 V로 움직이지만 공기의 압축이 시작되는 면(그림 11-3(b)에서 점선으로 표시한 면)은 음파의 속도 a로 오른쪽으로 움직인다. 음파의 속도 a가 V보다 훨씬 크다고 가정하겠다. 따라서 공기의 압축이 시작되는 면(이 면은 $t=0$일 때 피스톤의 면에 있었음)은 시간 t 동안에 at의 거리를 움직인다(그림 11-3(b)).

압축된 부분의 압력을 $p_0+\triangle p$라 하자. 피스톤의 단면적이 A이면 피스톤을 오른쪽으로 움직이게 하기 위하여 가해 주어야 할 외부 힘은 $(p_0+\triangle p)A$이다. 압축되지 않은 부분의 공기가 압축이 시작되는 면에 가하는 힘은 $p_0 A$이므로 공기의 압축된 부분에 가해지는 알짜 힘 F는

$$F=(p_0+\Delta p)A-p_0 A=A\Delta p$$

이다. 따라서 5장에서 공부한 역적과 운동량의 원리로부터 압축된 부분에 가해지는 충격량(Ft)은 운동량(mV)의 변화와 같으므로

$$A\Delta pt=(\rho Aat)V \tag{11-38}$$

로 표시된다. 여기서 (ρAat)는 유체의 질량 m이며 V는 그 속도이다. 따라서

$$\Delta p=\rho aV \tag{11-39}$$

의 결과를 얻는다. 체적탄성율 E의 정의식 (2-24)로부터

$$E=\frac{\triangle p}{\triangle v/v_0}=\frac{\rho aA}{\triangle v/v_0}$$

의 식을 얻는다. 여기서 $\Delta v/v_0$는 압축에 의한 체적변화율이다. 압축된 유체의 원래 체적은 $v_0 = Aat$이며 $\Delta v =- AVt$만큼 압축되었다(그림 11-3(b)). 따라서

$$E=- \frac{\rho a A}{\Delta v/v_0}=- \rho a V(\frac{Aat}{-AVt}) = \rho a^2 \tag{11-40}$$

$$\boxed{\therefore\ a = \sqrt{\frac{E}{\rho}}} \tag{11-41}$$

의 관계식을 얻는다. 이것이 유체 속을 전파하는 음속의 크기이다. 상기 식은 주로 액체 속에서 음파의 속도를 계산하는 데 사용한다.

예제7

수중에서 음파의 속도를 구하여라. (단, 물의 체적탄성계수는 $20.3\times10^8 N/m^2$이라고 한다.)

$$a = \sqrt{\frac{E}{\rho}} = \sqrt{\frac{20.3\times10^8}{1000}} = 1425\frac{\mathrm{m}}{\mathrm{sec}}$$

기체 속에서 음속을 구하려면 식 (2-29)에서

$$E= \frac{dp}{d\rho/\rho}$$

이므로 위 식 (11-41)은

$$a = \sqrt{\frac{dp}{d\rho}} \quad \text{또는} \quad a^2 = \frac{dp}{d\rho} \tag{11-42}$$

위 식으로부터 압력의 변화가 미소하면 그 전파속도는 기체의 압축법칙 즉 p와 ρ와의 관계식에 관계될 뿐이고 변화의 모양이나 크기에는 관계하지 않는다는 것을 알 수 있다. 예를 들면 dp가 양이든 음이든 간에 압력변화는 같은 속도로 사방으로 전파된다. 소리란 양, 음의 압력변화의 연속이고 그들의 변화는 일정한 모양으로 같은 속도 a로 전파되므로 a를 음속(sound speed, 音速)이라 한다.
음파의 전달과정은 압력변화가 급격히 일어나고 열의 출입이 없으므로 단열과정으로 생각할 수 있다. 단열변화인 경우에는 $p = c\rho^k$가 성립하므로 p를 ρ에 대해서 미분하면

$$\frac{dp}{d\rho}= pc\rho^{k-1} = \frac{kc}{\rho}\rho^k = \frac{kp}{\rho}$$

로 되고 음속 a는

$$a = \sqrt{\frac{kp}{\rho}} \tag{11-43}$$

로 된다. 완전기체의 상태방정식 $p = \rho RT$를 쓰면

$$\boxed{a = \sqrt{kRT}} \tag{11-44}$$

로 된다. 따라서 완전기체에 있어서는 음속이 절대온도 T의 제곱근에 비례한다.

예제8

기온 20℃에 있어서 공기($k=1.4$) 속의 음속을 구하여라.

$a = \sqrt{kRT}$에서 $k = 1.4$이고 $R = 287\frac{\mathrm{N \cdot m^3}}{\mathrm{kg \cdot ° K}}$, $T = 273 + 20 = 293°\mathrm{K}$이므로 $a = \sqrt{1.4 \times 287 \times 293} = 343\frac{\mathrm{m}}{\mathrm{sec}}$

11-5 : 마하수

물체가 공기 속에서 어떤 속도로 진행하는 경우를 생각하면 그것에 의해서 공기 속에 압력변화가 생기고 이 변화는 물체로부터 주위의 공기 속에 음속으로 전파되어 간다. 물체의 속도가 음속에 비해서 극히 작은 경우에는 물체의 주위에 있어서 이 압축파의 영향은 균일하다고 볼 수 있으므로 물체는 비압축성 유체 속을 진행하고 있는 것과 같아진다. 그러나 물체의 속도가 점차로 빨라져서 음속 가까이 되면 이 압축파의 영향은 물체 주위에서 균일하지 않게 된다.

그림 11-4는 t=0에서 3초까지 음파의 크기 변화를 보여주고 있다. 그림 11-4(a)는 물체가 정지상태(V=0)고 압축파만이 음속 a로 전파되는 상태를 표시한다. 시간 0, 1, 2초에 물체로부터 나온 압축파는 3초 후에는 반지름 a×3, a×2, a인 원(3차원인 경우는 구면)으로 퍼져간다. 즉 물체 주위에 있어서 압축파의 영향은 균일하다. 그림 11-4(b)는 물체가 음속 a의 약 반정도의 속도 V로 진행하는 상태를 표시한다. 0의 위치에 있는 물체가 1, 2, 3초 후에 1, 2, 3의 위치에 왔다고 하면 물체로부터 시간 0, 1, 2에 떠난 압축파는 3초 후에는 반지름 a×3, a×2, a인 원(구면)으로 퍼져간다. 그림 11-4(c)는 물체의 속도 V가 음속 a보다 빠른 속도로 진행해 가는 경우로서 물체 그림 11-4(c)는 1, 2, 3초 후에 1, 2, 3 위치로 갔다고 하면 물체로부터 0, 1, 2초에 떠난 압축파는 3초 후에는 그림이 점선으로 표시되는 직선(3차원 흐름에서는 원뿔면)을 형성하며 진행한다.

그림 11-4(b)의 경우와 같이 물체의 속도가 음속보다 작은 경우는 움직이는 물체 전방에도 후방에서 일어난 현상의 영향이 있고 그림 11-4(c)의 경우와 같이 물체의 속도가 음속보다 빨라지면 물체 전방에는 이 영향이

없어진다. 예를 들면 음속보다 빠른 속도로 날라가는 제트기는 지나간 다음에 소음이 귀에 들려온다. 그래서 물체가 음속 부근의 속도로 운동하든가 또는 정지하고 있는 물체에 음속에 가까운 유체의 흐름이 부딪치게 되면 유체에 있어서 압축의 영향을 무시할 수 없게 된다. 이와 같은 때에 물체의 속도 V가 음속 a보다 작은 경우를 아음속흐름(subsonic flow, 亞音速)이라고 하고 물체의 속도 V가 음속 a보다 큰 경우를 초음속흐름(supersonic flow, 超音速)이라고 한다. 그림 11-4(b)는 아음속흐름이고 그림 11-4(c)는 초음속흐름이다.

V와 a의 비를 마하수(Mach number)라 하며 일반적으로 이것을 M으로 표시한다.

$$\boxed{M = \frac{V}{a} = \frac{V}{\sqrt{kRT}}} \tag{11-45}$$

$M < 1$: 아음속흐름(subsonic flow)

$M > 1$: 초음속흐름(supersonic flow)

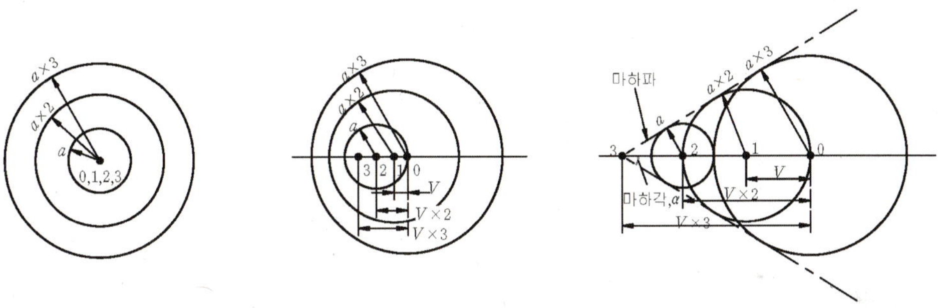

(a) $V=0$ 인 경우　(b) $V<a$인 경우　(c) $V>a$인 경우

그림 11-4 일차원 종파

그림 11-4(c)의 초음속흐름에서 중심선과의 각을 α라 하면

$$\sin\alpha = \frac{a}{V} \tag{11-46}$$

로 되고 α를 마하각(Mach angle)이라고 한다. 또 이러한 경우 점선으로 표시된 직선을 마하파(Mach wave)라고 한다.

예제9

음속 341m/sec인 공기 속을 초음속으로 달리는 물체의 마하각이 40°이다. 그 물체의 속도를 구하여라.

$\sin\alpha = \dfrac{a}{V}$에서 $V = \dfrac{a}{\sin\alpha} = \dfrac{341}{\sin 40°} = 530\dfrac{\text{m}}{\text{sec}}$

예제10

매초 270m로 제트기가 비행하고 있다면 그 때의 Mach 수는 얼마인가? (단, 기온은 20℃, $R=287\frac{\mathrm{N \cdot m}}{\mathrm{kg°K}}$, $k=1.4$라고 한다.)

$$M=\frac{V}{\sqrt{kRT}}=\frac{270}{\sqrt{1.4\times 287\times 293}}=\frac{270}{343}=0.787$$

11-6 : 수격작용

수중에 생기는 압력파도 음파의 속도로 진행한다. 배관계통의 경우 이러한 압력파는 밸브를 급격히 닫거나 열 때 생긴다. 그림 11-5와 같이 저장탱크와 도관과 그 끝에 있는 밸브로 구성된 계에 물이 정상적으로 흐르고 있는 경우를 생각하자. 이때 도관 끝에서의 유속은 V이고 압력은 계기압력으로 0이다.

이제 밸브를 잠그게 되면 흐름이 감속 또는 정지되도록 충분한 힘을 물이 받게 된다. 그래서 짧은 시간에 속도가 감소하고 압력은 증가한다. 그러므로 관 끝에서의 압력이 그 바로 상류의 압력보다 커져서 그 부분의 유체는 상류방향의 힘을 받게 되고 속도는 감소 또는 반전한다. 이와 같은 현상이 차례로 상류편으로 파급된다. 다시 말해서 압력파가 전파된다. 이 압력파가 저장탱크까지 전달되면 유체는 도관에서 탱크로 잠시 흐르게 된다.

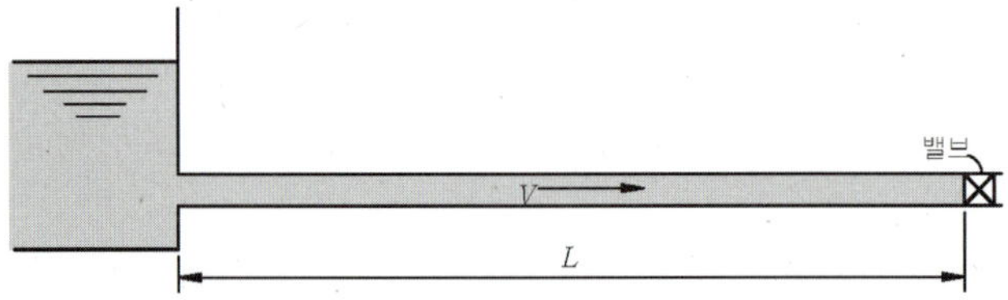

그림 11-5

도관 끝에서 유체가 상류방향으로 역류하기 시작하면 곧 그곳에는 진공이 생겨서 유체를 다시 본래 방향으로 흐르게 하려는 힘이 생긴다. 이와 같은 힘 즉 정상보다 낮은 압력파가 도관을 따라 저장탱크로 전파된다. 그래서 본래 방향의 속도파가 곧 도관 끝에 도달한다.

그러나 도관 끝이 잠겨져 있으므로 흐름을 계속할 수 없고 도또 다른 압력파가 생겨서 도관을 따라 탱크에 도달한다.

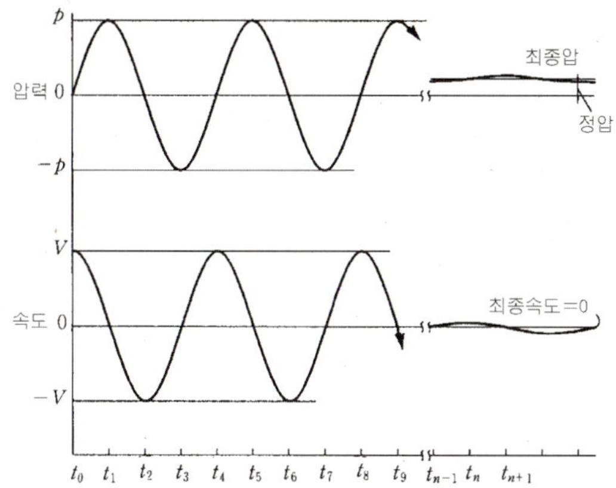

그림 11-6 **압력과 속도의 진동**

이와 같이 도관 끝에서의 압력과 속도는 그림 11-6에 표시한 바와 같이 교대로 변화된다. 처음 t_o 때의 압력은 0이고 속도는 $+V$이다. 밸브를 잠금에 따라 속도는 감소하며 t_2에서 0이 되고 압력은 p까지 증가한다. 그 후 압력은 감소하여 t_2에서 0이 되고 속도는 역방향의 최대속도 V로 된다. 이 역류로 말미암아 압력이 정상압보다 적어지고 t_3에서 가장 낮은 압력이 되면 속도는 0으로 된다.

다시 흐름방향이 바뀌면 원상태로 되돌아간다. 이러한 진동의 크기는 시간이 지나면 서 관 내의 유동마찰로 인하여 그 진폭이 줄어들면서 최종상태에는 진동이 거의 소멸하게 된다. 이와 같이 한 사이클을 하는 시간 즉 주기는

$$t = \frac{2L}{a} \qquad (11\text{-}47)$$

(여기 t=주기, L=도관의 길이, a=압력파의 속도)와 같이 되는 것이 명백하고 밸브를 갑자기 잠금으로 인해서 생기는 압력의 증가는 식 (11-39)에 의하여

$$dp = \rho a V \text{ 또는 } dh = \frac{aV}{g} \qquad (11\text{-}48)$$

와 같이 된다. 여기서 h는 수두 [m]로 표시한 값이다.

이상과 같은 이유로 상류로 파급된 압력파가 밸브로 반사되는 데 소요되는 시간보다 짧은 시간 내에 밸브가 닫힐 때 최대압력상승이 일어나는 현상을 수격작용(water hammering, 水擊作用)이라 한다.

예제11

20℃의 물을 수송하는 지름 8cm되는 관의 밸브를 갑자기 잠근 결과 압력이 70N/cm^{2}만큼 증가하였다. 잠그기 전의 유량은 몇 m^3/sec이였는가? 단 물의 체적탄성계수는 2.0685×10^{9}N/m^{2}이라고 한다.

물속에서의 음속은 식 (11−41)에 의하여 $a=\sqrt{\dfrac{E}{\rho}}=\sqrt{\dfrac{2.0685\times10^9}{1000}}=1438\dfrac{\text{m}}{\text{sec}}$

식 (11−39)에 의하여 $\triangle p=\rho a V$ 이므로 $70\times10^4=1000\times1438\times V$

$V=\dfrac{70\times10^4}{1438\times1000}=0.487\dfrac{\text{m}}{\text{sec}}$

$Q=AV=\dfrac{\pi}{4}(0.08^2)\times0.487=0.00245\dfrac{\text{m}^3}{\text{sec}}$

11−7 : 단면적이 변하는 경우의 아음속흐름과 초음속흐름

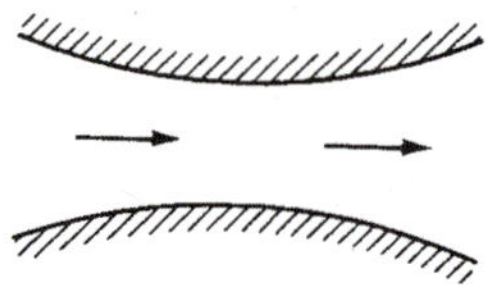

그림 11−7

그림 11−7과 같이 축소2확대노즐을 지나는 완전기체의 1차원 정상유동을 생각해 보자. 앞에서 배운 식 (4-5)로부터 연속방정식의 미분형은

$$\frac{d\rho}{\rho}+\frac{dA}{A}+\frac{dV}{V}=0 \tag{11-49}$$

로 된다. 또한 4 장에서 배운 오일러의 운동방정식 (4-15)로부터 그림 11−7과 같은 경우는 위치에너지를 무시할 수 있으므로

$$\frac{dp}{\rho}+VdV=0 \tag{11-50}$$

가 성립한다. 또한 식 (11-42)으로부터 음속은 $a=\sqrt{dp/d\rho}$ 이므로

$$dp=a^2d\rho$$

으로 놓을 수 있다. 위 식을 식 (11-50)에 대입하면

$$\frac{a^2 d\rho}{\rho} + VdV = 0 \tag{11-51}$$

식 (11-49)과 (11-51)에서 $\frac{d\rho}{\rho}$를 소거하고 정리하면

$$\frac{dA}{dV} = \frac{A}{V}\left(\frac{V^2}{a^2} - 1\right) = \frac{A}{V}(M^2 - 1) \tag{11-52}$$

또는

$$\frac{dA}{A} = (M^2 - 1)\frac{dV}{V} \tag{11-53}$$

이 됨을 알 수 있다. 단면적이 변화하는 관에 대해서는 단면적의 증감과 마하수의 증감과의 관계는 식 (11-52)에 의하여 얻는데 $M<1$과 $M>1$의 경우로 갈라진다. 그림 11-8에서 보는 바와 같이 아음속흐름 ($M<1$)에서는 식 (11-53)으로부터 단면이 작아지면($dA<0$) 유속은 증가하나($dV>0$) 초음속흐름($M>1$)에서는 이와 정반대로 유속은 감소한다. 따라서 축소관 내의 아음속흐름에서는 유속은 증가하고 따라서 마하수($M<1$)는 증대하여 1에 접근한다. 한편 확대관 내의 초음속흐름에서는 유속은 증가하고 따라서 마하수는 점점 1보다 더 커져 간다.

위 식으로부터 완전기체의 관로 유동에 대하여 마하수와 단면변화의 관계를 정리해 보면

1 아음속흐름(subsonic flow, 亞音速)

$M<1$이므로 식 (11-52)로부터 $\frac{dA}{dV}<0$이다.

따라서 그림 11-8(a)와 같이 단면적이 감소하면($dA<0$) 속도는 증가하고($dV>0$) 식 (11-50)으로부터 압력은 감소한다($dp<0$). 이와 반대로 단면적이 증가하면($dA>0$) 속도는 감소하고($dV<0$) 압력은 증가한다.

2 초음속흐름(supersonic flow, 超音速)

$M>1$이므로 식 (11-52)로부터 $\frac{dA}{dV}>0$이다.

따라서 그림 11-8(b)와 같이 단면적이 증가하면($dA>0$) 속도는 증가하고($dV>0$) 식 (11-50)으로부터 압력은 감소한다($dp<0$). 이와 반대로 단면적이 감소하면($dA<0$) 속도는 감소하고($dV<0$) 압력은 증가한다.

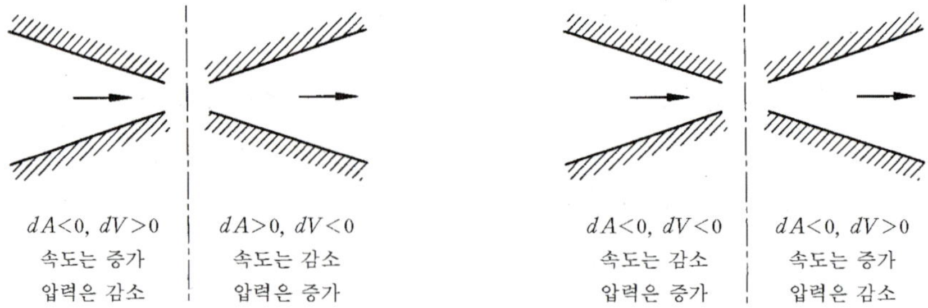

(a) 아음속흐름($M<1$) (b) 초음속흐름($M>1$)

그림 11-8 **단면적 변화에 따른 유속변화**

3 음속흐름(sonic flow, 音速)

$M=1$이므로 $\dfrac{dA}{dV}=0$이다.

따라서 최소단면적인 부분 즉 목(throat) 부분에서 음속($M=1$)을 얻을 수 있다.

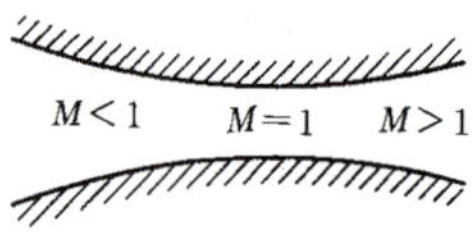

그림 11-9

위의 결과로부터 축소노즐에서는 아음속흐름을 음속보다 빠른 유속으로 가속시킬 수 없다는 것을 알 수 있다. 따라서 속도가 작은 흐름을 초음속으로 가속시키기 위해서는 그림 11-9와 같이 반드시 축소-확대 노즐을 사용해야 한다. 목 부분(또는 스로트 부분)에서 얻어지는 음속($M=1$)의 상태를 임계상태(critical condition, 臨界狀態, 이후 상첨자*로 표시)라 하고 이러한 유동을 초킹(choking)이라 한다.

예제12

마하수 $M=1.5$의 공기가 풍동시험 도관을 흐르고 있다. 속도가 20% 감소하기 위해서 단면적은 몇 % 변화시켜야 하는가?

식 (11-53)로부터 $\dfrac{dA}{A}=\dfrac{dV}{V}(M^2-1)=1.25\dfrac{dV}{V}$

그런데 $\dfrac{dV}{V}=-0.2$이므로 $\dfrac{dA}{A}=1.25\times(-0.2)=-0.25$

∴ 단면적은 25% 감소시켜야 한다.

예제13

노즐에서 400m/s로 흐르는 공기의 밀도는 ρ=1.0976kg/m^3, 온도는 300℃이다. 속도가 더 증가하기 위하여 단면적은 어떻게 하여야 하는가?

$a=\sqrt{kRT}=\sqrt{1.4\times 287\times 573}=479.8\dfrac{\text{m}}{\text{s}}$

$M=\dfrac{V}{a}=\dfrac{400}{479.8}=0.834$ → 아음속

$\dfrac{dA}{A}=\dfrac{dV}{V}(M^2-1)$에서 $\dfrac{dA}{A}$는 $\dfrac{dV}{V}$에 반비례한다.

따라서 유동속도가 증가하면 단면적은 감소한다.

11-8 : 완전기체의 단열흐름

노즐과 같이 짧은 것을 생각할 때는 마찰손실은 적고 따라서 비점성기체의 단열변화 즉 등엔트로피변화로 생각해서 좋은 경우가 많다. 지금 기체가 유속 0, 온도(전온) T_o, 압력(전압) p_o, 밀도 ρ_o인 상태에서 출발하여 유속 V, 온도 T, 압력 p인 상태로 단열적으로 변화했을 때의 에너지방정식은 식 (11-36)로부터

$$T+\frac{1}{R}\frac{k+1}{1}\frac{V^2}{2}=T_0=\text{const}$$

여기서 $M=\dfrac{V}{\sqrt{kRT}}$를 대입하여 V를 소거하면

$$\frac{T}{T_0}=\left(1+\frac{k-1}{2}M^2\right)^{-1} \tag{11-54}$$

다음에 식 (11-27)에 의하여

$$\frac{T}{T_0}=\left(\frac{p}{p_0}\right)^{\frac{k-1}{k}} \tag{11-55}$$

$$\frac{p}{p_0}=\left(\frac{\rho}{\rho_0}\right)^{k} \tag{11-56}$$

가 성립하므로 (11-54)를 (11-55) (11-56)에 대입하면

$$\frac{p}{p_0}=\left(1+\frac{k-1}{2}M^2\right)^{-\frac{k}{k-1}} \tag{11-57}$$

$$\frac{\rho}{\rho_0}=\left(1+\frac{k-1}{2}M^2\right)^{-\frac{k}{k-1}} \tag{11-58}$$

압축성 유체의 흐름에서 $(T,\ p,\ \rho)$의 관계식

$$\frac{T}{T_0}=\left(1+\frac{k-1}{2}M^2\right)^{-1}$$

$$\frac{p}{p_0}=\left(1+\frac{k-1}{2}M^2\right)^{-\frac{k}{k-1}}$$

$$\frac{\rho}{\rho_0}=\left(1+\frac{k-1}{2}M^2\right)^{-\frac{k}{k-1}} \tag{11-59}$$

로 된다. 단 M은 임의상태 $(T,\ p,\ \rho)$에 있어서의 마하수이다. 위 식은 비점성기체에 있어서 유속 0인 상태$(T_o,\ p_o,\ \rho_o)$를 알고 마하수 M인 임의의 상태의 $(T,\ p,\ \rho)$를 아는 데 편리하다. 반대로 생각하면 마하수 M인 임의의 상태 $(T,\ p,\ \rho)$를 알고 정체점의 상태$(T_o,\ p_o,\ \rho_o)$를 구하는 데에도 이용된다. 전온 T_o는 비점성기체에 있어서나 점성기체에서 일정하므로 식 (11-54)는 항상 적용된다. 그러나 전압 p_o는 점성에 의한 마찰손실로 인하여 감소되므로 식 (11-57)과 식 (11-58)은 비점성기체에만 적용되고 점성기체에는 적용되지 않는다.

예제14

유속 0, 압력 6.87N/cm², 온도 38℃인 상태의 공기를 축소확대관을 통하여 그 스로트부 ①, 확대부 ②에 있어서 공기의 마하수를 각각 1 및 2가 되게 하기 위해서 스로트부 ① 및 확대부 ②에서의 온도, 압력, 밀도, 음속 유속은 각각 얼마가 되어야 하는가? (단, 공기의 점성은 무시하며 $k=1.4$라고 한다.)

$T_0 = 38℃ = 311°K$

$\rho_0 = \dfrac{p_0}{RT_0} = \dfrac{6.87\times10^4}{287\times311} = 0.7\dfrac{kg}{m^3}$

$a_0 = \sqrt{kRT_0} = \sqrt{1.4\times287\times311} = 354\dfrac{m}{sec}$

Throat 부$(M=1)$에서의 제요소의 값은

$T_1 = T_0/\left(1+\dfrac{k-1}{2}M^2\right) = 311/\left(1+\dfrac{1.4-1}{2}\cdot1\right) = 259°K$

$p_1 = p_0/\left(1+\dfrac{k-1}{2}M^2\right)^{\frac{k}{k-1}} = 6.87/\left(1+\dfrac{1.4-1}{2}\cdot1\right)^{\frac{1.4}{0.4}} = 6.87\times0.5283 = 3.63\dfrac{N}{cm^2}$

$\rho_1 = \rho_0/\left(1+\dfrac{k-1}{2}M^2\right)^{\frac{1}{k-1}} = 0.77/\left(1+\dfrac{1.4-1}{2}\cdot1\right)^{\frac{1}{0.4}} = 0.487\dfrac{kg}{m^3}$

$$a_1 = \sqrt{kRT_1} = \sqrt{1.4 \times 287 \times 259} = 323 \frac{\text{m}}{\text{sec}}$$

$$V_1 = M \cdot a_1 = 1 \times 323 = 323 \frac{\text{m}}{\text{sec}}$$

확대부($M=2$)에 있어서의 제 요소의 값은

$$T_2 = T_0 / \left(1 + \frac{k-1}{2} M^2\right) = 311 / \left(1 + \frac{1.4-1}{2} \cdot 2^2\right) = 173°\text{K}$$

$$p_1 = p_0 / \left(1 + \frac{k-1}{2} M^2\right)^{\frac{k}{k-1}} = 6.87 / \left(1 + \frac{1.4-1}{2} \cdot 2^2\right)^{\frac{1.4}{0.4}} = 6.87 \times 0.1278 = 0.878 \frac{\text{N}}{\text{cm}^2}$$

$$\rho_1 = \rho_0 / \left(1 + \frac{k-1}{2} M^2\right)^{\frac{1}{k-1}} = 0.77 / \left(1 + \frac{1.4-1}{2} \cdot 2^2\right)^{\frac{1}{0.4}} = 0.487 \frac{\text{kg}}{\text{m}^3} = 0.77 \times 0.23 = 0.177 \frac{\text{kg}}{\text{m}^3}$$

$$a_2 = \sqrt{kRT_2} = \sqrt{1.4 \times 287 \times 173} = 264 \frac{\text{m}}{\text{sec}}$$

$$V_2 = M \cdot a_2 = 2 \times 264 = 528 \frac{\text{m}}{\text{sec}}$$

비점성기체의 단열흐름 즉 등엔트로피 흐름에 대하여 좀더 생각해 보자. 식 (11-54)의 대수를 취하여

$$\ln\left(\frac{T}{T_0}\right) = -\ln\left(1 + \frac{k-1}{2} M^2\right)$$

이것을 미분하면(T_0 =const)

$$\frac{dT}{T} = \frac{-(k-1)M^2}{1 + \frac{k-1}{2} M^2} \frac{dM}{M} \tag{11-60}$$

위 식에서 우변의 $\frac{dM}{M}$의 계수는 음이므로 온도 T의 증감은 마하수 M의 증감과 역으로 된다. 식 (11-57)의 대수를 미분하면(p_0 =const)

$$\frac{dp}{p} = \frac{-kM^2}{1 + \frac{k-1}{2} M^2} \frac{dM}{M} \tag{11-61}$$

이 경우에도 $\frac{dM}{M}$의 계수는 음이므로 압력 p의 증감은 마하수 M의 증감과 정반대이다.

다음에 식 (11 -58)의 대수를 미분하면(ρ_0 =const)

$$\frac{d\rho}{\rho} = \frac{-M^2}{1 + \frac{k-1}{2} M^2} \frac{dM}{M} \tag{11-62}$$

이 경우에도 마찬가지로 밀도 ρ의 증감과 마하수 M의 증감은 정반대이다. 이제마하수의 식 $M=V/\sqrt{kRT}$의 대수를 미분하면

$$\frac{dM}{M}=\frac{dV}{V}-\frac{1}{2}\frac{dT}{T} \tag{11-63}$$

위 식 (11-63)에 식 (11-60)의 $\frac{dT}{T}$값을 대입하여

$$\frac{dV}{V}=\frac{1}{1+\frac{k+1}{2}M^2}\frac{dM}{M} \tag{11-64}$$

우변의 $\frac{dM}{M}$의 계수는 양이므로 유속 V의 증감은 마하수 M의 증감과 일치한다.

연속방정식에서 단면적 A의 관 내를 단위시간에 흐르는 기체의 질량유량은

$$\dot{m}=\rho AV=\text{const}$$

이고 이것의 대수를 미분하면

$$\frac{d\rho}{\rho}+\frac{dA}{A}+\frac{dV}{V}=0 \tag{11-65}$$

위 식 (11-65)에 (11-62)식의 $\frac{d\rho}{\rho}$ (11-64)의 $\frac{dV}{V}$의 값을 대입하면

$$\frac{dA}{A}=\frac{-(1-M^2)}{1+\frac{k-1}{2}M^2}\frac{dM}{M} \tag{11-66}$$

위 식으로부터 비점성기체의 경우는 관의 단면적이 일정하면 마하수도 일정함을 알 수 있다. 따라서 유속, 압력, 온도, 밀도도 일정하다. 위 식은 11-7절에서 설명한 바와 같이 단면적 변화에 따른 아음속과 초음속흐름을 나타내주는 식이다.

그림 11-10은 소위 라발노즐(Laval nozzle)로 알려져 있는 축소 확대관이다. 축소부에서 아음속으로 기체가 흐르고 단면이 최소로 되는 스로트(throat)부에서 음속흐름($M=1$)이 되며, 다시 확대부에서 초음속흐름이 된다. 이 관에서는 M, V, p, T, a 등은 그림 11-10과 같이 된다.

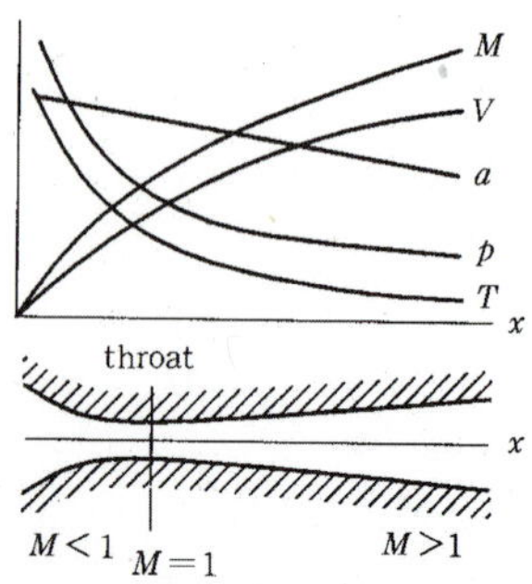

그림 11-10

식 (11-66)을 적분하면

$$\ln A = \ln\left[\frac{\left\{1+\frac{k-1}{2}M^2\right\}^{\frac{k+1}{2(k-1)}}}{M}\right] + \ln C$$

로 되므로 상류 1, 하류 2의 위치에 대한 단면적, 마하수를 각각 A_1, A_2, M_1, M_2라고 하면

$$\frac{A_1}{A_2} = \frac{M_2}{M_1}\left[\frac{1+\frac{k-1}{2}{M_1}^2}{1+\frac{k-1}{2}{M_2}^2}\right]^{\frac{k+1}{2(k-1)}} \tag{11-67}$$

로 된다.

예제15

유속 0, 압력 6.87N/cm², 온도 38℃인 상태 0의 공기를 축소-확대관을 통하여 그 스로트부 ①, 확대부 ②에 있어서의 마하수를 각각 1 및 2가 되게 하기 위해서는 ②에서의 단면적을 얼마로 하면 되겠는가? (단, 스로트부에서의 단면적은 930cm²이고 공기의 점성은 무시하며 $k=1.4$라고 한다.)

$$\frac{A_1}{A_2} = \frac{M_2}{M_1}\left[\frac{1+\frac{k-1}{2}{M_1}^2}{1+\frac{k-1}{2}{M_2}^2}\right]^{\frac{k+1}{2(k-1)}}$$ 에서

$$A_2 = A_1\frac{M_1}{M_2}\left[\frac{1+\frac{k-1}{2}{M_2}^2}{1+\frac{k-1}{2}{M_1}^2}\right]^{\frac{k+1}{2(k-1)}} = 930\times\frac{1}{2}\left[\frac{1+\frac{1.4-1}{2}\times 2^2}{1+\frac{1.4-1}{2}\times 1^2}\right]^{\frac{1.4+1}{2(1.4-1)}} = 1570\text{cm}^2$$

1 마하수가 작은 경우의 단열흐름

여기서는 아음속흐름에서 마하수가 작아지면 기체를 비압축성 유체로 취급해도 무방하다는 것을 증명하고자 한다. 이제 마하수가 비교적 적으나 그렇다고 압축성을 무시할 수 있을 정도로 적지 않은 경우에 대해서 생각하자. 어떤 위치에 있어서 전압을 p_0, 정압을 p, 마하수를 M이라 하면 전술한 식 (11-57)에 의하여

$$\frac{p_0}{p} = \left(1+\frac{k-1}{2}M^2\right)^{\frac{k}{k-1}}$$

M가 1보다 매우 작다고 할 때($M \ll 1$) 우변을 무한급수로 전개하면

$$\frac{p_0}{p}=1+\frac{k}{2}M^2+\frac{kM^4}{8}+\frac{k(2-k)}{48}M^6+\cdots$$

$$\therefore\ \frac{p_0-p}{p}=\frac{kM^2}{2}\left[1+\frac{1}{4}M^2+\frac{(2-k)}{24}M^4+\cdots\right] \tag{11-68}$$

로 된다. 또 $M=\dfrac{V}{a}=\dfrac{V}{\sqrt{kp/\rho}}$에 의하여

$$p_0-p=\frac{\rho}{2}V^2\left[1+\frac{1}{4}\left(\frac{V}{a}\right)^2+\frac{2-k}{24}\left(\frac{V}{a}\right)^4+\cdots\right] \tag{11-69}$$

위 식에서 [ ]안의 제2항 이하는 매우 작은 값이므로 이를 생략하면 비압축성 유체의 식, 즉 베르누이식과 같게 된다.

압축성기체에 있어서 유속 V를 구할 때 위의 식 (11-68) 또한 식 (11-69)를 사용하는 대신에 베르누이의 식으로 구하면 유속의 값은 그만큼 커지는데 그 오차는 다음 표 11-1과 같다. 표에서 보는 바와 같이 마하수가 작은 경우에는 베르누이의 식으로 충분함을 알 수 있다. 특히 마하수가 0.3보다 작을 경우 오차는 1% 이하임을 알 수 있다.

표 11-1

$M=V/a$	0.7	0.6	0.5	0.4	0.3	0.2	0.1
유속 V의 오차 %	6	4.5	3	2	1	0.5	0.1

예제16

공기를 압송하는 직관속에 피토관을 삽입하여 압력을 측정한 즉 동압은 2.45N/cm^2, 정압은 7N/cm^2 (a) 이었고, 또 정온은 −12℃이었다고 한다. 피토관 위치에 있어서 공기의 속도를 구하여라. (단, k=1.4라고 한다.)

우선 $\dfrac{p_0-p}{p}\fallingdotseq\dfrac{kM^2}{2}$라 하고 M의 값을 구하자.

$p_0-p=2.45\dfrac{\text{N}}{\text{cm}^2}$, $p=7\dfrac{\text{N}}{\text{cm}^2}$, $k=1.4$이므로 $\dfrac{2.45}{7}\fallingdotseq\dfrac{1.4}{2}M^2$

$\therefore\ M^2=0.5,\ M=0.707$

이 값을 식(11-68)을 이용하여 다음과 같이 수정한다.

$$\frac{p_0-p}{p}\fallingdotseq\frac{kM^2}{2}\left[1+\frac{1}{4}M^2+\frac{2-k}{24}M^4\right] \quad \cdots\cdots (1)$$

$M^2=0.5$ 의 값을 위 식의 [ ]에 대입하면 $[\ ]=1+\dfrac{1}{4}\times0.5+\dfrac{2-1.4}{24}0.5^2=1.13125$

[ ]의 값을 위 식 (1)에 대입하여 M^2의 값을 구하면 $\dfrac{2.45}{7}=\dfrac{1.4M^2}{2}\times1.13125$ $\quad\therefore M^2=0.442$

이 방법을 반복하여 결국 M^2의 값으로서 $M^2=0.45$ $\quad\therefore\ M=0.67$

따라서 유속은 $V=M\cdot a=M\sqrt{kRT}=0.67\sqrt{1.4\times287\times(273-12)}=0.67\times324=217\dfrac{\text{m}}{\text{sec}}$

2 임계조건

11-7에서 단면적이 변하는 축소2확대노즐에서 유체의 흐름속도가 어떻게 변하는지 알아보았다. 그림 11-9와 같은 노즐의 목에서 음속에 도달할 때의 상태를 임계조건(critical condition)이라 하며 <*>로 표시한다. 즉 식 (11-59)에서 M=1일 때의 상태를 임계상태라 하고 그 때의 p, T, ρ값에 상첨자 *를 붙인 p^*, T^*, ρ^*를 각각 임계압력(critical pressure, 臨界壓力), 임계온도(critical temperature, 臨界溫度), 임계밀도(critical density, 臨界密度)라 한다. 특히 공기의 경우 k=1.4이므로 식 (11-59)로부터

$$\frac{T^*}{T_0}=\frac{2}{k+1}=0.8333$$

$$\frac{p^*}{p_0}=\left(\frac{2}{k+1}\right)^{\frac{k}{k-1}}=0.5283$$

$$\frac{\rho^*}{\rho_0}=\left(\frac{2}{k+1}\right)^{\frac{k}{k-1}}=0.6339 \qquad (11\text{-}70)$$

목의 단면적 A^*와 마하수 M인 임의 단면적 A 사이에 관계를 얻기 위하여 식 (11-67)에서 $M_2=1$을 대입하고 $A_2=A^*$라 놓으면

$$\frac{A}{A^*}=\frac{1}{M}\left[\frac{1+\frac{k-1}{2}M^2}{\frac{k+1}{2}}\right]^{\frac{k+1}{2(k-1)}} \qquad (11\text{-}71)$$

예제17

온도 100℃의 용기에서 공기가 축소확대 노즐을 통하여 대기 중으로 분출할 때 목 부분에서 음속에 도달하였다. 이때 목의 온도는 얼마인가? 단 공기의 비열비는 $k=1.4$이다.

목에서의 온도는 임계온도가 되고 식 (11-70)로부터 공기의 경우 $\frac{T^*}{T_0}=0.8333$이므로

$T^*=0.833\ T_0=0.833(273+100)=310.7\ °K=37.7℃$

3 질량유량

단면적 A인 관을 통하는 기체의 질량유량을 $\dot{m}$라고 하면 단위면적당 유량은 변형하여

$$\frac{\dot{m}}{A}=\rho V=\frac{p}{RT}V=\frac{p}{\sqrt{T_0}}\sqrt{\frac{k}{R}}\frac{V}{\sqrt{kRT}}\sqrt{\frac{T_0}{T}}$$

과 같다. 그런데 $M = V/\sqrt{kRT}$이고 식 (11-54)를 대입하면 위 식은

$$\frac{\dot{m}}{A} = \frac{p}{\sqrt{T_0}}\sqrt{\frac{k}{R}}M\sqrt{1+\frac{k-1}{2}M^2} \tag{11-72}$$

로 되는데 이 식을 화노방정식(Fanno equation)이라 한다. 단열변화의 경우에 대해서 생각하면 그 경우에 기체의 전온 T_0은 일정하다고 볼 수 있으므로 이 전온 T_0 및 어떤 위치에 있어서의 질량유량 $\dot{m}$, 단면적 A, 정압 p를 알면 그 위치에 있어서의 마하수 M을 위 식으로 구할 수 있다.

이 식의 성립에는 기체의 점성 또는 비점성은 관계하지 않는다. 따라서 이 식은 비점성유체에도 점성유체에도 적용되는 식이다. 특히 비점성기체의 단열변화의 경우에는(11-57)식의 p값을 위 식에 대입하여

$$\frac{\dot{m}}{A} = \frac{p_0}{\sqrt{T_0}}\sqrt{\frac{k}{R}}M\sqrt{\left(1+\frac{k-1}{2}M^2\right)^{\frac{-(k+1)}{k-1}}} \tag{11-73}$$

을 얻는다. 이 식은 비점성기체의 마하수를 산출하는 경우에 이용된다.

예제18

유속 0, 압력 6.87N/cm², 온도 38℃인 상태 0의 공기를 축소-확대관을 통하여 그 스로트부 ①, 확대부 ②에서의 마하수가 각각 1 및 2가 되게 하기 위해서는 유량은 몇 kg/sec로 되는가? (단, 스로트부 ①에서의 단면적은 930cm²이고 공기의 점성은 무시한다.)

$$\frac{\dot{m}}{A} = \frac{p_0}{\sqrt{T_0}}\sqrt{\frac{k}{R}}M\left(1+\frac{k-1}{2}M^2\right)^{\frac{-(k+1)}{k-1}}$$

$A = A_1 = 0.093\text{m}^2$, $p_0 = 6.87\times10^4\text{N/m}^2$, $T_0 = 273+38$, $M = M_1 = 1$이므로

$$\frac{\dot{m}}{0.093} = \frac{6.87\times10^4}{\sqrt{273+38}}\sqrt{\frac{1.4}{287}}\left(1+\frac{1.4-1}{2}1^2\right)^{\frac{-2.4}{0.8}}$$ 에서 $\dot{m} = 14.6\text{kg/sec}$

[별해]

$T_0 = 38℃ = 311°\text{K}$

$$\rho_0 = \frac{p_0}{RT_0} = \frac{6.87\times10^4}{287\times311} = 0.769\frac{\text{kg}}{\text{m}^3}$$

$$a_0 = \sqrt{kRT_0} = \sqrt{1.4\times287\times311} = 353.6\frac{\text{m}}{\text{sec}}$$

$$T_1 = T_0/\left(1+\frac{k-1}{2}M^2\right) = 311/\left(1+\frac{1.4-1}{2}\cdot1^2\right) = 259°\text{K}$$

$$\rho_1 = \rho_0/\left(1+\frac{k-1}{2}M^2\right)^{1/k-1} = 0.769/\left(1+\frac{1.4-1}{2}\cdot1^2\right)^{1/0.4} = 0.488\frac{\text{kg}}{\text{m}^3}$$

$$a_1 = a_0\sqrt{T_1/T_0} = 354\sqrt{259/311} = 322.7\frac{\text{m}}{\text{sec}}$$

$$V_1 = M_1\cdot a_1 = 1\times323 = 323\frac{\text{m}}{\text{sec}}$$

$$\dot{m} = \rho_1A_1q_1 = 0.488\times0.0930\times323 = 14.6\frac{\text{kg}}{\text{sec}}$$

4 큰 탱크로부터 축소노즐을 통한 압축성흐름

11-7절에서 설명한 그림 11-8에서 축소노즐만 존재하는 경우를 생각해 보자.

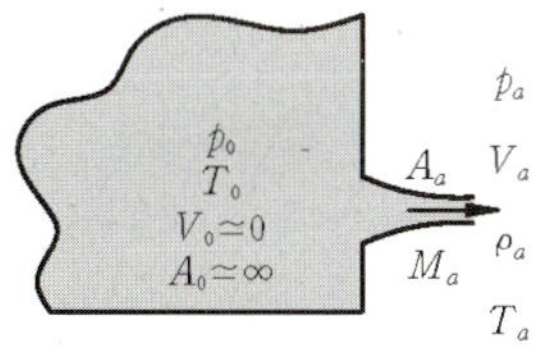

그림 11-11

그림 11-11과 같이 매우 큰 용기 내의 압력 p_0의 기체가 축소노즐을 통하여 대기 중으로 방출되는 경우를 고려해 보자. 용기내에서 유속 0, 온도 T_0, 압력 p_0인 기체가 축소관을 지나는 경우 기체의 점성에 의한 영향은 작으므로 비점성기체가 단열변화(등엔트로피변화)를 한다고 생각된다.

이러한 경우 배압(back pressure, 背壓), p_a는 대기압과 같으며 단면적이 A_a인 노즐출구에서의 속도를 V_a, 마하수 M_a, 음속 $a_a(=\sqrt{kRT_0})$이라 하자.

배압 p_a가 p_0보다 약간 작으면 노즐출구의 마하수 M_a는 식 (11-57)을 M에 대해서 정리한 값이 된다.

$$M_a{}^2 = \frac{2}{k-1}\left\{\left(\frac{p_a}{p_0}\right)^{-\frac{k-1}{k}} - 1\right\} \tag{11-74}$$

이때는 분출속도가 아음속($M<1$)이 된다. 이때 출구에서의 유속은 $M_a = V_a/a_a$이므로 기체의 상태방정식 $RT = p/\rho$를 이용하면

$$M_a = \frac{V_a}{a_a} = \frac{V_a}{\sqrt{kRT_a}} = \frac{V_a}{\sqrt{kp_a/\rho_a}} = V_a\sqrt{\frac{\rho_a}{kp_a}} \tag{11-75}$$

이므로 위 식을 V_a에 대하여 정리하면 식 (11-74)로부터

$$V_a = M_a\sqrt{\frac{kp_a}{\rho_a}} = \sqrt{\frac{kp_a}{\rho_a}\frac{2}{k-1}\left\{\left(\frac{p_a}{p_0}\right)^{-\frac{k-1}{k}} - 1\right\}} \tag{11-76}$$

그런데 식 (11-56)으로부터 단열변화인 경우, $\frac{p_a}{p_0} = (\frac{\rho_a}{\rho_0})^k$이므로 $\rho_a = \rho_0(\frac{p_a}{p_0})^{\frac{1}{k}}$을 위 식에 대입하면

$$\boxed{V_a = \sqrt{\frac{2k}{k-1}\frac{p_0}{\rho_0}\left\{1 - \left(\frac{p_a}{p_0}\right)^{\frac{k-1}{k}}\right\}}} \tag{11-77}$$

가 된다. 한편 출구에서의 질량유량은 $\dot{m}=\rho_a A_a V_a$이므로

$$\dot{m}=\rho_a A_a \sqrt{\frac{2k}{k-1}\frac{p_0}{\rho_0}\left\{1-\left(\frac{p_a}{p_0}\right)^{\frac{k-1}{k}}\right\}} \tag{11-78}$$

위 식에서 $\rho_a=\rho_0\left(\frac{p_a}{p_0}\right)^{\frac{1}{k}}$을 대입시켜 정리하면 질량유량은

$$\dot{m}=A_a \sqrt{\frac{2k}{k-1}\rho_0 p_0\left\{\left(\frac{p_a}{p_0}\right)^{\frac{2}{k}}-\left(\frac{p_a}{p_0}\right)^{\frac{k+1}{k}}\right\}} \tag{11-79}$$

가 된다.

만일 배압 p_a가 p_0보다 점점 더 작아져서 출구에서의 속도가 음속($M=1$)이 되면 압력비 p_a^*/p_0는 식 (11-70)으로부터

$$\frac{p_a^*}{p_0}=\left(\frac{2}{k+1}\right)^{\frac{k}{k-1}} \tag{11-80}$$

가 된다. 이때 질량유량은 최대값을 갖는다. 이러한 상태를 앞서 말한 바와 같이 임계상태 또는 초킹이 일어난다고 말한다. 임계상태에서 유속은 음속과 같으며 이때 질량유량은 식 (11-79)에서 $\frac{p_a}{p_0}$가 $\frac{p_a^*}{p_0}$와 같을 때이므로 식 (11-80)을 (11-79)에 대입하여 정리하면

$$\dot{m}_{\max}=A_a^* p_0\sqrt{\frac{k}{RT_0}\left(\frac{2}{k+1}\right)^{\frac{k+1}{k-1}}} \tag{11-81}$$

이것은 앞에서 설명한 질량유량의 관계식 (11-73)에 $M=1$을 대입하여 얻은 결과와 서로 일치함을 알 수 있다. 특히 유체가 공기인 경우 $k=1.4$이므로 이것을 위 식에 대입하면

$$\dot{m}_{\max}=0.686\frac{A_a^* p_0}{\sqrt{RT_0}} \tag{11-82}$$

이것은 탱크로부터 방출되는 공기의 최대질량유량이 된다. 상기한 식 (11-80)에서 보듯이 배압 p_a는 압력비 p_a^*/p_0와는 무관함을 알 수 있다. 즉 압력비는 배압의 크기에 관계없이 일정한 값을 가진다.

배압을 더욱 더 작게 하면 유속이 점점 빨라지고 11-7절에서 설명하였듯이 축소관에서의 마하수는 점차로 증가하여 $M=1$(극대값)까지 되고 그 이상 증가하는 일은 없다. 즉 p_a가 (11-80)식이 표시하는 p_a^*값보다 작아지는 경우 Mach수 M_1은 1보다 커지지 않고 극대값 1을 유지하므로 임계상태가 되어 식 (11-81)의 $\dot{m}_{\max}$ 일정한 값을 유지한다. 예를 들면 진공 중에 유출하는 경우 $p_a/p_0=0$, $M_1=\infty$이고 식 (11-79)에 의하여 $\dot{m}=0$이 되지만 이것은 출구의 압력 p_a를 진공의 압력과 같다고 놓은 것이 잘못이다. 출구에서의

배압이 매우 작은 경우 출구에서 초킹(choking)이 일어나게 되고 일정한 유속과 최대질량유량값을 유지하게 된다.

예제19

$p_0 = 1.96 \times 10^5 \text{N/m}^2$, $T_0 = 37℃$의 용기로부터 0.225kg/s의 일산화탄소가 축소노즐을 통하여 분출하고 있다. 노즐출구에서 임계상태에 도달하기 위해서는 노즐출구의 단면적을 얼마로 하여야 하는가? 단 일산화탄소의 기체상수는 R=297N·m/kg°K, 비열비는 k=1.4이다.

임계상태에서 최대의 질량유량이 흐르므로 $\dot{m}_{max} = 0.225\frac{\text{kg}}{\text{s}}$ 이다.

식 (11-81)에서 $0.225 = A_a^* \times 1.96 \times 10^6 \sqrt{\frac{1.4}{297 \times (273+37)}\left(\frac{2}{1.4+1}\right)^{\frac{1.4+1}{1.4-1}}}$

$\therefore A_a^* = 5.087 \times 10^{-5} \text{m}^2$

5 축소-확대 노즐

상기한 바와 같은 축소관에 확대관을 연결하면 기체의 흐름은 11-7절의 축소-확대관에서 설명한 바와 같이 확대관에서 가속 또는 감속된다. 확대관을 나온 기체의 압력 즉, 배압을 p_a라 할 때 p_a의 크기에 따라 노즐 내의 흐름은 변한다.

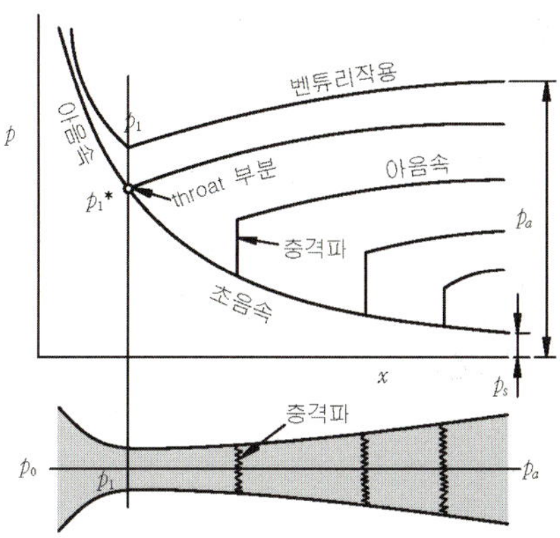

그림 11-12

그림 11-12에서 보는 바와 같이 큰 용기 내에서의 압력을 p_0라 하고 스로트브에서의 압력을 p_1, 확대관을 통과한 후 출구의 배압을 p_a라 하자. 만일 즉 p_a가 p_0보다 조금 작을 경우에는 축소관에서 압력은 p_a보다 차츰 작아져서 스로트부에 이르러 최저정압 p_1으로 되고 확대관에서 다시 점차 상승하여 배압 p_a와 같아지게 된다. 이것은 비압축성 기체의 흐름과 같다.

그러나 p_a가 더욱 작아지면 따라서 스로트 부분의 압력 p_1도 점차 내려 가는데 p_1이 임계압력인 $p_1^* = p_0(2/k+1)^{k/k-1}$로 될 때 까지 계속된다. 이때의 배압 $p_a = p_s$라 하면 흐름은 스로트부에서의 압력이 p_1^*가 되고 확대관에 따라 더욱 감소하여 출구에서 p_s에 이르게 되므로 p_s는 p_1^*보다 작은 값을 가진다 ($(p_0 > p_1^* > p_s)$). 유속은 스로트 이전의 아음속에서 점차 빨라지면서 스로트부에서 음속에 이르고 이후부터 초음속으로 바뀌면서 점차 빨라지게 된다. 만일 배압 p_a가 p_s보다 더욱 작아지면 그것에 의해서 생긴 압력차 $p_s - p_a$의 운동에너지에의 변환은 확대관을 나온 다음에 일어나고 관 내에서의 흐름은 p_a의 크기에 더 이상 영향을 받지 않는다. 이때는 출구 부분에 여러 개의 팽창파(expansion wave, 膨脹波)가 발생하여 파의 전후에 압력차가 생기게 되어 최종적으로 유출되는 유체의 압력이 출구의 배압과 같아지도록 하는 유동형태가 이루어지게 된다.

만일 배압 p_a가 p_s보다 큰 경우에는 압력은 스로트부의 p_1^*를 지나서 확대관을 따라 차츰 작아져서 초음속으로 흐르다가 어떤 곳까지 오면 갑자기 압력상승이 일어나고 그 후 점차로 높아져 간다. 이와 같이 압력이 급히 상승하는 불연속면에서는 초음속흐름이 아음속흐름으로 갑자기 변하고 충격파(shock wave, 衝擊波)가 발생한다. 배압 p_a가 p_s와 같게 되면 충격파는 없어진다.

예제20

축소-확대노즐을 통하여 탱크 내의 공기가 대기 중으로 방출되는 경우

(a) 출구의 마하수를 2가 되게 하려면 출구의 단면적을 얼마로 하면 좋은가? (단, 스로트부의 안지름은 10mm, 도중 충격파는 생기지 않는 것으로 한다.)

(b) 대기압을 9.8N/cm²라고 하면 탱크 내의 압력은 얼마이어야 되는가?

(c) 노즐에서 나오는 분자가 출구에 수직으로 놓여진 평판에 부딪치는 경우에 그 충격력을 구하여라. (단, 탱크 내의 공기의 온도는 20℃라고 한다.)

식 (11-67)로부터

(a) $$\frac{A_2}{A_1} = \frac{M_1}{M_2}\left[\frac{1+\frac{k-1}{2}M_2^2}{1+\frac{k-1}{2}M_1^2}\right]^{\frac{k+1}{2(k-1)}}$$ 에서

$$\frac{A_2}{A_1} = D_2^2/D_1^2 = \frac{D_2^2}{10^2}$$

$M_1 = 1,\ M_2 = 2,\ k = 1/4$

$$\frac{D_2^2}{10^2} = \frac{1}{2}\left[\frac{1+\frac{1.4-1}{2}\cdot 2^2}{1+\frac{1.4-1}{2}\cdot 1^2}\right]^{\frac{1.4+1}{2(1.4-1)}} = 1.688$$

$\therefore\ D = 10\sqrt{1.688} = 13.0\text{mm}$

(b) $$\frac{p_2}{p_0} = \left(1+\frac{k-1}{2}M_2^2\right)^{\frac{-k}{k-1}}$$ 에서

$p_2 = 9.8\text{N/cm}^2,\ M_2 = 2$

$$p_0 = p_2\left(1+\frac{k-1}{2}M_2^2\right)^{k/k-1} = 9.8\left(1+\frac{1.4-1}{2}2^2\right)^{1.4/(1.4-1)} = 76.4\frac{\text{N}}{\text{cm}^2}$$

(c) $\dot{m} = A_1 \dfrac{p_0}{T_0^{\ 1/2}} \sqrt{k/R}\, M_1 \left(1 + \dfrac{k-1}{2} M_1^2\right)^{-(k+1)/2(k-1)}$

A_1에서 목부분의 단면적$= \dfrac{\pi}{4}\left(\dfrac{1}{100}\right)^2 = 0.785 \times 10^{-4}\text{m}^2$

$M_1 = 1,\ \ T_0 = 273 + 20 = 293°\text{K},\ \ p_0 = 76.4 \dfrac{\text{N}}{\text{cm}^2}$

$\dot{m} = 0.785 \times 10^{-4} \times \dfrac{76.4 \times 10^4}{(29.3)^{1/2}} \sqrt{1.4/287} \times 1 \times \left(\dfrac{1}{1.2}\right)^{(1.4+1)/2(1.4-1)} = 0.142\text{kg/sec}$

$V_2 = M_2\sqrt{kRT_2} = M_2\sqrt{kR}\left\{T_0\Big/\left(1 + \dfrac{k-1}{2}M_2^2\right)\right\}^{1/2} = 2\sqrt{1.4 \times 287}\ \sqrt{293/1.8} = 512\text{m/sec}$

$\therefore\ F = \dot{m}\, V_2 = 0.142 \times 512 = 72.7\text{N}$

11-9 : 충격파

앞절에서 기술한 바와 같이 초음속흐름($M>1$)이 갑자기 아음속흐름($M<1$)으로 변화할 때 생기는 불연속면을 충격파(shock wave, 衝擊波)라 하는데 이 불연속면에서 속도가 줄어드는 대신 압력과 밀도 및 온도는 급격히 증대한다.

그림 11-13(a)는 곧은 관 내를 지나는 기류 속에 생긴 충격파를 표시하고 그림 11-13(b), (c)는 각각 유속과 압력의 변화를 표시한다.

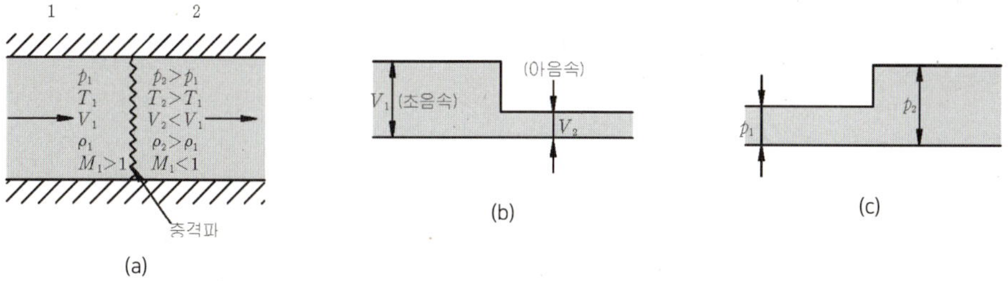

그림 11-13

충격파의 앞부분에 있어서 압력을 p_1, 온도를 T_1, 유속을 V_1, 밀도를 ρ_1, Mach수를 M_1으로 하고, 뒷부분에서의 그것을 각각 p_2, T_2, V_2, ρ_2, M_2라 하면 곧은 관에 있어서는 단위면적당 유량 $\dot{m}/A$는 일정하다. 그런데 Fanno방정식 즉,

$$\frac{\dot{m}}{A} = \frac{p}{\sqrt{T_0}}\sqrt{\frac{k}{R}}\, M\sqrt{1 + \frac{(k-1)}{2}M^2}$$

을 파의 앞면과 뒷면에 적용하면(단열흐름으로 생각하여 T_0은 일정)

$$\frac{p_1}{T_0^{1/2}}\sqrt{k/R}\,M_1\sqrt{1+(k-1)/2M_1^2}=\frac{p_1}{T_0^{1/2}}\sqrt{k/R}\,M_2\sqrt{1+(k-1)/2M_2^2}$$

$$\therefore\ \frac{p_2}{p_1}=\frac{M_1\sqrt{2+(k-1)M_1^2}}{M_2\sqrt{2+(k-1)M_2^2}} \tag{11-83}$$

로 된다.

다음에 연속방정식 $\rho V=\text{const}(A=\text{const})$에서

$$\frac{V_2}{V_1}=\frac{\rho_1}{\rho_2} \tag{11-84}$$

이고, $p/\rho=RT$에서

$$\frac{\rho_2}{\rho_1}=\frac{p_2}{p_1}\frac{T_1}{T_2} \tag{11-85}$$

위 식 (11-84)과 (11 -85)에서

$$\frac{T_2}{T_1}=\frac{p_2}{p_1}\frac{\rho_1}{\rho_2}=\frac{p_2}{p_1}\frac{V_2}{V_1}=\frac{p_2}{p_1}\frac{M_2a_2}{M_1a_1}=\frac{p_2}{p_1}\frac{M_2}{M_1}\frac{\sqrt{kRT_2}}{\sqrt{kRT_1}}$$

$$\therefore\ \frac{T_2}{T_1}=\left(\frac{p_2}{p_1}\right)^2\left(\frac{M_2}{M_1}\right)^2 \tag{11-86}$$

한편 운동량법칙을 파의 앞면과 뒷면에 적용하면

$$p_1+\rho_1V_1^2=p_2+V_2^2$$

$V=M/\sqrt{kp/\rho}$의 관계를 위 식에 대입하여

$$p_1+kM_1^2p_1=p_2+kM_2^2p_2$$

$$\therefore\ \frac{p_2}{p_1}=\frac{1+kM_1^2}{1+kM_2^2} \tag{11-87}$$

식 (11-83), (11-87)에서p_2/p_1을 소거하면

$$M_2=M_1$$

또는

$$M_2{}^2 = \frac{2+(k-1)M_1{}^2}{2kM_1{}^2-(k-1)} \tag{11-88}$$

로 된다. 충격파의 경우는 온도, 압력, 밀도 등이 불연속적으로 변하여 $M_2 \neq M_1$으로 되므로 식 (11-88)만을 생각하면 된다.

위 식 (11-88)를 식 (11-87)에 대입하여

$$\frac{p_2}{p_1} = \frac{2k}{k+1}M_1{}^2 - \frac{k-1}{k+1} \tag{11-89}$$

위 식 (11-88), (11-89)을 식 (11-86)에 대입하면

$$\frac{T_2}{T_1} = \frac{[2kM_1{}^2-(k-1)][2+(k-1)M_1{}^2]}{(k+1)^2M_1{}^2} \tag{11-90}$$

위 식 (11-89), (11-90)을 식 (11-85)에 대입하여

$$\frac{\rho_2}{\rho_1} = \frac{(k+1)M_1{}^2}{2+(k-1)M_1{}^2} \tag{11-91}$$

식 (11-84)에 의하여

$$\frac{V_2}{V_1} = \frac{2+(k-1)M_1{}^2}{(k+1)M_1{}^2} \tag{11-92}$$

이상으로 충격파 뒷면의 상태를 앞면의 상태로부터 구할 수 있다.

예제21

마하수 2, 정압 0.7kg$_f$/cm^2(a), 온도 -1℃인 초음속 흐름의 기체가 충격파를 발생했다. 후방의 마하수, 유속, 정압 및 전압을 구하여라.

$M_1 = 2, p_1 = 0.7\text{kg}_f/\text{cm}^2(\text{a}) \quad T_1 = 273 - 1 = 272°\text{K}$

$M_2^2 = \dfrac{2+(k-1)M_1^2}{2kM_1^2-(k-1)} = \dfrac{2+(1.4-1)2^2}{2\times1.4\times2-(1.4-1)} = 0.333$

$\therefore\ M_2 = 0.5774$

$a_1 = \sqrt{kRT_1} = \sqrt{1.4\times287\times272} = 331\dfrac{\text{m}}{\text{sec}}$

$\therefore\ V_1 = M_1 a_1 = 2\times331 = 662\dfrac{\text{m}}{\text{sec}}$

$\dfrac{V_2}{V_1} = \dfrac{2+(k-1)M_1^2}{(k+1)M_1^2}$에서

$V_2 = V_1\dfrac{2+(k-1)M_1^2}{(k+1)M_1^2} = 662\dfrac{2+(1.4-1)2^2}{(1.4+1)2^2} = 248\dfrac{\text{m}}{\text{sec}}$

$\dfrac{p_2}{p_1} = \dfrac{2k}{k+1}M_1^2 - \dfrac{k-1}{k+1}$에서

$p_2 = p_1\left[\dfrac{2k}{k+1}M_1^2 - \dfrac{k-1}{k+1}\right] = 0.7\left[\dfrac{2\times1.4}{1.4+1}\times2^2 - \dfrac{1.4-1}{1.4+1}\right] = 3.15\dfrac{\text{kg}_f}{\text{cm}^2}$

$\dfrac{p_2}{p_{o1}} = \dfrac{1}{[1+(k-1)/2\times M_2^2]^{k/k-1}}$에서

$p_{o1} = p_2\left[1+\dfrac{k-1}{2}M_2^2\right]^{k/k-1} = 3.15\left[1+\dfrac{1.4-1}{2}\times0.333\right]^{1.4/(1.4-1)} = 3.95\dfrac{\text{kg}_f}{\text{cm}^2}$

CHAPTER 11 압축성 유체의 흐름 / 기본문제

01

온도가 -10℃인 공기 속에서의 음속 ℃는 얼마인가? (단, 공기의 $k=1.4$, $R=287\text{N}\cdot\text{m/kg°K}$)

풀이

$$a=\sqrt{kRT}=\sqrt{1.4\times287\times(-10+273)}=325\frac{m}{\text{sec}}$$

02

속도가 1000km/hr인 비행기의 표면온도 증가는 얼마인가?

풀이

동온 $\Delta T=\frac{1}{R}\frac{k-1}{k}\frac{V^2}{2}$이므로

1000km/hr=277.8m/s

$$\Delta T=\frac{1}{287}\frac{0.4}{1.4}\frac{277.8^2}{2}=38.4℃$$

03

산소가 탱크에서 축소노즐을 통해 방출된다. 제트의 온도와 속도는 각각 -15℃, 250m/s이다. 탱크내의 온도는 얼마인가? (산소의 $C_p=916.7\text{J/kg}\cdot\text{K}$)

풀이

$$T_0=T+\frac{1}{R}\frac{k-1}{k}\frac{V^2}{2}=T+\frac{1}{C_p}\frac{V^2}{2}$$

$$(-15+273)+\frac{1}{916.7}\frac{250^2}{2}=292.09\,°\text{K}=19.09℃$$

04

그림과 같이 관 내에 수소가 흐르고 있다. 단면 1에서 속도가 75m/s, 온도는 50℃이고 단면 2에서 온도가 100℃이다. 1과 2 사이에서 $q=7.5\times10^5\text{J/kg}$의 열을 받는다고 하면 단면 2에서의 속도는 얼마인가? (단, 수소의 정압비열은 14.446kJ/kgk이다.)

풀이

에너지 방정식에서

$$q+w=C_p(T_2-T_1)+\frac{1}{2}(V_2^2-V_1^2)$$

$w=0$이므로

$$7.5\times10^5=14.446\times10^3(373-323)+\frac{1}{2}(V_2{}^2-75^2)$$

$$V_2=247\text{m/s}$$

05

헬륨(He)의 단열흐름에서 한 점에서의 속도가 각각 90m/s, 90℃이라면 속도가 180m/s 되는 같은 유선상의 다른 점에서의 온도는 얼마인가? 또, 두 점에서의 압력비는 얼마인가? (단, 헬륨의 정압비열은 5223J/kg°K이다.)

풀이

헬륨의 단열흐름

$q=0$, $w=0$이므로

$$C_pT_1+\frac{1}{2}V_1{}^2=C_pT_2+\frac{1}{2}V_2{}^2$$

$$5223\times(90+273)+\frac{1}{2}\times90^2=5223\times T^{2+}\frac{1}{2}\times180^2$$

$$T_2=360°\text{K}=87℃$$

단열과정에서 p와 T의 관계식은

$$\frac{p_2}{p_1}=\left(\frac{T_2}{T_1}\right)^{k/(k-1)}$$

$k=1.66$이므로

$$\frac{p_2}{p_1}=\left(\frac{360}{363}\right)^{\frac{1.66}{0.66}}=0.98$$

CHAPTER 11 압축성 유체의 흐름 / 기본문제

06

노즐에서 500m/s로 흐르는 공기의 밀도는 $\rho=2\text{kg/m}^3$, 온도는 $T=300℃$이다. 속도가 더 증가하기 위하여 단면적은 증가하여야 하는가? 감소하여야 하는가?

풀이

$a=\sqrt{kRT}=\sqrt{1.4\times287\times573}=480\dfrac{m}{\text{sec}}$

$M=\dfrac{V}{a}=\dfrac{500}{480}=1.04>1$

∴ 초음속흐름

따라서 단면적은 증가하여야 한다.

07

그림과 같은 도관에서 $M=2.0$으로 흐르고 있다. 속도가 30% 감소하기 위해서 단면적은 몇 % 변화시켜야 하는가?

풀이

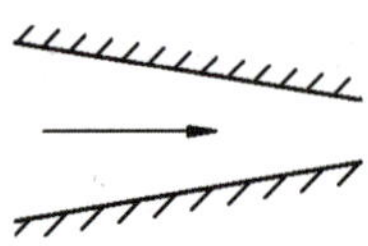

초음속에서 속도를 줄이려면 단면적으로 줄어야 한다.

$\dfrac{dA}{dV}=\dfrac{A}{V}(M^2-1)$

$M=2$이므로

$\dfrac{dA}{dV}=\dfrac{A}{V}(2^2-1)=\dfrac{3A}{V}$

속도가 30% 감소하는 것은 $\dfrac{dV}{V}=-0.3$라는 것이다.

따라서 상기 식은

$\dfrac{dA}{A}=3\dfrac{dV}{V}=3\times(-0.3)=-0.9$

즉 단면적은 90% 줄어야 한다.

08

그림과 같이 이산화탄소가 탱크에서 축소노즐을 통하여 대기 중으로 방출된다. 만일 탱크의 온도와 압력이 각각 38a, 140kPa(g)이면 제트의 온도, 압력, 속도는 얼마인가? (단, 대기압은 101.3kPa(a)이다.)

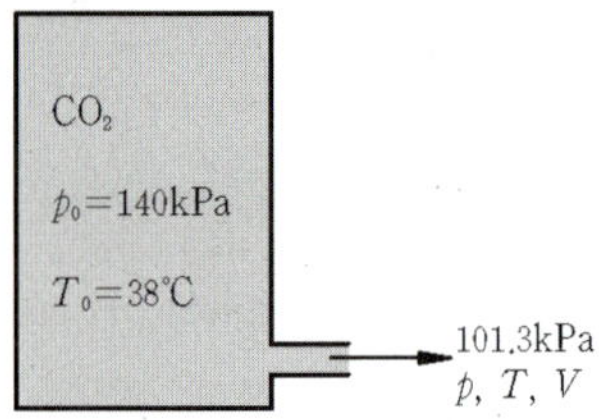

풀이

임계압력 즉 $M=1$일 때의 압력, p^*는

$\dfrac{p^*}{p_0}=\left(\dfrac{2}{k+1}\right)^{k/k+1}=\left(\dfrac{2}{2.28}\right)^{1.28/0.28}=0.549$

(질소의 $k=1.28$)

$p^*=0.549\times(140+101.3)=132.6\text{kPa(a)}>101.3\text{kPa}$

주위압력 101.3kPa은 상기값보다 작으므로 출구에서 임계 상태가 된다.

즉 $p=p^*$이다.

∴ $p=132.6\text{kPa(a)}$

단열변화의 상태식에서

$\dfrac{T_2}{T_1}=\left(\dfrac{p_2}{p_1}\right)^{\frac{k-1}{k}}$이므로

$\dfrac{T}{T_0}=\left(\dfrac{p}{p_0}\right)^{\frac{k-1}{k}}$ → $\dfrac{T}{38+273}=\left\{\dfrac{132.6}{(140+101.3)}\right\}^{\frac{1.28-1}{1.28}}$

∴ $T=272.8°\text{K}$

$V=a=\sqrt{kRT}=\sqrt{1.28\times\dfrac{8310}{44}\times272.8}=256.8\text{m/s}$

CHAPTER 11

압축성 유체의 흐름 / 연습문제

⚙ 해답은 486쪽에 있습니다.

01

다음 기체를 완전기체로 보고 각 경우의 엔트로피 변화를 계산하여라. (단, 질소와 공기의 정압비열은 각각 1038J/kg°K, 1003J/kg°K이다.)

(1) 질소

$T_1 = 250\text{K}, \ P_1 = 150\,\text{bar}$

$T_2 = 330\text{K}, \ P_2 = 10\,\text{bar}$

(2) 공기

$T_1 = 200\text{K}, \ P_1 = 1\,\text{bar}$

$T_2 = 233\text{K}, \ P_2 = 200\,\text{bar}$

02

이산화탄소가 속도 10m/s로 파이프를 통하고 또 50m/s의 속도로 노즐을 통하여 흐르고 있다. 이때 파이프와 노즐 사이의 온도차는 얼마인가? (단, 완전기체의 단열흐름으로 본다. 이산화탄소의 정압비열은 858.2J/kg°K이다.)

03

질소의 단열흐름 내의 한 점에서 속도가 200m/s이고, 같은 유선상의 다른 한 점과의 온도차는 10℃라고 한다. 이 점에서 이 속도를 구하여라.

04

이산화탄소 흐름의 동일유선상의 두 점에서 측정한 속도와 온도가 각각 60m/s, 40℃와 120m/s, 35℃이다. 이 흐름은 단열흐름이 아니다. 두 점 사이에서 어느 정도의 열을 받았는가?

05

공기가 대기 중에서 축소노즐을 통하여 진공탱크로 흘러 들어가고 있다. 노즐이 축소된 끝부분의 지름은 38mm이다. 만일 대기압과 온도가 각각 101.3kPa와 15℃이라면 기류가 음속이 되기 위하여 탱크의 진공을 얼마로 하면 좋은가? 또, 그 때의 유량은 얼마인가? 만일, 탱크가 254mmHg 진공이라면 유량은 얼마인가?

06

산소가 탱크에서 축소노즐을 통하여 방출된다. 제트의 온도와 속도는 각각 -20℃, 270m/s이다. 탱크 내의 온도는 얼마인가?

07

공기(40℃, 700kPa(a)가 큰 탱크에서 150mm 파이프로 흐르고 거기서 첨단직경이 100mm인 축소노즐을 통하여 대기(103kPa(a)) 중으로 방출된다. 파이프 속에서의 압력, 온도, 속도를 구하여라.

08

이산화탄소가 절대압이 각각 450kPa와 210kPa인 두 탱크 사이를 큰 벽속의 축소노즐을 통하여 흐르고 있다. 제트의 온도가 10℃이면 제트의 속도는 얼마인가? 또, 상류탱크의 온도는 얼마인가?

09

온도가 40℃인 큰 탱크로부터 공기가 축소노즐을 통하여 대기 중으로 (101.3kPa(a)) 방출한다. 유량은 2.55kg/s이다. 만일 탱크의 절대압력이 (1) 175 kPa(a) (2) 210kPa(a)일 때 축소노즐의 지름을 구하여라.

압축성 유체의 흐름 / 연습문제

해답은 486쪽에 있습니다

10

공기가 150mm파이프로부터 25mm 축소노즐을 통하여 대기 중으로 흐르고 있다. 제트의 절대압이 138kPa(a)일 때 파이프 내의 절대압력을 구하여라.

11

질소가 100mm 파이프로부터 50mm 축소노즐을 통하여 대기 중으로 방출된다. 대기압은 101.3kPa(a)이고, 파이프내의 압력은 0.3mAq, 파이프 내의 온도는 15.5℃이다. 유량을 계산하여라.

12

98.5kPa(a). 20℃인 대기 중의 공기가 스로트 직경 50mm, 출구직경 75mm인 축소 확대 노즐을 통하여 진공탱크로 흘러들어가고 있다. 이때 최대 질량유량을 구하여라.

CHAPTER 12

유체의 계측

CHAPTER 12 유체의 계측

유체의 계측(flow measurement)은 현장이나 연구실에서 유체역학적 문제를 취급할 때 필연적으로 대두되는 문제이다. 보다 효과적이고 정밀하게 측정하기 위해서 여러 가지 계측기기에 대한 사용법과 원리에 대하여 알아야 할 것이다. 일반적으로 유체의 측정에는

- 유체의 성질측정
- 압력측정
- 유속측정
- 유량측정

이 있다. 유체의 성질에 대한 측정으로서 밀도와 비중 그리고 점성도의 측정이 있다. 주의해야 할 것은 유체의 성질은 항상 온도에 따라 그 값이 다르다는 것을 염두에 두어야 한다. 압력의 측정에는 액주계 및 여러 종류의 압력계가 사용되고 있다. 유속의 측정에는 피토관이나 열선유속계, 레이저-도플러 유속계 등이 사용된다. 유량측정에는 벤튜리 미터, 오리피스, 노즐, 로타미터, 위어 등 여러 가지가 사용되고 있다. 여기서는 유체의 밀도, 비중, 점성, 압력, 속도, 유량 등 유체계측의 기본적인 부분만을 소개한다.

12-1 : 밀도 및 비중 측정

밀도(density)란 물질이 단위질량당 가지는 질량(mass)을 말한다. 밀도는 온도에 따라 달라지므로 측정하는 동안 주위온도를 일정하게 유지하는 것이 필요하다. 밀도를 알면 어떤 유체의 비중은 서로 같은 온도에서 $s=\rho/\rho_w$(ρ_w는 4℃ 물의 밀도)에 의해서, 비중량은 $\gamma=\rho g$에 의해서 구할 수 있다. 유체의 밀도는 여러 가지 방법으로 측정되고 있으나 아래와 같이 대표적인 것 4가지만 설명한다.

① 이미 체적 V를 알고 있는 어떤 용기의 무게를 W_1이라 하고, 이 용기에 측정하고자 하는 액체를 채우고 측정한 무게를 W_2라고 할 때 이 유체의 온도 t℃에서의 비중량을 γ_t라고 하면

$$r_t = \frac{W_2 - W_1}{V} [\text{N/m}^3] \tag{12-1}$$

따라서 t℃에서의 밀도 γ_t는

$$\rho_t = \frac{W_2 - W_1}{gV} [\text{kg/m}^3] \tag{12-2}$$

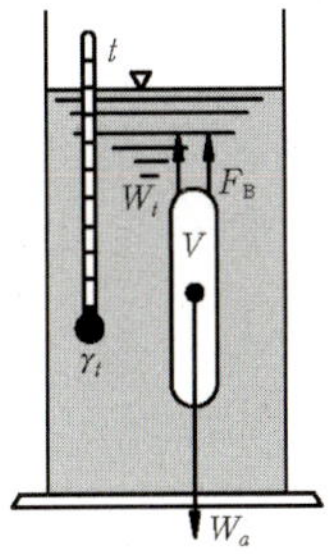

그림 12-1

② 이미 무게를 알고 있는 추를 이용하는 방법으로서 그림 12-1과 같이 비중량을 측정하려고 하는 액체 속에 추가 잠기도록 한 다음에 측정한 무게를 W_t, 공기 중에서 측정한 무게를 W_a, 추의 체적을 V, 액체의 온도를 t라고 할 때 비중량 γ_t는 아래와 같이 구해진다. F_B를 부력이라 하면 추에 작용하는 수직력의 평형에 의하여

$$r_t = \frac{F_B}{V} = \frac{W_a - W_t}{V} \tag{12-3}$$

③ 액체의 밀도를 얻는 가장 일반적인 방법으로 비중계를 이용하는 것이 있다. 그 원리는 밀도가 서로 다른 액체 속에서는 무게를 갖는 관이 서로 다르게 가라앉는다는 것이다. 즉, 그림 12-2와 같이 측정하려고 하는 액체를 길다란 용기에 채운 다음에 비중계를 넣어서 평형이 이루어진 다음에 액면과 일치되는 눈금으로 비중을 직접 읽을 수 있도록 되어 있다. 이때 액체의 비중 크기에 따라 여러 종류의 비중계가 있어서 측정하려고 하는 액체의 비중 정도에 따라 알맞는 비중계를 선택하여 사용할 수 있다.

④ 그림 12-3과 같이 U자관을 이용하는 방법으로 U자관의 한편에 이미 비중을 알고 있는 액체를 넣고, 다른 한편에는 측정하려고 하는 액체를 넣어서 평형이 이루어진 다음에 그림과 같이 경계면의 수평위치로부터의 높이 l_1과 l_2를 측정한다. 이때 두 액체는 상호간에 혼합되지 않고 화학작용도 하지 않는 액체라야 한다. 이미 알고 있는 액체의 밀도를 ρ_2라고 하면

$$\rho_1 = \frac{l_2}{l_1} \rho_2 \tag{12-4}$$

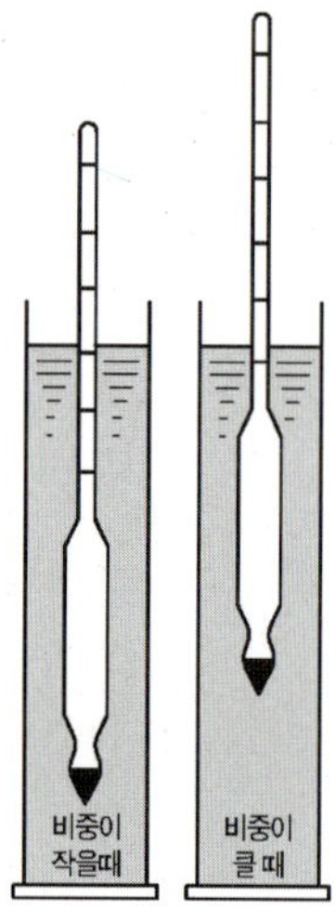

그림 12-2

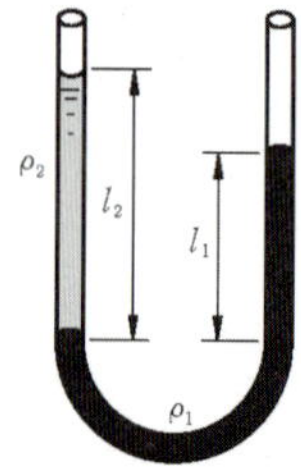

그림 12-3

이 방법은 여러 가지 U자관의 요철(meniscus) 때문에 액주의 길이를 정확하게 측정하지 못하여 정밀하지 않은 단점이 있다.

12-2 : 점성도 측정

점도계(viscometer)를 사용하여 액체의 점성도를 측정한다. 여러 가지 종류의 점도계가 있는데 모두 층류인 경우에만 적용된다. 액체의 점도는 온도에 따라 다르기 때문에 정온상태를 유지해야만 점성도를 측정할 수 있다. 보통 온도가 일정하게 유지되는 용기 속에서 점도가 측정된다. 점도계를 크게 3가지로 나누면 회전식과 튜브식, 낙구식으로 나눌 수 있다.

1 회전식 점도계

회전식 점도계(rotational viscometers)는 그림 12-4와 같이 동심을 가진 지름이 다른 두 개의 실린더로 구성되며 환형의 공간에 점성도를 측정하고자 하는 액체를 채운다. 그러면 일정한 토크에서 다른 한 개의 실린더의 회전수에 따라 점성도의 크기가 달라지므로 환형 속에 차 있는 액체의 점성도를 측정할 수 있다. 이러한 경우 기계적인 마찰손실량의 크기를 어떻게 구하느냐 하는 것에 정확한 측정의 어려움이 따른다.

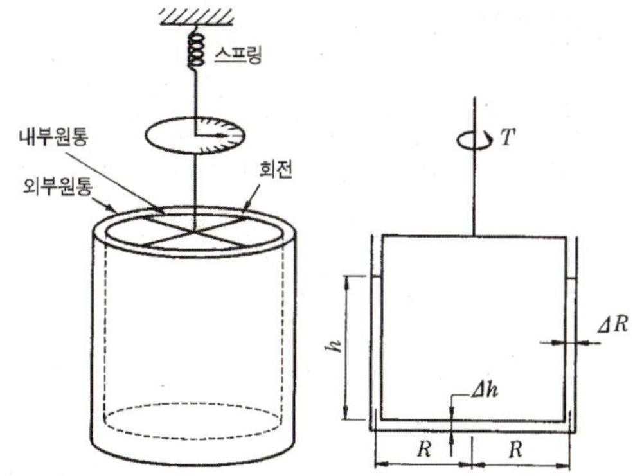

그림 12-4

이제 외부 원통이 일정한 속도로 회전하면 내부원통도 점성작용으로 인하여 회전하는 데 스프링(spring)의 복원력과 점성력이 평형이 될 때 내부원통은 정지한다.

그림 12-4에서 $\triangle R$, $\triangle h$ 및 $\triangle R/R$을 작다고 가정하면 외부원통의 회전속도를 v라고 할 때 토크(torque) T는

$$T = \frac{2\pi R^3 h\mu w}{\triangle R} + \frac{\pi R^4 \mu w}{2\triangle h} \tag{12-5}$$

을 얻는다. 여기서 첫째항은 원통벽 사이에 작용하는 전단응력으로 인하여 생기는 토크이고, 둘째항은 원통 밑바닥 사이에 작용하는 전단응력으로 생기는 토크이다.

식 (12-5)에서 R, h, $\triangle R$, $\triangle h$ 등은 장치 고유의 상수이고 회전각속도 x는 v에 비례하므로

$$T = \left[\frac{2\pi R^3 h}{\triangle R} + \frac{\pi R^4}{2\triangle h}\right]\mu\omega = K\mu\omega$$

또는

$$\mu = \frac{T}{K\omega} \tag{12-6}$$

와 같이 된다. 또 내부원통이 회전한 각도 편향각을 h라 할 때 $T = k_1\theta$인 관계가 성립하므로

$$\mu = \frac{k_1\theta}{K\omega} \tag{12-7}$$

로 된다. 즉, 회전각속도와 편향각에 의하여 점성계수를 측정할 수 있다. 여기서 k_1과 K는 비례상수이다.

2 튜브식 점도계

튜브식 점도계(tube-type viscometer)는 세관속에 측정하려는 액체를 통과시켜서 주어진 길이의 세관을 통과하는 데 걸린 시간을 측정함에 의해서 액체의 점도를 구하는 방법이다. 흐름이 층류일 때 유체의 속도분포는 포물선이 된다. 지금 세관의 반지름을 r_0, 길이를 l, l 사이의 압력수두차 h 아래에서 t초 사이에 체적 V가 유동한다면 하겐-포아즈웰 방정식에서 $Q=V/t$이므로

$$\frac{\mu}{\rho}=\nu=\frac{\pi {r_0}^4 ght}{8lV} \tag{12-8}$$

그러나 실제의 점도계에서는 세관 입구에 접근하는 흐름이 포물선 속도분포를 이루지 않기 때문에 층류손실과 에너지손실이 일어난다. 층류손실은 유속에 비례하므로 관의 길이에 대한 보정을 하여야 하고 속도에너지 손실은 유속의 제곱에 비례하므로 운동에너지의 보정을 가해야만 한다.

$$\nu=\frac{\pi {r_0}^4 ght}{8(l+nr)V}-\frac{mV}{8\pi(l+nr)t} \tag{12-9}$$

또는

$$\nu=A_t-\frac{B}{t} \tag{12 -10}$$

여기서 n은 쿠웨트(Couette)의 보정계수, m은 운동에너지의 보정계수이고 n과 m은 점도계의 모양, 출구 끝단의 상황 등에 의하여 그 값이 달라진다. 그리고 식 (12-10)의 A를 점도계 상수, B를 점도계 계수라 한다. 절대 점도계에 있어서 유출시간 t가 크게 되면 둘째 항은 생략하여도 무방하다. 그러나 t가 작을 때는 식 (12-10)의 둘째 항을 무시할 수 없으므로 미리 실험에 의하여 A와 B를 구한 후 m를 계산해야 한다. 대표적인 튜브식 점도계에는 세이볼트 점도계(Saybolt viscometer)와 오스트발트 점도계(Ostwald viscometer)가 있다.

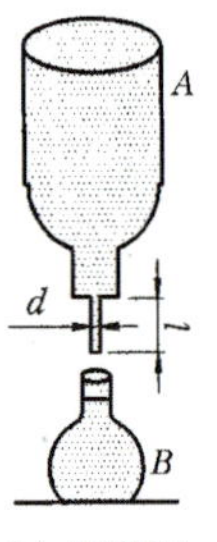

(a) 세이볼트

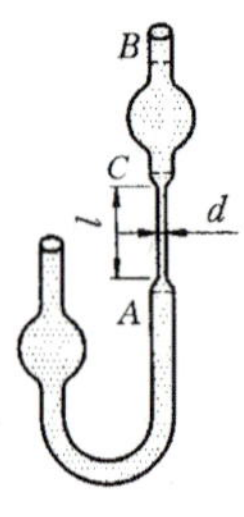

(b) 오스트발트

그림 12-5

• 세이볼트 점도계

그림 12-5(a)와 같이 중력에 의하여 액체가 모세관을 통해 흐를 때 걸린 시간을 측정하여 점도를 측정한다. 식 (12-8)과 (12-9)에 의하면 배출관속의 압력측정과 지름을 측정하여야 되는데 실제로는 어렵고 또 지름을 균일하게 만드는 것도 힘들기 때문에 실용 방법에 있어서는 짧은 모세관을 통하여 일정한 체적 $V=60\text{cc}$가 흐르는 데 요하는 시간을 측정하여 동점성계수의 척도로 삼는다.

$$\nu = 0.0022t - \frac{1.8}{t} \tag{12-11}$$

따라서 ν를 측정할 때는 먼저 상부용기의 밑부분에 있는 배출구를 코르크로 막은 후 액체를 채우고 다음에 마개를 연다. 이 순간부터 용기 B 속에 일정량(6 cc)의 액체가 흘러내릴 때까지의 시간을 측정하면 식 (12-11)에서 ν를 계산할 수 있게 된다.

• 오스트발트 점도계

점성계수가 작고 실험실 등에서 정밀을 요하는 표준점도계로 사용된다. 그림 12-5(b)와 같이 유리로 만든 곡관에 먼저 시험 액체를 A까지 채우고 다음에 B까지 흡상시켜서 B의 액면이 C까지 내려오는 데 걸린 시간을 측정하면 된다.

그러나 하겐-포아즈웰의 방정식에 의하면 모세관의 굵기와 길이, 속도 등을 측정하여야 하므로 실제로는 복잡하고 곤란하다. 따라서 상대적인 비교법을 쓴다. 즉 점도의 절대값을 알고 있는 액체와 같은 체적을 가진, 점도를 구하려는 액체를 상기한 방법으로 각각 측정하여 비교한다. 액체가 흘러내리는 힘은 자중(自重)에 의한 것이므로 만일 두 액체를 같은 체적만큼 장치에 넣는다면 그 힘은 이들 액체의 비중에 비례한다. 지금 기준이 되는 액체를 물이라 하고 점도를 μ_w, 밀도를 ρ_w, 흘러 내린 시간을 t_w, 또 측정하려는 액체의 것을 각각 μ, ρ, t라 하면 식 (12-8)로부터

$$\mu = \frac{\pi {r_0}^4 \rho g h t}{8l\,V} = K\rho t \tag{12-12}$$

여기서 K는 점도계에 관한 상수이다. 따라서

$$\frac{\mu}{\mu_w} = \frac{\rho t}{\rho_w t_w} \tag{12-13}$$

$$\therefore\ \mu = \frac{\rho t}{\rho_w t_w}\mu_w \text{ 또는 } \therefore\ \nu = \frac{t}{t_w}\nu_w \tag{12-14}$$

즉, 점도계에 대한 상수 K에 관계없이 μ 또는 ν를 구할 수 있다.

비뉴턴 유체가 세관을 흐를 때는 유속의 관내분포가 뉴턴유체의 경우와는 달라서 하겐-포아즈웰의 풀이가 성립하지 않으므로 이것을 수정할 필요가 있다.

3 낙구식 점도계

낙구식 점도계(falling sphere viscometer)는 긴 원통 속을 수직으로 세운 후 측정하고자 하는 유체를 채운 다음 직경과 무게를 알고 있는 조그마한 구(sphere, 球)를 원통 속에 낙하시킨다.
구의 지름이 원통의 지름보다 충분히 작고 일정한 속도를 유지하게 되면 식 (9-47)의 스토크스의 법칙에 따라 구의 항력을 계산할 수 있다. 항력, F_f는

$$F_f = 3\pi\mu v d$$

여기서 v는 구의 속도, d는 구의 지름이다. 구가 떨어지기 시작한 후 금방 속도가 일정하게 된다. 이 경우에 당연히 레이놀즈수 $Re = vd/\nu$는 충분히 작아야 한다. 이와 같이 하여 낙하속도가 일정한 값으로 된 상태에서 일정한 거리를 낙하하는 시간을 측정하면 점성계수를 구할 수 있다.

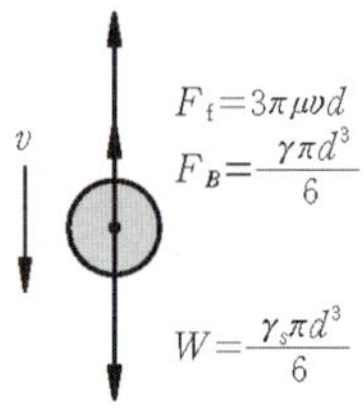

그림 12-6

구가 등속운동을 하므로 구에 미치는 모든 힘의 합은 0이 되어야 한다. 구에 미치는 힘은 그림 12-6과 같이 항력과 구의 무게 그리고 부력이 된다. 힘의 평형법칙에서 구의 무게를 W, 부력을 F_B, 항력을 F_f라 하면,

$$W - F_B - F_f = \gamma_s \frac{\pi d^3}{6} - \gamma \frac{\pi d^3}{6} - 3\pi\mu v d = 0 \quad (12\text{-}15)$$

여기서 γ_s와 γ는 각각 구와 액체의 비중량이다. 상기 식을 풀면

$$\mu = \frac{d^2(\gamma_s - \gamma)}{18v} \quad (12\text{-}16)$$

즉, 구의 낙하속도 v를 측정하면 유체의 점도를 알 수 있다. 구의 낙하속도는 떨어진 거리와 스톱워치로 시간을 재어 구할 수 있다. 그러나 실제의 경우 유체의 범위는 무한해서 낙구를 둘러싼 벽의 영향이 매우 크기 때문에 보정을 해야 한다. 이 벽의 영향은 구의 지름에 대한 관지름의 비로서 실험적으로 구하여지고 속도에 대하여 수정한다.

$$\frac{v}{v_t} = 1 + \left(\frac{9}{4}\frac{d}{d_t}\right) + \left(\frac{9}{4}\frac{d}{d_t}\right)^2 \quad (12\text{-}17)$$

여기서 v_t와 d_t는 관속의 구의 낙하속도 및 관 지름이다. 이러한 보정을 가한 점성계수는 식 (12-16)의 v 대신에 식 (12-17)의 v값을 대체함으로써 구해지게 된다.

낙구식 점도계는 점성계수 $5 \sim 160{,}000cp$ 범위에 대해서 ±1% 정도의 정밀도를 얻는다.

낙하물체 대신 기포의 상승시간을 측정하여 점성계수를 구하는 방법도 이용된다. 이것은 적당량의 공기와 점성액체를 봉입한 유리관을 거꾸로 하여 기포를 밑바닥에서 상승시킨다. 이것을 기포식 점도계라 하는데 비교적 점도가 낮은 $0.5 \sim 1250cp$ 범위의 점성액체에 사용된다.

12-3 : 액면의 측정

액면의 높이를 직접 측정하는 방법으로 후크(hook)계기와 포인트(point)계기가 있다(그림 12-7).

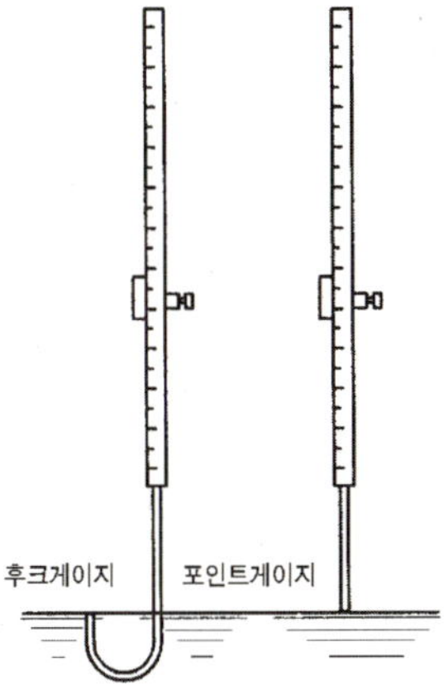

그림 12-7

후크계기는 일반적으로 액면을 측정하려고 하는 점에서 본류와 연결된 작은 탱크(stilling well)에서 사용되고 유속이 작은 경우에는 직접 본류에서 사용하기도 한다. 후크를 액면에 잘 맞추기 위해서 처음 액면 아래로 잠기게 했다가 차츰 올려서 후크 끝이 보일 때 정지시킨다. 그리고 후크를 낮추어서 그 끝이 보이지 않는 순간에 정지시키고 눈금을 읽는다. 포인트계기는 액면 아래로 후크계기가 들어가면 국부적인 교란을 일으키는 빠른 흐름에 사용하기 적합하다. 측정할 때는 포인트 계기를 낮추어서 그 끝이 액면과 접촉하는 순간 정지시키고 그 눈금을 부척(副尺)을 이용하여 정확히 측정한다.

12-4 : 정압의 측정

일반적으로 유체의 압력을 측정한다는 말은 엄밀히 말하면 유체의 정압을 측정한다는 것이다. 유체의 압력은 3장에서 설명한 바와 같이 정압과 동압으로 구분할 수 있기 때문이다. 따라서 정지하고 있는 유체의 압력을 측정하는 일은 비교적 간단하므로 정밀한 계기만 사용하면 정확하게 측정할 수 있지만 흐르고 있는 유체의 정압을 정확하게 측정하는 일은 용이하지가 않다.

정지하고 있는 유체의 압력측정은 3장에서 설명하였듯이 액주계(manometer)나 압력계(pressure gage)를 사용한다. 압력계는 부르돈 압력계(bourdon gage), 전자 트랜스듀서(electro-transducer) 등 여러 가지가 있으며 일반적으로 전기적 원리를 이용한 압력 측정방법을 많이 사용한다. 다이어프램(diaphragm)을 사용하는 경우 다이어프램 내외의 압력차에 따라 변위가 생기게 되며 디퍼렌셜 코어(differential core)가 변압기의 코일 사이를 움직이게 되어 압력차에 비례하는 출력의 변화를 일으키게 된다. 여러 가지 다이아프램의 형태를 사용함으로서 넓은 압력범위의 압력 트랜스듀서(pressure transducer)를 만들 수 있다. 또한 전기적 스트레인 게이지(electric strain gauge)를 이용한 방법을 들 수 있는데 이것은 매우 가는 선(wire)으로 된 감지기(sensor)를 압력을 받고 있는 물체의 표면에 부착시켜 압력의 변화로부터 생기는 계기선(gage wire)의 인장을 이용한 방법으로 인장에 따른 전기저항의 변화를 압력의 변화로 바꾸어 주는 장치이다.

관속을 흐르는 유체의 정압을 측정하기 위하여 관벽에 구멍을 뚫고 그 구멍축이 흐름과 직각을 이루도록 하는 것이 가장 중요하다. 구멍을 통하여 액주계나 압력계에 의해서 유체의 정압을 측정한다. 구멍은 될 수 있는 한 작고 미끄러울수록 좋다. 구멍 주위의 조그만 와류(eddies)에도 측정이 부정확하므로 개구부 가장자리는 거칠거나 돌출한 부분이 없어야 한다. 비행기 날개와 같이 흐르는 유체 속에 잠겨져 있는 물체 표면의 정압분포를 측정할 필요가 있을 때는 그 물체 표면에 여러 개의 피에조미터 구멍을 뚫고 이 구멍들을 마노미터에 연결시켜서 정압분포를 직접 측정한다.

만일 관벽이 거칠 경우에는 이 방법을 쓸 수 없고 측정장치를 유체 속에 집어 넣어서 정압을 측정하지 않으면 안 된다. 이때 대개의 경우 유체흐름의 방향을 미리 알 수 없기 때문에 장치를 꼭 알맞는 방향으로 정지시키기가 매우 힘들다. 잘못하면 동압이 나타날 가능성이 많기 때문이다.

이 문제를 해결하기 위하여 그림 12-8과 같이 얇은 판 양쪽에 피에조미터 구멍을 판면에 수직되게 뚫고 그 구멍들을 통하여 마노미터에 연결한다. 이것을 흐르는 유체속에 넣고 손잡이 주위로 회전시키면서 마노미터를 본다. 양편 마노미터가 같은 액주를 나타내면 장치가 정확한 방향으로 놓여 있다는 것이다.

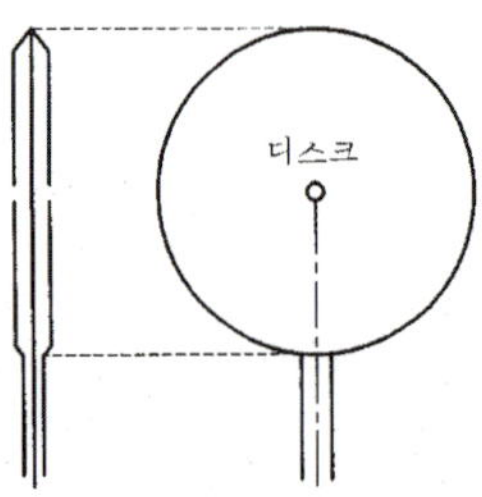

그림 12-8

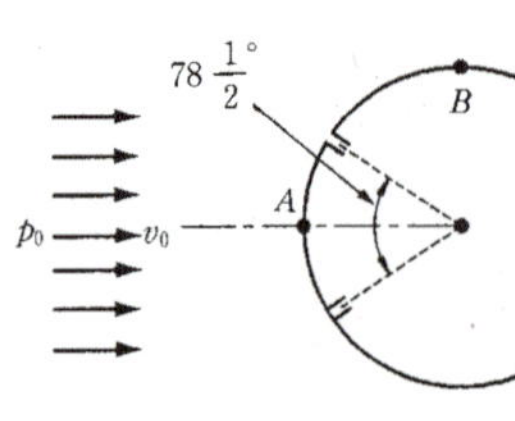

그림 12-9

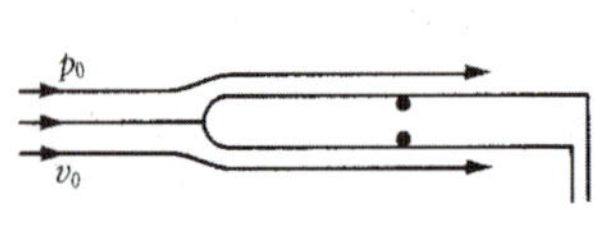

그림 12-10

이때 측정한 압력이 피에조미터 구멍이 있는 위치의 정압을 나타낸다.

유체가 흐르는 방향을 측정하는 방법은 그림 12-9과 같이 마노미터에 연결된 두 피에조미터 구멍이 뚫려 있는 원통을 사용하는 것이다. 이것을 흐르는 유체 속에 넣고 회전시켜서 두 마노미터의 차압이 0을 나타내면 이때 흐름의 방향은 두 피에조미터 구멍이 이루는 각을 2등분한 방향이다. 흐름의 방향을 정확하게 알고 있는 경우에는 보통 정압관에 의하여 정압을 측정한다. 이것은 그림 12-10과 같이 앞이 둥글게 막힌 작은 원통인데 측면에 피에조미터 구멍이 뚫려 있고 마노미터에 연결되어 있다. 이것이 완전히 흐름과 평행하게 놓이면 흐름은 위아래 대칭으로 흐르고, 그 평균속도는 v_0보다 약간 커질 수 있다. 따라서 피에조미터 구멍이 있는 곳의 압력은 정압 p_0보다 조금 작아지는데 관의 지름을 가급적 작게 하면 이러한 오차는 무시할 수 있다. 이 정압관이 정확하게 흐름과 평행이 되지 않으면 측정압이 정압보다 커질 수도 있고 작아질 수도 있다. 즉, 관의 한쪽편 압력이 커지면 반대편 압력은 작아진다.

12-5 : 속도의 측정

1 피토관

운동하고 있는 유체가 물체에 부딪쳐서 갑자기 정지하게 되면 압력이 커짐을 알 수 있다. 4-9절 회전, 와도 및 순환에서 유체의 흐름을 정면으로 막는 정체점(stagnation point, 停滯點)에 걸리는 압력을 정체압(stagnation pressure, 停滯壓) 또는 전압(total pressure, 全壓)이라 하였다. 전압은 정압과 동압의 합이다. 이러한 원리를 이용하여 유체의 속도를 구하는 측정기기가 피토관(pitot tube)이다. 피토관은 직각으로 구부러진 가는 관의 전면 끝에 작은 구멍이 뚫려 있어서 이 구멍을 통하여 전달된 전압을 기록 측정할 수 있게 되어 있다.

피토관의 전면 끝은 보통 뾰족하게 원뿔형이나 반구형으로 한다. 또한 피토관의 중심선과 유체의 유동방향을 평행하게 만드는 것이 쉽지는 않지만 믿을 만한 전압측정을 위해서 필요하다. 이때 유체의 유동방향과 피토관의 중심선이 이루는 각을 편각(yaw angle, 偏角)이라 한다. 편각이 6°이상이 되면 오차가 커지므로 하며 가급적 0이 되도록 한 후에 측정한다.

그림 12-11과 같이 피토관의 상류 측 한 지점을 1이라 하고 전압을 감지하는 지점을 s라 하면

$$\frac{{v_1}^2}{2g}+\frac{p_1}{\rho g}+z_1=\frac{{v_s}^2}{2g}+\frac{p_s}{\rho g}+z_1$$

그런데 $v_s=0$이고 $z_1=z_2$이므로

$$\frac{p_1}{\gamma}+\frac{{v_1}^2}{2g}=\frac{p_s}{\gamma}$$

여기서 v_s는 전압이고 p_1은 정압이 된다. 따라서

$$v_1 = \sqrt{2g(p_s - p_1)/\gamma} \tag{12-18}$$

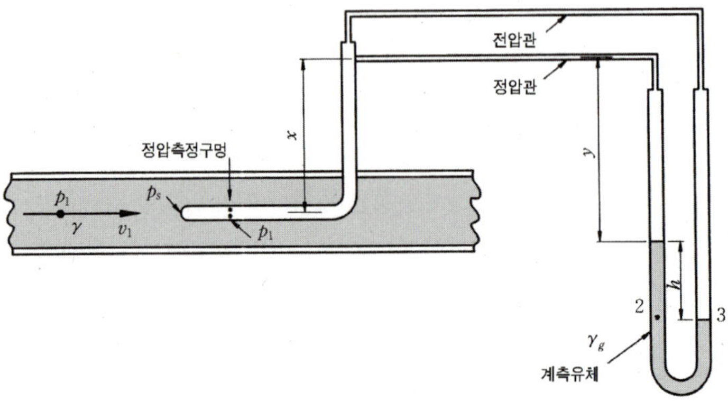

그림 12-11 피토관

상기 식으로부터 p_1과 p_s를 각각 측정할 필요는 없고 압력차 $(p_2 - p_1)$만 측정하면 된다. 이러한 압력차는 U자관을 사용하여 측정할 수 있다. 그림 12-11의 U자관에서 2와 3에 걸리는 압력은

$$p_2 = p_1 - \gamma x + \gamma y + \gamma_g h$$
$$p_3 = p_2 - \gamma x + \gamma y + \gamma h$$

그런데 $p_2 = p_3$이므로

$$p_1 + \gamma_g h = p_s + \gamma h$$
$$p_s - p_1 = h(\gamma_g - \gamma)$$

식 (12-18)로부터

$$v_1 = \sqrt{2gh(\frac{\gamma_g}{\gamma} - 1)} \tag{12-19}$$

만일 $\frac{\gamma_g}{\gamma} \gg 1$이면 간단히

$$v_1 = \sqrt{2gh(\frac{\gamma_g}{\gamma})} \tag{12-20}$$

로 나타낼 수 있다. 즉 높이차만 측정하면 속도를 구할 수 있다.

흐름이 층류일 때는 관내의 속도분포가 반경방향의 위치에 따라 다르다. 그러나 난류일 경우 관내 속도분포는 관벽면 근처의 미소높이를 제외하고는 거의 일정하다. 원관속의 속도분포를 측정할 때는 일반적으로 그림 12-12와 같이 반경방향으로 여러 부분에서 이루어진다. 직경이 D인 원관의 측정지점은 그림과 같이 10군데이다. 점선으로 쌓인 동심의 환형인 5개 부분은 서로 면적이 같다. 그러면 원관 내의 평균속도는 10개 부분의 속도의 평균값과 같다. 관내 평균속도, V를 u를 각 위치에서 국부적인 속도라 할 때 $V=\dfrac{\int udA}{A}$로 주어진다. 유량은 $Q=AV$로부터 계산된다.

그림 12-13에서 보는 바와 같이 피토관은 정압구멍과 전압구멍이 뚫린 이중관으로 되어 있다. 내측관의 끝에 있는 구멍은 유동방향에 평행하므로 전압을 측정하고 외측관의 둘레에 있는 구멍들은 유동방향에 수직으로 놓여 있어서 정압을 측정한다. 유체가 닿기 시작하는 외측관의 끝부분은 내측관과 함께 막혀 있다. 단면 $A-A$부분은 외측관의 주위에 8개의 정압구멍이 뚫려 있고 내측관은 그대로 있는 것을 보여준다.

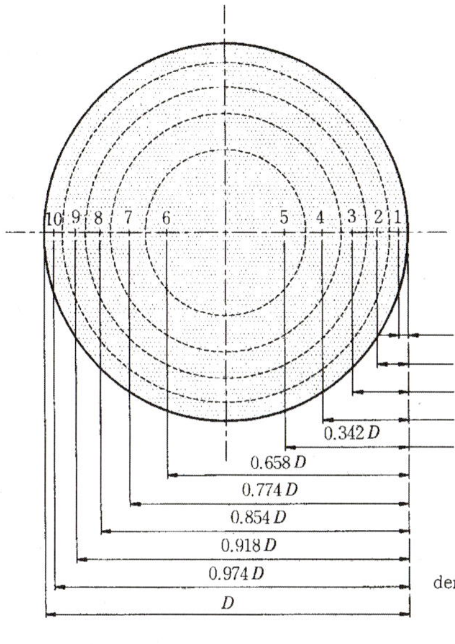

그림 12-12 원관 내의 속도측정위치

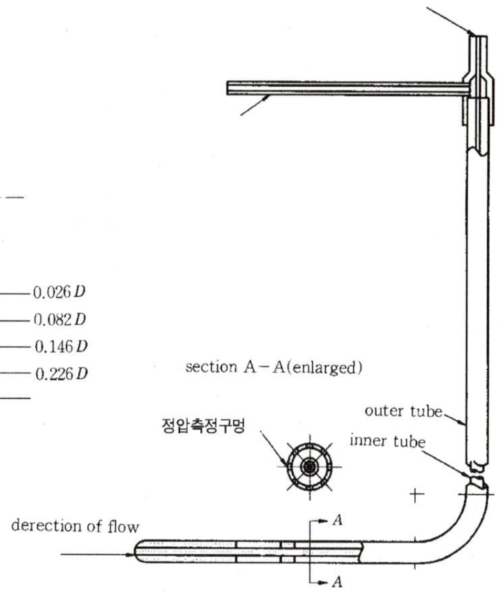

그림 12-13 피토관의 구조

예제 1

그림 12-11에서 60℃의 물이 관속을 흐르고 있다. 액주계는 수은(비중 $s=13.6$)이 차 있고 높이차는 200mm 이었다. 물의 속도를 구하여라. (단, 60℃ 물의 비중량, γ=9650N/m^{3}이다.)

식 (12−19)에서

$v_1=\sqrt{2gh(\gamma_g/\gamma-1)}$

$\gamma=9650\mathrm{N/m^3}=9.65\dfrac{\mathrm{kN}}{\mathrm{m^3}}$

$$\gamma_g = 13.6 \times 9.8 = 133.28 \frac{\text{kN}}{\text{m}^3}$$

$$h = 200\text{mm} = 0.2\text{m}$$

$$\therefore\ v_1 = \sqrt{2 \times 9.8 \times 0.2(133.28/9.65 - 1)} = 7.087 \frac{\text{m}}{\text{s}}$$

2 풍속계

풍속계(anemometer, 風速計)는 공기의 속도를 측정하는 계기로서 컵(cup)형과 베인(vain)형의 두 가지가 있다. 컵형은 1～3m/s 정도의 풍속에 사용되고 베인형은 0.5～12m/s 정도에 통용된다.

그림 12-14(a)의 컵형 풍속계는 기상학자들이 풍속을 측정하는 데 사용하는 가장 일반적인 측정기로서 바람에 의한 회전차(rotor)의 회전수에 적절한 보정을 가하여 풍속을 산출한다. 그림 12-14(b)의 베인형 풍속계는 과거에 오랫동안 가스나 액체의 속도를 측정하기 위하여 사용되어 왔다. 베인형은 원래 공기유동에 사용하는 측정기로서 주위에 베인이 달려 있는 회전차에 저마찰 치차열을 장착하여 중심에 있는 눈금판에 미터(m)를 나타내는 지시계를 구동한다. 만일 풍속계가 1분간 공기의 흐름 속에 있는 동안 지시계가 눈금판에 90m의 변화를 나타냈다면 평균 풍속은 9m/min이 된다.

액체의 속도를 측정할 때에도 컵형과 베인형 유속계를 사용한다. 컵형 유속계는 수력학 기술자들이 개울이나 강의 유속을 측정하는 데 주로 사용하는 반면, 베인형 유속계는 주로 배관 내에 사용되어 유량(m^3/s)을 나타낼 수 있도록 보정되어 있다. 이 측정기는 전기회로에 연결되어 전기신호가 얻어지는 회전수에 따라 발생되고 따라서 베인의 회전수를 알 수 있게 된다. 이 회전수는 보정곡선에 의해 속도로 바꾸어진다.

(a) 컵형　　(b) 베인형

그림 12-14 풍속계

3 열선 풍속계

지금까지의 유속측정장치는 시간에 따라 흐름이 변하지 않는 정상류에 대한 측정이었다. 그러나 흐름이 난류일 때 미소한 유체입자의 속도는 시간에 따라 변하며 난류에 대한 연구가 시작되면서 순간속도의 측정이 필요하게 되었다. 난류일 때 순간속도의 변화시간은 매우 짧기 때문에 보통의 속도계로서는 측정이 불가능하다. 또한 얇은 경계층 내부의 흐름을 측정하기 위해서는 미세한 유속측정기구가 필요하게 된다. 이와 같은 경우에 빠른 속도 변동에 매우 민감하고 감지부(sensing element, 感知部)의 크기가 작아서 주위 기체의 흐름을 전혀 방해하지 않는 유속계로서 열선 풍속계(hot-wire anem-ometer, 熱線風速計)를 사용하고 있다. 열선 풍속계는 피토관으로서는 측정하기 어려운 저속 흐름도 측정 가능한 장점이 있는 반면에 섬세한 구조로 되어 있어서 감지선(感知線)이 쉽게 부러지고 상대적으로 고가(高價)인 단점이 있다.

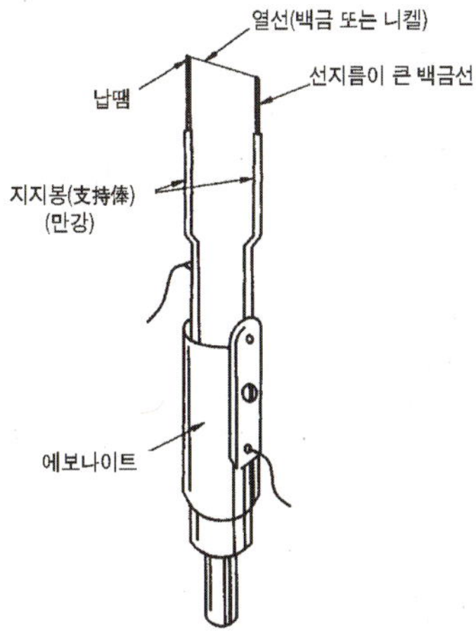

그림 12-15 열선풍속계 프로브

그림 12-15는 열선 풍속계의 감지부인 프로브(probe)로서 매우 가늘은 선(wire)이 지지봉(wire supports, 支持棒)에 용접되어 있다. 가늘고 짧은 이 선은 백금 또는 니켈로 만들어지며 측정하고자 하는 유체의 흐름 속에 선이 노출된다. 이때 백금선은 전기적으로 일정하게 가열되며 기체의 유속에 따라 이 열선의 냉각효과는 달라지게 되어 결국 백금선에서 전기적인 저항의 변화를 가져오게 된다. 기체의 속도 변화에 의한 냉각에 따른 열손실과 이를 보상해 주기 위한 입력의 크기 사이에는 일정한 함수관계가 있으며 따라서 적절한 보정(calibration)을 거치면 유속을 측정할 수 있다. 그러므로 열선 풍속계를 사용하기 전에 반드시 피토관이나 벤튜리관과 같이 평균속도를 정확히 측정할 수 있는 기구를 이용하여 보정을 행하게 된다.

열선 풍속계의 종류는 열선의 가열방법에 따라 정전류형 풍속계와 정온형 풍속계가 있다.

• 정전류형(定電流形) 풍속계

가장 간단한 것으로 열선에 흐르는 전류의 크기를 일정하게 유지시키면서 유속을 측정하는 정전류형 풍속계(constant current anemometer)가 있다. 이것은 백금선으로부터의 열손실은 유속에 비례하고 결국 전압이 유속에 비례하도록 되어 있다.

(a) 정전류형 풍속계　　(b) 정온형 풍속계

그림 12-16 열선 풍속계의 회로도

그림 12-16(a)는 휘트스톤 브리지(wheatstone bridge)에서 열선이 하나의 저항을 형성하고 다른 저항들인 R_1, R_2, R_3로 이루어진 정전류형 풍속계의 회로도를 보여주고 있다. 먼저 가변저항 B는 열선이 정지상태의 기체에 노출될 때 검류계(galvanometer)가 0을 가리키도록 조정된다. 그 다음 열선을 지나는 기체는 열선을 냉각시키게 되고 저항을 변화시켜 결국엔 검류계의 눈금이 변한다. 따라서 보정을 하여 속도가 검류계 눈금과 일정한 관계가 있도록 한다.

• 정온형(定溫形) 풍속계

열선의 온도를 전류의 조정으로 일정하게 유지시키면서 유속을 측정하는 정온형 풍속계(constant temperature anemometer)는 열선의 온도를 일정하게 하기 위하여 열선의 전기저항을 일정하게 해야 하고 이를 위해 풍속 변화에 의해 냉각되는 열선의 온도를 보상시키기 위해서 가열전류를 순간적으로 더욱 공급해 주어야 한다. 이때 순간적인 가열전류의 크기가 유속을 측정하는 척도가 된다. 그림 12-16(b)는 휘스트톤 브리지가 이용된 정온형 풍속계의 회로도로서 열선의 온도를 일정하게 유지시키기 위하여 저항을 일정하게 하여야 하고 따라서 검류계가 0이 되도록 회로를 조정한다. 그 다음에 열선을 통하는 기체흐름의 변화에 대해 가변저항 B가 검류계 눈금이 0이 되도록 조정하면 전압계의 눈금이 변한다. 그러므로 속도를 알고 있는 유체의 흐름 속에서 보정을 하면 유속의 변화에 따라서 유속과 전압과의 관계를 구할 수 있다. 이러한 관계를 사용하여 임의의 기체흐름에 대한 유속을 측정할 수 있다.

4 열필름 풍속계

열선 풍속계는 주로 기체의 흐름을 측정하는 데 사용되어 왔으나 액체에서도 사용이 가능하도록 항상 기대되어 왔고 더구나 액체 금속에서의 열선 풍속계의 응용이 또 다른 영역으로 넓혀져 왔다. 그 결과 지름 50μm 정도의 세라믹 지지봉에 설치되어 있는 0.1μm 이하의 얇은 전도체 금속필름으로 만들어진 그림 12-17과 같은 열필름 풍속계(hot-film anemometer)를 개발하게 되었다. 이것은 열선 파손이 문제되는 액체나 먼지가 많은 기체에서의 속도측정이 가능하고 유체온도, 난류 전단응력(turbulent shear stress) 및 혼합물에서의 각각의 기체의 농도측정에도 적용된다.

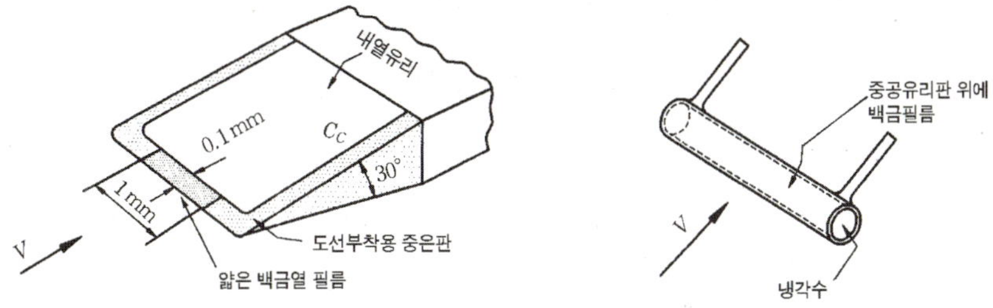

그림 12-17 열필름 풍속계

5 레이저-도플러 유속계

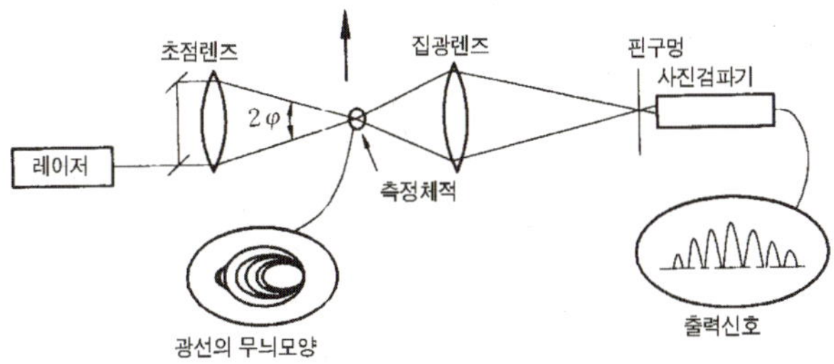

그림 12-18 이중 빔 레이저 도플러 유속계

레이저-도플러 유속계(Laser-Doppler Velocimeter, LDV)는 유체의 속도측정을 위한 비교적 새로운 기구로 유동장(flow field)이 열선이나 열선 지지봉에 의해 간섭받지 않는 것이 지금까지의 다른 기구보다 나은 주요 장점이 된다. 또한 대단히 작은 체적유량의 속도측정이 가능한 이점도 있다. 그림 12-18은 이중 빔 모드(dual-beam mode)로 알려진 LDV의 한 형태로 단색의 광원인 레이저 빔은 먼저 두 개의 빔으로 나누어진 후 에 초점렌즈를 통과한다. 그 결과 두 개의 빔이 교차하는 점이 생기며 이 점을 측정체적(measuring volume, 測定體積)이라 한다. 이것은 지름이 보통 0.3mm이고 길이가 2mm인 타원체로 되어 있다. 이때 두개의 빔의 간섭으로 두 빔으로 이루어진 평면에 수직인 측정체적에 일련의 밝고 어두운 무늬가 생기는데 흐르는 유체입자가 무늬를 통과할 때 빛이 흩어지게 된다. 이렇게 흩어진 빛의 일부는 그림에서 보듯이 집광렌즈(collecting lens)에 의하여 사진검파기(photo detector)에서 검출된다. 사진검파기에서 얻어진 신호는 출력신호에서 볼 수 있으며 대표적인 모양이 그림에 나타나 있다.
그림의 무늬모양에서 무늬 사이의 간격, $\triangle x$는 광학이론에 의해 다음과 같이 주어진다.

$$\triangle x = \frac{\lambda}{2\sin\varphi} \qquad (12\text{-}21)$$

여기서 λ는 레이저 빔의 파장(wave length, 波長)이고 ϕ는 교차하는 두 빔 사이의 반각(half angle, 半角)이다.

출력신호의 주파수 f를 적절한 전자회로에 의해 측정이 되면 유체의 속도는

$$V = \frac{\Delta x}{\Delta t} = \frac{\lambda f}{2\sin\varphi} \tag{12-22}$$

레이저-도플러 유속계의 작동은 빛을 흩어지게 하기 위한 유체흐름 속에 있는 미립자 또는 불순물의 존재에 따라 다르다. 이러한 미립자들은 유체의 속도에 따라 항상 같이 움직일 수 있을 정도로 충분히 작다. 액체의 흐름일 경우 이러한 미립자들은 액체 속의 불순물이 빛을 흩어지게 하는 역할을 하지만 기체의 흐름에서는 때때로 작은 입자들을 별도로 살포할 필요가 있다. 레이저-도플러 유속계는 특별히 미세한 공간적 문제 해결과 최소한의 흐름 간섭이 요구되는 흐름의 계측에 사용할 수 있다. 최근에는 많은 산업분야에서 적용되고 있는데 기계적 프로브의 설치가 불가능한 용융유리와 같은 물질의 속도를 측정하거나 혈액유동을 다루는 생의학 등에서 응용되고 있다.

12-6 : 유량의 측정

1 로타미터

여러 가지 유량계가 산업현장에서 사용되고 있으나 간단한 구조로서 많이 이용되는 것 중에 하나는 로타미터(rotormeter)이다. 로타미터의 원리는 그림과 같이 부체(float, 浮體)가 테이퍼가 진 투명 유리관속에 떠 있게 되어 유체가 관속을 흐를 때 유량에 따라 부체가 떠 있는 위치가 다르다는 것을 이용한 장치이다. 부체는 비스듬히 파진 홈에 의해 천천히 회전을 하면서 관의 중심에 놓이거나 관 중심의 부체 지지물에 대해 회전을 한다. 이때 운동체에 위로 작용하는 유체항력과 아래로 작용하는 운동체의 무게가 위쪽으로 확대되는 관속에서 평형을 이루는 지점에서 운동체가 자리를 차지하게 되며 유량에 따라 관 내에서 더 높게 또는 낮게 뜨게 된다.

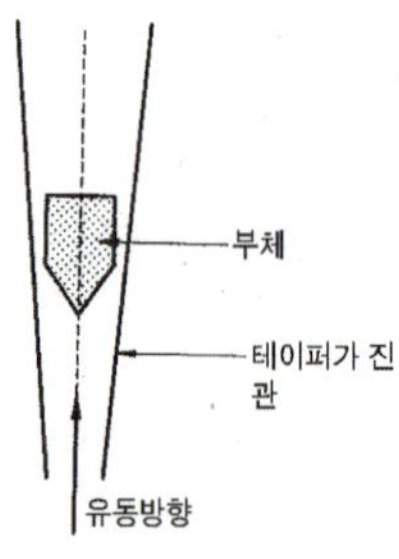

그림 12-19

이때에 운동체의 수직높이가 관 외벽에 새겨진 눈금에 의해 유량을 나타내고 그 눈금을 직접 읽으면 된다. 그러나 측정되는 유체흐름 내의 압력이 너무 높아 유리나 플라스틱 테이퍼관을 사용할 수 없는 경우에는 금속으로 만들고 그 때의 부동위치를 자기 또는 전기적으로 감지한다. 유량관의 확대를 적절히 조절함으로서 운동체의 수직위치가 유량에 선형적으로 비례하게 된다. 또한 부동위치가 유량과 대수적으로 변하게 조정할 수도 있다. 로타미터에 사용되는 부체는 여러 가지 모양과 크기가 있으며 서로 바꿀 수 있어서 넓은 범위의 유량을 똑같이 테이퍼진 관 내에서 측정할 수 있다.
벤튜리계와 오리피스계가 로타미터보다 더욱 정확하지만 로타미터는 설계가 간편하므로 정확성을 요구하지 않는 분야에서 널리 사용되고 있다.

2 벤튜리 튜브

관로의 단면적이 천천히 축소되었다가 다시 점차적으로 확대되어 원형으로 복귀하는 형상을 가진 튜브를 벤튜리 튜브(venturi tube)라 하며 유량을 측정하는 데 사용한다. 그림 12-20은 규격화된 벤튜리 튜브의 형상을 보여준다.

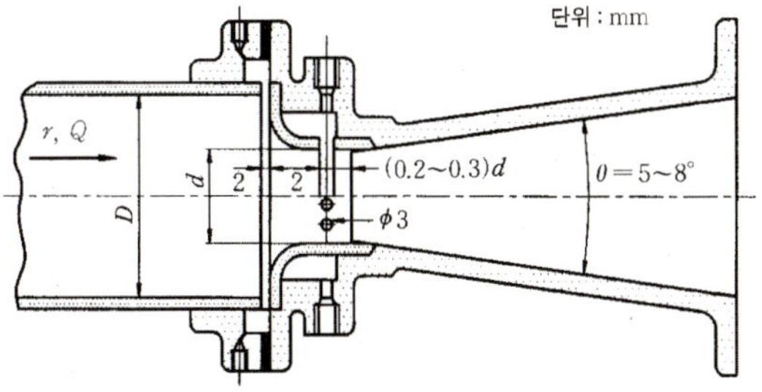

그림 12-20 벤튜리 튜브

튜브의 목 부분에서 유속은 증가하고 압력은 감소하며 목 부분이 지난 후 유속과 압력이 원 상태로 회복된다. 상류 측의 한 지점을 1이라 하고 목 부분을 2라 하면 베르누이식에서 목 부분을 통한 유체마찰손실이 없다고 가정하면

$$\frac{{v_1}^2}{2g}+\frac{p_1}{\rho g}=\frac{{v_2}^2}{2g}+\frac{p_2}{\rho g} \tag{12-23}$$

그런데 연속방정식에서 관의 지름을 D라 하고 목부분의 지름을 d라 하면

$$v_1=\left(\frac{d}{D}\right)^2 v_2 \tag{12-24}$$

이므로 위 식을 (12-23)에 대입하면

$$\frac{p_1 - p_2}{\gamma} = \frac{1}{2g}\left\{1 - \left(\frac{d}{D}\right)^4\right\}{v_2}^2$$

가 된다.

$$\therefore\ v_2 = \sqrt{\frac{2g(p_1 - p_2)/\gamma}{1 - (d/D)^4}} \tag{12-25}$$

따라서 유량은

$$\therefore\ Q = A_2 v_2 = CA_2\sqrt{\frac{2g(p_1 - p_2)/\gamma}{1 - (d/D)^4}} \tag{12-26}$$

여기서 C는 유출계수(discharge coefficient)로서 실제의 흐름은 마찰손실과 "vena contracta" 현상이 생기므로 이를 보상해 주기 위한 값이다. 상기 식으로부터 압력차를 측정하면 유량을 계산할 수 있다. 또는 4장에서 나온 식 (4-41)에 따른 액주계의 높이 차를 읽음에 의해서 유량을 계산할 수 있다. 압력차 측정을 위한 압력탭(pressure tap)은 상류 측과 목 부분에 각각 설치된다.

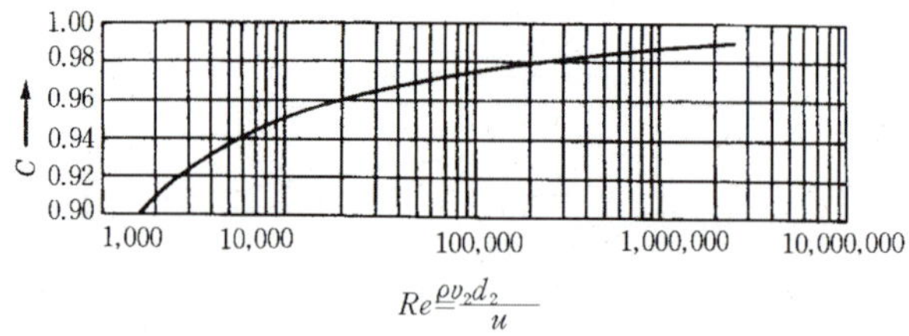

그림 12-21 벤튜리 튜브의 유출계수

유출계수 C는 실험적으로 구해지는 값이며 Re 수의 함수이다. 그림 12-21은 C와 Re 수와의 관계를 표시한 실험값이다. Re 수가 작을 때는 유출계수도 작아짐을 알 수 있다.

어떤 측정기기가 관속에 설치될 경우 유체의 진입 속도분포는 완전히 발달된 흐름의 특성을 가져야 한다. 따라서 적어도 직경의 10배가 되는 직선관이 측정기기의 상류 측에 존재하여야 한다.

벤튜리계의 목 부분에서는 유속이 크고 압력이 낮으므로 공동현상이 일어나기 쉽다.

공동현상이 일어나면 벽면의 침식, 소음이 생길 뿐만 아니라 유출계수도 변화함으로 공동현상이 일어나지 않는 상태에서 사용해야 한다.

3 오리피스

오리피스(orifice)는 용기의 벽이나 파이프 내 유로를 막는 원형판에 구멍이 뚫린 부분을 말한다. 오리피스 전후의 압력차를 측정하여 관내의 유량(주로 기체)을 구하는 데 사용된다. 관의 도중에 둥근 구멍이 뚫린 판을 설치하였을 때 이 판을 관오리피스(pipe orifice)라고 한다.

그림 12-22는 오리피스의 표준형으로서 원형판의 중심에 구멍이 나 있는 기구이다. 오리피스가 관속에 설치되면 유동의 단면적이 갑자기 축소되었다가 원상태로 복귀된다.

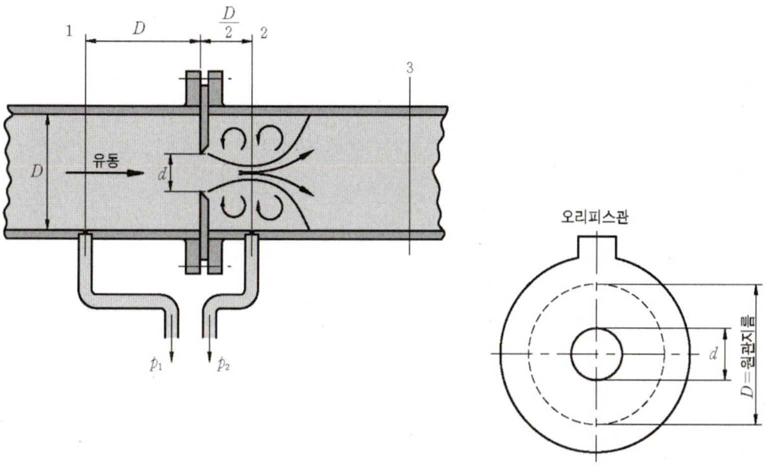

그림 12-22 오리피스

오리피스의 출구 부분에 "vena contracta"가 형성되어 그림에서 보듯이 오리피스관을 지난 유동의 단면적은 오리피스 구멍의 단면적보다 작아지게 된다. 따라서 벤튜리 튜브와 마찬가지로 오리피스 출구 부분의 압력이 감소하며 상류 측과의 압력차를 측정하여 유량을 구하게 된다.

압력차 측정을 위한 압력탭(pressure tap)은 오리피스 전후에 설치되고 압력차에 의한 유량은 식 (12-26)에 의해 표시된다.

유출계수 C_0는 Re 수와 압력탭의 위치 그리고 오리피스 끝부분의 형상에 따라 달라진다. 오리피스의 표준형상인 그림과 같은 경우에 C_0의 값은 그림 12-23과 같다. 여기서 D는 주관의 직경이고 d는 오리피스의 안지름이다. 그림에서 보듯이 오리피스의 C_0값은 마찰손실이 크므로 벤튜리 튜브나 노즐보다 훨씬 작은 값을 가짐을 알 수 있다.

오리피스가 다른 측정기기보다 나은 점은 설치가 용이하고 비용이 저렴하다는 것이다.

그러나 오리피스를 통한 마찰손실이 상대적으로 크다는 단점이 있다. 오리피스의 유량은

$$Q = C_0 \frac{\pi}{4} d^2 \sqrt{2gh} \qquad (12\text{-}27)$$

여기서, C_0 : 오리피스의 유출계수

h : 액주계의 높이차$\left(= \dfrac{p_1 - p_2}{\gamma}\right)$

d : 오리피스의 내경

Q : 유량

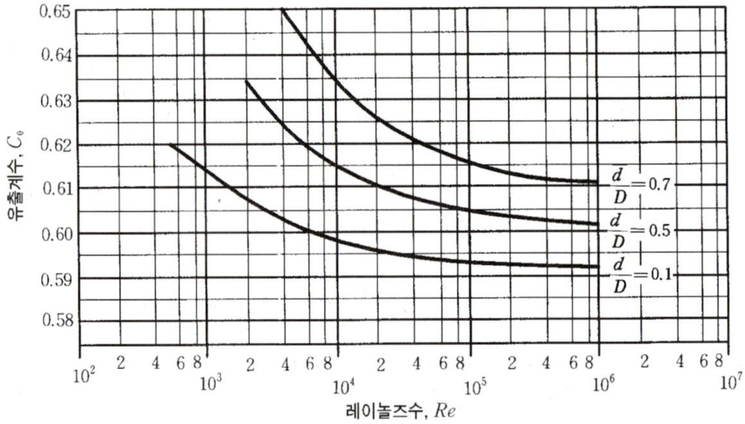

그림 12-23 오리피스의 유출계수

4 노즐

노즐(nozzle)은 유로의 단면을 축소시키는 튜브의 형상을 가진 기구를 말한다. 따라서 노즐은 유속을 증가시키는 장치이다. 관속의 유로 중에 설치된 노즐은 유량을 측정하는 기기로 사용된다.

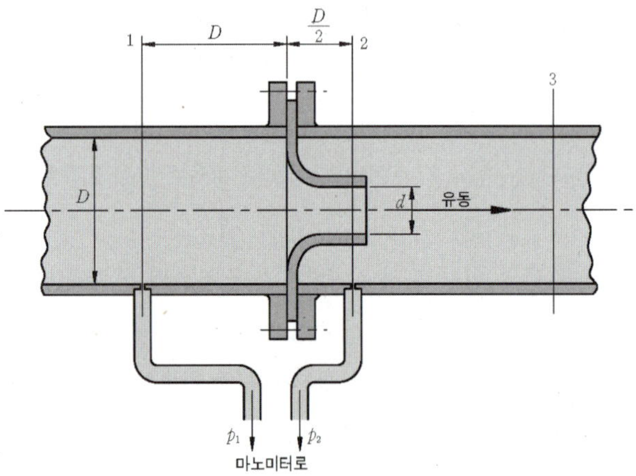

그림 12-24 노즐

여러 표준제정기관(ASME, ISA, IOS)들이 제각기 노즐의 표준형상을 제시하고 있으며 그림 12-24는 그중 하나인 노즐의 형상을 보여주고 있다. 노즐의 입구는 유선형으로 되어 있어서 오리피스보다 마찰손실을 적게 하고 있다. 그러나 구조가 오리피스보다 좀 복잡하기 때문에 제작비가 많이 든다. 노즐의 유출계수 C_n은 벤튜리 미터와 같이 식 (12-26)으로 표현된다. C_n과 Re 수와의 관계는 그림 12-25에 나와 있다. Re 수가 크면 C_n은 0.99 이상이 되나 Re 수가 작게 되면 훨씬 더 많은 마찰손실이 생기는 것을 알 수 있다. 마찬가지로 노즐의 유량은

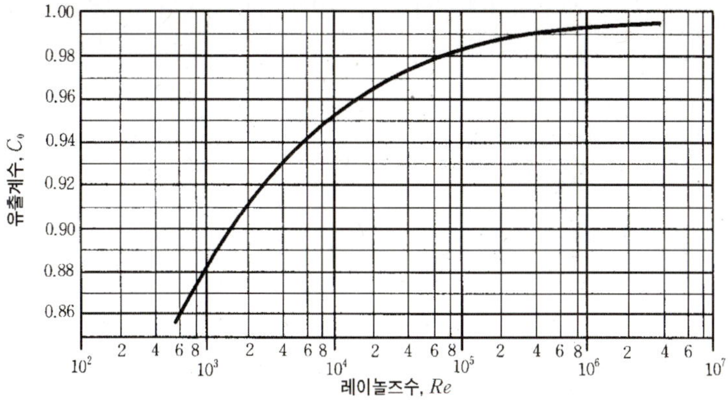

그림 12-25 노즐의 유출계수

$$Q = C_n \frac{\pi}{4} d^2 \sqrt{2gh} \tag{12-28}$$

여기서, C_n : 노즐의 유출계수

h : 액주계의 높이차$\left(= \dfrac{p_1 - p_2}{\gamma}\right)$

d : 노즐의 안지름

Q : 유량

5 입구노즐

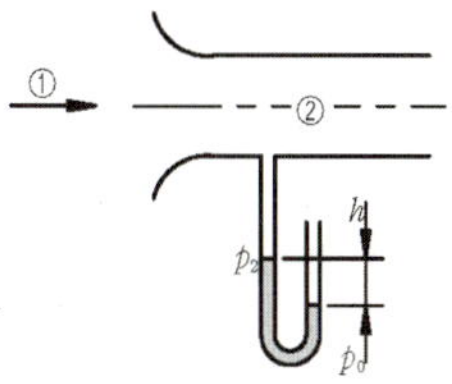

그림 12-26

그림 12-26과 같이 유체가 외부에서 입구노즐을 통하여 관내로 들어오는 경우, 도중의 손실이 없다고 하면 1점과 2점 사이에 베르누이식을 적용하면

$$\frac{\rho}{2} {v_1}^2 + p_1 = \frac{\rho}{2} {v_2}^2 + p_2$$

여기서 v_1, v_2는 각각 입구노즐의 외부 1, 내부 2에 있어서의 유속이고 p_1, p_2는 정압이다.

외부 1을 노즐에서 충분히 떨어진 위치에 취하면 v_1은 0이 되고 그곳의 정압을 p_0라고 하면 상기 식의 p_1은 p_0가 되므로 내부 2점에서 속도는

$$v_2 = \sqrt{\frac{2(p_0 - p)}{\rho}} \tag{12-29}$$

로 된다. 전술한 바와 같이 유체의 점성에 의한 영향을 고려하여 실제의 유속은 유량계수 $\alpha(<1)$를 식 (12-29)에 곱하여

$$v_2 = \alpha\sqrt{\frac{2(p_0 - p)}{\rho}} \tag{12-30}$$

로 표시된다. 위 식에서 $p_0 - p_2 = h\,\mathrm{mAq} = \rho g h\,\mathrm{N/m^2}$이고, ρ의 단위는 $\mathrm{kg/m^3}$이므로 유속 v_2의 단위는 m/s로 된다.

또, 관로의 단면적을 $A(=\pi D^2/4)$라고 하면 유량 Q는

$$Q = 60\alpha A\sqrt{\frac{2gh}{\rho}}\ [\mathrm{m^3/min}] \tag{12-31}$$

로 표시된다. 그림 12-27은 규격화된 입구노즐의 구조를 표시한다. 입구노즐의 부압 $h$mmAq는 입구로부터 원관내경 D만큼 떨어진 관벽에서 계측하도록 한다.

그림 12-28은 이 입구노즐에 있어서 유량계수 α의 값을 표시한다. 이 그림에 의하면 α는 관로내경 Dm 및 $v = [2gh/\rho]^{1/2}$m/s를 알면 곧 결정된다.

이들 곡선은 실험에 의해서 얻어진 다음 식으로부터 구해졌다.

$$\alpha = 1 - \frac{5D}{Re^{1/3}} \tag{12-32}$$

단, $Re = vD/\nu$, $v = \sqrt{2gh/\rho}$, D : 원관 안지름이다.

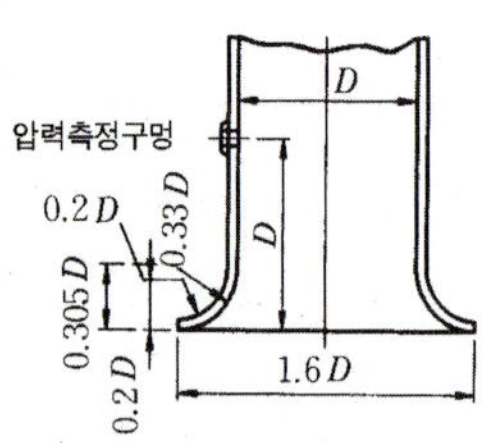

그림 12-27

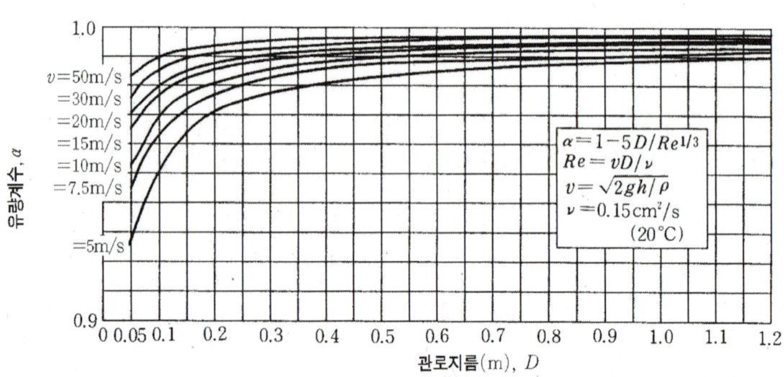

그림 12-28

예제2

안지름 20cm의 원관내를 흐르는 공기의 유량을 구하기 위하여 입구에 입구노즐을 설치하여 그 부압을 측정하여 수주 13.8mm로 되었다고 한다. 이때 풍량을 m^3/min로 구하여라. (단, 측정위치에서의 대기의 기압은 760mmHg, 기온은 20℃ 라고 한다.)

공기의 밀도는 $\rho = \dfrac{p}{RT} = \dfrac{(760 \times 13.6 - 13.8)}{287 \times (273+20)} \times 9.8 = 1.19 \dfrac{\text{kg}}{\text{m}^3}$

$v_2 = \sqrt{\dfrac{2gh}{\rho}} = \sqrt{\dfrac{2 \times 9.8 \times 13.8}{1.19}} = 15.0 \dfrac{m}{\text{sec}}$

그림 12-28에서 $v_2 = 15.0 \dfrac{m}{\text{sec}}$,

관의 내경 $D = 0.2\text{m}$ 에서의 유량계수는 $\alpha = 0.986$

따라서 구하는 풍량은 식 (12-31)에서 $Q = 60 \alpha A \sqrt{\dfrac{2gh}{\rho}} = 60 \times 0.986 \times (\pi/4) \times 0.2^2 \times 15.0 = 27.9 \dfrac{\text{m}^3}{\text{min}}$

6 위어

이제까지 관속의 흐름에 대한 유량을 측정하는 기기들을 설명했으나 위어(weir)는 개수로의 유량측정에 사용하는 계측기기이다. 위어의 모양은 여러 가지가 있으나 그림 12-29는 일반적인 위어의 형상을 보여준다. 그림과 같이 물은 사각형 또는 삼각형의 단면을 가진 부분을 넘쳐 흐르며 유량은 넘쳐 흐른 부분의 높이를 측정해서 구한다.

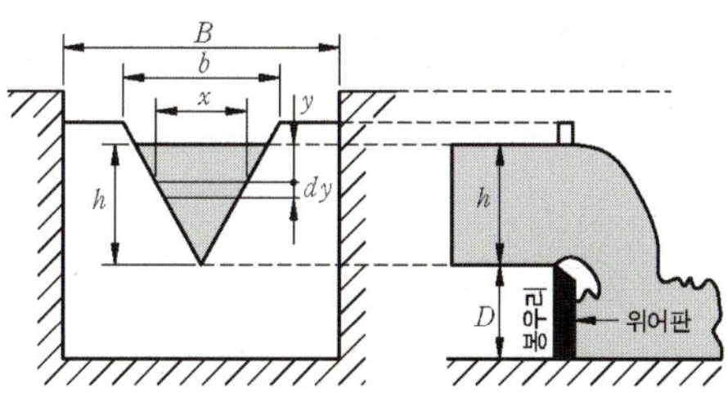

그림 12-29

위어가 설치된 지점에서의 물 높이는 물이 떨어지고 있으므로 약간 상부에서의 물 높이보다 작다. 따라서 물의 높이 h는 위어지점에서 $4h$ 정도 거리의 상류 측에서 측정해야 한다.

위어의 모서리는 날카롭게 만들어져서 마찰손실을 최소화시키고 있으며 흐름이 안정된 곳의 유동방향에 수직이 되도록 설치하여야 한다.

일반적인 위어의 유량계산은 아래와 같다. 1점을 위어에서 충분히 먼 상류 측 지점으로 잡고 2점을 위어의 위치라고 하면 1점과 2점 사이에 베르누이식은

$$\frac{{v_1}^2}{2g}+\frac{p_1}{\rho g}+z_1=\frac{{v_s}^2}{2g}+\frac{p_s}{\rho g}+z_1 \tag{12-33}$$

$$0+0+h=\frac{{v_2}^2}{2g}+0+(h-y) \tag{12-34}$$

$$\therefore\ v_2=\sqrt{2gy}$$

단면적 내 각 위치에서 속도가 변할 경우에 유량 $Q=\int_A v_2 dA$이고 $dA=\int_0^h xdy$이므로

$$Q=c\int_0^h \sqrt{2gy}\,xdy \tag{12-35}$$

여기서 c는 위어의 유량계수이다. h는 1위치에서의 액면과 위어의 봉우리(still)와의 수직거리로서 위어의 수두라 한다. c는 위어의 유량계수이다. 그림 12-29에서 B를 수로의 폭, b를 위어의 폭, D를 봉우리의 높이라 한다.

• 사각위어

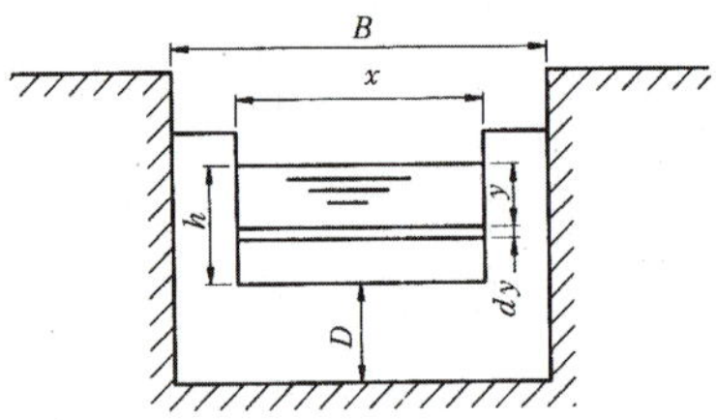

그림 12-30

그림 12-30과 같이 위어의 폭 b가 수로의 폭 B보다 작은 경우 그것을 사각위어라 한다. 사각위어 또는 구형위어에서는 폭 x가 일정하므로 식 (12-35)를 쉽게 적분할 수 있다. $x=b$이므로

$$Q=c\int_0^h \sqrt{2gy}\,bdy=c\sqrt{2g}\cdot b\frac{2}{3}\Big|y^{\frac{3}{2}}\Big|_0^h \tag{12-36}$$

$$\therefore\ Q=c\frac{2}{3}\sqrt{2g}\cdot bh^{3/2}$$

위의 결과로부터 KS에서는 유량의 식으로 아래와 같이 규정하고 있다.

$$Q=kbh^{3/2}[\mathrm{m^3/min}] \tag{12-37}$$

여기서 k는

$$k=107.1+\frac{0.177}{h}+14.2\frac{h}{D}-25.7\sqrt{(B-b)\frac{h}{BD}}+2.04\sqrt{\frac{B}{D}} \tag{12-38}$$

적용범위는

$0.5 \leq B \leq 6.3\text{m}$

$0.15 \leq b \leq 5\text{m}$

$0.15 \leq D \leq 3.5\text{m}$

$\frac{bD}{B_2} \geq 0.06$

$0.03 \leq h \leq 0.45\sqrt{b}\,\text{m}$

사각위어의 한 종류로서 특히 위어의 폭 b와 수로의 폭 B가 동일한 것을 전폭위어라 한다. 전폭위어에 대해서 KS에서는 유량의 식을 식 (12-37)과 같이 정하고 k를 다음과 같이 규정하고 있다.

$$k=107.1+\left(\frac{0.177}{h}+\frac{14.2h}{D}\right)(1+\varepsilon) \tag{12-39}$$

위 식에서 e의 값은

$D<1m$인 경우 $\varepsilon=0$

$D>1m$인 경우 $\varepsilon=0.55(D-1)$

이고 적용범위는

$B>0.5m$

$D=0.3 \sim 2.5m$

$h=0.03m \sim Dm$

$h<B/4$ 및 $0.8m$

• 삼각위어

유량이 적을 경우에는 사각위어의 물 높이가 작기 때문에 정확한 측정이 어려워질 수 있으므로 삼각위어를 사용하는 것이 좋다. 그림 12-31에 표시하는 것과 같이 위어의 양변이 연직선에 대해서 $\theta/2$만큼 기울어졌다고 하면

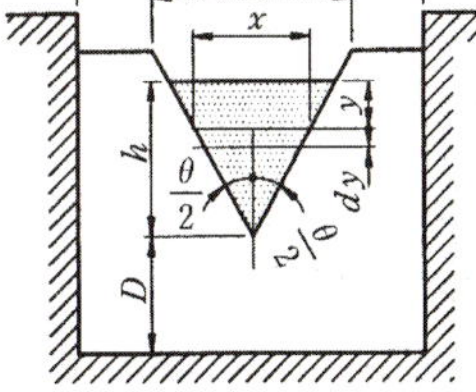

그림 12-31

$$x=2(h-y)\tan\frac{\theta}{2}$$

이므로 유량은

$$Q = c\int_0^h 2(h-y)\tan\frac{\theta}{2}\sqrt{2gy}\,dy$$

$$= c\cdot 2\cdot \sqrt{2g}\tan\frac{\theta}{2}\int_0^h (y^{1/2} - y^{3/2})dy$$

$$= c\cdot 2\cdot \sqrt{2g}\tan\frac{\theta}{2}\left|\frac{2}{3}hy^{3/2} - \frac{2}{5}y^{5/2}\right|_0^h = c\cdot 2\cdot \sqrt{2g}\tan\frac{\theta}{2} - \frac{4}{15}h^{5/2}$$

$$\therefore\ Q = c\frac{8}{15}\tan\frac{\theta}{2}\sqrt{2g}\ \cdot h^{5/2}$$

여기서 θ=90°가 되는 삼각위어를 직각삼각위어라 한다. 이런 경우에는

$$Q = c\frac{8}{15}\sqrt{2g}\ \cdot (h^{5/2}) \tag{12-41}$$

직각삼각위어인 경우 KS에서는 유량을

$$Q = kh^{5/2}[\mathrm{m^3/min}] \tag{12-42}$$

로 정하고 여기서 k는

$$k = 81.2 + \frac{0.24}{h} + \left(8.4 + \frac{12}{D^{1/2}}\right)\left(\frac{h}{B} - 0.09\right)^2 \tag{12-43}$$

적용범위는

$$0.5 \le B \le 1.2m$$
$$0.1 \le D \le 0.75\mathrm{m}$$
$$h = 0.07 \sim 0.26m < \frac{B}{3}$$

예제3

수로의 폭 B=1m에 설치한 직각 3각위어에서 수두 h=30cm로 되었다고 하면 유수량은 얼마인가? (단, 봉우리의 높이는 D=0.5m라 한다.)

$Q = kh^{5/2}\mathrm{m^3/min}$ 에서

$$k = 81.2 + \frac{0.24}{h} + \left(0.8 + \frac{12}{D^{1/2}}\right)\left(\frac{h}{B} - 0.09\right)^2$$

$$81.2 + \frac{0.24}{0.3} + \left(8.4 + \frac{12}{0.5^{1/2}}\right)\left(\frac{0.3}{1} - 0.09\right)^2 = 83.12$$

$$\therefore Q = 83.12 \times 0.3^{5/2} = 4.1\mathrm{m^3/min}$$

CHAPTER 12

유체의 계측 / 연습문제

해답은 486쪽에 있습니다.

01

추의 공기 중에서의 무게가 4N, 액체 속에서의 무게는 2.97N이다. 만일 추에 의해서 배제된 액체의 체적이 $1.29\times10^{-3}m^3$이라면 액체의 비중은 얼마인가?

02

내부체적이 0.216l인 용기에 액체를 채웠을 때, 무게는 4.12N이고 용기만의 무게는 1N이다. 이 액체의 비중을 구하여라.

03

무게가 1.1N이고 체적이 $99100mm^3$인 비중계가 비중 1.6인 액체에 떠 있다. 액면 위로 나온 부분의 체적을 구하여라.

04

수은이 들어 있는 U자관의 한쪽 관으로 액체를 주입한다. 액주의 높이 254mm일 때 수은주 38.1mm와 평형되었다고 하면 그 액체의 비중은 얼마인가?

05

안지름 15cm인 큰 원통 안에서 바깥지름 14.95cm이고 길이 15cm인 원통을 동심축 주위에 4rpm으로 회전시키는 데 2.7N·m의 토크가 필요하다면 윤활유의 점성계수는 얼마인가?

06

비중 7.8이고 지름이 13mm인 강구가 큰 탱크 내에 있는 비중 0.9인 기름 속을 일정한 속도 0.06m/s로 떨어진다. 이때 기름의 점성계수를 구하여라.

07

임계 Reynolds 수가 0.1이라고 할 때 점성계수 0.19Pa·s, 비중 0.9인 기름이 들어 있는 큰 탱크에서 상승하는 기포의 최대지름을 구하여라.

08

Ostwald 점도계에서 어떤 기름의 기준체적을 방출하는데 15초가 소요된다면 그보다 밀도가 10% 더 크고 점성계수는 10% 작은 기름을 같은 체적방출하는 데 필요한 시간은 얼마인가?

09

공기가 흐르는 도관에 피토관을 설치하였더니 마노미터가 50mmAq로 나타났다. 만일 도관 내의 절대압과 온도가 각각 103.4kPa와 25℃라면 유속은 얼마인가? (단, 압축성은 무시한다.)

10

지표면 가까이를 67m/s로 나는 비행기에 설치한 피토관의 차압계는 몇 mmAq를 나타낼 것으로 기대되는가?

11

20℃의 4염화탄소(비중=1.59)가 흐르고 있는 미끄러운 150mm관 중심에 피토관을 설치하였다. 차압이 75mmHg이면 유량은 얼마인가?

유체의 계측 / 연습문제

해답은 486쪽에 있습니다.

12

250mm 관을 흐르는 물의 최대유량은 $142l/s$이다. 벤튜리미터의 차압이 0.91mHg일 때 스로트의 직경을 구하여라. (단, 유출계수 C=0.98)

13

밀도가 1.28kg/m^{3}인 공기가 100mm, 50mm인 미끄러운 벤튜리미터를 통하여 흐르고 있다. 100 mm, 50mm에서의 압력은 각각 1.72kPa와 7.62 mmHg 진공이다. 유량을 구하여라. (단, 유출계수, C=0.98)

14

지름 75mm인 노즐이 물이 흐르는 150mm 관에 연결되어 있다. 여기에 설치된 물과 수은으로 이루어진 마노미터는 381mm 차를 가리킨다. 노즐을 통하는 유량을 구하여라. (단, 유출계수, C_n=0.99)

15

물이 흐르는 300mm 관에 출구 오리피스가 설치되어 있다. 유량이 0.28m^3/s이고 수두손실이 7.6m라면 이때 사용할 수 있는 오리피스의 단면적을 구하여라. (단, 유출계수 C_o =0.6)

16

100mm 오리피스가 물이 흐르는 150mm 관의 출구에 설치되어 있다. 파이프 내의 압력이 275kPa(a)일 때 유량을 구하여라. (단, 유출계수 C_o =0.67이다.)

17

밀도가 1.28kg/m^{3}인 공기가 탱크로부터 지름이 150mm인 오리피스를 통하여 200mm 관으로 흘러 들어가고 있다. 이때 탱크와 교축부 사이의 차압이 75mmAq라면 유량은 얼마인가? (단, 유출계수, C_d =0.72)

18

20℃의 물이 1.5m 수두하에서 37.5mm Orifice를 통하여 대기 중으로 방출된다. 유량을 구하여라. (단, 유출계수, C=0.59)

19

폭 B=2.4m인 구형수로에 직각 삼각위어가 설치되어 있다. 수두 h=0.8m라고 하면 유수량은 얼마인가? (단, 봉우리의 높이는 D=1.2m라고 한다.)

기/초/유/체/역/학

부록

Ⅰ. 기초수학공식

1 수의 연산

a, b, c를 어떤 상수라 할 때

① 교환법칙 : $a+b=b+a$

$a \times b = b \times a$

② 결합법칙 : $(a+b)+c=a+(b+c)$

$(a \times b) \times c = a \times (b \times c)$

③ 분배법칙 : $a \times (b+c) = (a \times b) + (a \times c)$

$(a+b) \times c = (a \times c) + (b \times c)$

2 식의 연산

① $a \times b = a \cdot b$

② $a \times 3 = 3a$

③ $a \times a = a^2$

④ $a \div b = \frac{a}{b}$

⑤ 등식에서 양변에 같은 값을 더하거나 빼거나 곱하거나 나누어도 등식은 성립한다.

예 등식 $a+b=c$가 성립할 때

1) d를 양변에 더하면

$a+b+d=c+d$

2) d를 양변에서 빼면

$a+b-d=c-d$

3) d를 양변에 곱하면

$(a+b) \times d = c \times d$

4) 양변을 d로 나누면

$\frac{a+b}{d} = \frac{c}{d}$

5) 덧셈과 뺄셈의 등식에서 하나의 항을 한쪽 변에서 다른 쪽 변으로 이동시킬 때는 부호가 바뀐다.

즉 $a+b=c$일 때 b를 우변으로 이동시키면

$a=c-b$

가 된다($\because$ 양변에서 b를 빼는 것과 마찬가지이다).

6) 곱셈과 나눗셈의 등식에서 하나의 항을 한쪽 변에서 다른 쪽 변으로 이동시킬 때는 분모와 분자가 서로 바뀐다.

ⓐ $\frac{b}{a}=c$일 때

분모 a를 우변으로 이동시키면 분자가 되므로

$b=a\cdot c$

(∵ 양변에 a를 곱하는 것과 마찬가지이다).

ⓑ $a\cdot b=c$일 때

분자 b를 우변으로 이동시키면 분모가 되므로

$a=\frac{c}{b}$

(∵ 양변을 b로 나누는 것과 마찬가지이다).

⑥ $\dfrac{\frac{d}{c}}{\frac{b}{a}}=\dfrac{a\cdot d}{b\cdot c}$이다.

(∵ 분수에서 분모의 분모는 분자로 넘어가고 분모의 분자는 분모가 된다).

3 다항식의 곱셈공식

① $(a+b)^2=a^2+2ab+b^2$

② $(a-b)^2=a^2-2ab+b^2$

③ $(a+b)(a-b)=a^2-b^2$

④ $(x+a)(x+b)=x^2+(a+b)x+ab$

⑤ $(a+b)^3=a^3+3a^2b+3ab^2+b^3$

⑥ $(a-b)^3=a^3-3a^2b+3ab^2-b^3$

⑦ $(a+b)(a^2-ab+b^2)=a^3+b^3$

⑧ $(a-b)(a^2+ab+b^2)=a^3-b^3$

⑨ $(a+b+c)^2=a^2+b^2+c^2+2ab+2bc+2ca$

⑩ $(a+b+c)(a^2+b^2+c^2-ab-bc-ca)=a^3+b^3+c^3-3abc$

⑪ $(a^2+ab+b^2)(a^2-ab+b^2)=a^4+a^2b^2+b^4$

4 일차방정식과 이차방정식

x를 미지수라 하고 a, b, c를 어떤 상수라 할 때

① 일차방정식 : $ax + b = 0$

일차방정식의 해 x는 $ax = -b$이므로

$$x = -\frac{b}{a}$$

이다.

② 이차방정식 : $ax^2 + bx + c = 0$

이차방정식의 해 x는

$$x = \frac{-b \pm \sqrt[2a]{b^2 - 4ac}}{2a}$$

이다.

〈증명〉 $ax^2 + bx + c = 0 (a \neq 0)$에서 양변을 a로 나누면

$$x^2 + \frac{b}{a}x + \frac{c}{a} = 0$$

$$x^2 + \frac{b}{a}x = -\frac{c}{a}$$

좌변을 x의 일차식으로 나타내기 위해서 양변에 $(\frac{b}{2a})^2$을 더하면

(위의 3. 다항식의 곱셈공식 참조)

$$x^2 + \frac{b}{a}x + (\frac{b}{2a})^2 = -\frac{c}{a} + (\frac{b}{2a})^2$$

그러면 좌변은

$$(x + \frac{b}{2a}x)^2 = \frac{b^2 - 4ac}{(2a)}$$

$$\therefore \ x + \frac{b}{2a} = \pm \frac{\sqrt{b^2 - 4ac}}{2a}$$

$$\therefore \ x = \frac{-b \pm \sqrt{b^2 - 4ac}}{2a} (\text{단 } b^2 - 4ac \geq 0)$$

5 함수와 그래프

x를 독립변수, y를 종속변수라 할 때 $y=f(x)$를 y에 관한 x의 함수 f라 한다.

a, b, c가 어떤 상수일 때

① 일차함수(비례함수) : $y=ax+b$

일차함수 $y=ax+b$의 그래프는 $x-y$ 평면상에서 기울기가 a이고 y축과 만나는 점(y 절편)이 b인 직선이다.(만일 $b=0$이면 기울기가 a이고 원점을 지나는 직선이 된다.)

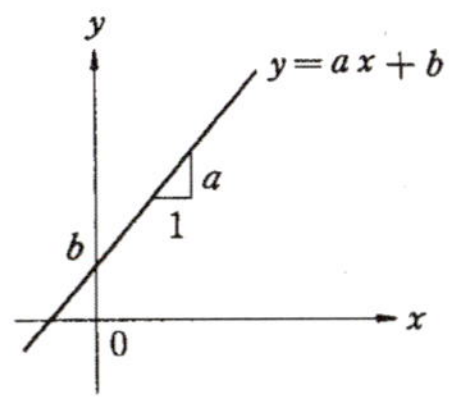

일차함수는 x와 y가 비례적으로 변하므로 비례함수이다. 즉 b값에 상관없이 $a>0$일 때는 x가 커지면 y도 배수 a를 곱한 양만큼 비례적으로 커진다. $a<0$일 때는 x가 커지면 y는 배수 a를 곱한 양만큼 비례적으로 작아진다. 그림에서 보듯이($a>0$) x가 커지면 y도 비례적으로 커짐을 알 수 있다.

② 반비례함수 : $y=\frac{a}{x}+b$

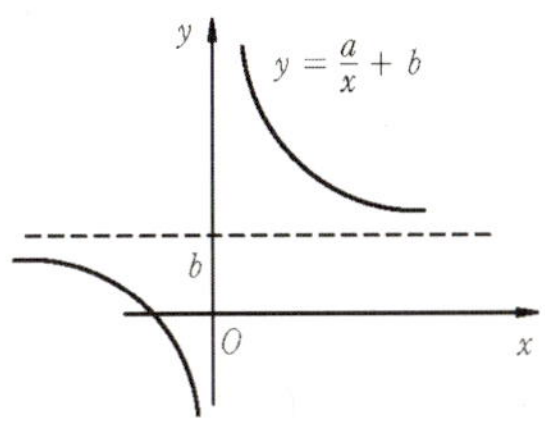

반비례한다는 것은 b값에 상관없이 $a>0$일 때 x가 커지면 분모값이 커지므로 y는 반대로 작아진다는 것이다. 그림에서 보듯이 x가 커지면 y는 작아지는 것을 알 수 있다. $a<0$일 때는 x가 커지면서 $\frac{a}{x}$의 절대값은 작아진다.

③ 이차함수 : $y=ax^2+bx+c$

1) 이차함수 $y=ax^2+bx+c$는 그림과 같이 원점으로부터 x축에서 p만큼 떨어지고 y축에서 q만큼 떨어진 $y=a(x-p)^2+q$라는 이차함수의 그래프의 일반식이다.

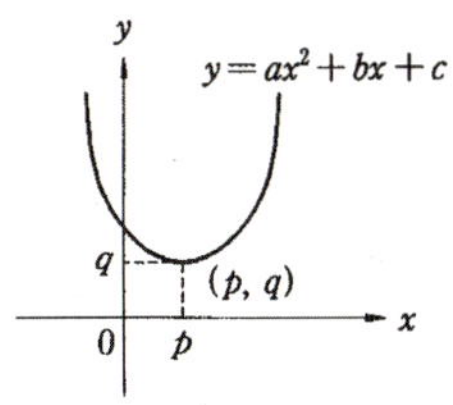

즉 $y=a(x-p)^2+q=a(x^2-2px+p)^2+q$

$$=ax^2\underbrace{-2apx}_{bx}+\underbrace{ap^2+q}_{c}$$

즉 $b=-2ap$이고

$c=ap^2+q$와 같다고 볼 수 있다.

2) 이차함수 $y=a(x-p)^2+q$는 꼭지점이 $(p,\ q)$이고 $a>0$이면 아래로 볼록하고 $a<0$이면 위로 볼록한 포물선으로서 좌우대칭인 곡선이다.

④ 원의 방정식 : $(x-a)^2+(y-b)^2=r^2$

원의 방정식 $(x-a)^2+(y-b)^2=r^2$은 점 $C(a, b)$를 중심으로 하고 반지름의 길이가 r인 그림과 같은 원이다.

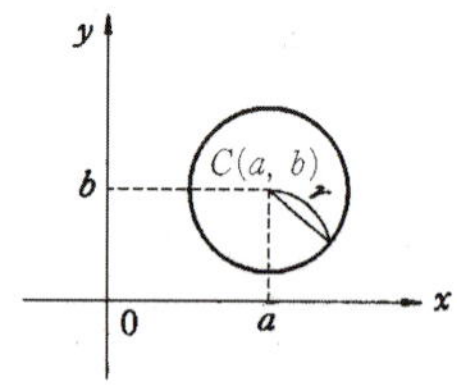

⑤ 지수함수 : $y=a^x$

1) $a>1$일 때

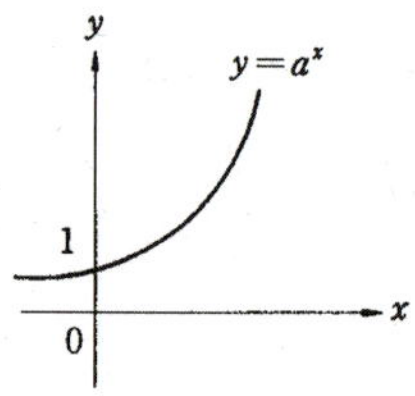

2) $0<a<1$일 때

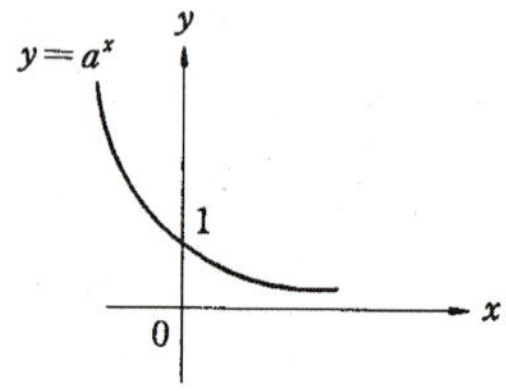

⑥ 로그함수 : $y=\log_a x$

1) $a>1$일 때

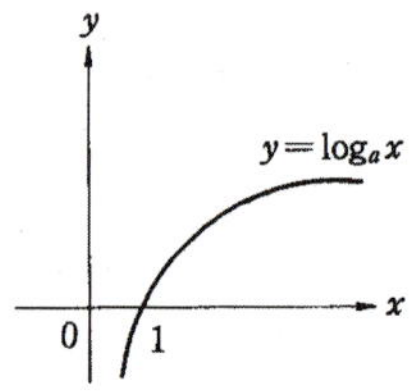

2) $0<a<1$일 때

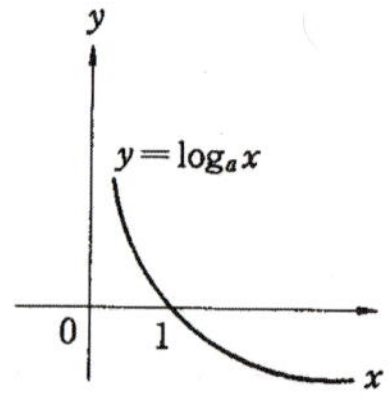

6 지수법칙

m, n이 어떤 상수일 때

① $a^0=1$

② $a^1=a$

③ $1^m=1$

④ $a^{-m}=\dfrac{1}{a^m}=(\dfrac{1}{a})^m$

⑤ $a^m \times a^n=a^{m+n}$

⑥ $(a^m)^n=a^{mn}$

⑦ $a^m \div a^n=\dfrac{a^m}{a^n}=a^{m-n}$

⑧ $(ab)^n=a^n b^n$

⑨ $(\dfrac{b}{a})^n=\dfrac{b^n}{a^n}$

⑩ $a^{\frac{1}{m}} = \sqrt[m]{a}$

⑪ $\sqrt[n]{ab} = \sqrt[n]{a} \cdot \sqrt[n]{b}$

⑫ $\sqrt[n]{\frac{b}{a}} = \frac{\sqrt[n]{b}}{\sqrt[n]{a}}$

⑬ $\sqrt[n]{a^m} = a^{\frac{m}{n}}$

⑭ $a \times \sqrt[n]{b} = \sqrt[n]{a^n \cdot b}$

7 로그법칙

• 로그의 정의

$a^x = b$가 성립할 때 $x = \log_a b$로 나타낸다. 이것을 x는 a를 밑으로 하는 b의 로그라 말한다(이때 밑 a는 1이 아닌 양수).

$x = \log_a b$에서 a를 밑, b를 진수, x를 로그라 한다.

〈증명〉 $a^x = b$일 때 양변에 c를 밑으로 하는 log를 취하면

$\log_c a^x = \log_c b$

$\therefore \ x \log_c a = \log_c b$

따라서 $x = \frac{\log_c b}{\log_c a} = \log_a b$

즉 $a^x = b \leftrightarrow x = \log_a b$이다.

① 10을 밑으로 하는 로그를 상용로그라 한다.

$y = 10^x \leftrightarrow x = \log_{10} y$

보통 $\log_{10} y$를 밑 10을 생략하여 $\log\ y$으로 나타낸다.

$\log_{10} y = \log\ y$

② $e = \lim_{x \to \infty}(1 + \frac{1}{x})^x = 2.71828$을 밑으로 하는 로그를 자연로그라 한다.

$y = e^x \leftrightarrow x = \log_e y$

보통 $\log_e y$를 밑 e를 생략하고 log 대신에 ln로 나타낸다.

$\log_e y = \ln\ y$

우리가 사용하고 있는 공학용 계산기에는 자연로그(ln)와 상용로그(log) 모두 사용되고 있으나 그 값이 서로 다르는 것에 유의하여야 한다. 아래의 공식 ⑨에 의해서

$$\log_{10}y=\frac{\log_e y}{\log_e 10}=0.4343\ \ln\ y$$

$$\therefore\ \ln y=2.303\ \log\ y$$

③ $\log_b b=1$

④ $\log_b 1=0$

⑤ $\log(a\cdot b)=\log a+\log b$

⑥ $\log\frac{a}{b}=\log a-\log b$

⑦ $\log\ a^b=b\ \log a$

⑧ $\log\ a^{\frac{1}{b}}=\frac{1}{b}\log\ a$

⑨ $\log_a b=\frac{\log\ b}{\log\ a}$

8 도형의 성질

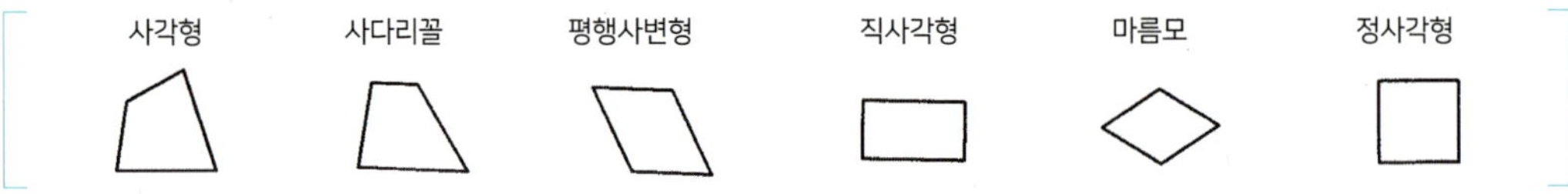

① 사다리꼴

주위길이 : $p=a+b+c+d$

면 적 : $A=\frac{1}{2}h(a+b)$

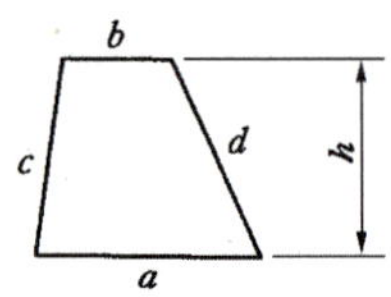

② 평행사변형

주위길이 : $p=2(a+b)$

면 적 : $A=ah=ab\sin\varphi$

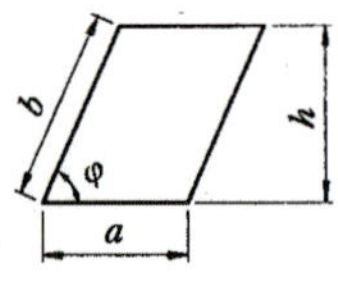

③ 삼각형

주위길이 : $p=a+b+c$

면 적 : $A=\frac{1}{2}ah=\frac{1}{2}ab\sin\varphi$

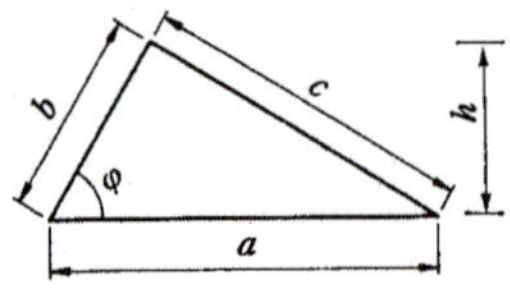

④ 원

반경을 r이라 하면

원주길이 : $p=2\pi r$

면 적 : $A=\pi r^2$

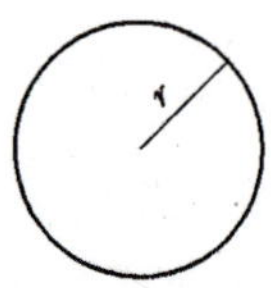

⑤ 원호

원호길이 : $p=r\cdot\varphi$(φ는 라디안)

면 적 : $A=\pi r^2\times\dfrac{\varphi}{2\pi}=\dfrac{r^2\varphi}{2}$

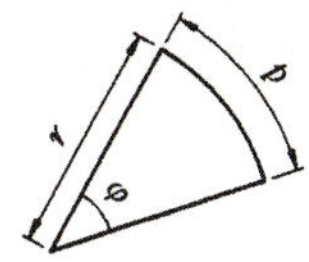

⑥ 부분원

$a=r\sin\dfrac{\varphi}{2}$

$b=r-r\cos\dfrac{\varphi}{2}=r(1-\cos\dfrac{\varphi}{2})$

∴ 원호길이 : $p=r\cdot\varphi$

부분원의 면적 : $A=\dfrac{r^2}{2}(\varphi-\sin\varphi)$

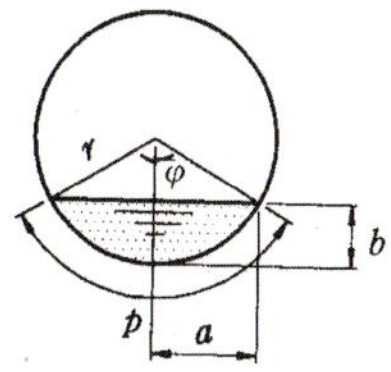

9 라디안과 각도

① 반지름 r인 원에서 길이가 r인 호에 해당하는 중심각의 크기를 1라디안(radian)이라 한다.

$1\,\text{rad}=\dfrac{180^\circ}{\pi}\simeq 57^\circ 17' 45''$

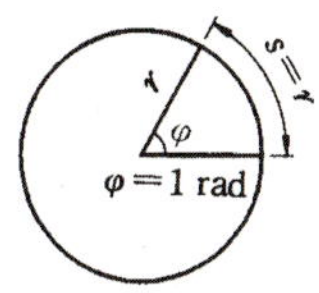

② 원주의 길이, $s=2\pi r$이고 $s=r\times\varphi$이므로 π는 2p라디안이 된다.

즉 360°가 2π 라디안이다. 따라서 π라디안은 180°이다. 라디안을 각도로 바꾸면

라디안(radian)	각도(degree)
π	180°
2π	360°
$\dfrac{\pi}{2}$	90°
$\dfrac{\pi}{3}$	60°

10 삼각함수공식

① 피다고라스 정리

그림과 같은 직각삼각형에서 직각을 낀 두변의 길이의 제곱의 합은 빗변의 길이의 제곱과 같다.

$$a^2+b^2=c^2$$

이것을 **피다고라스의 정리**라 한다.

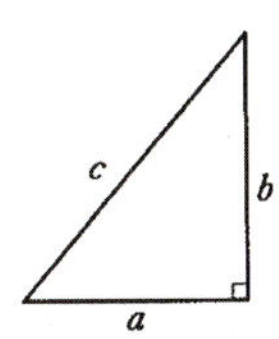

② 어떠한 삼각형이든 삼각형의 내각의 합은 항상 180°이다.

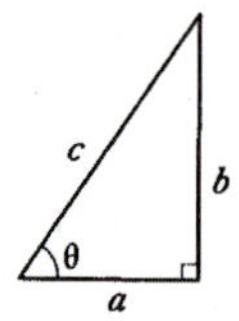

③ 삼각비의 정의

그림과 같은 직각삼각형에서

$\sin\theta = \frac{b}{c} \quad \cos\theta = \frac{a}{c} \quad \tan\theta = \frac{b}{a}$

따라서 $b = c\sin\theta$ 또는 $c = \frac{b}{\sin\theta}$ 따라서 $\theta = \sin^{-1}\frac{b}{c}$

$a = c\cos\theta$ 또는 $c = \frac{a}{\cos\theta}$ 따라서 $\theta = \cos^{-1}\frac{a}{c}$

$b = a\tan\theta$ 또는 $a = \frac{b}{\tan\theta}$ 따라서 $\theta = \tan^{-1}\frac{b}{a}$

또한 $\tan\theta = \frac{\sin\theta}{\cos\theta}$

$\sin^2\theta + \cos^2\theta = 1$

역수관계 : $\operatorname{cosec}\theta = \frac{1}{\sin\theta}$

$\sec\theta = \frac{1}{\cos\theta}$

$\cot\theta = \frac{1}{\tan\theta}$

④ 특수한 각을 가진 직각삼각형의 길이의 비

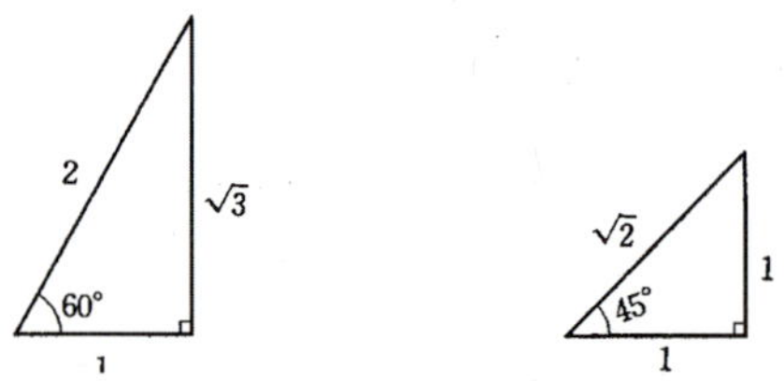

⑤ 사인법칙

임의의 삼각형에서

$\frac{a}{\sin A} = \frac{b}{\sin B} = \frac{c}{\sin C}$

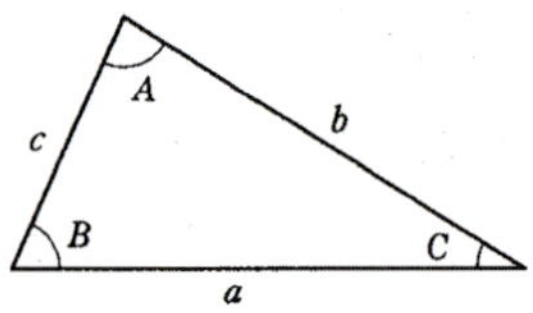

⑥ 코사인 제1법칙

$a = c\cos B + b\cos C$

$b = a\cos C + c\cos A$

$c = b\cos A + a\cos B$

⑦ 코사인 제2법칙

$b^2 = a^2 + c^2 - 2ac\cos B$

$a^2 = b^2 + c^2 - 2bc\cos A$

$c^2 = a^2 + b^2 - 2ab\cos C$

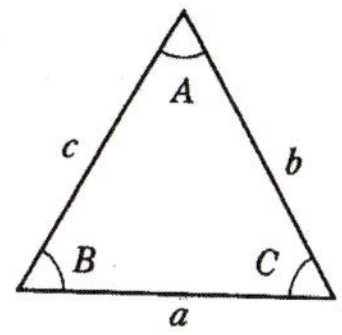

⑧ 임의의 평행사변형에서 대각선 길이를 변의 길이와 사잇각으로 나타내려면

• 삼각형 abd로부터 코사인 제2법칙에서

$d^2 = a^2 + b^2 - 2ab\cos\theta$

$\therefore\ d = \sqrt{a^2 + b^2 - 2ab\cos\theta}$

• 삼각형 abc로부터 코사인 제2법칙에서

$c^2 = a^2 + b^2 - 2ab\cos\theta'$

그런데 $\theta' = 180 - \theta$이므로

$\cos\theta' = \cos(180 - \theta) = -\cos\theta$

$\therefore\ c^2 = a^2 + b^2 + 2ab\cos\theta$

$\therefore\ c = \sqrt{a^2 + b^2 + 2ab\cos\theta}$

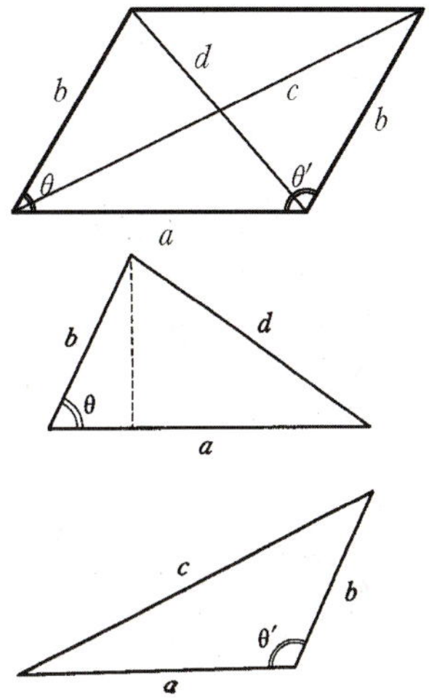

⑨ 삼각함수의 그래프와 성질

• 사인(sin)곡선

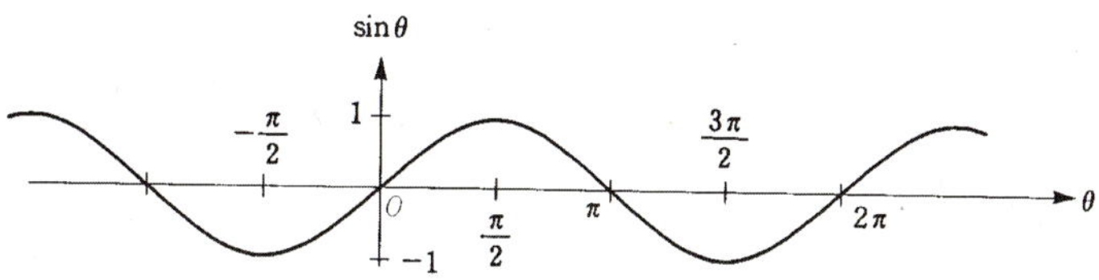

• 코사인(cos)곡선

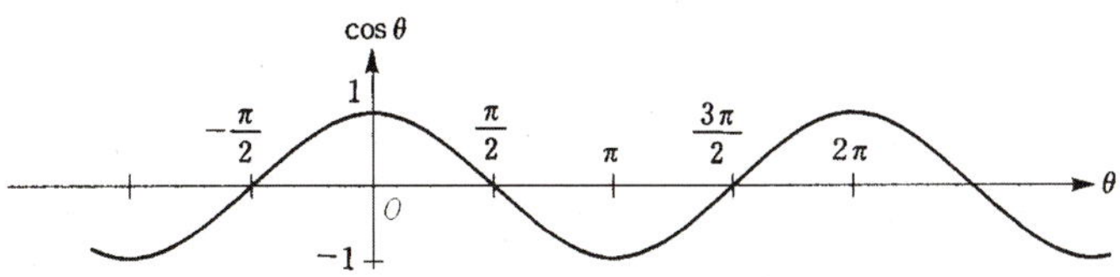

• 탄젠트(tan)곡선

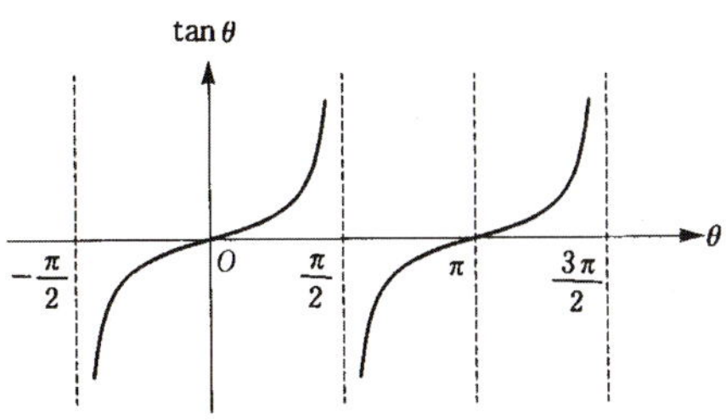

• 코탄젠트(cot)곡선

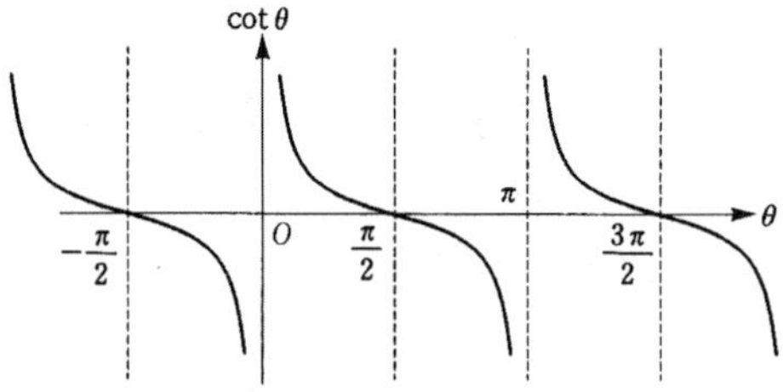

상기의 그림에서 각 곡선의 모양은 주기적으로 똑같은 모양이 되풀이 된다. 따라서 각곡선의 모양이 똑같으므로 좌우 대칭성을 이용하면 $\theta < 90°$일 때

$\sin(-\theta) = -\sin\theta$

$\cos(-\theta) = \cos\theta$

$\tan(-\theta) = -\tan\theta$

가 됨을 알 수 있다. 왜냐하면 sin 곡선과 cos 곡선의 모양은 서로 똑같으며 다만 수평축으로 $\frac{\pi}{2}$ 라디안만큼 평행이동한 것뿐이기 때문이다. 따라서 $\theta < 90°$일 때

$\sin(90-\theta) = \cos\theta$

$\cos(90-\theta) = \sin\theta$

$\tan(90-\theta) = \cot\theta$

$\sin(180-\theta) = \sin\theta$

$\cos(180-\theta) = -\cos\theta$

$\tan(180-\theta) = -\tan\theta$

$\sin(90+\theta) = \cos\theta$

$\cos(90+\theta) = -\sin\theta$

$\tan(90+\theta) = -\cot\theta$

$\sin(180+\theta) = -\sin\theta$

$\cos(180+\theta) = -\cos\theta$

$\tan(180+\theta) = \tan\theta$

가 됨을 알 수 있다. 이렇게 각 삼각함수의 곡선모양을 연상하면 90°보다 큰 둔각에 대한 삼각함수의 값을 쉽게 알 수 있다.

• 삼각함수의 덧셈정리

$\sin(x+y) = \sin x \cos y + \cos x \sin y$

$\cos(x+y) = \cos x \cos y - \sin x \sin y$

$\sin(x-y) = \sin x \cos y - \cos x \sin y$

$\cos(x-y) = \cos x \cos y + \sin x \sin y$

$$\tan(x+y)=\frac{\tan x+\tan y}{1-\tan x\tan y}$$

$$\tan(x-y)=\frac{\tan x-\tan y}{1+\tan x\tan y}$$

위 식으로부터 만일 $y=x$이면 $\sin 2x=2\sin x\cos x$

$$\cos 2x=\cos^2 x-\sin^2 x=1-2\sin^2 x=2\cos^2 x-1$$

- 삼각함수의 곱을 합과 차로 고치는 공식

$$\sin x\sin y=\frac{1}{2}\{-\cos(x+y)+\cos(x-y)\}$$

$$\cos x\cos y=\frac{1}{2}\{\cos(x+y)+\cos(x-y)\}$$

$$\sin x\cos y=\frac{1}{2}\{\sin(x+y)+\sin(x-y)\}$$

- 삼각함수의 합과 차를 곱으로 고치는 공식

$$\sin x+\sin y=2\sin\frac{x+y}{2}\cos\frac{x-y}{2}$$

$$\cos x+\cos y=2\cos\frac{x+y}{2}\cos\frac{x-y}{2}$$

$$\cos x-\cos y=-2\sin\frac{x+y}{2}\sin\frac{x-y}{2}$$

11 직교좌표계와 극좌표계

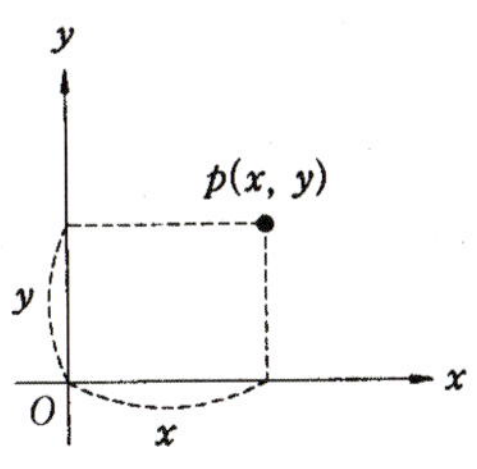

평면상의 한점 p를 x와 y 좌표로 나타냄.

$p(x,\ y)$

직교좌표계

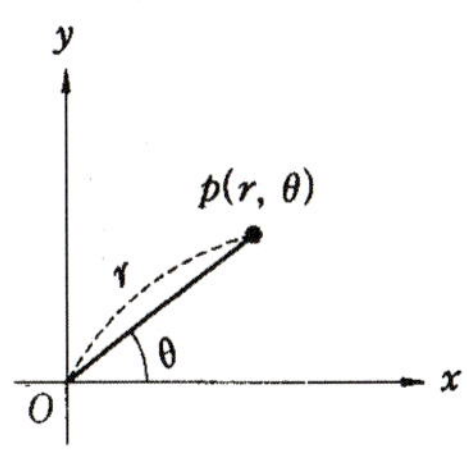

평면상의 한점 p를 원점까지의 거리 r 과 수평선에서 떨어진 각 θ로 표시함.

$p(r,\ \theta)$

극좌표계

즉 평면상의 같은 점 p를 직교좌표계로 표시하면 $p(x,\ y)$이고 극좌표로 나타내면 $p(r,\ \theta)$이다. 원점이 서로 같은 직교좌표계와 극좌표계에서 x, y와 r, θ 간의 관계식은

① $x=r\cos\theta$

② $y=r\sin\theta$

③ $r=\sqrt{x^2+y^2}$

④ $\tan\theta=\dfrac{y}{x}\ \rightarrow\ \theta=\tan^{-1}\dfrac{y}{x}$

⑤ $\sin\theta=\dfrac{y}{\sqrt{x^2+y^2}}$

⑥ $\cos\theta=\dfrac{x}{\sqrt{x^2+y^2}}$

12 미분과 적분

평면좌표인 $x-y$ 좌표상에서 일차식 $y=ax+b$ 또는 이차식 $y=ax^2+bx+c$에서의 y를 x에 대해서 나타낸 함수를 $y=f(x)$라 한다.

① 미분 : 함수 $y=f(x)$에서 y를 x에 대해서 미분한 값

$$f'(x)=\lim_{\Delta x\to 0}\frac{f(x+\Delta x)-f(x)}{\Delta x}$$

을 함수 $f(x)$의 도함수라 하며 어떤 점 x에서 미분한 값 $f'(x)$는 곡선 $y=f(x)$ 위의 점 $(x,\ y)$에서의 접선의 기울기이다. y를 미분한 값, $y'=f'(x)=\dfrac{dy}{dx}$와 같다.

② 적분 : 적분은 미분을 거꾸로 계산한 값이다. 함수 $F(x)$를 미분한 값이 $f(x)$이면,
즉 $F'(x)=f(x)$이면, 거꾸로 $f(x)$를 적분한 값은 $F(x)$가 된다는 것이다. 이것을 식으로 나타내면

$$\int f(x)dx=F(x)+c$$

여기서 c는 일정한 상수값이다.

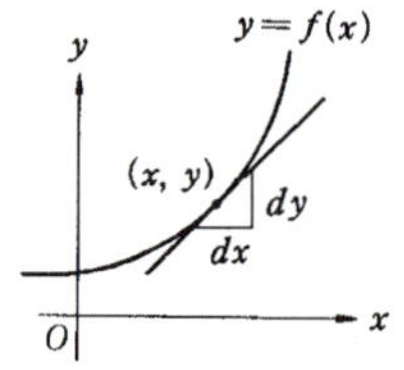

13 미분공식

아래와 같은 미분공식은 상기한 도함수의 정의와 극한값($\lim\limits_{\Delta x\to 0}$)의 풀이로부터 나온 것이다. 아래 공식에서 f나 g는 x의 함수이다. 즉 $f=f(x)$, $g=g(x)$. a, b, c는 상수이다.

① $\dfrac{d}{dx}(a)=0$

② $\dfrac{d}{dx}(x^n)=nx^{n-1}$

③ $\dfrac{d}{dx}(\ln x)=\dfrac{1}{x}$

④ $\frac{d}{dx}(a^x) = a^x(\ln a)$

⑤ $\frac{d}{dx}(e^{ax}) = ae^{ax}$

⑥ $\frac{d}{dx}(f^n) = nf^{n-1}\frac{d}{dx}(f)$

⑦ $\frac{d}{dx}(af) = a\frac{d}{dx}(f)$

⑧ $\frac{d}{dx}(f+g) = \frac{d}{dx}(f) + \frac{d}{dx}(g)$

⑨ $\frac{d}{dx}(f-g) = \frac{d}{dx}(f) - \frac{d}{dx}(g)$

⑩ $\frac{d}{dx}(f \cdot g) = f\frac{d}{dx}(g) + g\frac{d}{dx}(f)$

⑪ $\frac{d}{dx}(\frac{f}{g}) = \frac{g\frac{d}{dx}(f) - f\frac{d}{dx}(g)}{g^2}$

⑫ $\frac{d}{dx}(f(g)) = \frac{df(g)}{dg}\frac{d}{dx}(g)$

⑬ $\frac{d}{dx}(\sin x) = \cos x$

⑭ $\frac{d}{dx}(\cos x) =- \sin x$

⑮ $\frac{d}{dx}(\tan x) = \sec^2 x$

⑯ $\frac{d}{dx}(\sin^{-1} x) = \frac{1}{\sqrt{1-x^2}}$

⑰ $\frac{d}{dx}(\cos^{-1} x) = \frac{1}{\sqrt{1-x^2}}$

⑱ $\frac{d}{dx}(\tan^{-1} x) = \frac{1}{1+x^2}$

14 적분공식

적분은 미분을 반대로 행한 것이다.

① $\int 1\, dx = x + c$

② $\int x^n dx = \frac{1}{n+1}x^{n+1} + c$ (단, $n \neq -1$)

③ $\int \frac{1}{x} dx = \ln x + c$

④ $\int a^x dx = \frac{a^x}{\ln a} + c$ (단, $a > 0$, $a \neq 1$)

⑤ $\int e^{ax} dx = \frac{e^{ax}}{a} + c$

⑥ $\int (f \pm g) dx = \int f dx \pm \int g dx$

⑦ $\int \sin x dx = -\cos x + c$

⑧ $\int \cos x dx = \sin x + c$

⑨ $\int \sec^2 x dx = \tan x + c$

⑩ $\int \mathrm{cosec}^2 x dx = -\cot x + c$

⑪ $\int \frac{1}{\sqrt{1-x^2}} = \sin^{-1} x + c$

⑫ $\int \frac{-dx}{\sqrt{1-x^2}} = \cos^{-1} x + c$

⑬ $\int \frac{dx}{1+x^2} = \tan^{-1} x + c$

Ⅱ. 원자번호 및 원자량표

원소	기호	원자번호	원자량	원소	기호	원자번호	원자량
수소	H	1	1.0079	요오드	I	53	126.9045
헬륨	He	2	4.0026	크세논	Xe	54	131.30
리튬	Li	3	6.941	세슘	Cs	55	132.9045
베릴륨	Be	4	9.01218	바륨	Ba	56	137.33
붕소	B	5	10.81	란탄	La	57	138.9055
탄소	C	6	12.011	세륨	Ce	58	104.12
질소	N	7	14.0067	프라세오디뮴	Pr	59	104.9077
산소	O	8	15.9994	네오디뮴	Nd	60	144.24
플루오르	F	9	18.9984	프로메튬	Pm	61	(145)
네온	Ne	10	20.179	사마륨	Sm	62	150.4
나트륨	Na	11	22.98977	유로퓸	Eu	63	151.96
마그네슘	Mg	12	24.305	가돌리늄	Gd	64	157.25
알루미늄	Al	13	26.98154	터븀	Tb	65	158.9254
규소	Si	14	28.0855	디스프로슘	Dy	66	162.50
인	P	15	30.97376	홀뮴	Ho	67	164.9304
황	S	16	32.06	에르븀	Er	68	167.26
염소	Cl	17	35.453	툴륨	Tm	69	168.9342
아르곤	Ar	18	39.948	이테르븀	Yb	70	173.04
칼륨	K	19	39.0983	루테튬	Lu	71	174.967
칼슘	Ca	20	40.08	하프늄	Hf	72	178.49
스칸듐	Sc	21	44.9559	탄탈	Ta	73	180.9479
티타늄	Ti	22	47.90	텅스텐	W	74	183.85
바나듐	V	23	50.9415	레늄	Re	75	186.207
크롬	Cr	24	51.996	오스뮴	Os	76	190.2
망간	Mn	25	54.938	이리듐	Ir	77	192.22
철	Fe	26	55.874	백금	Pt	78	195.09
코발트	Co	27	58.9332	금	Au	79	196.9665
니켈	Ni	28	58.70	수은	Hg	80	200.59
구리	Cu	29	63.546	탈륨	Tl	81	204.37
아연	Zn	30	65.38	납	Pb	82	207.2
갈륨	Ga	31	69.72	비스무트	Bi	83	208.9804
게르마늄	Ge	32	72.59	폴로늄	Po	84	(209)

원소	기호	원자번호	원자량	원소	기호	원자번호	원자량
비소	As	33	74.9216	아스타틴	At	85	(210)
셀렌	Se	34	78.96	라돈	Rn	86	(222)
브롬	Br	35	79.904	프란슘	Fr	87	(223)
크립톤	Kr	36	83.80	라듐	Ra	88	226.0254
루비듐	Rb	37	85.4678	악티늄	Ac	89	227.0278
스트론튬	Sr	38	87.62	토륨	Th	90	232.0381
이트륨	Y	39	88.9059	프로트악티늄	Pa	91	231.0359
지르코늄	Zr	40	91.22	우라늄	U	92	238.029
니오브	Nb	41	92.9064	넵튜늄	Np	93	237.0482
몰리브덴	Mo	42	95.94	플루토늄	Pu	94	(244)
테크네튬	Tc	43	(98)	아메리슘	Am	95	(243)
루테늄	Ru	44	101.07	퀴륨	Cm	96	(247)
로듐	Rh	45	102.9055	버클륨	Bk	97	(247)
팔라듐	Pd	46	106.4	칼리포르늄	Cf	98	(251)
은	Ag	47	107.868	아인스타이늄	Es	99	(252)
카드뮴	Cd	48	112.41	페르뮴	Fm	100	(257)
인듐	In	49	114.82	멘델레븀	Md	101	(258)
주석	Sn	50	118.69	노벨륨	No	102	(259)
안티모니	Sb	51	121.75	로렌슘	Lr	103	(260)
텔루륨	Te	52	127.60				

※ ( ) 속의 값은 그 원소의 기지의 최장반감기(最長半減期)를 가진 동위원소의 질량수

Ⅲ. 평면도형의 기하학적 성질

구분	모양	주위길이	면적	도심의 위치 $\bar{y}$ 또는 $\bar{x}$	도심을 지나는 수평축에 대한 관성모멘트 I_G
사각형	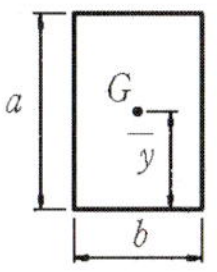	$2(a+b)$	ab	$\bar{y}=\frac{a}{2}$	$\frac{ba^3}{12}$
삼각형	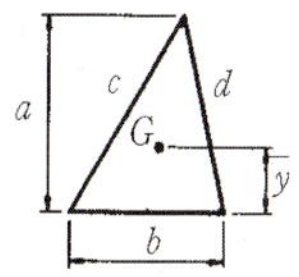	$b+c+d$	$\frac{a \cdot b}{2}$	$\bar{y}=\frac{a}{3}$	$\frac{ba^3}{36}$
원	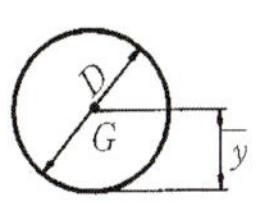	πD	$\frac{\pi D^2}{4}$	$\bar{y}=\frac{D}{2}$	$\frac{\pi d^4}{64}$
타원	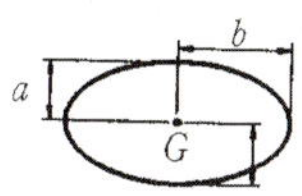	$2\pi\sqrt{\frac{a^2+b^2}{2}}$	πab	$\bar{y}=a$	$\frac{\pi a^3 b}{4}$
반원	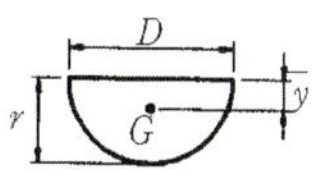	$\frac{\pi D}{2}+D$	$\frac{\pi D^2}{8}$	$\bar{y}=\frac{4r}{3\pi}$	$(\frac{1}{4}-\frac{16}{9\pi^2})\frac{\pi r^4}{2}$
사분원	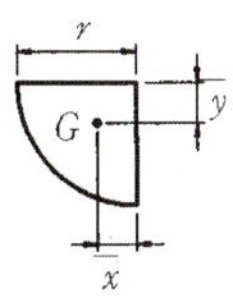	$\frac{\pi D}{4}+D$	$\frac{\pi D^2}{16}$	$\bar{x}=\frac{4r}{3\pi}$ $\bar{y}=\frac{4r}{3\pi}$	$(\frac{1}{4}-\frac{16}{9\pi^2})\frac{\pi r^4}{4}$
반타원	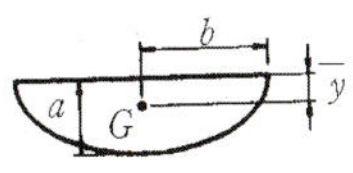	$\pi\sqrt{\frac{a^2+b^2}{2}}+2b$	$\frac{\pi ab}{2}$	$\bar{y}=\frac{4a}{3\pi}$	$(\frac{1}{4}-\frac{16}{9\pi^2})\frac{\pi a^3 b}{2}$
사분타원	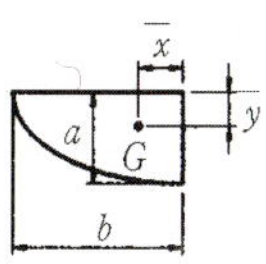	$a+b+\frac{\pi}{2}\sqrt{\frac{a^2+b^2}{2}}$	$\frac{\pi ab}{4}$	$\bar{x}=\frac{4b}{3\pi}$ $\bar{y}=\frac{4a}{3\pi}$	$(\frac{1}{4}-\frac{16}{9\pi^2})\frac{\pi a^3 b}{4}$
반포물선	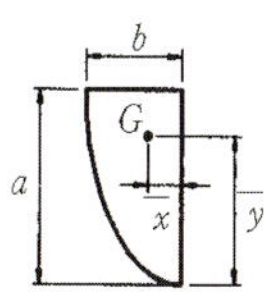		$\frac{2ab}{3}$	$\bar{x}=\frac{3b}{8}$ $\bar{y}=\frac{3a}{5}$	$(\frac{3}{7}-\frac{9}{25})\frac{2a^3 b}{3}$

Ⅳ. 연습문제 해답

CHAPTER 1 서론

01 ① 02 ③ 03 ② 04 ① 05 ②
06 ① 07 ④ 08 ① 09 ④ 10 ③
11 ② 12 ② 13 ③ 14 ① 15 ①
16 ④ 17 67.5초 18 $2\times10^6 mm^2$ 19 50m/s 20 510.2kg
21 $450kg_f$

CHAPTER 2 유체의 특성

01 ④ 02 ③ 03 ③ 04 ① 05 ④
06 ② 07 ① 08 ① 09 ② 10 ②
11 ② 12 ① 13 ① 14 ③
15 SI단위 : $\gamma=7840N/m^3$, $\rho=800kg/m^3$, $v_s=0.00125m^3/kg$, $s=0.8$
중력단위 : $\gamma=800kg_f/m^3$, $\rho=81.63kg_f\cdot s^2/m^4$, $\rho=0.00125m^3/kg_f$, $s=0.8$
16 285MPa 17 $12N/m^3$ 18 $0.1N\cdot sec/m^2$ 19 $0.0001m^2/sec$ 20 $7.365kg/m^3$
21 120kPa 22 299.76J/kg°K, $1.39kg/m^3$ 23 $1.87kg/m^3$
24 $\Delta p=62055kPa$ 25 0.29% 26 7.536dyne·cm
27 $991.165kg/m^3$ 28 0.75poise

CHAPTER 3 유체정역학

01 ③ 02 ③ 03 ④ 04 ④ 05 ②
06 ④ 07 ④ 08 ③ 09 ② 10 17.6cm
11 490kN, 6.67m 12 46.7kN, 수직으로 0.933m 깊이
13 5.79kN, 경사면으로 1.372m 깊이 14 $F_H=32.71kN$, $F_V=35.85kN$, 합력=48.53kN
15 153.94kN, 5.05m, 7.693kN·m 16 0.665m 17 1.73m 18 1797kN·m
19 1.588kPa 20 1.006 21 1.633 22 6.26rad/s

CHAPTER 4 유체운동학

01 ④ 02 ② 03 ① 04 ① 05 ①

06 $0.002m^3/s$, 0.064m/s, 0.256m/s 07 $0.0164m^3/s$ 08 0.859m

09 $0.0213m^3/s$, 58.8kPa 10 $0.4744m^3/s$ 11 $0.146m^3/s$ 12 $1.87kg_f/cm^2$

13 $1.87kg_f/cm^2$, 같다 14 5m/s, $0.69kg_f/cm^2$

15 $0.035m^3/s$, 0.54m 16 $0.0973m^3/s$, 7.845m

17 5.43cm 18 $0.022m^2$ 19 $0.0165m^3/s$ 20 34.3kw

CHAPTER 5 운동량의 법칙

01 $117.6N/m^2$ 02 543m/s 03 318N 04 200N 05 2978N

06 574.7N 07 17.72kN 08 6230N 09 36950N, 40° 10 8.83kW

11 16485N/m 12 348.6W 13 40.8ps 14 490N 15 9504N

CHAPTER 6 실제 유체의 흐름

01 96 $\frac{m/s}{m}$ 02 $0.114m^3/s$, 74.4$\frac{m/s}{m}$ 03 난류 04 $4.71\times10^{-3}l/s$

05 6711 06 0.0378m/s 07 $3.14cm^3/s$ 08 0.032ps 09 $10kg_f/m^2$

10 0.138m/s 11 $6.7kg_f/cm^2$

CHAPTER 7 차원해석과 상사법칙

01 ④ 02 ① 03 ④ 04 ② 05 ②

06 ③ 07 ② 08 ④ 09 ③ 10 ①

11 10km/hr 12 10.62m/s 13 4m/s 14 50m/s 15 2.72m/s

CHAPTER 8 관 속에서의 흐름

01 층류 02 난류 03 0.02 04 1.0N·m/s 05 $0.001257m^3/s$

06 3.62m 07 $\frac{4Q}{\pi \nu d}$ 08 $60N/m^2$ 09 $0.0425m^3/s$ 10 280280J/s

11 1141.3ps 12 69.832kW 13 아래쪽으로 흐른다, 7.95m 14 0.12303

15 $38.955N/m^2$ 16 $80000N/m^2$ 17 $0.081m^3/s$ 18 40.8m, 0.03, 62.3Pa

19 16392Pa
20 0.05317, 81540
21 13.334m
22 $0.00314m^3/s$, 12.29m
23 0.3769Pa·s
24 $0.114m^3/s$, $74.4\frac{m/s}{m}$
25 1.88
26 65mm
27 208kPa
28 158kPa
29 0.128m
30 $83.88kg_f$
31 35.2kW
32 28.24kW
33 73.1kW
34 $Q_2=0.0265m^3/s$, $Q_1=0.083m^3/s$, 57.2ps
35 $Q_1=0.03627m^3/s$, $Q_2=0.07373m^3/s$, $Q_3=0.01873m^3/s$

CHAPTER 9 물체 주위의 흐름

01 ①
02 ③
03 ②
04 ②
05 ③
06 7.087m
07 711.43N
08 0.01793N
09 12450N
10 2.555N
11 2.0×10^{-3}dyne
12 45.63kW
13 7.5mm
14 0.287m
15 $C_D=0.0124$, $C_L=0.12$
16 (1) 0.156N (2) 0.453N
17 (1) 0.00305 (2) 76.1N (3) 0.1m (4) 4.7N

CHAPTER 10 개수로의 흐름

01 (a) 0.222m (b) 0.2m (c) 0.4m
02 $8.044m^3/s$
03 $0.889kg_f/m^2$
04 $51.12\sqrt{m}/s$
05 아임계
06 상류, 3.6755
07 $4.363m^3/s$
08 $0.056kg_f/m^2$
09 0.7885m, 3.0375m
10 아임계
11 $7.51m^3/s$
12 $y=1.4013$m, $b=2.8027$ m
13 $y=1.561$ m, $b=3.122$ m
14 1.3664m, 3.66m/s
15 $y=1.743$m, 0.118m
16 $23.95m^3/s$
17 2.118m
18 0.481m

CHAPTER 11 압축성 유체의 흐름

01 (1) 1065J/kg°K (2) -1367J/kg°K
02 -1.4℃
03 138.7m/s
04 1307.2J/kg
05 359mmHg 진공, 2.68N/s, 2.57N/s
06 20.1℃
07 666kPa(a), 35.6℃, 94.7m/s
08 263.7m/s, 64℃
09 (a) 9cm (b) 8.2cm
10 261.4kPa(a)
11 1.68N/s
12 0.468kg/s

CHAPTER 12 유체의 계측

01	0.082	02	1.47	03	28950mm^3	04	2.04	05	4.1N · s/m^2
06	10.58N · s/m^2	07	2.015mm	08	12.27초	09	808.94m/s	10	275mmAq
11	0.059m^3/s	12	110mm	13	0.13m^3/s	14	0.044m^3/s		
15	382cm^2	16	0.098m^3/s	17	0.52m^3/s	18	0.0035m^3/s	19	47.3m^3/min

표 A.1. 물의 물리적 성질

온도 T(℃)	밀도 ρ(kg/m^3)	비중량 γ(N/m^3)	절대점성계수 μ(N·s/m^2)	동점성계수 ν(m^2/s)	표면장력 σ(N/m)	증기압 p_v(N/m^2(abs))	음속 a(m/s)
0	999.9	9.806	1.787×10^{-3}	1.787×10^{-6}	7.56×10^{-2}	6.105×10^{2}	1403
5	1000.0	9.807	1.519×10^{-3}	1.519×10^{-6}	7.49×10^{-2}	8.722×10^{2}	1427
10	999.7	9.804	1.307×10^{-3}	1.307×10^{-6}	7.42×10^{-2}	1.228×10^{3}	1447
20	998.2	9.789	1.002×10^{-3}	1.004×10^{-6}	7.28×10^{-2}	2.338×10^{3}	1481
30	995.7	9.765	7.975×10^{-4}	8.009×10^{-7}	7.12×10^{-2}	4.243×10^{3}	1507
40	992.2	9.731	6.529×10^{-4}	6.580×10^{-7}	6.96×10^{-2}	7.376×10^{3}	1526
50	988.1	9.690	5.468×10^{-4}	5.534×10^{-7}	6.79×10^{-2}	1.233×10^{4}	1541
60	983.2	9.642	4.665×10^{-4}	4.745×10^{-7}	6.62×10^{-2}	1.992×10^{4}	1552
70	977.8	9.589	4.042×10^{-4}	4.134×10^{-7}	6.44×10^{-2}	3.116×10^{4}	1555
80	971.8	9.530	3.547×10^{-4}	3.650×10^{-7}	6.26×10^{-2}	4.734×10^{4}	1555
90	965.3	9.467	3.147×10^{-4}	3.260×10^{-7}	6.08×10^{-2}	7.010×10^{4}	1550
100	958.4	9.399	2.818×10^{-4}	2.940×10^{-7}	5.89×10^{-2}	1.013×10^{5}	1543

※ Handbook of Chemistry and Physics(69th Ed., CRC Press, 1988.)에서 발췌

표 A.2. 공기의 물리적 성질(대기압)

온도 T(℃)	밀도 ρ(kg/m^3)	비중량 γ(N/m^3)	절대점성계수 μ(N·s/m^2)	동점성계수 ν(m^2/s)	비열비 k	음속 a(m/s)
-40	1.514	14.85	1.57×10^{-5}	1.04×10^{-5}	1.401	306.2
-20	1.395	13.68	1.63×10^{-5}	1.17×10^{-5}	1.401	319.1
0	1.292	12.67	1.71×10^{-5}	1.32×10^{-5}	1.401	331.4
5	1.269	12.45	1.73×10^{-5}	1.36×10^{-5}	1.401	334.4
10	1.247	12.23	1.76×10^{-5}	1.41×10^{-5}	1.401	337.4
15	1.225	12.01	1.80×10^{-5}	1.47×10^{-5}	1.401	340.4
20	1.204	11.81	1.82×10^{-5}	1.51×10^{-5}	1.401	343.3
25	1.184	11.61	1.85×10^{-5}	1.56×10^{-5}	1.401	346.3
30	1.165	11.43	1.86×10^{-5}	1.60×10^{-5}	1.400	349.1
40	1.127	11.05	1.87×10^{-5}	1.66×10^{-5}	1.400	354.7
50	1.109	10.88	1.95×10^{-5}	1.76×10^{-5}	1.400	360.3
60	1.060	10.40	1.97×10^{-5}	1.86×10^{-5}	1.399	365.7
70	1.029	10.09	2.03×10^{-5}	1.97×10^{-5}	1.399	371.2
80	0.9996	9.803	2.07×10^{-5}	2.07×10^{-5}	1.399	376.6
90	0.9721	9.533	2.14×10^{-5}	2.20×10^{-5}	1.398	381.7
100	0.9461	9.278	2.17×10^{-5}	2.29×10^{-5}	1.397	386.9
200	0.7461	7.317	2.53×10^{-5}	3.39×10^{-5}	1.390	434.5
300	0.6159	6.040	2.98×10^{-5}	4.84×10^{-5}	1.379	476.3
400	0.5243	5.142	3.32×10^{-5}	6.34×10^{-5}	1.368	514.1
500	0.4565	4.477	3.64×10^{-5}	7.97×10^{-5}	1.357	548.8
1000	0.2772	2.719	5.04×10^{-5}	1.82×10^{-4}	1.321	694.8

※ Applied Fluid Dynamics Handbook(Van Nostrand Reinhold Co., Inc., New York, 1984.)에서 발췌

표 A.3. 일반액체의 물리적 성질

액체	온도 T(℃)	밀도 ρ(kg/m^3)	비중량 γ(KN/m^3)	절대점성계수 μ(KN·s/m^2)	동점성계수 ν(m^2/s)	표면장력 σ(N/m)	증기압 p_v(N/m^2(abs))	탄성계수 E(N/m^2)
물 (H_2O)	15.6	999	9.80	1.12×10^{-3}	1.12×10^{-6}	7.34×10^{-2}	1.77×10^{3}	2.15×10^{9}
에틸알코올 (ethyl-alcohol)		789	7.74	1.19×10^{-3}	1.51×10^{-6}	2.28×10^{-2}	5.9×10^{3}	1.06×10^{9}
가솔린 (gasoline)	20	680	6.67	3.1×10^{-4}	4.6×10^{-7}	2.2×10^{-2}	5.5×10^{4}	1.3×10^{9}
글리세린 (glycerin)	20	1260	12.4	1.5	1.19×10^{-3}	1.4×10^{-2}	4.52×10^{-2}	4.52×10^{-9}
수은 (Hg)	15.6	13600	133	1.57×10^{-3}	1.15×10^{-7}	0.466	1.6×10^{-1}	2.85×10^{10}
윤활유 (SAE30 oil)	15.6	912	8.95	0.38	4.2×10^{-4}	0.036	-	1.5×10^{9}
해수 (sea water)	15.6	1030	10.1	1.2×10^{-3}	1.17×10^{-6}	7.34×10^{-2}	1.77×10^{3}	2.34×10^{9}
사염화탄소 (소화용)	20	1590	15.6	9.58×10^{-4}	6.03×10^{-7}	2.69×10^{-2}	1.30×10^{4}	1.31×10^{9}

표 A.4. 일반기체의 물리적 성질

기체	온도 T(℃)	밀도 ρ(kg/m^3)	비중량 γ(N/m^3)	절대점성계수 μ(N·s/m^2)	동점성계수 ν(m^2/s)	가스정수 R(J/kg°K)	비열비 k
공기	15	1.23	12.0	1.79×10^{-5}	1.46×10^{-5}	2.869×10^{2}	1.40
이산화탄소(CO_2)	20	1.83	18.0	1.47×10^{-5}	8.03×10^{-6}	1.889×10^{2}	1.30
헬륨(He)	20	0.166	1.63	1.94×10^{-5}	1.15×10^{-4}	2.077×10^{3}	1.66
수소(H_2)	20	0.0838	0.822	8.84×10^{-6}	1.05×10^{-4}	4.124×10^{3}	1.41
메탄(natural gas)	20	0.667	6.54	1.10×10^{-5}	1.65×10^{-5}	5.183×10^{2}	1.31
질소(N_2)	20	1.16	11.4	1.76×10^{-5}	1.52×10^{-5}	2.968×10^{2}	1.40
산소(O_2)	20	1.33	13.0	2.04×10^{-5}	1.53×10^{-5}	2.598×10^{2}	1.40

표 A.5. 미국 표준대기의 성질

위도 (m)	온도 T(℃)	중력가속도 g(m/s^2)	대기압력 p(N/m^2(a))	밀도 ρ(kg/m^3)	절대점성계수 μ(N·s/m^2)
-1000	21.50	9.810	1.139×10^{5}	1.347	1.821×10^{-5}
0	15.00	9.807	1.013×10^{5}	1.225	1.789×10^{-5}
1000	8.50	9.804	8.988×10^{4}	1.112	1.758×10^{-5}
2000	2.00	9.801	7.950×10^{4}	1.007	1.726×10^{-5}
3000	-4.49	9.797	7.012×10^{4}	9.093×10^{-1}	1.694×10^{-5}
4000	-10.98	9.794	6.166×10^{4}	8.194×10^{-1}	1.661×10^{-5}
5000	-17.47	9.791	5.405×10^{4}	7.364×10^{-1}	1.628×10^{-5}
6000	-23.96	9.788	4.722×10^{4}	6.601×10^{-1}	1.595×10^{-5}
7000	-30.45	9.785	4.111×10^{4}	5.900×10^{-1}	1.561×10^{-5}
8000	-36.94	9.782	3.565×10^{4}	5.258×10^{-1}	1.527×10^{-5}
9000	-43.42	9.779	3.080×10^{4}	4.671×10^{-1}	1.493×10^{-5}
10000	-49.90	9.776	2.650×10^{4}	4.135×10^{-1}	1.458×10^{-5}
15000	-56.50	9.761	1.211×10^{4}	1.948×10^{-1}	1.422×10^{-5}
20000	-56.50	9.745	5.529×10^{3}	8.891×10^{-2}	1.422×10^{-5}
25000	-51.60	9.730	2.549×10^{3}	4.008×10^{-2}	1.448×10^{-5}
30000	-46.64	9.715	1.197×10^{3}	1.841×10^{-2}	1.475×10^{-5}
40000	-22.80	9.684	2.871×10^{2}	3.996×10^{-3}	1.601×10^{-5}
50000	-2.50	9.654	79.78	1.027×10^{-3}	1.704×10^{-5}
60000	-26.14	9.624	21.96	3.097×10^{-4}	1.584×10^{-5}
70000	-53.57	9.594	5.221	8.283×10^{-5}	1.438×10^{-5}
80000	-74.51	9.564	1.052	1.846×10^{-5}	1.321×10^{-5}

※ U.S. Standard Atmosphere(U.S. Government Printing Office, Washington, D.C. 1976.)에서 발췌

찾아보기

ㅂ

ㅅ

ㅇ

부록

ㅊ

ㅋ

ㅌ

ㅍ

ㅎ

참고문헌

1. J. A. Roberson, C. T. Crowe “Engineering Fluid Mechanics” 5th Ed. Houghton Mifflin Company, 1993.
2. G. P. Kraut “Fluid Mechanics for Technicians”Macmillan Publishing Company, 1992.
3. D. F. Young, B. R. Munson and T. H. Okiishi “A Brief Introduction to Fluid Mechanics” John Wiley & Sons Inc., 1997.
4. R. C. Binder “Fluid Mechanics” 5th Ed. Prentice Hall Inc., 1973.
5. R. W. Fox and A. T. McDonald “Introduction to Fluid Mechanics” 4th Ed. John Wiley & Sons Inc., 1992.
6. J. F. Douglas, J. M. Gasiorek and J. A. Swaffield “Fluid Mechanics” 3rd Ed. Longman Singapore Publishers Ltd., 1995.
7. R. M. Olson “Essentials of Engineering Fluid Mechanics” 3rd Ed., Intext Educational Publishers, 1973.
8. R. L. Mott “Applied Fluid Mechanics ”Macmillan Publishing Company, 1994.
9. M. R. Lindeburg “Mechanical Engineering Reference Manual” 8th Ed., Professional Publications Inc., 1990.
10. M. R. Lindeburg “Engineer-In-Training Reference Manual” 8th Ed., Professional Publications Inc., 1992.
11. J. W. Daily and D.R.F. Harleman “Fluid Dynamics” Addison-Wesley Publishing Company Inc., 1966.
12. E. A. Avallone and T. Baumeister III “Mark’s Standard Book for Mechanical Engineers” 9th Ed., McGraw2Hill Inc., 1987.
13. R. H. Sabersky, A. J. Acosta and E. G. Hauptmann “Fluid Flow” 2nd Ed., The Macmillan Company, 1971.
14. S. W. Yuan “Foundations of Fluid Mechanics” Prentice2Hall Inc., 1967.
15. R. V. Giles “Fluid Mechanics and Hydraulics” Schaum’s Outline Series, McGraw2Hill Inc., 1977.
16. V. L. Streeter and E. B. Wylie “Fluid Mechanics” 7th Ed., McGraw2Hill Book Company, 1979.
17. S. Eskinazi “Principles of Fluid Mechanics” 2nd Ed., Allyn and Bacon Inc., 1968.
18. D. J. Tritton “Physical Fluid Dynamics” Van Nostrand Reinhold Company, 1977.
19. 박정기, 김영득, 양우정, 권형정, 이봉래, “최신 유체역학”, 구민사, 1995.
20. J. Laufer “The Structure of Turbulence in Fully Developed Pipe Flow” U.S. National Advisory Committee for Aeronautics(NACA), Technical Report 1174, 1954
21. L. Rosenhead “Laminar Boundary Layers” Dover Publications Inc., 1963.
22. R. L. Daugherty and J. B. Franzini “Fluid Mechanics with Engineering Applications” 7th Ed., McGraw2Hill Book Company, 1977.
23. R. L. Street, G. Z. Watters and J, K. Vennard “Elementary Fluid Mechanics” 7th Ed., John Wiley & Sons, Inc., 1996.

기초 유체역학

초　　판 인쇄 | 2000년　2월　20일
초　　판 발행 | 2000년　2월　25일
개정9판 1쇄발행 | 2019년　10월　1일
개정9판 2쇄발행 | 2020년　8월　30일
개정10판　발행 | 2023년　3월　15일

저　　자 | 신정철
발 행 인 | 조규백
발 행 처 | 도서출판 구민사
(07293) 서울특별시 영등포구 문래북로 116, 604호(문래동 3가 46, 트리플렉스)
전　　화 | (02) 701 - 7421(~2)
팩　　스 | (02) 3273 - 9642
홈페이지 | www.kuhminsa.co.kr
신고번호 | 제2012-000055호 (1980년 2월 4일)
I S B N | 979-11-6875-220-7 [93580]

값 26,000원